Technische Strömungslehre

Sabine Bschorer · Konrad Költzsch

Technische Strömungslehre

Mit 262 Aufgaben und 31 Beispielen

12., überarbeitete und ergänzte Auflage

Weiterentwickelt aus dem Lehrbuch von
Leopold Böswirth

Unter Mitarbeit von Thomas Buck

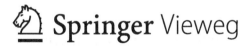

Sabine Bschorer
Fakultät Maschinenbau
Technische Hochschule Ingolstadt
Ingolstadt, Deutschland

Konrad Költzsch
Technische Hochschule Ingolstadt (THI)
Ingolstadt, Deutschland

ISBN 978-3-658-30406-5   ISBN 978-3-658-30407-2   (eBook)
https://doi.org/10.1007/978-3-658-30407-2

Die Deutsche Nationalbibliothek verzeichnet diese Publikation in der Deutschen Nationalbibliografie; detaillierte bibliografische Daten sind im Internet über http://dnb.d-nb.de abrufbar.

Bis zur 9. Auflage erschien das Buch unter alleiniger Autorenschaft von Leopold Böswirth beim gleichen Verlag, in der 9. Auflage kam die Autorin Sabine Bschorer als Mitarbeiterin hinzu; die 10. Auflage erschien mit Sabine Bschorer als zweiter Autorin und die 11. Auflage erschien mit Sabine Bschorer als alleinige Autorin. Ab der 12. Auflage kam Konrad Költzsch als Mitautor hinzu.
© Springer Fachmedien Wiesbaden GmbH, ein Teil von Springer Nature 1993, 1995, 2000, 2001, 2004, 2005, 2007, 2010, 2012, 2014, 2018, 2021
Das Werk einschließlich aller seiner Teile ist urheberrechtlich geschützt. Jede Verwertung, die nicht ausdrücklich vom Urheberrechtsgesetz zugelassen ist, bedarf der vorherigen Zustimmung des Verlags. Das gilt insbesondere für Vervielfältigungen, Bearbeitungen, Übersetzungen, Mikroverfilmungen und die Einspeicherung und Verarbeitung in elektronischen Systemen.
Die Wiedergabe von allgemein beschreibenden Bezeichnungen, Marken, Unternehmensnamen etc. in diesem Werk bedeutet nicht, dass diese frei durch jedermann benutzt werden dürfen. Die Berechtigung zur Benutzung unterliegt, auch ohne gesonderten Hinweis hierzu, den Regeln des Markenrechts. Die Rechte des jeweiligen Zeicheninhabers sind zu beachten.
Der Verlag, die Autoren und die Herausgeber gehen davon aus, dass die Angaben und Informationen in diesem Werk zum Zeitpunkt der Veröffentlichung vollständig und korrekt sind. Weder der Verlag, noch die Autoren oder die Herausgeber übernehmen, ausdrücklich oder implizit, Gewähr für den Inhalt des Werkes, etwaige Fehler oder Äußerungen. Der Verlag bleibt im Hinblick auf geografische Zuordnungen und Gebietsbezeichnungen in veröffentlichten Karten und Institutionsadressen neutral.

Planung/Lektorat: Thomas Zipsner
Springer Vieweg ist ein Imprint der eingetragenen Gesellschaft Springer Fachmedien Wiesbaden GmbH und ist ein Teil von Springer Nature.
Die Anschrift der Gesellschaft ist: Abraham-Lincoln-Str. 46, 65189 Wiesbaden, Germany

Vorwort zur 12. Auflage

Dieses Lehrbuch wendet sich an Studierende und Dozenten des Faches Strömungslehre in praxisorientierten Studiengängen an Hochschulen in Deutschland sowie HTL's in Österreich. Die Stoffauswahl orientiert sich an den Fachgebieten Maschinenbau sowie Verfahrenstechnik und Chemie-Ingenieurwesen. Aufgrund des verständlich verfassten Textes und aussagekräftiger Abbildungen sowie der zahlreichen Fragen und Aufgaben eignet sich das Buch auch sehr gut zum Selbststudium, z. B. für Ingenieure, die sich im beruflichen Alltag mit Fragestellungen der Strömungslehre beschäftigen.

Die Autorenschaft war um eine praxisorientierte und leichtverständliche Darstellung der physikalischen Grundlagen unter sparsamer Verwendung höherer Mathematik bemüht. Einfache Ingenieuranwendungen der Strömungslehre bilden den Hintergrund der mehr als 250 Fragen, vorgerechneten Beispielen und Aufgaben.

Jedes Kapitel beginnt mit einer Darstellung der begrifflichen, theoretischen und experimentellen Grundlagen. Daran schließen sich Abschnitte mit vorgerechneten Beispielen und Aufgabenstellungen an, deren Ergebnisse im Anhang zusammengestellt sind. Für einen Teil der Aufgaben werden auch Lösungshinweise im Anhang gegeben.

Die gute Aufnahme der vorangegangenen elf Auflagen und zahlreiche Stellungnahmen von Fachkollegen, denen auf diesem Wege gedankt sei, zeigen deutlich, dass ein Werk dieses Zuschnitts fehlte.

Leider verstarb Professor Böswirth am 2. März 2016. Seit der 8. Auflage durfte ich, Sabine Bschorer, an seinem Lehrbuch mitarbeiten, was mir eine besondere Ehre war und ist. Bei unseren Begegnungen, Telefonaten und dem umfangreichen Schriftverkehr lernte ich ihn als herausragende Persönlichkeit und großes Vorbild kennen. Ich werde mich dafür einsetzen, sein Werk gebührend fortzuführen. Bereits in der letzten 11. Auflage hatte mich mein Kollege Prof. Dr. Konrad Költzsch bei der Überarbeitung von Kap. 9 unterstützt. Es freut mich sehr, dass er ab der jetzigen 12. Auflage mit mir gemeinsam das Buch weiterführen wird.

Erstmalig habe ich, Konrad Költzsch, dieses Buch von Professor Böswirth zum Ende meines Maschinenbau-Studiums 1993 kennengelernt, indem mich mein Vater bat, eine Rezension über dieses Lehrbuch zu verfassen. Beeindruckt hatte mich dazumal bereits die Fülle von Aufgaben sowie die große Anzahl von Skizzen und Abbildungen. Damit empfiehlt sich dieses Lehrbuch nicht nur vorlesungsbegleitend, sondern es ist auch vorzüglich zum Selbststudium geeignet.

In dieser Auflage wurden schwerpunktmäßig im Kap. 4 die Abschn. 4.4–4.6 zur Potentialströmung sowie Kap. 8 „Rohrströmung und Druckverlust" überarbeitet. Auf Rat eines geschätzten Fachkollegen haben wir in Kap. 8 die Auswahl der richtigen Rohrreibungsgleichung für die turbulente Strömung didaktisch vereinfacht. Da häufig Studierende jedoch den Rohrreibungsbeiwert grafisch aus dem Rohrreibungsdiagramm direkt ablesen und uns Autoren Ablesefehler im alltäglichen Lehrbetrieb auffielen, haben wir das Rohrreibungsdiagramm ebenso qualitativ überarbeitet.

Mittlerweile sind uns beiden Autoren einige Fehler in den zahlreichen Aufgaben aufgefallen, die wir sukzessive abstellen werden. Hierbei sind wir den Lesern für jedweden Hinweis dankbar und möchten dazu ermuntern, grundsätzlich bei Fragen zum Lösungsweg direkt mit den Autoren in Kontakt zu treten (sabine.bschorer@thi.de bzw. konrad.koeltzsch@thi.de).

Wie bereits in der 11. Auflage befasst sich ein Abschn. (13.2) mit eindimensionaler Strömungssimulation. Dieser Abschnitt wurde dankenswerterweise wieder von Herrn Buck (Mentor Graphics Deutschland GmbH) übernommen.

Schließlich möchten wir noch dem Springer Vieweg Verlag unseren besonderen Dank für die jederzeit hervorragende konstruktive Zusammenarbeit aussprechen, insbesondere Herrn Thomas Zipsner.

Ingolstadt   S. Bschorer
im Sommer 2021   K. Költzsch

Hinweise zu den Aufgaben

- Ergebnisse zu den Aufgaben finden sich im Lösungsanhang A.2.1.
- Für mit * gekennzeichnete Aufgaben finden sich stichwortartige Lösungshinweise im Anhang A.2.2.
- Unter den Aufgaben finden sich auch Fragen allgemeiner Natur und Fragen mit Mehrfachwahlantworten. Sie dienen vor allem für Leser, die sich den Stoff im Selbststudium aneignen wollen. Wenn nicht alle diese Fragen eines Kapitels vom Leser richtig beantwortet werden können, wird empfohlen, das entsprechende Theoriekapitel nochmals durchzustudieren, bevor an das Lösen von Aufgaben geschritten wird.
- Sehr viele Aufgaben beziehen sich auf Luft und Wasser bei Umgebungsbedingungen. Um bei den zahlreichen einschlägigen Aufgaben nicht immer Zustand und Eigenschaften des Fluids angeben zu müssen, legen wir hier fest:
  - Die Angabe „Luft" ohne weiteren Hinweis bezieht sich auf ICAO-Atmosphäre von Meeresniveau (15 °C/1,0132 bar) gemäß Tab. A.1 im Anhang. Bei zusätzlichen Höhenangaben ist ebenfalls die ICAO-Atmosphäre zu Grunde zu legen.
  - Enthält die Aufgabenstellung außer der Angabe „Luft" noch deren Druck und Temperatur, so sind die Lösungen mit Stoffwerten nach Tab. A.3 berechnet.
  - Die Angabe „Wasser" ohne weiteren Hinweis steht für Wasser von 20 °C/0,981 bar mit Viskositätswerten gemäß Tab. A.2 im Anhang. Die Dichte ρ wurde in den Aufgaben gerundet mit $1000 \, \text{kg/m}^3$ eingesetzt. In Kap. 8 wurden die Aufgaben mit einer kinematischen Viskosität ν von $10^{-6} \, \text{m}^2/\text{s}$ und einer dynamischen Viskosität η von 10^{-3} Pa s gerechnet.
- Zur Lösung zahlreicher Aufgaben sind Zahlenwerte aus Diagrammen abzulesen. Hierbei sind Streuungen durch individuelles Ablesen unvermeidbar. Um hier eine Kontrollmöglichkeit mit dem Lösungsanhang besser zu ermöglichen, sind in letzterem bei einschlägigen Aufgaben die aus Diagrammen abgelesenen Werte zusätzlich (in Klammern) angegeben.
- Die Ergebnisse im Lösungsanhang geben wir i. Allg. mit drei relevanten Ziffern (gerundet). Der Lernende wird durch den Taschenrechner nur allzu leicht verführt,

übertriebene Genauigkeit in die Ergebnisse hineinzuinterpretieren. Bei manchen Aufgaben sind die Ergebnisse infolge verschiedener Umstände – wie ungenaue Kenntnisse von Eingangsdaten und zugrunde gelegte Theorie entspricht nur ungenau den Bedingungen der Aufgabe – mit entsprechender Vorsicht aufzunehmen. Um darauf in knapper Form hinzuweisen, gebrauchen wir bei den Aufgabenstellungen das Wort „Abschätzung". In Aufgaben, wo Zwischen- und Endresultate angegeben sind, ist zu beachten, dass vom Taschenrechner das Zwischenresultat i. Allg. mit drei Ziffern abgelesen wurde. Für das Weiterrechnen verwendet der Taschenrechner aber natürlich mehr Ziffern. Kleine Abweichungen bei den Lösungen können darin begründet sein.

- Für die Fallbeschleunigung g wurde in den Aufgaben der Wert 9,81 m/s^2 verwendet. Manche Aufgaben – besonders solche, die Druckverlustberechnung in Rohren oder freien Fall mit Luftwiderstand einschließen – erfordern eine iterative Berechnung. Der Fortgeschrittene wird mit zwei Iterationsschritten zufrieden sein, wenn sich die Ergebnisse dem im Lösungsanhang angegebenen angemessen annähern.

Inhaltsverzeichnis

1 Grundbegriffe 1
   1.1   Einführung 1
   1.2   Erörterung einiger wichtiger Begriffe 2
   1.3   Wichtige Gesetze der Fluidstatik 10
   1.4   Anwendung des Newton'schen Grundgesetzes
         auf strömende Fluide 16
   1.5   Einteilung der Fluidmechanik 19
   1.6   Beispiele 20
   1.7   Kontrollfragen und Übungsaufgaben 27

2 Bernoulli'sche Gleichung für stationäre Strömung 35
   2.1   Herleitung 35
   2.2   Druckbegriffe bei strömenden Fluiden 42
   2.3   Regeln für die Anwendung der Bernoulli'schen Gleichung 45
   2.4   Verschiedene Formen der Bernoulli'schen Gleichung 48
   2.5   Einfache Beispiele 49
   2.6   Bernoulli'sche Gleichung, erweitert durch Arbeits- und Verlustglied ... 54
   2.7   Beispiel 2.5 58
   2.8   Übungsaufgaben 61

3 Impulssatz und Drallsatz für stationäre Strömung 79
   3.1   Formulierung des Impulssatzes und Erörterung von Anwendungen 79
   3.2   Herleitung des Impulssatzes aus dem Newton'schen Grundgesetz 82
   3.3   Drallsatz (Impulsmomentensatz), Begriff der Strömungsmaschine 85
   3.4   Vereinfachte Propellertheorie. Windkraftanlagen 91
         3.4.1   Vereinfachte Propellertheorie 91
         3.4.2   Windkraftanlagen 95
   3.5   Beispiele 109
   3.6   Übungsaufgaben 122

4	**Räumliche reibungsfreie Strömungen**	135
	4.1 Allgemeines	135
	4.2 Einfache räumliche reibungsfreie Strömungen	139
	4.3 Umströmte Körper	147
	4.4 Potentialströmungen	149
	4.4.1 Allgemeines	149
	4.4.2 Ebene Potentialströmungen	149
	4.4.3 Räumliche Potentialströmungen	150
	4.5 Beispiele	151
	4.6 Übungsaufgaben	155

5	**Reibungsgesetz für Fluide. Strömung in Spalten und Lagern**	159
	5.1 Haftbedingung	159
	5.2 Reibungsgesetz	162
	5.3 Viskosität (auch Zähigkeit genannt)	164
	5.4 Weitere Erörterung der Reibungserscheinungen	166
	5.5 Relative Bedeutung von Druck- und Reibungskräften	169
	5.6 Strömung in Spalten und Lagern	171
	5.7 Beispiele	174
	5.8 Übungsaufgaben	179

6	**Ähnlichkeit von Strömungen**	189
	6.1 Reynolds'sche Ähnlichkeit	189
	6.2 Herleitung des Reynolds'schen Ähnlichkeitsgesetzes	191
	6.3 Weitere Ähnlichkeitsgesetze	193
	6.4 Das Π-Theorem von Buckingham	195
	6.5 Beispiel	196
	6.6 Übungsaufgaben	198

7	**Die Grenzschicht**	201
	7.1 Übersicht über grundlegende Forschungsergebnisse	201
	7.2 Wirbelbildung und Turbulenz	209
	7.3 Widerstandsverminderung durch Längsrillen	214
	7.3.1 Allgemeines	214
	7.3.2 Experimentelle Befunde und Erörterung der Ursachen der Widerstandsverminderung	214
	7.3.3 Mögliche Anwendungen	216
	7.4 Beispiele	216
	7.5 Übungsaufgaben	219

Inhaltsverzeichnis   XI

8   Rohrströmung und Druckverlust 223
  8.1   Strömungscharakter von Rohrströmungen. 223
  8.2   Druckverlust und Druckabfall 227
        8.2.1   Druckverlust gerader Rohrleitungsteile 228
        8.2.2   Druckverlust von Rohrleitungseinbauten und in
                Querschnittsübergängen. 232
        8.2.3   Gesamte Druckdifferenz zwischen zwei
                Punkten in einer Rohrleitung 236
  8.3   Durchflussmessung in Rohren mit Norm-Drosselgeräten 236
  8.4   Anwendungen in der Verfahrenstechnik 239
        8.4.1   Allgemeines 239
        8.4.2   Optimale Strömungsgeschwindigkeiten
                für die Planung von Rohrleitungen 240
        8.4.3   Druckverlustberechnung bei längs
                der Rohrleitung veränderlichen Stoffwerten 241
        8.4.4   Ausgewählte Widerstandsbeiwerte von
                Rohrleitungselementen. 243
        8.4.5   Wärmetauscher. 244
        8.4.6   Zusammenwirken von Rohrleitungsanlage
                mit Pumpe bzw. Ventilator 247
        8.4.7   Rohrnetze 251
        8.4.8   Strömung in Festbetten, Schüttungen und Fließbetten 253
  8.5   Beispiele. 255
  8.6   Übungsaufgaben. 258

9   Widerstand umströmter Körper 273
  9.1   Allgemeines 273
  9.2   Strömungswiderstand einer Kugel. 275
  9.3   Entstehung der Ablösung. 277
  9.4   Diskussion von Widerstandsbeiwerten 279
  9.5   Strömungsgünstige Gestaltung stumpfer, angeströmter Körper 282
  9.6   Automobil-Aerodynamik. 287
  9.7   Freier Fall mit Strömungswiderstand. 296
  9.8   Beispiele. 298
  9.9   Übungsaufgaben. 301

10   Strömung um Tragflächen 309
  10.1 Entstehung des Auftriebes 309
  10.2 Geometrische Bezeichnungen und dimensionslose
        Beiwerte für Kräfte und Momente an Tragflächen 312
  10.3 Einfache Ergebnisse der Potentialtheorie 315
  10.4 Darstellung von Messwerten 317
  10.5 Endlich breite Tragflächen 321

	10.6	Kräfte und Momente am Flugzeug	322
	10.7	Schema der Anwendung der Tragflügelströmung auf Axial-Strömungsmaschinen	325
	10.8	Beispiel	326
	10.9	Übungsaufgaben	329
11		**Strömung kompressibler Fluide**	**335**
	11.1	Einführung	335
	11.2	Stationäre Strömung längs Stromröhre. Grundgleichungen	338
	11.3	Schallgeschwindigkeit. Machzahl. Verdichtungsstoß	342
	11.4	Die Lavaldüse	348
	11.5	Überschallströmungen	356
	11.6	Kontrollfragen und Übungsaufgaben	362
12		**Instationäre Strömung in Rohrleitungen**	**365**
	12.1	Allgemeines	365
	12.2	Bernoulli'sche Gleichung für instationäre Strömung	365
	12.3	Der Druckstoß in einer flüssigkeitsführenden Rohrleitung	370
	12.4	Kontrollfragen und Übungsaufgaben	377
13		**Numerische Lösung von Strömungsproblemen (CFD, Computational Fluid Dynamics)**	**379**
	13.1	Allgemeines	379
	13.2	Eindimensionale Verfahren	381
	13.3	Zwei- und dreidimensionale Verfahren	390
	13.4	Grundsätzliche Vorgehensweise	398

Anhang	**401**
Literatur	**441**
Stichwortverzeichnis	**445**

Die wichtigsten Formelzeichen

a	Beschleunigung, Distanz, Schallgeschwindigkeit
A	Fläche, Querschnitt, Flügelfläche, Schattenfläche
b	Breite, Barometer (mm QS)
c, C	Geschwindigkeit, Konstante, Durchflusskoeffizient (Blende)
c_a	Auftriebsbeiwert
c_f	Widerstandsbeiwert der längsangeströmten Platte
c_m	Momentenbeiwert
c_p	Dimensionsloser Druckbeiwert, Leistungsbeiwert für Windkraftanlagen
c_w	Widerstandsbeiwert
d	Durchmesser, Flügeldicke
D	Drall, Rohrdurchmesser
$\dot{D}$	Drallstrom
d_h	Hydraulischer Durchmesser
e	Spezifische Energiezufuhr oder -abfuhr pro kg Stoffmasse
E	Energie, Ergiebigkeit
$\dot{E}$	Energiestrom
F	Kraft
F_A	Auftriebskraft
F_G	Gewichtskraft
F_p	Resultierende Kraft aus dem Oberflächendruck
F_R	Resultierende Kraft aus den Schubspannungen an der Oberfläche
F_{res}	Resultierende Kraft auf eine Fluidpartie
F_{RR}	Kraft der Rollreibung
F_{sch}	Schubkraft
F_W	Gesamtwiderstandskraft ($F_p + F_R$)
Fr	Froude'sche Kennzahl
g	Fallbeschleunigung
h	Höhe (einer Flüssigkeitssäule), Spalthöhe, Enthalpie
H	Förderhöhe, Fallhöhe
I	Impuls

XIII

$\dot{I}$	Impulsstrom
k	Konstante, Faktor, Rauigkeit, Isentropenexponent
k_s	Äquivalente Sandrauigkeit
k_v	Dimensionsbehafteter Armaturenverlustbeiwert
Kn	Knudsen-Zahl
l, L	Länge
L_{ein}	Einlaufstrecke
m	Masse
$\dot{m}$	Massenstrom
M	Moment, Masse einer Fluidpartie
Ma	Machzahl
m Mh	Meter Meereshöhe
n	Drehzahl, Koordinate normal zur Stromlinie, Exponent
O	Oberfläche
p	Druck, p Gesamtdruck, p_d dynamischer Druck (Staudruck), p_{stat} statischer Druck
P	Leistung, Druck
r	Radius, Polarkoordinate
R	Zylinder- oder Kreisradius, Gaskonstante, Rohrleitungswiderstand
Re	Reynolds'sche Zahl
Str	Strouhal-Zahl
s	Längenkoordinate längs Kurve
t	Zeit, Flügeltiefe
T	Fallzeit, Laufzeit, Kelvintemperatur
U	Benetzter Umfang bei nicht-kreisförmigen Kanal-Querschnitten
u	Umfangsgeschwindigkeit
v	Spezifisches Volumen (nicht zu verwechseln mit kinematischer Viskosität v (griech. Ny), siehe unten)
V	Volumen
$\dot{V}$	Volumenstrom
w	Geschwindigkeit, w_x, w_y, w_z deren Komponenten in kartesischen Koordinaten
w_m	Mittlere Geschwindigkeit im Rohr ($\dot{V}/A$), auch w
w_y	Sinkgeschwindigkeit eines Flugzeuges
w_∞	Anströmgeschwindigkeit weit vor dem Objekt; stationäre Endgeschwindigkeit beim freien Fall
W	Arbeit
Y	Spezifische Stutzenarbeit
x, y, z	Kartesische Koordinaten
x_i	Variable
y^+	Dimensionsloser Wandabstand

Die wichtigsten Formelzeichen

α	Ausflussziffer, Anstellwinkel, Machwinkel, Winkel allgemein, Exponent, Winkelbeschleunigung
β	Winkel, Schaufelwinkel, Durchmesserverhältnis bei Staugeräten (d/D)
γ	Spezifisches Gewicht, Gleitwinkel bei Tragflächen, Exponent
δ	Grenzschichtdicke
δ^*	Verdrängungsdicke der Grenzschicht
ε	Gleitzahl bei Tragflächen, scheinbare Viskosität für turbulente Strömungen
ζ	Verlustbeiwert
η	Dynamische Viskosität, Wirkungsgrad
ϑ	Celsiustemperatur
λ	Widerstandsbeiwert beim Rohr, Seitenverhältnis von Tragflächen, Schnelllaufzahl bei Windturbinen
ν	Kinematische Viskosität (nicht zu verwechseln mit spezifischen Volumen v, siehe oben)
ρ	Dichte
τ	Schubspannung
φ	Winkel allgemein, Polarkoordinate
ω	Winkelgeschwindigkeit, Kreisfrequenz einer Drehbewegung
Γ	Zirkulation
Δ	Differenz, Laplace-Operator
Π	Dimensionslose Variable, allgemein
ϕ	Potentialfunktion
Ψ	Stromfunktion, Ψ-Funktion für die Lavaldüse

Grundbegriffe

1

1.1 Einführung

Die Strömungslehre befasst sich mit der Beschreibung und Vorausberechnung der Bewegung der Fluide. Sie wird daher auch mit dem Namen „Fluiddynamik" bezeichnet. *Fluid* ist der in den letzten Jahrzehnten gebräuchlich gewordene Oberbegriff für *Flüssigkeiten und Gase.*

Verglichen mit der Massenpunktdynamik, die oft schon gute Einblicke in reale Vorgänge gibt, ist die Strömungslehre außerordentlich kompliziert. Das Momentanbild einer Planetenbewegung etwa wird durch die Koordinaten des Schwerpunktes S, dessen Geschwindigkeit w und Beschleunigung a erfasst, Abb. 1.1. Das Momentanbild der Umströmung eines Körpers erfordert die Kenntnis der Geschwindigkeiten und Drücke in unendlich vielen Raumpunkten (Druck- und Geschwindigkeitsfeld)!

In Anbetracht dieser Sachlage ist es nicht verwunderlich, dass das **Versuchswesen** in der Strömungslehre eine weit wichtigere Rolle einnimmt als in der Festkörpermechanik.

In der *Technischen Strömungslehre* sind meist nicht so sehr die bewegten Teilchen als vielmehr die ruhenden (oder gleichförmig bewegten) umströmten und durchströmten Körper im Mittelpunkt des Interesses (Auto, Rohrleitung usw.).

Im Gegensatz zu Wissenschaftlern sind Ingenieure meist schon zufrieden, wenn sie die Druckverteilung an der Oberfläche des umströmten Körpers oder gar nur die daraus resultierende Strömungskraft kennen.

© Springer Fachmedien Wiesbaden GmbH, ein Teil von Springer Nature 2021
S. Bschorer und K. Költzsch, *Technische Strömungslehre,*
https://doi.org/10.1007/978-3-658-30407-2_1

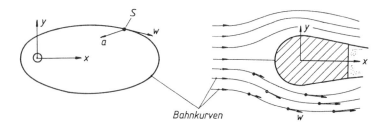

Abb. 1.1 Zum Vergleich Massenpunktdynamik – Strömungslehre

Die Bedeutung der Strömungslehre für das Ingenieurwesen sei stichwortartig und stellvertretend für viele andere Gebiete durch folgende Problemkreise umrissen:

- Vorausberechnung der Antriebsleistung für Fahrzeuge mit erheblichem Strömungswiderstand (z. B. Auto, Schiff, Flugzeug)
- Vorausberechnung von Pumpen- und Kompressorleistungen für in Rohrleitungen transportierte Fluide im Maschinenbau und in der Verfahrenstechnik
- Bereitstellung der Grundlagen für den Entwurf von Gleitlagern, Strömungsmaschinen (Kreiselpumpen, Ventilatoren, Kompressoren, Dampf-, Gas- und Wasserturbinen) u. a.

1.2 Erörterung einiger wichtiger Begriffe

Fluid

Im Gegensatz zu einem Festkörper ist ein Fluid dadurch definiert, dass ein Fluidelement, auf das Schubspannungen τ wirken, sich immerzu verformt und nicht zur Ruhe kommt, Abb. 1.2. Ein Festkörperelement kann sehr wohl unter der Einwirkung von Schubspannungen zur Ruhe und somit ins Gleichgewicht kommen.

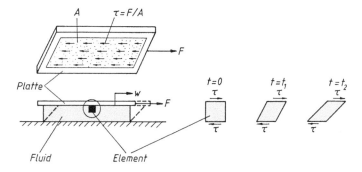

Abb. 1.2 Zur Definition des Fluids; F Kraft zum Ziehen der Platte, w deren Geschwindigkeit. Die mechanische Leistung $F \cdot w$ fließt von der Platte ins Fluid (Reibungswärme)

1.2 Erörterung einiger wichtiger Begriffe

In der Technischen Strömungslehre kann man – von wenigen Ausnahmen abgesehen – davon absehen, dass Fluide aus Molekülen bestehen. Man benutzt vielmehr die sog. **Kontinuumshypothese,** die besagt, dass die Masse stetig über das Volumen verteilt ist. Nur so sind Limesbildungen möglich, bei denen das Volumenelement ΔV auf null zusammengezogen wird. Die Dichte ρ ist z. B. wie folgt definiert (Δm: Masse in ΔV)

$$\rho = \lim_{\Delta V \to 0} \frac{\Delta m}{\Delta V}$$

Stationäre und instationäre Strömungen

Strömungen können u. a. in *stationäre* und *instationäre Strömungen* eingeteilt werden, je nachdem, ob an im Raume fixierten Punkten im Strömungsfeld die Geschwindigkeit gleich bleibt (stationär ist) oder sich zeitlich ändert (instationär ist). Bei technischen Anwendungen kommt man meist mit den einfacheren stationären Strömungen aus.

Zu den instationären Strömungen gehören insbesondere auch Start- und Anfahrvorgänge. Technisch wichtige instationäre Strömungen treten auch bei raschem Absperren durchströmter Rohrleitungen auf.

Ein aktuelles Forschungsgebiet im Bereich instationärer Strömungen ist die sog. Bioströmungsmechanik [47], welche sich mit den Fortbewegungsmechanismen von Tieren in Luft und Wasser (Fliegen, Schwimmen) sowie mit den Vorgängen im Blutkreislauf befasst.

Ein Umstand, der die Bioströmungsmechanik im Vergleich zur üblichen technischen Strömungslehre weit komplexer macht, ist in der Tatsache begründet, dass sich die Oberfläche der betroffenen Lebewesen (Fische, Vögel usw.) zeitlich veränderlich verformt in Wechselwirkung mit der Strömung. Auch haben die betroffenen Tierarten im Laufe der Evolution spezifische Oberflächenstrukturen im Hinblick auf Strömungsbeeinflussung entwickelt (Federn, Flossen u. a.).

Des Weiteren lässt sich eine große Klasse instationärer Strömungen durch geeignete Wahl des Beobachtungssystems in stationäre Strömungen überführen: Bewegt sich ein Körper gleichförmig geradlinig durch ein ruhendes Fluid, so ist die Ausweichströmung für einen Beobachter, der in größerer Entfernung vom Körper im Fluid (oder an einem Ufer) ruht, eine instationäre Strömung. Ein mit dem Körper mitbewegter Beobachter sieht aber die Strömung stationär. Da eine stationäre Strömung erheblich einfacher zu behandeln ist, wird man in solchen Fällen zweckmäßigerweise ein mit dem Körper mitbewegtes Beobachtungssystem verwenden (z. B. flugzeugfestes Koordinatensystem).

Als Systeme zur Beschreibung von Strömungen eignen sich i. Allg. nur Inertialsysteme. Auch verändern sich viele Strömungen so langsam, dass man sie als **quasistationär,** d. h. „wie stationär" behandeln kann.

Die Tatsache, dass eine Strömung stationär ist, bedeutet nicht, dass keine Beschleunigungen auftreten: Ein Teilchen gelangt auf seiner Bahnkurve bald in Zonen höherer, bald in Zonen niedrigerer Geschwindigkeit und ist dazwischen Beschleunigungen und Verzögerungen ausgesetzt.

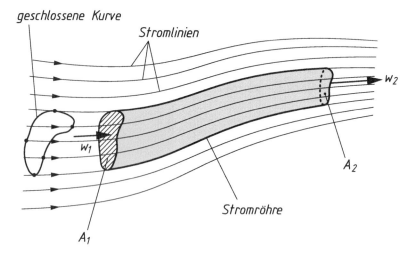

Abb. 1.3 Zur Kontinuitätsgleichung bei stationärer Strömung

Stromlinien und Bahnkurven
Zur Beschreibung von Strömungen ist das Konzept der Stromlinie sehr nützlich. Bei einer stationären Strömung sind Stromlinien einfach die *Bahnkurven* von Fluidteilchen. Die Geschwindigkeit ist in jedem Punkt tangential an diese Kurven gerichtet (vgl. auch Abb. 1.1). Bei instationären Strömungen muss man zwischen Bahnkurve und Stromlinie unterscheiden. Die Definition der Bahnkurve eines Teilchens ist offensichtlich unproblematisch. Als Stromlinien bezeichnet man jene Kurven, die sich aus dem Tangentenrichtungsfeld der Strömung *zu einem bestimmten Zeitpunkt* ergeben. Wichtige Folgerungen aus dem Stromlinienkonzept sind:

- Bei stationären Strömungen können sich Stromlinien nicht überschneiden, sie laufen schlicht nebeneinander. Bei instationären Strömungen gilt das nur für die Stromlinien zu einem festen Zeitpunkt.
- Legt man bei stationärer Strömung Stromlinien durch eine geschlossene Kurve, so bilden diese eine Röhre, die sog. **Stromröhre.** Ähnlich wie bei einem materiellen Rohr dringt kein Fluid durch die Wand der Stromröhre, Abb. 1.3.

Erhaltung der Masse, Kontinuitätsgleichung
Da in einer derartigen Stromröhre bei stationärer Strömung keine Fluidmasse gespeichert (oder gar erzeugt) werden kann, führt der Satz von der Erhaltung der Masse auf die sog. *Kontinuitätsgleichung*, Abb. 1.3.

$$\boxed{A_1 \, w_1 \, \rho_1 = A_2 \, w_2 \, \rho_2 = \dot{m} = \text{const}} \tag{1.1}$$

A	Querschnitt der Stromröhre
w	mittlere Geschwindigkeit in einem Querschnitt der Stromröhre
ρ	Dichte des Fluids
$\dot{m}$	Massenstrom, SI-Einheit kg/s

$A_1 w_1$ kann als Zylinder mit der Grundfläche A_1 und einer Höhe vom Betrag von w_1 aufgefasst werden. Fluid mit dem Volumen dieses Zylinders dringt in einer Sekunde durch A_1. Analoges gilt für A_2.

Die Innenwand eines materiellen Rohres kann als spezielle Stromröhre angesehen werden.

Bei Flüssigkeiten – oft auch bei Gasen (siehe Abschn. 11.1) – kann mit sehr guter Näherung die Dichte ρ als konstant angesehen werden, sodass sich hier die Kontinuitätsgleichung vereinfacht zu

$$\boxed{Aw = \dot{V} = \text{const}}$$
(1.2)

$\dot{V}$ Volumenstrom, SI-Einheit m³/s

In typischen Anwendungen liegen die mittleren Strömungsgeschwindigkeiten w in Rohren im Auslegungszustand etwa bei folgenden Werten (vgl. Abb. 8.14).

Flüssigkeiten	1 bis 3 m/s
Gase	10 bis 30 m/s

Ideales Fluid

Wie überall in der Wissenschaft erzielt man Erfolge zunächst nur, wenn vereinfachende Annahmen getroffen werden. Eine solche – allerdings sehr restriktive – Vereinfachung ist der Ersatz des wirklichen Fluids durch das sog. *Ideale Fluid*[1]. Diesem werden die Eigenschaften der *Inkompressibilität* (d. h. die Dichte ρ des Fluids ist im ganzen Strömungsfeld konstant) und der *Reibungsfreiheit* zugeordnet, letzteres sowohl für das Innere des Fluids als auch für die Grenzflächen zu Körpern. Es wird also keine mechanische Energie durch Reibungserscheinungen in Wärme überführt. Daraus folgt auch, dass auf ein Teilchen eines Idealen Fluids nur Normalkräfte wirken können. Es sind dies praktisch immer Druckspannungen, in der Strömungslehre kurz Druck genannt. Fluide haben die Eigenschaft, Drücken beliebiger Größe standzuhalten. Bei Zugbeanspruchung zerreißen Flüssigkeiten (verlieren die Kontinuität); Gase erlauben durch ihre Eigenschaft beliebige Räume auszufüllen, Zugbeanspruchung überhaupt nicht.

---

[1]Das Wort „Ideal" wird hier nicht wie ein beliebiges Eigenschaftswort gebraucht. „Ideales Fluid" ist eine wissenschaftliche Begriffsbildung. Deshalb benutzen wir die Großschreibung.

Während ein aus einem Festkörper herausgeschnitten gedachtes, quaderförmiges Massenelement in allen Raumrichtungen verschieden große Spannungen aufweisen kann, sind bei einem Element eines Idealen Fluids die Spannungen in allen Raumrichtungen gleich groß: *der Druck,* auch statischer Druck genannt (Herleitung in Abschn. 1.3).

Fluidreibung ist – ebenso wie Festkörperreibung – mit dem Auftreten von Schubspannungen τ in der Grenzfläche Fluid-Festkörper (und auch im Fluidkörper selbst) verbunden. Beim Fließvorgang in einer Strömung kann man sich den Fluidkörper in flache, nebeneinanderliegende Stromröhren zerschnitten denken. Die einzelnen Stromröhren üben an den Berührungsflächen nach dem Wechselwirkungsgesetz gegeneinander Druck aus. Durch diese Druckkräfte kann jedoch keine Arbeit verrichtet werden, da Verschiebungsweg und Kraft normal zueinander stehen. Bei stationärer Strömung kann daher auch keine Arbeit von einer Stromröhre zur Nachbarstromröhre übertragen werden.

Räumliche Strömungen eines Idealen Fluids werden auch als *Potentialströmungen* bezeichnet, da die Potentialtheorie der Physik hier mathematische Lösungsmethoden zur Verfügung stellen kann (Kap. 4).

Reale Fluide

Reale Fluide weisen u. a. Reibungserscheinungen auf. Reibung bewirkt gemäß dem in Kap. 5 zu erörternden Reibungsgesetz auch Schubspannungen τ in Strömungsrichtung, also in Verschiebungsrichtung. Dadurch wird bei Strömung Reibungsarbeit verrichtet, welche sich in Wärme bzw. innere Energie umwandelt. Man sagt auch, *mechanische Energie dissipiert.* Ferner kann durch Schubspannungen Arbeit von einer Stromröhre in eine Nachbarstromröhre übertragen werden (vgl. Abb. 1.2). Beim Idealen Fluid ist das nicht möglich.

Reale Fluide sind kompressibel, d. h., ihre Dichte ρ ist auch vom Druck abhängig. Insgesamt sind Strömungen realer Fluide wesentlich komplizierter als solche Idealer Fluide. Insbesondere *haftet* das an einen Körper unmittelbar angrenzende Fluid, sodass sich erst über eine dünne Zone – mit $w = 0$ am Körper beginnend – ein annähernd körperkonturparalleles Geschwindigkeitsfeld ausbilden kann. Diese dünne, körpernahe Zone, die **Grenzschicht**, spielt eine wesentliche Rolle bei der Strömung realer Fluide (Kap. 7).

Ablösung und Totwassergebiet (auch als Nachlaufströmung bezeichnet)

Die Vorausberechnung der Umströmung stumpfer Körper durch Ideale Fluide liefert ein Strömungsbild, bei dem sich die Stromlinien an die Kontur anschmiegen und hinter dem Körper wieder schließen, Abb. 1.4a. Die Beobachtung der Strömung realer Fluide liefert nur im vorderen Bereich ein ähnliches Bild. Etwa an der dicksten Stelle des Körpers lösen sich die Stromlinien der rasch strömenden Fluidpartien vom Körper ab, Abb. 1.4b.

Diese Erscheinung wird *Ablösung der Strömung* genannt. Der Raum zwischen der Körperrückseite und den rasch strömenden Fluidpartien füllt sich mit Fluid, das geringere lokale und wirbelige Bewegungen ausführt. Dieses Gebiet wird als *Totwasser*

1.2 Erörterung einiger wichtiger Begriffe

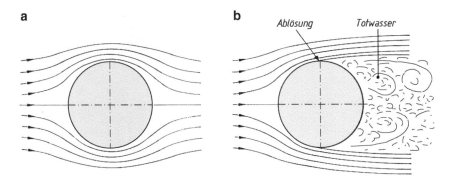

Abb. 1.4 Zur Ablösung von Strömungen. **a** reibungsfrei berechnete Umströmung eines Zylinders (ohne Ablösung), **b** Ablösung bei reibungsbehafteter Strömung

(oder *Nachlaufströmung*) bezeichnet. Seine Länge beträgt ein Mehrfaches der Querabmessung.

Die oben erwähnte Grenzschicht bleibt i. Allg. sehr dünn; sie taucht daher in der Darstellung in Abb. 1.4b gar nicht auf.

Laminare und turbulente Strömungen
Die Beobachtung von Strömungen zeigt eine weitere unerwartete Tatsache. Man würde annehmen, dass bei einer Strömung Schicht neben Schicht *geordnet* nebeneinander fließt, zwar mit stetig veränderlicher Geschwindigkeit, aber doch so, dass das Material innerhalb ein und derselben Schicht verbleibt.

Wirkliche Strömungen zeigen dagegen häufig die Erscheinung, dass einer mittleren, an einem Orte gleichbleibenden Geschwindigkeit scheinbar *unregelmäßige Schwankungsgeschwindigkeiten* im Werte von einigen Prozenten der mittleren Geschwindigkeit überlagert sind. Die Unregelmäßigkeit dieser Schwankungen betrifft sowohl die Richtung als auch den Betrag. Obwohl dem Betrag nach nur wenige Prozente, beherrschen diese Schwankungen doch das ganze Strömungsbild in entscheidender Weise.

Im Gegensatz zu der oben erwähnten geordneten Schichtenströmung oder *laminaren*[2] Strömung nennt man bei überlagerten Schwankungsgeschwindigkeiten die Strömung *turbulent*. Um mit diesen beiden Strömungsformen etwas vertraut zu werden, erinnern wir uns an einige alltägliche Erscheinungen. Laminare Strömungen liegen z. B. vor beim Absinken einer Glaskugel in Honig, bei Kerzenflammen, bei dünnen, glasklar aussehenden Wasserstrahlen, bei Ölstrahlen, bei von einer Zigarette aufsteigendem Rauch,

---
[2]Von „lamina", lat.: die Schicht. Diese Bezeichnung ist vom pädagogischen Standpunkt nicht sehr glücklich gewählt, da sie suggeriert, dass Schichten mit Relativgeschwindigkeit übereinander gleiten, was tatsächlich nicht der Fall ist. Der Fluidkörper fließt bzw. verformt sich als Ganzes.

Abb. 1.5 Aufsteigender Zigarettenrauch: unten laminare, oben turbulente Bewegungsform. (Foto: A. Killian, Wien)

zumindest im ersten Abschnitt, Abb. 1.5. Der von einer ruhenden Zigarette aufsteigende Rauch kann uns auch ein gutes Bild von turbulenter Strömung vermitteln: In einer gewissen Höhe fängt der Rauch plötzlich an, sich unregelmäßig hin und her zu bewegen und löst sich schließlich auf. Drehen wir den Wasserleitungshahn stärker auf, so verschwindet der glasklare Strahl und zeigt eine gekräuselte Oberfläche: er ist turbulent geworden. Turbulente Strömungen treten vor allem bei technischen Rohrströmungen und in Grenzschichten häufig auf, jedoch können auch freie Strömungen ohne Begrenzungswände Turbulenz aufweisen, z. B. ein Luftfreistrahl.

Sir *Osborne Reynolds*[3] hat in seinem berühmten Versuch in einem Glasrohr strömendes Wasser durch einen Tinten-Farbfaden markiert, Abb. 1.6. Bei laminarer Strömung wandert der Faden geradlinig weiter und zeigt kaum nennenswerte Verbreiterung durch molekulare Diffusion. Erhöht man bei diesem Versuch die Geschwindigkeit über ein bestimmtes Maß, so wird der Farbfaden in kurzer Distanz hinter der Düse zerrissen. Die einzelnen Stromfäden scheinen sich in regelloser Form ineinander zu verflechten. Wir sprechen dann von turbulenter Rohrströmung.

Jede Strömung ist bei entsprechend niedriger Geschwindigkeit laminar. Bei Erhöhung der Geschwindigkeit wird dann die laminare Strömungsform *instabil* und schlägt in die turbulente um. Werden einer laminaren Strömung künstlich kleine Druck- und Geschwindigkeitsschwankungen aufgeprägt, so klingen diese in kurzer Zeit *von selbst* ab.

Die Feststellung, dass turbulente Strömungen „unregelmäßige" Schwankungen aufweisen, bedeutet nicht, dass sich Geschwindigkeit und Druck räumlich und

---

[3]O. Reynolds, 1842–1912.

1.2 Erörterung einiger wichtiger Begriffe

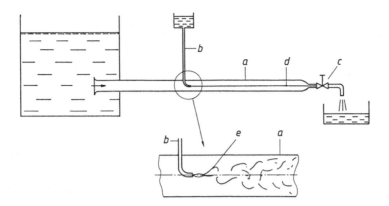

Abb. 1.6 Reynolds'scher Versuch zur Demonstration laminarer und turbulenter Rohrströmung, **a** Glasrohr; **b** Farbtintenzufuhr zur Markierung der Teilchenbahn in Rohrmitte; **c** Ventil zur Einstellung der Strömungsgeschwindigkeit im Glasrohr; **d** Farbfaden bei niedriger (laminarer) Geschwindigkeit; **e** zerreißender, sich auflösender Farbfaden bei höherer (turbulenter) Geschwindigkeit

zeitlich unstetig ändern. In typischen technischen Strömungen erfolgen die (stetigen) Schwankungen rasch aufeinander und erfassen nur kleine räumliche Bezirke im Millimeter- und Zehntelmillimeterbereich. Auch Winde weisen Turbulenz auf. Hier sind die Schwankungen aber viel langsamer und großräumiger. Eine Vorstellung davon vermittelt etwa die wogende Bewegung der Ähren eines Getreidefeldes im Juni.

Die exakten Gleichungen, die Strömungen mit Reibung beschreiben, sind bekannt. Es sind dies die sog. **Navier-Stokes-Gleichungen**. Diese sind allerdings äußerst kompliziert. Ihre *exakte* Lösung ist bisher nur für einige sehr spezialisierte Fälle gelungen. *Numerische* Lösungen mit modernen Computern sind prinzipiell zwar möglich, erfordern aber erheblichen Aufwand; insbesondere bei voll turbulenter Umströmung komplizierter Objekte (siehe hierzu Kap. 13).

Turbulente Strömungen sind wegen der unregelmäßigen Schwankungsgeschwindigkeiten genau genommen *instationäre* Strömungen. Im Allg. bezeichnet man jedoch auch turbulente Strömungen dann als stationär, wenn wenigstens die zeitlichen Mittelwerte von Geschwindigkeit und Druck sich nicht ändern (wie z. B. bei im Mittel gleichbleibenden Rohrströmungen). Wir verwenden den Begriff „stationär" in diesem Sinne. *Im Kleinen* ist auch eine turbulente Strömung eine geordnete Schichtenströmung und gehorcht den Navier-Stokes-Gleichungen wie eine laminare Strömung. Turbulenz ist gewissermaßen auch eine Frage des Beobachtungsmaßstabes. Eine turbulente Strömung kann aber nie stationär im Vollsinn des Wortes sein. Das Begriffspaar laminar-turbulent kann nur reibungsbehafteten Strömungen zugeordnet werden.

1.3 Wichtige Gesetze der Fluidstatik

Zur Definition des Druckes p in einem Punkt P in der vorgegebenen Richtung n denkt man sich ein Flächenelement ΔA um den Punkt P herum normal zu n und führt einen Grenzübergang durch, bei dem das Flächenelement ΔA auf den Punkt P zusammengezogen wird. Mit ΔF als der auf das Flächenelement ΔA wirkenden Druckkraft definieren wir

$$p = \lim_{\Delta A \to 0} \frac{\Delta F}{\Delta A} \quad \text{Definition des Druckes}$$

Nur mit dieser Limesdefinition kann man vom Druck *in einem Punkt* sprechen. Ohne diese Definition müsste man immer vom mittleren Druck p_{m} auf ein mehr oder minder großes Flächenstück ΔA sprechen. Die SI-Einheit des Druckes ist das Pascal, eine größere Einheit das Bar:

$$1 \text{ Pascal} = 1 \text{ Newton pro m}^2 \quad 1 \text{ Pa} = 1 \text{ N/m}^2 \quad 1 \text{ bar} = 10^5 \text{ Pa}$$

1 bar entspricht etwa dem Überdruck der Atmosphäre gegenüber Vakuum auf Meeresniveau. Der Atmosphärendruck schwankt allerdings wetterbedingt um einige Prozent. Bei einem Druckbezugsniveau „Vakuum" spricht man auch von **Absolutdrücken**, bei anderen Bezugsniveaus – z. B. Atmosphärendruck – von **Überdrücken**. Wenn Missverständnisse ausgeschlossen sind, lässt man die Vorwörter „Absolut" bzw. „Über" auch weg. Die Gleichungen für Strömungen inkompressibler Fluide sind insbesondere vom Bezugsniveau überhaupt unabhängig. Die weitverbreiteten, runden „Rohrfeder-Manometer", die man oft an Maschinen und Rohrleitungen sieht, zeigen aufgrund ihres Messprinzips den Überdruck gegenüber Atmosphärendruck an.

Betrachten wir eine ruhende Flüssigkeit in einem Behälter, sog. *Hydrostatik*. In diesem Fluid können definitionsgemäß keine Schubspannungen auftreten, da sich das Fluid sonst bewegen würde. Die Gleichgewichtsbedingung in Achsenrichtung für einen kleinen, in horizontaler Richtung herausgeschnitten gedachten Zylinder 1, Abb. 1.7, führt sofort zu folgender Aussage: Der Druck p auf die beiden Endflächen muss gleich groß sein.

Um Aussagen über andere Richtungen als die Zylinderachsenrichtung zu erhalten, denken wir uns ein dreiseitiges Prisma 2, Abb. 1.7, mit horizontaler Mittelebene und geringer Höhe herausgeschnitten und untersuchen das Gleichgewicht in der Mittelebene. Die Druckkräfte auf die rechteckigen Seitenflächen ergeben sich zu Fläche mal Druck normal zur Fläche, Abb. 1.7 unten.

Wir nehmen zunächst an, dass der Druck richtungsabhängig verschieden sein kann. Für Gleichgewicht muss das Krafteck geschlossen sein. Da die drei Kräfte normal zu den drei Seitenflächen sind, ergibt sich als geschlossenes Krafteck ein zur Prismengrundfläche

1.3 Wichtige Gesetze der Fluidstatik

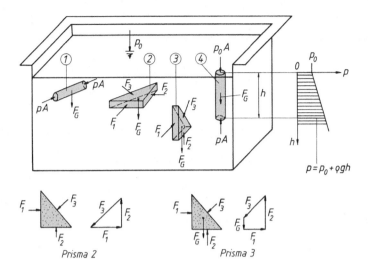

Abb. 1.7 Zu den Gesetzen der Statik der Fluide

ähnliches Dreieck. Die Verschiedenheit der drei Druckkräfte kann daher nur von der Verschiedenheit der zur Seitenlänge proportionalen Seitenflächengröße, nicht jedoch vom Druck herrühren. Der Druck muss daher in allen drei Richtungen gleich groß sein. Da das Prisma beliebig herausgeschnitten gedacht werden kann, gilt daher: In horizontalen Ebenen ist der Druck in allen Punkten und in allen Schnittrichtungen gleich groß.

Dieses Ergebnis ist sehr plausibel. Um Aussagen unter Einbeziehung der vertikalen Richtung zu erhalten, betrachten wir einen Zylinder 4 mit vertikaler Achse, Abb. 1.7. Gleichgewicht in vertikaler Richtung führt zu

$p_0 A + F_G = pA$ $F_G = A \rho g h$ Gewichtskraft (ρ = const.); p_0 Atmosphärendruck

$$\boxed{p = p_0 + \rho g h \quad \text{Hydrostatisches Grundgesetz}} \tag{1.3}$$

Der Druck nimmt also nach unten hin linear zu.

Bisher haben wir aber noch keine Beziehung hergestellt zwischen dem Druck in horizontalen Ebenen und dem Druck in vertikaler Richtung. Um dies zu tun, betrachten wir ein kleines Prisma 3, Abb. 1.7, welches dem Prisma 2 ähnlich ist, jedoch eine vertikale Mittelebene aufweist. Am Spiel der Kräfte für das Gleichgewicht nimmt nun auch die Gewichtskraft F_G teil. Die drei Druckkräfte auf die Seitenflächen bleiben zwar normal zu den Flächen, tieferliegende Flächen erfahren jedoch entsprechend dem hydrostatischen Grundgesetz vergrößerte Druckkräfte, sodass sich das Krafteck, wie in Abb. 1.7 unten angedeutet, schließt. Nun betrachten wir einen Grenzübergang, bei dem das Prisma immer mehr ähnlich verkleinert und schließlich auf den Schwerpunkt zusammengezogen wird. Bei einer linearen Verkleinerung des Prismas um den Faktor 0,1 nehmen die Flächen um den Faktor 0,01 und das Volumen um den Faktor 0,001 ab. Man erkennt, dass die Gewichtskräfte, welche proportional zum Volumen sind, mit höherer Ordnung gegen null streben im Vergleich zu den Druckkräften und somit beim Grenzübergang vernachlässigt werden können. Es sind daher wie beim horizontalen Prisma auch hier die Drücke in allen Richtungen gleich groß, allerdings nur jeweils in einem Punkt. Somit gilt:

> *In einem ruhenden Fluid ist der Druck in einem Punkt in allen Richtungen gleich groß (PASCAL'sches Gesetz, Blaise Pascal, 1623–1662).*
> Diese Aussage gilt auch bei Berücksichtigung der Schwere.

Für ein bewegtes Fluid lässt sich aufgrund der obigen Ableitung Folgendes sagen: Die zur Beschleunigung eines kleinen Teilchens erforderliche Kraft ist proportional zu seiner Masse und somit auch zu seinem Volumen. Analog wie bei der obigen Argumentation die Gewichtskräfte, fallen auch hier die Volumenkräfte gegenüber den Flächenkräften heraus (Größen klein von höherer Ordnung). Somit gilt:

> Auch bei strömenden Fluiden ist der Druck in einem Punkt eines mitschwimmenden Teilchens zu einem bestimmten Zeitpunkt in allen Richtungen gleich groß.

In den bisherigen Betrachtungen hat sich der *Druck* in einem Punkt als richtungsunabhängige Größe erwiesen. Größen mit dieser Eigenschaft werden in der Physik als *Skalare* bezeichnet. Wenn besonders auf die *gerichteten* Drücke, die auf die Flächen eines Volumenelementes wirken, hingewiesen werden soll, sprechen wir von *Druckspannungen* (analog wie in der Festigkeitslehre). Der obige Satz über die Richtungsunabhängigkeit des Druckes (und der Druckspannungsbeträge) bei strömenden Fluiden gilt allerdings nur für reibungsfreie Fluide exakt. Denn auch die Schubkräfte auf das Volumenelement sind flächenproportional und nehmen beim Grenzübergang ebenso ab wie die Druckkräfte, fallen daher nicht heraus wie die volumenproportionalen Kräfte.

Bei typischen technischen Strömungen sind allerdings die Schubspannungen verglichen mit den Druckspannungen derart klein, dass die Richtungsabhängigkeit der Druckspannungsbeträge außerordentlich schwach ist. Auch für reibungsbehaftete Strömungen lässt sich aber eine skalare Größe „Druck in einem Punkt" exakt

1.3 Wichtige Gesetze der Fluidstatik

definieren: Es ist dies der arithmetische Mittelwert der Druckspannungsbeträge in drei zueinander normal stehenden Richtungen (x, y, z):

$$p = \frac{1}{3}(p_x + p_y + p_z) \quad \text{Druckdefinition für Strömungen reibungsbehafteter Fluide} \tag{1.4}$$

Diese Definition ist nur sinnvoll, wenn das Ergebnis p unabhängig von der Winkellage des gewählten x,y,z-Koordinatensystems ist. In der höheren Strömungslehre zeigt man, dass das tatsächlich der Fall ist. Der Druck p ist bei Strömungen mit Reibung also nur eine *Rechengröße*. Diese ist richtungsunabhängig (skalar). Die Druckspannungsbeträge sind aber richtungsabhängig. In der Praxis nimmt man davon nur in Spezialfällen Notiz. In Kap. 5 werden wir uns näher damit befassen.

Für *Wasser* mit $\rho = 1000$ kg/m³ ergibt das hydrostatische Grundgesetz folgende Druckzunahme Δp bei 10 m Tiefenzunahme gemäß Gl. 1.3

$$\Delta p = \rho\, g\, h = 10^3 \cdot 10 \cdot 10 = 10^5 = 1 \text{ bar}$$

g wurde hierbei mit 10 m/s² angenähert. Der Druck nimmt also in Wasser pro 10 m Tiefenzunahme um ca. 1 bar zu (genau um 0,981 bar).

Auf dem hydrostatischen Grundgesetz beruht auch das Messprinzip des *U-Rohr-Differenzdruckmanometers*, Abb. 1.8, welches für Strömungslehre-Laborversuche häufig verwendet wird.

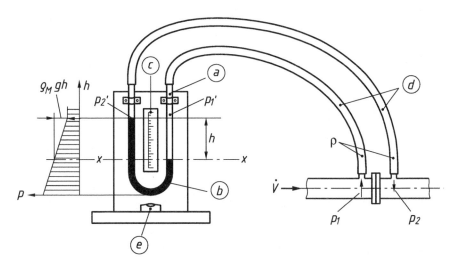

Abb. 1.8 Schema des U-Rohr-Differenzdruckmanometers. **a** Glasrohr, **b** Manometerflüssigkeit (Dichte ρ_M), **c** Skala, **d** Messleitungen, **e** Dosenlibelle

Liegen die eigentlichen Druckmessstellen tiefer oder höher als das U-Rohr, so ändern sich die Drücke in beiden Messleitungen im selben Maße, sodass unabhängig von der Höhenlage gilt:

$$p_1 - p_2 = p_{1'} - p_{2'}$$

Gleichgewicht über der Ebene *x–x* erfordert

$$\rho_M\, g\, h + p_{2'} = \rho\, g\, h + p_{1'} \rightarrow p_{1'} - p_{2'} = p_1 - p_2 = (\rho_M - \rho)\, g\, h$$

Befindet sich in den Messleitungen Gas, so ist $\rho \ll \rho_M$ und es gilt genügend genau

$$\boxed{p_1 - p_2 = \rho_M\, g\, h} \tag{1.5}$$

Häufig wird in der Strömungslehre nicht der Differenzdruck $p_1 - p_2$, sondern die sog. Differenzdruckhöhe h in der Einheit mm WS (Millimeter Wassersäule) angegeben. Diese Einheit leitet sich vom U-Rohrmanometer mit Wasserfüllung ab. Mit $\rho_M = 1000$ kg/m^3 gilt dann, wie man sich leicht überzeugt

$$\boxed{1 \text{ mm WS} \,\hat{=}\, 9{,}81 \text{ Pa} \approx 10 \text{ Pa}}$$

Sollen Differenzdrücke in *flüssigkeitsführenden* Rohren oder Geräten gemessen werden, so verwendet man als Manometerflüssigkeit meist Quecksilber. Die hydrostatischen Druckänderungen in den Messleitungen wirken sich auch hier auf den Wert der Druckdifferenz $p_1 - p_2$ nicht aus. Hingegen kann bei der Gleichgewichtsbetrachtung über der Ebene *x–x* im U-Rohr ρ gegen ρ_M nicht mehr vernachlässigt werden. Anstelle von Gl. 1.5 ergibt sich

$$\boxed{p_1 - p_2 = (\rho_M - \rho)\, g\, h} \tag{1.6}$$

Die Dichtedifferenz von Quecksilber und Wasser beträgt bei Raumtemperatur ca. 12.550 kg/m^3.

Neben der Messtechnik ist das hydrostatische Grundgesetz auch bei flüssigkeitsgefüllten Behältern oder Bauwerken zur Bestimmung von *Kräften auf Flächen* wichtig. Beispiele sind Staumauern eines Laufwasserkraftwerks, Revisionsstutzen an großen Tanks – sog. Läger – in Raffinerien, Glasscheiben in Zooaquarien. Die Kräfte werden zur Auslegung der jeweiligen Befestigungen benötigt. Bei horizontalen Flächen wirkt darauf ein konstanter Flüssigkeitsdruck, daher lässt sich die resultierende Kraft aus dem Produkt von Druck und Fläche bestimmen. Im Folgenden werden die *Kraft auf schräge Wände* und deren Angriffspunkt hergeleitet:

In Abb. 1.9 ist eine schräge Wand dargestellt, für welche die Kraft F auf die Teilfläche A bestimmt werden soll. Von deren linker Seite her wirke der hydrostatische Druck $p(z)$, von der rechten Seite her der Umgebungsdruck p_0. Es wird ein um den

1.3 Wichtige Gesetze der Fluidstatik

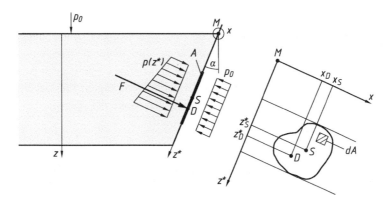

Abb. 1.9 linke Seite – Ausschnitt eines flüssigkeitsgefüllten Behälters mit schräger Wand und Teilfläche A; rechte Seite – schräge Wand mit der Teilfläche A, 90° um die z^*-Achse gedreht

Winkel α geneigtes Koordinatensystem eingeführt, wobei $z = z^* \cos\alpha$ und damit $p(z^*) = p_0 + \rho\, g\, z^* \cos\alpha$ gilt.

Die resultierende Druckkraft auf die Fläche ergibt sich zu:

$$F = \int_A \left[p(z^*) - p_0\right] dA = \rho g \cos\alpha \int_A z^* dA = \rho\, g\, z_S^* \cos\alpha A = \rho\, g\, z_S\, A, \quad (1.7)$$

wobei z_S^* die Schwerpunktskoordinate der Fläche ist mit der Definition: $z_S^* = \frac{1}{A} \int_A z^* dA$.

Zur Bestimmung des Angriffspunkts D der Kraft bildet man ein Moment in x-Richtung um den Punkt M. Dieses muss gleich dem Drehmoment resultierend aus den über der Fläche A verteilten Druckkräften sein.

$$F \cdot z_D^* = \int_A \left[p(z^*) - p_0\right] z^* dA = \rho\, g \cos\alpha \int_A (z^*)^2 dA$$

Bei dem Integral handelt es sich um das Flächenträgheitsmoment $I_x(A)$ bzgl. der x-Achse durch den Punkt M. Dieses kann mithilfe des Satzes von Steiner durch das Flächenträgheitsmoment $I_{xs}(A)$, das auf eine durch den Schwerpunkt verlaufende Parallele zur x-Achse bezogen und in Tabellenwerken für verschiedene Geometrien zu finden ist, ausgedrückt werden.

Damit gilt wegen Gl. 1.7:

$$z_D^* = \frac{I_x(A)}{z_S^* A} = \frac{I_{xs}(A) + (z_S^*)^2 A}{z_S^* A} = z_S^* + \frac{I_{xs}(A)}{z_S^* A} > z_S^*. \quad (1.8)$$

Meist besitzt die Fläche A eine Symmetrieachse parallel zur z-Richtung, wodurch $x_D = x_S$.

Eine weitere Anwendung des hydrostatischen Grundgesetzes (Gl. 1.3) ergibt den sog. *Auftrieb* eines in eine Flüssigkeit eingetauchten Körpers. Betrachten wir den in Abb. 1.7 gezeigten Zylinder 4 als Festkörper, so wird deutlich, dass eine nach oben gerichtete Druckkraft (= Auftrieb) wirkt: $F_A = \rho g A h = \rho g V$ (siehe auch Abschn. 2.1b). Diese ist gleich der Gewichtskraft des an der Stelle verdrängten Flüssigkeitsvolumens. Ist der Auftrieb kleiner als das Körpergewicht, so sinkt der Körper, bei Gleichheit schwebt er und ist er größer, so steigt der Körper auf.

Betrachtet man die Statik von Luft, sog. *Aerostatik*, so gilt: In Luft nimmt der Druck nach oben ab. Legt man einen Zusammenhang analog der Hydrostatik zugrunde, so gilt für die Druckabnahme näherungsweise:

$$\Delta p' = \rho\, g\, h/h \approx 1{,}2 \cdot 10 = 12\ \text{Pa/m}$$

Über größere Höhen hinweg bleibt die Luftdichte jedoch nicht konstant. Für Fluide mit nicht konstanter Dichte kann das hydrostatische Grundgesetz nur in Differenzialform angeschrieben werden:

$$\mathrm{d}p = -\rho\, g\, \mathrm{d}h = -\rho(h) \cdot g \cdot \mathrm{d}h$$

h Höhenkoordinate

Für die Erdatmosphäre gilt Folgendes: Dichte und Druck nehmen nach oben asymptotisch gegen null ab. In 100 km Höhe ist die Dichte schon derart gering, dass dort Satelliten nahezu ohne Luftwiderstand die Erde umkreisen können. Bis ca. 10 km Höhe ändert sich wetterbedingt Druck und Dichte von Tag zu Tag im Prozentbereich. Über 10 km Höhe herrschen ziemlich stabile Verhältnisse (Stratosphäre). Unter der idealisierenden Annahme konstanter Temperatur errechnen sich Druck- und Dichteabnahme nach oben zu nach einer Exponentialkurve. Um einheitliche normierte Werte für Zwecke der Luftfahrt festzulegen, wurde die ICAO-Atmosphäre definiert (Anhang, Tab. A.1). In diesem Buch werden den Aufgaben, wenn sonst keine anderen Angaben gemacht werden, die Werte der ICAO-Atmosphäre zugrunde gelegt.

1.4   Anwendung des Newton'schen Grundgesetzes auf strömende Fluide

Das Newton'sche Grundgesetz kann in einem strömenden Fluid, in dem jedes Teilchen eine andere Geschwindigkeit und Beschleunigung hat, jeweils nur auf ein kleines Teilchen angewendet werden, Abb. 1.10. Zwischen benachbarten Teilchen gilt das Wechselwirkungsgesetz genau gleich wie in der Festkörpermechanik. Aus dieser ist auch bekannt, dass der Beschleunigungsvektor für ein Teilchen (genau genommen: für einen Punkt) zerlegt werden kann in eine Tangential- und eine Normalkomponente a_t, a_n.

1.4 Anwendung des Newton'schen Grundgesetzes auf strömende Fluide

Abb. 1.10 Zur Berechnung des Druckverlaufs normal zu den Stromlinien aus dem Newton'schen Grundgesetz. **a** Stromlinie, **b** Krümmungskreis der Stromlinie im Punkt P

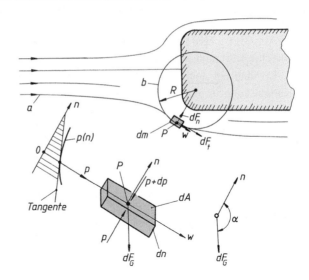

Letztere weist immer zur hohlen Seite der Bahnkurve, genauer hin zum Mittelpunkt des Krümmungskreises der Bahnkurve im betrachteten Punkt und hat den Wert $a_n = w^2/R$.

Entsprechend dem dynamischen Grundgesetz muss daher auch eine Kraft dF_n auf das Massenelement dm zum Krümmungsmittelpunkt hin wirken, Abb. 1.10:

$$dF_n = dm \cdot a_n = dm \cdot \frac{w^2}{R}$$

Betrachten wir ein kleines flaches prismatisches Massenelement dm, Abb. 1.10, so ergibt sich die Kraft dF_n, welche die gekrümmte Bewegung erzwingt, einfach aus der Differenz der Drücke auf die Deckflächen des Prismas:

$$dF_n = -dA[(p + dp) - p] = -dA \cdot dp$$

Vom Gewichtseinfluss sehen wir zunächst ab. Somit wird:[4]

$$-dA \cdot dp = dm \cdot a_n = dA \cdot dn \cdot \rho \cdot \frac{w^2}{R} \quad (dm = dA \cdot dn \cdot \rho)$$

$$\boxed{\frac{dp}{dn} = -\rho \cdot \frac{w^2}{R} \quad \text{Krümmungsdruckformel}} \quad (1.9)$$

---

[4]Da $p = p(s, n)$, muss Gl. 1.9 genau genommen mit dem partiellen Differenzialquotienten formuliert werden, s.: Koordinate längs Stromlinie,

$$\frac{\partial p}{\partial n} = -\rho \cdot \frac{w^2}{R}.$$

Der Druck nimmt mit zunehmender Entfernung vom Krümmungskreismittelpunkt zu.

Aus Gl. 1.9 lässt sich die Neigung der Druckverlaufskurve normal zu den Stromlinien berechnen, wenn das Geschwindigkeitsfeld bekannt ist.

Erwähnt sei noch, dass Stromlinien i. Allg. räumliche Kurven sind. Auch solchen Kurven kann in jedem Punkt ein Krümmungskreis zugeordnet werden. Schreitet man von einem Punkt einer Stromlinie normal zu dieser in der Krümmungskreisebene weiter, so muss also der Druck zur hohlen Seite hin abnehmen nach Gl. 1.9. Für eine Parallelströmung ist $R = \infty$ und aus Gl. 1.9 folgt: $dp/dn = 0$, d. h., der Druck normal zu den Stromlinien muss konstant sein.

Gl. 1.9 ist das Analogon zur Fliehkraftformel in der Festkörpermechanik. Da diese Gleichung grundlegend ist und auch oft vorkommt, wird sie hier als **Krümmungsdruckformel** bezeichnet. Sie gilt auch für instationäre Strömungen, nicht jedoch für reibungsbehaftete Strömungen, da auch die Schubspannungen einen, wenn auch kleinen, Beitrag zu dF_n liefern können.

In einem geraden Rohr oder Kanal mit Geraden als Stromlinien muss der Druck in jedem Punkt eines Querschnitts gleich groß sein, gleichgültig wie die Geschwindigkeit über den Querschnitt verteilt ist. Derselbe Druck kann auch an einer beliebigen Wandmessstelle am Umfang gemessen werden, Abb. 1.11a. Bei geraden Stromlinien gilt dies auch bei reibungsbehafteter Strömung (Kap. 5).

Bei Berücksichtigung des Fluidgewichts dF_G bleibt der Druck im Querschnitt trotz gerader Stromlinien nicht mehr konstant und Gl. 1.9 muss modifiziert werden zu (vgl. auch Abb. 1.10 und 1.11):

$$\frac{dp}{dn} = \underset{(+)}{-} \rho \cdot \frac{w^2}{R} + \rho \, g \, \cos \alpha \qquad (1.10)$$

In Gl. 1.10 ist einfach ein Anteil nach dem hydrostatischen Grundgesetz überlagert.

Gl. 1.9 bzw. 1.10 gibt Auskunft über die Druckänderung normal zu den Stromlinien. Was die Druckänderung in Richtung der Stromlinien betrifft, stellen wir folgende qualitative Überlegung an: Wenn sich die Stromröhre in Strömungsrichtung verengt, muss das Teilchen beim Durchströmen wegen der Kontinuitätsgleichung Gl. 1.1

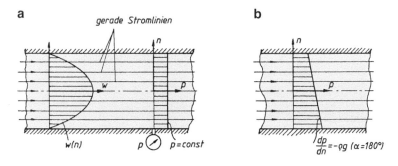

Abb. 1.11 Druckverteilung bei geraden Stromlinien. **a** ohne Berücksichtigung des Fluidgewichts, **b** mit Berücksichtigung des Fluidgewichts

beschleunigt werden[5]. Das ist nach dem Newton'schen Grundgesetz nur durch eine Kraft dF_t in Strömungsrichtung möglich. Eine solche ergibt sich einfach daraus, dass der Druck in Richtung der Beschleunigung absinkt (d. h. in Richtung der Verengung). Die quantitative Durchführung dieser Überlegung führt zur sog. *Bernoulli'schen Gleichung*, welche den Inhalt von Kap. 2 bildet.

1.5 Einteilung der Fluidmechanik

Analog wie in der Festkörpermechanik unterscheidet man auch in der Fluidmechanik zwischen Fluidstatik und Fluiddynamik (= Strömungslehre). Im Gegensatz zur Festkörperstatik – man denke nur an die Festigkeitslehre – spielt die Fluidstatik nur eine wenig wichtige Rolle. Die Strömungslehre kann grob nach folgendem Schema eingeteilt werden:

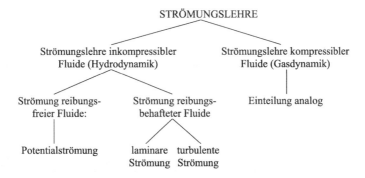

Die Strömungslehre kompressibler Fluide kann analog wie diejenige inkompressibler Fluide unterteilt werden. Genau genommen sind alle Fluide kompressibel (auch die Flüssigkeiten) und alle Strömungen reibungsbehaftet. Nur durch mehr oder minder starke Idealisierungen (Inkompressibilität, Reibungsfreiheit) gelingt es aber, reale Strömungserscheinungen mit vertretbarem Aufwand mathematisch angenähert zu beschreiben.

Außer nach dem obigen Schema können Strömungen auch nach anderen Kriterien eingeteilt werden. Erwähnt wurde schon die Einteilung in stationäre und instationäre Strömungen.

Weiter kann man Strömungen einteilen in eindimensionale, ebene und räumliche Strömungen.

Eindimensionale Strömung liegt dann vor, wenn der wesentliche Verlauf der Stromlinien (etwa durch ein materielles Rohr) vorgegeben ist und über den Querschnitt der Stromröhre konstante Werte für Druck und Geschwindigkeit angenommen werden. Der geometrische Ort der Flächenmittelpunkte der Stromröhrenquerschnittsflächen stellt

---

[5] Gilt strenggenommen nur für Unterschallströmung, siehe Kap. 11

Abb. 1.12 Zum Begriff „Ebene Strömung"

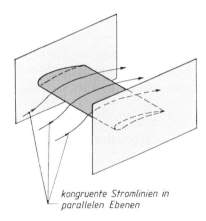

kongruente Stromlinien in parallelen Ebenen

dann eine „repräsentative" Stromlinie dar, mit der die gesamte Strömung angemessen beschrieben werden kann. Diese Idealisierung wird auch als **Stromfadentheorie** bezeichnet.

Als *ebene Strömung* bezeichnet man eine räumliche Strömung dann, wenn es parallele Ebenen gibt, in denen alle Stromlinien kongruent verlaufen, Abb. 1.12. Theoretisch müsste diese Strömung normal zu diesen Ebenen unbegrenzt weitergehen. Praktisch entsteht eine derartige Strömung aber auch durch seitliche Begrenzungswände (etwa in einem Windkanal).

Räumliche Strömungen stellen die allgemeinste Form dar. Eine wichtige, leichter überblickbare Unterklasse der räumlichen Strömungen stellen die *rotationssymmetrischen Strömungen* dar. Im mathematischen Aufwand für ihre Beschreibung sind sie den ebenen Strömungen vergleichbar. Genaugenommen sind alle Strömungen räumlich (dreidimensional), nur die mathematische Behandlung erfolgt fallweise eindimensional (sog. *Fadenströmung*) oder zweidimensional (ebene Strömung).

1.6 Beispiele

Beispiel 1.1 (zur Kontinuitätsgleichung) Zwei Lüftungsrohre vereinigen sich zu einer Sammelleitung, wie in der Skizze dargestellt. Luftdichte $\rho = 1{,}15$ kg/m^3.

Man ermittle unter Annahme einer mittleren Strömungsgeschwindigkeit $w_{zul} = 15$ m/s (in allen Rohren) die erforderlichen Mindestdurchmesser d_1, d_2, d_3 sowie die Massenströme $\dot{m}_1, \dot{m}_2, \dot{m}_3$.

1.6 Beispiele

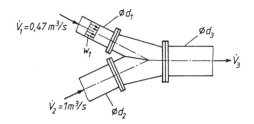

Lösung:
Wir fassen die materiellen Rohre als Stromröhren auf und nehmen an, dass die Geschwindigkeit in diesen gleichmäßig verteilt ist, oder, was auf dasselbe hinausläuft: Die verwendeten Geschwindigkeiten stellen mittlere Geschwindigkeiten über dem jeweiligen Querschnitt dar.

Die Kontinuitätsgleichung Gl. 1.2 ergibt die erforderlichen Querschnittsflächen zu

$A_{1,\mathrm{erf}} = \dot{V}_1/w_{\mathrm{zul}} = 0{,}47/15 = 0{,}0313\,\mathrm{m}^2 \quad \to \quad \underline{d_1 = \sqrt{4A_{1,\mathrm{erf}}/\pi} = 0{,}200\,\mathrm{m}}$

$A_{2,\mathrm{erf}} = \dot{V}_2/w_{\mathrm{zul}} = 1/15 = 0{,}0667\,\mathrm{m}^2 \quad \to \quad \underline{d_2 = 0{,}291\,\mathrm{m}}$

$A_{3,\mathrm{erf}} = (\dot{V}_1 + \dot{V}_2)/w_{\mathrm{zul}} = 0{,}0980\,\mathrm{m}^2 \quad \to \quad \underline{d_3 = 0{,}353\,\mathrm{m}}$

Die Massenströme ergeben sich zu

$\dot{m}_1 = \dot{V}_1\,\rho = 0{,}47 \cdot 1{,}15 = \underline{0{,}541\,\mathrm{kg/s}}; \qquad \dot{m}_2 = \dot{V}_2\,\rho = \underline{1{,}150\,\mathrm{kg/s}}$

$\dot{m}_3 = \dot{m}_1 + \dot{m}_2 = \underline{1{,}691\,\mathrm{kg/s}}$

Beispiel 1.2 (zur Kontinuitätsgleichung) Der Einströmvorgang eines realen Fluids in einen breiten rechteckigen Spalt kann wie folgt idealisiert werden (laminare Strömung): Unmittelbar nach der Einmündung hat sich Reibung noch so wenig ausgewirkt, dass sich praktisch ein konstanter Wert für die Geschwindigkeit über den ganzen Querschnitt einstellt (w_0). Nach einem Abstand von ca. 100H vom Einlauf stromabwärts entsteht durch Reibungswirkung eine parabolische Geschwindigkeitsverteilung mit den Werten 0 an den Wänden und $w_{\max}$ in der Mitte. Der Spalt sei so breit, dass seitliche Randeffekte vernachlässigbar sind ($B \gg H$, $w = w(h)$).

Man ermittle das Verhältnis $w_{\max} : w_0$ mithilfe der Kontinuitätsgleichung. Das Fluid kann als inkompressibel angenommen werden.

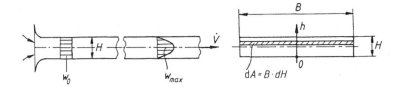

Lösung:

Im ersten Teil fassen wir den gesamten Spalt als Stromröhre auf.

Die Kontinuitätsgleichung ergibt für einen Querschnitt unmittelbar hinter dem Einlauf

$$\dot{V} = A\,w_0 = B\,H\,w_0$$

Ein gleich großer Volumenstrom muss auch weiter stromabwärts bei parabolischer Geschwindigkeitsverteilung durchgesetzt werden. Da die Geschwindigkeit über den Querschnitt nicht konstant ist, unterteilen wir den Querschnitt in unendlich viele kleine Stromröhren mit rechteckigem Querschnitt (dA) und wenden die Integralrechnung an.

Eine parabolische Geschwindigkeitsverteilung $w(h)$, welche $w=0$ für $h=0$ und $h=H$ ergibt, wird offensichtlich durch folgende Gleichung dargestellt:

$$w(h) = k\,h \cdot (H - h)$$

Hierbei ist k eine noch zu ermittelnde Konstante. Mit

$$w(H/2) = w_{\max}$$

ergibt sich

$$w_{\max} = kH^2/4 \qquad k = 4\,w_{\max}/H^2$$

Die Geschwindigkeitsverteilung wird also mit $w_{\max}$ statt k

$$w(h) = 4\,w_{\max}\left(\frac{h}{H} - \frac{h^2}{H^2}\right)$$

Die Integration ergibt damit

$$\dot{V} = \int_A w\,\mathrm{d}A = B\int_{h=0}^{h=H} w(h) \cdot \mathrm{d}h = 4B\,w_{\max}\int_0^H \left(\frac{h}{H} - \frac{h^2}{H^2}\right)\mathrm{d}h$$

$$= 4B\,w_{\max}\left[\frac{h^2}{2H} - \frac{h^3}{3H^2}\right]_0^H = 4B\,w_{\max}\left(\frac{H}{2} - \frac{H}{3}\right) = \frac{2}{3}B\,H\,w_{\max}$$

Aus der Gleichsetzung der Ausdrücke für $\dot{V}$ folgt

$$B\,H\,w_0 = 4Bw_{\max}\frac{H}{6}$$

$$\boxed{w_{\max} = \frac{3}{2}w_0}$$

Beim Spaltquerschnitt mit parabolischem Geschwindigkeitsprofil ergibt sich die Maximalgeschwindigkeit als 1,5-facher Wert der mittleren Geschwindigkeit.

Aufgabe 1.28 betrifft ein analoges Problem für das kreisförmige Rohr.

1.6 Beispiele

Beispiel 1.3 (zum hydrostatischen Grundgesetz) Eine Vakuumpumpe V kann ein Vakuum von 95 % erzeugen, d. h., sie kann an der Saugseite einen Absolutdruck von 5 % des jeweiligen Atmosphärendrucks p_0 aufrechterhalten. Die Pumpe ist an ein langes vertikales Rohr angeschlossen, welches in ein Bassin eintaucht.

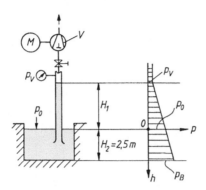

a) Auf welcher Höhe H_1 stellt sich der Wasserspiegel im Rohr ein, wenn der Atmosphärendruck $p_0 = 0{,}96$ bar beträgt?
b) Wie groß ist der Absolutdruck und der Überdruck auf dem Boden des Bassins?

Lösung:

a) Die Pumpe kann den folgenden Absolutdruck p_v aufrechterhalten:

$$p_v = 0{,}05 \cdot p_0 = 0{,}05 \cdot 0{,}96 \cdot 10^5 = 4800\,\text{Pa}$$

Somit wird gemäß dem hydrostatischen Grundgesetz Gl. 1.3

$$p_v = p_0 + \rho\, g\, h_1$$
$$h_1 = \frac{p_v - p_0}{\rho\, g} = \frac{4800 - 96.000}{1000 \cdot 9{,}81} = -9{,}30\,\text{m}$$

Die Koordinate h ist nach unten positiv gewählt, so wie es Gl. 1.3 zugrunde liegt. Somit ist

$$\underline{H_1 = 9{,}30\,\text{m}}$$

b) Für den Absolutdruck auf der Höhe des Bassinbodens ergibt Gl. 1.3:

$$p_B = p_0 + \rho\, g\, H_2 = 96.000 + 1000 \cdot 9{,}81 \cdot 2{,}5 = 120.525\,\text{Pa}$$

Der Überdruck gegen Atmosphärendruck beträgt dort

$$\underline{\Delta p_B = \rho\, g\, H_2 = 24.525\,\text{Pa}}$$

Beispiel 1.4 (zum hydrostatischen Grundgesetz) Eine Kolbenpumpe saugt Wasser aus einem tieferliegenden Bassin und pumpt in einen Druckbehälter laut Skizze.

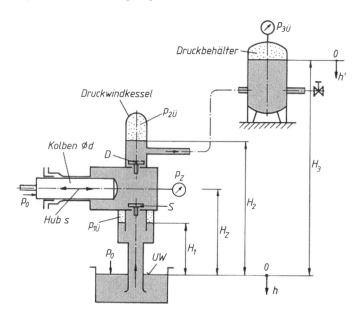

Kolbendurchmesser $d = 50$ mm. Beim Saughub ist das selbsttätige Saugventil S offen, das Druckventil D geschlossen, beim Förderhub ist es umgekehrt. Um die pulsierende Strömung von den langen Teilen der Saug- und Druckrohrleitung fernzuhalten, verwendet man sog. Windkessel mit Gaspolstern unmittelbar vor S und D.

$H_1 = 2{,}5$ m, $\quad H_z = 3$ m, $\quad H_2 = 3{,}7$ m, $\quad H_3 = 6$ m, $\quad p_0 = 0{,}94$ bar, $\quad p_{3\mathrm{Ü}} = 4{,}7$ bar

a) Durch eine Störung bleibt das Saugventil im offenen Zustand hängen, D schließt. Die Pumpe wird abgestellt. Man berechne p_1, p_z, p_2 jeweils als Absolutdruck und als Überdruck über Atmosphärendruck (Index „Ü"); resultierende Druckkraft auf den Kolben F_K.
b) Durch eine Störung bleibt das Druckventil im offenen Zustand hängen, S schließt. Man berechne in gleicher Weise p_1, p_z, p_2, F_K.
c) Der Kolben hat einen Hub $s = 100$ mm, die Pumpendrehzahl beträgt $n = 300$ min^{-1}. Man ermittle
  - Druckverlauf im Zylinder p_z (x_{Kb}) für Hin- und Rückgang (ohne Berücksichtigung der Druckabfälle durch Beschleunigung und Reibung). x_{Kb} ... Kolbenposition
  - theoretische Arbeitszufuhr W_1 an das Wasser für einen Arbeitszyklus bestehend aus Kolbenhin- und Rückgang ($\widehat{=} 1$ Umdrehung der Welle).
  - theoretische Leistungszufuhr $P_{th} = nW_1$ in kW.

1.6 Beispiele

Lösung:

a) Für die Anwendung des hydrostatischen Grundgesetzes wählen wir eine Koordinate h vom Unterwasserspiegel *UW* nach unten (siehe Skizze). Damit wird:

$$p = p_0 + \rho\, g\, h$$
$$p_1 = p_0 + \rho g(-H_1) = 0{,}94 \cdot 10^5 + 10^3 \cdot 9{,}81 \cdot (-2{,}5) = 69.475\ \text{Pa}$$
$$p_{1\,\text{Ü}} = p_1 - p_0 = -24.525\ \text{Pa (Unterdruck!)}$$
$$p_z = 0{,}94 \cdot 10^5 + 10^3 \cdot 9{,}81 \cdot (-3) = 64.570\ \text{Pa} \quad p_{z\,\text{Ü}} = -29.430\ \text{Pa}$$

Die resultierende Druckkraft auf den Kolben errechnet sich zu (wirkt nach rechts)

$$F_{K,\,a} = A\,(p_0 - p_z) = \frac{0{,}05^2\,\pi}{4}\,(0{,}94 - 0{,}6457) \cdot 10^5 = 57{,}8\ \text{N}$$

Bei der Berechnung der Kolbenkraft darf man nicht vergessen, dass auch der Außendruck p_0 eine Kraft ausübt.

p_2: Hier besteht *keine* Verbindung mit dem Unterwasserspiegel *UW*. Das hydrostatische Grundgesetz muss an den Druckbehälterwasserspiegel „angebunden" werden (h', vgl. die Skizze!)

$$p_{2\ddot{\text{u}}} = p_{3\ddot{\text{u}}} + \rho\, g\, h'$$
$$p_{2\ddot{\text{u}}} = 4{,}7 \cdot 10^5 + 10^3 \cdot 9{,}81 \cdot (H_3 - H_2) = 492.563\ \text{Pa} = 4{,}93\ \text{bar}$$

Hier ist zu beachten, dass die Angabe $p_{3\ddot{\text{u}}}$ bereits ein Überdruckwert ist. Normale Manometer messen immer Überdrücke. Der Absolutdruck ergibt sich einfach durch Addition des Atmosphärendrucks:

$$p_2 = 586.563\ \text{Pa} = 5{,}87\ \text{bar}$$

b) Eine Rechnung mit analoger Argumentation führt auf folgende Werte

$p_1 = 0{,}695\ \text{bar} \quad p_{1\ddot{\text{u}}} = -0{,}245\ \text{bar} \quad$ (Unterdruck, gleich wie a)

$p_z = 5{,}93\ \text{bar} \quad p_{z\ddot{\text{u}}} = 4{,}99\ \text{bar}$

$F_{K,\,b} = 981\ \text{N} \quad$ (wirkt nach links)

$p_2 = 5{,}87\ \text{bar} \quad p_{2\ddot{\text{u}}} = 4{,}93\ \text{bar} \quad$ (gleich wie bei a)

c) Bleiben Druckabfälle unberücksichtigt, so herrscht im Zylinder beim Saughub ein Druck wie bei a); beim Druckhub wie bei b); in den Totpunktlagen steigt der Druck steil an bzw. fällt steil ab.

Die theoretische Arbeitszufuhr W_1 für einen Arbeitszyklus ergibt sich aus Kraft F_K mal Weg s für einen Hin- und Rückgang des Kolbens. Dabei wirkt die Kraft, die der Kolben aufbringen muss, entgegen der unter a) bzw. b) berechneten, resultierenden Druckkraft auf den Kolben („actio = reactio") und damit jeweils in Richtung des Hubes. Damit wird beim Saughub und beim Druckhub Arbeit geleistet.

$$\underline{W_1} = s \cdot F_{K,a} + s \cdot F_{K,b} = s\,(F_{K,a} + F_{K,b}) = 0{,}1\,(981 + 57{,}8)$$
$$= \underline{103{,}8\,\text{Nm}}\;(+\text{ für Arbeitszufuhr})$$

Die theoretische Leistungszufuhr wird

$$\underline{P_{th}} = n \cdot W_1 = \frac{300}{60} \cdot 103{,}8 = 518{,}8\,\text{W} = \underline{0{,}519\,\text{kW}}$$

Eine weitere Möglichkeit, W_1 und P_{th} zu berechnen, finden Sie in Aufgabe 2.38.

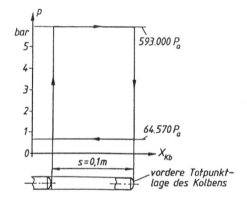

Beispiel 1.5 (zur Krümmungsdruckformel) Strahlumlenkschaufel: Ein auf eine ruhende Schaufel auftreffender Wasserstrahl lenkt diesen Strahl längs eines Kreisbogens um, wobei die Geschwindigkeit erhalten bleibt. Man schätze mithilfe der Krümmungsdruckformel Gl. 1.9 die Druckzunahme normal zu den Stromlinien von der luftberührten Seite des Wasserfilms bis zur Schaufeloberfläche ab.

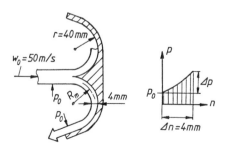

1.7 Kontrollfragen und Übungsaufgaben   27

Lösung:

Um einen mittleren Krümmungsradius R_m für den Wasserfilm zu erhalten, ziehen wir vom Schaufelkrümmungsradius 2 mm ab entsprechend der halben Filmdicke.

Zur Abschätzung können wir statt des Differenzialquotienten in Gl. 1.9 den Differenzenquotienten benutzen:

$$\frac{\Delta p}{\Delta n} = \rho \frac{w_0^2}{R_m} \rightarrow \underline{\Delta p = \rho \frac{w_0^2}{R_m} \Delta n} = 10^3 \cdot \frac{50^2}{0{,}038} 0{,}004 = \underline{263.000\ \text{Pa}} = 2{,}63\ \text{bar}$$

Der Druck ist also durch Fliehkraftwirkung an der Metalloberfläche um ca. 2,63 bar höher als der Luftdruck. Hierbei haben wir angenommen, dass die Strahlgeschwindigkeit $w_0 = 50$ m/s auch im Inneren des Wasserfilms gleich bleibt. Dies trifft in Wirklichkeit nur annähernd zu.

Die Umlenkschaufel hat an der Abgangsseite noch ein kurzes gerades Stück. Hier verlaufen die Stromlinien des Wasserfilms weitgehend auch gerade. Daher kann in diesem Stück des Wasserfilms *kein* Druckunterschied quer zu den Stromlinien existieren. Der Strahl verlässt dann wieder die Schaufel mit w_0, wenn man von geringfügigen Verlusten absieht.

1.7 Kontrollfragen und Übungsaufgaben

Kap. 1 beinhaltet einen wesentlichen Teil des „Begriffsinventars" der elementaren Strömungslehre. Für das erfolgreiche weitere Studium des Stoffes ist es unerlässlich, dass sich der Studierende eine klare Vorstellung von den erörterten Begriffen gebildet hat. Der Kontrolle dieses Lehrzieles dient der größte Teil der Kontrollfragen und Übungsaufgaben dieses Abschnitts. Findet der Leser Antworten, welche von denen des Lösungsanhangs abweichen, sollte er sich unbedingt neuerlich mit den entsprechenden Abschnitten von Kap. 1 auseinandersetzen.

1.1   Was versteht man unter einem *Fluid*? Bezeichnen Sie die richtigen Antworten.
a) Oberbegriff für Flüssigkeiten und Gase
b) Allgemeiner Ausdruck für Flüssigkeit
c) Bezeichnung für sehr dünnflüssige Flüssigkeiten (z. B. Benzin)
d) Medium, das unter der Einwirkung von Schubspannungen nicht ins Gleichgewicht kommen kann.

1.2   Welche Sätze treffen auf das *Ideale Fluid* zu? Dieses ist … (Bezeichnen Sie die richtigen Antworten.):
a) eine Erweiterung des Begriffes des Idealen Gases,
b) ein besonders dünnflüssiges Medium,
c) ein Medium, das keine Reibungserscheinungen aufweist,
d) ein Medium, das ohne Energieaufwand komprimiert werden kann.

1.3 Welche Eigenschaften sind für *reale Fluide* zutreffend? (Bezeichnen Sie die richtigen Antworten.)

a) Ist kompressibel

b) Weist Reibung auf

c) Kann an der Oberfläche von Körpern gleiten

d) Haftet an Oberflächen von Körpern

e) Kann in verschiedenen Raumrichtungen in einem Punkt verschiedene Druckspannungen aufweisen

f) Kann außer Druck auch Schubspannungen aufweisen.

1.4 Die *Kontinuitätsgleichung* drückt aus … (Bezeichnen Sie die richtige Antwort.):

a) den Satz der Erhaltung der Masse,

b) dass die Strömung gleichmäßig verläuft,

c) dass die Strömung kontinuierlich verläuft.

1.5 Unten sind einige Strömungen angeführt. Bezeichnen Sie die für *stationäre* Strömungen richtigen Antworten.

a) Umströmung eines gleichförmig geradlinig bewegten Körpers, von einem mit dem Körper fest verbundenen Beobachter aus gesehen

b) Umströmung eines gleichförmig geradlinig fliegenden Flugzeuges, von einem Bodenbeobachter aus gesehen

c) Umströmung eines frei fallenden Körpers

d) gleichförmige Rohrströmung, von einem rohrfesten Beobachter aus gesehen

e) gleichförmige Rohrströmung, von einem mitschwimmenden Beobachter aus gesehen.

1.6 Bezeichnen Sie die richtigen Antworten zum Begriff *Stromlinie*.

a) Kontur eines strömungsgünstigen Körpers

b) Bahnkurve eines Fluidteilchens bei stationärer Strömung

c) Bahnkurve eines Fluidteilchens bei instationärer Strömung

d) Kurve, deren Tangenten in jedem Kurvenpunkt mit den Richtungen der Momentangeschwindigkeiten des Fluids in diesen Punkten übereinstimmt.

1.7 Bezeichnen Sie die richtigen Antworten zu den Begriffen *laminare* bzw. *turbulente Strömungen*.

Laminare Strömungen sind:

a) Strömungen Idealer Fluide

b) Strömungen zwischen Platten

c) Stationäre Strömungen

d) Geordnete Schichtenströmung

e) Strömungen sehr zäher Fluide

Turbulente Strömungen sind:

f) Strömungen mit unregelmäßigen Geschwindigkeitsschwankungen

g) Spezielle Luftströmungen

h) Prinzipiell instationär.

1.7 Kontrollfragen und Übungsaufgaben

1.8 Was versteht man unter *Ablösung*? (Bezeichnen Sie die richtige Antwort.)
   a) Loslösung des Fluids von einem Körper beim Ingangsetzen der Strömung
   b) Loslösung der Stromlinien rasch strömenden Fluids von der Körperkontur
   c) Aufspaltung einer Strömung in zwei Hälften vor einem Körper.

1.9 Bezeichnen Sie die richtigen Antworten zu „Druck in einem ruhenden realen Fluid".
   a) Von Druck kann man nur an Begrenzungsflächen eines Fluids sprechen. Im Inneren eines Fluids ist Druck nicht definierbar.
   b) Druck in einem Punkt ist nicht definierbar. Man kann nur von Druck auf endlich große Flächenstücke sprechen.
   c) Die Druckspannung in *einem Punkt* eines Fluids ist in allen möglichen Schnittrichtungen gleich groß, wenn das Fluidgewicht vernachlässigt/nicht vernachlässigt wird.
   d) Die Druckspannung ist in *allen Punkten* eines Fluids in allen Schnittrichtungen gleich groß, wenn das Fluidgewicht vernachlässigt wird.

1.10 Beantworten Sie die Fragen von 1.9 für ein Ideales Fluid.

1.11 Bezeichnen Sie die richtigen Antworten zu „Druckspannung in einem Punkt" eines mit-schwimmenden Fluidelements zu einem bestimmten Zeitpunkt.
   a) Ist bei Idealen Fluiden in allen Richtungen gleich groß
   b) Ist auch bei realen Fluiden in allen Richtungen gleich groß
   c) Positive Aussagen bei a) und/oder b) sind an die Vernachlässigung des Fluidgewichts (der Schwere) gebunden.

1.12 Für den Druck in einem ruhenden Fluid bei Berücksichtigung des Fluidgewichts gilt (Bezeichnen Sie die richtigen Antworten.)
   a) Nimmt in vertikaler Richtung nach unten hin zu
   b) a) gilt nur für Flüssigkeiten, nicht jedoch für Gase
   c) Die Druckspannung ist wegen des Fluidgewichts in vertikaler Richtung größer als in seitlicher Richtung.
   d) Die Druckspannung ist in einem Punkt in allen Schnittrichtungen gleich groß.

1.13 Für die Bezeichnung „mmWS" gilt (Bezeichnen Sie die richtigen Antworten.)
   a) Ist eine gebräuchliche Größe zur Angabe von kleinen Drücken
   b) Ist nur in Zusammenhang mit Druck in Wasser sinnvoll
   c) 1 mmWS (Wassersäule) entspricht einem Druck von 1 bar? 10 Pa? 9,81 Pa?

1.14 In einem sog. *Barometer* zur Messung des Absolutdrucks p befindet sich Vakuum, wodurch eine Flüssigkeitssäule der Höhe h entsteht. Welche Änderung der Flüssigkeitssäule dh tritt bei 1 mbar Druckanstieg für die Barometerflüssigkeit Quecksilber (Dichte 13.600 kg/m^3) auf?

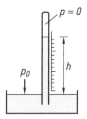

*1.15 Zur Messung sehr kleiner Drücke im Bereich einiger mmWS werden in Strömungslabors oft sog. Schrägrohrmanometer verwendet. Diese leiten sich aus dem U-Rohrmanometer ab: Der linke Schenkel wird mit sehr großem Querschnitt (A_1) ausgeführt, der rechte Schenkel wird geneigt.

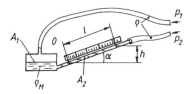

Durch die Neigung entsteht eine Skalenspreizung, da es nur auf die vertikale Spiegeldifferenz ankommt. Man ermittle den Zusammenhang
$p_1 - p_2 = f(l, \alpha, \rho_M, \rho)$; $A_1 \gg A_2$.

*1.16 Eine sog. *hydraulische Presse* ist geeignet, mit geringem Kraftaufwand schwere Gegenstände zu heben.

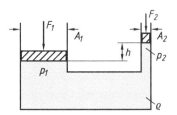

a) Leiten Sie für die nebenstehende Zeichnung über das Kräftegleichgewicht einen Zusammenhang zwischen den Kräften her.
b) Vereinfachen Sie den Zusammenhang für $h = 0$. Welches Flächenverhältnis benötigen Sie damit, um das 5-fache Ihres Körpergewichts zu heben? Auf welchen Kolben müssen Sie steigen?
c) Leiten Sie einen Zusammenhang zwischen den Kolbenhüben s_1 und s_2 her.

1.7 Kontrollfragen und Übungsaufgaben

***1.17** Für drei Behälter mit den Wasservolumen V_1, V_2 und V_3 sowie gleicher Flüssigkeitshöhe h und Bodenfläche A werden die jeweiligen Bodendruckkräfte gesucht. Anm.: Das verblüffende Ergebnis wird *Hydrostatisches Paradoxon* genannt.

***1.18** Für eine einfache Montage von Haken oder Ösen an Glasscheiben oder Fliesen werden gerne Saugnäpfe verwendet. Welche Masse kann ein vollflächig an der Decke haftender Saugnapf mit einem Durchmesser von 17 mm halten? (Luftdruck 1 bar)

***1.19** a) Zwei Eimer sind halbvoll mit Wasser gefüllt. In einen wird auf die Wasseroberfläche ein Holzstück ($l \times b \times h = 10\,\text{cm} \cdot 10\,\text{cm} \cdot 6\,\text{cm}$) gelegt. Welcher Eimer ist schwerer (Begründung)? Wie tief taucht das Holzstück mit der Dichte $\rho_{\text{Holz}} = 600\,\text{kg/m}^3$ ein?

b) Diese Eimer werden nun randvoll gefüllt. In einem schwimmt das Holzstück. Welcher Eimer ist schwerer? Begründen Sie dies.

***1.20** In einem Wasserbehälter befindet sich ein Niveauregler. Dieser besteht aus einem Schwimmkörper ($A_{\text{Sch}} = 0{,}0177\,\text{m}^2$), einer Stange ($A_{\text{St}}$) und einem Bodenventil ($A_V = 0{,}00126\,\text{m}^2$). Die Gewichtskraft des Schwimmkörpers, der Stange und des Bodenventils betrage zusammen $F_G = 30\,\text{N}$.

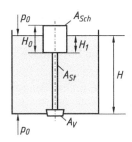

a) Stellen Sie das allgemeine Kräftegleichgewicht in vertikaler Richtung für den Niveauregler auf.

b) Im Folgenden soll A_{St} gegenüber A_{Sch} und A_V vernachlässigt werden. Bei einer Wasserstandshöhe von $H = 3\,\text{m}$ soll das Bodenventil öffnen, damit der Behälter nicht überläuft. Wie groß muss die Höhe H_0 des Schwimmers mindestens sein?

*1.21 In einem großen Meereswasseraquarium ist die seitliche Glasscheibe ($b \times h = 20\,\text{m} \cdot 4\,\text{m}$) um $15°$ zur Vertikalen geneigt. Bestimmen Sie die Druckkraft F und den Angriffspunkt z_D^*. (Flächenträgheitsmoment für ein Rechteck: $I_{xs} = (b \cdot h^3)/12$)

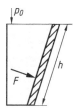

1.22 Welche Höhe über Meeresspiegel würde ein „Luftmeer" aus Luft der konstanten Dichte $\rho = 1{,}225\,\text{kg/m}^3$ aufweisen, wenn der Druck auf dem Meeresspiegel $p_0 = 1{,}0132$ bar beträgt?

1.23 Zur Bestimmung der Druckdifferenz zwischen Ein- und Austritt einer Windkanaldüse wird ein mit Wasser gefülltes Differenzdruckmanometer (vgl. Abb. 1.8) eingesetzt.
a) Welcher Druckdifferenz entspricht eine Differenzdruckhöhe h von 5 cm?
b) Welche Höhen h ergäben sich für Quecksilber bzw. Alkohol als Manometerflüssigkeiten?
Diskutieren Sie die Ergebnisse.

1.24 In einem Punkt auf einer Stromlinie gilt für den Druckverlauf normal zu den Stromlinien (Bezeichnen Sie die richtigen Antworten.):
a) Ist bei parallelen Geraden als Stromlinien konstant.
b) Die Druckänderung normal zu den Stromlinien hängt nur mit der Verengung oder Erweiterung der Stromröhre zusammen.
c) Nimmt bei gekrümmten Stromlinien zur hohlen Seite hin ab, zur erhabenen Seite hin zu.
d) Die Druckänderung normal zu den Stromlinien ist eine Folge der Fliehkraftwirkung.

1.25 Wenn man einen Zylinder (oder auch einen Finger) quer in einen Wasserstrahl hält (Skizze), saugt sich der Strahl an und weicht von der senkrechten Fallrichtung überraschend weit ab. Erklären Sie diese Erscheinung.

1.7 Kontrollfragen und Übungsaufgaben

*1.26 Wegen der Fliehkraftwirkung im Fluid sollten Manometer niemals in Rohrleitungskrümmern angeordnet werden. In einer Rohrleitung wurde dies aber versehentlich ausgeführt. Um zu entscheiden, ob die Messstelle in ein gerades Rohrstück verlegt werden muss, soll abgeschätzt werden, ob der rechnerische Druckunterschied zwischen Rohrmitte und Außenwand mehr oder weniger als 1 % des Druckes in der Rohrleitung beträgt. Rohr in horizontaler Ebene.

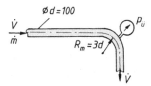

a) Druckluftleitung, $p_{ü} = 4$ bar; $\rho = 4{,}3$ kg/m³, $\dot{m} = 1$ kg/s
b) Wasserleitung, $p_{ü} = 1{,}2$ bar; $\dot{V} = 0{,}024$ m³/s.

1.27 Ein Ideales Fluid strömt durch ein zentrales Rohr in den Spaltraum zwischen zwei parallelen Kreisplatten (Skizze). Der zuströmende Massenstrom sei $\dot{m}$, die Dichte ρ. Berechnen Sie die Geschwindigkeit $w = w(r)$ mithilfe der Kontinuitätsgleichung in Abhängigkeit von der Spalthöhe s und dem Radius r.

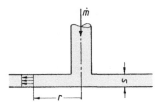

*1.28 Beim Einströmen in ein kreisförmiges Rohr entwickelt sich aus einem rechteckigen Geschwindigkeitsprofil ein parabolisches (laminare Strömung). Ermitteln Sie w_{max} aus w_0 mithilfe der Kontinuitätsgleichung (vgl. Beispiel 1.2).

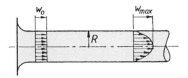

Bernoulli'sche Gleichung für stationäre Strömung

2

In den Kap. 2 und 3 machen wir Gebrauch von den grundlegenden Erhaltungssätzen der Mechanik für Energie, Impuls und Drehimpuls. Diese Sätze gelten für abgeschlossene Systeme.

2.1 Herleitung

Der Druckverlauf normal zu den Stromlinien wird durch die Krümmungsdruckformel Gl. 1.8 erfasst. Für praktische Anwendungen viel wichtiger ist der Druckverlauf *längs* der Stromlinie, welcher durch die Bernoulli'sche Gleichung beschrieben wird (*Daniel Bernoulli,* 1700–1782). Diese stellt den zentralen Teil der elementaren Strömungslehre dar. Wegen ihrer Wichtigkeit werden wir zwei verschiedene Herleitungen erörtern. Bis auf Weiteres setzen wir Ideales Fluid voraus.

a) Herleitung aus dem Satz der Erhaltung der Energie
Wir knüpfen an den freien Fall in der Festkörperdynamik an und setzen auch hier Reibungsfreiheit voraus. Beim Fall verwandelt sich stetig potentielle Energie E_p (Energie der Lage) in kinetische Energie E_k, woraus bekanntlich die einfache Formel für die Fallgeschwindigkeit w_F resultiert:

$$w_F = \sqrt{2\,g\,H}$$

H ist die durchfallene Höhe, Abb. 2.1a. Die Energieumsetzung ist in einem Diagramm in Abb. 2.1a angedeutet. Die potentielle Energie nimmt linear mit der Höhe h zu, die kinetische Energie dagegen ab. Am Startpunkt in der Höhe H ist die potentielle Energie gleich Null. Die Summe bleibt nach dem Satz der Erhaltung der Energie konstant.

© Springer Fachmedien Wiesbaden GmbH, ein Teil von Springer Nature 2021
S. Bschorer und K. Költzsch, *Technische Strömungslehre,*
https://doi.org/10.1007/978-3-658-30407-2_2

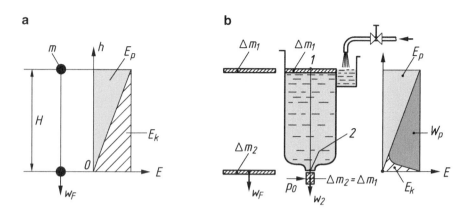

Abb. 2.1 Vergleich von freiem Fall und Ausfluss aus einem Behälter; Kontrollpunkte 1 und 2

In Abb. 2.1b ist im Vergleich dazu eine stationäre Strömung dargestellt: Ein oben offenes Gefäß mit großem Querschnitt mündet unten in einer Ausflussdüse. Gesucht ist zunächst die Ausflussgeschwindigkeit w_2. Wir fassen Gefäß und Düse als Stromröhre auf. Das Flüssigkeitsniveau werde durch einen Überlauf konstant gehalten. Denken wir uns den Zulauf für eine kurze Zeitspanne Δt blockiert, so fehlt oben eine Masse Δm_1, welche gleich groß ist wie die in Δt unten ausgeflossene Masse Δm_2.

Energiemäßig ändert sich nichts, wenn wir uns den Behälter an der Düse abgesperrt denken, Δm_1 „beiseite ziehen" und die Höhe H durchfallen lassen: Die Austrittsgeschwindigkeit w_2 muss daher ebenso groß sein wie die Fallgeschwindigkeit, nämlich

$$w_F = w_2 = \sqrt{2gH}. \tag{2.1}$$

Der Unterschied zur stationären Strömung ist der, dass beim freien Fall eine *identische* Masse Δm_1 seine potentielle Energie verliert und dafür kinetische Energie erhält, während beim Strömungsvorgang der gesamte Behälterinhalt potentielle Energie verliert und stellvertretend die Masse Δm_2 alle kinetische Energie erhält.

Will man – wie beim freien Fall der Festkörpermechanik – einen Erhaltungssatz auch für die *Zwischenzustände* formulieren, so muss man eine dritte, vermittelnde Energieart einführen, die sog. Druckenergie W_p, Abb. 2.1b. Am Ausfluss wandelt sich dann die Druckenergie in kinetische Energie um.

Ein Teilchen, das im Verlaufe des stationären Strömungsvorgangs im Behälter langsam absinkt, verliert stetig seine potentielle Energie, ohne dass ein Gegenwert an kinetischer Energie auftreten würde (der Behälterquerschnitt sei so groß, dass die kinetische Energie entsprechend der Absinkgeschwindigkeit vernachlässigbar sei); hingegen steigt der Druck entsprechend dem hydrostatischen Grundgesetz und damit die Druckenergie, sodass die Summe konstant bleibt. Am Ausfluss wandelt sich dann Druckenergie in kinetische Energie um, Abb. 2.1b.

2.1 Herleitung

Quantitativ ist die Druckenergie W_p wie folgt definiert: W_p ist jene Arbeit, die man benötigt, um in einem Raum eine Masse Δm (in einem stationären Strömungsvorgang) von einem Bezugsdruck p_0 auf den Druck p_1 zu bringen, Abb. 2.2. Die aufgebrachte Druckarbeit setzt sich offensichtlich auf der anderen Seite des Behälters direkt in kinetische Energie um. Es ist mit $\Delta m = A\,s\,\rho = V\rho$

$$W_p = F \cdot s = (p_1 - p_0)\,A \cdot s = (p_1 - p_0)\,A \cdot \frac{V}{A} = (p_1 - p_0)\,V = (p_1 - p_0) \cdot \frac{\Delta m_1}{\rho}$$

In der Strömungslehre ist es üblich, mit *spezifischen* Energien (bezogen auf 1 kg Fluid) zu rechnen (Einheit: N m/kg)

$$w_p = \frac{W_p}{\Delta m} = \frac{p_1 - p_0}{\rho} \quad (2.2)$$

Energiemäßig ist es offensichtlich gleichgültig, ob ein Kolben oder nachströmendes Fluid die Masse Δm_1 in den Behälterraum einpresst. Eine gleich große Masse $\Delta m_2 = \Delta m_1$ wird durch die Düse den Behälter mit der Geschwindigkeit w_2 verlassen. Der Satz der Erhaltung der Energie liefert:

$$W_p = E_{K,2} = \frac{1}{2}\Delta m_2 w_2^2 = (p_1 - p_0)\frac{\Delta m_1}{\rho}; \quad \Delta m_2 = \Delta m_1$$
$$\frac{p_1 - p_0}{\rho} = \frac{1}{2}w_2^2 \quad (2.3)$$
$$w_2 = \sqrt{\frac{2(p_1 - p_0)}{\rho}}$$

Wieder erhält nicht die identische Masse Δm_1, an der die Arbeit W_p verrichtet wurde, die kinetische Energie, sondern die Masse Δm_2 ($= \Delta m_1$) an der Düse. Der Druck im Behälter tritt erneut vermittelnd zwischen Δm_1 und Δm_2 auf.

Wegen der stationären Strömung erhält Δm_1 jedoch zeitverschoben später eine ebenso große kinetische Energie.

Bei unserer Betrachtung hatten wir zunächst die kinetische Energie $E_{K,1}$ vernachlässigt. Berücksichtigt man diese, so ergibt der Satz der Erhaltung der Energie:

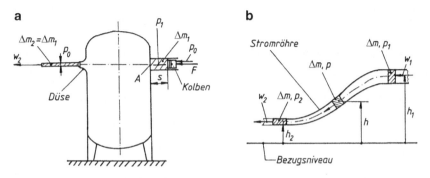

Abb. 2.2 **a** Zur Druckenergie; **b** zur Bernoulli'schen Gleichung

$$W_{\mathrm{p}} + E_{\mathrm{K},1} = E_{\mathrm{K},2} \rightarrow \frac{1}{2}w_2^2 = \frac{p_1 - p_0}{\rho} + \frac{1}{2}w_1^2$$

$$w_2 = \sqrt{2(p_1 - p_0)/\rho + w_1^2}$$

Im Behälter nach Abb. 2.1b erhält ein Fluidteilchen beim Absinken durch Eintreten in Gebiete höheren Druckes von der potentiellen Energie nachrückender Teilchen Druckenergie übertragen und damit die Fähigkeit, kinetische Energie an der Düse zu erzeugen.

Wir können uns nun Anordnungen nach Abb. 2.1b und 2.2a überlagert denken und gelangen so zum allgemeinen Fall nach Abb. 2.2b. Der Satz der Erhaltung der Energie verlangt, dass die Summe der drei Energiearten in Punkt 1 gleich groß ist wie in Punkt 2. Da wir uns die Stromröhre an beliebiger Stelle abgeschnitten und in einen Raum konstanten Druckes mündend denken können, gilt die Energiekonstanz nicht nur für die Punkte 1 und 2, sondern für alle Punkte.

Einen Überblick über die drei Energiearten und ihre Berechnung gibt die folgende Aufstellung.

	Energie in Nm, für m in kg	Spezifische Energie in Nm/kg für 1 kg
Potentielle Energie	$E_{\mathrm{p}} = m\,g\,h$	$e_{\mathrm{p}} = g\,h$
Kinetische Energie	$E_{\mathrm{k}} = \frac{1}{2}mw^2$	$e_{\mathrm{k}} = \frac{1}{2}w^2$
Druckenergie	$W_{\mathrm{p}} = \frac{m}{\rho}(p - p_0)$	$w_{\mathrm{p}} = (p - p_0)/\rho$
Gesamtenergie	$E_{\mathrm{ges}} = E_{\mathrm{p}} + E_{\mathrm{k}} + W_{\mathrm{p}}$	$e_{\mathrm{ges}} = e_{\mathrm{p}} + e_{\mathrm{k}} + w_{\mathrm{p}}$

Es muss nur die *spezifische* Gesamtenergie *aller* Teilchen in der Stromröhre gleich groß sein; ein Teilchen mit *mehr* Masse hat natürlich proportional *mehr* Energie.

Die Bernoulli'sche Gleichung kann nun in Worten wie folgt formuliert werden:

Jedes Teilchen in einer Stromröhre hat denselben Wert der spezifischen Gesamtenergie. Oder:

Die Gesamtenergie eines Teilchens auf seinem Weg in einer Stromröhre bleibt konstant. Die Gesamtenergie setzt sich aus den Anteilen potentielle Energie, kinetische Energie und Druckenergie zusammen. Durchläuft ein Teilchen eine Stromröhre, so ändern sich diese Anteile ständig, ihre *Summe* bleibt aber konstant.

Bei der letzten Formulierung verfolgt man ein identisches Teilchen auf seinem Weg. Da nicht verschiedene Teilchen verglichen werden, kann einfach von der Erhaltung der Gesamtenergie gesprochen werden, eine Einschränkung auf die *spezifische* Energie ist nicht erforderlich. Für die praktische Anwendung ist es unzweckmäßig, von einem Teilchen mit bestimmter Masse m auszugehen; hier benutzt man besser spezifische Energien.

Man kann sich die Teilchen dabei beliebig klein vorstellen und die Bernoulli'sche Gleichung letztlich auch auf eine *Stromlinie* beziehen (nicht auf eine Stromröhre). Es gilt dann für alle Punkte auf einer Stromlinie (Abb. 2.2b):

$$\boxed{w_p + e_k + e_p = \frac{p - p_0}{\rho} + \frac{1}{2} w^2 + g\,h = e_{ges}} \qquad (2.4)$$

Eine Anordnung, wie in Abb. 2.1b dargestellt, kann dann energiemäßig wie folgt beschrieben werden: Im obersten Punkt des Behälters besteht die Gesamtenergie e_{ges} nur aus potentieller Energie e_p. Beim Absinken des Teilchens verwandelt sich diese sukzessive in Druckenergie w_p, welche sich dann im Düsenbereich voll in kinetische Energie e_k umwandelt.

b) Herleitung aus dem Newton'schen Grundgesetz
Betrachten wir eine kleine Masse dm (Massenelement) in einer horizontalen Stromröhre, Abb. 2.3a.

Das universell gültige Newton'sche Grundgesetz beschreibt auch die Bewegung des Massenelementes dm: Kraft = Masse × Beschleunigung:

$$dF_{res,x} = dm \cdot a \qquad (2.5)$$

An Kräften sind wirksam:

dF_p Resultierende Druckkraft in horizontaler Richtung
d$F_G = dm \cdot g = dV \cdot \rho \cdot g$ Gewichtskraft, vertikal
d$F_\tau = 0$ Reibungskraft, hier null, da Ideales Fluid

dF_p resultiert aus der Tatsache, dass sich das Teilchen in einer Umgebung befindet, in der der Druck in Strömungsrichtung zunimmt. Bei allseitig gleichem Druck wäre d$F_p = 0$. Um dF_p zu berechnen, erinnern wir uns an das Auftriebsgesetz aus der Hydrostatik: Auf-

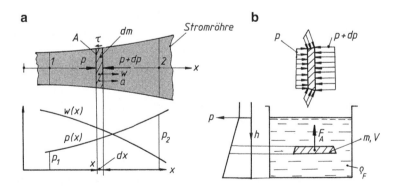

Abb. 2.3 Zur Herleitung der Bernoulli'schen Gleichung

triebskraft = Gewicht der verdrängten Flüssigkeit (siehe auch Abschn. 1.3). Der Auftrieb entsteht aus der Tatsache, dass der Druck nach unten hin (linear) zunimmt. Die verallgemeinerte Formel für die Auftriebskraft F_A lautet (vgl. Abb. 2.3b):

$$F_A = -\frac{dp}{dh} \cdot V \qquad (2.6)$$

Diese Formel gestattet ganz allgemein die resultierende Druckkraft auf einen Körper zu berechnen, der sich in einem Fluid mit linear ansteigendem Druck befindet. Das bekannte Auftriebsgesetz ergibt sich daraus durch Einsetzen des hydrostatischen Grundgesetzes:

$$p = p_0 + \rho_F \, g \, h \quad \frac{dp}{dh} = \rho_F g \quad |F_A| = + \rho_F \, g \, V$$

Angewendet auf unsere Situation ergibt sich:[1]

$$dF_p = -\frac{dp}{dx} \cdot dV \qquad (2.7)$$

Für das kleine Wegstück dx kann die Druckverteilung als linear angesehen werden; keinesfalls muss für Gl. 2.7 insgesamt linearer Druckverlauf gefordert werden. Zur Ermittlung der Beschleunigung a machen wir folgende Überlegungen:

$$w = w(x)$$

stelle den Geschwindigkeitsverlauf als Funktion des Ortes x dar, vgl. auch Abb. 2.3a. An einem festen Ort bleibt die Geschwindigkeit konstant, was gleichbedeutend mit der Definition einer stationären Strömung ist. Nur bei einer instationären Strömung ändert sich in einem raumfesten Punkt die Geschwindigkeit. Die daraus resultierende Beschleunigung wird in der Mechanik als *lokale* Beschleunigung bezeichnet. Zur Anwendung des Newton'schen Grundgesetzes dürfen wir aber nicht einen raumfesten Punkt ins Auge fassen, sondern unser *strömendes* Teilchen. Die Beschleunigung a des Teilchens resultiert daraus, dass es im Verlaufe der Bewegung in Gebiete höherer (oder niedrigerer) Geschwindigkeit gelangt, w hängt implizit von der Zeit t ab. Es wird nach der Kettenregel der Differenzialrechnung

$$w = w[x(t)] \quad a = \frac{dw}{dt} = \frac{dw}{dx} \cdot \frac{dx}{dt} = \frac{dw}{dx} \cdot w \qquad (2.8)$$

Diese Beschleunigung wird auch als *konvektive* Beschleunigung bezeichnet. In stationärer Strömung haben die Teilchen nur konvektive Beschleunigungen. In instationärer Strömung setzt sich die *totale* Beschleunigung aus einem lokalen und einem konvektiven Anteil zusammen. Nun können wir unsere Ergebnisse Gl. 2.7 und 2.8 in Gl. 2.5 einführen:

---

[1] dF_p enthält auch einen Anteil, der von der Druckkraft auf die konische Mantelfläche des Elementes herrührt.

2.1 Herleitung

$$-\frac{dp}{dx} \cdot dV = \rho dV \cdot w \cdot \frac{dw}{dx}$$

$$\boxed{\begin{array}{l} \dfrac{dp}{dx} = -\rho w \cdot \dfrac{dw}{dx} \quad \text{oder Bewegungsgleichung längs Stromlinie } (x) \\[6pt] dp = -\rho w \cdot dw \qquad \text{Differenzialform} \end{array}} \qquad (2.9)$$

Aus Gl. 2.9 ersieht man, dass Geschwindigkeits*zunahme* (+dw) immer *Druckabnahme* (dp negativ) zur Folge hat und umgekehrt. Gl. 2.9 gilt auch für veränderliche Dichte. Nehmen wir ρ als konstant, so kann Gl. 2.9 sofort integriert werden:

$$p(x) = -\rho \cdot \frac{w^2(x)}{2} + C$$
$$\frac{p}{\rho} + \frac{1}{2}w^2 = C \qquad (2.10)$$

Fassen wir zwei Punkte 1, 2 ins Auge, Abb. 2.3a, so kann die Konstante C eliminiert werden und es ergibt sich

$$\frac{p_1}{\rho} + \frac{1}{2}w_1^2 = \frac{p_2}{\rho} + \frac{1}{2}w_2^2. \qquad (2.11)$$

Unsere Ableitung war insofern nicht allgemein, als wir eine Stromröhre mit horizontaler Achse vorausgesetzt hatten. Betrachten wir nun eine Stromröhre mit schräger Lage, Abb. 2.4. Wenn wir von der Koordinate x zur Koordinate s übergehen, ändert sich nichts Wesentliches, außer dass die Gewichtskraft dF_G eine Komponente in s-Richtung hat.

Wenn wir den Winkel zwischen positiver x-Achse und positiver s-Achse mit α bezeichnen, gilt:

$$dF_{G,s} = -dF_G \cdot \sin\alpha = -dV \cdot \rho\, g \sin\alpha$$

Bei analoger Argumentation wie bei horizontaler Stromröhre ergibt sich

$$dF_{res,s} = dm\, a_s$$
$$-\frac{dp}{ds} \cdot dV - dV \cdot \rho\, g \sin\alpha = \rho\, dV \cdot w \cdot \frac{dw}{ds}$$
$$\frac{dp}{ds} + \rho\, g \sin\alpha = -\rho w \cdot \frac{dw}{ds}$$
$$\frac{dp}{\rho} + (g \sin\alpha) \cdot ds + w \cdot dw = 0$$

Abb. 2.4 Verhältnisse bei zur x-Achse geneigter Stromröhre

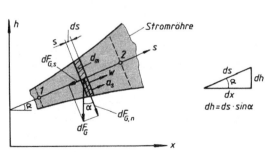

Da $ds \cdot \sin \alpha = dh$ (vgl. Abb. 2.4 rechts), ergibt die Integration analog zu Gl. 2.11

$$\frac{p_1}{\rho} + \frac{1}{2} w_1^2 + g\, h_1 = \frac{p_2}{\rho} + \frac{1}{2} w_2^2 + g h_2 = \text{const.}$$

(2.12)

Dies ist die Bernoulli'sche Gleichung für stationäre Strömung. Man erkennt sogleich, dass diese Gleichung gültig bleibt, wenn man das Bezugsniveau für die Höhe h ändert und auch wenn man den Bezugsdruck, von dem weg man p misst, ändert. Es werden dann rechts und links nur gleich große Summanden hinzu addiert; die Konstante ändert sich zwar, aber die Gleichung bleibt gültig.

Gl. 2.12 bleibt auch gültig, wenn die Achse der Stromröhre gekrümmt ist. s ist dann einfach die Koordinate auf der gekrümmten Mittellinie der Stromröhre und die Integration erfolgt dann nach dieser Koordinate.

Bei gekrümmter Stromlinie ändert sich der Druck allerdings auch normal zu den Stromlinien (Krümmungsdruckformel Gl. 1.8). Die Bernoulli'sche Gleichung bleibt davon unberührt, sie bezieht sich nur auf die Energie.

Der Umstand, dass wir die Bernoulli'sche Gleichung einmal aus dem Satz der Erhaltung der Energie und einmal aus dem Newton'schen Grundgesetz ableiten konnten, ist mit dem strengen Hierarchieprinzip im Bereich der Naturgesetze nicht in Widerspruch. Der Satz von der Erhaltung der Energie beruht selbst auf nichts anderem als auf dem Wegintegral des Newton'schen Grundgesetzes (bei Reibungsfreiheit). In der Ableitung ist dieses Wegintegral mit enthalten.

2.2   Druckbegriffe bei strömenden Fluiden

a) Der statische Druck

Denken wir uns ein kleines Kügelchen (derselben Dichte wie das Fluid) im Fluid suspendiert und ohne Relativbewegung mitschwimmend. Oft spricht man in diesem Zusammenhang auch von einem mitschwimmenden „Beobachter". Dieses Teilchen ruht gewissermaßen im umgebenden Fluid und gemäß dem Pascal'schen Gesetz wirkt auf das Teilchen von allen Seiten der gleiche Druck. In Abschn. 1.3 haben wir diese Regel näher begründet. Diesen Druck meint man, wenn man vom *Druck in einem strömenden Fluid* spricht. Will man diesen Druck betont von anderen Druckbegriffen abgrenzen, fügt man das Eigenschaftswort „statisch" hinzu: Symbole: p, p_{stat}. Der statische Druck ist auch jener Druck, der in der Bernoulli'schen Gleichung vorkommt. Außer durch einen mitschwimmenden Beobachter (was praktisch sehr schwierig wäre!) kann der statische Druck an einem bestimmten Ort einer Strömung auch von einem ruhenden Beobachter gemessen werden, wenn er seine Manometeröffnung normal zu den Stromlinien hält und im Übrigen die Strömung durch die Sonde möglichst wenig gestört wird, Abb. 2.5, links.

Meist interessiert man sich für den statischen Druck an bestimmten Stellen einer Körperoberfläche oder in einem Rohr. Hier genügen sorgfältig entgratete Wandanbohrungen zur Druckentnahme, Abb. 2.5, links und rechts unten.

2.2 Druckbegriffe bei strömenden Fluiden

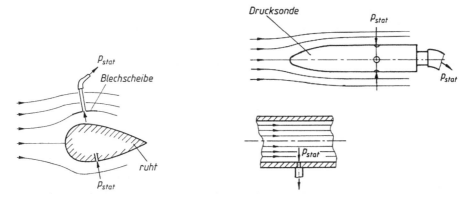

Abb. 2.5 Zur Messung des statischen Druckes

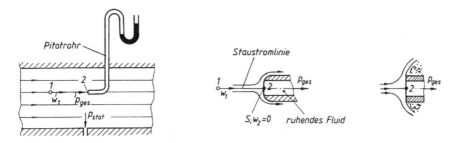

Abb. 2.6 Gesamtdruckmessung mit Pitotrohr

b) Gesamtdruck

Der Gesamtdruck kann von einem gegen die Strömungsrichtung gehaltenen Hakenrohr, dem sog. **Pitotrohr** (gesprochen Pitó) gemessen werden, Abb. 2.6.

Es ist immer $p_{ges} > p_{stat}$. Den genauen Zusammenhang ergibt die Bernoulli'sche Gleichung.

Vor jedem umströmten Körper bildet sich vorne ein sog. Staupunkt (S in Abb. 2.6, vgl. auch Abb. 1.4), in dem sich die Stromlinien verzweigen und die Strömungsgeschwindigkeit sich zum Wert $w=0$ aufstaut. Bei axial angeströmten Rotationskörpern ist der vordere Durchstoßpunkt der Rotationsachse auch der Staupunkt S. In S hat die Stromlinie $90°$-Knicke.

Dass dort die Geschwindigkeit auf null abnehmen muss, ist sofort aus der Krümmungsdruckformel Gl. 1.8 einsichtig: da im Knickpunkt der Krümmungsradius der Stromlinie $R=0$ wird, ergibt sich dort $dp/dn = \infty$, ausgenommen für den Sonderfall, dass dort $w=0$ ist. Unendlich große Druckgradienten dp/dn und unendlich große Normalbeschleunigungen treten in der Natur aber niemals auf. Vielmehr baut sich in der Staustromlinie die Geschwindigkeit bis zum Punkt S auf den Wert 0 ab, das Fluidteilchen geht dann „um die Ecke" und wird von neuem beschleunigt. „Um die Ecke" bedeutet hier keine Drehung, sondern: die neue Bewegung ist seitwärts.

Wir betrachten einen Punkt 2 auf einer Stromlinie, für den wir den Gesamtdruck p_{ges} berechnen wollen. Wir denken uns dort einen kleinen Staukörper mit Staupunkt im Punkt 2. Nun setzen wir die Bernoulli'sche Gleichung zwischen einem Punkt 1 etwas stromaufwärts und Punkt 2 an, Abb. 2.6.

$$\frac{p_1}{\rho} + \frac{w_1^2}{2} + gh_1 = \frac{p_2}{\rho} + 0 + gh_2 \rightarrow p_2 = p_{ges} = p_1 + \frac{1}{2}\rho\, w_1^2$$

p_1 wäre der statische Druck am Messort, wenn keine Sonde vorhanden wäre. Der Gesamtdruck ist also um den Wert $0{,}5\,\rho w_1^2$ größer als der statische Druck; der Wert $0{,}5\,\rho\, w_1^2$ wird als **Staudruck** oder **dynamischer Druck** p_d bezeichnet. Somit gilt:

$$\boxed{\begin{array}{c} \text{Gesamtdruck} = \text{statischer Druck} + \text{Staudruck} \\ p_{ges} = p_{stat} + p_d \end{array}} \qquad (2.13)$$

Werte p_{ges}, p_{stat}, p_d können *jedem* Punkt eines Strömungsfeldes zugeordnet werden, unabhängig davon, ob diese Werte gemessen werden oder nicht. Der Staudruck erweist sich als einer der wichtigsten Begriffe der Strömungslehre. Als Messwert ergibt er sich als Differenz aus:

$$p_d = p_{ges} - p_{stat} = \frac{1}{2}\rho w^2 \quad \text{mit} \quad p_{stat} = p_1 \qquad (2.14)$$

Er dient insbesondere auch zur Geschwindigkeitsmessung: Bei Kenntnis von ρ und Messung von p_d ist

$$\boxed{w = \sqrt{\frac{2p_d}{\rho}}} \qquad (2.15)$$

Der Staudruck p_d tritt auch als Druckabsenkung beim Einlauf in einen gerundeten Kanal auf und auch als „Anstaudruck" im Staupunkt jedes umströmten Körpers, Abb. 2.7. Im Fall der Einlaufströmung sagt man auch, dass eine Druckabsenkung um *einen* Staudruck notwendig ist, um die Geschwindigkeit w „aufzubauen".

Der Staudruck wird auch vielfach zum Dimensionslosmachen anderer Drücke benutzt. Misst man w und p_d mit verschiedenen Messmethoden und prüft Gl. 2.15,

Abb. 2.7 Zum Staudruck p_d

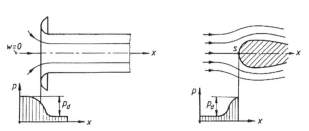

2.3 Regeln für die Anwendung der Bernoulli'schen Gleichung

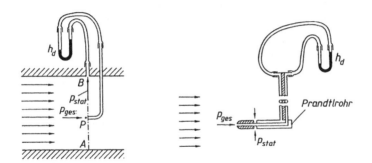

Abb. 2.8 Zur Messung des Staudruckes

so findet man eine erstaunlich gute Übereinstimmung (Abweichung meist unter 1 %!). Auch wenn als Pitotrohr nur ein vorne abgesägtes Hakenrohr verwendet wird, ergeben sich kaum größere Fehler. Die gute Übereinstimmung ist auch deshalb erstaunlich, weil wir zur Ableitung von Gl. 2.15 die Bernoulli'sche Gleichung verwendet hatten, welche Reibungsfreiheit voraussetzt. Daraus folgt umgekehrt:

> Die Staupunktströmung erweist sich praktisch als reibungsfrei.

Allgemein hat man folgende Erfahrungen gemacht: Außerhalb der meist enorm dünnen Wandgrenzschichten und der wirbeligen Totwassergebiete (vgl. Abb. 1.4b) ist Fluidreibung praktisch unmerklich (wenn man von sehr zähen Fluiden wie Honig, kaltes Öl usw. absieht).

c) Staudruck

Wir haben den Staudruck bereits oben definiert. Zu seiner Messung in Rohren und Kanälen benutzt man bei Gasen oft ein Pitotrohr und eine Wandmessstelle, Abb. 2.8. Da wegen der geraden Stromlinien der statische Druck im Querschnitt konstant ist, ist der an der Wand gemessene Druck gleich jenem am Ort des Pitotrohres.

In freier Strömung misst man den Staudruck meist mit dem **Prandtlrohr**, das die Messung des Gesamtdruckes und des statischen Druckes in *einer* Sonde vereinigt. Mit U-Rohr-Manometern oder anderen Differenzdruckmessgeräten kann dann direkt der Staudruck gemessen (Gl. 2.14) und daraus die Geschwindigkeit (Gl. 2.15) bestimmt werden.

2.3 Regeln für die Anwendung der Bernoulli'schen Gleichung

Die Anwendung erfolgt im Allgemeinen so, dass man die Summe der drei Energieformen für zwei zur Lösung des Problems passend gewählte Punkte aufstellt und gleichsetzt. Die Stromlinie, auf der die zwei Punkte liegen müssen, kann z. B. durch ein Rohr vorgegeben sein. Die Bernoulli'sche Gleichung kann aber auch bei der freien Umströmung eines Körpers angewendet werden, Abb. 2.9.

Im Folgenden werden einige Regeln zusammengestellt, die teils auf Erfahrung beruhen, teils theoretisch einsichtig gemacht werden können.

1. Die Bernoulli'sche Gleichung setzt konstante Dichte ρ voraus. Dies ist für Flüssigkeiten nahezu exakt erfüllt, aber auch bei Gasen kann mit guter Näherung ρ konstant gesetzt werden, wenn die Strömungsgeschwindigkeiten kleiner als etwa 30 % der jeweiligen Schallgeschwindigkeit sind (bei Umgebungsluft < 100 m/s). Die Begründung dieser Regel kann erst von der übergeordneten Warte der Gasdynamik gegeben werden.
2. Bei Gasen wird wegen der geringen Dichte und des meist viel höheren Geschwindigkeitsniveaus in der Regel die potentielle Energie gegenüber den beiden anderen Summanden in der Bernoulli'schen Gleichung vernachlässigt. Daher gilt: In Gasströmungen ist der Gesamtdruck p_{ges} in *allen* Punkten gleich groß (Gl. 2.12).
3. Die Konstante C in der Bernoulli'schen Gleichung hat nicht nur für zwei Punkte auf ein und derselben Stromlinie den gleichen Wert, sondern ist (bei allen Strömungen, abgesehen von Sonderfällen [vgl. z. B. Beispiel 3.2c]), für *alle* Stromlinien gleich groß. Für eine große Klasse von Strömungen lässt sich der Beweis leicht geben. Für Körper, welche von einer Parallelanströmung umströmt werden, gilt: Weit vor und weit hinter dem Körper ist die Geschwindigkeit und somit die kinetische Energie überall gleich. Druckenergie und potentielle Energie ergänzen sich für verschiedene Höhen auch zu einem konstanten Wert (entsprechend dem hydrostatischen Grundgesetz). Da in großer Ferne die Summe der drei Energien für *alle* Höhen gleich groß ist, muss sie es auch in körpernahen Gebieten sein.
4. Reibungswirkungen: Die Bernoulli'sche Gleichung kann zwar beliebig in Beispielen angewendet werden, der Ingenieur muss sich aber immer wieder fragen, ob das Resultat auch für ein reales Fluid eine gute Annäherung gibt. Experimentelle Erfahrung und Vergleichsrechnungen unter Berücksichtigung der Reibung können hier Hinweise geben.

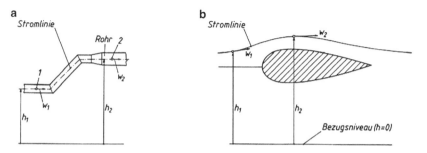

Abb. 2.9 Zur Bernoulli'schen Gleichung. **a** Anwendung auf Rohr; **b** Anwendung auf freie Strömung

2.3 Regeln für die Anwendung der Bernoulli'schen Gleichung

Bei typischen Bedingungen gilt etwa: Reibung ist nur in wandnahen Grenzschichten und in Totwassergebieten von Bedeutung; außerhalb dieser Zonen ist Reibung unmerklich. Abb. 2.10 zeigt einige Situationen: Reibungszonen sind durch Punkte gekennzeichnet. Liegen die zwei Punkte 1 und 2 für die Anwendung der Bernoulli'schen Gleichung im nichtpunktieren Bereich, so ergibt die Bernoulli'sche Gleichung sehr realitätsnahe Resultate. Liegt Punkt 2 im gepunkteten Bereich, so ist mit größeren Abweichungen zu rechnen. Auf kurze Distanzen spielt jedoch auch in punktierten Zonen Reibung kaum eine Rolle. So zeigt z. B. ein Pitotrohr auch in einem Rohr den richtigen Gesamtdruck an (Abb. 2.10 oben).

Für den Ausfluss aus einer Düse gilt Folgendes: Der Kernstrahl weist eine Geschwindigkeit entsprechend der Bernoulli'schen Gleichung auf; in den Randzonen nimmt die Geschwindigkeit jedoch wegen der Wandreibung ab (Abb. 2.10 unten links). Allgemein gilt auch: Die *relative* Bedeutung von Reibungswirkungen nimmt zu bei:

- kleiner werdender Geschwindigkeit,
- kleineren Körperabmessungen,
- größerer Viskosität des Fluids.

Lässt man etwa eine Kugel in Honig absinken oder ein feines Nebeltröpfchen in Luft, so ist Reibung im ganzen Strömungsfeld bedeutsam.

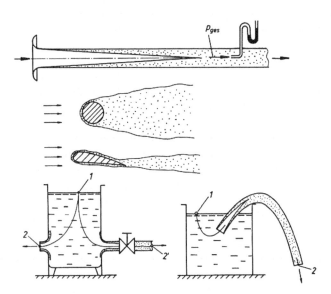

Abb. 2.10 Reibungszonen bei Strömung in realen Fluiden, schematisch. Reibungszonen punktiert

2.4 Verschiedene Formen der Bernoulli'schen Gleichung

Für ein Fluidteilchen der Masse m gilt für jeden Punkt der Stromlinie

$$\boxed{\frac{mw^2}{2} \quad + \quad mgh \quad + \quad p \cdot \frac{m}{\rho} = \quad E_{ges} = \text{const.}}$$

(2.16)

| kinetische | Lage- | Druck- | Gesamt- |
| Energie | energie | energie | energie |

Bezieht man die Energien auf $m = 1$ kg und dividiert durch die Fallbeschleunigung g so werden die Energieverhältnisse durch *Höhen* ausgedrückt.

Schließlich kann die Bernoulli'sche Gleichung auch noch in der Druckform angeschrieben werden.

Tab. 2.1. gibt einen Überblick über die verschiedenen Formen der Bernoulli'schen Gleichung und eine Skizze der Aufteilung der drei Energiearten für ein Rohr (eindimensionale Behandlung, Stromfaden). Die Energie der Lage ist durch den Verlauf der Rohrachse vorgegeben, die kinetische Energie durch die Rohrquerschnitte. Die Ergänzung auf den konstanten Wert bildet die Druckenergie. Bringt man in das Rohr an beliebiger Stelle ein Pitotrohr ein, so steigt für den Fall, dass das strömende Fluid eine Flüssigkeit ist, diese immer gleich hoch (h_{ges}!). Ist das strömende Fluid ein Gas, so zeigt ein Manometer oder U-Rohr ebenfalls an allen Stellen gleichen Gesamtdruck an.

Hier sei noch eine Bemerkung zur Wortschöpfung „Druckenergie" angebracht. Der Begriff „Energie" wird in der Mechanik im Allgemeinen für „gespeicherte Arbeit" verwendet. So wird etwa bei der Beschleunigung eines Körpers Beschleunigungsarbeit verrichtet, welche sich dann im Körper, in kinetischer Energie gespeichert, findet. Beim Heben eines Körpers wird Hubarbeit verrichtet, die sich dann gespeichert in potentieller Energie wiederfindet.

Die Druckenergie in der Bernoulli'schen Gleichung hat diesen Speichercharakter *nicht*. Wird etwa der Druckbehälter in Abb. 2.2 plötzlich an der Düse und Rohrmündung abgesperrt, so findet sich im Fluid im Behälter *keine* gespeicherte „Druckenergie". Da das Fluid als inkompressibel angenommen ist, verschwindet der Druck im Behälter bei minimaler Volumenvergrößerung. Druckenergie hat daher nur Bedeutung innerhalb des Strömungsvorganges. Man sollte besser von Druckarbeit W_p sprechen. Druckarbeit hat zwar dieselbe Dimension wie potentielle und kinetische Energie, ist aber in der Qualität verschieden (kein Speichercharakter).

Druckarbeit W_p ist jene Arbeit, die erforderlich ist, um eine Masse m mit Volumen V vom Druck p_0 in stationärer Strömung in einen Raum mit Druck p zu bringen

$$W_p = (p - p_0)V \qquad w_p = W_p/m = \frac{p - p_0}{\rho}$$

Bei inkompressiblem Fluid ist eine Speicherung dieser Arbeit nicht möglich. Der Ausdruck „Druckenergie" ist aber sehr verbreitet und wird hier – trotz der obigen kritischen Anmerkungen – übernommen. Die Zuordnung eines Wertes von W_p für *jedes* Teilchen ermöglicht die Formulierung eines eingängigen Erhaltungssatzes, wie sie uns aus der Physik so vertraut sind.

Tab. 2.1 Verschiedene Formen der Bernoulli'schen Gleichung

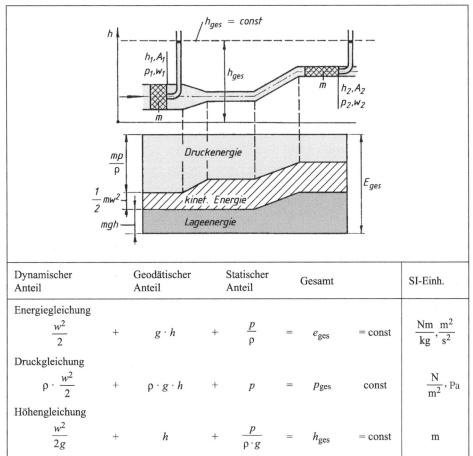

	Dynamischer Anteil		Geodätischer Anteil		Statischer Anteil		Gesamt		SI-Einh.
Energiegleichung	$\dfrac{w^2}{2}$	+	$g \cdot h$	+	$\dfrac{p}{\rho}$	=	e_{ges}	= const	$\dfrac{\text{Nm}}{\text{kg}}, \dfrac{\text{m}^2}{\text{s}^2}$
Druckgleichung	$\rho \cdot \dfrac{w^2}{2}$	+	$\rho \cdot g \cdot h$	+	p	=	p_{ges}	const	$\dfrac{\text{N}}{\text{m}^2}$, Pa
Höhengleichung	$\dfrac{w^2}{2g}$	+	h	+	$\dfrac{p}{\rho \cdot g}$	=	h_{ges}	= const	m

2.5 Einfache Beispiele

a) Ausfluss von Flüssigkeiten aus Gefäßen und Behältern

Beispiel 2.1 Für ein Gefäß nach Abb. 2.11a soll eine Formel für die Ausflussgeschwindigkeit w_2 aufgestellt werden.

Lösung: Wir fassen das Gefäß samt Düse als Stromröhre auf und setzen die Bernoulli'sche Gleichung zwischen den Punkten 1 und 2 an. Hierzu müssen wir zunächst einen Bezugsdruck und ein Bezugsniveau wählen. Zweckmäßigerweise wählen wir den Atmosphärendruck p_0 als Bezugsdruck und das Bezugsniveau auf der Höhe der Düsenmitte ($h_2 = 0$). Die Energieform der Bernoulli'schen Gleichung ergibt dann

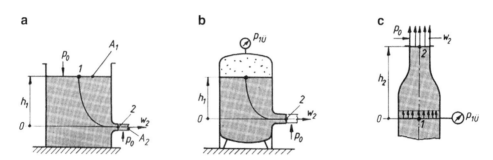

Abb. 2.11 Zu den Beispielen 2.1 bis 2.3

$$\frac{p_1}{\rho} + \frac{1}{2}w_1^2 + g\,h_1 = \frac{p_2}{\rho} + \frac{1}{2}w_2^2 + g\,h_2$$

Zur Vereinfachung nehmen wir hier – wie auch später häufig – an, dass $A_1 \gg A_2$. Wegen der Kontinuitätsgleichung ist dann $w_1 \ll w_2$, sodass die kinetische Energie in Punkt 1 vernachlässigt werden kann.

p_1 und p_2 sind die statischen Drücke in den Punkten 1 und 2, welche beide gleich dem Atmosphärendruck p_0 sind. Da wir die Drücke p_1, p_2 vom Atmosphärendruck weg zu zählen beginnen, ist $p_1 = p_2 = 0$. Bei p_2 ist zu beachten, dass der statische Druck normal zu den Stromlinien wirkt. Da wir das Bezugsniveau durch Punkt 2 gelegt haben, ist $h_2 = 0$. Damit wird:

$$g h_1 = \frac{1}{2}w_2^2 \;\rightarrow\; \underline{w_2 = \sqrt{2 g h_1}} \;\rightarrow\; \text{Ausflussformel von Torricelli}$$

Es ist nicht weiter erstaunlich, dass wir hier dasselbe Resultat erhalten, das wir in Abschn. 2.1 in Anknüpfung an die Festkörperdynamik für die Herleitung verwendet hatten (siehe Abb. 2.1b). Es zeigt sich, dass das Ergebnis unabhängig von der Ausströmrichtung ist!

Die Ausflussgeschwindigkeit ist bemerkenswerterweise auch unabhängig von der Dichte des Fluids, also etwa für Wasser und Quecksilber gleich. Das Analogon in der Festkörperdynamik ist die Unabhängigkeit der Fallgeschwindigkeit vom Gewicht des Körpers.

Wird die abfließende Menge oben am Behälter nicht ergänzt, so sinkt das Niveau h_1 ständig ab und w_2 wird kleiner. Der Strömungsvorgang ist dann genaugenommen instationär. Die Veränderungen erfolgen aber so langsam, dass man von quasistationärer Strömung sprechen kann (wenn $A_1 \gg A_2$). Bei einer solchen bleiben die Gesetze für stationäre Strömung näherungsweise gültig, d. h. wir können schreiben:

$$w_2(t) = \sqrt{2 g h_1(t)}$$

2.5 Einfache Beispiele   51

Beispiel 2.2 Für einen Druckbehälter nach Abb. 2.11b, der eine Flüssigkeit und ein Druckgaspolster enthält, soll die Formel für die Ausflussgeschwindigkeit aufgestellt werden. Zahlenmäßige Lösung für: $p_{1\ddot{u}} = 1\,\text{bar}$, $h_1 = 2\,\text{m}$, Wasser, $d_2 = 2\,\text{cm}$; ges.: $w_2, \dot{V}$.

Lösung: Analog wie bei Beispiel 1 ergibt die Bernoulli'sche Gleichung

$$\frac{p_{1\ddot{u}}}{\rho} + 0 + g\,h_1 = 0 + \frac{w_2^2}{2} + 0$$

$$w_2 = \sqrt{2g\,h_1 + 2 \cdot \frac{p_{1\ddot{u}}}{\rho}}$$

Zu beachten ist, dass für p_1 der Überdruck über Atmosphärendruck ($p_{1\ddot{u}}$) angegeben ist. Für $p_{1\ddot{u}} = 0$ ergibt sich, wie zu erwarten, die Lösung von Beispiel 2.1. Mit den Zahlenangaben wird:

$$\underline{w_2 = \sqrt{2 \cdot 9{,}81 \cdot 2 + 2 \cdot 10^5/10^3} = 15{,}5\,\text{m/s}}$$

$$\dot{V} = A_2\,w_2 = \frac{0{,}02^2\,\pi}{4}\,15{,}5 = 4{,}86 \cdot 10^{-3}\,\text{m}^3/\text{s} = \underline{4{,}86\,\text{L/s}}$$

Beispiel 2.3 Für ein Spritzrohr nach Abb. 2.11c soll eine Formel für die Ausflussgeschwindigkeit w_2 aufgestellt werden. Zahlenmäßige Lösung für: $p_{1\ddot{u}} = 4\,\text{bar}$, $h_2 = 0{,}2\,\text{m}$, Benzin $\rho = 780\,\text{kg/m}^3$, $d_1 = 10\,\text{mm}$, $d_2 = 2\,\text{mm}$. Ges.: w_2.

Lösung: Analog wie bei Beispiel 2.1 ergibt die Bernoulli'sche Gleichung:

$$1)\quad \frac{p_{1\ddot{u}}}{\rho} + \frac{1}{2}w_1^2 + 0 = 0 + \frac{1}{2}w_2^2 + gh_2$$

Da w_1 und w_2 unbekannt sind, kann diese Gleichung noch nicht gelöst werden. Eine zweite Gleichung ergibt sich aus der Kontinuitätsgleichung:

$$2)\quad A_1 w_1 = A_2 w_2 \rightarrow w_1 = w_2 \frac{A_2}{A_1} = w_2 \cdot \left(\frac{d_2}{d_1}\right)^2$$

Durch Einsetzen in die erste Gleichung erhält man

$$\frac{p_{1\ddot{u}}}{\rho} + \frac{w_2^2}{2} \cdot \frac{A_2^2}{A_1^2} = \frac{1}{2}w_2^2 + g\,h_2$$

$$\frac{1}{2}w_2^2(1 - A_2^2/A_1^2) = \frac{p_{1\ddot{u}}}{\rho} - g\,h_2$$

$$w_2 = \sqrt{\frac{2p_{1\ddot{u}}/\rho - 2g\,h_2}{1 - A_2^2/A_1^2}} = \sqrt{\frac{2 \cdot p_{1\ddot{u}}/\rho - 2 \cdot g \cdot h_2}{1 - (d_2/d_1)^4}}$$

Mit den gegebenen Zahlenwerten ergibt sich:

$$w_2 = \sqrt{\frac{2 \cdot 4 \cdot 10^5/780 - 2 \cdot 9{,}81 \cdot 0{,}2}{[1 - (2/10)^4]}} = \underline{32{,}0 \text{ m/s}}$$

b) Besonderheiten bei Ausfluss aus scharfkantigen Öffnungen

In Abschnitt a) erfolgte der Ausfluss immer durch gerundete Düsen, sodass angenommen werden konnte, Strahlquerschnitt A_{str} = Düsenquerschnitt A_L (Lochquerschnitt). Bei Ausfluss aus einem Behälter mit scharfkantiger Öffnung kann diese Annahme allein schon wegen der Krümmungsdruckformel nicht zutreffen, Abb. 2.12a: Wenn der Strahl die Lochkante verlässt, wirkt sofort der Luftdruck p_0 auf die Oberfläche, daher muss dort wegen der Bernoulli'schen Gleichung auch bereits die Geschwindigkeit w_2 auftreten, die stromabwärts im gesamten Strahl herrscht. Mit endlich großer Geschwindigkeit w_2 kann das Fluid wegen der Krümmungsdruckformel nicht „um die Ecke" strömen, es muss daher die Randstromlinie *tangential an die Behälterwand* anschließen. Mit einer relativ starken Krümmung geht dann der Strahl vom Lochquerschnitt asymptotisch in den Strahlquerschnitt A_{str} über. Im Lochbereich ist im Strahlkern noch nicht die Geschwindigkeit w_2 erreicht. Das ergibt sich auch aus der Krümmungsdruckformel. Auf der erhabenen Seite der Stromlinien muss der Druck höher sein als p_0, die Geschwindigkeit daher niedriger als w_2. Dieser Umstand ermöglicht auch die Erfüllung der Kontinuitätsgleichung im Lochbereich trotz größeren Strahlquerschnitts. Man definiert:

$$\boxed{\frac{A_{str}}{A_L} = \alpha \quad \text{Kontraktionszahl (theoret. Bezeichnung, sonst auch: Ausflusszahl) } \alpha < 1} \quad (2.17)$$

Die theoretische Strömungslehre (Potentialströmung) errechnet bei scharfkantiger Wand für lange schlitzartige Öffnungen (ebene Strömung) [51]:

$$\alpha = \frac{\pi}{2 + \pi} \approx 0{,}611$$

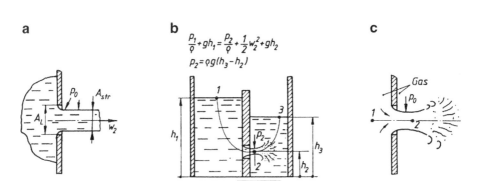

Abb. 2.12 Zum Ausfluss aus Behältern

2.5 Einfache Beispiele

Dieser Wert wurde bei Versuchen nahezu erreicht (z. B. 0,607), und zwar sowohl für die oben genannte als auch für die kreisförmige Lochform.

Für gut gerundete Düsen ist hingegen $\alpha \approx 1$.

Bisher hatten wir immer einen Flüssigkeitsstrahl angenommen, der in atmosphärische Luft austritt. Wie verhält es sich aber, wenn ein Wasserstrahl in ruhendes Wasser eintritt oder ein Luftstrahl in Umgebungsluft? Die Beobachtung der Strömung realer Fluide zeigt, dass sich auch hier ein scharf umrissener Strahl mit derselben Kontraktionszahl α ausbildet, wie oben erörtert. Der Strahl löst sich dann aber nach wenigen Durchmessern Distanz in einer turbulenten Mischungsbewegung im ruhenden Fluid auf. Die gesamte kinetische Energie geht dabei durch Reibung in Wärme über. Die Bernoulli'sche Gleichung kann hier zwischen Punkt 1 und 2 angesetzt und zusammen mit der Kontraktionszahl α der Volumenstrom berechnet werden. Der statische Druck im Punkt 2 ergibt sich aus dem hydrostatischen Grundgesetz im rechten Behälterteil, Abb. 2.12b, oder kann gleich dem atmosphärischen Druck p_0 gesetzt werden, Abb. 2.12c. Keinesfalls darf die reibungsfreie Bernoulli'sche Gleichung aber zwischen Punkt 1 und 3 angesetzt werden, da eine Reibungszone dazwischen liegt. w_2 hängt nur von der Spiegeldifferenz $h_1 - h_3$ ab, nicht von der Tiefenlage des Loches!

Beispiel 2.4 Am Ende eines Belüftungsrohres soll $\dot{V} = 0{,}70$ m³/s Luft – verteilt über eine gewisse Rohrstrecke – durch viele Löcher mit 20 mm Durchmesser (scharfkantig) in den Raum geblasen werden. Im Lochbereich herrscht ein Überdruck von 1100 Pa, $\rho = 1{,}20$ kg/m³, $\alpha = 0{,}60$.

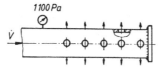

a) Welchen Durchmesser soll das Belüftungsrohr erhalten, wenn die mittlere Zuströmgeschwindigkeit im Rohr $w_{zul} = 10$ m/s beträgt?
b) Wie viele Löcher n sind im Rohr vorzusehen? Die kinetische Energie entsprechend der Geschwindigkeit im Rohr kann vernachlässigt werden.

Lösung:
a) Für den erforderlichen Rohrdurchmesser ergibt sich:

$$A_{erf} = \frac{\dot{V}}{w_{zul}} = \frac{0{,}70}{10} = 0{,}07 \, \text{m}^2 \rightarrow \underline{D_{erf} = \sqrt{4 A_{erf}/\pi} = 0{,}299 \, \text{m}}$$

b) Hier haben wir es mit einem Ausfluss nach dem Schema von Abb. 2.12c zu tun. Die Austrittsgeschwindigkeit aus den Löchern ergibt sich zu

$$w_2 = \sqrt{2 p_{\ddot{U}}/\rho} = \sqrt{2 \cdot 1100/1{,}20} = 42{,}8 \, \text{m/s}$$

Querschnittsfläche eines Loches: $A_L = 0{,}02^2 \pi/4 = 31{,}4 \cdot 10^{-5} \, \text{m}^2$.

Für die Lochzahl n ergibt sich daraus mit $\alpha = 0{,}60$

$$\dot{V} = n\,\alpha\,A_\mathrm{L}w_2 \rightarrow \underline{n} = \frac{\dot{V}}{\alpha A_\mathrm{L}w_2} = \frac{0{,}70}{0{,}6 \cdot 31{,}4 \cdot 10^{-5} \cdot 42{,}8} \approx \underline{87}$$

Würde die kinetische Energie der Rohrströmung (10 m/s) voll genützt werden können, wäre die Strahlaustrittsgeschwindigkeit etwas höher:

$$\frac{p_{1\ddot{\mathrm{u}}}}{\rho} + \frac{1}{2}w_1^2 = 0 + \frac{1}{2}w_2^2 \qquad w_2 = \sqrt{2p_{1\ddot{\mathrm{u}}}/\rho + w_1^2} = 44{,}0 \text{ m/s}$$

Die Lochzahl wäre geringfügig niedriger: $n \approx 84$ Löcher.

Bezüglich des Reibungseinflusses sei Folgendes bemerkt: Zwar kann die von weit herkommende Rohrströmung als Reibungszone angesehen werden, die Beschleunigung auf w_2 spielt sich jedoch in einem sehr kleinen Gebiet ab (ca. 1 cm), wobei Reibung ähnlich wie bei einer Düse an einem großen Behälter vernachlässigbar ist.

Abschließend sei noch darauf hingewiesen, dass bei einer Lochlänge l (Wandstärke), Abb. 2.12b, größer als ein Durchmesser die Überlegungen von Abschnitt b) nicht mehr gültig bleiben. Der Strahl „saugt" sich dann nach der Kontraktion wieder an die Lochwand an, wobei Reibung dann eine Rolle spielt.

2.6 Bernoulli'sche Gleichung, erweitert durch Arbeits- und Verlustglied

Rohrleitungsanlagen enthalten oft energieändernde Anlagenteile (Pumpen, Turbinen, Ventilatoren), welche die Arbeitsfähigkeit des strömenden Mediums erhöhen oder Arbeit entnehmen. Diese Zu- oder Abfuhr von Arbeit wird in der erweiterten Bernoulli'schen Gleichung durch ein *Arbeitsglied* E_a berücksichtigt.

Weiterhin ist die Strömung eines realen Fluids infolge Viskosität und Haftens an der Oberfläche mit *Arbeitsverlusten* verbunden. Die Berücksichtigung dieses Verlustes an Arbeitsfähigkeit erfolgt nun in der Bernoulli'schen Gleichung durch ein *Verlustglied* E_v. Die mechanische Energie des strömenden Teilchens (kinetische + potentielle + Druckenergie) ist nicht mehr konstant. Es ist daher auch der Gesamtdruck p_ges und die Gesamthöhe h_ges (auch ohne äußere Zu- oder Abfuhr von Arbeit E_a) nicht mehr konstant; der fehlende Anteil erscheint als Reibungswärme E_v. Während Wertetripel w, h, p jedem *Querschnitt* des Rohres zugeordnet werden können, müssen die Größen E_a, E_v einer *Rohrstrecke* zwischen zwei Querschnitten zugeordnet werden. Bei der Ergänzung der Bernoulli'schen Gleichung fügt man das Arbeitsglied E_a (+ für Arbeitszufuhr) zu den Gliedern mit Index „1" und das Verlustglied E_v (nur positive Werte!) zu den Gliedern mit Index „2" hinzu. Dabei ist vorausgesetzt, dass die Strömung von „1" nach „2" erfolgt. Somit lautet die erweiterte Bernoulli'sche Gleichung

$$m\frac{w_1^2}{2} + m\,g\,h_1 + m\frac{p_1}{\rho} + E_\mathrm{a} = m\frac{w_2^2}{2} + m\,g\,h_2 + m\frac{p_2}{\rho} + E_\mathrm{v}$$

2.6 Bernoulli'sche Gleichung, erweitert durch Arbeits- und Verlustglied

Unter Annahme eines konstanten Durchsatzes sind die Geschwindigkeiten in den Rohrquerschnitten, d. h. auch die kinetischen Energien durch das Verhältnis der Querschnitte zueinander gegeben. Die Lageenergie der Rohrabschnitte ist durch deren geodätische Höhe festgelegt. Somit kann sich eine Änderung der Arbeitsfähigkeit nur auf die Druckenergie bzw. auf den statischen *Druck* auswirken. In der Druckgleichung heißt der Anteil des Reibungsverlustes dann *Druckverlust* Δp_v.

Die Verluste in Rohrleitungsanlagen werden üblicherweise in Vielfachen des dynamischen Anteils der Bernoulli'schen Gleichung ausgedrückt, wobei der Multiplikationsfaktor als *Widerstandszahl* ζ (Zeta; s. Kap. 8) bezeichnet wird:

$$e_v = \frac{E_v}{m} = \zeta \frac{w^2}{2} \qquad\qquad h_v = \zeta \frac{w^2}{2g} \qquad\qquad \Delta p_v = \zeta\,\rho\,\frac{w^2}{2} \tag{2.18}$$

Die Verluste können noch aufgespalten werden, in solche welche aus der Wandreibung im geraden Rohr herrühren (E_{VR}) und solche welche zusätzlich durch Einbauten, Krümmer usw. verursacht werden (E_{VE}).

Bei Pumpen wird die pro kg Flüssigkeit zugeführte mechanische Arbeit als *spezifische Förder- oder Stutzenarbeit* Y bezeichnet (SI-Einheit N m/kg oder m^2/s^2). Stattdessen wird oft auch die Förderhöhe H verwendet nach der Definition $H = Y/g$ (Einheit m).

Der Zuwachs an mechanischer Leistung im Fluid am Pumpenaustritt gegenüber dem Pumpeneintritt wird als *hydraulische Leistung* P_h bezeichnet. Hierfür ergibt sich einfach:

$$P_h = \dot{m}\,Y = \dot{V}\,\rho Y = \dot{V}\,\rho\,g\,H \qquad \text{Hydraulische Leistung} \tag{2.19}$$

Der Wirkungsgrad einer Pumpe ist mit der an der Welle zugeführten Leistung P_W definiert durch

$$\eta_P = \frac{P_h}{P_W} \qquad \text{Pumpenwirkungsgrad} \tag{2.20}$$

Zur Definition des Gesamtwirkungsgrades zieht man die dem Elektromotor (Wirkungsgrad η_{mot}) zugeführte elektrische Leistung P_{el} heran:

$$\eta_{ges} = \frac{P_h}{P_{el}} = \eta_P\,\eta_{mot} \qquad \text{Gesamtwirkungsgrad} \tag{2.21}$$

Analoge Definitionen gelten für Turbinen. Bei den Wirkungsgraden steht dann jedoch die hydraulische Leistung im *Nenner.*

Bei Turbinen (Arbeitsentzug) ergeben sich in der Gleichung negative Werte für Y, H. In der Praxis wird $|H|$ als Fallhöhe bezeichnet.

Bei Ventilatoren, die normalerweise in einem Gebiet arbeiten, in dem das Arbeitsgas als inkompressibel angesehen werden kann, ist es üblich, die übertragene Arbeit im Druckmaß anzugeben: als Gesamtdruckerhöhung Δp_t (t steht für „total"; der

Gesamtdruck wird auch als Totaldruck bezeichnet). Bei Gasen kann bekanntlich die Lageenergie vernachlässigt werden.

Enthält die Rohrleitung keine Anlagenteile für Arbeitsaustausch (Pumpen, Turbinen, Ventilatoren), so ist in den Gleichungen einfach $Y = H = \Delta p_t = 0$ zu setzen.

Tab. 2.2 zeigt die Darstellung der Energieverteilung einschließlich Arbeits- und Verlustglied für eine Rohrleitung sowie die üblichen Formen der erweiterten Bernoulli'schen Gleichung.

Besonderheiten bei Pumpen und Ventilatoren: Abweichend von der Strömungslehre sind im Pumpenbau (und allgemein auf dem Gebiet der Strömungsmaschinen) folgende Formelzeichen üblich:

Tab. 2.2 Bernoulli'sche Gleichung, ergänzt durch Arbeits- und Verlustglied

Energiegleichung $$\frac{w_1^2}{2} + g\,h_1 + \frac{p_1}{\rho} + Y = \frac{w_2^2}{2} + g\,h_2 + \frac{p_2}{\rho} + \frac{\Delta p_v}{\rho}$$	SI-Einheit Nm/kg; m²/s²
Höhengleichung $$\frac{w_1^2}{2g} + h_1 + \frac{p_1}{\rho\,g} + H = \frac{w_2^2}{2g} + h_2 + \frac{p_2}{\rho\,g} + h_v$$	m
Druckgleichung (Gase, Ventilatoren: $\rho\,g\,h \approx 0$) $$\frac{1}{2}\rho\,w_1^2 + \rho\,g\,h_1 + p_1 + \Delta p_t = \frac{1}{2}\rho\,w_2^2 + \rho\,g\,h_2 + p_2 + \Delta p_v$$	Pa

2.6 Bernoulli'sche Gleichung, erweitert durch Arbeits- und Verlustglied

c (statt *w*) für Geschwindigkeiten relativ zu einem ruhenden Beobachter, also auch für Geschwindigkeiten im Zulaufrohr (=Saugrohr) und Abgangsrohr (=Druckrohr)

w für Geschwindigkeiten relativ zum rotierenden Schaufel- oder Laufrad, also z. B. die Fluidgeschwindigkeit in einem Laufradkanal relativ zu diesem

u Umfangsgeschwindigkeit von Punkten des Laufrades in Bezug auf einen ruhenden Beobachter

Es gilt die Vektorgleichung

$$\boxed{\vec{c} = \vec{u} + \vec{w}}$$

Die spezifische Förderarbeit Y einer Pumpe kann durch Messung der Drücke unmittelbar vor und nach der Pumpe (p_s, p_d) sowie durch eine $\dot{V}$-Messung ermittelt werden, Abb. 2.13. Mit den im **Pumpenbau** üblichen Bezeichnungen ergibt sich aus der Energiegleichung, Tab. 2.2.

$$\boxed{Y = \frac{p_d - p_s}{\rho} + \frac{c_d^2 - c_s^2}{2} + y\,g} \qquad \begin{array}{l} c_d = \dot{V}/A_d \quad c_s = \dot{V}/A_s \\ \text{Geschw. in Druck- und Saugstutzen} \end{array} \qquad (2.22)$$

y berücksichtigt die unterschiedliche Höhenposition der Manometer. Energieverluste erscheinen in Gl. 2.22 nicht. Y gibt ja nicht die pro kg zugeführte *mechanische* Energie an, sondern nur jenen (großen) Anteil, der sich tatsächlich in der Flüssigkeit wiederfindet. Normalerweise findet sich fast die gesamte zugeführte Energie in *Druckform* in der Flüssigkeit wieder. Die Zufuhr kinetischer Energie wird zu null, wenn Saug- und Druckrohr die gleiche Querschnittsfläche haben. Die Verluste in der Pumpe sind im Wirkungsgrad erfasst ($P_W - P_h$ = Verlust). Analog ergibt sich für Ventilatoren; Abb. 2.13 rechts:

$$\Delta p_t = (p_d - p_s) + \frac{1}{2}\rho(c_d^2 - c_s^2) = \Delta p_{\text{stat}} + \frac{1}{2}\rho\left[\left(\frac{\dot{V}}{A_d}\right)^2 - \left(\frac{\dot{V}}{A_s}\right)^2\right] \qquad (2.23)$$

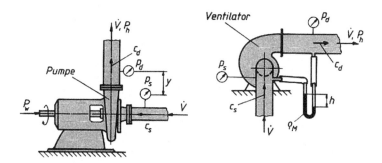

Abb. 2.13 Bezeichnungen bei Pumpen und Ventilatoren. In der Praxis wird bei Pumpen statt des Symbols $\dot{V}$ oft auch Q verwendet

Abb. 2.14 Zum Austrittsverlust

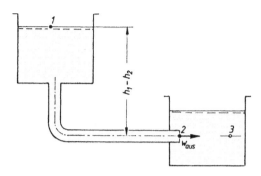

$$\boxed{P_\text{h} = \dot{V} \cdot \Delta p_\text{t}} \quad \text{Theoretische Leistung des Ventilators} \tag{2.24}$$

Austrittsverlust

Häufig kommt der Fall vor, dass ein Fluid aus einem Rohr in einen großen Behälter eintritt, in dem die große Masse des Fluids praktisch ruht, Abb. 2.14. Hier wird die kinetische Energie durch Verwirbelung in Wärme übergeführt. Es gibt zwei Möglichkeiten, diesen Umstand in der Bernoulli'schen Gleichung zu berücksichtigen:

a) Ansetzen der Bernoulli'schen Gleichung zwischen Punkt 1 und 2, wobei für p_2 der statische Druck im Behälter entsprechend dem Mündungsniveau einzusetzen ist; $w_2 = w_\text{aus}$; $h_2 = h_3$; $p_2 = p_3$.

$$\frac{p_1}{\rho} + g\,h_1 = \frac{p_2}{\rho} + g\,h_2 + \frac{\Delta p_{\text{v},1-2}}{\rho} + \frac{1}{2}w_\text{aus}^2$$

b) Ansetzen der Bernoulli'schen Gleichung zwischen Punkt 1 und 3, wobei $w_3 = 0$, $p_3 = p_2$. Auf der rechten Seite muss der sog. Austrittsverlust $e_{\text{v,aus}} = 1/2\,w_\text{aus}^2$ zu den übrigen Verlustgliedern hinzugefügt werden ($\zeta = 1$).

$$\frac{p_1}{\rho} + g\,h_1 = \frac{p_3}{\rho} + g\,h_3 + \frac{\Delta p_{\text{v},1-2}}{\rho} + e_{\text{v,aus}}$$

2.7 Beispiel 2.5

Wasserkraftanlage, die sowohl im *Turbinenbetrieb* zur Stromerzeugung als auch im *Pumpbetrieb* zum Hochpumpen von Wasser für spätere Spitzenstromerzeugung geschaltet werden kann. Von zwei Messstellen der Druckrohrleitung (Abb. 2.15) werden in der Fernmessstation die (Über-)Drücke angezeigt. Diese sind zusammen mit geometrischen Daten in der Tabelle angegeben:

2.7 Beispiel 2.5

Abb. 2.15 Beispiel Wasserkraftanlage

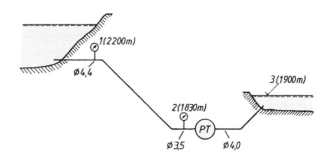

Druck	Rohrdurchmesser	Höhe über Meeresspiegel
$p_1 = 9$ bar	$d_1 = 4{,}4$ m	$h_1 = 2200$ m
$p_2 = 48$ bar	$d_2 = 3{,}5$ m	$h_2 = 1830$ m

Der Wasserdurchflussmesser zeigt $\dot V = 60$ m³/s. Folgende Fragen sind zu beantworten:

a) Arbeitet die Anlage im Turbinen- oder im Pumpbetrieb?
b) Wie groß sind die Verluste an mechanischer Energie zwischen den beiden Messstellen, ausgedrückt in: spezifischer Energie Δe_v, in Druckverlust Δp_v, in Druckhöhenverlust Δh_v?
c) Wie groß ist die Turbinen- oder Pumpleistung an der Welle, wenn der Maschinenwirkungsgrad 90 % beträgt? Zwischen den Punkten 3 und 2 treten Reibungsverluste mit einem ζ-Wert von 3,0 auf, bezogen auf einen Rohrdurchmesser von $d = 4$ m.

Lösung:

a) Wir setzen die um das Verlustglied Δp_v erweiterte Bernoulli'sche Gleichung (Druckform) für die Messstellen 1 und 2 an, wobei wir zunächst annehmen, dass die Strömung von 1 nach 2 erfolge (Turbinenbetrieb) und demgemäß Δp_v zu den Gliedern mit Index „2" hinzuzufügen ist.

$$\rho \frac{w_1^2}{2} + \rho g h_1 + p_1 = \rho \frac{w_2^2}{2} + \rho g h_2 + p_2 + \Delta p_{v,1-2}$$

Die Geschwindigkeiten w_1, w_2 ergeben sich mit $\dot V$ aus der Kontinuitätsgleichung

$$w_1 = \frac{\dot V}{A_1} = 3{,}95 \text{ m/s}, \quad w_2 = \frac{\dot V}{A_2} = 6{,}24 \text{ m/s}$$

Als Druckbezugsniveau für die Bernoulli'sche Gleichung verwenden wir den Atmosphärendruck, den wir hier als unabhängig von der Höhe voraussetzen. Die Druckmesswerte der zwei Messstellen sind bereits Überdrücke über dem

Atmosphärendruck. Als Höhenbezugsniveau verwenden wir den Meeresspiegel, sodass wir in die Bernoulli'sche Gleichung direkt die angegebenen Werte einsetzen können. An sich ist aber das Ergebnis unabhängig von der Wahl des Bezugsniveaus. Aus der Bernoulli'schen Gleichung lässt sich nun Δp_v berechnen:

$$1000 \cdot \frac{3{,}95^2}{2} + 1000 \cdot 9{,}81 \cdot 2200 + 9 \cdot 10^5$$

$$= 1000 \cdot \frac{6{,}24^2}{2} + 1000 \cdot 9{,}81 \cdot 1830 + 48 \cdot 10^5 + \Delta p_{v,1-2}$$

$$\Delta p_{v,1-2} = -2{,}82 \text{ bar}$$

Da Δp_v den Verlust an mechanischer Energie aus der Strömung darstellt und dieser nur positiv sein kann, bedeutet das Minusvorzeichen, dass wir Δp_v zu den Gliedern mit dem Index „1" hinzufügen müssen und nicht zu jenen mit dem Index „2" wie ursprünglich angenommen. Die Strömung verläuft daher von 2 nach 1. *Es herrscht also Pumpbetrieb.*

b) Aus der Energiegleichung, oder einfacher aus $\Delta p_{v,1-2}$ erhalten wir:

$$\underline{\underline{\Delta e_{v,2-1} = -\frac{\Delta p_{v,1-2}}{\rho} = 282\,\text{Nm/kg}}}$$

Ferner ist

$$\underline{\underline{\Delta p_{v,2-1} = 2{,}82 \cdot 10^5\ \text{N/m}^2}}$$

$$\underline{\underline{\Delta h_v = \frac{\Delta p_v}{\rho g} = 28{,}7\ \text{m}}}$$

c) Um die der Pumpe zuzuführende Wellenleistung zu ermitteln, setzen wir die Bernoulli'sche Gleichung zwischen den Punkten 3 und 1 an (Abb. 2.14). Jetzt müssen wir außer den Reibungsgliedern auch ein Arbeitsglied berücksichtigen

$$\frac{w_1^2}{2} + g h_1 + \frac{p_1}{\rho} + \Delta e_{v,3-2} + \Delta e_{v,2-1} = \frac{w_3^2}{2} + g h_3 + \frac{p_3}{\rho} + Y$$

Im Punkt 3 herrscht Atmosphärendruck. Daher müssen wir in die Bernoulli'sche Gleichung für $p_3 = 0$ setzen. Wegen der großen Querschnittsfläche ist dort auch $w_3 = 0$ zu setzen.

$$\frac{3{,}95^2}{2} + 9{,}81 \cdot 2200 + \frac{9 \cdot 10^5}{1000} + 3 \cdot 0{,}5 \cdot 4{,}77^2 + 282 = 0 + 9{,}81 \cdot 1900 + 0 + Y$$

Die spezifische Förderarbeit, welche von der Pumpe dem Wasser letztlich übertragen wurde, errechnet sich daraus zu

$$Y = 4167\,\text{Nm/kg}$$

Die dem Wasser zugeführte mechanische Leistung wird

$$P_h = \dot{m}Y = \dot{V}\,\rho\,Y = 60 \cdot 10^3 \cdot 4167 = 250 \cdot 10^6 \mathrm{Nm/s} = 250\ \mathrm{MW}$$

Die Umsetzung von mechanischer Energie von der Pumpenwelle bis zum Wasser erfolgt nur unvollkommen und mit dem Wirkungsgrad von 90 %. Die der Pumpe zuzuführende Wellenleistung ist daher

$$\underline{P_w} = \frac{P_h}{0,9} = \frac{250}{0,9} = \underline{278\ \mathrm{MW}}$$

Die Verluste in der Pumpe ergeben sich zu $278 - 250 = 28\,\mathrm{MW}$.

2.8 Übungsaufgaben

2.1 Die Gültigkeit der Bernoulli'schen Gleichung setzt voraus (Bezeichnen Sie die richtigen Antworten.)
a) Ideales Fluid
b) laminare Strömung
c) stationäre Strömung
d) Reibungsfreiheit
e) gilt nur für Rohrströmungen
f) gilt nur für Flüssigkeiten
g) Energieerhaltungssatz der Mechanik

2.2 Die Gültigkeit der Bernoulli'schen Gleichung schließt folgende weitere Zusammenhänge ein. (Bezeichnen Sie die richtige Antwort.)
a) bei zunehmender Geschwindigkeit nimmt auch der Druck zu
b) längs einer Stromlinie ist die Geschwindigkeit konstant
c) längs einer Stromlinie ist die Gesamtenergie konstant, diese kann aber von Stromlinie zu Stromlinie variieren
d) die Gesamtenergie ist im gesamten Strömungsfeld konstant

2.3 Welche Sätze treffen für den *statischen Druck* eines Fluids zu? (Bezeichnen Sie die richtigen Antworten.)
a) Kann von einem ruhenden Beobachter, an dem das Fluid vorbeifließt, nicht gemessen werden
b) Ist jener Druck, der auftritt, wenn das Fluid zur Ruhe gebracht wird
c) Kann von einem ruhenden Beobachter mit einer Sonde, welche die Öffnung normal zur Strömung hat, gemessen werden
d) Kann von einem mitschwimmenden Beobachter in beliebigen Richtungen gemessen werden
e) Wird mit einem *Pitotrohr* gemessen
f) Ist jener Druck, der in der Bernoulli'schen Gleichung einzusetzen ist

2.4 Die Gültigkeit für die durch Arbeits- und Verlustglied ergänzte Bernoulli'sche Gleichung schließt folgende Zusammenhänge ein (Bezeichnen Sie die richtigen Antworten.)
  a) Durch Reibung wird die Strömungsgeschwindigkeit zunehmend langsamer.
  b) Durch Reibungswirkung sinkt längs der Strömung der Druck.
  c) Arbeitszufuhr kann nur durch Erhöhung der kinetischen Energie erfolgen.
  d) Die Förderhöhe H einer Pumpe ist ein Maß dafür, wie hoch die Pumpe eine Flüssigkeit pumpen kann.
  e) H ist ein Maß für die der Flüssigkeit zugeführte mechanische Arbeit.

2.5 Bezeichnen Sie die richtige Antwort zum Begriff „Druckenergie".
  a) Ist in Fluiden aufgrund ihres Druckes gespeicherte Arbeit
  b) Kann gespeichert und zu einem beliebigen späteren Zeitpunkt abgerufen werden (analog wie Hubarbeit in potentieller Energie gespeichert wird)
  c) Kann nur aus dem Absolutdruck berechnet werden
  d) Ist jene Arbeit, die erforderlich ist, um eine Masse in stationärer Strömung in ein Gebiet höheren Druckes zu bringen

2.6 Ein Flüssigkeits-Freistrahl tritt mit der Geschwindigkeit c_0 aus einer Düse in atmosphärische Luft (konstanten Druckes) aus und wird von einer festen Schaufel umgelenkt. Der Einfluss von Höhendifferenzen sei vernachlässigbar, desgleichen Reibung mit Luft und Schaufelfläche.

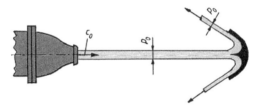

  a) Welche Aussage über die Geschwindigkeit der Flüssigkeit an allen luftberührten Stellen kann aufgrund der Bernoulli'schen Gleichung gemacht werden?
  b) Welche Aussage kann über Druck und Geschwindigkeit der Flüssigkeit an der gekrümmten Schaufelwand gemacht werden?
  c) Welche Aussage kann über die Geschwindigkeitsverteilung im abgehenden Strahl getroffen werden?

2.7 Die Schaufel nach Aufgabe 2.6 bewege sich in Richtung des Strahles mit einer Geschwindigkeit $u < c_0$.
Wie muss das Beobachtungssystem gewählt werden, damit die Schaufelströmung stationär wird und die Aussagen von Aufgabe 2.6 gültig bleiben?

2.8 Übungsaufgaben

*2.8 In einem Windkanalversuch werden bei der ebenen Umströmung eines Körpers Stromlinien durch Rauchfäden markiert. In der Parallelströmung weit vor dem Körper ($w_\infty = 30$ m/s) haben die Stromlinien eine Distanz von 2 cm. Der Druck sei dort p_∞.

a) Welche mittlere Geschwindigkeit herrscht an einem Ort in der Nähe des Körpers, wo man eine Distanz der Stromlinien von 1,3 cm beobachtet?

b) Welcher mittlere Druck herrscht an dieser Stelle (die weder dem Grenzschichtbereich noch dem Totwassergebiet angehören möge)? Luftdichte $\rho = 1{,}15$ kg/m^3.

*2.9 Mischanlage. Zwei Flüssigkeiten ($\rho_1 = 1000$ kg/m^3, $\rho_2 = 780$ kg/m^3) sollen durch freien Ausfluss aus zwei Zwischenbehältern gemischt werden, sodass
$$\dot{m}_1 = 20.000 \text{ kg/h und } \dot{m}_2 = 12.000 \text{ kg/h}.$$
Die Düsendurchmesser sind so auszulegen (d_1, d_2), dass bei richtigem Mischungsverhältnis die Flüssigkeiten in beiden Zwischenbehältern je 1 m über Düsenniveau stehen.

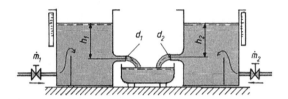

*2.10 Welche Werte h_1, h_2 sind bei der Mischanlage nach Aufgabe 2.9 einzustellen, wenn abweichend vom Nenndurchsatz gefordert wird:
$$\dot{m}_1 = 24.000 \text{ kg/h und } \dot{m}_2 = 14.000 \text{ kg/h}?$$

*2.11 a) Um welche Höhe $h = f(h_1, \rho, g, w)$ steigt eine Flüssigkeit in einem Pitotrohr über den Spiegel der Flüssigkeit? (Formel)

b) Welcher Wert ergibt sich für Wasser, das mit 2 m/s strömt?

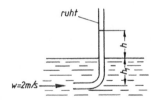

*2.12 Wasserbehälter: Mithilfe eines Schlauches (lichte Weite 25 mm) wird Wasser abgezogen. An der obersten Stelle ist der Schlauch etwas gequetscht und hat dort nur 60 % seines Normalquerschnittes. Das Niveau im Behälter ist gleichbleibend. Reibungsfreiheit soll angenommen werden.

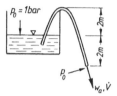

Man berechne:
a) Austrittsgeschwindigkeit w_a
b) Volumenstrom $\dot{V}$ in L/s und in m³/h
c) Absolutdruck an der gequetschten Stelle
d) Ist die Annahme von Reibungsfreiheit realistisch?

*2.13 Gefäß mit Abflussrohr entsprechend Skizze.

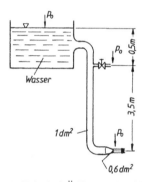

a) Tritt bei Öffnung des kleinen Ventils Wasser aus oder Luft ein? (reibungsfrei)
b) Hängt die Antwort auf a) von der Fluiddichte ρ ab?
c) Beantworten Sie Frage a) für den Fall, dass sich das kleine Ventil 0,5 m über der Rohrmündung befindet
d) Zeichnen Sie schematisch die Aufteilung in die drei Energiearten auf, analog wie in Abb. 2.1b.

Anmerkung: Die Druckverteilung richtet sich im Wesentlichen nach der Strömung im größeren Rohr. Herrscht in diesem auf der Höhe des kleinen Ventils Unterdruck gegenüber Atmosphäre, so wird Luft eingesogen. Andernfalls tritt Wasser aus.

2.8 Übungsaufgaben

*2.14 Eine Flasche wird mithilfe eines Trichters mit Flüssigkeit gefüllt. Das einströmende Flüssigkeitsvolumen $\dot{V}$ verdrängt ein gleich großes Luftvolumen aus der Flasche, welches durch die kreisringförmige Fläche A_L zwischen Trichter und Flaschenhals mit der Geschwindigkeit w_L ausströmt. Zum Aufbau der Geschwindigkeit w_L ist ein gewisser Überdruck Δp in der Flasche erforderlich, welcher seinerseits die Wasserströmung (w_F) behindert.

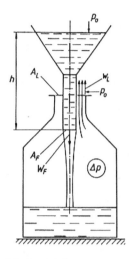

Man ermittle
a) allgemeine Formeln für
$\Delta p = f(h, \rho_L, \rho_F, a = A_L/A_F)$ und $\dot{V} = f_1(h, \rho_F, \rho_L, a)$
b) Ab welchem Flächenverhältnis $\bar{a}$ wird der Flüssigkeitsdurchfluss um mehr als 10 % reduziert (verglichen mit Verhältnissen, wo $A_L \gg A_F$, d. h. $a \gg 1$)?
c) konkrete Werte von Δp, $\dot{V}$ für $h = 0,15$ m; $A_F = 2$ cm^2; $A_L = 0,1$ cm^2; $\rho_F = 1000$ kg/m^3; $\rho_L = 1,225$ kg//m^3.

*2.15 Saugrohr eines Klein-Windkanals. In den U-Rohr-Manometern befindet sich Wasser. Dichte der Luft $\rho = 1{,}1$ kg/m^3. $A_1 = 3$ dm^2, $A_2 = 2$ dm^2, $h_3 = -200$ mm WS.

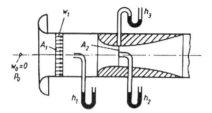

Man berechne (reibungsfrei):
a) $w_1, w_2, \dot{V}$
b) h_1, h_2 ($+ \mathrel{\hat{=}}$ Überdruck)
c) Ist die Annahme von Reibungsfreiheit realistisch?

*2.16 Ansaugen einer Flüssigkeit durch einen Luftstrom.

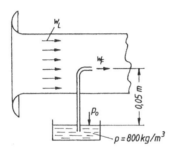

a) Welche Luftgeschwindigkeit ist erforderlich, damit die Flüssigkeit mit einer Geschwindigkeit
$$w_F = 1 \text{ m/s austritt?}$$
$$\rho_L = 1{,}22 \text{ kg/m}^3 \text{ (reibungsfrei)}$$
b) Ist die Annahme von Reibungsfreiheit realistisch?

2.8 Übungsaufgaben

*2.17 Ein Rohr mit einer trichterförmigen Verengung wird von Luft ($\rho = 1{,}15 \text{ kg/m}^3$) durchströmt. An der engsten Stelle wird durch ein Röhrchen eine Flüssigkeit der Dichte $\rho_F = 800 \text{ kg/m}^3$ hochgesaugt. Reibungsfreiheit der Luftströmung soll vorausgesetzt werden.

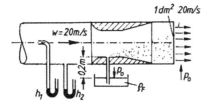

Man berechne:
a) verengter Querschnitt damit die Flüssigkeit gerade austritt.
b) Auf welche Höhen (h_1, h_2) stellt sich Wasser in den gezeichneten U-Rohren ein? (+ $\hat{=}$ Überdruck)

2.18 Aus einem Wehr strömt Wasser durch einen Bodenspalt der Breite $b = 2$ m aus.

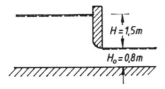

a) Zeigen Sie allgemein, dass die Austrittsgeschwindigkeit $w_2 = \sqrt{2g\,H}$ über die ganze Höhe H_0 gleich groß ist (reibungsfrei)
b) Berechnen Sie den austretenden Volumenstrom $\dot{V}$.
c) Ist die Annahme von Reibungsfreiheit realistisch?

2.19 Druckmessung in einer Wasserleitung. Ein Manometer „1" zeigt $p_1 = 1{,}52$ bar. Das Rohr ist knapp nach Messstelle „1" von $d_1 = 125$ mm auf $d_2 = 80$ mm eingezogen. Die Messleitungen zu den Manometern sind bis zu den angegebenen Höhen mit Wasser gefüllt. Dies wird durch einen Dreiweghahn sichergestellt. Durch kurzzeitiges Schwenken um 90° kann evtl. in der Messleitung vorhandene Luft entweichen.

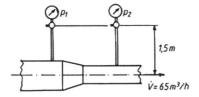

a) Welche Anzeige ist bei Manometer „2" zu erwarten, wenn reibungsfreie Strömung zwischen „1" und „2" angenommen wird?
b) Welche Drücke p_{1m} und p_{2m} herrschen in Rohrmitte?

2.20 Welche stationäre Höhe h_1 stellt sich in einem Zwischenbehälter ein, in den Wasser mit $\dot{V} = 60\ m^3/h$ gepumpt wird und aus dem unten durch eine Düse mit dem Durchmesser d = 60 mm Wasser abfließen kann, $h_2 = 0{,}3$ m?

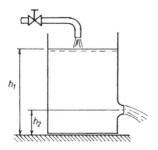

*2.21 Venturirohre (Skizze) werden zur Messung des Volumenstromes $\dot{V}$ in Rohrleitungen verwendet. Durch die Verengung entsteht höhere Geschwindigkeit und niedrigerer Druck. Durch Messung der Druckdifferenz $p_1 - p_2$ kann w_2 bzw. $\dot{V}$ bestimmt werden.

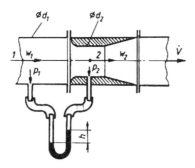

a) Man ermittle die allgemeine Formel $w_2 = f\ (\rho, A_1, A_2, p_1 - p_2)$; reibungsfrei
b) Man ermittle $\dot{V}$ für $D_1 = 150$ mm, $D_2 = 100$ mm, Luft $\rho = 1{,}20\ kg/m^3$, $p_1 - p_2 \hat{=} 250$ mm WS (U-Rohrmanometer)
c) Man ermittle $\dot{V}$ für $D_1 = 70$ mm, $D_2 = 45$ mm, Wasser, $h = h_1 - h_2 = 310$ mm (U-Rohr mit Quecksilberfüllung)
d) Ist die Annahme von Reibungsfreiheit realistisch?

2.8 Übungsaufgaben

*2.22 Ein Fahrzeug (z. B. Schiff, Dampflokomotive oder Löschflugzeug) senkt ein Hakenrohr gegen die Fahrtrichtung ins Wasser um einen Vorratstank aufzufüllen.

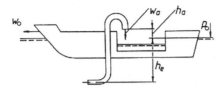

a) Man entwickle eine Gleichung für die Geschwindigkeit w_a, mit der Wasser aus dem Rohr austritt (ohne Berücksichtigung der Reibung; diese werden wir in Aufgabe 8.18 berücksichtigen!).
b) Welche Beziehung gilt für den Druck in der Einströmöffnung des Rohres?
c) Welcher Volumenstrom $\dot{V}$ ergibt sich bei einem Boot, das ein Hakenrohr mit $d = 50$ mm absenkt und mit $w_0 = 6$ m/s fährt? $h_a = 1{,}2$ m.

Man beachte, dass für ein fahrzeugfestes Koordinatensystem die Strömung stationär wird und das Wasser mit w_0 dem Rohr entgegenströmt!

d) Ist die Annahme von Reibungsfreiheit hier realistisch?

2.23 Pkw, Druck- und Geschwindigkeitsmessung. Ein Prandtlrohr ist so hoch über dem Dach montiert, dass dort ungestörte Strömung herrscht (w_∞ = Fahrgeschwindigkeit). Auf dem Dach befindet sich eine Anbohrung zur Messung des lokalen statischen Druckes p_2. $\rho = 1{,}15$ kg/m^3.

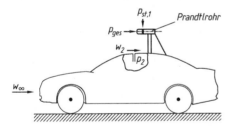

a) Mit einem Differenzdruckmanometer wird zunächst
$p_d = p_{ges} - p_{st,1} \triangleq 84$ mm WS gemessen (Prandtlrohr). Welche Fahrgeschwindigkeit w_∞ ergibt sich daraus? Windstille sei vorausgesetzt.
b) In einer weiteren Messung wird der Gesamtdruckanschluss des Prandtl-Rohres und p_2 auf das Differenzdruckmanometer geschaltet:
$p_{d,2} = p_{ges} - p_2 \triangleq 121$ mm WS. Welche lokale Luftgeschwindigkeit w_2 ergibt sich daraus für die Messstelle 2 am Dach (außerhalb der Grenzschicht), wenn angenommen werden kann, dass die Strömung bis dorthin verlustlos erfolgte?
c) Warum ist der Gesamtdruck in Punkt 2 gleich wie beim Prandtlrohr?
d) Welche Geschwindigkeiten w_1, w_2 ergeben sich, wenn bekannt ist, dass Gegenwind von 5 km/h herrscht?

2.24 a) Wie groß ist der Gesamtdruck an der Nase eines schlanken Flugkörpers, der mit 400 km/h in Luft 1 km über Meeresniveau fliegt?
b) Wie groß ist der Gesamtdruck bei Punkt X? (vgl. Aufgabe 2.23, c)
c) Mit welcher Geschwindigkeit relativ zum Körper strömt die Luft bei Punkt X, wenn dort gegenüber der Nase ein Unterdruck 0,080 bar herrscht? Inkompressibilität soll trotz der hohen Geschwindigkeit noch vorausgesetzt werden.

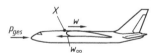

*2.25 In einer hydraulischen Hebevorrichtung wird mithilfe einer Handpumpe über ein Rückschlagventil Öl unter den Hubkolben ($D = 6$ cm) gepumpt und eine Last von $F_G = 3000$ N gehoben. Zum Senken wird ein Ölablassventil geöffnet. Die Senkgeschwindigkeit soll 20 mm/s betragen. Dies wird durch eine gerundete Lochblende ($\alpha \approx 1$) im Ölablassweg erreicht. Die Strömungswiderstände in der restlichen Rohrleitung sind vernachlässigbar, ebenso die Lageenergie. Öldichte $\rho = 850$ kg/m³.

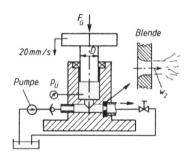

Man berechne:
a) Öldruck $p_ü$
b) Erforderlicher Lochblendendurchmesser d (mit der Bernoulli'schen Gleichung)
c) Senkgeschwindigkeit bei Blende nach b) und $F_G = 1500$ N
Mit der Abschätzung des Reibungseinflusses befasst sich Aufgabe 7.10.

2.8 Übungsaufgaben

*2.26 Eine Schiffsschleuse ermöglicht es Schiffen, ein Flusskraftwerk mit einer Wasserspiegeldifferenz von $H=5$ m zu passieren. Die quaderförmige Schleusenkammer ist 80 m lang und 10 m breit. Ein Schiff fährt von der Unterwasserseite in die Schleusenkammer ein, das unterwasserseitige Tor wird geschlossen und im oberwasserseitigen Tor wird unter Wasser eine rechteckige Ausgleichsöffnung mit der Fläche $A_2 = 2\text{m} \cdot 1\text{m}$ geöffnet, $\alpha = 0{,}65$. Die Kammer füllt sich bis zum Oberwasserniveau, das Oberwassertor wird geöffnet und das Schiff kann weiterfahren.

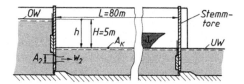

a) Ermitteln Sie die Strömungsgeschwindigkeit w_2 kurz nach Öffnen der Ausgleichsöffnung ($H=5$ m).
b) Mit welcher Geschwindigkeit $\dot{h}$ steigt der Kammerspiegel anfänglich?
c) Stellen Sie allgemein die Differenzialgleichung für derartige Füllvorgänge auf (quasistationäre Strömung kann vorausgesetzt werden).
d) Lösen Sie die Differenzialgleichung (Trennung der Variablen!) und ermitteln Sie eine Formel für die Fläche A_2 der Ausgleichsöffnung, wenn die Füllzeit T gegeben ist.
e) Welcher Wert A_2 ergibt sich bei obigem Beispiel, wenn $T=10$ min, $\alpha = 0{,}75$?

2.27 Beantworten Sie die Fragen a) bis e) von Aufgabe 2.26 sinngemäß für die Entleerung einer Schleusenkammer mit den Daten $H=8$ m, $L=60$ m, $B=8$ m, $\alpha = 0{,}70$, $T=7$ min.

2.28 Eine Ventilatorleitung führt Luft mit $w_1 = 20$ m/s und einem Überdruck von 500 mm WS. Für Messzwecke wurde ein Loch mit $d=10$ mm gebohrt. Aus Nachlässigkeit wurde dieses Loch nach der Messung nicht mehr verschlossen. Luftdichte $\rho = 1{,}21$ kg/m^3. Man berechne:

a) Austrittsgeschwindigkeit w_a der Luft durch das Loch,
b) austretenden Volumenstrom $\dot{V}$, wenn mit einer Ausflusszahl $\alpha = 0{,}6$ gerechnet werden kann,
c) jährlichen Mehrverbrauch an elektrischer Arbeit des Ventilators in kW h/ Jahr bei durchgehendem Betrieb und einem Gesamtwirkungsgrad der Ventilatoranlage von $\eta = 0{,}5$.

2.29 Ein Rasensprenger soll 500 L Wasser pro Stunde verspritzen. Überdruck des Wassers: 1,5 bar. Wie viele Löcher mit dem Durchmesser 1 mm muss das Rohr des Rasensprengers erhalten (Ausflussziffer $\alpha = 0{,}6$)?

2.30 Wasserkraftanlage wie in Beispiel 2.5, jedoch mit folgenden geänderten Daten: $p_1 = 6$ bar, $d_1 = 1{,}5$ m, $h_1 = 2000$ m, $p_2 = 62$ bar, $d_2 = 1{,}2$ m, $h_2 = 1386$ m, $\dot{V} = 10$ m³/s, $\zeta_{2-3} = 4$ (bezogen auf $d = 1{,}4$ m), $h_3 = 1420$ m.
Beantworten Sie die Fragen a), b), c) genau wie im Beispiel.

2.31 a) Wie groß ist die Austrittsgeschwindigkeit w_a und der Massenstrom $\dot{m}$ aus dem Behälter ohne Berücksichtigung von Verlusten?
b) Wie groß ist die Austrittsgeschwindigkeit und der Massenstrom $\dot{m}$, wenn durch einen Rohransatz und ein Ventil Austrittsverluste von

$$p_v = 2{,}5 \cdot \rho \cdot \frac{w_a^2}{2}$$

entstehen?

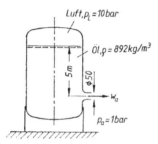

2.8 Übungsaufgaben

*2.32 Ölpipeline: Durch ein Stahlrohr mit einem Durchmesser von 800 mm werden 620 kg/s Öl gepumpt, $\rho = 900$ kg/m^3. Um den Widerstandsbeiwert der Leitung zu ermitteln, wird an zwei Stellen der statische Druck gemessen.
Bei Messstelle 1 hat das Rohr einen Durchmesser von 600 mm, erweitert sich kurz darauf auf 800 mm, 20 km weiter folgt Messstelle 2, welche 200 m höher liegt als Messstelle 1.

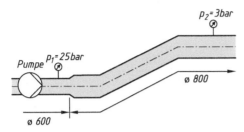

a) Wie groß ist der Druckverlust Δp_v zwischen den Punkten 1 und 2?
b) Wie groß ist der Widerstandsbeiwert $\zeta_{1,2}$ bezogen auf einen Rohrquerschnitt mit ø 800 mm?
c) Die Pumpe saugt das Öl aus einem Behälter (Punkt 0) unmittelbar vor der angegebenen Rohrleitung, $p_0 = 0$, $h_0 = h_1$, ø 600 mm und $\zeta_{0,1} = 5{,}5$. Man berechne: spezifische Stutzenarbeit Y, hydraulische Leistung P_h, Wellenleistung P_W für $\eta_p = 0{,}82$ und elektrische Leistung P_{el} für $\eta_{mot} = 0{,}92$.

2.33 Die Druckrohrleitung eines Kraftwerkes hat bis Punkt A vor der Düse einen Durchmesser von 0,4 m und Verluste von

$$\Delta p_v = 8 \frac{w_A^2}{2} \rho.$$

Die Düsenverluste betragen

$$\Delta p_v = 0{,}1 \frac{w_A^2}{2} \rho,$$

der Strahldurchmesser $d = 100$ mm.
Die geodätische Fallhöhe beträgt 250 m.

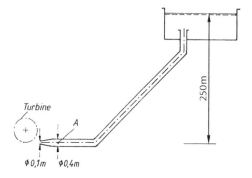

a) Wie groß ist der Druck bei Punkt A?
b) Wie groß ist der Durchfluss in kg/s?

*2.34 Pumpenanlage; $\dot{V} = 0{,}5$ m^3/s. Rohrleitung ø 500 mm; $\zeta_{A-B} = 9$.
Pumpenwirkungsgrad $\eta_p = 0{,}80$.

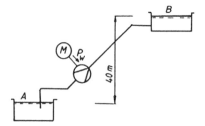

Man ermittle:
a) spezifische Förderarbeit Y der Pumpe
b) Förderhöhe H der Pumpe
c) dem Wasser von der Pumpe übertragene hydraulische Leistung P_h
d) Leistungsbedarf an der Welle P_W

2.8 Übungsaufgaben   75

*2.35 Ein Pumpwerk liefert Wasser aus einer Bachfassung durch eine Talsenke in ein
       höher liegendes Staubecken eines Kraftwerkes. $\dot m = 600$ kg/s

       Verluste:

       A – B $\zeta = 5$
       C – D $\zeta = 6$

       Man ermittle:
       a) spezifische Förderarbeit Y und Förderhöhe H der Pumpe
       b) dem Wasser von der Pumpe übertragene hydraulische Leistung P_h
       c) Leistungsbedarf an der Welle bei einem Pumpenwirkungsgrad $\eta_p = 0{,}75$
       d) Drücke in Punkt B und C

2.36 An einer Kreiselpumpe wurden zur Leistungsermittlung folgende Versuchswerte aufgenommen:

$p_s = 0{,}28$ bar (Unterdruck), $y = 0{,}45$ m

$p_d = 3{,}86$ bar (Überdruck),

$p_0 = 0{,}97$ bar, $\dot{V} = 64$ m^3/h, Wasser.

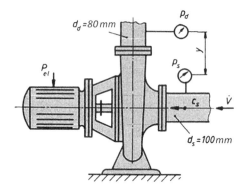

Man ermittle:
a) spezifische Förderarbeit Y und Förderhöhe H
b) hydraulische Leistung P_h und Wellenleistung P_W für $\zeta_p = 0{,}74$
c) P_{el} für $\eta_{mot} = 0{,}89$
d) Absolutdruck im Saugstutzen p_s.

2.37 Pumpenanlage für Wasser mit folgenden Nenndaten (Skizze)
$H = 31$ m, $\dot{V} = 60$ m^3/h, $P_W = 8{,}1$ kW, $\zeta_{1,2} = 6{,}5$,
Saugrohrdurchmesser $d_s = 100$ mm
Druckleitung $d = 80$ mm, $p_1 = 1{,}02$ bar

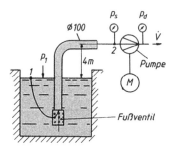

Man ermittle für den Betrieb mit Nenndaten:
a) p_s,
b) p_d,
c) P_h, η_p

2.8 Übungsaufgaben   77

*2.38   Kolbenpumpe aus Beispiel 1.4. Bestimmen Sie folgende Größen für einen
         Arbeitszyklus bestehend aus Kolbenhin- und Rückgang:
         a) das mit dem Saug- und Förderhub vom tieferliegenden Bassin in den Druck-
            behälter geförderte Wasservolumen V
         b) die theoretische Arbeitszufuhr W_1 an das Wasser (reibungsfrei, im Gegen-
            satz zu Beispiel 1.4 c) soll hier die erweiterte Bernoulli'sche Gleichung
            verwendet werden)

Impulssatz und Drallsatz für stationäre Strömung

3

3.1 Formulierung des Impulssatzes und Erörterung von Anwendungen

Bevor wir uns in Abschn. 3.2 mit der Herleitung aus dem Newton'schen Grundgesetz befassen, soll zunächst das Ergebnis diskutiert werden.

Unter Impuls I oder Bewegungsgröße versteht man das Produkt aus Masse m und Geschwindigkeit w. Da w ein Vektor ist, ist auch I eine vektorielle Größe

$$I = m\text{w} \tag{3.1}$$

Für alle Anwendungen des Impulssatzes ist der Begriff der *Kontrollfläche* grundlegend. Es handelt sich dabei um eine gedachte, zweckmäßig gewählte, geschlossene Fläche, die im Raum fest ist und von Fluid durchströmt wird, Abb. 3.1a. Aus dem Newton'schen Grundgesetz lässt sich dann für stationäre Strömungen der Impulssatz herleiten. Er lautet, vgl. Abb. 3.1b:

$$\boxed{F = \dot{m}(w_2 - w_1) \quad \text{Impulssatz in Vektorform}} \tag{3.2}$$

F ist dabei die resultierende Kraft, die von der Umgebung auf das Fluid in der Kontrollfläche ausgeübt wird. Meist wird es sich dabei um eine aus Drücken resultierende Kraft handeln. Spielen auch Gewichtskräfte eine Rolle, so sind auch diese in F einzubeziehen. Man spricht dann besser vom *Kontrollvolumen* statt von einer Kontrollfläche.

Gl. 3.2 wird meist in Komponentenform ausgewertet. Diese lautet:

$$\boxed{\begin{aligned} F_x &= \dot{m}(w_{2x} - w_{1x}) \\ F_y &= \dot{m}(w_{2y} - w_{1y}) \quad \text{Impulssatz in Komponentenform} \\ F_z &= \dot{m}(w_{2z} - w_{1z}) \end{aligned}} \tag{3.3}$$

© Springer Fachmedien Wiesbaden GmbH, ein Teil von Springer Nature 2021
S. Bschorer und K. Költzsch, *Technische Strömungslehre*,
https://doi.org/10.1007/978-3-658-30407-2_3

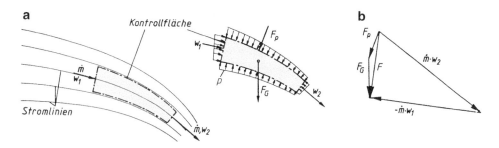

Abb. 3.1 Zum Impulssatz. **a** Kontrollfläche im Strömungsfeld; **b** Krafteck, schematisch. F_p Resultierende Druckkraft, F_G Gewichtskraft des Fluids im Kontrollvolumen, F Resultierende Kraft auf das Kontrollvolumen

Die Indizes x, y, z bezeichnen hierbei die Komponenten der entsprechenden Größen in einem raumfesten kartesischen Koordinatensystem.

Ist das Kontrollvolumen so angenommen, dass die Ein- und Austrittsgeschwindigkeiten von Ort zu Ort variieren, so müssen Integrale verwendet werden. Zum Beispiel lautet die Impulsgleichung für die x-Komponente dann:

$$F_x = \int (w_{2x} - w_{1x}) d\dot{m} \tag{3.4}$$

Das Integral ist über die Kontrollfläche zu erstrecken.

Es sei auf die Allgemeingültigkeit des Impulssatzes besonders hingewiesen. Bei der Ableitung werden nur Newton'sches Grundgesetz sowie stationäre Strömung vorausgesetzt. Obige Gleichungen gelten daher auch bei Reibung und bei realen Fluiden ganz allgemein. Zur Anwendung des Impulssatzes muss man über Details der Strömung *im Innern der Kontrollfläche* keine Kenntnis haben. Nur die Drücke und Geschwindigkeiten *in den Punkten der Kontrollfläche* müssen weitgehend bekannt oder aus plausiblen Annahmen ermittelbar sein. Weitgehend bedeutet hier: bis auf so viele Unbekannte als der Impulssatz Gleichungen liefert.

Häufig kann man bei der Anwendung des Impulssatzes die Kontrollfläche so legen, dass der (statische) Druck an der Kontrollfläche überall gleich ist. Somit ergibt sich *keine* resultierende Druckkraft. Betrachten wir beispielsweise einen geschleppten Körper, der einem gewissen Widerstand ausgesetzt ist, Abb. 3.2a. An der Schnittstelle des Schleppseiles mit der Kontrollfläche ist F_schlepp anzubringen.

Wir wählen eine mit dem Objekt mitgeführte Kontrollfläche, in der die Strömung stationär ist. Zweckmäßigerweise legen wir den Stirnteil der Kontrollfläche so weit nach vorne, dass dort die Geschwindigkeit und der Druck noch konstant sind. Die seitlichen Teile der Kontrollfläche legen wir genügend weit nach außen, längs der Stromlinien, sodass dort ebenfalls Druck und Geschwindigkeit konstant sind. Den hinteren Teil der Kontrollfläche legen wir etwas hinter das Objekt und zwar soweit, dass der (statische) Druck in dieser Ebene konstant ist. Dies wird bald hinter dem Objekt der Fall

3.1 Formulierung des Impulssatzes und Erörterung von Anwendungen

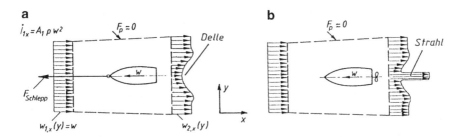

Abb. 3.2 Impulssatzanwendung bei Kontrollfläche mit konstantem Druck. **a** Gleichmäßiges Schleppen eines Objektes; z. B. in Luft oder unter Wasser. Im Falle eines dreidimensionalen Objektes ist die z-Koordinate sinngemäß zu berücksichtigen. **b** Gleichförmig bewegtes Objekt mit Impulsantrieb

sein, da die Stromlinien wenig gekrümmt sind und dem Totwasser der Außendruck aufgeprägt wird (ohne Krümmung kein Druckgradient normal zu den Stromlinien!). Ohne resultierende Druckkraft auf die Kontrollfläche ergibt sich die Schleppkraft einfach als Differenz des vorne eintretenden und des hinten austretenden Impulsstromes $\dot{I}_x$.

$$F_x = \dot{I}_{2,x} - \dot{I}_{1,x} \qquad |F_x| = F_{\text{schlepp}} \tag{3.5}$$

Da $\dot{I}_{2,x} < \dot{I}_{1,x}$ wird F_x negativ, d. h. gegen $+x$ wirkend.

$\dot{I}_{2,x}$ ist durch ein Integral zu bilden. Die Einbuchtung in der Geschwindigkeitsverteilung der Nachlaufströmung wird auch als *Delle* bezeichnet. Die Größe der Delle steht in einem direkten Zusammenhang zum Strömungswiderstand. Fehlt eine Schleppkraft und liegt ein *Impulsantrieb* vor, wie etwa bei einem Schiff mit Schraubenantrieb, so kompensiert der Propellerstrahl genau den Fehlbetrag an Impulsstrom aus der Delle, Abb. 3.2b.

Die Strömungswiderstandskraft F_W ist dann gleich dem Impulsstrom des Strahles. Wird ein Fluidstrom $\dot{m}$ gemäß Abb. 3.3 von einem geschlossenen Aggregat wie etwa

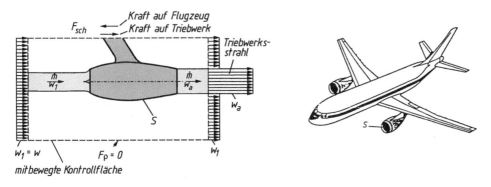

Abb. 3.3 Impulssatzanwendung auf Strahltriebwerk (S)

einem *Strahltriebwerk* erfasst und beschleunigt, so ergibt sich die Schubkraft, mit w_1 als Fluggeschwindigkeit, zu

$$\boxed{F_{Sch} = \dot{m} \cdot (w_a - w_1) \quad \text{Schubkraft eines Triebwerks}} \qquad (3.6)$$

Die Geschwindigkeiten sind hierbei Relativgeschwindigkeiten zum Aggregat.

Es sei besonders darauf hingewiesen, dass wir über die komplizierten reibungsbehafteten Detailvorgänge im Triebwerk selbst keine Kenntnisse haben müssen, außer dass als Resultat dieser Vorgänge ein Strahl mit der Geschwindigkeit w_a entsteht.

Die Schubleistung ergibt sich zu (Kraft · Geschwindigkeit)

$$\boxed{P_{sch} = F_{sch} \cdot w_1 \quad \text{Schubleistung eines Triebwerks}} \qquad (3.6a)$$

3.2 Herleitung des Impulssatzes aus dem Newton'schen Grundgesetz

Ebenso wie das Newton'sche Grundgesetz für den Massenpunkt gilt auch der **Schwerpunktsatz** für zusammengesetzte oder deformierbare Körper und beliebige Aggregate: Der **Schwerpunkt** bewegt sich so, als ob alle äußeren Kräfte in ihm angreifen würden.

Innere Kräfte haben **keinen Einfluss** auf die Schwerpunktsbewegung, da sie nach dem Wechselwirkungsgesetz immer paarweise in entgegengesetzter Richtung auftreten und sich bei der Aufsummierung bzw. Integration aufheben. Als anschauliches Beispiel kann ein Raumschiff mit Besatzung dienen: Bewegt sich ein Astronaut relativ zum Raumschiff nach rechts, so bewegt sich das Raumschiff (relativ zu einem Inertialsystem) so nach links, dass der **Gesamtschwerpunkt** seine Umlaufbahn *ungestört* fortsetzt.

Als „deformierbares Aggregat" können wir auch eine abgegrenzte, durch eine Stromröhre fließende, identische (beliebig große) Fluidpartie der Masse M betrachten, Abb. 3.4.

Abb. 3.4 Zur Herleitung des Impulssatzes für deformierbare Körper (hier Fluidpartie M) aus dem Schwerpunktsatz

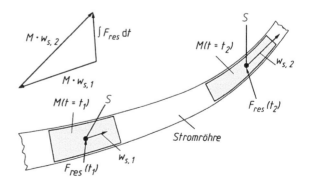

3.2 Herleitung des Impulssatzes aus dem Newton'schen Grundgesetz

Zur allgemeinen Herleitung des Impulssatzes integriert man den Schwerpunktsatz über die **Zeit**. Mit w_s, a_s als Geschwindigkeit bzw. Beschleunigung des Schwerpunkts S wird

$$\text{Schwerpunktsatz}: \boldsymbol{F}_{\text{res}} = M \cdot \boldsymbol{a}_s$$

$$\int \boldsymbol{F}_{\text{res}} \cdot dt = M \int dt \cdot \boldsymbol{a}_s = M \int dt \cdot d\boldsymbol{w}_s / dt = \int M \, d\boldsymbol{w}_s$$

$$\boxed{\text{Impulssatz, allgemein} \quad \int_{t_1}^{t_2} \boldsymbol{F}_{\text{res}} \cdot dt = M[\boldsymbol{w}_s(t_2) - \boldsymbol{w}_s(t_1)]} \quad (3.7)$$

$\boldsymbol{F}_{\text{res}}$ ist dabei die resultierende **äußere** Kraft auf M (aus Oberflächendruck, Gewicht etc.). Da sich M durch die Stromröhre bewegt, ist $\boldsymbol{F}_{\text{res}}$ – trotz stationärer Strömung – *zeitabhängig*.

Um zu einer für *stationäre* Strömung anwendbaren Form des Impulssatzes zu kommen, betrachten wir eine *ortsfeste* Kontrollfläche, welche zum Zeitpunkt t_1 gerade die Masse M umschließt, Abb. 3.5. In diesem Fall ist es zweckmäßig, kein endlich großes Zeitintervall $(t_2 - t_1)$ der Ableitung zu Grunde zu legen, sondern nur ein unendlich kleines Zeitintervall dt. Die **Zunahme** des Impulses $M \cdot d\boldsymbol{w}_s$ der identischen Masse M ist nur dadurch gegeben, dass das vorderste Massenelement dM_v von M in ein (ortsfestes) Gebiet höherer Geschwindigkeit w_2 eintritt (im dargestellten Fall, Abb. 3.5), das hintere Element dM_h in ein Gebiet mit der Geschwindigkeit w_1. Die Impulsanteile aller übrigen Massenelemente dM von M heben sich bei der Differenzbildung auf.

Die Massenelemente $dM_v = dM_h$ sind gleich groß wie jene, die einen ortsfesten Querschnitt im Zeitelement dt passieren, nämlich $\dot{m} \cdot dt = dM_v = dM_h$. Damit ergibt sich

$$\boldsymbol{F}_{\text{res}} \cdot dt = (M \cdot d\boldsymbol{w}_s =) \dot{m} \cdot dt \cdot (\boldsymbol{w}_2 - \boldsymbol{w}_1)$$

Da dt nun auf beiden Seiten in gleicher Weise vorkommt, kann es weggelassen werden und es ergibt sich, wie bereits in Gl. 3.2 angegeben:

$$\boxed{\text{Impulssatz für stationäre Strömungen} \quad (\boldsymbol{F}_{\text{res}} =) \boldsymbol{F} = \dot{m} \cdot (\boldsymbol{w}_2 - \boldsymbol{w}_1)} \quad (3.8)$$

$\boldsymbol{F}$ ist dabei die von der Umgebung **auf M in der Kontrollfläche** ausgeübte resultierende Kraft. Diese enthält auch die Druckkräfte auf die Querschnitte A_1, A_2 und die Gewichts-

Abb. 3.5 Zur Herleitung des Impulssatzes für stationäre Strömungen

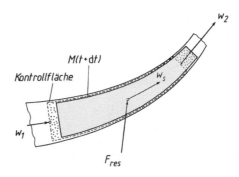

kraft, falls diese bei der konkreten Anwendung des Impulssatzes eine Rolle spielt. Bei der Herleitung des Impulssatzes für stationäre Strömungen hatten wir nicht – wie bei der Bernoulli'schen Gleichung – voraussetzen müssen, dass das Fluid inkompressibel und/oder reibungsfrei ist. Der Impulssatz gilt daher auch für **reibungsbehaftete** und **kompressible** Fluide.

Vom Standpunkt der Herleitung aus dem Newton'schen Grundgesetz ergibt sich rückblickend die im Schema unten vereinfacht dargestellte Übersicht.

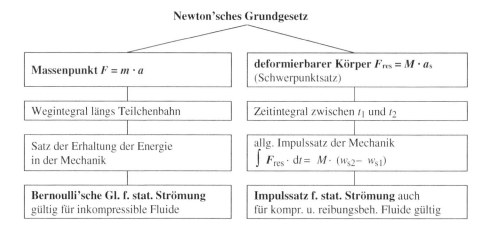

Bisher hatten wir (unausgesprochen) angenommen, dass über den Ein- und Austrittsquerschnitt die Geschwindigkeit gleichmäßig verteilt ist. Bei Anwendungen des Impulssatzes auf technische Probleme ist dies meist angenähert der Fall. Bei veränderlicher Geschwindigkeit muss über Ein- und Austrittsquerschnitt sinngemäß integriert werden. Für die erfolgreiche Anwendung des Impulssatzes auf technische Probleme ist eine zweckmäßige Wahl der ortsfesten Kontrollfläche entscheidend. Dies kann nur an Hand von Beispielen eingeübt werden.

▶ Für die Lösung von Aufgaben zeichnet man zunächst in eine Skizze alle Kräfte so ein, wie sie *auf den Fluidkörper* im Kontrollvolumen wirken. Die Richtung berücksichtigt man dann durch das Vorzeichen in der Impulssatz-Gleichung. Hat man die zu berechnende Kraft in der Richtung irrtümlich falsch angenommen, zeigt sich das im Resultat durch ein negatives Vorzeichen.

Für den einfachen Fall, dass der Kanal nur eine Querschnittsänderung enthält und die Geschwindigkeitsrichtung beibehalten wird, ergibt Gl. 3.8 speziell, Abb. 3.6, mit F_w als Kraft auf den Fluidkörper von der Wand her

$$\boxed{F_x = A_1 p_1 - A_2 p_2 - F_w = \dot{m} \cdot (w_2 - w_1)} \tag{3.9}$$

Abb. 3.6 Zum Impulssatz. Strömung ohne Richtungsänderung

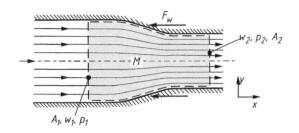

Abschließend noch eine Bemerkung zur Anwendung des Impulssatzes auf turbulente Strömungen. Wie eine theoretische Untersuchung zeigt, ist es bei turbulenten Strömungen gestattet, in Gl. 3.8 und allen daraus abgeleiteten Gleichungen die *zeitlichen* Mittelwerte für die Geschwindigkeiten und Drücke zu verwenden. Da turbulente Strömungen wesentlich instationär sind, ist die Gültigkeit von Gl. 3.8 für sie von vornherein nicht gesichert. Sind die zeitlichen Mittelwerte aber stationär, so gilt für diese, wie erwähnt Gl. 3.8. Bei *Messungen* ist jedoch zu bedenken, dass die Messgeräte zwar Mittelwerte der wegen der Turbulenz schwankenden Drücke und Geschwindigkeiten anzeigen, es ist jedoch keine ausgemachte Sache, dass dies unbedingt die *linearen zeitlichen* Mittelwerte sind, die wir benötigen würden. Hier liegt daher eine mögliche Fehlerquelle bei Messungen (Fehler aber meist sehr klein).

3.3 Drallsatz (Impulsmomentensatz), Begriff der Strömungsmaschine

In der Starrkörpermechanik wird bei einem sich drehenden Körper als Drall oder Drehimpuls das Produkt Trägheitsmoment mal Winkelgeschwindigkeit definiert. Drall ist damit eine zum Impuls bei der Translationsbewegung analoge Größe: Masse → Trägheitsmoment; Geschwindigkeit → Winkelgeschwindigkeit. Ein Fluidstrom kann ebenfalls außer Translationsimpuls Drall besitzen. Bei stationärer Strömung spricht man entsprechend von Impuls- und Drallströmen $\dot{I}$, $\dot{D}$. Abb. 3.7 zeigt, wie durch (ortsfeste) Schaufeln Drall erzeugt werden kann.[1]

Als Schaufeln bezeichnet man in der Strömungslehre konstruktiv für die Umlenkung von Fluidströmen vorgesehene Einbauten und Leitflächen. Als Maß für die Stärke des Drallstromes, der eine bestimmte Querschnittsfläche A passiert, definieren wir

$$\dot{D} = \int_A r c_u \cdot d\dot{m} \tag{3.10}$$

---

[1] Wir beschränken uns hier auf Strömungen in Kanälen und Schaufelrädern. Angemerkt sei auch, dass sich nur reale Fluide durch Schaufeln Drall aufprägen lassen.

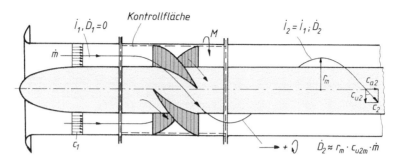

Abb. 3.7 Zum Drallbegriff; Rohr mit fixierten Schaufeln

c_u ist dabei die Umfangskomponente der räumlichen Strömungsgeschwindigkeit (c_a... Axialkomponente, c_r... Radialkomponente). Der Drallsatz für eine Anordnung nach Abb. 3.7 mit dem dort eingezeichneten Kontrollvolumen lautet analog zu Gl. 3.2:

$$\boxed{M = \dot{D}_2 - \dot{D}_1 \quad \text{Drallsatz}} \qquad (3.11)$$

M ist hierbei das Moment auf die Drallbeschaufelung, welches dort anzubringen ist, wo die Kontrollfläche die Halterung der Beschaufelung schneidet. Sein Drehsinn ist gleich wie jener des (größeren) Dralls. Auf die Umgebung wirkt das Moment entgegengesetzt. Der Druck p muss in der Beschaufelung abnehmen, da die Geschwindigkeit zunimmt. Dies ergibt sich allein schon daraus, dass c_a die Kontinuitätsgleichung erfüllen muss, und c_u daher die Gesamtgeschwindigkeit c_2 über c_1 erhöhen muss: Der Zuwachs an kinetischer Energie geht auf Kosten von Druckenergie.

Die Anordnung nach Abb. 3.7 gibt ein anschauliches Bild zum Drallbegriff. Da die Strömung jedoch räumlich ist, ist die mathematische Erfassung kompliziert. Einfacher ist eine Anordnung nach Abb. 3.8a, da hier eine ebene, zentralsymmetrische Strömung vorliegt. Derartige Räder mit kongruenten Schaufeln bezeichnet man als **Leitrad** (feststehend)

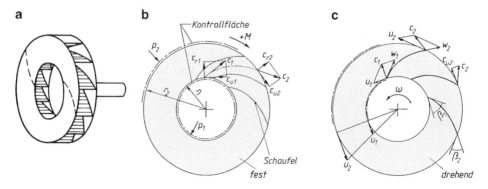

Abb. 3.8 Zu Drallsatz für Leit- und Laufräder (bezüglich der Geschwindigkeiten c, w, u siehe auch Abschn. 2.6)

3.3 Drallsatz (Impulsmomentensatz), Begriff der Strömungsmaschine   87

bzw. als **Laufrad** (rotierend). Wir nehmen zunächst eine Durchströmung von innen nach außen an. Der Raum zwischen zylindrischer Eintritts- und Austrittsfläche des Leit- oder Laufrades, begrenzt durch die seitlichen Deckwände, bildet hier das Kontrollvolumen, Abb. 3.8. Die Radialkomponenten der Geschwindigkeit c_r und die Drücke p_1, p_2 haben offensichtlich keinen Einfluss auf das ausgeübte Moment. Mit den Umfangskomponenten c_u ergibt der Drallsatz für das Moment M auf die Kontrollfläche:

$$\boxed{M = \dot{m}(c_{u2}r_2 - c_{u1}r_1) \quad \text{Moment auf ein Schaufelrad}} \tag{3.12}$$

M ist das Moment auf die Kontrollfläche. Das Stützmoment, das das Schaufelrad im Gleichgewicht hält, hat entgegengesetzten Drehsinn.

Gl. 3.12 ergibt sich aus Gl. 3.10 und 3.11. Da an der inneren und äußeren Kontrollfläche c_u und r überall als gleich angenommen sind, kann das Integral entfallen.

Dreht sich das Laufrad innerhalb der Kontrollfläche und nimmt man unendlich viele, unendlich dünne, kongruente Schaufeln an[2], so bleibt trotz Drehung des Laufrades die Strömung stationär und Gl. 3.12 bleibt gültig. Beträgt die Winkelgeschwindigkeit des Laufrades ω, so wird folgende Leistung auf das Fluid übertragen ($u = r\omega$):

$$\boxed{P_{th,\infty} = M\omega = \dot{m}(u_2 c_{u2} - u_1 c_{u1}) \quad \begin{array}{c} \text{Theor. Leistungsaustausch} \\ \text{Schaufelrad} - \text{Fluid} \end{array}} \tag{3.13}$$

$u = r\omega$ ist dabei die Umfangsgeschwindigkeit des Rades an der entsprechenden Stelle. Sind u_2 und c_{u2} gleichsinnig, so wird Leistung auf das Fluid übertragen, wenn gleichzeitig $c_{u2}u_2 > c_{u1}u_1$ (Pumpe).

Der Index „th, ∞" soll darauf hinweisen, dass es sich um einen theoretischen Wert bei Annahme unendlich vieler, unendlich dünner Schaufeln handelt.

Die pro kg an das Fluid übertragene Arbeit wird im Pumpenbau als spezifische Förderarbeit Y bezeichnet, Gl. 2.19. Hierfür ergibt sich aus Gl. 3.13

$$\boxed{Y_{th,\infty} = \frac{P_{th,\infty}}{\dot{m}} = u_2 c_{u2} - u_1 c_{u1} \quad \begin{array}{c} \text{Theor. spezifische Förderarbeit} \\ \text{einer Pumpe, Nm/kg oder m}^2/\text{s}^2 \end{array}} \tag{3.14}$$

Diese Gleichung wird auch als **Pumpenhauptgleichung** oder als **Euler'sche Hauptgleichung der Strömungsmaschinen** bezeichnet. Wie der Impulssatz, so gilt auch Gl. 3.14 ganz allgemein, auch für reibungsbehaftete und kompressible Fluide und für beliebige Schaufelform. Tritt im Laufrad Reibung auf, so wirkt sich das auf die Drücke p_1, p_2 aus, nicht jedoch auf M und P (die Pumpe erzeugt niedrigeren Druck). Bei endlich vielen Schaufeln bleibt Gl. 3.12 gültig für reibungsbehaftete und kompressible Strömungen, wenn man die über den einzelnen Schaufelkanal dann veränderlichen

---

[2]Der strömungsmechanische Gehalt dieser in Pumpenbüchern üblichen Formulierung ist: am Ein- und Austritt nach Richtung und Größe vorgegebene, am Umfang gleichmäßig verteilte Fluid-Geschwindigkeiten. Unterbrechungen entsprechend Schaufelwanddicke sind im Prinzip möglich.

Werte c_{u1}, c_{u2} mittelt bzw. ein Integral verwendet. Bei Reibung benötigt man mehr Druckdifferenz $p_1 - p_2$, um denselben Fluidstrom durchzutreiben, das Moment M bleibt jedoch von der Reibung unberührt!

Gl. 3.13 und 3.14 verlieren jedoch bei endlicher Schaufelzahl ihre Gültigkeit, weil die Strömung nicht stationär bleibt, wenn die Geschwindigkeit längs des Umfangs des rotierenden Laufrades variiert.

Begriff der Strömungsmaschine

Maschinen, die konstruktiv für den Austausch von Wellenarbeit mit mechanischen Energieformen in Fluidströmen (Druckenergie, kinetische oder potentielle Energie) vorgesehen sind (Pumpen, Ventilatoren, Kompressoren bei Arbeitszufuhr; Turbinen, Motoren bei Arbeitsentnahme) können als Strömungsmaschinen oder als Kolbenmaschinen konzipiert werden. Ein einfaches Beispiel für eine Kolbenmaschine war die Kolbenpumpe nach Beispiel 1.4: Der Kolben schiebt das Arbeitsfluid bei offenem Druckventil in die Druckleitung. Die Arbeitszufuhr erfolgt durch Verschiebearbeit (Kraft mal Weg!). Die zentralen Elemente der Kolbenmaschinen sind Kolben und Druck, man spricht auch von einem statischen Arbeitsprinzip, von Verdrängermaschinen.

Im Gegensatz dazu sind die sog. **Strömungsmaschinen** durch ein dynamisches Arbeitsprinzip charakterisiert: Ihre zentralen Elemente sind Laufrad und Geschwindigkeits-Druckumsetzungen im Fluid.

Kolbenmaschinen arbeiten intermittierend, d. h. sie nehmen eine bestimmte kleine Masse in den Arbeitsraum (Zylinder), führen einen Prozess damit durch (Motoren!) und stoßen diese Masse wieder aus. Auch unser Herz arbeitet nach dem Kolbenmaschinenprinzip.

Strömungsmaschinen arbeiten stetig. Sie sind vom Prinzip her wesentlich eleganter und einfacher im Aufbau. Entsprechend der Haupt-Strömungsrichtung unterscheidet man insbesondere:

- Axial-Strömungsmaschinen
- Radial-Strömungsmaschinen

Anmerkung zum Gegensatz Strömungsmaschinen (SM) – Kolbenmaschinen (KM)

SM können wegen der hohen erforderlichen Relativgeschwindigkeit zwischen rotierenden und festen Teilen (bei Gasen bis zu einigen 100 m/s!) erzeugte Drücke nur durch enge Spalte abdichten. KM hingegen können mit ihren Relativgeschwindigkeiten (Kolben) so ausgelegt werden (etwa <20 m/s), dass berührende Dichtung (Kolbenringe) möglich sind. KM können daher hohe Drücke ohne weiteres „managen".

Das Schema der Energiezufuhr zeigt Abb. 3.9 am Beispiel der Axial- und Radialmaschine. Über Welle und Laufradkörper wird dem Fluid mechanische Leistung

3.3 Drallsatz (Impulsmomentensatz), Begriff der Strömungsmaschine

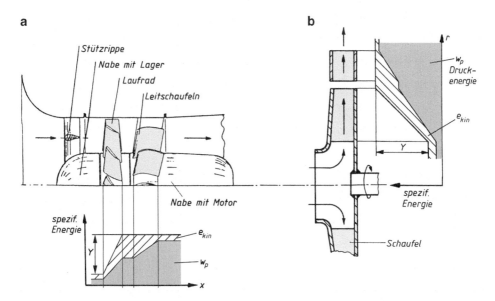

Abb. 3.9 Energieumsetzung bei Strömungsmaschinen, **a** Axialventilator; **b** Radialpumpe

zugeführt. Diese Zunahme wirkt sich teils als Zunahme der kinetischen Energie, teils als Zunahme der Druckenergie aus. Wegen der kleinen Maschinenabmessungen bleibt der Anteil der potentiellen Energie gering. Die kinetische Energie wird in einer nachgeschalteten **Leitvorrichtung** (feststehend) durch Verzögerung ebenfalls in Druckenergie umgesetzt (bis auf einen kleinen Rest der zum Transport des Fluids notwendig ist). Da das Laufrad dem Fluid unweigerlich einen Drall aufprägt, ist es auch die Aufgabe der Leitvorrichtung, diesen Drall (unter Druckgewinn) wieder rückgängig zu machen (den Drall wieder „aufzustellen").

Auf dem Hintergrund des Drallbegriffes kann die Wirkungsweise von Axialpumpen und -turbinen vereinfacht wie folgt beschrieben werden:

Pumpen: Das Laufrad erteilt dem Fluid durch die Drehbewegung einen Drall, beim Wiederaufstellen des Dralls wird Druck gewonnen.

Turbinen: Aus Druckenergie wird in einem feststehenden Leitapparat kinetische Energie und Drall erzeugt. Das Laufrad der Turbine stellt den Drall wieder auf. Dabei wirkt ein Moment auf das Laufrad und mechanische Leistung wird dem Fluid entzogen. Abb. 3.10 zeigt dies schematisch am Beispiel der Kaplanturbine.

Tab. 3.1 gibt eine Gegenüberstellung von Kolben- und Strömungsmaschinen. Letztere werden auch als Turbomaschinen bezeichnet. Spielt die Kompressibilität des Arbeitsfluids eine Rolle, spricht man auch von thermischen Turbomaschinen.

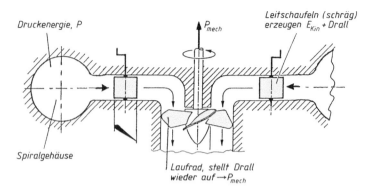

Abb. 3.10 Aufbau einer Kaplanturbine, schematisch, mit eingetragenen Hinweisen zur Energieumsetzung

Tab. 3.1 Kolbenmaschinen – Strömungsmaschinen

		Kolbenmaschinen	Strömungsmaschinen
Arbeitsprinzip		statisch	dynamisch
		intermittierend	stetig
zentrale Elemente		Kolben und Druck	Schaufel (Laufrad) und Geschwindigkeits-Druckumsetzungen
besonders geeignet für		relativ hohe Drücke	niedrige Drücke
		kleine $\dot{V}$	große $\dot{V}$
		kleine Leistungen	große Leistungen
		niedrige Drehzahlen	hohe Drehzahlen
Dichtung		berührend (z. B. Kolbenringe)	Spaltdichtung
Maschinen			
Arbeitsmaschinen		Kolbenpumpe	Kreiselpumpe
		Zahnradpumpe	Ventilator
		Kolbenverdichter	Turboverdichter
Kraftmaschinen		Kolbendampfmaschine	Dampfturbine
		Otto- und Dieselmotor	Gasturbine
		Wankelmotor	
			Windturbine
		Turbolader = Turboverdichter + Gasturbine auf einer Welle	

3.4 Vereinfachte Propellertheorie. Windkraftanlagen

Fahrzeuge wie Auto, Zug, Flugzeug, Schiff u. a. erfahren bei Bewegung einen Wider-stand in Form einer gegen die Bewegung gerichteten Kraft. Sie benötigen daher zur Aufrechterhaltung ihrer Bewegung eine Schubkraft zur Kompensation der Widerstands-kraft. Diese Schubkraft muss sich nach dem Wechselwirkungsgesetz auf die Umgebung abstützen. Je nach Art dieser Abstützung teilt man die Antriebe ein in:

- Reibungsantriebe, z. B. Auto, Zug, Gehen
- Impulsantriebe, z. B. Flugzeug, Schiff, Rakete
- Formschlüssige Antriebe, z. B. Zahnradbahn
- Kraftschlüssige Antriebe, z. B. Seilbahn.

Wir hatten bereits in Abb. 3.2 und 3.3 auf Impulsantriebe hingewiesen: Die Antriebs-einheit erfasst aus dem umgebenden Fluid einen bestimmten Massenstrom $\dot{m}$ und beschleunigt ihn nach hinten. Dadurch entsteht nach dem Impulssatz, Gl. 3.6 eine Schubkraft.

Einen Sonderfall stellt die Rakete dar: Diese entnimmt den Massenstrom nicht der Umgebung, sondern mitgeführten Behältern (z. B. mit flüssigem Sauerstoff und flüssigem Wasserstoff gefüllt, mit deren Energieinhalt bei Verbrennung in einer Brenn-kammer hohe Gasausstoßgeschwindigkeiten erzielbar sind, z. B. 2000 m/s).

Bei Flugzeugen werden Propeller- und Strahltriebwerke zur Erzeugung eines mit erhöhter Geschwindigkeit abgehenden Strahles verwendet. Der Propeller erfasst zwar entsprechend seinem Durchmesser einen großen ihm entgegenströmenden Massenstrom, kann diesem aber wegen der freien Strahlgrenze nur eine geringe Zusatzgeschwindig-keit nach hinten erteilen. Den großen erforderlichen Schub für große, schnelle Flug-zeuge können nur Strahltriebwerke mit innen geführten Luftströmen liefern. Sie liefern Schubstrahlen mit sehr hohen Austrittsgeschwindigkeiten (mehrere hundert m/s).

3.4.1 Vereinfachte Propellertheorie

Das Wort „vereinfacht" bedeutet hier, dass nicht auf die Umströmung der einzel-nen Propeller-Flügelblätter eingegangen wird. Es wird vielmehr angenommen, dass ein bestimmter Luftmassenstrom vom Propeller erfasst und nach hinten beschleunigt wird. Weiterhin wird angenommen, dass dem Strahl dabei kein Drall aufgeprägt wird. Dem Strahl soll in der Propellerebene gleichmäßig und reibungsfrei kinetische Energie zugeführt werden.

Zur Anwendung der Bernoullischen Gleichung auf Freistrahlen
Bereits in Kap. 2 hatten wir im Rahmen der Behandlung der Bernoullischen Gleichung in Abschn. 2.6 den Fall erörtert, dass ein Fluidstrom *mechanische Arbeit bzw. Leistung* mit Pumpen oder Turbinen austauscht (eindimensionale Behandlung). Hierbei war der Fluidstrom von Rohren bzw. Pumpen- oder Turbinengehäusen geführt und vom Umgebungsdruck abgeschirmt. Nunmehr untersuchen wir einen analogen Fall, wo ein Propeller dem ihn umgebenden Luftstrahl mechanische Arbeit bzw. Leistung zuführt und dessen Geschwindigkeit erhöht, Abb. 3.11a. Wie **Albert Betz** um 1920 aufzeigte, lässt sich dieser Fall einigermaßen realistisch mit der erweiterten Bernoullischen Gleichung in Verbindung mit dem Impulssatz erfassen. Wir betrachten die Vorgänge in einem mit dem Flugzeug fest verbundenen Koordinatensystem; der Propeller erfasst und beschleunigt einen runden Luftstrahl, der sich ausgehend vom Anfangsquerschnitt A_1 infolge Beschleunigung auf A_2 verengt. Weit vor dem Propeller „strömt" in unserem Koordinatensystem der gesamte „Luftkörper" mit Fluggeschwindigkeit w_1 auf den Propeller zu. Aus diesem Luftkörper denken wir uns genau jenen runden Strahl energiemäßig isoliert und abgegrenzt, der dann durch den Propeller auf w_2 beschleunigt wird. Durch diese Abgrenzung wird es möglich, die Bernoullische Gleichung anzuwenden. Im Gegensatz zur Anwendung der Bernoullischen Gleichung bei Pumpen und Turbinen, wo durch die Berandung die *Geschwindigkeit bzw. das Verhältnis* w_1/w_2 vorgegeben ist, ist in unserem Fall hier der (statische) Druck auf dem Strahlrand vorgegeben: überall – vor und hinter dem Propeller – wirkt auf den Strahl der Atmosphärendruck. Hingegen ist die Geschwindigkeitserhöhung im Strahl durch die Wellenleistung des Propellers (abzüglich der Verluste) gegeben. Die gedachte Abgrenzung eines durch den Propeller erfassten Strahles ist natürlich eine gewisse Idealisierung. Die Erfahrung

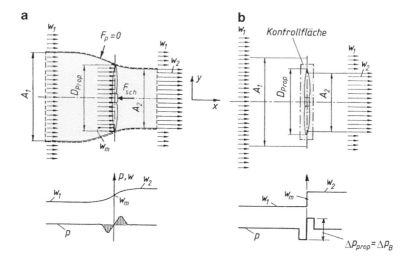

Abb. 3.11 Zur vereinfachten Propellertheorie. **a** Strahlkontraktion, Geschwindigkeits- und Druckverteilung; **b** Schema für die Berechnung

3.4 Vereinfachte Propellertheorie. Windkraftanlagen   93

zeigt jedoch, dass die vereinfachte Betz'sche Propellertheorie die wesentlichen
Zusammenhänge richtig darstellt.

Die Geschwindigkeitserhöhung des Strahles durch Leistungszufuhr durch den
Propeller beträgt im Auslegungszustand etwa 30 %. D. h. dann auch: Der Strahlquerschnitt muss sich um 30 % kontrahieren; etwa 15 % vor und 15 % nach dem Propeller.

In Abb. 3.11 sind die Verhältnisse im Hinblick auf die Anwendung von Impulssatz und
Bernoullischer Gleichung dargestellt. Die Kontrollfläche berührt gerade noch die Enden
der Propellerblätter. Die auf das Kontrollvolumen vom Umgebungsdruck p (allseitig)
wirkende resultierende Kraft ist null, Abb. 3.11a. In unmittelbarer Nähe der *Propellerebene* wirkt jedoch (theoretisch) auf der Rückseite ein größerer Druck als auf der Vorder-
seite, wodurch letztlich die Schubkraft F_sch des Triebwerks entsteht; die Kraftwirkung
wird tatsächlich aber konzentriert durch die Propellerblätter auf die Welle übertragen.

Der Umstand, dass knapp hinter der Propellerebene ein gewisser Überdruck gegenüber
Atmosphärendruck und vor dem Propeller Unterdruck herrscht (auch an der (etwa kegelmantel-
förmigen) Kontrollfläche!), beeinträchtigt unsere Kräftebilanz in x-Richtung (Gl. 3.15) nicht
allzu sehr, aus folgenden Gründen: Die aus diesen propellernahen Drücken resultierende Kraft
ist einerseits relativ klein und wird andererseits durch die Projektion auf die x-Achse noch einmal stark verkleinert. Dies ist mit ein Grund dafür, dass die Betz'sche Propellertheorie die Realität
einigermaßen zutreffend beschreibt.

Wir untersuchen hier die Strömung nur global mithilfe des Impulssatzes. Reibungsfreiheit wird vorausgesetzt. w_1 ist die Fluggeschwindigkeit, mit der die Luft in unserem
flugzeugfesten Koordinatensystem dem Propeller (in einiger Entfernung von diesem)
entgegenströmt. Der Impulssatz liefert zunächst für die Schubkraft:

$$F_\mathrm{sch} = \dot{m} \cdot (w_2 - w_1) = A_\mathrm{prop} \cdot \rho \cdot w_\mathrm{m} \cdot (w_2 - w_1) \quad \text{mit} \quad A_\mathrm{prop} = D_\mathrm{prop}^2 \, \pi/4$$

$$(3.15)$$

In Gl. 3.15 ist der Massenstrom $\dot{m}$ mit einer vorerst noch unbekannten „mittleren"
Geschwindigkeit w_m (zwischen w_1 und w_2) und der Propellerkreisfläche A_prop gebildet.

Damit unser Strahl trotz Geschwindigkeitszunahme auf w_2 dem konstanten
Außendruck p standhalten kann, muss ihm der Propeller mechanische Energie zuführen.
Hierfür setzen wir die Bernoullische Gleichung (erweitert durch Arbeitsglied, ohne
Reibung, Abschn. 2.6; Tab. Tab. 2.2) an: Anstatt Druckzunahme im Strahl haben wir hier
Geschwindigkeitszunahme ($p_1 = p_2 = p$):

$$\frac{1}{2}\rho w_1^2 + \Delta p_\mathrm{t} = \frac{1}{2}\rho w_2^2 \Rightarrow \Delta p_\mathrm{t} = \frac{1}{2}\rho(w_2^2 - w_1^2) = \Delta p_\mathrm{B}$$

Diese Formel gibt an, welche theoretische „Druckzunahme" der Propeller erzeugen
muss, um die „Druckabnahme" durch die Geschwindigkeitszunahme von w_1 auf w_2 zu
kompensieren.

Gleichsetzen der Schubkraft F_{sch} aus Impulssatz und Bernoullischer Gleichung liefert (vgl. Abb. 3.11b):

$$F_{sch} = A_{prop}\, \rho w_m (w_2 - w_1) = A_{prop} \cdot \Delta p_t = A_{prop} \frac{1}{2}\, \rho (w_2^2 - w_1^2)$$

Daraus ergibt sich nach Kürzen und mit der Beziehung $(a^2 - b^2) = (a + b) \cdot (a - b)$:

$$\rho \cdot w_m \cdot (w_2 - w_1) = \frac{1}{2} \cdot \rho \cdot (w_2^2 - w_1^2) \quad \text{und daraus}$$

$$\boxed{\textbf{mittlere Geschwindigkeit in der Propellerebene } w_m = \frac{1}{2}(w_1 + w_2)}$$

Die Geschwindigkeit in der Propellerebene w_m ist also gemäß der Betz'schen Theorie genau der algebraische Mittelwert zwischen w_1 und w_2. Damit ergibt sich die Formel:

$$\boxed{\textbf{Propeller-Schubkraft} \quad F_{sch} = A_{prop} \cdot \rho \cdot \frac{1}{2}(w_2^2 - w_1^2)} \qquad (3.16)$$

Diese Formel gibt an, welche Kombination aus Propellerfläche A_{prop} und Strahlgeschwindigkeit w_2 man für eine vorgegebene Schubkraft F_{sch} benötigt; w_1 ist hierbei die Fluggeschwindigkeit.

Häufig bildet man auch den sog. *Vortriebswirkungsgrad* η_v, der die mechanischen Mindestverluste des Impulsantriebes erfasst:

$$\eta_v = \frac{\text{Nutzen} = F_{Sch} w_1}{\text{Aufwand} = \dot{E}_{kin} = \frac{1}{2}\dot{m}(w_2^2 - w_1^2)} = \frac{(w_2 - w_1)w_1}{\frac{1}{2}(w_2^2 - w_1^2)} = \frac{2w_1}{w_1 + w_2}$$

$$\boxed{\eta_v = \frac{2}{1 + w_2/w_1} = \frac{2}{2 + \Delta w/w_1}} \quad \text{Vortriebswirkungsgrad} \qquad (3.17)$$

Man erkennt, dass gute Wirkungsgrade η_v geringe Geschwindigkeitserhöhungen $(w_2 - w_1) = \Delta w$ erfordern. Dies bedeutet bei gegebenem Wert für den Schub F_{Sch} große Propellerdurchmesser D_{prop}. Gl. 3.17 gilt auch für Strahltriebwerke. Tatsächlich fließt auch kinetische Energie in die Drehbewegung des Strahles (Drall), welche für die Schuberzeugung nutzlos ist. Des Weiteren tritt Reibung an der Propelleroberfläche auf, was ebenfalls Verluste bedingt. Die genannten Verluste verzehren einen Teil der Motorleistung. Sie werden durch den Gütegrad η_g des Propellers erfasst. Dieser beträgt etwa 0,85. Somit ergibt sich die für eine bestimmte Schubleistung P_{sch} erforderliche Motorleistung P_{mot} zu

$$P_{mot} = \frac{P_{sch}}{\eta_v \cdot \eta_g} = \frac{F_{sch} \cdot w_1}{\eta_v \cdot \eta_g}. \qquad (3.18)$$

3.4 Vereinfachte Propellertheorie. Windkraftanlagen

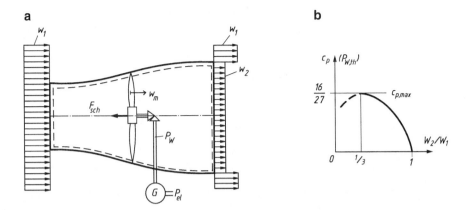

Abb. 3.12 Windkraftanlage. **a** Schema mit Kontrollvolumen; F_{sch}: Kraft auf das Kontrollvolumen (auf Mast entgegengesetzt). **b** theoretisch dem Wind entzogene Leistung $P_{W,th}$ abhängig von w_2 (w_1: vorgegebene Windgeschwindigkeit)

3.4.2 Windkraftanlagen

Windkraftanlagen[3] (abgek. „WKA", auch: Windenergieanlagen „WEA") nutzen die kinetische Energie des Windes (heutzutage fast ausschließlich) zur Erzeugung von elektrischer Energie. Das zentrale Bauelement einer WKA ist der propellerartige Rotor mit meist drei Rotorblättern. Diese haben Längen bis etwa 60 m und Querschnittsformen wie Flugzeugtragflächen. Da das Wort „Propeller" etwa „Vorwärtstreiber" bedeutet, sollte dieses im Bereich der WKA nicht verwendet werden. Man spricht vom „Rotor" einer WKA und seinen „Blättern".

Strömungsmechanische Berechnungsgrundlagen
Das im Abschnitt über Propeller Gesagte setzt im Kern Reibungsfreiheit voraus und gilt daher auch bei einer Umkehrung des Leistungsflusses: Der von der Windturbine erfasste Strahl wird verzögert, erweitert sich im Durchmesser und mechanische Energie wird aus der kinetischen Energie des Strahles gewonnen, Abb. 3.12a.

Während beim Propeller i. Allg. die Motorleistung bzw. P_{sch} einen festen vorgegebenen Wert aufweist, kann bei der WKA die entnommene Leistung entsprechend der Windgeschwindigkeit (und auch dem Bedarf an elektrischer Energie) schwanken. Bei festem Wert für w_1 schwankt auch w_2 und die Kontur der Kontrollfläche.

---

[3]Seit der Frühzeit der Technik wird das Wort *Kraft* nicht nur in der Bedeutung von *Ursache einer Beschleunigung* verwendet, sondern hat auch die Bedeutung von *mechanischer Energie*, etwa in: Kraftwerk, Wasserkraft, Windkraft, Lkw usw.

Die theoretisch dem Wind entzogene Leistung $P_{W,th}$ ist gleich der Abnahme an kinetischer Energie des Strahles ($\dot{m}$ erfasster Massenstrom):

$$P_{W,th} = \frac{1}{2} \cdot \dot{m} \cdot (w_1^2 - w_2^2)$$

Auch hier gilt für die Geschwindigkeit in Rotorebene wie beim Propeller:

$$\mathbf{w_m} = \frac{1}{2} \cdot (\mathbf{w_1} + \mathbf{w_2}) \quad \text{und damit } \dot{m} = A_{rot} \cdot \rho \cdot (w_1 + w_2)/2$$

die theoretisch dem Wind entzogene Leistung wird:

$$P_{W,th} = A_{rot} \cdot \rho \cdot \frac{1}{2}(w_1 + w_2) \cdot \frac{1}{2}(w_1^2 - w_2^2) \tag{3.19}$$

$P_{W,th}$ wird zu null bei $w_1 = w_2$ (Leerlauf) und weist (wie man durch Differenzieren und Nullsetzen von Gl. 3.19 leicht beweist) ein Maximum auf. Das Maximum der der Luft mit einem gegebenen Rotor entziehbaren Leistung ergibt sich für $w_2 = 1/3 \cdot w_1$ zu (vgl. Abb. 3.12b)

$$\boxed{P_{W,th,max} = A_{rot} \cdot \rho \cdot \frac{8}{27} w_1^3} \tag{3.20}$$

▶ Die theoretisch mit einer Windkraftanlage[4] maximal gewinnbare mechanische Leistung steigt also mit der dritten Potenz der Zuström-Windgeschwindigkeit w_1!

Das Auftreten eines Maximums kann durch folgende Überlegungen einsichtig gemacht werden: Kleinere Abströmgeschwindigkeiten w_2 bringen zwar **pro kg Luft** größeren Entzug an kinetischer Energie, bedingen jedoch auch eine Abnahme des den Rotor passierenden Massenstroms $\dot{m}$, weil bei Zunahme des Abgangsdurchmessers D_2 mit kleineren w_2-Werten notgedrungen der Zulauf-Strahldurchmesser D_1 – und damit $\dot{m}$ – entsprechend **abnehmen** muss, Abb. 3.12a.

Leistungsbeiwert c_p: Für Entwurfszwecke benutzt man zur Abschätzung den sog. Leistungsbeiwert c_p. Dieser bezieht die entzogene Windleistung P_W auf den einfach

---

[4]Das Resultat der üblichen – nicht ganz einfachen – Herleitung der Beziehung $w_m = \frac{1}{2}(w_1 + w_2)$ ergibt sich auch aus folgender Symmetrieüberlegung: Man denke sich eine (ideale, reibungsfreie) Windturbine und einen spiegelsymmetrischen Propeller gleicher Leistung in einiger Entfernung hintereinander geschaltet, so dass die Abgangsluft der Windturbine direkt vom Propeller übernommen wird. Die verlängerte Turbinenwelle treibe direkt den Propeller an. Bei Umkehrung der Anströmrichtung arbeitet der frühere Propeller als Turbine und die frühere Turbine als Propeller. Diese (physikalisch vorstellbare) Umkehrung funktioniert nur, wenn $w_m = \frac{1}{2}(w_1 + w_2)$.

berechenbaren Wert $\dot{E}_{\text{kin}}$, der kinetischen Energie eines ungestörten Massenstroms (ohne WKA) durch eine Fläche gleich der Rotorfläche ist:

$$\dot{E}_{\text{kin}} = \frac{1}{2} \cdot \dot{m} \cdot w_1^2 = A_{\text{rot}} \cdot \rho \cdot w_1 \cdot \frac{w_1^2}{2} = A_{\text{rot}} \cdot \rho \cdot \frac{w_1^3}{2}$$

Damit wird:

$$c_{\text{p,th}} = \frac{P_{\text{W,th}}}{\dot{E}_{\text{kin}}} = \frac{\left[\frac{1}{4} \cdot A_{\text{rot}} \cdot \rho \cdot (w_1 + w_2) \cdot \left(w_1^2 - w_2^2 \right) \right]}{A_{\text{rot}} \cdot \rho \cdot \frac{w_1^3}{2}}$$

und nach Kürzen: $c_{\text{p,th}} = \frac{1}{2} \cdot \left(1 + \frac{w_2}{w_1} \right) \cdot \left(1 - \frac{w_2^2}{w_1^2} \right)$ und damit wird

$$\boxed{P_{\text{W,th}} = c_{\text{p,th}} \cdot \rho \cdot A_{\text{rot}} \cdot \frac{w_1^3}{2}} \qquad \textbf{Basisformel für WKA} \qquad (3.21)$$

Aus obigem ergibt sich bei $w_2/w_1 = 1/3$ für c_{p} maximal der Wert $16/27 = 0{,}593$, vgl. auch Abb. 3.12b. In der Umsetzung von der kinetischen Energie des Windes bis zur mechanischen Leistung an der Rotorwelle treten natürlich weitere Verluste auf. Dieser Umstand wird durch Verwendung eines empirischen Faktors $c_{\text{p}} < c_{\text{p,th}}$ erfasst.

Der c_{p}-Wert hat eine ähnliche Bedeutung wie der Wirkungsgrad bei Motoren. Der große Unterschied ist jedoch, dass der „Aufwand", d. h. die Windenergie, nichts kostet. Deshalb stehen beim Entwurf von WKA Gesichtspunkte im Vordergrund wie: konstante Netzeinspeiseleistung über einen großen Bereich der Windgeschwindigkeit w_1 (vgl. Abb. 3.17b), Erfordernisse der Regelung, Verhinderung von Lärmbelästigung durch den Rotor u. a.

Weitere Informationen über Windkraftanlagen

In industrialisierten Ländern wird von den Endverbrauchern – neben Kraft- und Heizstoffen – vorwiegend elektrische Energie verwendet. Diese wird zentral in großen Kraftwerksblöcken meist aus fossilen Brennstoffen wie Kohle, Öl, Gas (sog. Primärenergie), oder aus Wasserkraft gewonnen. Da die Weltvorräte an fossilen Brennstoffen in absehbarer Zeit erschöpft sein werden und ein **Klimawandel** stattfindet, ist seit etwa 1990 eine intensive Diskussion über sog. **erneuerbare Energieformen** in Gang gekommen. Hierzu zählen insbesondere Wasserkraft, Windkraft und Biomasse. Alle diese Energieformen stammen letztlich von der vor nicht allzu langer Zeit auf die Erde eingestrahlten Sonnenenergie, von der sich wiederum etwa 2 % in kinetische Energie der Erdatmosphäre, d. h. in Windenergie umwandelt. Nur ein sehr kleiner Teil dieser Windenergie kann technisch genutzt werden. Nach einigen Umwandlungen wird praktisch die gesamte von der Sonne auf die Erde eingestrahlte Energie in den 2,7 K kalten Weltraum abgestrahlt. Im Jahr 2019 deckte Windkraft bereits ca. 24 % des Strombedarfs in Deutschland (www.windenergie.de).

Während Wasserkraftanlagen – insbesondere in gebirgigen Regionen – eine mehr als hundertjährige Tradition haben, erlebt Windkraft erst seit etwa 1995 eine stürmische Entwicklung. Hierzu einige Daten:

Im Jahre 1997 formulierten die damals 15 EU-Staaten in einem Weißbuch als Ziel für das Jahr 2010: 40.000 MW installierte Windkraft. Diese 15 Staaten haben bereits 2005 dieses Ziel überschritten (40.315 MW installiert)! Deutschland hatte Ende 2019 ca. 29.500 Onshore-Anlagen mit einer Leistung von 53,9 GW (www.wind-energie.de).

Ein eindrucksvolles Bild der Größenentwicklung von WKAs gibt Abb. 3.13, das dem Standardwerk „Windkraftanlagen" von R. Gasch und J. Twele [39] entnommen ist. Im Allgemeinen eignen sich heute für wirtschaftlichen Einsatz Anlagen, die gruppenweise zu sog. Windparks zusammengefasst werden. Um eine ungefähre Vorstellung vom Ertrag einer WKA zu geben, sei die folgende Zahl genannt:

1000 kW h pro Jahr und pro Quadratmeter Rotorfläche.

Messungen zeigen, dass die mittlere Windgeschwindigkeit w_1 mit der Höhe über Boden zunimmt. Abb. 3.14 gibt eine Vorstellung von Windprofilen, die insbesondere von der Bodenrauigkeit abhängen (d. h. zum Beispiel von Baumbestand, Häusern, Grasflächen usw.). Je höher der Mast einer WKA, desto mehr Energie kann gewonnen werden! Die Windprofile sind steiler auf Hügeln oder am Kamm eines Höhenrückens. Wegen der Abhängigkeit des Leistungsertrages von der **dritten Potenz von w_1** ist die Auswahl des Aufstellungsortes und die Höhe des Mastes einer WKA von großem Einfluss auf die

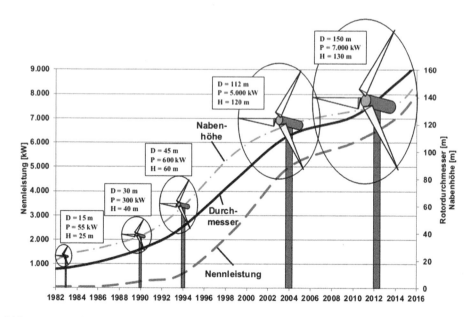

Abb. 3.13 Größe und Leistung von in Serie gebauten Windkraftanlagen nach Gasch und Twele. H Masthöhe; nach [39]

3.4 Vereinfachte Propellertheorie. Windkraftanlagen

Abb. 3.14 Typischer Verlauf der Windgeschwindigkeit abhängig von der Höhe über Boden und von der Bodenoberflächenstruktur (Beispiel: 5,3 m/s in großer Höhe (> 100 m)). **a** Glatte Oberfläche (z. B. See), **b** Grasfelder, **c** Bäume, Häuser etc. nach [42]

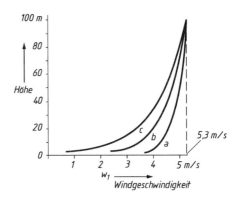

Wirtschaftlichkeit. Da sich die Windgeschwindigkeit mit der Höhe über Boden ändert, muss man auch eine Festlegung treffen, welchen Wert w_1 man in die Formeln einsetzt. Diese sind ja unter Voraussetzung einer über der Rotorfläche konstanten Geschwindigkeit abgeleitet. Es ist naheliegend den Wert der **Windgeschwindigkeit in Nabenhöhe** für w_1 zu verwenden. Bei Projektplanungen müssen zur Ertragsabschätzung auch statistische tages- und jahreszeitliche Schwankungen der Windgeschwindigkeit berücksichtigt werden.

Typische Windgeschwindigkeiten in Mitteleuropa liegen bei 4 bis 10 m/s (15 bis 36 km/h).

Schnelllaufzahl λ Für die Auslegung eines Rotors spielt auch die sog. Schnelllaufzahl λ eine wichtige Rolle. Diese ist wie folgt definiert:

$$\boxed{\text{Schnelllaufzahl } \lambda = \frac{w_u}{w_1}} \qquad \text{typische Werte bei Nennleistung: } \lambda = 5-10 \qquad (3.22)$$

w_u Umfangsgeschwindigkeit an der Rotorspitze

Denkt man sich vereinfacht, dass ein „Luftzylinder" die Rotorfläche mit w_m durchströmt, so zeichnen die Rotor-Blattspitzen Schraubenlinien in diesen Luftzylinder. Die Steigung dieser Schraubenlinien hat das Verhältnis: Windgeschwindigkeit w_m zu Umfangsgeschwindigkeit w_u ($= 1/\lambda$). Hat ein Rotor 3 Blätter, so liegen zwischen zwei aufeinander folgenden Schraubenlinien eines Blattes noch die Schraubenlinien der benachbarten Blätter. Ist $\lambda = 6$, ist die Steigung jeder Schraubenlinie 1 : 6. Bei zu kleinen Steigungen durchlaufen die Rotorfläche Luftsträhnen, denen von vorangehenden Blattpassagen schon viel Energie entzogen wurde. Ist λ zu klein, strömt zwischen den Rotorblättern z. T. Luft, der keine Energie entzogen wird. Dazwischen gibt es einen λ-Wert für $c_{p,max}$, Abb. 3.15a. Je größer die Anzahl der Rotorblätter, umso niedriger die λ-Werte, bei denen die c_p-Maxima liegen, vgl. Abb. 3.16.

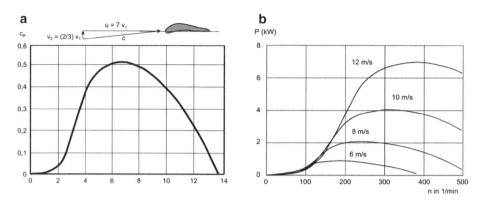

Abb. 3.15 a Typische λ-c_p-Kennlinie einer WKA; λ Schnelllaufzahl, c_p Leistungsbeiwert, **b** Leistungs-Drehzahlkennlinie einer Klein-WKA mit w_1 als Parameter; Rotordurchmesser 4 m; nach [39]

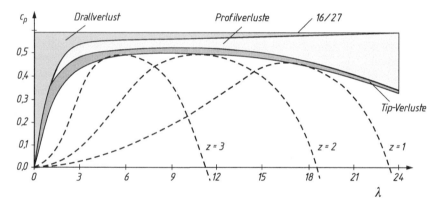

Abb. 3.16 Berechnete maximale Leistungsbeiwerte mit Berücksichtigung von Verlusten (Einhüllende von berechneten λ-c_p-Kennlinien; z: Blattzahl am Rotor, nach [41]

Man unterscheidet bei Windkraftrotoren:

Langsamläufer (mit vielen Rotorblättern), heute selten verwendet; λ max. 3 bei Leerlauf

Schnellläufer (mit meist ein bis drei Rotorblättern); λ max. 10 bis 20 bei Leerlaufdrehzahl

Die *maximale* Blattspitzengeschwindigkeit w_u sollte bei Schnellläufern erfahrungsgemäß etwa 60 bis 80 m/s (210 bis 290 km/h) betragen (Leerlauf, Lärmprobleme). Daraus resultieren auch die relativ niedrigen Rotordrehzahlen.

Leistungsbeiwert c_p und Schnelllaufzahl λ dienen auch für die dimensionslose Darstellung von Eigenschaften und für Vergleiche verschiedener WKA-Typen. Abb. 3.15a

3.4 Vereinfachte Propellertheorie. Windkraftanlagen   101

zeigt als Beispiel eine berechnete λ-c_p-Kurve einer WKA mit dem typischen Maximum etwas unter jenem nach der Betz'schen Theorie. Abb. 3.15b zeigt Leistungs-Drehzahl-Kurven einer Klein-WKA mit 4 m-Rotordurchmesser. Heute werden für Rotordurchmesser < 60 m meist so genannte „drehzahlvariable Anlagen" verwendet.

Bei einer gegebenen WKA ist für einen festen Wert der Anströmgeschwindigkeit w_1 λ proportional zu w_u und damit zur Drehzahl n. Weiterhin ist c_p für einen festen Wert w_1 proportional zur erzeugten Leistung (vgl. Gl. 3.21 und 3.22). Deshalb kann man aus einem λ-c_p-Diagramm ein Leistungs-Drehzahl-Diagramm ableiten. Abb. 3.15b zeigt ein solches für verschiedene Anström-Windgeschwindigkeiten w_1.

Die Hinzunahme der Tragflügeltheorie zur Betz'schen Theorie liefert Anhaltspunkte für die Zahl und Tiefe der Blattquerschnitte ($t = t(r)$) beim WKA-Rotor (vgl. auch Abschn. 10.7).

Die Schnelllaufzahl λ erfasst den Umstand, dass für den optimalen Entzug von Windenergie die Rotorblätter eine gewisse „Präsenz und Dichte" in der die Rotorfläche durchströmenden Luftmasse haben müssen.

Abb. 3.16 gibt eine Vorstellung von den Abminderungen der realen Leistungsziffer $c_p(\lambda)$ gegenüber dem Betz'schen Idealwert 16/27 nach [41]. An Verlusten treten insbesondere noch auf:

- Drallverlust: Ein Teil der Anströmenergie des Windes geht durch die (unerwünschte) Drehbewegung der Luft nahe vor und hinter dem Rotor verloren.
- Strömungs-Reibungsverluste an den Rotorblättern (Profilverluste)
- sog. Tipverluste: An den äußeren Blattenden strömt etwas Luft von der Überdruckseite am Profil (= hohle Seite) zur Unterdruckseite (erhabene Seite des Profils) und verwirbelt sich dort.

Maximale c_p-Werte von knapp unter 0,5 sind erreichbar und zeigen auch, dass die Betz'sche Theorie die wesentlichen Vorgänge realitätsnah erfasst.

Abb. 3.17a zeigt eine Groß-Windkraftanlage in einem Windpark bei Kreuzstetten, ca. 30 km nordwestlich von Wien (www.wksimonsfeld.at).

Zu Abb. 3.17b
Die theoretisch aus dem Wind maximal gewinnbare mechanische Leistung steigt mit der dritten Potenz von w_1, Gl. 3.20. Der ansteigende Kurventeil in Abb. 3.17b reflektiert in etwa diesen Zusammenhang. Die Leistungsumwandlungen von der kinetischen Energie des Windes bis zur elektrischen Netzeinspeiseleistung bedingen Verluste, insbesondere:

- Bei der Umsetzung von kinetischer Energie des Windes in Wellenleistung im Rotor ($c_{p,theor} = 0{,}59$; real etwa 0,50 bei optimaler Leistungsentnahme, Gl. 3.20).
- Getriebeverluste: Ein vielstufiges Getriebe übersetzt die Rotordrehzahl (13,3 U/min) in die Generatordrehzahl (1500 U/min); d. h. Übersetzungsverhältnis 1:111(!).
- Verluste infolge Wirkungsgrad des Generators.

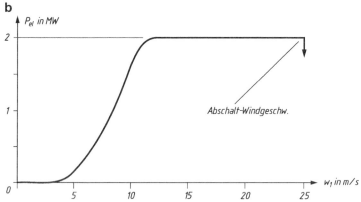

Abb. 3.17 Groß-Windkraftanlage **Type V90 – 2 MW** (Fa. Vestas), installiert 2005 durch Windkraft Simonsfeld im Windpark Kreuzstetten, Niederösterreich. Rotordurchmesser 90 m, Nabenhöhe 105 m, (starre) Drehzahl 13,3 U/min (www.vestas.de). **a** Foto, das besonders auf die Dimension des Mastes hinweisen soll: Durchmesser am Boden: 4,15 m; Gesamtgewicht der Anlage: 334 t! Foto: A. Killian, Wien, **b** Kennlinie Netzeinspeiseleistung – Windgeschwindigkeit w_1; Einschaltung ab 3,5 m/s, Abschaltung ab 25 m/s (90 km/h) aus Sicherheitsgründen

Aus wirtschaftlichen Gründen muss der Leistungsstrang von der Rotorwelle bis zur Netzeinspeisung auf einen fixen Maximalwert ausgelegt werden (hier **2 MW**). Im Bereich niedriger Windgeschwindigkeiten w_1 ist die Einspeiseleistung natürlich geringer (vgl. Abb. 3.17b). Ein Punkt der bisher nicht angesprochen wurde, ist die zeitliche Häufigkeitsverteilung von Windgeschwindigkeiten: Während w_1-Werte von 5–10 m/s

3.4 Vereinfachte Propellertheorie. Windkraftanlagen

an üblichen WKA-Standorten in Mitteleuropa etwa über 50 % der Zeit auftreten, liegen w_1-Werte von 20–25 m/s typischerweise nur in weniger als 1 % der Zeit vor. Es lohnt sich dann natürlich nicht, den teuren Leistungsstrang auf diese seltenen Fälle höherer möglicher Leistungsausbeute auszulegen.

Auf die **Umströmung der tragflächenartigen Rotorblätter** und auf die Möglichkeiten der **Leistungsregelung** durch Winkelverstellung der Rotorblätter in ihrer Blattachse gehen wir im Folgenden noch kurz ein. Hierzu sind Kenntnisse aus Kap. 10 (Strömung um Tragflächen) erforderlich.

Rotorblatt-Verwindung

Die Rotorblätter haben Querschnittsformen wie Tragflächen von Flugzeugen. Die Auftriebskraft F_A, die bei Flugzeugen nach oben, beim Rotorblatt in etwa Umfangsrichtung wirkt, verursacht bei Letzterem ein Drehmoment. Zur Erfassung der Strömung um das Rotorblatt benutzt man ein mit diesem fest verbundenes Koordinatensystem: In diesem strömt einerseits der Wind mit w_m in Rotorachsrichtung auf das Blatt zu, andererseits strömt in Umfangsrichtung Luft *entgegen* der lokalen Umfangsgeschwindigkeit $w_u(r)$ relativ zum Rotorblatt auf dieses zu, Abb. 3.18. $w_u(r)$ nimmt linear mit dem Achsabstand r des betrachteten Rotorquerschnitts zu:

$$w_u = r \cdot \pi \cdot \frac{n}{30}.$$

Wie man aus Abb. 3.18 erkennt, gilt für die resultierende Anströmgeschwindigkeit $w_{\text{profil}} = w_m - w_u(r)$ (vektoriell). Sollen die Blattquerschnitte in allen Abständen r in etwa **denselben Profil-Anstellwinkel α** (mit großen Auftriebsbeiwerten) aufweisen, müssen diese Querschnitte (d. h. die Profilsehne) mit zunehmendem Achsabstand zur Umfangsrichtung hin ***verwunden*** ausgeführt werden, Abb. 3.18. Zur Festlegung des Verwindungswinkels abhängig vom radialen Abstand r des betrachteten Profilelements

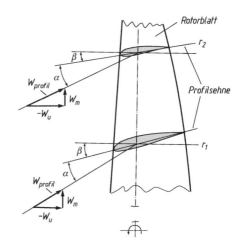

Abb. 3.18 Zur Verwindung der tragflächenartigen Querschnitte eines Rotorblattes abhängig vom Achsabstand r. Rotor von vorne gesehen; Blattschnitte in Zeichenebene gedreht; $w_u(r)$ Umfangsgeschwindigkeit; w_{profil} Anströmgeschwindigkeit relativ zum Profil; α Strömungs-Anstellwinkel bezogen auf die Profilsehne; $\beta = \beta(r)$ Verwindungswinkel bezogen auf die Rotorebene

müssen die meist vorkommenden Betriebszustände beachtet werden (w_1-Werte, Leistungsgrenzen etc.).

Hier sei auch erwähnt, dass alle WKA eine **Wind-Nachführ-Regelung** haben müssen, welche dafür sorgt, dass die Rotorkreisfläche immer normal zur Windrichtung ausgerichtet ist. Verdreht wird der Rotor samt der sog. **Gondel,** in der Getriebe, Generator etc. untergebracht sind.

Leistungsregelung

Bei einer WKA ohne jede Regelung stellt sich von selbst eine Drehzahl n ein, bei der das durch Windströmung erzeugte Moment auf den Rotor gleich dem Lastmoment ist (z. B. bei einer mittelalterlichen Windmühle).

Heute werden meist sog. „drehzahlstarre" Anlagen verwendet, d. h. ein übergeordneter Regler hält n konstant und es wird im Teillastbereich (d. h. bei sog. „Normalwind") die entsprechend der Windgeschwindigkeit w_1 maximal mögliche Leistung entnommen, Abb. 3.12b.

Pitch-Regelung

Aus wirtschaftlichen Gründen wird der mechanisch-elektrische Leistungsstrang auf einen fixen Maximalwert ausgelegt (z. B. 2 MW in der Anlage gemäß Abb. 3.17). Über einer bestimmten Windgeschwindigkeit $w_{1,\text{nenn}}$ wird dann nicht mehr die maximal mögliche Leistung dem Wind entnommen, sondern nur die der Nennleistung des Antriebsstranges entsprechende. Um das zu bewerkstelligen, benötigt der Regler eine Stellgröße an den Rotorblättern. Dies ist der sog. **Rotorblatt-Einstellwinkel** γ. Die Rotorblätter sind um ihre Längsachse in einem gewissen Winkelbereich verdrehbar. Dadurch wird die Auftriebskraft F_A des betrachteten Tragflächenprofils (bei einer WKA das Drehmoment des betrachteten Profilelements im Abstand r) so reduziert, dass die Nennleistung *gerade gehalten* wird.

Abb. 3.19a zeigt das Schema. In Abb. 3.19b ist ein λ-c_p-Diagramm mit dem Blatteinstellwinkel γ als Parameter dargestellt. Dieses zeigt den enormen Einfluss von γ auf die Leistung. Der Blatteinstellwinkel γ wird in der englischen Fachliteratur als *pitch angle* bezeichnet. Man nennt diese Art der Regelung auch im Deutschen „Pitch-Regelung". Auch das Zeitwort „pitchen" (für Blattwinkel verstellen) ist nun in der deutschen Fachsprache gebräuchlich geworden.

Für die in Abb. 3.17 dargestellte 2 MW-WKA werden (selbsttätig) Pitch-Winkel γ eingestellt, wie in Abb. 3.20 dargestellt.

Stall-Regelung

Das Fachwort „stall" aus dem Englischen bedeutet im Zusammenhang mit Tragflügelumströmung soviel wie „Strömungsabriss" an der Oberseite eines angeströmten Tragflügelprofils. Eine Vorstellung von anliegender und abgerissener Strömung geben die durch Rauch sichtbar gemachten Stromlinien (Windkanalaufnahme) in Abb. 10.8. Bei langsamer *Vergrößerung* des Anstellwinkels α tritt der Strömungsabriss ab

3.4 Vereinfachte Propellertheorie. Windkraftanlagen

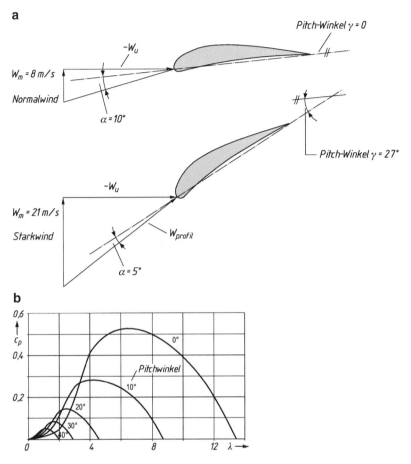

Abb. 3.19 Prinzip der Pitch-Regelung bei WKA. **a** Schema. Es gilt: je größer der Pitchwinkel γ, desto kleiner der Profilanstellwinkel α (und somit das Drehmoment und die aufgenommene Windleistung). **b** λ-c_p-Diagramm mit dem Pitchwinkel γ als Parameter; nach [38]

einem bestimmten α ziemlich plötzlich auf. Diese Erscheinung ist im Flugwesen sehr gefürchtet, weil die Auftriebskraft F_A, die das Flugzeug in der Luft hält, plötzlich stark abfällt und das Flugzeug nach vorne kippen kann.

Bei WKA bietet diese Erscheinung hingegen eine kostengünstige Regelungsmöglichkeit: Es werden fixe, verwundene, Rotorblätter verwendet (ohne Blattwinkelverstellung wie bei Pitch-Regelung), wobei die Flügelanstellwinkel α so konzipiert sind, dass im Normalwindbereich (z. B. bis $w_1 = 10$ m/s) kein Strömungsabriss entsteht und optimal Windenergie gewonnen werden kann. Da mit zunehmender Windgeschwindigkeit w_1 bei gleichbleibender Drehzahl (sog. drehzahlstarre Anlage) und Umfangsgeschwindigkeit w_u die resultierende Anströmgeschwindigkeit w_{profil} in Bezug auf das Profil immer steiler

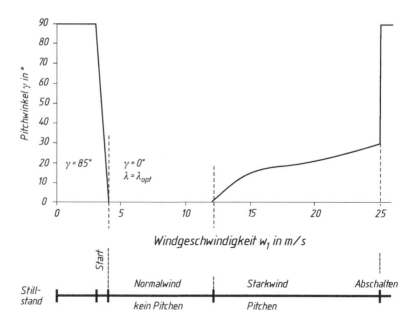

Abb. 3.20 Typische Werte für den Pitch-Winkel γ abhängig von der Anström-**Windgeschwindigkeit** w_1. Leistungsverlauf in etwa so wie in Abb. 3.21 dargestellt; nach [38]

wird (α größer), tritt ab einer bestimmten Windgeschwindigkeit Strömungsabriss und Reduzierung des Drehmomentes und damit der aufgenommenen Windleistung auf.

Die (fixen) Rotorblätter sind in ihrer Verwindung nun so gestaltet, dass bei Überschreitung einer bestimmten Grenzwindgeschwindigkeit $w_{1,\text{grenz}}$, beginnend am Nabenansatz des Blattes, Strömungsabriss an der Oberseite des Profils, – und damit reduzierte Werte von Drehmoment und Leistungsaufnahme auftreten. Mit weiter zunehmender Windgeschwindigkeit tritt an einer immer größer werdenden Länge der Rotorblätter „Stall-Zustand" auf. Bei weiter zunehmender Windgeschwindigkeit könnte theoretisch mehr Leistung durch den Rotor aufgenommen werden. Die Verwindung der Tragflächenprofile ist aber gerade so gestaltet, dass bei zunehmenden w_1-Werten auch auf zunehmender Blattlänge Stall-Zustand auftritt, – und zwar so, dass die aufgenommene Windleistung in etwa konstant bleibt.

Dies alles erfolgt durch die Strömung selbsttätig und erfordert weder eine *Blattwinkelverstellung* wie bei Pitch-Regelung, noch eine entsprechende Regeleinrichtung! Abb. 3.21 zeigt Leistungskurven von Stall- und Pitch-Regelung im Vergleich. Bei letzterer ist natürlich eine präzisere Leistungskonstanz möglich, freilich mit erheblichem Regelaufwand. Bei neu installierten Anlagen ist heute Pitch-Regelung vorherrschend.

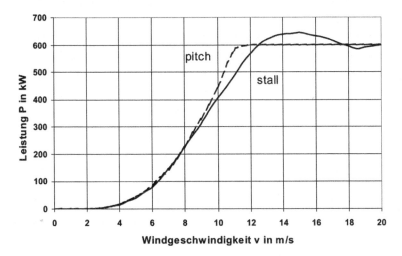

Abb. 3.21 Leistung einer Windkraftanlage abhängig von der Anström-Windgeschwindigkeit w_1 mit Pitch- bzw. mit Stall-Regelung, im Vergleich (Drehzahl konstant), nach [39]

Stall-Regelung wird eher bei kleineren Anlagen verwendet. Eine Regelung im Vollsinn des Wortes ist Stall-Regelung natürlich nicht.

In manchen Anlagen wird zur Leistungsanpassung auch die Drehzahl in Stufen geregelt. Stellgröße ist hierbei wieder der Blatt-Einstellwinkel γ (Basis: Pitch-Regelung).

Bedeutung von Windkraftanlagen im Hinblick auf den Klimawandel

Die Kosten für eine kW h aus Windkraft sind heute ähnlich zu Wärmekraftwerken (www.ise.fraunhofer.de). Dies obwohl Wärmekraftwerke eine Blockleistung von z. B. 600 MW haben, WKAs aber nur z. B. 7 MW (Abb. 3.13). Des Weiteren werden die Brennstoffpreise für Wärmekraftwerke (z. B. Kohle, Erdöl, Erdgas) weiter ansteigen.

Seit etwa 1995 tritt jedoch der folgende Gesichtspunkt immer mehr in den Vordergrund: Wärmekraftwerke produzieren Abgase, welche auch Kohlendioxid (CO_2) enthalten. Die Erdatmosphäre hat heute einen CO_2-Gehalt von ca. 0,04 Volumenprozent, der u. a. durch Stoffwechselvorgänge in Pflanzen, Tieren (und Menschen) im Gleichgewicht gehalten wird. Durch den großen Energieverbrauch der Menschen in den industrialisierten Ländern wird aber der CO_2-Ausstoß der Wärmekraftwerke stark erhöht, sodass auch der CO_2-Gehalt der Erdatmosphäre messbar ansteigt. Dies führt in weiterer Folge zum sog. **Klimawandel** (vgl. z. B. [48]), was einen beginnenden Anstieg der mittleren Lufttemperaturen in der Erdatmosphäre zur Folge hat. Dies hat – vereinfachend gesagt – seinen Grund darin, dass eine Erdatmosphäre mit einem höheren

CO_2-Gehalt die auf die Erde auftreffende Sonnenstrahlung weniger behindert als die von der Erde abgehende langwelligere Wärmestrahlung. Da beide im Mittel im Gleichgewicht sein müssen, bedeutet ein höherer CO_2-Gehalt der Erdatmosphäre einen Anstieg der Erdoberflächentemperaturen. Derzeit sind die CO_2-Emissionen in Deutschland etwa 10 t pro Kopf und Jahr (www.bmwi.de). Soll die Erderwärmung in zulässigen Grenzen gehalten werden, so sollte laut einem Gutachten des WGBU (=Wissenschaftlicher Beirat für globale Umweltentwicklung für die deutsche Bundesregierung) im Jahre 2050 etwa ein Wert von 1 t/Jahr und Erdbewohner erreicht werden. Das heißt, die Industrienationen müssten ihre Emissionen drastisch reduzieren. Es ist klar, dass aus den hier erörterten Gründen WKAs (ohne CO_2-Ausstoß) in Zukunft eine große Rolle spielen werden.

Viele WKAs sind heute in küstennahen Gebieten installiert und zwar sowohl am Land als auch im Flachwasser, z. B. im Nordseegebiet. Wegen der dort häufigeren und schnelleren Winde bringt eine solche WKA etwa doppelt so viel Ertrag (kW h) als eine vergleichbare WKA im Landesinneren. Die Entstehung der häufigeren und stärkeren Winde im Küstengebiet erklärt sich wie folgt: Tagsüber erwärmt sich das Festland stärker als das Meer. Damit steigt über dem Land die stärker erwärmte Luft auf. In Bodennähe entsteht Unterdruck. Dorthin strömt Luft vom Meer nach (Seewind). In der Nacht dreht sich der Wind um (Landwind), da sich das Meer nicht so stark wie das Festland abkühlt. Diese häufigen und relativ starken Winde machen daher eine WKA in küstennahen Gebieten (auch Wasserstandorten) ertragreicher als weiter landeinwärts.

Offshore WKA

Als Offshore-Anlagen werden nur solche bezeichnet, die mindestens 30 km von der Küste entfernt im Wasser situiert sind. In diesen Gebieten beträgt die Wassertiefe in der Nordsee etwa 15–30 m. Winde sind dort noch stärker als im küstennahen Gebiet. Lärmbelästigung durch eine WKA spielt dort keine Rolle. Es entstehen hohe Kosten für Fundamente, Netzanschlüsse und Wartung. Deshalb eignen sich hierfür nur WKAs im Leistungsbereich von etwa 4–8 MW, wobei mehrere WKAs zu Gruppen von z. B. fünf Anlagen zusammengefasst sind.

Die Generatoren von WKAs erzeugen meist Gleichstrom oder Dreiphasen-Wechselstrom. In Anlagen an Land wird dieser Strom zur Einspeisung ins normale Hochspannungsnetz umgewandelt. Überschüssiger Strom aus Windkraft wird durch Hochpumpen von Wasser in Speicherkraftwerken zur späteren Verwendung (Stromverbrauchsspitzen!) „gespeichert". Abb. 3.22 zeigt Offshore-WKAs der 5-MW-Klasse nach Heier [40].

Abb. 3.22 Offshore-Windkraftanlagen in der Nordsee. (nach Heier [40])

3.5 Beispiele

Vorbemerkung
Bei allen Aufgaben ist folgende Vorgangsweise empfehlenswert:

1. Wahl einer passenden Kontrollfläche, in der die Strömung stationär ist,
2. Festlegung von Koordinatenrichtungen, in denen Geschwindigkeiten und Kräfte positiv gezählt werden (meist x, y-Koordinatensystem),
3. Ansetzen des Impulssatzes Gl. 3.2 oder 3.3 unter Berücksichtigung *aller* Kräfte auf die Kontrollfläche (gegebenenfalls auch von Gewichtskräften) und zwar in der Richtung, wie sie *auf die Kontrollfläche* wirken.

Beispiel 3.1 (Strahlumlenkung, Düse-Prallplatten-System) Welche Kraft F_{pl} wirkt auf die Prallplatte, wenn das Fluid um 90° umgelenkt wird?
  Geg.: $p_{1ü}$, A_2, ρ, $w_1 \approx 0$; Düsenströmung reibungsfrei.

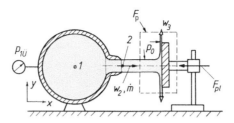

Man ermittle:

a) Allgemeine Formel für F_{pl}
b) F_{pl} für $p_{1ü} = 2$ bar, $d_2 = 5$ mm, Wasser
c) Wie ändert sich F_{pl} bei Annäherung an den Düsenmund?

Lösung:

a) Wir wählen eine Kontrollfläche, wie in der Skizze eingetragen. Für die x-Komponente ergibt der Impulssatz, da die resultierende Druckkraft F_p auf die Kontrollfläche offensichtlich null ist (überall Atmosphärendruck!)

$$-F_{pl} = \dot{m}(w_{3x} - w_{2x}) = \dot{m}(0 - w_2) = -\dot{m}\,w_2 \to F_{pl} = \dot{m}\,w_2.$$

Das Pluszeichen im Resultat F_{pl} besagt, dass die Kraft so wirkt, wie in der Skizze eingetragen. Allgemein gilt für die Kraftwirkung eines um 90° umgelenkten Fluidstrahls der Geschwindigkeit w:

$$\boxed{|F| = \dot{m}\,w \qquad \text{Strömungskraft bei 90°-Strahlumlenkung}}$$

Diese Formel gilt wie der Impulssatz auch für nichtideale Fluide!
Betrachten wir den Flüssigkeitskörper und die Prallplatte freigemacht, so ergibt sich das folgende Bild:

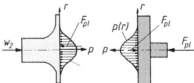

Der Flüssigkeitsstrahl bewirkt durch eine bestimmte Druckverteilung $p(r)$ infolge Umlenkung (Krümmung) die Kraft F_{pl}. Wollten wir *ohne* Benützung des Impulssatzes die Kraft F_{pl} berechnen, so müssten wir zuerst das räumliche Problem der Umlenkströmung im Detail lösen und könnten erst dann durch Integration der Druckverteilung die Kraft F_{pl} berechnen! Man erkennt den großen Wert des Impulssatzes, der die Kenntnis der Strömung innerhalb des Kontrollvolumens *nicht* erfordert.

b) $w_2 = \sqrt{2p_{1\ddot{u}}/\rho} = \sqrt{2 \cdot 2 \cdot 10^5/10^3} = 20$ m/s (aus Ausflussformel, Beisp.2.5)
$\dot{m} = \rho w_2 A_2 = 10^3 \cdot 20 \cdot 0{,}005^2 \pi/4 = 0{,}393$ kg/s
$\underline{F_{pl} = \dot{m} w_2 = 7{,}85\,\text{N}}$

Dieses Resultat gilt nur für reibungsfreies Fluid, da wir zur Berechnung von w_2 und $\dot{m}$ Ideales Fluid vorausgesetzt haben. F_{pl} wirkt übrigens auch als Rückstoßkraft auf den Behälter.

c) Drücken wir die Kraft F_{pl} durch $p_{1\ddot{u}}$ und A_2 aus, so ergibt sich

$$F_{pl} = \dot{m}\,w_2 = A_2\,\rho\,w_2^2 = A_2\,\rho \cdot 2p_{1\ddot{u}}/\rho = \underline{2A_2 p_{1\ddot{u}}}$$

F_{pl} ist also genau doppelt so groß als die Kraft auf eine Platte, die die Düse verschließen würde. Dieser Wert gilt für große Entfernungen der Prallplatte, sodass der Druck im Strahl p_0 beträgt.

Wenn sich die Platte der Düse annähert, bleibt zwar wegen der Bernoulli'schen Gleichung w_3 erhalten, $\dot{m}$ wird aber immer geringer und geht mit dem Abstand gegen null. Nunmehr muss aber für die Anwendung des Impulssatzes die Druckkraft in der Düsenfläche A_2 in Rechnung gestellt werden (Skizze!). Für $s=0$ wird:

$$F_p - F_{pl} = \dot{m}(0 - w_2) = 0 \cdot (0 - w_2) = 0$$
$$\underline{F_p = F_{pl} = A_2 p_{1\ddot{u}}}$$

Der Verlauf von F_{pl} abhängig von s/d ergibt sich aus Versuchen etwa wie im Bild unten dargestellt.

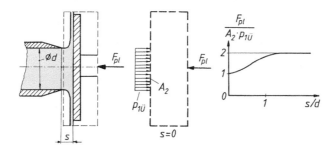

Der Verfasser hat die Strömung in Düse-Prallplattensystemen (90°-Umlenkströmung) umfassend innerhalb eines Spezialwerkes über Ventile dargestellt ([29], dort Abschn. 1.2; 70 Seiten).

Beispiel 3.2 (Druckgewinn durch Mischung, Stoßverlust) Zwei Wasserströme verschiedener Einlaufgeschwindigkeit mischen sich in einem Kanal gleichbleibenden Querschnitts (Skizze). Da die Stromlinien in etwa parallele Geraden sind, wird der Druck in den Querschnitten der Kontrollfläche konstant bleiben (von den hydrostatischen Anteilen kann abgesehen werden, diese addieren sich einfach hinzu). Nach einer gewissen Mischungsstrecke L ($L \approx 3 \cdot \sqrt{BH}$ bei Rechteck mit B und H) gleichen sich die Geschwindigkeiten durch turbulente, reibungsbehaftete Vorgänge zu einer Geschwindigkeit w_2 aus. Von der geringen Wirkung der Wandschubspannungen sei abgesehen.

$$A'_1 = 2\,\text{dm}^2, \quad w'_1 = 4\,\text{m/s}, \quad A''_1 = 1\,\text{dm}^2, \quad w''_1 = 2\,\text{m/s}$$

a) Welche Ausgleichsgeschwindigkeit w_2 ergibt sich aus der Kontinuitätsgleichung?
b) Welcher Wert $p_1 - p_2$ ergibt sich aus dem Impulssatz (Kontrollfläche lt. Skizze)?

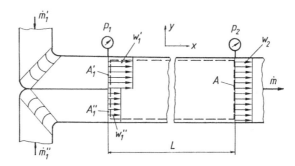

c) Welcher Verlust an kinetischer Energie $\dot{E}_{\text{kin}}$ ergibt sich bei der Mischung und wie ändern sich die Anteile an Druckenergie und kinetischer Energie innerhalb der Kontrollfläche?
d) Lösen Sie b) allgemein, d. h. ermitteln Sie eine Formel

$$p_2 - p_1 = f(\rho, w_2, w'_1/w_2, w''_1/w_2, A'_1/A, A''_1/A)$$

e) aus dem Ergebnis d) soll eine Formel für den Druckgewinn $p_2 - p_1$ durch plötzliche Querschnittserweiterung abgeleitet werden,

$$w'_1 = w_1;\ w''_1 = 0;$$
$$A'_1 = A_1;\ p_2 - p_1 = f(\rho, w_1, A_1/A_2).$$

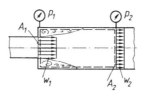

3.5 Beispiele 113

Lösung:

a) Für die zufließenden Massenströme ergibt sich

$$\dot{m}'_1 = A'_1\,\rho\,w'_1 = 0,02 \cdot 10^3 \cdot 4 = 80\,\text{kg/s} \quad \dot{m}''_1 = 0,01 \cdot 10^3 \cdot 2 = 20\,\text{kg/s}$$
$$\dot{m} = 100\,\text{kg/s}$$

Damit wird

$$\underline{w_2 = \dot{m}/A\,\rho = 100/(0,03 \cdot 10^3) = 3,3\dot{3}\,\text{m/s}}$$

b) Der Impulssatz ergibt für die eingetragene Kontrollfläche

$$F_x = Ap_1 - Ap_2 = \dot{m}'_1\,(w_2 - w'_1) + \dot{m}''_1\,(w_2 - w''_1)$$
$$A\,(p_1 - p_2) = 80\,(3,3\dot{3} - 4) + 20(3,3\dot{3} - 2)$$
$$\underline{p_1 - p_2 = \frac{80}{0,03}\,(-0,6\dot{6}) + \frac{20}{0,03}\,1,3\dot{3} = -889\,\text{Pa}}$$

Es ergibt sich also kein Druckabfall, sondern eine *Druckzunahme* durch den reibungs-behafteten Mischungsvorgang. Ein analoger Vorgang in der Festkörperdynamik ergibt sich beim inelastischen Stoß oder bei der Kupplung zweier Rotoren mit unterschiedlicher Winkelgeschwindigkeit. Auch dort lässt sich allein mit dem Impulssatz der Ausgleichsvorgang und der Verlust an kinetischer Energie berechnen. Letzteres wollen wir nun auch für den Strömungsmischvorgang tun.

c) Der Verlust an kinetischer Energie beim Mischvorgang errechnet sich wie folgt:

$$\dot{E}_{v,kin} = \dot{E}_{1',kin} + \dot{E}_{1'',kin} - \dot{E}_{2,kin}$$
$$= \frac{1}{2}\,(\dot{m}'_1 \cdot w'^2_1 + \dot{m}''_1 \cdot w''^2_1 - \dot{m} \cdot w^2_2) = \frac{1}{2}(80 \cdot 4^2 + 20 \cdot 2^2 - 100 \cdot 3,3\dot{3}^2)$$
$$= 124,4\,\text{Nm/s}$$

Trotz Druckzunahme ergibt sich auch ein Verlust an kinetischer Energie (Stoßverlust). Pro kg beträgt er:

$$e_v = \frac{\dot{E}_{v,kin}}{\dot{m}} = \frac{124,4}{100} = 1,244\,\text{N m/kg}$$

Setzen wir das Druckniveau am Eintritt mit null an, so ergibt sich am Austrittsquerschnitt die spezifische Druckenergie zu

$$p_2/\rho = 889/1000 = 0,889\,\text{Nm/kg}$$

Die spezifische kinetische Energie am Austritt wird

$$\frac{w^2_2}{2} = \frac{3,3\dot{3}^2}{2} = 5,556\,\text{Nm/kg}$$

Die kinetische Energie am Eintritt setzt sich prozentuell entsprechend den Massenströmen zusammen:

$$\frac{1}{2}\,(4^2 \cdot 0,8 + 2^2 \cdot 0,2) = 6,80\,\text{Nm/kg}$$

Stellt man die Energiebilanz zwischen Ein- und Austritt auf, so wird:

$$6{,}80 \stackrel{?}{=} 5{,}556 + 1{,}244 + 0{,}889 = 7{,}69$$

Die beiden Energieströme sind also *ungleich*! In solchen Situationen ist es ratsam, nicht am Satz der Erhaltung der Energie zu zweifeln, sondern auf Fehlersuche zu gehen.
Beispiel 3.2 ist bezüglich der Bernoulli'schen Gleichung einer jener Sonderfälle, auf die in Abschn. 2.4 (Punkt 3) hingewiesen wurde: die Konstante C in Ebene 1 muss für 1' und 1" verschieden sein, da der Druck gleich ist, die Geschwindigkeiten jedoch verschieden! Daher können auch Energiebilanzen entsprechend der Bernoulli'schen Gleichung hier nicht wie üblich verwendet werden.
Der Aufbau der Druckenergie erfolgt hier auf Kosten der Verluste an kinetischer Energie e_v. Die tatsächlichen Verluste, die in Form von Wärme erscheinen, betragen daher

$$e_{v,\text{tats}} = e_v - w_p = 1{,}244 - 0{,}889 = 0{,}355 \text{ Nm/kg}$$

Damit stimmt auch die Energiebilanz:

$$6{,}80 = 5{,}556 + 0{,}355 + 0{,}889$$

Die Energieumsetzung zeigt das Diagramm:

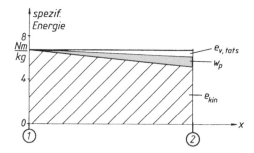

d) Mit der Kontrollfläche wie in der Angabeskizze ergibt sich:

$$F = \sum \dot{m}(w_2 - w_1) \quad \dot{m} = A\,\rho\,w_2$$
$$-A(p_2 - p_1) = \dot{m}\,w_2 - \dot{m}'_1 w'_1 - \dot{m}''_2 w''_2$$
$$-A(p_2 - p_1) = A\,\rho\,w_2^2 - A'_1\,\rho\,w'^2_1 - A''_1\,\rho\,w''^2_2$$
$$p_2 - p_1 = -\rho\,w_2^2 + \rho\,w'^2_1 A'_1/A + \rho\,w''^2_2 A''_1/A$$
$$p_2 - p_1 = \rho\,w_2^2 \left[\frac{A'_1}{A}\left(\frac{w'_2}{w_2}\right)^2 + \frac{A''_1}{A}\left(\frac{w''_2}{w_2}\right)^2 - 1 \right]$$

e) Für den Sonderfall $w'_1 = w_1$, $w''_1 = 0$, $A'_1 = A_1$, $A = A_2$ reduziert sich das obige Ergebnis zu:

$$p_2 - p_1 = \rho\,w_2^2 \left[\frac{A_1}{A_2}\left(\frac{w_1}{w_2}\right)^2 - 1 \right]$$

oder, da $w_1/w_2 = A_2/A_1$ und $w_2 = w_1 A_1/A_2$

$$p_2 - p_1 = \rho \cdot w_2^2 \cdot \left(\frac{A_2}{A_1} - 1\right) = \rho \cdot w_1^2 \cdot \frac{A_1}{A_2} \cdot \left(1 - \frac{A_1}{A_2}\right)$$

Für $A_1 \to 0$ und $A_1 \to A_2$ wird $p_2 - p_1 \to 0$

Für $A_1/A_2 = 0{,}5$ ergibt sich maximaler Druckgewinn, und zwar

$$\boxed{p_2 - p_1 = \frac{1}{4} \rho w_1^2 \qquad \text{maximaler Druckgewinn bei plötzlicher Erweiterung}}$$

Beispiel 3.3 (Strahlrohr) Strahlrohr einer (Wasser-)Spritzanlage mit angeschlossenem Schlauch lt. Bild.

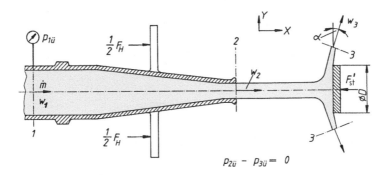

Die Aufgabenstellung lautet:

a) Welche Kraft F'_{st} übt der Wasserstrahl auf die ablenkende Platte aus? Allgemeine Formel und Werte für $p_{1ü} = 4$ bar, $d_1 = 60$ mm, $d_2 = 20$ mm. Reibungsfreie Strömung kann vorausgesetzt werden.

b) Mit welcher Kraft F_H muss das Strahlrohr gehalten werden?

Allgemeine Formel $F_H = f(p_{1ü}, d_1, d_2)$ und spezieller Wert für Angaben wie bei a)

Lösung:
Der erste Schritt bei allen Anwendungen des Impulssatzes ist ein *passendes Kontrollvolumen* zu wählen und alle Kräfte, Massenströme und Geschwindigkeiten an der Oberfläche des Kontrollvolumens (= Kontrollfläche) einzutragen. Für die Beantwortung der Frage a) ist ein Kontrollvolumen, wie im Bild unten eingetragen, zweckmäßig.

Die resultierende Druckkraft auf das Kontrollvolumen ist null, da der Druck auf der gesamten Kontrollfläche $p = p_2 =$ const. (auch in den Strahlschnittflächen! Vgl. Aufgabe 2.6). Je größer der Durchmesser der Platte, umso mehr wird sich der Umlenkwinkel dem Wert 90° nähern ($\alpha \to 0$). Der Winkel α lässt sich abhängig von d_2/D mit Hilfe von

CFD oder aufwendiger potentialtheoretischer Methoden berechnen. Für unser Beispiel nehmen wir einfachheitshalber an, dass D genügend groß und somit $\alpha = 0$ ist.

a) Der Impulssatz für die x-Komponente mit Kontrollfläche wie im Bild lautet nun einfach (vgl. Gl. 3.3)

$$-F'_{st} = \dot{m} \cdot (+w_2 \cdot \sin\alpha - w_2)$$

für $\alpha = 0$ wird

$$\boxed{F'_{st} = \dot{m} \cdot w_2}$$

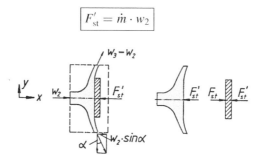

Wahl des Kontrollvolumens zur Lösung der Frage a)

F'_{st} ist jene Kraft, die die Platte gegen den Wasserstrahl im Gleichgewicht hält und auch die Druckkraft auf den Wasserkörper.
Eine gleich große entgegengesetzt gerichtete Kraft wird vom Wasserstrahl auf die Platte ausgeübt (Wechselwirkungsgesetz, vgl. auch Bild oben). w_2 und $\dot{m}$ berechnen wir in bekannter Weise mithilfe der Bernoulli'schen Gleichung und der Kontinuitätsgleichung:

$$w_1 A_1 = w_2 A_2 \rightarrow w_2 = w_1 (d_1/d_2)^2$$

$$\frac{p_{1\ddot{u}}}{\rho} + \frac{1}{2}w_1^2 = \frac{1}{2}w_2^2 \rightarrow w_1 = \sqrt{\frac{2 p_{1\ddot{u}}}{\rho[(d_1/d_2)^4 - 1]}}$$

$$w_1 = \sqrt{\frac{2 \cdot 4 \cdot 10^5}{10^3 (81 - 1)}} = 3{,}16\,\text{m/s} \rightarrow w_2 = 3{,}16\left(\frac{60}{20}\right)^2 = 28{,}5\,\text{m/s}$$

$$\underline{F_{st} = \dot{m} w_2 = 8{,}94 \cdot 28{,}5 = 245{,}5\,\text{N}}; \quad \dot{m} = A_1 w_1 \rho = 8{,}94\,\text{kg/s}$$

b) Zur Lösung der Frage b) wählen wir ein Kontrollvolumen, wie im Bild angedeutet.

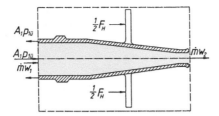

Wahl des Kontrollvolumens zur Lösung der Frage b)

Im Schlauchanschluss wirken Längsspannungen nach der bekannten „Kesselformel", die mit der Druckkraft auf die Wasserquerschnittsfläche im Gleichgewicht stehen und sich somit in der Kräftebilanz herausheben.
Der Impulssatz ergibt somit:

$$F_\mathrm{H} = \dot{m} \cdot (w_2 - w_1) = 8{,}94\,(28{,}5 - 3{,}16) = \underline{226{,}2\,\mathrm{N}}$$

Für die allgemeine Formel ergibt sich mit $\dot{m} = A_1 w_1 \rho$ und $w_2 = w_1 (d_1/d_2)^2$

$$F_\mathrm{H} = \frac{d_1^2 \pi}{4} \sqrt{\frac{2 p_{1\ddot{u}}}{\rho[(d_1/d_2)^4 - 1]}} \, \rho[(d_1/d_2)^2 - 1] \cdot \sqrt{\frac{2 p_{1\ddot{u}}}{\rho[(d_1/d_2)^4 - 1]}}$$

Nach Vereinfachungen ergibt sich daraus

$$\boxed{F_\mathrm{H} = \frac{1}{2} p_{1\ddot{u}} \frac{d_1^2 \pi}{(d_1/d_2)^2 + 1}}$$

Für den Grenzfall $d_2 = d_1$ muss F_H einfach die Spannungen im Schlauch entsprechend der Kesselformel abfangen (Längskraft); für $d_2 = 0$ ergibt sich $F_\mathrm{H} = 0$.

Beispiel 3.4 (zum Drallsatz) Der Ölförderstrom im Hohlzylinderraum hinter einer Axialpumpe enthält einen Drall, Drallstrom $\dot{D}_1$. Die Strömung wird am Boden um 90° umgelenkt und der Drall soll in einem Leitrad aufgestellt werden ($\dot{D}_3 = 0$).

$$\dot{V} = 500\,\mathrm{m}^3/\mathrm{h}, \quad \rho = 880\,\mathrm{kg/m}^3, \quad c_{u1} = 2{,}4\,\mathrm{m/s}.$$

Man ermittle unter Annahme reibungsfreier Strömung (eindimensionale Behandlung, mittlere Stromlinie, Schaufeldicke vernachlässigt):

a) Drallstrom $\dot{D}_2$ am Eintritt ins Leitrad sowie c_{u2}
b) Die Eintrittsgeschwindigkeit c_2 ins Leitrad soll das 1,2-fache von c_1 betragen. Welche Breite b_2 ist dann für den Leitapparat vorzusehen?

c) Welcher Eintrittswinkel α_2 ergibt sich daraus?
d) Welches Moment wirkt auf das Leitrad?
e) Druckgewinn im Leitrad bei reibungsfreier Strömung?

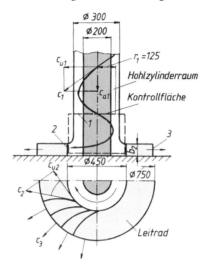

Lösung:

a) Für eine Kontrollfläche wie in der Skizze eingezeichnet ergibt sich: Wenn von Wandreibung abgesehen wird, wirkt kein Moment. Es muss daher nach dem Drallsatz gelten

$$\dot{D}_2 = \dot{D}_1$$

c_{u2} ergibt sich aus:

$$\dot{D}_1 = c_{u1}\dot{m}r_1 = c_{u2}\dot{m}r_2 \to r_1 c_{u1} = r_2 c_{u2}$$
$$\underline{c_{u2} = c_{u1} \cdot r_1/r_2 = 2{,}4 \cdot 0{,}125/0{,}225 = 1{,}33\,\text{m/s}}$$
$$\underline{\dot{D}_1 = \dot{D}_2 = 2{,}4 \cdot \frac{500}{3600} \cdot 880 \cdot 0{,}125 = 36{,}6\,\text{kgm}^2/\text{s}^2}$$

b) $\quad c_1 = \sqrt{c_{a1}^2 + c_{u1}^2}$

$$c_{a1} = \frac{\dot{V}}{A_1} = \frac{500}{3600} \cdot \frac{1}{\frac{\pi}{4}(0{,}3^2 - 0{,}2^2)} = 3{,}54\,\text{m/s}$$

$c_1 = \sqrt{3{,}54^2 + 2{,}4^2} = 4{,}27\,\text{m/s}$
$c_2 = 1{,}2 \cdot c_1 = 5{,}13\,\text{m/s}$
$\cos \alpha_2 = c_{u2}/c_2 = 1{,}33/5{,}13 \to \alpha_2 = 74{,}8°$
$c_{r2} = c_2 \cdot \sin \alpha_2 = 4{,}95\,\text{m/s}$
$\dot{V} = d_2\,\pi b_2 c_{r2} \to \underline{b_2 = \frac{500}{3600 \cdot 0{,}45 \cdot \pi \cdot 4{,}95} = 0{,}020\,\text{m} = \underline{2\,\text{cm}}}$

3.5 Beispiele   119

c) $\alpha_2 = \arctan c_{r2}/c_{u2} \rightarrow \underline{\alpha_2 = 74{,}8°}$
d) Da der Austrittsdrall $\dot{D}_3 = 0$, ergibt der Drallsatz

$$\underline{M} = \dot{D}_3 - \dot{D}_2 = 0 - 36{,}6 = \underline{-36{,}6\,\text{Nm}}$$

Das Moment M, welches das Leitrad im Gleichgewicht hält, wirkt entgegen dem Drall $\dot{D}_2$.

e) Die rein radiale Austrittsgeschwindigkeit $c_3 = c_{r3}$ ergibt sich wieder aus der Kontinuitätsgleichung

$$\dot{V} = c_3 d_3\, \pi b_2 \rightarrow c_3 = 2{,}95\,\text{m/s}$$

Druckgewinn nach der Bernoulli'schen Gleichung:

$$\frac{p_2}{\rho} + \frac{c_2^2}{2} = \frac{p_3}{\rho} + \frac{c_3^2}{2} \rightarrow p_3 - p_2 = \frac{1}{2}\rho(c_2^2 - c_3^2)$$

$$\underline{p_3 - p_2} = \frac{1}{2}880(5{,}13^2 - 2{,}95^2) = \underline{7750\,\text{Pa}}$$

$$\underline{p_3 - p_1} = \frac{1}{2}880(4{,}27^2 - 2{,}95^2) = \underline{4190\,\text{Pa}}$$

Beispiel 3.5 (Radial-Schaufelrad) Ventilatorlaufrad lt. Skizze. Die Strömung wird als schaufelkongruent angenommen. Die Schaufeldicke s (Blech) kann vernachlässigt werden. Abgesehen von Frage a) soll von Reibung abgesehen werden. Luftdichte $\rho = 1{,}2\,\text{kg/m}^3, \beta_1 = 35°, \beta_2 = 45°$.

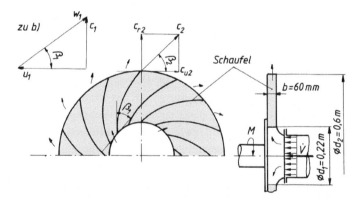

a) Welches Moment wirkt auf das *festgehaltene* Laufrad, wenn ein Luftstrom $\dot{V} = 1{,}7\,\text{m}^3/\text{s}$ durchgeblasen wird? Die Durchblaseluft wird drallfrei durch ein Rohr zugeführt und strömt vom Laufrad unter dem Schaufelwinkel β_2 ab.
b) Für welchen Förderstrom $\dot{V}$ ist das Laufrad ausgelegt, wenn angenommen wird, dass die Luft innen drallfrei (d. h. rein radial) mit $c_1 = c_{r1}$ zu den Schaufeln zuströmt,

120 3 Impulssatz und Drallsatz für stationäre Strömung

relativ zu den drehenden Schaufeln aber unter dem Schaufelwinkel $\beta_2 = 35°$ zuströmen soll? Drehzahl 2900 min^{-1}.

c) Welcher Wert c_{r2} ergibt sich aus der Kontinuitätsgleichung und welcher Wert c_2 folgt daraus, wenn die Luft relativ zum Laufrad dieses mit dem Schaufelwinkel β_1 verlässt?

d) Welches theoretische Antriebsmoment und welche Antriebsleistung sind erforderlich?

e) Welche spezifische Energiezufuhr, ausgedrückt in Druck ($\Delta p_{\text{th},\infty}$) ergibt sich?

f) Die zugeführte mechanische Energie liegt hinter dem Laufrad z. T. noch in Form kinetischer Energie vor (vgl. Abb. 3.9). Welcher Druckzuwachs kann in einer Leitvorrichtung hinter dem Laufrad theoretisch noch gewonnen werden, wenn c_2 auf eine für die Rohrleitung vorgesehene Geschwindigkeit c_3 von 10 m/s verzögert wird?

Lösung:

a) Die Kontinuitätsgleichung ergibt für die Radialkomponente c_{r2} der Austrittsgeschwindigkeit

$$c_{r2} = \frac{\dot{V}}{d_2 \pi b_2} = \frac{1{,}7}{0{,}6 \cdot \pi \cdot 0{,}06} = 15{,}03 \,\text{m/s}$$

Entsprechend der Zusammensetzung der Geschwindigkeiten ergibt sich:

$$c_{u2} = c_{r2} \cdot \frac{1}{\tan \beta_2} = 15{,}03 \,\text{m/s}$$

Daraus ergibt sich der Drallstrom $\dot{D}_2$ unter der Annahme, dass die Luft überall am Umfang unter dem Winkel $\beta_2 = 45°$ abströmt

$$\dot{D}_2 = \dot{m} r_2 c_{u2} = 1{,}7 \cdot 1{,}2 \cdot 0{,}3 \cdot 15{,}03 = 9{,}20 \,\text{kg m}^2/\text{s}^2$$

Gl. 3.11 und 3.12 ergeben für das Moment

$$\underline{M = \dot{D}_2 - \dot{D}_1 = 9{,}20 - 0 = 9{,}20 \,\text{Nm}}$$

Dieses Moment gilt auch bei Auftreten von Reibung, auch für endliche Schaufelzahl, lediglich der Austrittswinkel β_2 muss wie angenommen auftreten. Die Austrittsgeschwindigkeit ist dann nach der Kontinuitätsgleichung bereits festgelegt (c_2). Wirkt stärkere Reibung, dann wird zwar die Druckdifferenz zwischen Innen- und Außenkante größer, das *Moment* beeinflusst aber diese Drücke nicht!

b) Die Umfangsgeschwindigkeit an der Eintrittskante beträgt

$$u_1 = r_1 \omega = 0{,}11 \cdot \pi \cdot 2900/30 = 33{,}4 \,\text{m/s}$$

Wegen der vektoriellen Geschwindigkeitsaddition $c = u + w$ ergibt sich

$$c_1 = u_1 \tan \beta_1 = 33{,}4 \cdot \tan 35° = 23{,}4 \,\text{m/s}$$

Damit wird

$$\underline{\dot{V} = A_1 c_1 = d_1 \pi b_1 c_1 = 0{,}22 \cdot \pi \cdot 0{,}06 \cdot 23{,}4 = 0{,}97 \,\text{m}^3/\text{s}}$$

3.5 Beispiele

Nur für dieses $\dot{V}$ erfolgt eine tangentiale Zuströmung zu den Schaufeln an der Eintrittskante (bei 2900 U/min).

c) Die Kontinuitätsgleichung liefert für die Radialkomponente der Austrittsgeschwindigkeit c_{r2}

$$c_{r2} = \frac{\dot{V}}{d_2 \pi b_2} = \frac{0{,}97}{0{,}6 \cdot \pi \cdot 0{,}06} = \underline{8{,}58\,\text{m/s}}$$

Die Umfangsgeschwindigkeit an der Austrittskante wird:

$$u_2 = r_2\,\omega = 0{,}30 \cdot \pi \cdot 2900/30 = 91{,}1\,\text{m/s}$$

Die vektorielle Geschwindigkeitsaddition ergibt mithilfe einfacher Dreiecksbeziehungen:

$$c_{u2} = u_2 - c_{r2}\frac{1}{\tan\beta_2} = 91{,}1 - 8{,}58/\tan 45° = 82{,}5\,\text{m/s}$$

$$\underline{c_2} = \sqrt{c_{u2}^2 + c_{r2}^2} = \underline{83{,}0\,\text{m/s}}$$

d) Gemäß Gl. 3.12 ist

$$M_{\text{th},\infty} = \dot{m}(r_2 c_{u2} - r_1 c_{u1}) = 0{,}97 \cdot 1{,}2(0{,}3 \cdot 82{,}5 - 0{,}11 \cdot 0) = \underline{28{,}8\,\text{Nm}}$$

Im Gegensatz zu a) setzt dieses Resultat Reibungsfreiheit und unendlich viele Schaufeln voraus. Nach Gl. 3.13 wird:

$$P_{\text{th},\infty} = M_{\text{th},\infty}\,\omega = \underline{8749\,\text{W}}$$

e) Die spezifische Energiezufuhr wird nach Gl. 3.14

$$Y_{\text{th},\infty} = 91{,}1 \cdot 82{,}5 - 33{,}4 \cdot 0 = 7515\,\text{Nm/kg}$$

$$\underline{\Delta p_{\text{th},\infty}} = Y_{\text{th},\infty}\,\rho = \underline{9019\,\text{Pa}}$$

Zur Kontrolle:

$$P_{\text{th},\infty} = \Delta p_{\text{th},\infty} \cdot \dot{V} = 9019 \cdot 0{,}97 = 8749\,\text{W}$$

f) Aus der Bernoulli'schen Gleichung folgt:

$$\underline{p_3 - p_2} = \frac{1}{2}\rho(c_2^2 - c_3^2) = \frac{1}{2}1{,}2(83^2 - 10^2) = \underline{4073\,\text{Pa}}$$

3.6 Übungsaufgaben

3.1 Der Impulssatz für stationäre Strömung gilt für (Man bezeichne die richtigen Antworten.)
a) Ideale Fluide
b) Inkompressible Fluide
c) Reale Fluide (mit Reibung und Kompressibilität)
d) Der Impulssatz setzt nur das Newton'sche Grundgesetz der Dynamik voraus.

3.2 Für die Anwendung des Impulssatzes für stationäre Strömungen benutzt man Kontrollvolumina (KV). Bezeichnen Sie die für diese zutreffenden Antworten.
a) Ein KV umfasst eine identische Fluidmasse (mitschwimmend).
b) Ein KV wird ortsfest angenommen (durchströmt).
c) Für die Anwendung des Impulssatzes ist die Kenntnis des Strömungs- und Druckfeldes im KV erforderlich.
d) Für die Anwendung des Impulssatzes genügt die Kenntnis von Drücken und Geschwindigkeiten auf der Oberfläche des KV (Kontrollfläche).

3.3 Winkelrohr, aus dem Wasser mit 10 m/s ausströmt und auf eine Platte trifft (Skizze).

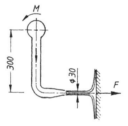

a) Wie groß ist der pro Sekunde durch die Düse austretende Impuls $\dot{I}$ (auch Impulsstrom genannt)?
b) Wie groß ist der austretende Strom an kinetischer Energie $\dot{E}$ (Leistung)?
c) Wie groß ist die Kraft F auf die Platte?
d) Wie groß ist das Haltemoment M?
e) Berechnen Sie M direkt mit dem Drallsatz.

3.6 Übungsaufgaben

*3.4 Wasserstrahldüse laut Skizze; $p_{1\ddot{u}} = 2{,}5$ bar.

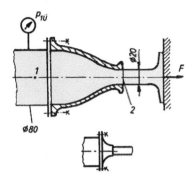

Man ermittle:
a) Austrittsgeschwindigkeit w_2 und Massenstrom $\dot{m}$ (reibungsfrei),
b) Kraft F, die der Strahl auf die Umlenkplatte ausübt.
c) Die Düse ist mit Schrauben an das Rohr angeschraubt, die zusammen eine Vorspannkraft $F_v = 6$ kN auf die zwischengelegte Dichtung ausüben (ohne Strömung). Um welchen Betrag ΔF erhöht sich die Schraubenkraft?
d) Wird bei Strömung die Dichtung mehr oder weniger gepresst?
e) Welches Problem tritt bei der Beantwortung von Frage c) für eine kurze Düse auf?

*3.5 Ein Rohr endet mit einem 90°-Knie, aus dem Wasser mit 10 m/s ins Freie strömt (Skizze). Das Knie ist mit Durchsteckschrauben mit dem Rohrsystem verschraubt (Vorspannkraft zur Dichtung). Reibungsfreiheit sei zunächst vorausgesetzt.

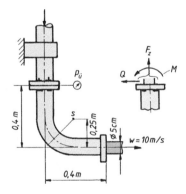

a) Welche zusätzliche Zugkraft F_z wirkt bei Durchströmung auf die Schrauben?
b) Welche Querkraft Q wird in der Flanschebene infolge Durchströmung wirksam?
c) Welches Biegemoment M_b entsteht im Flansch?
d) Wie ändern sich a), b), c), wenn infolge Reibung $p_{\ddot{u}} = 0{,}20$ bar?
e) Wie ändern sich a), b), c), wenn das Gewicht des Wassers im Knie berücksichtigt wird? Wasservolumen im Knie (ab Flansch) 1,5 l; Schwerpunkt lt. Skizze.

*3.6 Rohrstück zwischen zwei Dehnungskompensatoren (Skizze). Da die Kompensatoren keine Längskräfte aufnehmen, ist hierfür ein Haltering vorgesehen. Mit welcher Kraft muss der Haltering gestützt werden?

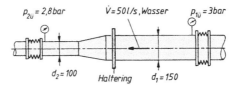

*3.7 Durch eine rinnenartige Vorrichtung wird von einem Wasserstrahl mit dem Massenstrom $\dot{m}_0$ eine Teilmenge $\dot{m}_1$ in x-Richtung abgelenkt. Da in x-Richtung keine äußeren Kräfte wirken, muss der Rest des Strahles um einen Winkel α abgelenkt werden. Reibungsfreie Strömung kann vorausgesetzt werden.

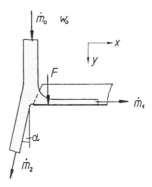

a) Wie groß ist der Winkel $\alpha = f(\dot{m}_0, \dot{m}_1)$?
b) Spezieller Wert von α für $\dot{m}_0 = 280$ kg/s und $\dot{m}_1 = 30$ kg/s
c) Kraft F auf die rinnenartige Vorrichtung, wenn $w_0 = 20$ m/s

Anmerkung: Die Rinne garantiert Abfluss in x-Richtung (ansonsten flächenhafter Abfluss!)

3.6 Übungsaufgaben

*3.8   Nach oben gerichteter Flüssigkeitsstrahl, (Flüssigkeitsdichte ρ, Austrittsgeschwindigkeit w_0, Massenstrom $\dot{m}$), der auf sein Austrittsniveau zurückfällt. Durch einfache Anwendung des Impulssatzes soll eine Formel für die Flüssigkeitsmasse m abgeleitet werden, die sich jeweils in der Luft befindet. Luftreibung kann vernachlässigt werden.

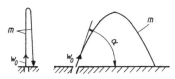

a) Für vertikale Strahlrichtung; $m = f(w_0, \dot{m}, g)$
b) Für geneigte Strahlrichtung, α; $m = f(w_0, \dot{m}, g, \alpha)$
c) Zahlenwert für $w = 20\,\text{m/s}$; $\dot{m} = 6\,\text{kg/s}$, $\alpha = 60°$

3.9   In einer Rakete wird die zur Schuberzeugung erforderliche kinetische Energie durch Verbrennen der mitgeführten Brennstoffmasse unabhängig vom umgebenden Medium erzeugt.

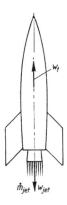

a) Man ermittle den allgemeinen Ausdruck für die Schubleistung, wenn w_{jet} die Geschwindigkeit des austretenden Strahles relativ zur Rakete und w_f die Fluggeschwindigkeit darstellt.
b) Wie groß ist die Startbeschleunigung ($w_f = 0$) einer Rakete in vertikaler Richtung mit einer Gesamtmasse $m = 150.000\,\text{kg}$ und der Austrittsgeschwindigkeit des Treibstrahles $w_{jet} = 2800\,\text{m/s}$, $\dot{m}_{jet} = 1200\,\text{kg/s}$?

*3.10 Spielzeug-Druckluft-Wasser-Rakete: Die Druckluft presst durch eine Düse, $d = 5$ mm, Wasser mit hoher Geschwindigkeit aus der Rakete und erzeugt dadurch den Schub.

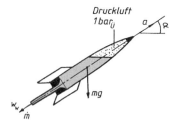

Man berechne für eine Startmasse $m = 0{,}05$ kg:
a) Wassergeschwindigkeit w relativ zur Rakete für 1 bar (ü) Luftdruck
b) Wassermassenstrom $\dot{m}_w$ für a)
c) Startschub
d) Startbeschleunigung a für Abschuss unter einem Winkel $\alpha = 90°$
e) a für Abschuss unter $30°$.

3.11 Ein Flugzeug mit Strahltriebwerk fliegt mit 800 km/h. Das Triebwerk nimmt 140 kg/s Luft auf und stößt sie mit einer Geschwindigkeit von 400 m/s relativ zum Flugzeug wieder aus, Abb. 3.3.
a) Wie groß ist der Schub?
b) Wie groß ist die Schubleistung?
c) Welcher Vortriebswirkungsgrad ergibt sich?
d) Wie ist der Schub nach a) zu korrigieren, wenn das Flugzeug 1/40 der Luftmasse an Treibstoff zuführt, dessen Masse im abgehenden Strahl enthalten ist?

*3.12 Ein Flugzeug mit sog. Zweistrom-Turboluftstrahltriebwerken (auch Turbo-Fan-Triebwerk genannt) fliegt in 8 km Höhe mit $w_f = 900$ km/h. Bei einem Turbo-Fan-Triebwerk wird der von der Einlaufdüse erfasste Luftmassenstrom im Aggregat aufgeteilt in einen Mantelstrom (reine Luft) und einen Kernstrom, welcher die Gasturbine passiert hat.
Der Mantelstrom wird weniger beschleunigt als der Kernstrom. Der Vorteil liegt in geringerer Lärmentwicklung und besserem Wirkungsgrad.

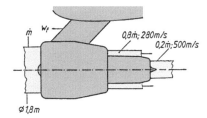

Man berechne
a) Schubkraft
b) Schubleistung
c) Vortriebswirkungsgrad.

3.13 Turbo-Fan-Triebwerk ähnlich wie in Aufgabe 3.12. Bypassverhältnis $\dot{m}_2 : \dot{m}_1 = 5$. Durch die sog. Schubumkehrvorrichtung wird der Mantelstrom – evtl. auch der Kernstrom – gegen die Flugrichtung umgelenkt (Winkel α). Die Schubumkehr wird beim Landemanöver verwendet, wodurch sich der Reifen- und Bremsenverschleiß stark reduzieren lässt und auch der Rollweg verkürzt wird (z. B. von 900 m auf 700 m). Landemanöver auf Meeresniveau, Rollgeschwindigkeit 250 km/h; $\dot{m} = 84$ kg/s, $\alpha = 120°$, siehe Skizze.

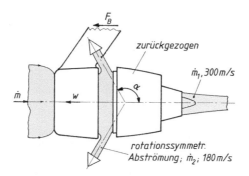

Man ermittle:
a) Bremskraft F_B, wenn nur der Mantelstrom umgelenkt wird,
b) Bremskraft F_B, wenn auch der Kernstrom umgelenkt wird.
c) Erfordern die Ergebnisse nach a), b) die Annahme der Inkompressibilität?

3.14 Ein Windkanalrohr mit eingebautem Ventilator ist auf zwei Drähten aufgehängt (Skizze). Luftdichte $\rho_L = 1{,}1$ kg/m³. Kanaldurchmesser $d = 300$ mm.

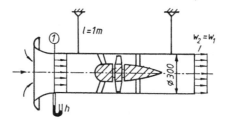

a) Weicht das Gerät nach Einschalten des Ventilators nach rechts oder nach links aus?
b) Welche Geschwindigkeit w_1 herrscht im Querschnitt 1, wenn das U-Rohrmanometer $h = 300$ mm WS zeigt?
c) Welche Kraft wirkt auf das Gerät zufolge des Impulssatzes?
d) Ermitteln Sie den allgemeinen Zusammenhang zwischen h und dem Winkel α um den die Drähte gegen die Vertikale abweichen. Spezieller Wert für: Gerätemasse $m = 120$ kg.

3.15 Ein Hubschrauber hat ein Fluggewicht von 13.600 N und einen Rotordurchmesser von 10,2 m.
Wie groß muss im Schwebeflug die vertikale Luftgeschwindigkeit in der Rotorebene sein, wenn angenommen wird, dass die rotierenden Rotorblätter eine Luftsäule von deren Durchmesser nach unten beschleunigen?

3.16 In der 90°-Umlenkung eines großen Windkanals sind fünf identische Umlenkschaufeln mit gleichmäßigem Abstand angeordnet, $\rho = 1{,}25$ kg/m³, $w_0 = 20$ m/s, $A = 4$ m² (Rechteck).
Wie groß ist die Kraft auf eine Schaufel ohne Berücksichtigung der Reibung?

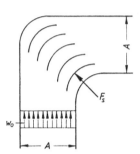

3.17 Ein Luft-Freistrahl tritt in die Atmosphäre aus (Skizze). Überdruck in der Kammer $h = 200$ mm WS. Düsendurchmesser $d = 50$ mm. Luftdichte $\rho = 1{,}2$ kg/m³. Man betrachte die Kraftwirkungen in x-Richtung und benutze die eingetragenen Kontrollvolumina.

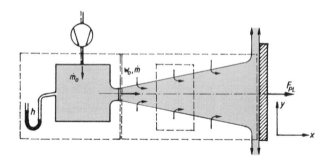

a) Man berechne Austrittsgeschwindigkeit w_0 und Massenstrom $\dot{m}_0$.
b) Welche resultierende Kraft wirkt auf die Kammer?
c) Welche Kraft wird vom Fluid auf die Platte ausgeübt?
d) Mit zunehmender Entfernung vom Düsenmund wird Umgebungsluft mitgerissen und daher der Massenstrom $\dot{m}$ des Strahles größer. Was ist über die Änderung des Impulses mit zunehmender Entfernung zu sagen?
e) Welche Änderungen der Kraftwirkung sind zu erwarten, wenn eine Platte endlicher Größe sich in sehr großer Entfernung von der Düse befindet? Wenn diese ganz nahe zum Düsenmund liegt?

3.6 Übungsaufgaben

3.18 Zwei Luftströme mit verschiedenen Geschwindigkeiten $w_1' = 15$ m/s und $w_1'' = 11$ m/s in gleich großen rechteckigen Strömungsquerschnitten von je 0,2 m² werden in einem Querschnitt von $A = 0,4$ m² zusammengefasst. In einer Mischungsstrecke gleicht sich die Geschwindigkeit auf $w_2 = 13$ m/s aus. Luftdichte $\rho = 1,1$ kg/m³.

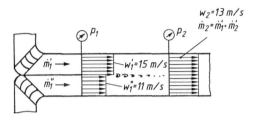

a) Welche Druckänderung gegenüber p_1 ergibt sich aus dem Impulssatz an der Stelle 2, wenn die geringe Kraftwirkung der Wandschubspannungen in der kurzen Mischungsstrecke vernachlässigt werden kann?
b) Welchen sekündlichen Verlust an kinetischer Energie bewirkt die Mischung?
c) Wie viel davon geht in Wärme über?

3.19 Eine horizontale Wasserleitung, $d = 200$ mm, soll in ein Becken münden; Wassergeschwindigkeit $w = 4$ m/s. Bei der Planung wird überlegt, ob sich Druckgewinn durch plötzliche Erweiterung lohnt (Skizze).

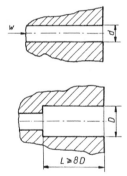

Man ermittle
a) Austrittsverlust in N m/kg und Austrittsarbeit in 5 Jahren bei durchgehendem Betrieb in N m und in kW h ohne Erweiterung.
b) Welcher Durchmesser D ist für eine plötzliche Erweiterung optimal (vgl. Beispiel 3.2, e))?
c) Druckgewinn bei b).
d) Aufteilung der Austrittsenergien in % von a).
e) Ersparnis an Stromverbrauch beim Pumpenmotor b) gegen a) in kW h in 5 Jahren bei durchgehendem Betrieb, wenn der Gesamtwirkungsgrad mit $\eta_{ges} = \eta_p \cdot \eta_{mot} = 0,65$ angenommen wird.

3.20 In einem Rohr, $D = 600$ mm, ist ein Einbaukörper angeordnet, $d = 400$ mm ϕ, lt. Skizze. Luft $\rho = 1{,}60$ kg/m³, $w_1 = 20$ m/s. Infolge Beschleunigung tritt zwischen Punkt 1 und 2 ein Druckabfall gemäß der Bernoulli'schen Gleichung auf (Reibung in diesem Abschnitt sei vernachlässigbar). Von Punkt 2 nach 3 verzögert sich die Strömung wieder, wobei durch turbulente Mischung mit dem Fluid im Totwassergebiet Verluste auftreten und der ursprüngliche Druck im Punkt 1 nicht mehr erreicht wird (Druckverlust Δp_v). Mithilfe des Impulssatzes und des Konzepts „Plötzliche Erweiterung", vgl. Beispiel 3.2 e), lässt sich dieser Druckverlust theoretisch vorausberechnen. Hierbei muss man allerdings den Kraftbeitrag aus den Wandschubspannungen zwischen Punkt 2 und 3 im Impulssatz vernachlässigen. Die Erfahrung zeigt, dass dies für nicht zu zähe Fluide (z. B. dickes Öl) zulässig ist.

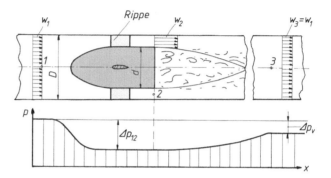

Man berechne:
a) Druckabfall Δp_{12} entsprechend der Bernoulli'schen Gleichung.
b) Druckrückgewinn Δp_{32} nach dem Konzept „Plötzliche Erweiterung".
c) Allgemeine Behandlung des Problems $\Delta p_v = \Delta p_{12} - \Delta p_{32} = \zeta \dfrac{1}{2} \rho w_1^2$. $\zeta = f(A_2/A_1)$. Der Einbaukörper kann auch durch die Nabe eines Axialventilators gebildet werden.

3.6 Übungsaufgaben

3.21 Zur Untersuchung des Leistungsumsatzes bei einem Turbinenrad kann man sich den Schaufelkranz abgewickelt denken und eine Schaufel herausgreifen. Ein Strahl ($\dot{m}$) kommt mit c_1 aus einer fixen Düse, trifft auf eine Schaufel der Geschwindigkeit u (Skizze) und wird um β_2 (relativ zur Schaufel) umgelenkt; reibungsfrei.

Man beachte, dass bei einer Anordnung mit nur **einer** Schaufel nur ein Massenstromanteil $\dot{m} \cdot (c_1 - u)/c_1$ ausgenützt wird; der restliche Anteil $\dot{m} \cdot u/c_1$ lagert unausgenützt im länger werdenden Strahl! Bei der Turbine wird der **gesamte Massenstrom** $\dot{m}$ ausgenutzt.

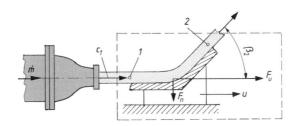

a) Wie muss die Kontrollfläche gewählt werden, damit die Umlenkströmung stationär wird?

b) Welche Beziehung ergibt sich für die vom Strahl:

b$_1$) auf eine Schaufel (Skizze)

b$_2$) auf das gesamte Laufrad übertragene Leistung $P = f(\dot{m}, c_1, u, \beta_2)$?

c) Bei welchem Wert u wird die maximale Leistung auf das Laufrad übertragen?

d) Zahlenwerte für $c_1 = 80$ m/s, Wasser, Strahldurchmesser $d = 2$ cm, $\beta_2 = 120°$, $P_{\max} = ?$, $P = f(u/c_1)$.

Die allgemeinen Ergebnisse der Aufgabe 3.21 sollen in Aufgabe 3.22 – 3.24 auf die Laufräder von Peltonturbinen angewendet werden. Das Peltonrad hat an seinem Umfang becherförmige Schaufeln, die das Wasser nahezu um 180° umlenken und diesem dabei fast die gesamte kinetische Energie entziehen können. Der Umlenkvorgang spielt sich bei Atmosphärendruck ab. Wegen der Bernoulli'schen Gleichung bleibt die Relativgeschwindigkeit (in Bezug auf die Schaufel) konstant, vgl. Aufgabe 2.6. Für die folgenden drei Aufgaben soll Reibungsfreiheit vorausgesetzt werden. Der (System-)Durchmesser des Peltonrades hat die Düsenachse zur Tangente.

3.22 Ein Peltonrad hat einen Durchmesser von $d = 1200\,\text{mm}$, $n = 500\,\text{min}^{-1}$.
  a) Für welche Strahlgeschwindigkeit c_1 ist die Turbine ausgelegt? (P_{max}!)
  b) Welche Nettofallhöhe weist das Kraftwerk auf? Die tatsächliche Fallhöhe eines Kraftwerks ist die Höhendifferenz vom Stauseespiegel bis zum Düsenmund. Zieht man von dieser Höhendifferenz die Verlusthöhe entsprechend der Rohrreibung ab, so ergibt sich H_{netto} und $c_1 = \sqrt{2gH_{netto}}$.

3.23 Peltonrad laut Skizze. Man berechne:

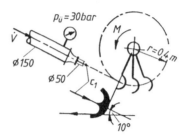

  a) Austrittsgeschwindigkeit c_1
  b) $\dot{V}, \dot{m}$
  c) Welches Drehmoment M wirkt auf das blockierte Peltonrad? Der geringe Höhenunterschied zwischen Manometer bzw. Düse und Schaufel kann vernachlässigt werden.
  d) Mit welcher Drehzahl n muss das Peltonrad laufen, damit die aufgenommene Leistung ein Maximum wird?
  e) Wie groß ist dann die aufgenommene Leistung P?

3.24 Ein unter der Nettofallhöhe von 460 m aus einer Düse austretender Wasserstrahl entwickelt bei verlustloser Umlenkung um 160° am Peltonlaufrad eine Leistung von 12 MW. Die Drehzahl beträgt $333\,\text{min}^{-1}$.

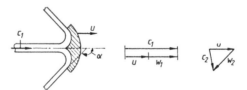

  a) Wie groß ist die sekundliche Wassermenge $\dot{m}$, wenn angenommen wird, dass die Turbine mit der optimalen Umfangsgeschwindigkeit läuft?
  b) Durchmesser des Rades?
  c) Durchmesser eines Düsenstrahles wenn angenommen wird, dass die gesamte Wassermenge auf vier Düsen am Umfang aufgeteilt wird?

3.6 Übungsaufgaben   133

3.25 Die Gültigkeit des Drallsatzes Gl. 3.11 setzt voraus (Bezeichnen Sie die richtigen Antworten.)

a) Reibungsfreiheit

b) Inkompressibilität

c) Gilt allgemein für reales Fluid

d) Gilt nur für schaufelkongruente Strömung

e) Gilt auch bei sich drehendem Laufrad innerhalb der Kontrollfläche bei realem Fluid

f) Wie e) jedoch bei reibungsfreier und schaufelkongruenter Strömung.

3.26 Die Gültigkeit der Euler'schen Hauptgleichung der Strömungsmaschinen setzt voraus (Bezeichnen Sie die richtigen Antworten.)

a) Reibungsfreiheit

b) Inkompressibilität

c) Schaufelkongruente Strömung

d) Drallsatz

e) Radialmaschinen

f) Gilt auch für Axialmaschinen in Integralform.

3.27 Bezeichnen Sie die für spezifische Förderarbeit Y einer Pumpe zutreffenden Antworten

a) Hat die Einheit N m; N m/kg; N m/m^3; m^2/s^2?

b) Ist ein theoretischer Wert

c) Entspricht der an der Pumpenwelle zugeführten spezifischen Arbeit

d) Entspricht der tatsächlich im Fluid vorgefundenen zugeführten Arbeit.

3.28 Ordnen Sie richtig zu: Strömungsmaschine (SM) oder Kolbenmaschine (KM)!

a) Arbeitsprinzip dynamisch

b) Arbeitet intermittierend

c) Besonders geeignet für hohe Drücke

d) Zahnradpumpe

e) Ventilator

f) Wankelmotor.

*3.29 Ein einmotoriges Propellerflugzeug soll in 4 km Höhe mit $w = 110$ m/s fliegen. Der Vortriebswirkungsgrad η_v soll 0,80 betragen. Das Flugzeug hat einen Widerstand $F_w = 7,9$ kN, der durch den Propellerschub kompensiert werden soll.

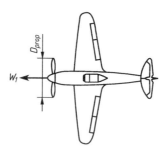

a) Welche Werte w_2, w_m ergeben sich aus der vereinfachten Propellertheorie für $\eta_v = 0,80$?
b) Erforderlicher Luftmassenstrom $\dot{m}$ für den geforderten Schub
c) Erforderlicher Propellerdurchmesser D_{prop} für dieses $\dot{m}$
d) Schubleistung P_{sch}
e) Erforderliche Motorleistung P_{mot} für einen angenommenen Propellergütegrad $\eta = 0,86$.

3.30 Eine Windturbine hat einen Rotordurchmesser $D = 80$ m. Vor und nach der Rotorebene wurden die Luftgeschwindigkeiten zu 9 und 3 m/s gemessen.
a) Welcher Strom an kinetischer Energie wird der Luft entzogen, wenn man die Voraussetzungen der vereinfachten Betz'schen Theorie zugrunde legt?
b) Welche Kraft übt die Luft auf den Rotor aus?

3.31 Eine WKA mit einem Rotordurchmesser von 5,5 m versorgt ein Haus in einer windreichen Küstengegend mit elektrischer Energie.
a) Man ermittle die maximal mögliche elektrische Leistung bei einer Windgeschwindigkeit von 9 m/s, einem Gütegrad des Propellers von $\eta_g = 0,80$ und einem Getriebe- und Generatorwirkungsgrad $\eta_{gen} = 0,84$, $\rho = 1,22$ kg/m^3.
b) Wie groß ist die axiale Kraft auf den Rotor?

3.32 Warum läuft der Rotor einer WKA bei sehr starkem Wind nicht schneller? So könnte man mehr elektrische Energie gewinnen.

Räumliche reibungsfreie Strömungen 4

4.1 Allgemeines

In den Aufgaben von Kap. 2 war der Verlauf der Stromröhren i. Allg. vorgegeben und wir haben die Bewegung der Fluidteilchen so behandelt, als ob sich ihre Masse punktförmig in der Mittellinie der Stromröhre bewegen würde. In der Festkörpermechanik entspricht das der Dynamik des Massenpunktes. Man hat es dann ausschließlich mit Translationsbewegung zu tun. Die Behandlung eines Strömungsvorganges ist dann „eindimensional"; man spricht von „Stromfadentheorie". Bei räumlich ausgedehnten Massen muss man außer der Translation auch die Drehbewegung berücksichtigen. Für den starren Körper lautet das dynamische Grundgesetz für die Drehbewegung in seiner einfachsten Form

$$\text{Moment} = \text{Trägheitsmoment} \times \text{Winkelbeschleunigung}$$

Auf ein Fluidelement lässt sich dieses Gesetz allerdings nicht ohne weiteres anwenden, weil sich das Element ständig verformt und die Verwendung einer Größe „Trägheitsmoment" daher nicht sinnvoll ist. Außerdem muss erst definiert werden, was bei einem sich verformenden Fluidelement Winkelgeschwindigkeit und -beschleunigung bedeuten soll. Einem Punkt allein kann keine Drehung zugeordnet werden, nur einem ausgedehnten Massenelement um den Punkt herum.

Um die Argumentation einfach zu gestalten, beschränken wir uns auf ebene Strömungen. Bei einem würfelförmigen Massenelement eines *starren* Körpers dreht sich jede Kante (und auch jede elementfeste Linie), gleichgültig, welche man ins Auge fasst, im Zeitelement dt um den gleichen Winkel $d\varphi$, Abb. 4.1a, und man definiert:

$$\text{starrer Körper}: \quad \omega = \frac{d\varphi}{dt} \quad \text{Winkelgeschwindigkeit}$$

$$\alpha = \frac{d\omega}{dt} \quad \text{Winkelbeschleunigung}$$

© Springer Fachmedien Wiesbaden GmbH, ein Teil von Springer Nature 2021
S. Bschorer und K. Költzsch, *Technische Strömungslehre,*
https://doi.org/10.1007/978-3-658-30407-2_4

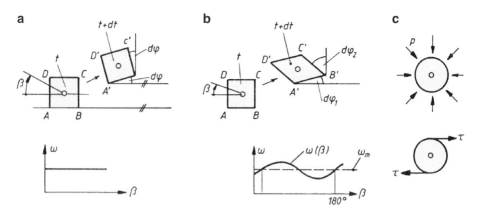

Abb. 4.1 Zur Drehung bei starrem Körper und Fluid

Beim starren Körper zeigt sich, dass *alle* Elemente des Körpers zu einem festen Zeitpunkt *dieselben* Werte ω, α aufweisen. Ebendeshalb ist die Idealisierung „starrer Körper" für die mathematische Behandlung dort so nützlich.

Ein Fluidelement verformt sich bei Bewegung. Wir können uns die Kanten durch Färbung markiert denken. Man spricht dann auch von „flüssiger Linie". Eine solche umfasst zu verschiedenen Zeitpunkten immer dieselbe identische Masse. Die zueinander normal stehenden Kanten AB und BC drehen sich in dt um *verschiedene* Winkel $d\varphi_1$ und $d\varphi_2$, Abb. 4.1b. Man definiert nun die Winkelgeschwindigkeit eines Elementes als Mittelwert:

$$\text{Fluid:} \quad \omega = \frac{1}{2} \cdot \frac{d\varphi_1 + d\varphi_2}{dt} \quad \text{Winkelgeschwindigkeit}$$

$$\alpha = \frac{d\omega}{dt} \quad \text{Winkelbeschleunigung}$$

Eine nähere Untersuchung zeigt, dass man zwei beliebige, ursprünglich normal zueinander stehende, flüssige Linien des Elementes zur Bildung von ω heranziehen kann ($d\varphi_1$, $d\varphi_2$), wobei sich immer derselbe Wert für ω ergibt, ω ist somit tatsächlich eine mittlere Winkelgeschwindigkeit für das Element. Betrachtet man eine um den variablen Winkel β zu A–B geneigte flüssige Linie, so variiert ω(β) bzw. dφ(β) wie in Abb. 4.1b angedeutet, um den Mittelwert ω.

Aus dem dynamischen Grundgesetz folgt nun, dass die Winkelbeschleunigung α eines Fluidelementes nur aufgrund eines Momentes zustande kommen kann. Denken wir uns ein kreiszylindrisches Element aus der Strömung herausgeschnitten, Abb. 4.1c, so ist klar, dass alle Druckkräfte durch die Elementachse (Mittelpunkt) gehen und daher *kein* Moment ausüben können. Daher gilt:

> Winkelbeschleunigung von Fluidelementen ist nur durch Schubspannungen, d. h. durch Reibungswirkung, möglich.

4.1 Allgemeines

Bei angenommener Reibungsfreiheit können daher nur Fluidelementbewegungen existieren, bei denen $\alpha = 0$ und daher $\omega = $ const. Die Konstanz gilt zunächst nur für ein identisches Fluidelement, ω könnte noch von Element zu Element variieren.

Es ist nur eine reibungsfreie Fluidbewegung bekannt, bei der ω einen *von null verschiedenen Wert* besitzt, nämlich jene, wo ω *im ganzen Feld* gleich groß ist. Diese Bewegung ist uns bereits von der Festkörperdynamik her bekannt: Das gesamte Fluid rotiert wie ein starrer Körper ohne jede Relativbewegung, Abb. 4.2. Von „fließen" oder „strömen" kann hier nicht gesprochen werden.

Der Druck hängt nur vom Abstand r von der Drehachse ab; „Stromlinien" sind konzentrische Kreise. Die Druckverteilung kann leicht aus der Krümmungsdruckformel durch Integration längs des Radius berechnet werden:

$$\frac{dp}{dr} = \rho \frac{w^2}{r} = \rho \frac{r^2 \omega^2}{r} = \rho \omega^2 r$$

$$p(r) = p(r = 0) + \rho \omega^2 \frac{r^2}{2} = \frac{1}{2} \rho u^2 + p(r = 0) \tag{4.1}$$

wobei $u = r\omega$ Umfangsgeschwindigkeit

Gl. 4.1 gilt übrigens auch für reibungsbehaftete Fluide, da hier wegen fehlender Bewegung keine Schubspannungen auftreten können.

Abgesehen von dem Sonderfall der starren Rotation muss für reibungsfreie Strömungen für jedes Fluidelement gelten:

$$\boxed{\begin{array}{l}\omega = 0 \\ \text{Reibungsfreie Strömungen sind drehungsfrei!}\end{array}} \tag{4.2}$$

Im Gegensatz zum starren Körper bedeutet $\omega = 0$ hier nur, dass die *mittlere* Winkelgeschwindigkeit null ist.

Abb. 4.2 Starre Rotation eines Fluidkörpers

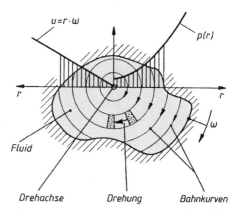

Ein kreiszylindrisches Element mit flüssigen Linien in Form eines regelmäßigen Strahlensternes deformiert sich wie in Abb. 4.3 angedeutet.

In zwei gegenüberliegenden Zonen gehen die Strahlen auseinander (3'–4'), in zwei normal dazu stehenden Zonen nähern sie sich (1'–2'). Bei inkompressiblem Fluid muss das verformte Element volumengleich sein (in Abb. 4.3 müssen Kreis- und Ellipsenfläche gleich groß sein!). Einzelne flüssige Linien drehen sich im Uhrzeigersinn; ihre Drehung wird jedoch durch gegensinnige Drehung anderer flüssiger Linien kompensiert, sodass *im Mittel* das Element *keine* Drehung erfährt. Zwei spezielle, aufeinander normal stehende, Linien erfahren keine Drehung.

Kräftemäßig benötigt man für diese Art von Drehung *keine* Schubspannung, sie kann durch Druckkräfte bewerkstelligt werden. Diese Kräfte stützen sich jedoch *innerhalb* des Elementes nach dem Wechselwirkungsgesetz *gegeneinander* ab, sodass die mittlere Drehung immer null bleibt. Nur mit Schubspannungen kann eine *resultierende* mittlere Drehung des Elementes bewirkt werden! Zeichnet man zu einem gefundenen System von Stromlinien einer drehungsfreien Strömung ein Netz von zu den Stromlinien orthogonalen Linien (auch als Linien konstanten Potentials bezeichnet), so zeigt die nähere Analyse Folgendes: Die orthogonalen Linien können als neue Stromlinien aufgefasst werden und stellen ihrerseits eine mögliche reibungsfreie Strömung dar. Die ursprünglichen Stromlinien werden dann zu Potentiallinien, Abb. 4.4.

Aus der mathematischen Strömungslehre ergibt sich:

- Aus der Kontinuitätsgleichung und der Bedingung der Drehungsfreiheit für jedes Fluidelement kann die mathematische Strömungslehre bei gegebenen Randbedingungen das Stromlinienfeld ermitteln.
- Wegen der Kontinuitätsgleichung liegt dann auch der Geschwindigkeitsverlauf in den Stromröhren, bzw. die Geschwindigkeit in jedem Punkt fest (Geschwindigkeitsfeld).
- Unter Zuhilfenahme der Bernoulli'schen Gleichung kann daraus auch der Druck in jedem Punkt berechnet werden (Druckfeld). Das dynamische Grundgesetz ist damit automatisch erfüllt.

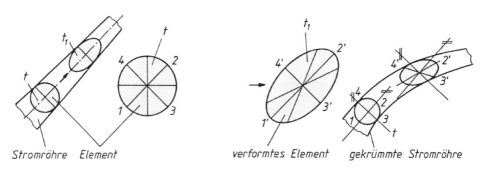

Abb. 4.3 Deformation eines ursprünglich zylindrischen Elementes

4.2 Einfache räumliche reibungsfreie Strömungen

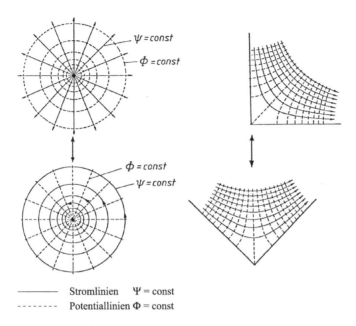

——— Stromlinien Ψ = const
- - - - - Potentiallinien Φ = const

Abb. 4.4 Vertauschung von Strom- und Potentiallinien

Anmerkung

Denkt man sich ein bewegtes **reibungsfreies** Fluid, in dem in einem fadenförmigen Gebiet längs einer gewissen mitschwimmenden Linie (sog. „flüssige Linie") die Fluidelemente in Drehung versetzt wurden, so muss diese Drehung „auf alle Zeiten" erhalten bleiben, da es keine Schubspannungen gibt, welche bremsend wirken könnten. Eine Bedingung für eine derartige Strömung ist, dass alle Fluidelemente der flüssigen mitschwimmenden Linie **dieselbe** Drehung aufweisen müssen, da ansonsten bei **unterschiedlicher** Drehung benachbarter Elemente Drucksprünge an der Grenzfläche auftreten müssten. Die flüssige Linie kann daher nicht im Fluid enden. Sie muss eine geschlossene Kurve sein oder zwischen zwei Wänden verlaufen. Ein theoretisches Problem bei dieser Art gedachter Strömung ist allerdings, wie in ein reibungsfreies Fluid (ohne τ) anfänglich Drehung hineingebracht werden kann. Auf dem angedeuteten Hintergrund leitet die theoretische Strömungslehre die sog. „**Wirbelsätze**" her.

4.2 Einfache räumliche reibungsfreie Strömungen

a) Quell- und Senkenströmung

Am einfachsten sind räumliche Strömungsprobleme, welche zweidimensional behandelt werden können, sog. *ebene Strömungen.*

Ein einfaches Beispiel ist die ebene Quellströmung, Abb. 4.5.

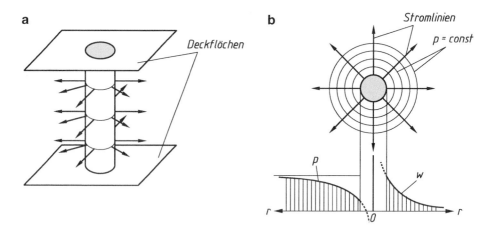

Abb. 4.5 Quellströmung

Stromlinien sind Strahlen vom Zentrum der Quelle. Die Quellströmung kann statt im Mittelpunkt auch erst ab einem bestimmten Durchmesser beginnen. In Achsenrichtung ist die Strömung theoretisch unbegrenzt. Die Quellstärke pro Meter Achsenlänge wird als Ergiebigkeit E bezeichnet (Einheit m^3/s · m = m^2/s).

Die drehungsfreie Strömung der rein radial strömenden Fluidelemente ist offensichtlich.

Setzt man rotationssymmetrischen Strömungscharakter voraus und betrachtet Zylindermantelflächen als Kontrollflächen, so ergibt sich einfach:

$$w(r) \cdot 2r\pi \cdot 1 = E \quad \text{oder} \quad w \cdot r = \text{const.} = E/2\pi$$
$$w(r) = \frac{E}{2\pi} \cdot \frac{1}{r} \qquad \text{oder} \quad w_1 r_1 = w_2 r_2 \tag{4.3}$$

Die Geschwindigkeit nimmt also nach außen hin hyperbolisch ab und erreicht im Zentrum theoretisch den Wert unendlich, Abb. 4.5b.

Über den Druckverlauf wurde noch keine Annahme getroffen. Er lässt sich aus der Bernoulli'schen Gleichung ermitteln

$$\frac{p_1}{\rho} + \frac{w_1^2}{2} = \frac{p_2}{\rho} + \frac{w_2^2}{2} = \frac{p(r)}{\rho} + \frac{w^2(r)}{2} = C \tag{4.4}$$

Von der potentiellen Energie sehen wir hier, wie auch im Folgenden oft, ab: Sie bringt nur die additive Überlagerung eines Druckfeldes nach dem hydrostatischen Grundgesetz. Misst man übrigens mit einer Drucksonde den Druck, benutzt ein raumfest aufgestelltes, außerhalb des Strömungsfeldes liegendes Manometer und die Messleitung ist mit Fluid gefüllt, so reagiert die Anzeige nicht auf Druckänderungen zufolge des hydrostatischen Grundgesetzes: Verschiebt man die Sonde nach unten, so steigt zwar der Druck entsprechend dem hydrostatischen Grundgesetz; diese Steigerung wird aber durch eine Druckabnahme in der Messleitung genau kompensiert.

4.2 Einfache räumliche reibungsfreie Strömungen

Anders liegen die Verhältnisse, wenn man Druckmessumformer verwendet, welche den Druck am Messort in ein elektrisches Signal umwandeln.

Um aus Gl. 4.4 den Druckverlauf konkret zu berechnen, müssen wir, wie immer bei der Anwendung der Bernoulli'schen Gleichung, einen Bezugsdruck festlegen: $p = p_0$ bei $r = r_0$; daraus ergibt sich dann (vgl. Abb. 4.5b)

$$p(r) = p_0 + \frac{1}{2} \rho \, w_0^2 \left(1 - \frac{r_0^2}{r^2} \right). \tag{4.5}$$

Die Stromlinien sind Gerade, deren Krümmungskreisradius ist unendlich; daher muss gemäß Gl. 1.8 der Druckanstieg normal zu den Stromlinien null sein. Da Linien konstanten Druckes Kreise sind, ist dies immer der Fall.

Ein reibungsfreier Vorgang (Vorgang ohne Arbeitsverluste) ist i. Allg. auch reversibel, d. h. die aufgestellten Forderungen sind auch erfüllt, wenn der Vorgang zeitlich in umgekehrter Richtung abläuft. Wenn wir bei der ebenen Quellströmung die Geschwindigkeitsrichtung um 180° drehen, ergibt sich die sog. *Senkenströmung:* Das Fluid fließt zum Zentrum, am Druckverlauf ändert sich nichts, da die Bernoulli'sche Gleichung nur vom Betrag der Geschwindigkeit abhängt.

Beim Auffinden der Lösung haben wir uns nur auf unseren Spürsinn verlassen und der Strömung einfach *vorgeschrieben,* dass sie rein radial verlaufen soll. Genau genommen ist aber nur die Randbedingung vorgegeben, nämlich, dass im Zentrum Fluid mit der Ergiebigkeit E ausströmt. Das Fluid könnte sich auch einen anderen, krummlinigen und komplizierteren Weg nach außen suchen, evtl. sogar mit instationärer Strömung. Für ein Problem mit gegebenen Randbedingungen kann es auch mehrere mögliche Lösungen geben. Wenn dies der Fall ist, ist i. Allg. nur eine der möglichen Lösungen stabil, (analog wie in der Festkörpermechanik die Gleichgewichtslage eines Körpers stabil oder instabil sein kann, z. B. Kugel in einer Mulde oder auf einer erhabenen Fläche).

b) Potentialwirbel

Eine weitere sehr einfache ebene, reibungsfreie Strömung ist der sog. Potentialwirbel, Abb. 4.6. Sie ist ebenfalls zentralsymmetrisch. Die Stromlinien sind konzentrische Kreise, längs eines Kreises sind Geschwindigkeit und Druck konstant. Der Potentialwirbel ist zwar eine (idealisierte) reibungsfreie Strömung, er ist aber als Grundmuster auch für viele reale Strömungen von großer Bedeutung. Er soll daher hier etwas näher erörtert und auch durch Hinweise auf Alltagserfahrungen dem Studierenden näher gebracht werden. Der Potentialwirbel ergibt sich aus der Quellströmung, wenn dort Stromlinien und Potentiallinien vertauscht werden, Abb. 4.4.

Man könnte meinen, dass die Strömung im Potentialwirbel nicht drehungsfrei sein kann, da sich jeder Punkt im Kreise „dreht". Einem Punkt kann man jedoch keine Drehung zuordnen. Betrachtet man kleine Elemente (in Abb. 4.6 mit Pfeil markiert), so weisen diese *keine* mittlere Drehung auf. Die Krümmungsdruckformel verlangt:

Abb. 4.6 Potentialwirbel. Bei einem Wasserwirbel in einem Eimer kann man Drehungsfreiheit näherungsweise an kleinen schwimmenden markierten (↑) Korken beobachten. Ein im Kern schwimmender Körper dreht sich natürlich mit

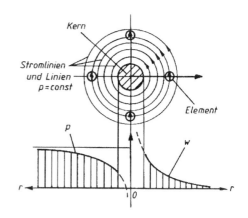

$$\frac{dp}{dr} = \rho \cdot \frac{w^2(r)}{r}$$

Aus der Bernoulli'schen Gleichung folgt:

$$p(r) = p_0 + \frac{1}{2}\rho \left[w_0^2 - w^2(r)\right]$$

Daraus ergibt sich

$$\frac{dp}{dr} = -\frac{1}{2}\rho\, 2\, w \frac{dw}{dr} = -\rho w \frac{dw}{dr}$$

Gleichsetzen liefert

$$\rho w \frac{dw}{dr} = -\rho \frac{w^2(r)}{r}$$

$$\frac{dw}{dr} = -\frac{w}{r}$$

Trennung der Variablen:

$$\frac{dw}{dr} = -\frac{dr}{r}$$

$$\ln w = -\ln r + C \tag{4.6}$$

$$\boxed{w \cdot r = \text{const} \quad w = \frac{C_1}{r} \quad \text{Potentialwirbel}}$$

Bernoulli'sche Gleichung und Krümmungsdruckformel können also erfüllt werden, wenn die Geschwindigkeit verkehrt proportional zu r abnimmt. An einem Punkt r_0 muss die Geschwindigkeit w_0 vorgegeben sein. Als Druckverteilung ergibt sich dann wie bei der Quellströmung, Abb. 4.6 unten.

4.2 Einfache räumliche reibungsfreie Strömungen

$$p(r) = p_0 + \frac{1}{2} \rho w_0^2 \left(1 - r_0^2 \cdot \frac{1}{r^2}\right) \qquad (4.7)$$

Für sehr kleine Werte r ergibt sich immer ein negativer Druck (Zug), was bei Fluiden nicht möglich ist. Wir können jedoch den Potentialwirbel innen durch einen (evtl. rotierenden) Festkörperzylinder begrenzen, sodass diese Schwierigkeit beseitigt wird.

Versetzt man ein reales Fluid in einem beliebig geformten, rotationssymmetrischen Gefäß in Drehung, so stellt sich abseits der Wandreibungszonen mit guter Näherung ein Potentialwirbel ein, Abb. 4.7. Wandflächen üben nach dem Wechselwirkungsgesetz jenen Druck aus, den sonst weiter außen liegendes rotierendes Fluid ausüben würde. Bei einem oben offenen Gefäß stellt sich die Oberfläche wie im Bild eingetragen ein. Dieser Spiegelverlauf kann wie folgt erklärt werden: An der Oberfläche muss der überall gleiche Atmosphärendruck wirksam sein (p_0). Von dort senkrecht hinunter nimmt der Druck nach dem hydrostatischen Grundgesetz zu. Die *Eindellung* an der Oberfläche ist daher ein exaktes „Negativ" der Druckverteilung in tieferen horizontalen Ebenen. Man sieht, dass sich das Fluid im Zentrum nicht eine unendlich große Geschwindigkeit $w(r = 0) = \infty$ und einen negativen Druck aufzwingen lässt. Vielmehr hat die Oberfläche im Zentrum etwa die Form eines Rotationsparaboloids.

Wie man in der Hydrostatik zeigt, stellt sich eine derartige Spiegelfläche ein, wenn eine Flüssigkeit wie ein starrer Körper rotiert. Dieser zentrale Teil wird auch als Kern des Wirbels bezeichnet. Ein reales Fluid, das in einem rotationssymmetrischen Gefäß, einmal in Drehung versetzt und sich selbst überlassen wird, zeigt die in Abb. 4.8 angedeuteten Strömungsgebiete: Die große Masse der Flüssigkeit strömt praktisch

Abb. 4.7 Zum Potentialwirbel

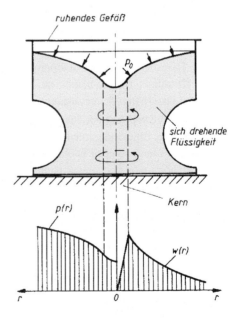

Abb. 4.8 Strömungszonen in rotierender (realer) Flüssigkeit

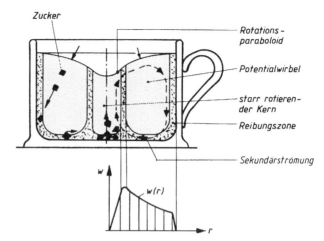

reibungsfrei und folgt etwa den Gesetzen des Potentialwirbels, Gl. 4.6 und 4.7; der Kern rotiert etwa wie ein starrer Zylinder; an den Grenzen bilden sich Zonen stärkerer Reibung. Die von den Wänden her wirkende Reibung ist es auch, die die rotierende Strömung nach einiger Zeit zum Erliegen bringt.

Setzt man in einer Teetasse den Tee mit einem Löffel in Drehung und zieht den Löffel heraus, stellen sich alsbald die erwähnten Erscheinungen ein. Wirft man Kristallzucker hinein, so wird dieser, da seine Dichte größer als die der Flüssigkeit ist, durch Fliehkraftwirkung im Potentialwirbel zunächst nach außen getragen, sammelt sich am Boden aber im Zentrum. Das hat seine Ursache darin, dass in der Bodenreibungsschicht die Drehgeschwindigkeit gegenüber dem darüber liegenden Potentialwirbel stark abgebremst ist. Der außen größere Druck bewirkt dann eine Sekundärströmung zum Zentrum, die die Zuckerkörner mitnimmt. Die Sekundärströmung steigt im Kern auf (auch das kann man noch an den Körnern beobachten) und geht oben wieder nach außen.

Die Tatsache, dass sich mit einem relativ kompliziert geformten Teil wie einem Löffel durch Umrühren trotzdem eine so regelmäßige Strömung wie der Potentialwirbel gut annähern lässt, hängt damit zusammen, dass kleinere Unregelmäßigkeiten in der Strömung durch Reibung weit rascher ausgedämpft werden als der eine große Potentialwirbel.

Jede kleine Eindellung in einer Flüssigkeitsoberfläche weist auf einen darunterliegenden Wirbel hin. Einen solchen beobachtet man z. B. auch, wenn man den Teelöffel, halb eingetaucht, horizontal verschiebt: Hinter der Löffelmulde bilden sich zwei kleine Dellen, die zwei Wirbel mit vertikaler Achse anzeigen. Diese laufen sich allerdings sehr rasch tot.

c) Wirbelsenke und Quellsenke

Wenn die zugrunde liegenden Gesetzmäßigkeiten linear sind (d. h. es kommen nur Proportionalzusammenhänge vor), können Lösungen additiv überlagert werden (Superpositionsprinzip). Das ist bei reibungsfreien räumlichen Strömungen der Fall.

4.2 Einfache räumliche reibungsfreie Strömungen

Wirbelsenke: Die Senkenströmung hat nur eine zum Zentrum gerichtete radiale Geschwindigkeitskomponente nach Gl. 4.3; der Potentialwirbel nur eine Umfangskomponente nach Gl. 4.6, Abb. 4.9. Beide sind verkehrt proportional zu *r*, *sodass* ihr Verhältnis im ganzen Strömungsfeld gleich bleibt:

$$\frac{w_r}{w_\varphi} = \frac{C_1}{r} \cdot \frac{r}{C_2} = \tan \alpha = \text{const.}$$

Man erkennt, dass der Winkel α zwischen der Resultierenden Geschwindigkeit *w* – und damit der Stromlinie – mit dem Radiusvektor überall gleich groß ist. Eine Kurve mit dieser Eigenschaft ist, wie man leicht zeigt, die logarithmische Spirale mit der Gleichung

$$r = r_0 \cdot e^{(\varphi - \varphi_0) \cdot \tan \alpha}. \tag{4.8}$$

Der Winkel der Tangente an diese Kurve mit dem Radiusvektor ergibt sich zu, Abb. 4.9

$$\tan \alpha = \frac{dr}{r \cdot d\varphi}.$$

Aus Abb. 4.9 folgt

$$\frac{dr}{d\varphi} = r_0 \tan \alpha \cdot e^{(\varphi - \varphi_0) \cdot \tan \alpha} = \tan \alpha \cdot r.$$

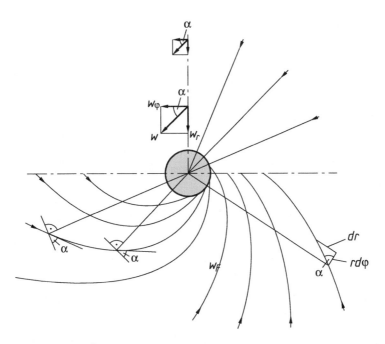

Abb. 4.9 Wirbelsenke als Überlagerung von Potentialwirbel und Senkenströmung

Aus der vorhergehenden Gleichung ist dann unmittelbar einsichtig, dass der Winkel α im ganzen Strömungsfeld gleich ist.

Der Druck ist auf konzentrischen Kreisen gleich, da dort auch gleiche Geschwindigkeit herrscht. Die Bernoulli'sche Gleichung ergibt wie früher, vgl. Gl. 4.5 und 4.7

$$p = p_0 + \frac{1}{2}\rho\, w_0^2 \left(1 - \frac{r_0^2}{r^2}\right).$$

Für $r \to 0$ treten im Zentrum dieselben Probleme auf wie früher. Eine reale Strömung kann im Zentrum nicht eben bleiben, da das Fluid aus der Ebene heraus abfließen muss. Die Umkehrung der Wirbelsenke ist die Wirbelquelle. In ihr strömt das Fluid spiralig nach außen und verzögert sich. Eine praktische Anwendung findet sich beim sog. Leitring der Kreiselpumpen (Aufgaben 4.6, 4.7).

Aus der Alltagserfahrung ist der „Hohlsog" bekannt, der sich beim Abfließen einer Flüssigkeit aus einem Behälter mit mehr oder minder zentralem Abflussrohr bildet (z. B. beim Badewannenabfluss) Abb. 4.10. Um den hier beobachteten Drall zu erzeugen, muss ein Moment M auf die Flüssigkeit im Behälter wirken. Dieses Moment wird durch die aus der Festkörperdynamik bekannte Coriolisbeschleunigung hervorgerufen. Sie resultiert aus der Tatsache, dass ein erdfestes Koordinatensystem genaugenommen kein Inertialsystem ist (wegen der Erddrehung). Auf der nördlichen Erdhalbkugel erfolgt die Drehung der Strömung – von oben gesehen – gegen den Uhrzeigersinn, auf der südlichen Halbkugel im Uhrzeigersinn. Insgesamt ist die Hohlsogströmung relativ kompliziert.

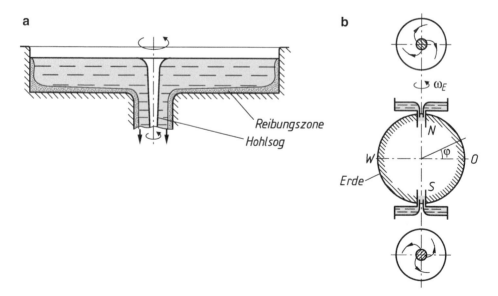

Abb. 4.10 **a** Wirbelsenkenähnliche Strömung: Abfluss mit Hohlsog. **b** Drehsinn des Wirbels auf der nördlichen und südlichen Erdhalbkugel

Eine hohlsogähnliche Erscheinung stellen auch die Wirbelstürme dar: Bei ruhiger Wetterlage bilden sich über großflächigen ebenen Flächen (Wüste, Meer) durch Sonneneinstrahlung bodennahe wärmere Luftschichten, die durch kältere darüber lagernde Luftschichten am Aufsteigen behindert sind (instabile Schichtung). Gelingt durch eine Störung an einer Stelle ein Durchbruch, so strömt alle warme Luft zu dieser Stelle und dort nach oben. Es ergibt sich eine analoge Situation wie beim Badewannenabflussrohr: Durch die Wirkung der Corioliskräfte entsteht zusätzlich ein Drall. Das ganze Wirbelgebilde kann durch eine überlagerte Translationsgeschwindigkeit in andere Gebiete gelangen.

4.3 Umströmte Körper

a) Zylinder

Gegeben sei ein unendlich langer Kreiszylinderkörper. Eine unendlich ausgedehnte Parallelanströmung soll den Zylinder quer anströmen, Abb. 4.11, (ebene Strömung). In großer Entfernung werden die Stromlinien parallel sein und den Wert der dort überall gleichen Geschwindigkeit bezeichnen wir mit w_∞.

Nun können wir nicht mehr durch Intuition die Stromlinien finden und daraus den Druck berechnen wie im vorigen Abschnitt. Die mathematische Strömungslehre hat hier Wege gefunden, aus den gegebenen Randbedingungen und den Forderungen in Abschn. 4.1 Lösungen zu finden. Wir referieren zunächst allgemeingültige Ergebnisse und gehen dann speziell auf die Zylinderumströmung ein. Allgemein gilt für durch Ideales Fluid angeströmte Körper beliebiger Form:

1. Die Lösungen für verschiedene Anströmgeschwindigkeit w_∞, Durchmesser d (allgemein: ähnlich verkleinerte oder vergrößerte Körper) und Fluiddichten ρ sind exakt geometrisch ähnlich (ähnliche Stromlinien und Druckverteilungen).

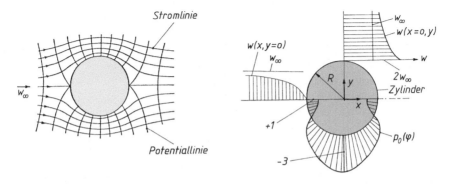

Abb. 4.11 Durch ein Ideales Fluid querangeströmter Zylinder

2. An der Oberfläche des Körpers gleitet das Fluid, so wie zwei Festkörper aneinander vorbeigleiten.

3. Die resultierende Strömungskraft auf den Körper (die sich durch Integration der Druckverteilung über die Oberfläche ergibt) ist *null*. Es tritt keinerlei Widerstandskraft oder dynamische Auftriebskraft auf. Diesen unerwarteten Satz bezeichnet man auch als *D'Alembert'sches Paradoxon*. Für Körper mit einer Symmetrieachse normal zu w_∞ lässt sich der Beweis leicht führen: Da durch Umkehrung der Anströmrichtung Stromlinien und Druckverteilung erhalten bleiben, muss die Umströmung vorne und hinten symmetrisch sein. Das führt zu symmetrischen Druckverteilungen an der Oberfläche, was zwangsläufig die Strömungskraft zu null macht.

4. Reibungsfreie Strömungen sind im Kleinen „drehungsfrei".

5. An der Vorder- und Hinterseite jedes Körpers bildet sich ein Verzweigungspunkt (= Staupunkt) der Stromlinien. In ihm muss die Geschwindigkeit null sein, da dort der Krümmungsradius der Stromlinie (= Bahnkurve) $R=0$ wird und die Krümmungsdruckformel ansonsten unendlich große Druckgradienten fordern würde. Wegen $w=0$ ist der Druck in den Staupunkten entsprechend der Bernoulli'schen Gleichung um den Staudruck $p_\mathrm{d} = \frac{1}{2}\rho\,w_\infty^2$ größer als weit vor oder nach dem umströmten Körper.

Speziell für den Zylinder ergeben sich folgende Resultate (vgl. Abb. 4.11):

- Maximalgeschwindigkeit: An der dicksten Stelle des Zylinders $w = 2w_\infty$ (Übergeschwindigkeit durch Ausweichbewegung: $w - w_\infty = w_\infty$).
- Druckverteilung an der Oberfläche:

$$p = p_\infty + \frac{1}{2}\rho\,w_\infty^2(1 - 4\,\sin^2\varphi)$$

- Von der Wiedergabe der Gleichungen für die Stromlinien sei hier abgesehen. Das berechnete Stromlinienbild ist in Abb. 4.11 dargestellt.

b) Kugel

Die Verhältnisse sind ziemlich ähnlich wie beim Zylinder:

- Maximalgeschwindigkeit an der dicksten Stelle der Kugel: $w = 1{,}5w_\infty$ (Übergeschwindigkeit durch Ausweichbewegung $w - w_\infty = 0{,}5w_\infty$).
- Druckverteilung an der Oberfläche (rotationssymmetrisch)

$$p = p_\infty + \frac{1}{2}\rho\,w_\infty^2\left(1 - \frac{3}{2}\sin 2\varphi\right)$$

4.4 Potentialströmungen   149

4.4 Potentialströmungen

4.4.1 Allgemeines

Die mathematische Strömungslehre hat einen Weg gefunden, mithilfe der Potential-theorie der Physik räumliche reibungsfreie Strömungen Idealer Fluide zu berechnen.

Strömungsrandbedingungen – aus den Forderungen (zusätzlich zu den gegebenen Randbedingungen):

- jedes Fluidteilchen strömt drehungsfrei,
- die Kontinuitätsgleichung ist für jedes ortsfeste Volumenelement erfüllt,
- an Körperoberflächen verlaufen die Geschwindigkeitsvektoren tangential.

Mithilfe der Potentialtheorie kann man ein Geschwindigkeitsfeld und Stromlinien bestimmen. Nimmt man die Bernoulli'sche Gleichung hinzu, so errechnet sich dazu eine Druckverteilung, die für alle Fluidelemente das Newton'sche Grundgesetz und die Krümmungsdruckformel erfüllt.

Die mathematische Behandlung erfordert Kenntnisse über partielle Differential-gleichungen. Leser, die sich noch nicht mit Differentialgleichungen befasst haben, können den Abschn. 4.4 und die zugehörigen Beispiele und Aufgaben auch über-springen. Die Abschn. 4.1 bis 4.3 sind aber notwendige Voraussetzung für das Verständ-nis des weiteren Stoffes.

4.4.2 Ebene Potentialströmungen

Bei ebenen Strömungen ändern sich die Strömungsverhältnisse in einer Raumrichtung (hier z) nicht, sodass es genügt, die Strömung in der x, y-Ebene zu untersuchen. Zur Lösung des Strömungsproblems wird in der Potentialtheorie die *Potentialfunktion* $\Phi(x, y)$ eingeführt. Aus ihr können die Geschwindigkeitskomponenten $w_x(x, y)$ und $w_y(x, y)$ wie folgt berechnet werden

$$w_x(x, y) = \frac{\partial \Phi}{\partial x}, \quad w_y(x, y) = \frac{\partial \Phi}{\partial y} \tag{4.9}$$

Aufgrund der Voraussetzungen für Potentialströmungen (Abschn. 4.4.1) muss Φ folgender Gleichung gehorchen:

$$\frac{\partial^2 \Phi}{\partial x^2} + \frac{\partial^2 \Phi}{\partial y^2} = 0 \quad \text{bzw.} \quad \Delta \Phi = 0 \quad \text{Potentialgleichung} \tag{4.10}$$

$$\Delta = \frac{\partial^2}{\partial x^2} + \frac{\partial^2}{\partial y^2} \qquad \text{Laplace-Operator}$$

Ist Φ bekannt, so kann man durch Differenzieren w_x und w_y erhalten. Der (statische) Druck ergibt sich aus der Bernoulli'schen Gleichung:

$$p(x, y) + \frac{\rho}{2} \cdot w^2 = C = \text{konstant mit } w(x, y) = \sqrt{w_x^2 + w_y^2}.$$

Die Konstante C muss aus einer gegebenen Randbedingung ermittelt werden. Die Linien $\Phi = \text{const}$ (Potentiallinien genannt) bilden ein zu den Stromlinien orthogonales Liniennetz (vgl. Abb. 4.4). Die Stromlinien lassen sich aus einer mit Φ eng verwandten Funktion, der *Stromfunktion* $\Psi(x, y)$ ermitteln. Linien $\Psi = \text{const}$ stellen Stromlinien dar. Außerdem lassen sich die Geschwindigkeiten auch aus Ψ ermitteln, sodass man im Prinzip auch nur mit der Stromfunktion arbeiten kann

$$w_x(x, y) = \frac{\partial \Psi}{\partial y}, \quad w_y(x, y) = -\frac{\partial \Psi}{\partial x} \tag{4.11}$$

Ψ muss ebenso wie Φ die Potentialgleichung erfüllen ($\Delta \Psi = 0$; $\Delta \Phi = 0$).

4.4.3 Räumliche Potentialströmungen

Auch für räumliche Potentialströmungen existiert eine Potentialfunktion $\Phi(x, y, z)$ so, dass

$$w_x(x, y, z) = \frac{\partial \Phi}{\partial x}, \quad w_y(x, y, z) = \frac{\partial \Phi}{\partial y}, \quad w_z(x, y, z) = \frac{\partial \Phi}{\partial z} \tag{4.12}$$

Analog wie bei der ebenen Strömung kann man dann auch hier den Druck berechnen. Eine Stromfunktion Ψ existiert bei den räumlichen Potentialströmungen nicht. Die Stromlinien müssen auf anderem Wege ermittelt werden.

Entsprechend dem Charakter dieses Buches befassen wir uns nicht mit der schwierigen mathematischen Frage der Ermittlung von Φ. Vielmehr sollen die begrifflichen Voraussetzungen und Begrenzungen von Potentialströmungen vermittelt und an Hand einfacher Beispiele der Weg von der Potentialfunktion bis zur Ermittlung des Strömungsfeldes aufgezeigt werden.

4.5 Beispiele

An einfachen Beispielen soll nun das Vorstehende erörtert werden. Tab. 4.1 gibt eine Übersicht über einige einfache Potentialströmungen (siehe auch [43] (2. Band)). Bei der Parallelströmung ist die Gültigkeit der obigen Beziehungen unmittelbar einsichtig (Aufgabe 4.8). Bei den übrigen Potentialströmungen von Tab. 4.1 ist es vorteilhafter, statt kartesischer Koordinaten (x, y) Polarkoordinaten (r, φ) zu verwenden. Die beiden am Ende von Tab. 4.1 angeführten räumlichen Potentialströmungen sind rotationssymmetrisch, sodass auch hier die Koordinaten (r, φ) für die Beschreibung der Strömung ausreichend sind. An Stelle der Geschwindigkeitskomponenten w_x, w_y treten jetzt w_r, w_φ. Diese errechnen sich aus dem Potential $\Phi\,(r, \varphi)$ wieder durch Differenzieren:

$$\boxed{w_r = \frac{\partial \Phi}{\partial r}, \quad w_\varphi = \frac{1}{r} \cdot \frac{\partial \Phi}{\partial \varphi}} \tag{4.13}$$

Beispiel 4.1 (Potentialwirbel) Ein einfaches Beispiel ist der *Potentialwirbel,* den wir schon in Abschn. 4.2b behandelt haben. Nach Tab. 4.1 ist:

$$w_r = \frac{\partial \Phi}{\partial r} = 0, \quad w_\varphi = \frac{1}{r}\frac{\partial \Phi}{\partial \varphi} = \frac{1}{r}\frac{\Gamma}{2\pi}$$

Γ ist eine Konstante und wird *Zirkulation* genannt. Diese ist ein Maß für die Intensität der Wirbelströmung. Abb. 4.12 zeigt die hyperbolische Geschwindigkeitsverteilung $w = \text{const}/r$. Das Ringintegral längs einer Stromlinie ergibt für alle Stromlinien

$$\oint_0^{2\pi} w_\varphi r\, d\varphi = \oint_0^{2\pi} \frac{\Gamma}{2\pi r} r\, d\varphi = \Gamma$$

Aber auch für beliebige geschlossene Integrationswege, die $x = 0$, $y = 0$ (Wirbelzentrum) umschließen, ist mit den Bezeichnungen nach Abb. 4.13

$$\oint w\, d s\, \cos\alpha = \Gamma$$

Somit ist Γ eine sehr geeignete Größe für die Kennzeichnung der *Stärke* des Wirbels. Für $r = 0$ wird die Geschwindigkeit $w_\varphi = \infty$. Der Druck wird dort $p = -\infty$. Denn nach der Bernoulli'schen Gleichung ist

$$\frac{w_\varphi^2}{2} + \frac{p}{\rho} = \text{const} \rightarrow p = \rho \left(\text{const} - \frac{w_\varphi^2}{2} \right)$$

Die Stromlinien $\Psi = \text{const}$ sind Kreise:

$$\Psi = -\frac{\Gamma}{2\,\pi}\ln r = \text{const} \rightarrow r = \text{const}$$

152 4 Räumliche reibungsfreie Strömungen

Tab. 4.1 Einfache Potentialströmungen

Bezeichnung der Strömung	Potentialfunktion Φ	Stromfunktion Ψ	Skizze des Stromlinienbildes
Parallel-strömung	$\Phi = w_1 \cdot x + w_2 \cdot y$ w_1, w_2 konstant	$\Psi = w_1 \cdot y - w_2 \cdot x$	
Quell-strömung mit einer Ergiebig-keit E	$\Phi = \dfrac{E}{2\pi} \cdot \ln r$ $r = \sqrt{x^2 + y^2}$	$\Psi = \dfrac{E}{2\pi} \cdot \varphi$ $\varphi = \arctan \dfrac{y}{x}$	
Potential-wirbel mit einer Zirkulation Γ	$\Phi = \dfrac{\Gamma}{2\pi} \cdot \varphi$ $r = \arctan \dfrac{y}{x}$	$\Psi = -\dfrac{\Gamma}{2\pi} \cdot \ln r$ $r = \sqrt{x^2 + y^2}$	
Strömung um einen Kreis-zylinder	$\Phi =$ $w_\infty \cdot (1 + \dfrac{R^2}{r^2}) \cdot x =$ $w_\infty \cdot (r + \dfrac{R^2}{r}) \cdot \cos \varphi$	$\Psi =$ $w_\infty (1 - \dfrac{R^2}{r^2}) \cdot y =$ $w_\infty (r - \dfrac{R^2}{r}) \cdot \sin \varphi$	
Strömung um einen Halbkörper (räumlich)	$\Phi = w_\infty (x - \dfrac{R^2}{4r})$		

(Fortsetzung)

4.5 Beispiele

Tab. 4.1 (Fortsetzung)

Bezeichnung der Strömung	Potentialfunktion Φ	Stromfunktion Ψ	Skizze des Stromlinienbildes
Strömung um eine Kugel (räumlich)	$w_\infty \cdot x(1 + \frac{1}{2}\frac{R^3}{r^3}) =$ $w_\infty \cdot (r + \frac{1}{2}\frac{R^3}{r^2}) \cdot \cos\varphi$		

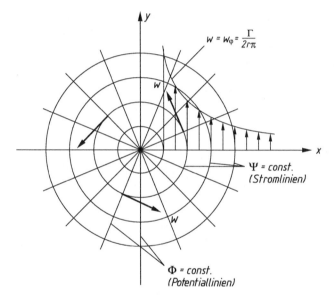

Abb. 4.12 Potentialwirbel

Die Linien $\Phi = $ const sind Strahlen durch $r=0$ und bilden somit ein orthogonales Liniennetz zu den Kreis-Stromlinien.

Wirkliche Strömungen mit großen Wirbeln nähern sich lokal der Potentialwirbelströmung umso mehr an, je weiter reibungsverursachende Wände entfernt sind. Natürlich findet die Annäherung auch bei kleinen Werten r (die sehr große Geschwindigkeiten bedingen) eine Begrenzung.

Abb. 4.13 Zur Zirkulation Γ. Für geschlossene Integrationswege, welche das Wirbelzentrum *nicht* enthalten; ist immer Γ = 0 (drehungsfreie Strömung!)

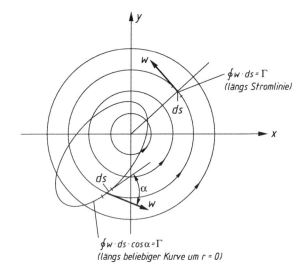

Beispiel 4.2 (querangeströmter Zylinder) Als weiteres Beispiel betrachten wir den durch eine Parallelströmung (normal zur Zylinderachse) angeströmten Zylinder. Aus dem in Tab. 4.1 angegebenen Potential ergeben sich die Geschwindigkeiten zu

$$w_r = \frac{\partial \Phi}{\partial r} = w_\infty \left(1 - \frac{R^2}{r^2}\right) \cos \varphi$$

$$w_\varphi = \frac{1}{r}\frac{\partial \Phi}{\partial \varphi} = -w_\infty \left(1 - \frac{R^2}{r^2}\right) \sin \varphi$$

Man sieht, dass $w_r = 0$ für $r = R$ folgt. Es strömt also über die Kreislinie $r = R$ nichts hinaus! Dies kann man auch so auffassen, dass die Linie $r = R$ eine Kontur ist. $r = R$ ist auch eine Linie $\Psi = $ const, also eine Stromlinie. Zwar existiert das Potential auch für Werte $r < R$, aber technisch interessant ist nur der Teil der Potentialströmung mit $r \geq R$.

Überhaupt kann man von jeder Potentialströmung einen Teilbereich so ausgrenzen, dass er zwei Stromlinien (oder Stromflächen) enthält. Erfüllt man dann noch (künstlich) an den restlichen Abgrenzungen die durch die Gleichungen der Potentialströmung (für den im gesamten Feld gültigen Potentialwirbel) sich ergebenden Randbedingungen, dann haben wir auch für diesen Teilbereich die Potentialströmung gefunden. Abb. 4.14 erläutert diesen Zusammenhang an Hand des Potentialwirbels.

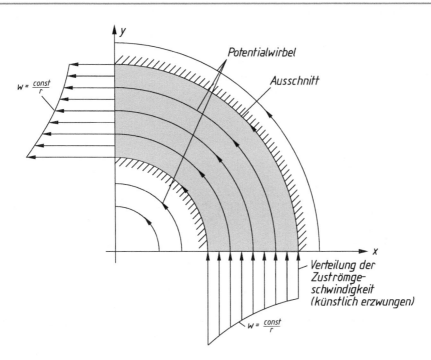

Abb. 4.14 Potentialwirbel in einem abgegrenzten Teilbereich

4.6 Übungsaufgaben

Aufgaben zu den Abschn. 4.1 bis 4.3

4.1 Welche Voraussetzungen bzw. Gesetze sind allen räumlichen, reibungsfreien Strömungen gemeinsam? Bezeichnen Sie die richtigen Antworten.
   a) Laminare Strömung
   b) Ideales Fluid
   c) Strömung haftet an der Wand
   d) Kontinuitätsgleichung
   e) Bernoulli'sche Gleichung
   f) Drehungsfreiheit.

4.2 Räumliche reibungsfreie Strömungen sind Strömungen unter idealisierten Bedingungen. Sie können die Strömungsverhältnisse realer Fluide manchmal angenähert beschreiben. Unter welchen Bedingungen? Bezeichnen Sie die richtigen Antworten.
   a) Gesamtes Strömungsbild, wenn die Viskosität gering ist
   b) Rohrströmungen
   c) In der Umgebung des vorderen Staupunktes
   d) Grenzschichtströmung
   e) Strömung außerhalb der Grenzschicht und des Totwassergebietes.

4.3 Strömung nach Abb. 4.14 (Ausschnitt eines Potentialwirbels). Querschnitt des quadratischen Kanals: 1 m · 1 m. Innenradius: $r_i = 1$ m. Fluid: Wasser. Volumenstrom $\dot{V} = 4$ m³/s. Man berechne:
a) Geschwindigkeitsverteilung
b) Unterschied zwischen Druck an der Außen- und Innenwand in einer horizontalen Ebene.

*4.4 Wenden Sie die Quellströmung auf die Anordnung nach Skizze an.

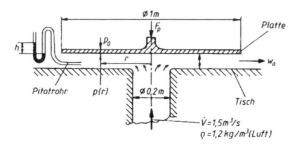

a) Wie groß ist die Ergiebigkeit E?
b) Man berechne die Geschwindigkeits- und Druckverteilung $w(r)$, $p(r)$ unter der Annahme, dass der Druck in der Strömung nach Ausströmen in die freie Atmosphäre dem Atmosphärendruck $p_0 = 1$ bar gleich ist.

4.5 Welche Höhe $h(r)$ zeigt das mit dem radial verschiebbaren Pitotrohr verbundene U-Rohrmanometer in Aufgabe 4.4 an (Wasserfüllung)?

4.6 In einen dem Pumpenlaufrad nachgeschalteten Leitring (schaufelloser, hohlzylindrischer Ringraum, siehe Skizze) tritt Wasser mit $c_1 = 25$ m/s unter einem Winkel von 15° ein. Diese Strömung soll als Wirbelquelle idealisiert werden.

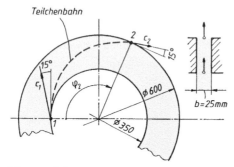

Man ermittle
a) Durchfluss $\dot{V}$
b) Wie lautet die Gleichung der Stromlinien $r = r(\varphi)$?
c) Unter welchem Winkel φ_a tritt ein Teilchen außen aus, das innen bei $\varphi_i = 0$ eintritt?
d) Welcher Druckgewinn ergibt sich im Leitring?
e) Welches Moment wirkt auf den Leitring?

4.6 Übungsaufgaben 157

4.7 Leitring ähnlich wie in Aufgabe 4.6; $b = 30$ mm, $d_1 = 400$ mm, $c_1 = 22$ m/s, $\alpha_1 = 18°$. Man ermittle

a) Durchfluss $\dot{V}$

b) Gleichung der Stromlinien $r = r(\varphi)$

c) Welchen Außendurchmesser muss der Leitring erhalten, wenn die Geschwindigkeit c_2 bis auf 12 m/s verzögert werden soll?

d) Welcher Druckgewinn ergibt sich? (Benzin $\rho = 780$ kg/m^3).

Aufgaben zu den Abschn. 4.4

4.8 Zeigen Sie für die Parallelströmung nach Tab. 4.1, dass sich

a) $w_x = w_1$, $w_y = w_2$, sowohl aus der Potentialfunktion als auch aus der Stromfunktion ergibt,

b) Stromlinien $\Psi = $ const und Potentiallinien $\Phi = $ const aufeinander orthogonale Geraden sind,

c) $\Delta\Phi = 0$ und $\Delta\Psi = 0$ erfüllt ist.

4.9 Quellströmung nach Tab. 4.1. Man berechne:

a) Geschwindigkeiten w_r und w_φ

b) Welche Kurven ergeben sich als Strom- und Potentiallinien?

c) Kontrollieren Sie, ob $\Delta\Phi = 0$ und $\Delta\Psi = 0$.

d) Zeigen Sie, dass durch alle konzentrischen Zylinder der Höhe $z = 1$ m der Volumenstrom $\dot{V} = E \cdot 1$ m fließt (E Ergiebigkeit in m^2/s).

*4.10 Potentialströmung um einen Kreiszylinder $R = 4$ cm, $w_\infty = 8$ m/s, Fluid: Wasser. Es sind Koordinatenpunkte (r, φ) für vier Stromlinien zu berechnen und diese zu zeichnen, und zwar: Stromlinien mit den y-Abständen $y_\infty = 1, 2, 3, 4$ cm (weit weg vom Zylinder) für $x = 0$ bis $x = 8$ cm. Wegen der Symmetrie genügt es, die Punkte nur für einen Quadranten zu berechnen.

*4.11 Potentialströmung um den Zylinder wie bei Aufgabe 4.10. Man berechne

a) Geschwindigkeitsverteilung $w(\varphi)$ an der Zylinderoberfläche $r = R$,

b) Druckverteilung $p(\varphi)$ an der Zylinderoberfläche.

c) Der Zylinder sei innen hohl. An der Zylinderoberfläche soll eine Druckausgleichsbohrung angebracht werden, sodass der Druck im Innern p_∞ wird. Unter welchem Winkel zur Anströmrichtung muss die Bohrung angebracht werden?

4.12 Man berechne für die Potentialströmung um die Kugel aus dem Potential Φ durch Differenzieren die radiale Geschwindigkeitskomponente $w(r)$ und zeige, dass für $r=R$, $w_r = 0$. Davon ausgehend kann man die Strömung ähnlich wie beim Zylinder in eine Außenströmung und eine Innenströmung bezüglich der Kugelfläche $r=R$ separieren. Für uns ist nur die Außenströmung interessant.

4.13 Potentialströmung um die Kugel nach Tab. 4.1.

a) Man berechne aus dem Potential durch Differenzieren die Geschwindigkeitskomponenten w_x, w_y, w_z und bringe das Ergebnis auf die Form

$$w_x = w_\infty \left(1 + \frac{R^3}{2} \cdot \frac{r^2 - 3x^2}{r^5} \right)$$

$$w_y = -\frac{3}{2} w_\infty \cdot R^3 \frac{xy}{r^5}$$

$$w_z = -\frac{3}{2} w_\infty \cdot R^3 \frac{xz}{r^5}$$

b) Berechnen Sie die rotationssymmetrische Geschwindigkeitsverteilung $w(\varphi)$ an der Kugeloberfläche.

c) Berechnen Sie die Druckverteilung an der Kugeloberfläche für folgende konkrete Angaben: $R = 0,1\,\text{m}$, $w_\infty = 3\,\text{m/s}$, $p_\infty = 1\,\text{bar}$, Fluid: Wasser.

5   Reibungsgesetz für Fluide. Strömung in Spalten und Lagern

5.1   Haftbedingung

Der gravierendste Unterschied zwischen der Strömung realer und Idealer Fluide beruht auf der Erfahrungstatsache, dass reale Fluide an der Oberfläche von Körpern haften, d. h. ihre Geschwindigkeit muss zur Oberfläche hin auf den Wert null abnehmen. Aus der Erfahrung mit Festkörpern wissen wir, dass zwei Körper mit Relativgeschwindigkeit aneinander vorbeigleiten können und dass dabei ein Bewegungswiderstand in Form einer Reibungskraft F_R auftritt, Abb. 5.1. F_R ist die Resultierende aus Schubspannungen τ in der Berührungsfläche A, F_N Resultierende aus der Flächenpressung p. Das Coulomb'sche Reibungsgesetz der Festkörperreibung beschreibt die Erfahrungstatsachen wie folgt

$$F_R = \mu F_N \quad \text{oder} \quad \tau = \mu p \tag{5.1}$$

μ Reibungskoeffizient

Die zweite Gleichung kann als *lokales* Reibungsgesetz bezeichnet werden.

Blasen wir etwa über die Tischfläche, so könnte man meinen, dass der Luftkörper ebenso über die Tischfläche gleiten kann wie ein Festkörper. Diese an sich naheliegende

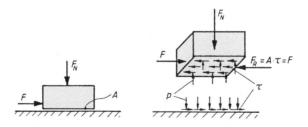

Abb. 5.1   Zur Festkörperreibung

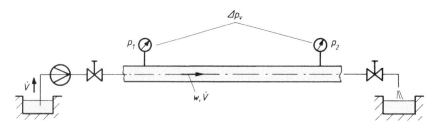

Abb. 5.2 Versuch zur Haftbedingung

Vorstellung hatte man auch lange in der Pionierzeit der Strömungslehre für richtig gehalten; sie erwies sich jedoch im Widerspruch zu Erfahrungstatsachen.

Einige Versuche und Gedankengänge hierzu sollen hier kurz erörtert werden.

1. Macht man Durchströmversuche mit *glatten* Rohren gleicher Abmessungen aber verschiedenen Materials, so wäre aufgrund der Erfahrung mit Festkörpern zu erwarten, dass das Ausmaß der Reibung, d. h. hier der Druckverlust, von der Materialpaarung Rohrmaterial-Fluid abhängig ist. Tatsächlich stellt man jedoch fest, dass die Fluidreibung vom Rohrmaterial gänzlich unabhängig ist. Die Annahme, dass das Fluid an der Oberfläche haftet, kann diese Tatsache einleuchtend erklären.
2. Macht man einen Durchströmversuch in einem bestimmten Rohr, z. B. mit Wasser, so tritt als Folge der Reibung ein Druckverlust Δp_v auf, Abb. 5.2. Der Absolutdruck p_1 sei z. B. 1,5 bar. Erhöhen wir unter Beibehaltung der Strömungsgeschwindigkeit w (und von $\dot{V}$) den Druck p_1 z. B. auf 15 bar, so wäre wegen der zehnfach höheren Pressung an der Rohroberfläche aufgrund der Erfahrung mit der Festkörperreibung (vgl. Gl. 5.1) ein wesentlich höherer Druckverlust zu erwarten. Tatsächlich ändert sich Δp_v aber nur kaum merkbar. Das Haften des Fluids lässt genau dieses Ergebnis erwarten. Fluidreibung muss einem anderen Gesetz gehorchen als Festkörperreibung. Im Gegensatz zu Festkörpern tritt Reibung auch im Inneren des Fluidkörpers auf.
3. A. H. Shapiro beschreibt einen Versuch, bei dem das Haften direkt wahrgenommen werden kann [4]: In einem Gefäß, das mit ruhendem Glycerin gefüllt ist, wird ein flüssiger Farbfaden markiert und anschließend der innere Zylinder langsam in Drehung versetzt, Abb. 5.3. Die Beobachtung zeigt eindeutig, dass der Farbfaden immer an derselben (anfänglichen) Stelle des inneren Zylinders endet.

Abb. 5.3 Versuch zur direkten Demonstration des Haftens von Fluiden

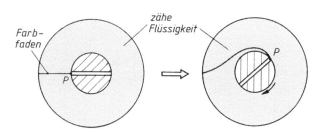

5.1 Haftbedingung

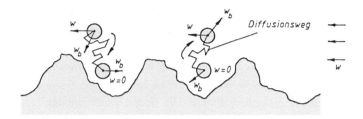

Abb. 5.4 Zur Erklärung der Haftbedingung. Größe der Moleküle sehr stark übertrieben dargestellt

4. Die Haftbedingung ist schließlich auch auf dem Hintergrund des molekularen Aufbaues der Materie verständlich: Auch sehr glatte Oberflächen bilden bei genügender Vergrößerung ein „Rauigkeitsgebirge", Abb. 5.4. Die Geschwindigkeit jedes Fluidmoleküls hat außer dem Anteil von der Strömungsgeschwindigkeit w her noch einen Anteil von der Wärmebewegung w_b. Dieser ist sogar bei Umgebungsbedingungen sehr viel größer (z. B. Gas, w_b = 500 m/s!). Allerdings stoßen sich die Moleküle nach nur kurzer Flugbahn, der sog. freien Weglänge, untereinander. In der Umgebungsluft beträgt die mittlere freie Weglänge z. B. nur ca. 0,06 μm!

Gelangen nun Fluidmoleküle durch Diffusion in die „Täler" des Rauigkeitsgebirges, so verlieren sie den Anteil der Strömungsgeschwindigkeit an der Gesamtgeschwindigkeit ($w = 0$). Moleküle aus den Tälern diffundieren im Gegenzug in die freie Strömung zurück und müssen wieder beschleunigt werden. Bei der Reibung zwischen zwei Festkörpern ist es nicht so, dass die Moleküle des einen in die Rauigkeitsvertiefungen des anderen eindringen und dort ihre kinetische Energie (im Vergleich zum Herkunftskörper) verlieren. Bei Festkörperreibung findet in den Rauigkeitsvertiefungen gar keine Berührung statt (wie bei Festkörper-Flüssigkeitspaarungen).

Erwähnt sei noch, dass die Haftbedingung ihren Sinn verliert, wenn die mittlere freie Weglänge der Fluidmoleküle größer wird als etwa 1 % der Grenzschichtdicke. Von Strömung im klassischen Sinn kann dann nicht mehr gesprochen werden. Das Fluid verhält sich nicht mehr wie ein Kontinuum. Einschlägige Fälle treten etwa bei querangeströmten, wenige μm dicken Drähten auf sowie bei stark verdünnten Gasen, z. B. bei Satelliten im erdnahen Weltraum (vgl. auch Abschn. 6.3), ferner bei Gas-Leckageströmung durch zwei aufeinander gepresste geläppte Dichtflächen (z. B. in Ventilen). Infolge Rauigkeit entstehen unregelmäßige Leckagepfade mit Höhen im Zehntel-μm-Bereich. Die Strömung haftet im Niederdruckbereich **nicht** und ist praktisch reibungsfrei!

5. Das gesamte Gebäude der modernen Strömungslehre realer Fluide, das alle Erscheinungen in Übereinstimmung mit der Beobachtung beschreiben kann, ruht auf der Annahme des Haftens.

Fluide haften nicht nur an Festkörpergrenzflächen, sondern es haften auch Fluidschichten untereinander: Zwei benachbarte Stromröhren weisen an ihren Berührungsflächen *keine* Relativgeschwindigkeit auf. Der einzige Unterschied zu Festkörpergrenzflächen ist der, dass Moleküle durch diese Schichtgrenzflächen diffundieren können. Es ist daher ungenau, wenn man – etwa bei laminarer Strömung – vom Übereinandergleiten von Fluidschichten spricht. Die Bezeichnung „gleiten" schließt Relativgeschwindigkeiten ein. Der Fluidkörper „fließt" als Ganzes und verformt sich dabei. Abschließend sei noch auf einen Einwand gegen die Haftbedingung eingegangen: An fettigen oder polierten Oberflächen scheinen Wassertropfen abzugleiten. Hierzu ist Folgendes zu sagen: Die Tropfbildung geht auf in diesem Buch nicht erörterte Erscheinungen bei Flüssigkeiten zurück, nämlich auf Oberflächenspannung und Kapillarität. Diese Eigenschaft führt bei bestimmten Flüssigkeits-Festkörperpaarungen zu besonderen Erscheinungen wie der Tropfenbildung. Die Beweglichkeit der Tropfen auf Oberflächen beruht dann aber nicht auf Gleiten sondern auf Rollen! Der Beweis des Haftens ist leicht zu erbringen: Fettet man eine glatte Rohroberfläche ein und wiederholt den Durchströmversuch nach Abb. 5.2, so ändert sich am Druckverlust nichts! Mit Haften auch im Falle gefetteter Oberflächen ist also zu rechnen.

Wir haben hier bewusst die Erscheinung des Haftens breit erörtert, weil diese für die Strömung realer Fluide von enormer Bedeutung ist.

5.2 Reibungsgesetz

Ebenso wie bei Festkörpern kann das Reibungsgesetz für Fluide nur durch Versuche gewonnen werden. Den Grundversuch zur Fluidreibung zeigt Abb. 5.5 (vgl. auch Abb. 1.2): Über eine ruhende Grundfläche (Fläche A) wird im Abstand h_0 eine Platte mit gleichförmiger Geschwindigkeit hinweggezogen. Zum Ziehen ist eine gleichbleibende Kraft F erforderlich. Um den Einfluss des Plattengewichts auszuschalten, kann man sich vorstellen, dass dieses durch reibungsfrei gelagerte Rollen abgefangen wird. Diese garantieren dann auch gleichbleibenden Abstand h_0.

Am Eintritt wird ausreichend Fluid (drucklos) bereitgestellt, sodass sich der Spalt immer füllt. Sowohl an der ruhenden Grundplatte als auch an der bewegten Platte muss das Fluid haften. Man stelle sich fürs erste ein sehr zähes Fluid (kaltes Öl, Honig) vor

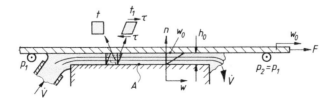

Abb. 5.5 Grundversuch zum Reibungsgesetz

5.2 Reibungsgesetz

oder einen sehr engen Spalt h_0, sodass auch respektable Kräfte F zum Ziehen der Platte erforderlich sind.

Es bildet sich im Spalt eine Geschwindigkeitsverteilung $w(n)$ aus, welche bei hinreichend kleinem Spalt linear ist (n: Koordinate normal auf w).

Versuche zeigen, dass F proportional zu w_0 und A ist, aber umgekehrt proportional zu h_0:

$$F \sim \frac{w_0 A}{h_0}$$

Der exakte Zusammenhang ergibt sich durch Hinzunahme eines stoffabhängigen Proportionalitätsfaktors: der Viskosität η des Fluides, auch Zähigkeit genannt:

$$\boxed{F = \eta \cdot \frac{w_0 A}{h_0} \quad \tau = \frac{F}{A} = \eta \cdot \frac{w_0}{h_0}}$$

η kg/m s   dynamische Viskosität

τ N/m^2 Schubspannung im Fluid

Für nichtlineare Geschwindigkeitsverteilung ist w_0/h_0 durch den Differenzialquotienten $\mathrm{d}w/\mathrm{d}n$ (Tangente!) zu ersetzen. Somit ergibt sich das Reibungsgesetz für Fluide, das auf Newton zurückgeht, zu:

$$\boxed{\tau = \eta \cdot \frac{\mathrm{d}w}{\mathrm{d}n} \qquad \text{Reibungsgesetz für Fluide}} \tag{5.2}$$

Nun wollen wir die Vorgänge etwas genauer untersuchen. Zunächst unterscheiden wir zwischen Beschleunigungszone in Einlaufnähe, in der sich das lineare Geschwindigkeitsprofil aufbaut und der Konstantzone mit gleichbleibendem Geschwindigkeitsprofil, Abb. 5.6. Nun denken wir uns ein quaderförmiges Spaltstück aus der Konstantzone herausgeschnitten. In ihm führt jeder Punkt eine gleichförmig geradlinige Bewegung aus.

Die Geschwindigkeitsverteilung am Ein- und Austritt ist identisch. Nach dem Impuls- und Drallsatz muss daher sowohl resultierende Kraft als auch resultierendes Moment auf das Spaltstück null sein. Mit b als Element- oder Plattenbreite wird:

- $M_0 = 0 = \tau_1 l b h_0 - \tau_2 l b h_0 \rightarrow \tau_1 = \tau_2 = \tau$
- $p_1 h_0 b = p_2 h_0 b \rightarrow p_1 = p_2 = p$

Die Schubspannungen in allen vier Flächen müssen gleich groß sein (identisch mit dem Satz von der Gleichheit der zugeordneten Schubspannungen in der Festigkeitslehre). Da man beliebige quaderförmige Spaltstücke herausschneiden kann, müssen p, τ im Konstantbereich überall gleich sein. Das Fluid im Spalt erleidet eine gewisse gleichmäßige, stetig verteilte Drehung, ohne dass Einzelwirbel in Erscheinung treten. Für eine derartige konstante Drehung ist zwar kein Moment aber Reibung erforderlich.

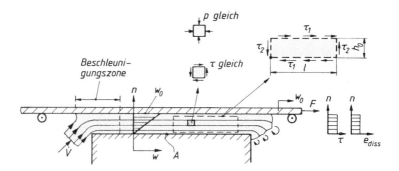

Abb. 5.6 Druck und Schubspannungen in der Spaltströmung

Für ein reibungsfreies Fluid wäre $\tau = F = 0$. Haften ist dann nicht erforderlich. Parallele Flüssigkeitsschichten könnten mit beliebiger Relativgeschwindigkeit (aber gleichem Druck) aneinander vorbeigleiten.

Bei Reibung verrichtet die Zugkraft F an der Platte die Leistung

$$P_v = F w_0 \tag{5.3}$$

Diese mechanische Leistung wird überall im Spalt in den Volumenelementen in Wärme umgewandelt, man sagt auch, mechanische Leistung wird *dissipiert*. In unserem Fall ist die Dissipation gleichmäßig über das Spaltvolumen verteilt; pro Volumseinheit beträgt die dissipierte Leistung e_{diss}

$$e_{\text{diss}} = \frac{F w_0}{A h_0} = \frac{A \eta w_0}{A h_0} \cdot \frac{w_0}{h_0} = \eta \cdot \frac{w_0^2}{h_0^2} \tag{5.4}$$

Die Theorie ergibt allgemein

$$e_{\text{diss}} = \eta \cdot \left(\frac{dw}{dn}\right)^2 \qquad \text{SI-Einheit:} \quad \frac{W}{m^3} = \frac{N\,m}{s\,m^3}$$

5.3 Viskosität (auch Zähigkeit genannt)

Wenn man das Reibungsgesetz der Fluide nach Gl. 5.2 als erwiesen akzeptiert, so ist diese Gleichung auch die Definitionsgleichung für die Viskosität η. Die Tab. A.2 bis A.5 im Anhang geben Viskositätswerte für einige technisch wichtige Fluide. Für Wasser und Luft bei 20 °C betragen diese Werte

Wasser: $\eta = 1{,}00 \cdot 10^{-3}$ kg/m s   Luft: $\eta = 1{,}82 \cdot 10^{-5}$ kg/m s

5.3 Viskosität (auch Zähigkeit genannt)

Vom Druck sind die Viskositätswerte praktisch nicht abhängig (abgesehen von extrem hohen Drücken). Für die Temperaturabhängigkeit gilt: Bei Flüssigkeiten nimmt die Viskosität mit steigender Temperatur ab, bei Gasen zu.

Kinematische Viskosität v: In vielen Aufgaben ist es zweckmäßig, die Viskosität auf die Dichte zu beziehen:

$$v = \frac{\eta}{\rho} \quad \text{SI-Einheit} \quad \frac{\text{m}^2}{\text{s}} \quad \text{Kinematische Viskosität} \tag{5.5}$$

Zu ihrem etwas seltsamen Namen ist die kinematische Viskosität dadurch gekommen, dass in ihrer Einheit nur die kinematischen Grundgrößen Länge und Zeit vorkommen (nicht jedoch die Masse).

Um ein Gefühl für die Größenordnung zu entwickeln, betrachten wir zwei Beispiele. Eine lange Platte wird über eine 1 m^2 große Grundplatte mit einer Geschwindigkeit von $w_0 = 1 \text{ m/s}$ im Abstand von $h_0 = 1 \text{ mm}$ gezogen. Zugkraft F, Schubspannung τ, Verlustleistung P_v und spezifische Dissipation e_diss sollen ermittelt werden; einmal für Wasser und einmal für Luft (20 °C). Die gezogene Platte führt die Leistung $F \cdot w_0$ zu. Diese „fließt" ins Fluid; jede Schicht entnimmt davon ihre dissipierte Leistung und leitet die Restleistung nach unten weiter.

$$\text{Wasser: } F = \eta A \frac{w_0}{h_0} = 10^{-3} \cdot 1 \frac{1}{10^{-3}} = 1 \text{N};$$

$$\tau = \frac{F}{A} = 1 \text{N/m}^2;$$

$$P_\text{v} = 1 \cdot 1 = 1 \text{ Watt}$$

$$e_\text{diss} = \eta \cdot \frac{w_0^2}{h_0^2} = 10^{-3} \cdot 1^2 / 10^{-6} = 1000 \text{ W/m}^3$$

$$\text{Luft: } F = \eta A \frac{w_0}{h_0} = 1{,}82 \cdot 10^{-5} \cdot 1 \frac{1}{10^{-3}} = 0{,}0182 \text{N};$$

$$\tau = \frac{F}{A} = 0{,}0182 \text{ N/m}^2;$$

$$P_\text{v} = F \cdot w_0 = 0{,}0182 \cdot 1 = 0{,}0182 \text{ W};$$

$$e_\text{diss} = 1{,}82 \cdot 10^{-5} \cdot 1^2 / 10^{-6} = 18{,}2 \text{ W/m}^3$$

Man sieht, dass sich außerordentlich geringe Werte ergeben.

5.4 Weitere Erörterung der Reibungserscheinungen

Die Physik kann insbesondere die Druck- und Temperaturabhängigkeit der Viskosität bei Gasen einleuchtend erklären:

Viskosität entsteht dadurch, dass einzelne Moleküle infolge der Wärmebewegung von einer Stromröhre (oder Schicht) in eine Nachbarstromröhre diffundieren (und umgekehrt). Diese Moleküle führen auch Impuls entsprechend der Strömungsgeschwindigkeit w mit sich. Diffundieren sie in ein Gebiet mit niedrigerer Strömungsgeschwindigkeit, werden sie abgebremst, im umgekehrten Fall beschleunigt. Dadurch entstehen entsprechend dem Impulssatz der Massenpunktmechanik Kräfte, eben die Schubspannungen. Die langsamere Schicht wird immer beschleunigt, die raschere gebremst, Abb. 5.7.

Die Zusammenhänge bei Fluidreibung und Viskosität erklären sich wie folgt:

- Ist der Geschwindigkeitsanstieg (dw/dn) quer zu den Stromlinien größer, bringen die diffundierenden Moleküle größere Geschwindigkeits- und Impulsunterschiede mit:

$$\tau \sim \frac{dw}{dn}$$

- τ erweist sich proportional zum Diffusionskoeffizienten D, somit auch

$$\eta \sim D$$

- Bei höherer absoluter Temperatur T verstärkt sich wegen der erhöhten Wärmebewegung der Moleküle D und η etwa mit $\sqrt{T}$.

D. Sutherland hat dazu folgende nach ihm benannte Formel abgeleitet (vgl.[8]):

$$\eta(T) = \eta(T_0) \cdot \left(\frac{T}{T_0}\right)^{\frac{3}{2}} \cdot \frac{T_0 + S}{T + S}$$

grobe Näherung : $\eta \sim \sqrt{T}$

S Sutherland-Konstante, Luft: $S = 110$

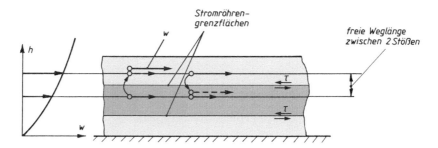

Abb. 5.7 Zur molekularkinetischen Erklärung der Gasviskosität

5.4 Weitere Erörterung der Reibungserscheinungen

- Bei niedrigeren Drücken diffundieren zwar wegen der geringeren Dichte weniger Moleküle; durch die größere mittlere freie Weglänge fliegen die Moleküle zwischen zwei Stößen jedoch weiter. Beide Effekte kompensieren sich nach der elementaren Theorie gerade, sodass die dynamische Viskosität der Gase in weiten Bereichen praktisch *druckunabhängig* wird. Luft von z. B. 0,1 bar und 10 bar hat nahezu dieselbe Viskosität η!

Wenn die (Selbst-)Diffusion der Moleküle bei Gasen eine brauchbare Modellvorstellung für die Ursache der Viskosität abgeben soll, muss sie auch erklären, wieso nicht nur Schubspannungen parallel zur Geschwindigkeit, sondern auch gleich große Schubspannungen normal dazu entstehen, Abb. 5.8. Von einem kleinen Raumgebiet 1 bzw. 1′ in einem Gaselement diffundieren Moleküle isotrop, d. h. in alle Raumrichtungen gleichmäßig. Ein Molekül der Masse m führt zwei Impulsanteile mit sich:

$m\,w$ entsprechend der lokalen Strömungsgeschwindigkeit

$m\,w_b$ entsprechend der Wärmebewegung (Molekülbewegung)

Für die Erklärung der geschwindigkeitsparallelen Schubspannung $\tau_\|$ spielt der Anteil $m\,w_b$ keine Rolle, da gleich viele Moleküle schräg nach vorne wie schräg nach hinten fliegen.

Zur Erklärung der Schubspannung $\tau_\perp$ betrachten wir den Impulsaustausch über eine Elementfläche normal zur Strömungsrichtung, Abb. 5.8.

Hier ist der Impulsanteil $m\,w_b$ maßgebend. Da die Stirnfläche des quaderförmigen Elementes mit der Winkelgeschwindigkeit $\dot\gamma$ schräg wird, wird der Impulsfluss durch die Stirnfläche in vertikaler Richtung unsymmetrisch, Abb. 5.8, wodurch Schubspannungen $\tau_\perp$ entstehen. Die genaue quantitative Verfolgung dieses Gedankens führt auf

$$\tau_\perp = \tau_\| = \tau = \eta \frac{dw}{dn}.$$

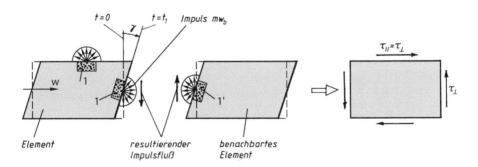

Abb. 5.8 Zur molekularkinetischen Erklärung der Entstehung der Schubspannungen

Dasselbe Ergebnis lieferte eine einfache Gleichgewichtsbetrachtung, Abb. 5.6. Erwähnt sei noch, dass für Dissipation nur die Schubspannung $\tau_\|$ maßgebend ist. Die $\tau_\perp$ sind normal zur Verschieberichtung und verrichten keine Reibungsarbeit.

Der Spannungszustand in einem Fluidelement nach Abb. 5.6 lässt sich genau gleich wie in einem Festkörperelement behandeln. Insbesondere kann zur Darstellung des ebenen Spannungszustandes der bekannte Mohr'sche Spannungskreis verwendet werden, Abb. 5.9a.

Man erkennt, dass die Hauptspannungen p_1, p_2 unter 45° zur Strömungsrichtung auftreten; an einem um 45° zur Strömungsrichtung herausgeschnitten gedachten Element treten nur Druckspannungen auf, keine Schubspannungen. Erstere sind aber im Gegensatz zu reibungsfreiem Fluid um den Betrag $\pm\tau$ verschieden, Abb. 5.9b. Normal zur Zeichenebene ist $p_z = p_x = p_y$.

Dass dieses Ergebnis auch mit der molekularkinetischen Erklärung übereinstimmt, erkennt man leicht aus Abb. 5.9c: Zeichnet man in einem würfelförmigen Element die Diagonalen ein (45°) und betrachtet ein würfelförmiges Unterelement in der Umgebung des Mittelpunktes, so zeigt sich, dass sich dieses Element in ein quaderförmiges Element deformiert, wobei die 90°-Kantenwinkel erhalten bleiben. Gemäß Abb. 5.8 ergibt sich dann kein unsymmetrischer Impulsfluss und daher auch *kein* τ.

Während im reibungsfreien Fluid die Druckspannungen in einem Punkt in allen Schnittrichtungen gleich sind, sind also unter Berücksichtigung von Reibung die Druckspannungen in verschiedenen Schnittrichtungen verschieden. Die Unterschiede sind i. Allg. nur in Grenzschichten merkbar und auch da denkbar klein. Eine exakte Druckdefinition ist aber auch hier möglich: Der Druck in einem Punkt ist jener Mittelwert, der sich unter Absehung von den Schubspannungen τ ergibt ($p = 1/2(p_1 + p_2) = 1/2(p_x + p_y) = p_z$ (vgl. Gl. 1.4)).

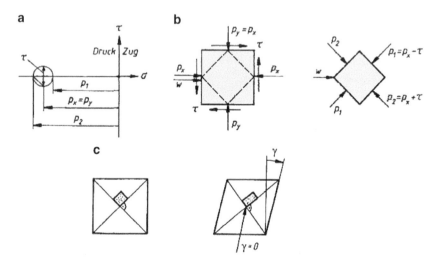

Abb. 5.9 Spannungszustand in einem Fluidelement bei Reibung für den Fall nach Abb. 5.5

Abb. 5.10 Verschiedene Fluidtypen und Bingham-Medium. a Bingham-Medium; b, c, d Fluide, b pseudoplastisches, c Newton'sches, d dilatantes Fluid, e Ideales Fluid

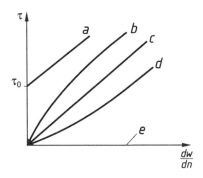

Nicht-Newton'sche Fluide
Ob sich wirkliche Fluide gemäß Gl. 5.2 verhalten, kann nur durch Versuche entschieden werden. Wasser, Öl u. a. technisch wichtige Fluide mit einfacher chemischer Struktur verhalten sich so. Fluide, auf die Gl. 5.2 zutrifft, werden **Newton'sche Fluide** genannt. Alle Gase sind solche.

Gewisse Medien gehorchen nicht mehr dem Ansatz von Newton, sondern müssen durch einen allgemeineren Ansatz charakterisiert werden. η ist dann keine reine Stoffgröße mehr, sondern hängt noch zusätzlich vom Geschwindigkeitsgradienten dw/dn selbst ab, Abb. 5.10.

Zu den Nicht-Newton'schen Medien zählen z. B. hochpolymere Schmelzen, Zahnpasta, Blut, Fette, Lacke.

Ein Beispiel für ein **Bingham-Medium** ist Zahnpasta: Fließen tritt erst ab einer Fließgrenze τ_0 ein, Abb. 5.10. Aus der Tube gleitet durch inneren Überdruck infolge „Schubbruch" an der Mantelfläche ein zylindrisches Pastenstück heraus. Ruhende Paste ebnet die Wandrauigkeit ein; an der Wand tritt hier tatsächlich Relativgeschwindigkeit auf (im Gegensatz zu Newton'schen Fluiden). Des Weiteren gibt es Fluide mit zeitabhängigem Viskositätsverhalten.

5.5 Relative Bedeutung von Druck- und Reibungskräften

Auf ein Fluidteilchen wirken Druck- und Viskositätskräfte (proportional zur Oberfläche) und Gewichtskräfte (volumsproportional). Letztere bewirken bei Strömungsproblemen meist nur die Überlagerung eines hydrostatischen Druckfeldes; wir lassen sie hier außer acht.

Betrachten wir ein kleines Fluidteilchen, so wirken Druck- und Schubspannungen p und τ. Bildet man die Resultierende, so ergibt sich eine „Überschussdruckkraft" $dF_{p\ddot{u}}$ und eine „Überschussschubkraft" $dF_{\tau\ddot{u}}$, welche zusammen eine Resultierende $dF_{\ddot{u}}$ bilden, die das Teilchen der Masse dm beschleunigt, Abb. 5.11.

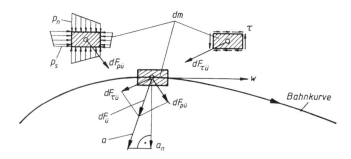

Abb. 5.11 Kräfte auf ein Fluidteilchen

Die resultierende Kraft $dF_ü$ muss wegen der Krümmungsdruckformel immer in die hohle Seite der Bahnkurve weisen.

Im allgemeinsten (schwierigsten) Fall sind Druck- und Reibungskräfte von gleicher Größenordnung, Tab. 5.1 oben. Kann man bei besonderen Fällen Viskositätskräfte (= Reibungskräfte) vernachlässigen, bleiben nur die Druckkräfte übrig: d. h. es handelt sich um reibungsfreie räumliche Strömungen, Tab. 5.1 Mitte.

Ein Spezialfall ist für technisch wichtige Probleme noch von Bedeutung: Druck- und Reibungskräfte sind nahezu entgegengesetzt gleich groß, sodass nur eine kleine Differenz für die notwendige Beschleunigung übrig bleibt. Man spricht dann von

Tab. 5.1 Relative Bedeutung von Druck- und Viskositätskräften

Relative Größe der Kräfte	Lage- und Kräfteplan	Bemerkung
Druckkräfte und Viskositätskräfte von gleicher Größenordnung		Allgemeiner Fall, z. B. Strömung in körpernahen Zonen, Wirbelzonen. Navier-Stokes-Gleichungen
Viskositätskräfte vernachlässigbar, nur Druckkräfte bedeutsam		Reibungsfreie räumliche Strömung, Potentialströmung; Bernoulli'sche Gleichung; Strömung außerhalb von Grenzschichten und Totwassergebieten
Resultierende Druckkraft nahezu entgegengesetzt gleich wie Viskositätskraft: $dF_{pü} \approx -dF_{\tau ü}$ Beschleunigung $a \approx 0$ Schleichende Strömung		Strömung in Lagern und engen Spalten. Strömung sehr zäher Fluide, z. B. Kugel fällt in Honig oder Nebeltröpfchen fällt in Luft. Abschn. 5.6

5.6 Strömung in Spalten und Lagern   171

Tab. 5.2 Navier-Stokes-Gleichungen für ebene stationäre Strömung

$$\rho \left(w_x \frac{\partial w_x}{\partial x} + w_y \frac{\partial w_x}{\partial y} \right) = -\frac{\partial p}{\partial x} + \eta \left(\frac{\partial^2 w_x}{\partial x^2} + \frac{\partial^2 w_x}{\partial y^2} \right)$$

$$\rho \left(w_x \frac{\partial w_y}{\partial x} + w_y \frac{\partial w_y}{\partial y} \right) = -\frac{\partial p}{\partial y} + \eta \left(\frac{\partial^2 w_y}{\partial x^2} + \frac{\partial^2 w_y}{\partial y^2} \right) - \rho g$$

„schleichender Strömung", Tab. 5.1 unten. Eine wichtige Anwendung liegt bei der Strömung in Gleitlagern und engen Spalten vor.

Tab. 5.1 gibt einen Überblick über Fälle mit verschiedener relativer Bedeutung von Druck- und Viskositätskräften.

Navier-Stokes-Gleichungen

Im allgemeinen Fall sind die Randbedingungen und die Fluideigenschaften vorgegeben. Der Verlauf der Stromlinien sowie Druck- und Geschwindigkeitsfeld müssen erst ermittelt werden. Typische Randbedingungen sind etwa: Ein Körper bestimmter Gestalt und Größe (z. B. Zylinder, Auto usw.) wird durch eine aus dem Unendlichen kommende, gleichförmige, unendlich ausgedehnte, Parallelströmung angeströmt. Die Differentialgleichungen, die die Fluidbewegung unter diesen und auch beliebigen Randbedingungen beschreiben, sind die sog. Navier-Stokes-Gleichungen.[1]

Ihre Herleitung liegt außerhalb der Zielsetzung dieses Werkes. Für den allgemeinen Fall (erste Zeile in Tab. 5.1) sind sie für ebene, stationäre Strömung (x, y-Ebene; Schwere entgegen der positiven y-Richtung; w_x, w_y Geschwindigkeitskomponenten in x, y-Richtung) in Tab. 5.2 angegeben (vgl. z. B.[5, 8]).

Diese Gleichungen sind außerordentlich kompliziert und es ist sehr schwierig, mit ihrer Hilfe zu analytischen Lösungen für konkrete Strömungsprobleme zu gelangen. Rein numerische Lösungen können mithilfe leistungsstarker Computer gewonnen werden. Deshalb kann es auch für den praktisch tätigen Ingenieur von Bedeutung sein, eine gewisse Vorstellung vom Umfeld zu haben.

Der derzeitige Stand sei an folgendem Problem angedeutet: Mit großem Aufwand (ca. 1 Tag Rechenzeit) gelingt es, die dreidimensionale Umströmung eines Pkw einigermaßen zutreffend vorauszuberechnen. Vgl. Kap. 13. Je niedriger die Reynolds'sche Zahl *Re* (vgl. Kap. 6) desto geringer der Aufwand.

5.6   Strömung in Spalten und Lagern

Die Strömung in engen Spalten spielt in der Technik bei Dichtproblemen und bei Gleitlagern eine wichtige Rolle. Die Strömung ist hier fast immer laminar. Eine nähere Untersuchung zeigt, dass unter den besonderen Bedingungen in engen Spalten ein Fluidteilchen nur relativ kleine Beschleunigungen erfährt (schleichende Strömung).

---

[1]Hergeleitet von I. Navier 1827 und G. G Stokes 1845.

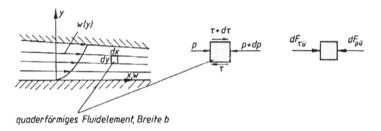

Abb. 5.12 Zur schleichenden Strömung im Spalt

Die Stromlinien sind durch den Spalt praktisch vorgegeben. Es halten sich Druckkräfte und Reibungskräfte auf jedes Teilchen nahezu das Gleichgewicht. Der Druck ist bei engen Spalten über die Dicke (in y-Richtung) wegen der Krümmungsdruckformel praktisch konstant, also $p = p(x)$. Setzt man Druck- und Reibungskräfte auf ein Teilchen gleich so ergibt sich, (Abb. 5.12):

$$\mathrm{d}F_{\tau\ddot{u}} = \mathrm{d}\tau \cdot \mathrm{d}x \cdot b \quad \mathrm{d}F_{p\ddot{u}} = -\mathrm{d}p \cdot \mathrm{d}y \cdot b \quad (p_x \approx p_y \approx p)$$

$$\mathrm{d}\tau \cdot \mathrm{d}x \cdot b = \mathrm{d}p \cdot \mathrm{d}y \cdot b \rightarrow \frac{\mathrm{d}\tau}{\mathrm{d}y} = \frac{\mathrm{d}p}{\mathrm{d}x}$$

Mit Gl. 5.2 wird

$$\tau = \eta \frac{\mathrm{d}w}{\mathrm{d}y} \rightarrow \frac{\mathrm{d}\tau}{\mathrm{d}y} = \eta \frac{\mathrm{d}^2 w}{\mathrm{d}y^2} = \frac{\mathrm{d}p}{\mathrm{d}x} \rightarrow \eta \frac{\mathrm{d}^2 w}{\mathrm{d}y^2} = \frac{\mathrm{d}p}{\mathrm{d}x} = p' \quad (5.6)$$

Gl. 5.6 ist die Grundgleichung für die ebene Spalt- und Lagerströmung. Die Spaltweite h kann sich dabei *schwach* ändern, d. h. $h = h(x)$. Dann ist auch die Spaltgeschwindigkeit w von x abhängig. Es muss deshalb in Gl. 5.6 korrekterweise das partielle Ableitungssymbol $\partial/\partial y$ statt $\mathrm{d}/\mathrm{d}y$ verwendet werden.

$$\boxed{\eta \frac{\partial^2 w(x,y)}{\partial y^2} = \frac{\mathrm{d}p(x)}{\mathrm{d}x} = p' \quad \text{Grundgleichung der Spaltströmung}} \quad (5.7)$$

Einen gekrümmten Spalt – wie etwa bei einem Wellenzapfen – kann man sich abgewickelt denken. Spaltkrümmung spielt nur bei extremen Verhältnissen eine Rolle.

In Gl. 5.7 ist ein unendlich breiter Spalt (normal zur Zeichenebene) angenommen, bzw. es wurden die Randeinflüsse bei endlich breitem Spalt außer Acht gelassen.

Bei Spalten sind beide Wände zueinander in Ruhe, bei Lagern bewegt sich eine Wand mit der Geschwindigkeit w_0 relativ zur anderen Wand. Da $\mathrm{d}p/\mathrm{d}x$ für eine feste Stelle x über die Spalthöhe konstant ist, kann man ohne weiteres Gl. 5.7 zweimal nach y integrieren und aus den Randbedingungen (Haften) die Konstanten ermitteln. Man erhält

5.6 Strömung in Spalten und Lagern   173

für die Bewegung der unteren Platte mit w_0 bei veränderlicher Spalthöhe $h(x)$ folgende Grundgleichung für ebene Gleitlagerströmung:

$$w(x,y) = \frac{p'(x)}{2\eta}[y^2 - h(x)y] + \frac{w_0}{h(x)}[h(x) - y] \qquad \begin{array}{l} \text{Grundgleichung der} \\ \text{Gleitlagerströmung} \end{array} \qquad (5.8)$$

Für den einfachen Fall eines Parallelspaltes $h = h_0$ mit ruhenden Wänden ergibt sich ein parabolisches Geschwindigkeitsprofil, wobei sich die mittlere Geschwindigkeit w_m zu $2/3$ der Maximalgeschwindigkeit berechnet (Beispiel 1.2):

$$w(y) = \frac{p'}{2\eta}(y^2 - h_0 y) \qquad w_{\max} = \frac{p'h_0^2}{8\eta} \qquad w_\mathrm{m} = \frac{p'h_0^2}{12\eta} \qquad (5.9)$$

Für einen Spalt der Länge l (in Strömungsrichtung) mit dem Druckunterschied Δp ist einfach

$$p' = \frac{\Delta p}{l} = \frac{12\eta w_\mathrm{m}}{h_0^2} \quad \text{oder} \quad \boxed{w_\mathrm{m} = \frac{\Delta p h_0^2}{12\eta l} \qquad \begin{array}{l} \text{Strömung im} \\ \text{Parallelspalt} \end{array}} \qquad (5.10)$$

Meist interessiert man sich auch für den Volumenstrom $\dot{V}$. Man erhält ihn leicht für den Parallelspalt aus w_m und im allgemeinen Fall durch Integration aus Gl. 5.8:

$$\dot{V} = \int\limits_0^h w(x,y)\mathrm{d}y = \frac{w_0 h(x)}{2} - \frac{p'(x)h^3(x)}{12\eta} = \text{const} \qquad (5.11)$$

Hierbei ist $\dot{V}$ der Volumenstrom pro Meter Spaltbreite ($\mathrm{m^2/s}$!). Für Spalten ist in Gl. 5.8 und Gl. 5.11 einfach $w_0 = 0$ zu setzen.

Bei Gleitlagern interessiert man sich vor allem für die Tragkraft, d. h. zunächst für die Druckverteilung $p(x)$. Man kann nun aus Gl. 5.11 $p'(x)$ berechnen und daraus durch Integration über x und Berücksichtigung der Randbedingungen $p(x)$ gewinnen:

$$\boxed{p'(x) = 6\eta w_0\left(\frac{1}{h^2(x)} + \frac{C}{h^3(x)}\right)} \qquad (5.12)$$

Gleitlager
Typische Anordnungen für Gleitlager zeigt Abb. 5.13: Ein schräg gestellter Gleitschuh liegt wenige hundertstel Millimeter über der Gleitfläche (rotierend, hier abgewickelt gedacht). Die Gleitfläche „schleppt" und „zwängt" das zähe Öl in den Spalt, wodurch sich in diesem ein „Druckberg" von z. B. 100 bar (!) aufbaut und metallische Berührung beim Gleiten verhindert. Am Anfang und am Ende des Gleitschuhs muss wieder Atmosphärendruck herrschen.

Abb. 5.13 Zum Gleitlager. **a** Der konvergente Spalt ist das Grundelement eines jeden hydrodynamischen Gleitlagers. **b** Der Gleitschuh ist ein Element eines Axial-Gleitlagers; durch geringe Neigung um den Kipppunkt stellen sich Schräge und Tragkraft selbsttätig ein. **c** Beim Radial-Gleitlager (Wellenzapfen – Bohrungs-Anordnung) entsteht ein konvergenter Spalt durch Exzentrizität

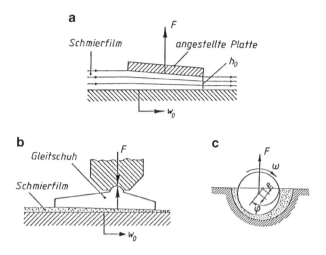

Die Höhe des Druckberges – und somit die Tragkraft – erweist sich als proportional zu

$$p_{max} \sim \eta l w_0 / h_0^2$$

wobei l die Gleitschuhlänge ist.

Ein konvergenter Lagerspalt entsteht nicht nur bei einem Gleitschuh (Axiallager), sondern auch bei einem leicht exzentrisch gelagerten Lagerzapfen in einer geringfügig größeren Lageraufnahmebohrung (Radiallager, Spiel im Hundertstelmillimeterbereich). Anstatt den Druck durch Strömung in einem konvergenten Spalt zu erzeugen (= hydrodynamisches Lager), kann man den Öldruck auch durch eine Pumpe erzeugen und durch eine Bohrung in der Mitte des Lagers das Drucköl zuführen. Durch die eintretende Spaltströmung wird metallische Berührung von Zapfen und Lagerschale verhindert (= hydrostatisches Lager). Dieses Lager kann auch schon vor Einschalten der zu schmierenden Maschine in Betrieb gesetzt werden. Der Lagerspalt muss nicht konvergent sein. Bei allen Gleitlagern stellen sich die Lagerspiele entsprechend der erforderlichen Tragkraft selbsttätig ein. Die Gültigkeit der Gleitlagertheorie erfordert: $(w_0 h^2) : (l\nu) \ll 1$.

5.7 Beispiele

Beispiel 5.1 (Spaltströmung) Ein Zapfen, Durchmesser $d = 50$ mm, hat in einer Aufnahmebohrung, Länge $l = 60$ mm, ein Spiel $s = 0{,}04$ mm (= Durchmesserdifferenz). Im Spalt befindet sich Öl mit einer Viskosität $\eta = 4{,}179 \cdot 10^{-3}$ kg/m s (Spindelöl von 60 °C). Der Spalt kann als eben betrachtet werden (abgewickelt), Abb. 5.14.

5.7 Beispiele

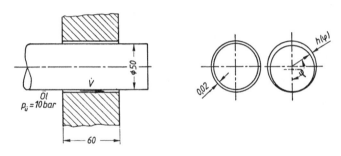

Abb. 5.14 Zu Beispiel 5.1

a) Wie groß sind die Wandschubspannungen τ_0, das Reibungsmoment M_R und die Reibungsleistung P_v, wenn der Zapfen zentrisch mit $n = 3000$ min^{-1} läuft?
b) Welche Ölmenge $\dot{V}$ entweicht bei zentrischer Lage des ruhenden Zapfens? Einseitiger Ölüberdruck $\Delta p = 10$ bar; ausreichender Ölvorrat sei angenommen.
c) Wie groß ist die Axialschubkraft F_A aus den Schubspannungen τ_0 bei b)?
d) Wenn der Zapfen nicht mehr zentrisch lagert, sondern die Aufnahmebohrung an einer Erzeugenden berührt, gilt für die nun in Umfangsrichtung (Winkel φ) veränderliche Spaltdicke $h(\varphi)$

$$h(\varphi) = h_0 \cdot (1 - \cos\varphi) = 0{,}02 \cdot (1 - \cos\varphi) \quad h \text{ in mm}$$

Wie ändert sich die Leckölmenge gegenüber b)?

e) Wie ändert sich bei d) die Axialschubkraft F_A gegenüber c)?

Lösung:

a) Die Geschwindigkeitsverteilung ist praktisch linear. Nach Gl. 5.2 ist mit $h_0 = 1/2 s = 0{,}02$ mm $= 2 \cdot 10^{-5}$ m

$$\underline{\tau_0 = \eta \frac{w_0}{h_0} = 4{,}179 \cdot 10^{-3} \cdot \frac{7{,}854}{2 \cdot 10^{-5}} = 1640\frac{\text{N}}{\text{m}^2}} \quad w_0 = \frac{d\pi n}{60} = 7{,}854\frac{\text{m}}{\text{s}}$$

$$\underline{M_R = \frac{\tau_0 d \,\pi l d}{2} = 0{,}387 \,\text{N m}}$$

$$\underline{P_V = M_R \,\omega = 121\,\text{W}}\,\omega = \pi n/30 = 314\,\text{s}^{-1}$$

b) Nach Gl. 5.10 ist mit $\dot{V} = w_m d \pi h$

$$\underline{\dot{V} = \frac{\Delta p h^3 d \pi}{12 \eta l} = \frac{10^6 \cdot (2 \cdot 10^{-5})^3 \cdot 0{,}05 \cdot \pi}{0{,}06 \cdot 12 \cdot 4{,}179 \cdot 10^{-3}} = 0{,}417 \cdot 10^{-6}\,\text{m}^3/\text{s} = 0{,}417\,\text{cm}^3/\text{s}}$$

c) Nach Gl. 5.9 beträgt die Geschwindigkeitsverteilung $w(y)$

$$w(y) = \frac{p'}{2\eta}(y^2 - h_0 y)$$

Die Schubspannung τ_0 an der Wand ergibt sich daraus zu

$$\tau_0 = \eta \left(\frac{dw}{dy}\right)_{y=0} = \eta \cdot \frac{p'}{2\eta}(2y - h_0) = \frac{1}{2}p'h_0 = \frac{\Delta p h_0}{2l}$$

$$\underline{F_A = \tau_0 d\pi l = \frac{1}{2}\Delta p h_0 d\,\pi = \frac{1}{2} \cdot 10^6 \cdot 2 \cdot 10^{-5} \cdot 0{,}05\,\pi = 0{,}5\,\pi = 1{,}571\,\text{N}}$$

Eine gleich große Schubkraft wirkt auf die Aufnahmebohrung. Druck- und Viskositätskräfte müssen gleich groß sein. Dies lässt sich hier für den gesamten Ölringkörper leicht überprüfen:

$$\Delta p d\,\pi h_0 = 2F_A = 2 \cdot \frac{1}{2} \cdot \Delta p h_0 d\pi$$

d) Der längs der Umfangsrichtung schwach veränderliche Spalt hat in Strömungsrichtung (x-Richtung) konstante Dicke. In Gl. 5.11 müssen wir entsprechend einen Volumenstrom $\dot{V}(\varphi)$ pro Winkeleinheit einführen. Es ist dann die gesamte Leckölmenge $\dot{V}$

$$\dot{V} = \frac{1}{2\pi}\int\limits_0^{2\pi} \dot{V}(\varphi)\mathrm{d}\varphi = \frac{p' \cdot d\pi}{2\pi 12\eta}\int\limits_0^{2\pi} h^3(\varphi)\mathrm{d}\varphi = \frac{\Delta p h_0^3 \cdot d\pi}{24\,\eta\pi l}\int\limits_0^{2\pi}(1 - \cos\varphi)^3\mathrm{d}\varphi$$

Das Integral errechnet sich zu $5\,\pi$. Somit wird

$$\dot{V} = \frac{\Delta p h_0^3 \cdot d\pi}{12\,\eta l} \cdot 2{,}5 = 1{,}04 \cdot 10^{-6}\,\text{m}^3/\text{s} = 1{,}04\,\text{cm}^3/\text{s}$$

Dies ist das 2,5-fache gegenüber zentrischer Zapfenlage!

e) Man könnte F_A über die Schubspannungen $\tau(\varphi)$ ermitteln. Aus der Tatsache, dass sich die axiale Druckkraft auf den ringförmigen Ölkörper (trotz Exzentrizität!) wegen der gleichbleibenden Querschnittsfläche nicht ändert, kann aber auch geschlossen werden, dass sich auch die Axialkraft aus den Schubspannungen nicht ändern kann. Daher

$$\underline{F_A = 1{,}571\,\text{N}}$$

5.7 Beispiele

Beispiel 5.2 Gleitlagerschuh wie in Abb. 5.13 (ebenes Problem)

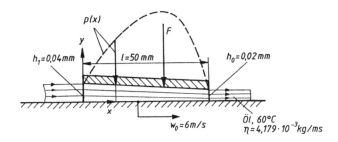

Die Druckverteilung $p(x)$ auf den Gleitschuh ist zu berechnen.

Lösung: Für ein x, y-Koordinatensystem wie in Abb. 5.13 ergibt sich der Spaltverlauf $h(x)$ mit SI-Einheiten zu

$$h(x) = h_1 - \frac{h_1 - h_0}{l} \cdot x = 4 \cdot 10^{-5} - \frac{2 \cdot 10^{-5}}{50 \cdot 10^{-3}} \cdot x$$
$$h(x) = 4 \cdot 10^{-5}(1 - 10x)$$

Setzt man $h(x)$ in Gl. 5.12 ein, so ergibt sich folgende Gleichung für $p'(x)$:

$$p'(x) = \frac{0{,}940 \cdot 10^8}{(1 - 10x)^2} + \frac{C_1 \cdot 1{,}56 \cdot 10^{13}}{(1 - 10x)^3}$$

Mit Hilfe von Integraltafeln können die beiden Terme rechts integriert werden:

$$\int p'(x) \cdot dx = p(x) = \frac{-0{,}94 \cdot 10^8}{(1 - 10x) \cdot (-1 \cdot 10)} - \frac{C_1 \cdot 2{,}35 \cdot 10^{12}}{(1 - 10x)^2 \cdot (-2 \cdot 10)} + C_2$$

Die Randbedingungen lauten, wenn wir den Atmosphärendruck mit null festlegen:

$$x = 0, \quad p = 0 \quad x = 0{,}05\,\text{m}, \quad p = 0$$

Damit können wir die beiden Konstanten C_1 und C_2 berechnen

$$0 = +0{,}94 \cdot 10^7 + C_1 \cdot 1{,}175 \cdot 10^{11} + C_2$$
$$0 = +1{,}88 \cdot 10^7 + 4{,}7012 \cdot 10^{11} + C_2$$

Durch einfache Zwischenrechnung ergibt sich:

$$C_1 = -2{,}666 \cdot 10^{-5}; \quad C_2 = -6{,}266 \cdot 10^6$$

Somit wird die Druckverteilung am Gleitschuh:

$$p(x) = \frac{0{,}94 \cdot 10^7}{(1 - 10x)} - \frac{3{,}133 \cdot 10^6}{(1 - 10x)^2} - 6{,}266 \cdot 10^6$$

Der Graph zeigt den Druckverlauf im Spalt.

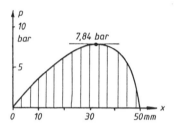

Die Tragkraft F_1 des Gleitschuhs pro 1 m Breite errechnet sich aus

$$F_1 = \int_0^{0{,}05} p(x) \cdot dx$$

Wir verzichten hier auf die Durchführung der Integration.

Die Geschwindigkeitsverteilung am Ein- und Austritt wird mit Gl. 5.8, wenn wir noch vorher die Anstiege $p'(0)$ und $p'(x = 0{,}05)$ berechnen:

$$\begin{aligned}
p'(0) &= 31{,}35 \cdot 10^6 \\
p'(0{,}05) &= -62{,}6 \cdot 10^6 \\
w(0,y) &= \frac{31{,}35 \cdot 10^6}{2 \cdot 4{,}179 \cdot 10^{-3}}(y^2 - 4 \cdot 10^{-5} \cdot y) + \frac{6}{4 \cdot 10^{-5}}(4 \cdot 10^{-5} - y) \\
w(0; y) &= 3{,}75 \cdot 10^9 (y^2 - 4 \cdot 10^{-5} \cdot y) + 1{,}5 \cdot 10^5 (4 \cdot 10^{-5} - y) \\
w(0{,}05; y) &= 7{,}49 \cdot 10^9 (y^2 - 2 \cdot 10^{-5} \cdot y) + 3 \cdot 10^5 (2 \cdot 10^{-5} - y)
\end{aligned}$$

Wie in Abschn. 5.4 erläutert, ist bei reibungsbehafteten Strömungen die Druckspannung *nicht* in allen Richtungen gleich groß. Um eine quantitative Vorstellung dieses Effektes zu bekommen, berechnen wir p und τ bei Beispiel 5.2 für $x = 25$ mm; $y = 0$. (Mitte Platte, untere Wand.) Es ergibt sich: $p = p_x = p_y = 697.556$ Pa; $\tau = -1533$ Pa. Somit wird der Druck unter $\pm 45°$ zur Strömungsrichtung (vgl. Abb. 5.9!):

$$p_1 = 6{,}99 \text{ bar} \quad p_2 = 6{,}96 \text{ bar}$$

Man erkennt, dass die Unterschiede denkbar klein sind! In der Praxis kann man daher das Pascal'sche Gesetz (wenn auch nicht exakt) auch für reibungsbehaftete Strömungen verwenden.

5.8 Übungsaufgaben

5.1 Für reale Fluide gilt (Bezeichnen Sie die richtigen Antworten)
a) Können an Körperoberflächen entlanggleiten.
b) Haften an Körperoberflächen.
c) Haften an Körperoberflächen, aber Fluidschichten können aneinander vorbeigleiten.
d) Flüssigkeiten haften an Körperoberflächen, es gibt jedoch Ausnahmen wie: Wasser an fettigen oder gewachsten Oberflächen oder Quecksilber.

5.2 Zum Reibungsgesetz für Fluide (Bezeichnen Sie die richtigen Antworten)
a) Fluidreibung beruht auf demselben Mechanismus wie Festkörperreibung.
b) Fluidreibung ist nur an der Oberfläche umströmter Körper vorhanden.
c) Fluidreibung findet im gesamten Fluidkörper statt.
d) Fluidreibung bewirkt Schubspannungen in Stromlinienrichtung.
e) Fluidreibung bewirkt auch Schubspannungen normal zur Stromlinienrichtung.

5.3 Zum Reibungsgesetz für Fluide (Bezeichnen Sie die richtigen Antworten)
a) Die Reibungsschubspannung in einem Punkt des Fluids ist proportional zur Geschwindigkeit des Fluids.
b) Die Reibungsschubspannung ist proportional zum Geschwindigkeitsgradienten quer zur Strömung.
c) Fluidreibung kann molekularkinetisch durch Diffusion erklärt werden.
d) Fluidreibung kann durch Molekularreibung erklärt werden.

5.4 Zur Viskosität von Fluiden (Bezeichnen Sie die richtigen Antworten)
a) Die dynamische Viskosität der Fluide ist temperaturabhängig.
b) Luft von 0,1 bar hat 10 % der Viskosität von Luft bei 1 bar (bei gleicher Temperatur).
c) Flüssigkeiten sind im Gegensatz zu Gasen keine Newton'schen Fluide.
d) Nicht-Newton'sche Fluide sind solche, deren Viskosität von der Temperatur abhängt.
e) Die meisten technisch wichtigen Fluide sind Newton'sche Fluide.

5.5 Man ordne auf Grund der gemessenen Viskositätscharakteristik folgende Substanzen ein (Newton'sches Fluid? Vergleiche Abb. 5.10)

a)

dw/dy	s^{-1}	0	1	2	4
τ	N/m^2	0	1500	3000	6000

b)

dw/dy	s^{-1}	0	1	2	4
τ	N/m^2	0	182	286	358

180   5 Reibungsgesetz für Fluide. Strömung in Spalten und Lagern

5.6   Auf einer Tischfläche befindet sich ein Glycerin-Film von $h = 0,5$ mm Dicke. Darüber lagert eine rechteckige Plastikfolie ($l = 20$ cm, $b = 30$ cm). Viskosität des Glycerins: $\eta = 0,015$ kg/ms.
        a) Welche Schubspannung τ entsteht, wenn die Folie parallel mit einer Geschwindigkeit $w = 0,5$ m/s gezogen wird?
        b) Welche Zugkraft F ist hierzu erforderlich?

5.7   Zwischen einer Plastikfolie von $A = 0,1\ \text{m}^2$ Fläche und einer Tischplatte befindet sich ein Wasserfilm ($\eta = 0,001$ kg/ms). Zum Ziehen der Folie mit $w = 0,2$ m/s ist eine Kraft $F = 0,1$ N erforderlich.
    Welche Filmdicke h ergibt sich daraus?

5.8   Eine Welle mit einem Durchmesser von 60 mm wird axial in einer 120 mm langen Buchse mit einer Geschwindigkeit von 0,2 m/s verschoben; das radiale Durchmesserspiel beträgt 0,2 mm, die axiale Kraft 10 N.
    Wie groß ist die dynamische Viskosität des Fluides zwischen Welle und Buchse?

5.9   Welle mit Luftspalt; $d = 50$ mm, Spaltweite $h = 0,25$ mm, Spaltlänge $l = 80$ mm.
    Welcher Luftvolumenstrom $\dot{V}$ tritt bei einem einseitigen Überdruck von 0,08 bar in die Atmosphäre aus? Luft 15 °C

5.10   Ringförmiger Dichtspalt eines Kreiselpumpenlaufrades: Ø$d = 130$ mm, $h = 0,15$ mm, Spaltlänge $l = 20$ mm; Wasser, Überdruck 1,2 bar.
        a) Welcher Wasservolumenstrom $\dot{V}$ tritt durch, wenn von der Drehung des Laufrades abgesehen wird?
        b) Welches $\dot{V}$ tritt bei maximal exzentrischem Spalt durch?
        c) Bei eingeschalteter Pumpe dreht sich die innere Spaltfläche, die äußere bleibt in Ruhe. Strömt unter dieser Bedingung mehr oder weniger durch als nach a) und b)? In welchem Verhältnis stehen mittlere Spaltgeschwindigkeit nach a) und Umfangsgeschwindigkeit der Dichtfläche bei einer Drehzahl von 1450 min^{-1}?

5.8 Übungsaufgaben

***5.11** Bei einem Torsionsviskosimeter rotiert ein zylindrisches Gefäß, das die Messflüssigkeit enthält, mit (einstellbarer) konstanter Drehzahl. In dieses Gefäß ragt ein zweiter Zylinder, der an einem Drehmomentmessgerät aufgehängt ist. Die rotierende Flüssigkeit übt auf den inneren Zylinder nach Einstellung eines stationären Zustandes ein Drehmoment aus, welches ein Maß für die Viskosität der Messflüssigkeit ist.

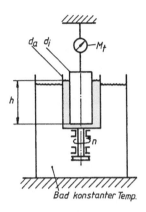

a) Man leite eine Auswerteformel für die Viskosität $\eta = (M_t, d_i, d_a, h, n)$ ab unter Annahme einer linearen Geschwindigkeitsverteilung im kreisringförmigen Spalt (ohne Berücksichtigung des Einflusses der Bodenfläche).
b) Konkrete Auswertung für $d_i = 3$ cm, $d_a = 4$ cm, h = 10 cm, $M_t = 9 \cdot 10^{-6}$ N m, n = 30 U/min.
c) Bei n = 50 U/min ergibt dasselbe Fluid $M_t = 4{,}8 \cdot 10^{-6}$ Nm. Handelt es sich um ein Newton'sches Fluid?

*5.12 Der Kreislauf einer Triebwerksschmierung ist wie in der Skizze angedeutet aufgebaut. Das Fördervolumen $\dot{V}$ der Zahnradpumpe kann als vom Gegendruck praktisch unabhängig angesehen werden. Der Druck $p_ü$ in den Schmierölzuleitungen wird durch das Druckhalteventil bestimmt, da die Leitungsverluste klein sind. Hier sei $p_ü = 4$ bar. Die Pumpe ist so ausgelegt ($\dot{V}$), dass bei Öl von 60 °C $\dot{V}_1 = \dot{V}_2 = 1/2\dot{V}$.

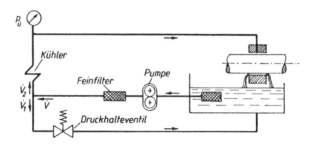

a) In welchem Verhältnis teilt sich der Ölstrom $\dot{V}$ dann bei 40 °C und bei 20 °C, wenn die Spaltabmessungen in den Lagern unverändert bleiben?

b) Der Druckhaltekreislauf wird versehentlich blockiert ($\dot{V}_1 = 0$). Die Zahnradpumpe drückt dann alles Öl ($\dot{V}$) durch die Schmierspalte. Welcher Öldruck $p_ü$ stellt sich dann in den Leitungen unter sonst gleichen Bedingungen bei 60, 40, 20 °C ein? Die Veränderung der Spaltgeometrie soll bei dieser Abschätzung außer Acht bleiben.

ϑ in °C	η in kg/m s
60	0,0712
40	0,2035
20	0,7970

5.8 Übungsaufgaben

***5.13** Ein laminarer Flüssigkeitsfilm fließt stationär eine geneigte Fläche hinunter. Da der Atmosphärendruck überall an der Oberfläche wirkt, ist offensichtlich der Druck in Stromlinien konstant. Ganz analog wie die Druckkräfte in Gl. 5.7 stehen jetzt die Gewichtskräfte mit den Viskositätskräften zufolge Viskosität η im Gleichgewicht.

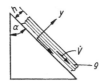

a) Formulieren Sie die zu Gl. 5.7 analoge Gleichung.
b) Die Luft übt an der Oberfläche praktisch keine Schubspannung auf die Flüssigkeit aus. Was folgt daraus für die Geschwindigkeitsverteilung $w = w(y)$?
c) Welche Beziehung zwischen Volumenstrom $\dot{V}_1$ pro Meter Filmbreite und den Größen η, h, ρ, g, α ergibt sich aufgrund von a) und b)?

***5.14** Ein unbelastetes hydrostatisches Axialgleitlager hat folgende Daten: $R_a = 150$ mm, $R_i = 100$ mm, Dicke der Ölschicht $h = 0{,}18$ mm, Drehzahl $n = 480$ U/min, Viskosität des Schmieröls $\eta = 7000 \cdot 10^{-6}$ kg/m s.

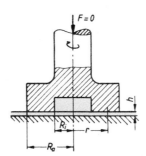

Man ermittle:
a) Schubspannung $\tau = f(r, n, \eta, h)$.
b) τ bei $R_a = 150$ mm.
c) Formel für das Drehmoment M.
d) Formel für die Reibungsleistung P_R sowie speziellen Wert für obige Angaben.

5.15 Hydrostatisches Axiallager (Skizze).

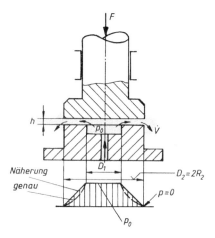

$D_1 = 250$ mm, $D_2 = 400$ mm, $F = 300.000$ N, Ölviskosität $\eta = 0{,}03$ kg/m s.
Das hydrostatische Lager hält die Last durch ständiges Pumpen von Drucköl (p_0) unter den Zapfen. Im Spalt fällt der Druck auf den Atmosphärendruck ab. Das Lager arbeitet auch bei stillstehendem Zapfen.

a) Berechnen Sie unter der vereinfachenden Annahme, dass der mittlere Druck in der Kreisringfläche $1/2 p_0$ beträgt, den erforderlichen Druck p_0.

b) Wenn man als Sicherheit gegen metallische Berührung einen Mindestspalt von 0,2 mm (0,05 mm) als notwendig ansieht, welche Ölmenge $\dot{V}$ ist dann erforderlich? Näherungsweise kann der Spalt abgewickelt (mit $D_m = 1/2(D_1 + D_2)$) und wie beim ebenen Parallelspalt gerechnet werden.

c) Welche Pumpleistung P ist für die Ölpumpe theoretisch erforderlich? Welche spezifische Pumpleistung (pro Krafteinheit von F) ergibt sich daraus?

5.16 In Aufgabe 5.15 wurde genähert mit linearer Druckverteilung gerechnet. Die tatsächliche Druckverteilung $p(r)$ folgt dem logarithmischen Gesetz

$$p(r) = p_0 - \frac{6\eta \dot{V}}{\pi h^3} \cdot \ln \frac{r}{R_1} = \frac{6\eta \dot{V}}{\pi h^3} \cdot \ln \frac{R_2}{r}$$

a) Man leite diese Beziehung durch Ansetzen von Gl. 5.10 für einen differenziellen kreisringförmigen Spalt ($\Delta p \to dp, l \to dr$!) und Integrieren von $r = R_1$ bis zum variablen Radius r ab. w_m kann durch die Kontinuitätsgleichung und $\dot{V}$ ausgedrückt werden (Beachten Sie, dass $p(R_2) = 0$!).

b) Welcher Zusammenhang ergibt sich dann für die Tragkraft F? ($F = f(p_0, R_1, R_2)$)

c) Ermitteln Sie alle gesuchten Größen von Aufgabe 5.15 mit den genauen Zusammenhängen nach a) und b)!

5.17 Gleitlagerschuh wie in Beispiel 5.2, jedoch $l = 60$ mm, $h_1 = 0{,}08$ mm, $h_0 = 0{,}05$ mm, $w_0 = 5$ m/s. Ölviskosität $\eta = 0{,}0075$ kg/m s. Man ermittle:
a) Druckverteilung $p(x)$, p_{max}
b) Geschwindigkeitsverteilung am Ein- und Austritt des Spalts.
c) Schubspannungen auf die untere Fläche am Ein- und Austritt.

5.18 Ein Schmierkeil (Skizze) hat eine Länge von 50 mm, beim Eintritt eine Spaltdicke von $h_1 = 2 \cdot 10^{-5}$ m (0,02 mm), beim Austritt $h_2 = 1 \cdot 10^{-5}$ m (0,01 mm). Die obere Metallplatte hat eine hyperbolische Kontur entsprechend der Gleichung $h(x) = k/x$ mit $k = 10^{-6}$ m². Die ebene untere Platte bewege sich mit $w_0 = 5$ m/s. Ölviskosität $\eta = 0{,}03$ kg/m s.

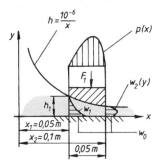

a) Welche Druckverteilung $p(x)$ ergibt sich?
b) Welche Ölmenge $\dot{V}$ strömt durch den Spalt? (pro Meter Spaltbreite)
c) Welche Tragkraft F_1 ergibt sich (pro m)?
d) Berechnen Sie die Geschwindigkeitsverteilungen $w_1(y)$ und $w_2(y)$ am Spaltein- und -austritt!
e) Berechnen Sie die Schubspannungen τ_1 und τ_2 auf die untere Fläche für x_1 und x_2!

*5.19 Ein langer Plattenstreifen der Breite 2 a wird mit geringer konstanter Geschwindigkeit w_0 auf einen viskosen Flüssigkeitsfilm (τ) der Dicke h_0 gefahren, sodass das Öl seitlich herausgequetscht wird (Skizze). Hierzu ist eine immer stärker zunehmende Kraft F_1 (pro m Plattenlänge) erforderlich. Die Geschwindigkeitsverteilungen in y-Richtung sind offensichtlich symmetrische Parabeln, $w(y) = w_{max} 4(yh - y^2)/h^2$ (quasistationär).

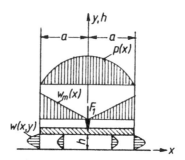

a) Zeigen Sie mithilfe der Kontinuitätsgleichung, dass die mittlere Geschwindigkeit w_m im Spalt $w_m = x w_0 / h(t)$.
b) Welche Geschwindigkeitsverteilung $w(x,y,t) = f(x,y,h(t))$ ergibt sich daraus? Man beachte, dass bei parabolischer Geschwindigkeitsverteilung $w_{max} = 1{,}5 w_m$ (vgl. Beispiel 1.2).
c) Man berechne aus b) die Druckverteilung $p(x)$! (Integration von Gl. 5.7, wobei $p(x = \pm a) = 0$!).
d) Welche Widerstandskraft F_1 (pro m Platte) ergibt sich aus c)? Beachten Sie, dass die Parabelfläche 2/3 der umschriebenen Rechteckfläche beträgt.

5.20 Untersuchen Sie das Ergebnis von Aufgabe 5.19 für sehr kleine Spalthöhen $h \to 0$.
a) Warum verlieren die Formeln für $p(x)$ und für F_1 ihre Gültigkeit?
b) Wird der tatsächliche Druck $p(x)$ kleiner oder größer als es die Formel ergibt?

5.21 Ein 20 cm breiter Plattenstreifen wird von oben mit 2 mm/s auf einen zähen 1 cm dicken Film von Silikonöl aufgefahren und das Öl wird seitlich herausgequetscht, $\eta = 0{,}242$ kg/ms. Man beachte das Ergebnis von Aufgabe 5.19.
a) Ermitteln Sie eine Zahlenwertgleichung für die Widerstandskraft F_1 (pro m Plattenlänge) sowie den Wert von F_1 für $h = 10, 8, 6, 4, 2, 0$ mm.
b) Welche Kraft F_1 herrscht bei $h = 0{,}2$ mm, wo sich die Platte auf einzelne Rauigkeitselemente abzustützen beginnt?

5.8 Übungsaufgaben

***5.22** a) Nach welchem Gesetz $h = h(t)$ sinkt ein langer Plattenstreifen der Breite $2a$ unter seinem Gewicht G_1 (pro m Länge) in einen viskosen (η) Flüssigkeitsfilm der anfänglichen Dicke h_0 ein?

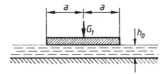

Benutzen Sie das Ergebnis von Aufgabe 5.19 d) und beachten Sie, dass für die nunmehr veränderliche Geschwindigkeit w gilt $dh = -w_d t$.

b) $G_1 = 10$ N/m, übrige Werte wie in Aufgabe 5.21. Ermitteln Sie die Zahlenwertgleichung für $h(t)$ und Werte für $t = 1, 2, 4, 10$ s.

5.23 Eine teerartige Substanz bildet einen horizontalen Belag von 5 cm Dicke. Ein 30 cm breites Brett mit einer Gewichtsbelastung von 1000 N pro m Brettlänge sinkt in einer Stunde um 1,2 mm ein.

Welche Viskosität kann der Substanz zugeordnet werden, wenn angenommen werden kann, dass sie sich wie ein Newton'sches Fluid verhält? Man beachte das Ergebnis von Aufgabe 5.22.

Ähnlichkeit von Strömungen 6

6.1 Reynolds'sche Ähnlichkeit

Beim Entwurf von technischen Aggregaten, bei denen Strömungsvorgänge eine Rolle spielen, ist man beim Fehlen einer geeigneten Theorie gezwungen, für jeden Typ Versuche durchzuführen. Es erhebt sich dann die Frage, ob überhaupt und wenn ja, wie man Versuchsresultate an geometrisch ähnlich verkleinerten (oder vergrößerten) Modellen auf die Originalausführung umrechnen kann. Man denke z. B. an Flugzeuge. Es reicht aber natürlich nicht aus, nur die Konturen ähnlich zu verkleinern, um auch ähnlich verkleinerte *Stromlinien* (ähnlich im Sinne der Darstellenden Geometrie) zu erhalten. Diese Bedingung reicht nur bei *Potentialströmungen* aus.

Für Strömungen, bei denen Reibungskräfte (= Viskositätskräfte, auch Zähigkeitskräfte genannt) und Druckkräfte eine Rolle spielen (d. h. für die in der Technik meist auftretenden Strömungen) fand Sir *Osborne Reynolds* das Ähnlichkeitsgesetz.

Damit die Fluidteilchen ähnliche Bahnkurven im Original und im Modell beschreiben, ist erforderlich, dass die Druckkräfte *und* die Viskositätskräfte auf ein Fluidteilchen in korrespondierenden Punkten *in einem bestimmten Verhältnis* bei Original und Modell stehen, Abb. 6.1. Die konsequente Durchführung dieses Gedankenganges führt auf das *Reynolds'sche Ähnlichkeitsgesetz,* das wie folgt formuliert werden kann:

Betrachtet werden zwei Strömungen reibungsbehafteter inkompressibler Fluide um geometrisch ähnliche Konturen. Auch die Strömungsrandbedingungen seien ähnlich, z. B. Parallelanströmung in bestimmter Richtung. Wenn nun die sog. Reynolds'schen Zahlen *Re*

$$Re_{\text{or}} = \left(\frac{wl}{\nu}\right)_{\text{or}} = Re_{\text{mo}} = \left(\frac{wl}{\nu}\right)_{\text{mo}} \tag{6.1}$$

© Springer Fachmedien Wiesbaden GmbH, ein Teil von Springer Nature 2021
S. Bschorer und K. Költzsch, *Technische Strömungslehre,*
https://doi.org/10.1007/978-3-658-30407-2_6

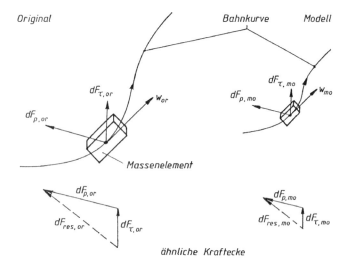

Abb. 6.1 Kräfte auf ein Fluidteilchen in korrespondierenden Punkten ähnlicher Strömungen

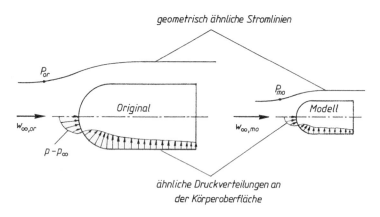

Abb. 6.2 Zur Ähnlichkeit von Strömungen

bei Original-(Index or) und Modellströmung (Index mo) *gleich* groß sind, sind auch Stromlinien und Druckverteilungen bei Original- und Modellströmung *ähnlich*, Abb. 6.2. w bedeuten Geschwindigkeitswerte an korrespondierenden Stellen, l sind korrespondierende charakteristische Längenabmessungen von Original bzw. Modell. Man wählt für w und l meist auch praktisch bedeutsame Werte, z. B. für w die Anströmgeschwindigkeit w_∞ oder die mittlere Strömungsgeschwindigkeit in einem Rohr. Als charakteristische Längenabmessung kommt z. B. der Rohrdurchmesser, die Spaltweite, die Höhe eines Autos usw. infrage.

6.2 Herleitung des Reynolds'schen Ähnlichkeitsgesetzes   191

Druckunterschiede zwischen zwei Punkten der Originalströmung verhalten sich zu den korrespondierenden Druckunterschieden in der Modellströmung so wie die Staudrücke

$$\frac{(p' - p'')_{\text{or}}}{(p' - p'')_{\text{mo}}} = \frac{\left(\frac{1}{2}\rho\, w^2\right)_{\text{or}}}{\left(\frac{1}{2}\rho\, w^2\right)_{\text{mo}}} = \frac{(\rho w^2)_{\text{or}}}{(\rho w^2)_{\text{mo}}}$$ (6.2)

Bekanntlich hängen Strömungen inkompressibler Fluide *nicht* vom Absolutdruck ab, es sind nur Differenzdrücke bezüglich eines beliebigen Bezugsdruckes maßgebend (Kap. 2).

Die *Reynoldszahl* (auch Reynolds-Zahl geschrieben) ist dimensionslos. Sie stellt, bis auf einen Faktor, auch das Verhältnis von Druck- zu Reibungskräften (auf ein Fluidelement) dar. Große Reynoldszahlen bedeuten daher das Überwiegen von Druckkräften, kleine Reynoldszahlen das Überwiegen von Viskositätskräften („Honigströmung"). Vom Aufbau her – Gl. 6.1 – kann die Reynolds-Zahl auch als dimensionslose Geschwindigkeit bezeichnet werden.

Die Ähnlichkeitsgesetze sind für die Strömungslehre von sehr großem Wert. Sie vermindern den notwendigen Versuchsaufwand um einige Zehnerpotenzen! Haben wir beispielsweise den Druckverlust in einer Rohrströmung mit Luft bei $Re = 80.000$ gemessen, so ist diese Messung auch auf andere Fluide und Rohrdurchmesser umrechenbar, wenn dort dieselbe Reynolds-Zahl auftritt.

Zu einer vollständigen Ähnlichkeit gehört nicht nur die geometrische Ähnlichkeit der Körperkonturen, sondern auch eine ungefähre Ähnlichkeit der Rauigkeitsstrukturen der Oberflächen. Dies ist oft schwierig erzielbar. Glücklicherweise spielt die Rauigkeit unterhalb eines Grenzmaßes überhaupt keine Rolle mehr. Man bezeichnet solche Oberflächen als hydraulisch glatt (vgl. Kap. 7).

6.2   Herleitung des Reynolds'schen Ähnlichkeitsgesetzes

Für die Herleitung von Ähnlichkeitsgesetzen gibt es zwei Wege:

a) Die exakten Gleichungen, die eine Klasse von Strömungen beschreiben, sind bekannt (z. B. Gleichungen für reibungsbehaftete inkompressible Strömungen). Macht man die Variablen dieser Gleichungen mit für das Strömungsproblem charakteristischen konstanten Werten für Geschwindigkeit, Länge, Zeit, usw. dimensionslos, so ergeben sich dimensionslose Kennzahlen wie *Re* als Faktoren zu den Termen der Gleichungen automatisch. Probleme mit gleichen *Re*-Zahlen werden mit identischen Gleichungen beschrieben und führen daher zu identischen Lösungen in den dimensionslosen Variablen.

b) Der zweite Weg führt über die Bildung von Kraftverhältnissen wie in Abb. 6.1 angedeutet. Hierzu sind nur bruchstückhafte Kenntnisse über die Bildungsgesetze für die einzelnen Kräftearten erforderlich. Wir wollen diesen Weg hier praktizieren.

Betrachten wir ein würfelförmiges Fluidteilchen der Länge ds wie in Abb. 5.9 und ein korrespondierendes Teilchen in einem um den Faktor k ähnlich verkleinerten Strömungsfeld. Das Verhältnis der (geschwindigkeitsbedingten) Druckkräfte auf ein Teilchen (= Druck · Fläche) bei Modell und Original ergibt sich mit dem Staudruck zu:

$$\frac{dF_{p,\ddot{u},mo}}{dF_{p,\ddot{u},or}} = \frac{k^2 ds^2 \left(\frac{1}{2}\rho\, w^2\right)_{mo}}{ds^2 \left(\frac{1}{2}\rho\, w^2\right)_{or}} = k^2 \frac{(\rho\, w^2)_{mo}}{(\rho\, w^2)_{or}}$$

Das Verhältnis der Schubkräfte (Viskositätskräfte) wird mit $ds_{mo} = k \cdot ds_{or}$

$$\frac{dF_{\tau,\ddot{u},mo}}{dF_{\tau,\ddot{u},or}} = \frac{k^2 ds^2 \tau_{mo}}{ds^2 \tau_{or}} = \frac{k^2 \eta_{mo}(dw/ds)_{mo}}{\eta_{or}(dw/ds)_{or}} = \frac{k \eta_{mo} w_{mo}}{\eta_{or} w_{or}}$$

Offensichtlich ist $(dw_{mo}/dw_{or}) = w_{mo}/w_{or}$. Gleichsetzen der beiden Verhältnisse liefert:

$$k^2 \frac{(\rho w^2)_{mo}}{(\rho w^2)_{or}} = k \frac{\eta_{mo} w_{mo}}{\eta_{or} w_{or}} \rightarrow k \frac{(\eta w)_{mo}}{(\eta w)_{or}} = \frac{\eta_{mo}}{\eta_{or}}$$

Führen wir noch statt des Maßstabfaktors k das Verhältnis zweier entsprechender Längenmaße von Modell und Original ein ($k = l_{mo}/l_{or}$), so lautet die entsprechende Bedingung für geometrisch ähnliche Strömungen[1]

$$\boxed{\left(\frac{w \cdot l \cdot \rho}{\eta}\right)_{mo} = \left(\frac{w \cdot l \cdot \rho}{\eta}\right)_{or} \rightarrow Re_{mo} = Re_{or}} \qquad (6.3)$$

Für Ähnlichkeit ist nur erforderlich, dass die Reynolds-Zahlen gleich groß sind, nicht jedoch, dass sie einen bestimmten Wert aufweisen. Der Wert der Re-Zahl für ein und dieselbe Strömung ändert sich, wenn man andere charakteristische Werte für l und w verwendet!

---

[1]Die traditionelle lehrbuchmäßige Erörterung der Reynolds-Zahl geht vom Verhältnis der *Trägheitskräfte* zu den Viskositätskräften aus. Die sog. Trägheitskräfte ($\hat{=} - dF_{res}$ in Abb. 6.1) sind Scheinkräfte; physikalisch real sind nur Druck- und Viskositätskräfte. Wir ziehen es daher vor, vom Verhältnis dieser Kräfte auszugehen. Das Ergebnis ist dasselbe. Der Grund dafür ist: in den ähnlichen Kraftdreiecken, Abb. 6.1, hat das *Verhältnis* zweier korrespondierender Seiten den gleichen Wert, gleichgültig welche der drei Seiten man heranzieht. Bei stationären laminaren Rohrströmungen sind übrigens die Trägheitskräfte null. Eine Trägheitskraft kann durch beliebige Kraftarten bedingt sein, nicht nur durch Druck- und Viskositätskräfte.

6.3 Weitere Ähnlichkeitsgesetze 193

Man kann auch noch einfacher argumentieren und sagen: Druckkräfte verhalten sich zu Reibungskräften – abgesehen von einem festen Faktor für eine bestimmte Strömung – wie Staudruck p_d zu Schubspannung τ (da beide flächenproportional):

$$\frac{p_d}{\tau} \sim \frac{\frac{1}{2}\rho w^2}{\eta \cdot \frac{w}{l}} \sim \frac{wl\rho}{\eta} = \frac{wl}{\nu} = Re$$

Auch wenn eine konkrete Strömung keinen Staupunkt und keine Plattenanordnung wie Abb. 5.5 enthält, sind Drücke und Schubspannungen wenigstens proportional zu den oben angesetzten Termen. Jedenfalls müssen bei Original und Modell die Kraftverhältnisse gleich sein, wenn die Reynolds-Zahlen gleich sind, womit Ähnlichkeit der Strömungen gegeben ist.

6.3 Weitere Ähnlichkeitsgesetze

Instationäre Strömungen sind ähnlich, wenn die sog. **Strouhal-Zahlen** *Str* gleich sind

$$\boxed{\begin{aligned} Str_{or} &= Str_{mo} \\ Str &= \frac{l}{w \cdot T} \end{aligned}}$$

(6.4)

w charakteristische Geschwindigkeit

l charakteristische Länge

T charakteristische Zeit

Die Strouhal-Zahl ergibt sich aus der Forderung, dass das Verhältnis von lokaler zu konvektiver Beschleunigung für jedes Teilchen bei Original und Modell gleich sein muss. *Str* enthält nur *kinematische* Größen. Spielen bei einer instationären Strömung auch Reibungskräfte eine Rolle, so muss für Ähnlichkeit zusätzlich die Reynolds-Zahl gleich sein. Ein kleines Beispiel soll die enorme Bedeutung und Art der Verwendung der Ähnlichkeitsgesetze in der Strömungslehre aufzeigen:

Bei querangeströmten Zylindern löst die Strömung etwa an der dicksten Stelle ab und es bildet sich ein Totwassergebiet, Abb. 1.4. Bei niedrigen Anströmgeschwindigkeiten (etwa: im Bereich von $Re = w_d/\nu = 60 \div 6000$) zeigt die Beobachtung der Stromlinien, dass sich in regelmäßigen Intervallen abwechselnd auf beiden Seiten relativ große Einzelwirbel ablösen und abschwimmen, Abb. 6.3. Bei luftangeströmten Zylindern führt die Frequenz der Wirbelablösung, wenn sie im Hörbereich liegt (16 Hz bis 16 kHz), zu einem leicht wahrnehmbaren Pfeifton. Das Pfeifen der Telegraphen- und anderer Drahtleitungen bei Wind hat darin seine Ursache.

Diese Strömung ist instationär und reibungsbehaftet. Für Ähnlichkeit sind daher Reynolds- *und* Strouhal-Zahl maßgebend. Die detaillierte Vorausberechnung der

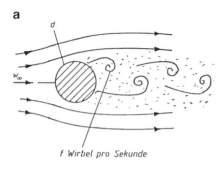 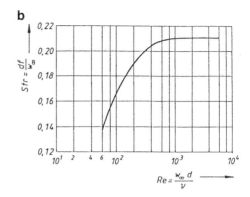

Abb. 6.3 Instationäre Wirbelablösung bei querangeströmten Zylindern. **a** Schema; **b** Messwerte in dimensionsloser Darstellung nach Roshko [6]

instationären Wirbelablösung ist mit CFD möglich (Kap. 13). Man kann auch Versuche machen und die vor allem interessierende Frequenz $f = 1/T$ der Wirbelablösung messen. Das Messergebnis stellt man sinnvollerweise in einem *Str, Re*-Diagramm dar, Abb. 6.3b.

Eine Messserie an *einem mit Wasser querangeströmten Zylinder* genügt für alle Zukunft, um die Wirbelablösefrequenz bei beliebigen ähnlichen Anordnungen voraussagen zu können, etwa bei einem windangeströmten Schornstein. Eine Zusammenstellung von Messkurven analog Abb. 6.3b findet sich bei H. Sockel [27]. Bei geschweißten Blechschornsteinen soll die Biegeeigenfrequenz nicht mit der Wirbelablösefrequenz f übereinstimmen (keine Resonanz!).

Spielen bei einem Strömungsvorgang nur Druckkräfte und Gewichtskräfte (Schwerkraft) eine Rolle, so herrscht Ähnlichkeit der Strömungen, wenn die sog. **Froude'schen Zahlen** von Modell und Großausführung gleich sind:

$$\boxed{\begin{aligned} Fr_{\text{or}} &= Fr_{\text{mo}} \\ Fr &= \frac{w}{\sqrt{gl}} \end{aligned}} \quad (6.5)$$

w charakteristische Geschwindigkeit
g Fallbeschleunigung
l charakteristische Länge

Diese Ähnlichkeit wird insbesondere benutzt, um an Schiffsmodellen das Wellensystem zu studieren (allgemein: Probleme mit Flüssigkeitsoberflächen). Ferner spielt die Froude'sche Zahl eine Rolle bei der sog. pneumatischen Förderung von Feststoffteilchen in Rohren: Die Teilchen werden einem Fluidstrom aufgeladen und am Zielpunkt wieder abgeschieden. In Gl. 6.5 ist w dann die mittlere Strömungsgeschwindigkeit im Rohr und l ein Teilchenmaß.

6.4 Das Π-Theorem von Buckingham   195

Strömungen, bei denen die Druckkräfte im Fluid nicht nur auf Geschwindigkeits- und Höhenänderungen zurückgehen (wie bisher), sondern zusätzlich auch auf die Elastizität (Kompressibilität) des Fluids, sind ähnlich, wenn die **Machzahlen** *Ma* gleich sind:

$$
\begin{aligned}
Ma_{\text{or}} &= Ma_{\text{mo}} \\
Ma &= \frac{w}{a}
\end{aligned}
\tag{6.6}
$$

w   charakteristische Geschwindigkeit

a   Schallgeschwindigkeit im Fluid (vgl. auch Kap. 11)

Für exakte Ähnlichkeit muss natürlich auch *Re* gleich sein; *Ma* ist jedoch vorrangig.

Bei zunehmender Verdünnung der Gase wird die mittlere freie Weglänge L_{m} der Moleküle (zwischen zwei Stößen) immer größer und erreicht schließlich den Wert der charakteristischen Länge *l* eines Körpers. Einschlägige Fälle treten z. B. in der Vakuum- und Weltraumtechnik auf. Die Kontinuumshypothese ist dann nicht mehr anwendbar; von Strömung im herkömmlichen Sinne kann nicht mehr gesprochen werden. Zur Erfassung einschlägiger Erscheinungen definiert man die sog. **Knudsen-Zahl** *Kn:*

$$
Kn = \frac{L_{\text{m}}}{l}
\tag{6.7}
$$

L_{m} mittlere freie Weglänge der Gasmoleküle

l   charakteristische Längenabmessung

Die übliche, auf der Kontinuumshypothese beruhende Strömungslehre verliert ihre Gültigkeit (Fehler im Bereich einiger Prozente) etwa bei $Kn = 0{,}01$.

Eine rohe Näherungsformel für die mittlere freie Weglänge bei Gasen (etwa ± 30 %), welche die unterschiedliche Molekülgröße unberücksichtigt lässt, lautet

$L_{\text{m}} = 0{,}0003 \cdot T/p$ L_{m} in µm,   *T* Kelvintemperatur,   *p* in bar.

Die Aufgaben 9.4, 9.5 nehmen auf die Knudsen-Zahl Bezug.

6.4   Das Π-Theorem von Buckingham[2]

Mithilfe des Π-Theorems kann man dimensionslose Ähnlichkeitskenngrößen und Aussagen über deren Beziehungen auf systematische Art gewinnen. Das Π-Theorem sagt aus, dass sich ein physikalisches Problem, das *n* physikalische Variable x_1, x_2, ..., x_{n} (z. B.: Geschwindigkeit *w*, Druck *p*, Dichte ρ, Länge *l*, Zähigkeit η), verknüpft, welche

---

[2]**Π**: großes griechisches **π**; gespr. „pi".

196   6 Ähnlichkeit von Strömungen

m Grundeinheiten beinhalten (z. B.: kg, m, s), auch *mit um m weniger dimensionslosen Variablen* Π darstellen lässt:

$$f(x_1, x_2, \ldots, x_n) = 0 \rightarrow F(\Pi_1, \Pi_2, \ldots, \Pi_{n-m}) = 0 \tag{6.8}$$

Zum Beispiel kann die Strömungskraft K auf ein glattes, umströmtes Objekt von vier Variablen abhängen:

$$K = f_1(w, l, \eta, \rho)$$

Nach Gl. 6.8 müssen wir auch K selbst einbeziehen und in homogener Form schreiben:

$$f(K, w, l, \eta, \rho) = 0$$

Unsere Variablen enthalten insgesamt drei Grundeinheiten (kg, m, s), daher können durch Verwendung dimensionsloser Variabler Π letztere von fünf auf zwei reduziert werden! Man muss hierzu die Variablen eines Problems entsprechend den in ihnen vorkommenden Grundeinheiten so zu multiplikativen Faktoren zusammenfassen, dass dimensionslose Variable Π entstehen. *Re, Ma, Fr* sind bereits solche dimensionslose Variable. Die Zusammenfassung ist oft auf mehrere Arten möglich, jedoch legt die Erfahrung dann eine Art besonders nahe. Für unser Problem ist (für Strömung mit Ablösung) folgende Form nützlich

$$F(\Pi_1, \Pi_2) = 0 \rightarrow F\left(\frac{K}{l^2 \frac{1}{2} \rho w^2}, Re\right) = 0 \tag{6.9}$$

Die praktisch verwendete Formel für die Strömungskraft lautet entsprechend (mit A als charakteristischer Fläche $A = cl^2$)

$$K = \frac{1}{2}\rho w^2 \cdot A \cdot c_w(Re) \tag{6.10}$$

Der an der Ähnlichkeitsmechanik speziell interessierte Leser wird auf das Buch von Zierep verwiesen [7].

6.5 Beispiel

Beispiel 6.1 Zur Auslegung eines Windkanals für die Untersuchung von verkleinerten Automobilmodellen sollen grundsätzliche Überlegungen angestellt werden. Festgelegt sind folgende Angaben:

- Charakteristisches Originalmaß Höhe $h_{or} = 1,5$ m
- Geschwindigkeit des Originalfahrzeuges $w = 120$ km/h $= 33,3$ m/s

6.5 Beispiel   197

- Die Versuche sollen an einem möglichst kleinen Modell in einem geschlossenen Windkanal durchgeführt werden, Luftzustand wie beim Original (0 km, ICAO-Atmosphäre).
- Hauptaugenmerk muss auf Gleichheit der Reynoldszahlen bei Modell und Original gelegt werden. Bis zu einer Machzahl $Ma \approx 0{,}25$ hängen erfahrungsgemäß die Strömungsverhältnisse praktisch nicht von der Machzahl ab. Dieser Wert soll aber auch im Modellversuch nicht überschritten werden.
- Weiter soll ermittelt werden, um wie viel das Modell zusätzlich verkleinert werden könnte, wenn die Zirkulationsluft im Windkanal unter einem Über- oder Unterdruck gesetzt wird. Zur Auswahl stehen 1,5-facher bzw. 0,5-facher Atmosphärendruck.

Gesucht ist die Modellabmessung h_{mo} und die Modellanströmgeschwindigkeit w_{mo}, ferner der Druckumrechnungsfaktor für das Original.

Lösung: Aus Tab. A.1 im Anhang entnehmen wir für Luft von 15 °C

$$v = 14{,}6 \cdot 10^{-6} \mathrm{m^2/s}$$

Somit beträgt die Reynoldszahl für Original und Modell

$$Re = \frac{wh}{v} = \frac{33{,}3 \cdot 1{,}5}{14{,}6} \cdot 10^6 = 3{,}42 \cdot 10^6$$

Die Schallgeschwindigkeit für Umgebungsbedingungen beträgt (Tab. A.1 im Anhang) $w_s = 340$ m/s.

Die Machzahl für das Original wird damit:

$$Ma = \frac{33{,}3}{340} \approx 0{,}1$$

Für die Modellströmung wird als noch zulässig angesehen $Ma_{mo} = 0{,}25$. Somit

$$\underline{w_{mo} = 0{,}25 w_s = 85 \mathrm{\ m/s}}$$

Damit wird die Modellhöhe h_{mo}

$$\underline{h_{mo} = Re\, v_{mo}/w_{mo} = 3{,}42 \cdot 10^6 \cdot 14{,}6 \cdot 10^{-6}/85 = 0{,}59 \mathrm{\ m}}$$

Da die dynamische Zähigkeit η druckunabhängig ist, nimmt $v = \eta/\rho$ mit zunehmendem Druck (und proportional zunehmender Dichte ρ) ab. Das Modell ließe sich bei 1,5-fachem Druck verkleinern auf

$$\underline{h_{mo} = 0{,}59 \cdot \frac{1}{1{,}5} = 0{,}39 \mathrm{\,m}}$$

Der Druckumrechnungsfaktor für Über- bzw. Unterdrücke gegenüber dem statischen Druck in der ungestörten Strömung ergibt sich entsprechend Gl. 6.2 für $h_{mo} = 0,59$ m zu (Atmosphärendruck):

$$\frac{\Delta p_{mo}}{\Delta p_{or}} = \frac{(w^2 \rho)_{mo}}{(w^2 \rho)_{or}} = \frac{w_{mo}^2}{w_{or}^2} = \frac{85^2}{33,3^2} = 6,52 \rightarrow \underline{\underline{\Delta p_{or} = 0,154\ \Delta p_{mo}}}$$

6.6   Übungsaufgaben

6.1   Für die Reynolds-Zahl *Re* gilt (Bezeichnen Sie die richtigen Antworten)
a) *Re* ist nur für Rohrströmungen bedeutsam.
b) *Re* ist ein Maß für die Reibung.
c) *Re* ist ein Maß für das Verhältnis von Druckkräften zu Viskositätskräften.
d) *Re* ist eine dimensionslose Geschwindigkeit für ein Strömungsproblem.
e) *Re* ist eine Ähnlichkeitskennzahl für viskose Strömungen.

6.2   Instationäre, reibungsbehaftete Strömungen inkompressibler Fluide sind ähnlich, wenn (Bezeichnen Sie die richtige Antwort.)
a) die Froude-Zahlen gleich sind,
b) die Reynolds-Zahlen gleich sind,
c) die Mach-Zahlen gleich sind,
d) Reynolds-Zahlen gleich sind und Strouhal-Zahlen gleich sind.

*6.3   Ein Methan-Gasleitungssystem, Durchmesser 5 cm, soll mit Luft 20 °C/1,013 bar auf Druckverluste überprüft werden. Methan: 20 °C/1 at, $w_m = 2$ bis 40 m/s. Man berechne:
a) Relevanten Reynoldszahlbereich.
b) Welche Luftgeschwindigkeiten sind vorzusehen?
c) Mit welchem Faktor müssen die Luftdruckverluste multipliziert werden, damit man die Methandruckverluste erhält?

6.4   Ein Rohrleitungssystem vom Durchmesser 80 mm soll von Dampf 100 °C/0,98 bar (1 at) mit 20 m/s durchströmt werden. Bei einer Werkstattmontage sollen die Druckverluste mit Luft ermittelt werden.
a) Mit welcher Luftgeschwindigkeit sind die Versuche durchzuführen, wenn die Strömungsverhältnisse ähnlich sein sollen?
b) Mit welchem Faktor *k* sind die Luftdruckverluste zu multiplizieren, um die Dampfdruckverluste zu erhalten?

6.6 Übungsaufgaben   199

6.5   Der Druckverlust in einem Kühlkreislauf mit dem Kältemittel R11 (bei 0 °C)
          soll am Original mit Luft von 20 °C/1,013 bar (für gasförmiges R11) und mit
          Wasser von 15 °C (im Teil, der flüssiges R11 führt) studiert werden. Daten:
          R11-gasförmig $w_m = 8$ m/s, $d = 12$ mm
          R11-flüssig $w_m = 1$ m/s, $d = 4$ mm
          a) Berechnen Sie die Reynoldszahl für den gasförmigen bzw. flüssigen Bereich
             Re_g, Re_f.
          b) Welche Luft- und Wassergeschwindigkeiten sind bei Einhaltung der
             Reynolds'schen Ähnlichkeit zu wählen?
          c) Mit welchen Faktoren k_g bzw. k_f müssen die Versuchsdruckverluste multi-
             pliziert werden, um die in R11 auftretenden Druckverluste zu erhalten?

6.6   Die Tragflügel eines Tragflügelbootes sollen in 1:1-Ausführung in einem Wind-
          kanal untersucht werden.
          Wasserzustand: 10 °C/0,981 bar, Luftzustand: 20 °C/760 mm QS, Boots-
          geschwindigkeit: 62 km/h.
          a) Welche Anströmgeschwindigkeit ist im Windkanal vorzusehen?
          b) Auf welche grundsätzliche Schwierigkeit stößt dieser Versuch?
          c) Welche Anströmgeschwindigkeit im Windkanal ist vorzusehen, wenn
             höchstens eine Machzahl $Ma = 0{,}3$ als zulässig erachtet wird?

6.7   Die strömungsmechanischen Grundlagen des Schmetterlingsfluges sollen an
          einem 5-fach vergrößerten Modell in Luft (20 °C) untersucht werden. Trans-
          lationsgeschwindigkeit $w = 0{,}3$ m/s; Flatterfrequenz $f = 5$ Hz.
          a) Welche Ähnlichkeitszahlen sind maßgebend?
          b) Welche Flatterfrequenz und welche Anströmgeschwindigkeit (= Flug-
             geschwindigkeit) sind beim Modell vorzusehen?
          c) Zur Messung von Druckverteilungen am Flügel wird erwogen, Messungen
             in Wasser zu machen. Welche Flatterfrequenz und Anströmgeschwindigkeit
             wären dann einzustellen?

6.8   Das Halterohr eines Prandtlrohres, $d = 2{,}5$ mm, wird in einem Windkanal von
          Luft, 20 °C, querangeströmt mit $w = 30$ m/s. Bei Betrieb des Windkanals hört
          man einen unangenehmen Pfeifton mit einer Frequenz von ca. 2,5 kHz. Es ist
          zu prüfen, ob dieser durch periodische Wirbelablösungen nach Abb. 6.3 ver-
          ursacht sein könnte.
          a) Welche Kennzahlen sind maßgebend und welchen Wert haben diese?
          b) Welche Frequenz ergibt sich?

6.9 Flugzeugmodell 1:5 im Windkanal, Anströmgeschwindigkeit 110 m/s. Bei ausgeschlagenem Höhenruder tritt an dessen Achse ein Moment $M_{mo} = 10\,\mathrm{N\,m}$ auf. Der Luftzustand bei Modell und Großausführung sei gleich.

a) Für welche Fluggeschwindigkeit beim Originalflugzeug herrscht Reynolds'sche Ähnlichkeit?

b) Wie groß ist dann das Drehmoment M_{or} am Höhenruder?

c) Schätzen Sie das Drehmoment am Höhenruder für eine Fluggeschwindigkeit von 80 m/s ab, wenn angenommen wird, dass bis zu dieser Geschwindigkeit der Reynoldszahleinfluss gering bleibt.

6.10 U-Boot: Originallänge 45 m, Geschwindigkeit 40 km/h. Ein Modell im Maßstab 1:10 wird unter Wasser mit einer Geschwindigkeit von 18 m/s geschleppt, um Erfahrungen darüber zu gewinnen, mit welchem Drehmoment das Steuerruder gehalten werden muss. Wassertemperaturen: Original: 10 °C, Modell: 20 °C.

a) Welche Reynoldszahlen liegen bei Original und Modell vor?

b) Wenn angenommen werden kann, dass im vorliegenden Fall der Reynoldszahleinfluss gering ist, mit welchem Faktor sind dann die gemessenen Drehmomente umzurechnen auf das Original?

c) Kann in einem Automobilwindkanal für 140 km/h (20 °C/760 mm QS) eine bessere Annäherung an die Originalreynoldszahl erreicht werden?

6.11 Das Wellensystem eines 40 m langen Schiffes soll an einem Modell im Maßstab 1:20 in einem Schleppkanal untersucht werden. Die für das Originalschiff vorgesehene Geschwindigkeit ist 50 km/h. Wasser: 10 °C.

a) Wie groß sind Froude'sche und Reynolds'sche Zahl?

b) Mit welcher Geschwindigkeit muss das Modell geschleppt werden, wenn das Wellensystem studiert werden soll?

c) In welchem Verhältnis stehen die aus dem Wellensystem resultierenden Wellenwiderstandskräfte von Original und Modell? (Beachten Sie, dass sich die Kräfte aus Produkten Fläche · Druck ergeben.)

d) Mit welcher Geschwindigkeit müsste das Modell geschleppt werden, wenn die Reibungskräfte zufolge Viskosität untersucht werden sollen? Welche wesentlichen Gründe machen diesen Versuch praktisch unmöglich?

*6.12 Leiten Sie das Reynolds'sche Ähnlichkeitsgesetz durch Dimensionslosmachen der Gleichung für reibungsbehaftete Strömung in Tab. 5.2 ab.

Die Grenzschicht

7

7.1 Übersicht über grundlegende Forschungsergebnisse

Reibungsfreie Strömungen (Potentialströmungen) können wesentliche Erfahrungstatsachen nicht beschreiben. Beispielsweise ergibt die Berechnung der Widerstandskraft (Kraft in Anströmrichtung), die eine Potentialströmung auf einen angeströmten Körper ausübt, dass diese immer gleich null sein muss (D'Alembert'sches Paradoxon). Messungen zeigen, dass die Potentialströmung der wirklichen Strömung in größerer Entfernung vor einem Körper ziemlich nahe kommt. In unmittelbarer Nähe und hinter dem umströmten Körper treten aber starke Abweichungen auf, wie wir z. B. beim umströmten Zylinder in Kap. 1 gesehen hatten, Abb. 1.4.

Von den wirklichen Fluiden ist bekannt, dass in ihnen nicht nur Druckspannungen, sondern auch Schubspannungen auftreten können. Wie wir bereits in Kap. 5 erörtert haben, hängen die Schubspannungen nach Gl. 5.2a mit der Geschwindigkeit zusammen. Ältere Abschätzungen ergaben, dass die Schubkräfte im Vergleich zu den Druckkräften und Beschleunigungskräften eigentlich keine Rolle spielen sollten und daher – abgesehen von Spezialfällen – die Potentialströmungen die wirklichen Strömungen gut annähern müssten.

Wie jedoch *Prandtl* (1904) zuerst erkannte, spielt auch bei Fluiden mit geringer Viskosität letztere eine wesentliche Rolle für die Strömung, da die Geschwindigkeit in einer sehr dünnen Schicht nahe der Körperoberfläche vom Wert in der freien Strömung auf null abfällt, Abb. 7.1. Im Gegensatz zu Potentialströmungen, die an Körperoberflächen Relativgeschwindigkeiten tangential zur Fläche erfordern, zeigen Versuche, dass wirkliche Fluide an der Körperoberfläche haften ($w = 0$). In der erwähnten dünnen Schicht – der sog. *Grenzschicht* – ist notwendigerweise der Geschwindigkeitsgradient dw/dn sehr groß und somit auch die Schubspannung. Außerhalb der Grenzschicht und des hinter dem Körper anschließenden Wirbelgebietes sind die Geschwindigkeitsgradienten und somit

© Springer Fachmedien Wiesbaden GmbH, ein Teil von Springer Nature 2021
S. Bschorer und K. Költzsch, *Technische Strömungslehre,*
https://doi.org/10.1007/978-3-658-30407-2_7

der Reibungseinfluss klein. Es liegt daher nahe, das gesamte Gebiet der Strömung in zwei Bereiche einzuteilen, Abb. 7.1:

a) Bereich der Grenzschicht und des Wirbelgebietes. Hier muss Reibung und die Bedingung des Haftens berücksichtigt werden.
b) Restlicher Bereich. In ihm sind die Schubspannungen vernachlässigbar (reibungsfreie Strömung). Die Bedingung des Haftens ($w = 0$) an der Grenze zur Grenzschicht muss nicht gestellt werden. Es ist daher diese „Außenströmung" praktisch eine Potentialströmung.

Erst diese Aufteilung in die zwei oben erwähnten Gebiete hat es ermöglicht, Strömungen realer Fluide mit zwar großem aber annehmbarem mathematischem Aufwand vorauszuberechnen. Deshalb ist die Grenzschichttheorie für die moderne Strömungslehre so bedeutsam.

Ludwig Prandtl kommt durch die Begründung der Grenzschichttheorie das große Verdienst zu, die zwei wesentlichen aber isolierten Entwicklungsstränge der Strömungslehre zusammengeführt zu haben:

- die mathematische Strömungslehre mit dem Schwerpunkt Potentialströmungen
- die ingenieurmäßige, weitgehend empirische Strömungslehre mit Schwerpunkten wie Rohrhydraulik, Umströmung von Körpern mit Ablösung u. a.

Prandtl kann daher mit Recht als Begründer der modernen Strömungslehre bezeichnet werden. Er machte Göttingen in seiner Zeit zum Weltzentrum der Strömungsforschung (Ludwig Prandtl 1875–1953). Prandtls berühmtes Buch „Führer durch die Strömungslehre" ist 1931 erstmals erschienen. Nach seinem Tod 1953 wurden die Neuauflagen von namhaften Vertretern der Strömungslehre aktualisiert und erweitert. Die aktuelle Auflage trägt den Titel „PRANDTL – Führer durch die Strömungslehre" und wurde von Prof. H. Oertel jr. (TH Karlsruhe) herausgegeben [26]. Die ersten 200 Seiten haben

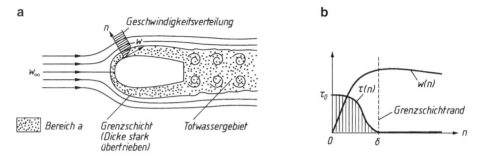

Abb. 7.1 a Aufteilung des Strömungsfeldes, b Geschwindigkeits- und Schubspannungsverteilung in der Grenzschicht, schematisch

den Charakter einer aktuellen Einführung in die höhere Strömungslehre. Eine aktuelle Erweiterung betrifft z. B. die sog. „Bioströmungsmechanik" mit Beiträgen über Vogelflug, Schwimmen von Fischen, Blutkreislauf u. a.

Die längsangeströmte Platte

Der einfachste und überschaubarste Fall einer Grenzschicht liegt bei der längsangeströmten Platte vor, Abb. 7.2. Die Erforschung der Plattengrenzschicht war richtungsweisend für die Erforschung aller anderen Grenzschichten.

Die Grenzschichttheorie geht von den Navier-Stokes-Gleichungen (Tab. 5.2) aus und gelangt über (wohlbegründete) Vereinfachungen zu den sog. Grenzschichtdifferenzialgleichungen. Für laminare Strömung in der Grenzschicht ist eine exakte Vorausberechnung möglich; für turbulente Grenzschichten muss man experimentelle Resultate mitberücksichtigen. Die Berechnungen sind in jedem Fall relativ kompliziert und können im Rahmen dieses Werkes nicht erörtert werden. Stattdessen führen wir hier einige elementare Ergebnisse der experimentellen und theoretischen Forschungen über die **Plattengrenzschicht** an:

1. Die Strömung in der Grenzschicht kann ebenso wie z. B. die Rohrströmung laminar oder turbulent sein. Man spricht entsprechend von laminarer und turbulenter Grenzschicht. Letztere hat immer eine – außerordentlich dünne – laminare Unterschicht an der Wand.
2. Eine laminare Grenzschicht kann nach einer bestimmten Lauflänge x_u in eine turbulente Grenzschicht umschlagen. Die Lage der Umschlagstelle hängt von mehreren Faktoren ab, insbesondere liegt sie weiter stromabwärts bei schärferer Vorderkante. Bei stumpfer eckiger Vorderkante ist die Grenzschicht meist von vorne an turbulent. Zur Charakterisierung der Umschlagstelle verwendet man eine mit x_u, Abb. 7.2, gebildete Reynoldszahl Re_{krit}

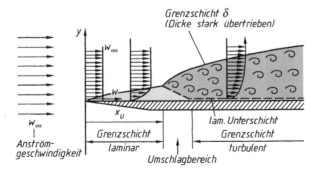

Abb. 7.2 Laminare und turbulente Grenzschicht an der längsangeströmten Platte (Oberseite). Im Prinzip geht die Theorie von einer „unendlich dünnen" Platte aus. Diese ist vorne automatisch scharf, d. h. die Grenzschicht beginnt mit der Dicke „null". Die im Bild dargestellte „reale" Platte nähert diese (oben) sehr gut an

$$Re_{\text{krit}} = \frac{w_\infty x_u}{v} \qquad (7.1)$$

In der Fachliteratur findet man hierfür Werte von $3{,}2 \cdot 10^5$ bis $3 \cdot 10^6$. Normalerweise ist mit dem unteren Grenzwert zu rechnen. Nur bei besonders störungsfreier Außenströmung wird $3 \cdot 10^6$ erreicht.

3. Mit zunehmender Geschwindigkeit wird die Grenzschicht an einem feststehenden Ort dünner.
4. Die turbulente Grenzschicht ist unter vergleichbaren Bedingungen dicker als die laminare, reicht also weiter in die Strömung hinaus. Andererseits ist aber das Geschwindigkeitsprofil an der Wand steiler, vgl. Abb. 7.2, sodass die Schubspannung und somit der Reibungswiderstand größer ausfällt als bei vergleichbarer laminarer Strömung in der Grenzschicht.
5. Die Grenzschichtdicke nimmt nach hinten stetig zu. Für die Grenzschichtdicke sind verschiedene Definitionen in Gebrauch:
   a) Grenzschichtdicke δ; δ ist jener Wandabstand, bis zu dem die Geschwindigkeit von der Wandreibung beeinflusst ist. Da der Geschwindigkeitsverlauf asymptotisch den Wert in der freien Strömung erreicht, legt man – etwas willkürlich – δ so fest, dass in diesem Abstand 99 % der Geschwindigkeit in der freien Strömung erreicht sind. Wegen der Messunsicherheit ist δ nur ungenau versuchsmäßig erfassbar, lediglich bei Grenzschichtrechnungen hat diese Definition größere Bedeutung.
   b) Verdrängungsdicke δ^*: Durch die Grenzschicht werden die Stromlinien der äußeren Strömung etwas abgedrängt. Man stellt sich nun einen Verdrängungskörper der Dicke δ^* vor, wobei innerhalb desselben $w = 0$ und außerhalb die Geschwindigkeit der freien Strömung herrscht, Abb. 7.3. Es ist dann

$$w_\infty \delta^* = \int_0^\infty (w_\infty - w(y))\,dy \text{ oder } \delta^* = \int_0^\infty \left(1 - \frac{w(y)}{w_\infty}\right) dy.$$

6. Die Entwicklung der Grenzschicht hängt empfindlich vom Druckverlauf in der angrenzenden Außenströmung ab. Bei der längsangeströmten Platte in freier Strömung ist dieser Druck konstant.

Abb. 7.3 Zur Definition der Verdrängungsdicke δ^* der Grenzschicht

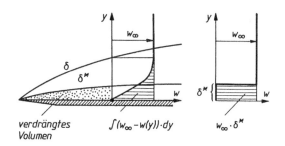

7.1 Übersicht über grundlegende Forschungsergebnisse

7. Einige zahlenmäßige Ergebnisse der Forschung sind in Tab. 7.1 zusammengestellt. Abb. 7.4 zeigt die Geschwindigkeitsverteilung der laminaren Grenzschicht an der längsangeströmten Platte in dimensionsloser Darstellung, wie sie sich aus der Grenzschichttheorie in Übereinstimmung mit Versuchsresultaten ergibt;

$y^+ \sim y$ dimensionsloser Wandabstand.

8. Der Widerstandsbeiwert c_f wird auf die Plattenfläche A (einseitig) bezogen und über die Fläche gemittelt. Die Reibungswiderstandskraft der Platte ist dann (einseitig)

$$F_R = c_f \frac{1}{2} \rho w_\infty^2 A \qquad \text{Reibungskraft an der längsangeströmten Platte} \qquad (7.2)$$

c_f hängt insbesondere von der Reynoldszahl und von der Rauigkeit der Oberfläche ab. Abb. A.1 im Anhang gibt Zahlenwerte nach der Theorie von *Prandtl-Schlichting*. Letztere ermöglicht die Umrechnung des für Rohrreibung reichlich vorhandenen Zahlenmaterials auf die Platte. Hierbei wird die Rauigkeit durch die sog. *äquivalente Sandrauigkeit* k_s erfasst. Diese Bezeichnung geht auf *Nikuradse* zurück, der umfangreiche Reibungsmessungen in Rohren durchführte, die mit Sandkörnern einheitlichen Durchmessers k_s beklebt waren. Einer beliebigen technischen Rauigkeit wird nun als äquivalente Sandrauigkeit jene zugeordnet, welche gerade denselben Reibungswiderstand erzeugt.

9. Rauigkeitserhebungen, die innerhalb einer laminaren Grenzschicht oder innerhalb der sehr dünnen laminaren Unterschicht der turbulenten Grenzschicht liegen, haben

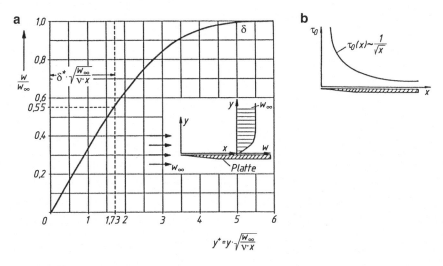

Abb. 7.4 a Geschwindigkeitsverteilung an der längsangeströmten glatten Platte in dimensionsloser Auftragung (theoretische Lösung von *Blasius*, laminare Strömung), b Verteilung der Wandschubspg. $\tau_0(x)$

Tab. 7.1 Die Grenzschicht an der längsangeströmten Platte, Übersicht über wichtige Forschungsergebnisse [8]

	Laminare Grenzschicht	von vorne an turbulente Grenzschicht	
		Glatte Platte	Sandraue Platte
Geschwindigkeitsverteilung w(y): Die Geschwindigkeitsprofile in verschiedenen Abständen x von der Vorderkante sind ähnlich und lassen sich durch eine einzige Kurve, die sog. „universelle Geschwindigkeitsverteilung" darstellen.			
Dimensionslose Geschwindigkeit	$w^* = \dfrac{w(y)}{w_\infty}$	$w^* = \dfrac{w(y)}{w_0}$; $w_0 = \sqrt{\dfrac{\tau_0}{\rho}}$	
Wandschubspannung	$\tau_0 = 0{,}332\rho\sqrt{w_\infty^3 \cdot \nu/x}$	$\tau_0 = \dfrac{1}{2}\rho w_\infty^2 \cdot (2 \cdot \log Re_x - 0{,}65)^{-2/3}$	
Dimensionsloser Wandabstand y^+	$y^+ = y \cdot \sqrt{\dfrac{w_\infty}{\nu \cdot x}}$	$y^+ = y \cdot \dfrac{w_0}{\nu}$	
Geschwindigkeitsverteilung $w^* = f(y^+)$	nicht als Formel darstellbar, Abb. 7.4	$w^* = 5{,}85 \cdot \log y^+ + 5{,}56$	
Widerstandsbeiwert $c_f = \dfrac{F_R}{A \cdot \frac{1}{2}\rho w_\infty^2}$	$c_f = \dfrac{1{,}328}{\sqrt{Re_l}}$	$c_f = \dfrac{0{,}455}{(\log Re_l)2{,}58}$	$c_f = \left(1{,}89 + 1{,}62 \cdot \log \dfrac{l}{k_s}\right)^{-2{,}5}$ für $10^2 < \dfrac{1}{k_s} < 10^6$ sonst siehe Abb. A.1 im Anhang
Grenzschichtdicke Grenzschichtrand	$\delta = 5 \cdot \sqrt{\dfrac{\nu \cdot x}{w_\infty}}$	$\delta = 0{,}37 \cdot x \cdot (Re_x)^{-0{,}2}$	
Verdrängungsdicke	$\delta^* = 1{,}73 \cdot \sqrt{\dfrac{\nu \cdot x}{w_\infty}}$	$\delta^* = 0{,}01738 \cdot Re_x^{0{,}861} \cdot \dfrac{\nu}{w_\infty}$	

7.1 Übersicht über grundlegende Forschungsergebnisse 207

keinen Einfluss auf den Widerstandsbeiwert. Man bezeichnet solche Flächen als *hydraulisch glatt*. Wir erläutern diese Zusammenhänge näher im nächsten Kapitel an Hand der Rohrströmungen. Bei den meisten praktischen Fällen können die Oberflächen *nicht* als hydraulisch glatt angesehen werden. Nach *Schlichting* [8] ist eine Plattenoberfläche hydraulisch glatt, wenn

$$k_s < l \cdot \frac{100}{Re} = \frac{\nu}{w_\infty} \cdot 100 \qquad \begin{array}{l} \text{Grenzrauigkeit für} \\ \text{hydraulisch glatte Platte} \end{array} \qquad (7.3)$$

10. Die Kompressibilität (Machzahl) hat einen relativ kleinen, vermindernden Einfluss auf den Widerstandsbeiwert, Richtwerte für die Abminderung enthält Tab. 7.2.

Grenzschichten an umströmten Körpern

Für Grenzschichten an umströmten Körpern gelten im Prinzip ähnliche Regeln wie für die längsangeströmte Platte. Der Einfluss der Krümmung der Oberfläche ist wegen der geringen Dicke der Grenzschicht i. Allg. gering. Die Krümmung der Oberfläche beeinflusst aber natürlich den Druckverlauf in der Außenströmung und auf diesem Wege die Grenzschicht. Tab. 7.3 gibt einige Resultate für einfache Fälle. Im Gegensatz zur längsangeströmten Platte beginnt die Grenzschicht an *vorne gerundeten Körpern* nicht mit der Grenzschichtdicke null, sondern mit einem bestimmten Wert. Die Widerstandskraft beruht hier nicht nur auf Schubspannungen wie bei der längsangeströmten Platte, sondern auch auf dem Unterdruck im Totwassergebiet. Damit zusammenhängende Fragen werden in Kap. 9 behandelt.

Die Tatsache, dass die Grenzschichtdicke an der scharfen Kante der längsangeströmten Platte mit null beginnt, im Staupunkt eines querangeströmten Zylinders jedoch mit einem bestimmten Wert, lässt sich übrigens sehr leicht und eindrucksvoll demonstrieren, Abb. 7.5: Versucht man, ein vertikales Blatt Papier unten anzuzünden, so gelingt dies sofort (Grenzschichtdicke unten null, Brenngase gelangen sofort zur Papieroberfläche!) jedoch erst nach einiger Zeit, wenn man einen Papierzylinder – oder auch ein horizontales Blatt – anzuzünden versucht.

Grenzschichten in Düsen

Die Reibungsauswirkung in Düsen lässt sich besonders einleuchtend mit dem Grenzschichtbegriff erklären. Abb. 7.6: An der Düsenwand bildet sich eine i. Allg. dünne (wegen der kurzen Lauflänge meist auch laminare) Grenzschicht. Der Kernstrahl strömt

Tab. 7.2 Einfluss der Machzahl auf den Widerstandsbeiwert der längsangeströmten Platte [8]	Ma_∞	$c_f/c_{f,\text{inkompr.}}$
	1	0,92
	2	0,75
	4	0,50

Tab. 7.3 Grenzschichtdicke bei umströmten Körpern (laminare Grenzschicht)

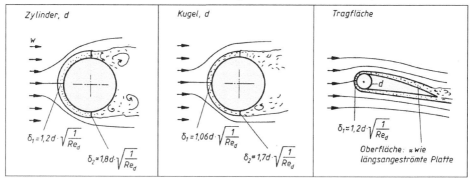

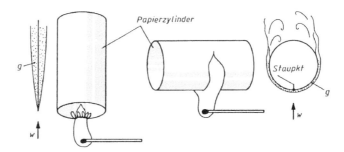

Abb. 7.5 Zur Grenzschichtdicke an längsangeströmter Platte und querangeströmtem Zylinder. Bei letzterem wird die Grenzschicht zuerst aus kalter Luft gebildet, bevor die heißen Gase ankommen. g Grenzschicht

im Wesentlichen reibungsfrei, in ihm gilt die Bernoulli'sche Gleichung (z. B. die Ausflussformeln). Die Grenzschicht bildet gewissermaßen eine „Schmierschicht", auf der der Kernstrahl ausströmt. Die Geschwindigkeitsverteilung an der Mündung ist in Abb. 7.6 angedeutet.

Die in Abb. 7.3 definierte Verdrängungsdicke δ^* der Grenzschicht findet hier eine interessante Anwendung: Zur Berechnung des austretenden Volumenstromes $\dot{V}_{\text{tats}}$ denkt man sich den Düsendurchmesser um $2\delta^*$ verkleinert, Abb. 7.6:

$$\dot{V}_{\text{tats}} = \frac{(d - 2\delta^*)^2 \pi}{4} \cdot w_{\text{theor}} \qquad (7.4)$$

Die Verdrängungsdicke δ^* hängt von der Düsenform und von der Reynoldszahl Re_d ab.

A. Michalke [9] hat für eine spezielle Düsenform (die sog. Wirbelringdüse), deren Kontur übrigens auch in Abb. 7.6 dargestellt ist, theoretisch und experimentell die Verdrängungsdicke δ^* der laminaren Grenzschicht an der Innenwand der Düse ermittelt und gefunden:

7.2 Wirbelbildung und Turbulenz

Abb. 7.6 Zur Grenzschicht bei der Düsenströmung (Grenzschichtdicken stark übertrieben). Austritt eines Flüssigkeitsstrahles in Luft, d. h. keine nennenswerte Reibung am äußeren Strahlrand

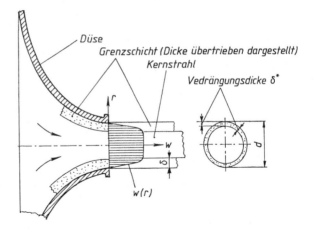

$$\delta^* \approx \frac{d}{\sqrt{Re_d}} \qquad \text{Verdrängungsdicke der Düsengrenzschicht} \qquad (7.5)$$
$$Re_d = w_{\text{theor}} \cdot d/\nu$$

Michalkes Experimente reichen bis $Re_d = 250.000$ und zeigen, dass zumindest bis dorthin die Grenzschicht laminar strömt.

Gl. 7.5 kann auch für andere Düsenformen als Grundlage für Näherungsberechnungen dienen.

Nachdem der Strahl die Mündung verlassen hat, verschwindet die Haftbedingung und der Kernstrahl beschleunigt die (frühere) Grenzschicht nach und nach. Hierbei tritt weitere Dissipation auf.

Der Studierende schätzt i. Allg. die Bedeutung der Grenzschichtvorstellung und -theorie für das Verständnis und die feinere quantitative Erfassung der wesentlichen Strömungserscheinungen aufs erste viel zu niedrig ein.

Das internationale Standardwerk „Grenzschichttheorie" von H. Schlichting [8] (einem Schüler Prandtls), hat in der 10. (deutschsprachigen) Auflage 799 Seiten! Die Zahl der einschlägigen wissenschaftlichen Einzelveröffentlichungen ist heute nahezu unüberblickbar.

7.2 Wirbelbildung und Turbulenz

Nun wollen wir noch versuchen, die Wirbelbildung und das Umschlagen von laminarer in turbulente Strömung plausibel zu machen.

Wie schon erwähnt sind turbulente Strömungen genau genommen immer instationär. In einem raumfesten Punkt stellt man auch bei äußerlich stationärem Strömungsbild unregelmäßige Geschwindigkeits- und Druckschwankungen fest. Bei unserer Betrachtung gehen wir von einem Fluidteilchen aus, das in einer laminaren Strömung mit Geschwindigkeitsgradient normal zu den Stromlinien strömt. Dies ist z. B. in einer laminaren Rohrströmung oder in einer laminaren Grenzschicht der Fall, Abb. 7.7. Wir beschreiben den Vorgang in einem Koordinatensystem, das mit dem Punkt P des Teilchens fest verbunden bleibt, also „mitschwimmt". In einem solchen Koordinatensystem bewegt sich das Fluid in einer linearen Geschwindigkeitsverteilung rechts nach oben, links nach unten, Abb. 7.7. Ein zu einem bestimmten Zeitpunkt markiertes quaderförmiges Element verformt sich in ein zunehmend schiefer werdendes Prisma. Der Druck in Ebenen normal zu den Stromlinien muss konstant sein, sonst könnten die Stromlinien nicht gerade sein. Wie verhält sich nun diese Strömung, wenn in der Umgebung des Punktes P eine kleine kurz dauernde Druckschwankung, z. B. ein Unterdruck auftritt? Mit dem Vorhandensein solcher Schwankungen muss immer gerechnet werden (verursacht etwa durch Schallwellen).

Offensichtlich bewirkt ein solcher lokaler Unterdruck eine Krümmung der umliegenden Stromlinien, Abb. 7.8. Eine einmal eingeleitete Krümmung der Stromlinien

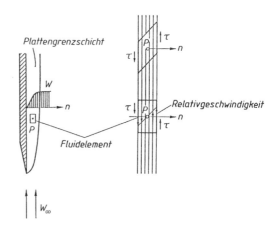

Abb. 7.7 Zur Wirbelbildung. Stabile laminare Plattengrenzschicht

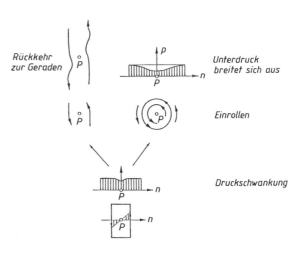

Abb. 7.8 Wirbelbildung, ausgehend von einer zufälligen Druckschwankung

7.2 Wirbelbildung und Turbulenz

kann aber in diesem Strömungsfeld eine Verstärkung und Ausbreitung des Unterdruckes bewirken (Krümmungsdruckformel Tab. 5.1).

Unter Umständen kann es zum Einrollen und Abspalten einer Fluidpartie in der Umgebung des Punktes P kommen (Wirbelbildung). Durch das Ausweichen der umliegenden Fluidpartien entstehen andererseits wieder Unregelmäßigkeiten im ursprünglich konstanten Druckfeld und diese können Ausgangspunkte von Vorgängen ähnlich dem beschriebenen werden: Die Strömung wird turbulent. Diese Vorgänge sind an Geschwindigkeitsgradienten gebunden, in Parallelströmung mit konstanter Geschwindigkeit sind sie nicht denkbar.

Die Verstärkung kleiner zufälliger Druckschwankungen zu größeren Wirbelgebilden geht aber nicht unbehindert vor sich: Reibungskräfte bzw. Schubspannungen dämpfen diesen Vorgang. Auch wird die Einrollung durch die Nähe von festen Wänden behindert. Sind die Schubspannungen relativ zum Druckaufbau durch die Stromlinienkrümmung groß, so kehren die Stromlinien nach anfänglicher Krümmung wieder in die gerade Form zurück; die laminare Strömungsform ist stabil.

Das Verhältnis der Druckkräfte zu den Reibungskräften ist nichts anderes als die Reynoldszahl. Wird sie größer, erfolgt Druckaufbau und Ausbreitung durch Krümmung der Stromlinien intensiver (proportional ρw_{rel}^2!), während die bremsenden Kräfte nur linear mit w zunehmen ($\tau = \eta \cdot \mathrm{d}w/\mathrm{d}n$). Es gibt daher eine bestimmte Reynoldszahl, ab der die Stromlinien nach einer anfänglichen Störung nicht mehr in die Gerade zurückkehren. Vielmehr wird die Tendenz zur Krümmung verstärkt und führt im Extremfall zur Einrollung eines Wirbels, der sich nach einiger Zeit durch Reibung totläuft. Das plötzliche Anwachsen einer Krümmung der Bahnkurven beobachtet man gut an von einer ruhenden Zigarette aufsteigendem Zigarettenrauch.

Nun versuchen wir mit dieser Modellvorstellung einige wichtige Strömungserscheinungen einzuordnen. Hierzu betrachten wir einen querangeströmten Zylinder beginnend von kleinen Anströmgeschwindigkeiten:

a) Sehr kleine Anströmgeschwindigkeit, bis ca. $Re = 30$. Die Schubspannungen überwiegen und bewirken, dass alle zufälligen Druckschwankungen abklingen und die Nachlaufströmung geordnet verläuft, Abb. 7.9a.

b) Bei größeren Reynoldszahlen reichen die Schubspannungen nicht mehr aus, im Nachlauf zufällige Druckschwankungen auszudämpfen, sondern es führen letztere zur mehr oder minder regelmäßig gekrümmten Strömung größerer Fluidmassen, Abb. 7.9b. In einem bestimmten Reynoldszahlbereich entstehen sehr regelmäßig eingerollte Wirbelgebilde, die sog. Kármán'sche Wirbelstraße. Dies offensichtlich nicht durch zufällige Druckschwankungen, sondern durch gegenseitige Induktion (vgl. Abb. 6.3).

Die Grenzschicht bleibt laminar. In ihr herrschen zwar größere Geschwindigkeitsgradienten als jene, die im Nachlauf bereits zu Wirbeln führen, aber die Nähe der Wand wirkt so stark dämpfend auf Störungen, dass keine wirbelige Strömung möglich ist.

Abb. 7.9 Zur Frage der Wirbelbildung

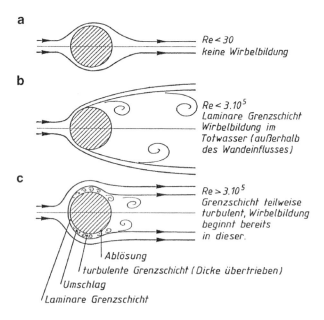

c) Bei sehr großen Reynoldszahlen werden schließlich die Geschwindigkeitsgradienten in der Grenzschicht so groß, dass auch dort trotz des dämpfenden Einflusses der Wand, Störungen zu wirbeliger Strömung führen; die Grenzschicht wird turbulent. Zwar wird die Grenzschicht mit zunehmender Reynoldszahl dünner, jedoch ist der Einfluss des größer werdenden Geschwindigkeitsgradienten stärker und ab einer bestimmten Dicke geht vom Grenzschichtrand die Turbulenzierung aus. Eine dünne Wandschicht bleibt wegen des dämpfenden Einflusses der nahen Wand laminar (laminare Unterschicht der turbulenten Grenzschicht).

d) Werden knapp unterhalb der kritischen Reynoldszahl der Grenzschicht Störungen mit beträchtlicher Krümmung und in entsprechender Dichte aufgezwungen, so kann die wirbelige Strömung in der gesamten Grenzschicht bei dieser sonst unterkritischen Strömung stabil sein. (Wirkung des Stolperdrahtes, welcher den Stromlinien Krümmungsradien mit ca. Drahtradius aufzwingt. Auch aufgeraute oder genoppte Oberflächen wirken in diesem Sinne.)

Diese qualitativen Überlegungen werden auch durch Theorie (Störungsrechnung) und Computerberechnungen gestützt.

Turbulenz

Abschließend wollen wir noch auf die gebräuchliche Bezeichnung „unregelmäßige Geschwindigkeitsschwankungen" für turbulente Strömungen etwas näher eingehen. Solche Schwankungen können z. B. mit einem Hitzdrahtanemometer gemessen werden. Der Messfühler ist hierbei ein wenige μm dicker stromdurchflossener Platindraht, der

7.2 Wirbelbildung und Turbulenz

seinerseits Bestandteil einer Wheatstone'schen Messbrücke ist. Je nach momentaner Strömungsgeschwindigkeit wird dieser Draht verschieden stark gekühlt und ändert dadurch seine Temperatur und seinen Widerstand. Durch geeignete Kalibrierung kann man die momentane Geschwindigkeit zur Anzeige bringen (genau: Betrag der Geschwindigkeitskomponente in einer Ebene normal zur Drahtachse). Wegen der enorm geringen Masse des Drahtes erfolgt die Anzeige praktisch trägheitslos. Mit derartigen Anordnungen erhält man Schriebe wie in Abb. 7.10 dargestellt.

Die „unregelmäßigen Schwankungen" muss man sich so entstanden denken, dass kleine Wirbel quer über den Draht (bzw. über einen feststehenden Raumpunkt) hinwegwandern, wobei die Geschwindigkeit kurzzeitig einen Wert über und gleich danach unter der mittleren Geschwindigkeit annimmt. Die Schwankungen erscheinen uns nur unregelmäßig; tatsächlich spiegeln sie Bildung und Zerfall kleiner Wirbel. Auf der Ebene dieser Wirbel ist die Strömung natürlich immer laminar. Die Bezeichnung „turbulent" drückt aus, dass wir nicht in der Lage sind, die vielen kleinen Wirbel zu überblicken. Großvolumige Wirbel (z. B. in Winden) zerfallen in Stufen (Kaskaden) in immer kleinere, z. B. in fünf Stufen.

Turbulenz beinhaltet insbesondere folgende Teilvorgänge:

- Einrollung von Wirbeln in Gebieten steilen Geschwindigkeitsanstieges, insbesondere in Grenzschichten
- Austauschbewegungen von Wirbeln aus verschiedenen Schichten
- Totlaufen der Wirbel: Die Drehbewegung eines Einzelwirbels wird durch Reibung immer schwächer und verschwindet schließlich

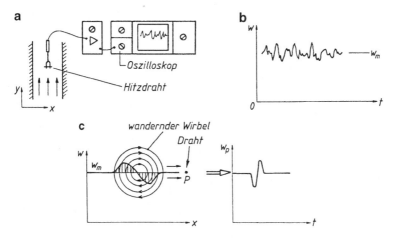

Abb. 7.10 Zur Entstehung turbulenter Geschwindigkeitsschwankungen durch Wirbelbewegung, **a** Schema des Hitzdrahtanemometers; **b** Schrieb; **c** Entstehung einer Geschwindigkeitsschwankung im Punkt P, schematisch

214   7 Die Grenzschicht

- Turbulenz ist immer mit erhöhter Fluidreibung verbunden: Ein Teil der trans-
  latorischen kinetischen Energie der Strömung wird in Rotationsenergie abgespalten
  und wandelt sich in den Wirbeln in Wärme um (zusätzlich zur Wärmeentwicklung
  durch Reibung bei rein translatorischer Bewegung).

Kleine Wirbel laufen sich rascher tot als große. Darauf beruht die Wirkung sogenannter
Turbulenzsiebe, wie sie z. B. im Einlauf von Windkanälen verwendet werden: Größere
einlaufende Wirbel werden durch die Siebmaschen in kleinere zerschnitten, welche sich –
zusammen mit den vom Sieb neugebildeten Wirbeln – rasch totlaufen.

7.3   Widerstandsverminderung durch Längsrillen

7.3.1   Allgemeines

Gar nicht so selten haben durch den Evolutionsvorgang gestaltete Lebewesen Pate
gestanden für Ideen zur Gestaltung technischer Objekte. So ist bekannt geworden, dass
die Haut schneller Haifische, z. B. der Weißen Haie, nicht etwa hydraulisch glatt ist,
sondern Längsrillen aufweist, die mit der vorherrschenden Strömungsrichtung an der
Oberfläche übereinstimmen. Versuche bestätigten, dass derartige Oberflächenstrukturen
einen geringeren Widerstand aufweisen als (hydraulisch) glatte Oberflächen.

Der widerstandsvermindernde Effekt tritt nur dann auf, wenn Rillenrichtung und
Strömungsrichtung (nahe der Oberfläche) um weniger als etwa 10° abweichen und ergibt
günstigstenfalls eine *Re*-abhängige Widerstandsverminderung gegenüber hydraulisch
glatter Oberfläche um 10 %. Die Rillen müssen eine ganz bestimmte Tiefe aufweisen,
um wirksam zu sein (für Flugzeuge: einige hundertstel Millimeter).

Einige Flugzeuge (Airbus) wurden für Großversuche mit Rillen-Klebefolien beklebt,
um Erfahrungen zu sammeln. In Gebieten laminarer Grenzschicht und in Totwassergebieten ist die Folie natürlich nicht von Nutzen; Fenster, Flügelnasen, Enteisungs-
flächen müssen frei bleiben.

Die ausgebildete Rohr- bzw. Kanalströmung (vgl. Abb. 8.1) eignet sich besonders für
experimentelle und theoretische Studien zum Rillen-Effekt.

7.3.2   Experimentelle Befunde und Erörterung der Ursachen der
            Widerstandsverminderung

Zunächst ist es erstaunlich, dass durch Vergrößerung der Oberfläche (infolge Rillung) der
Reibungswiderstand sinken kann. Seit mehr als 20 Jahren wird nach einer theoretischen
Aufklärung dieses Effektes und nach Anwendungen gesucht.

Zweifelsfrei ist der experimentelle Befund: Wenn die Spitzen der Rillen eine Höhe
h über der Basisfläche haben, welche etwa 2- bis 4-mal so groß ist wie die Dicke h_0 der

7.3 Widerstandsverminderung durch Längsrillen

laminaren Unterschicht einer glatten Platte unter sonst gleichen Strömungsbedingungen, dann reduziert sich der Reibungswiderstand, d. h. auch die mittlere Wandschubspannung τ, abhängig von der Rillengeometrie um bis zu 9,9 %. In Abb. 7.11 ist dieser Sachverhalt an Hand von Messwerten nach D. W. Bechert et al. [11] dargestellt.

Mithilfe der Dicke h_0 der laminaren Unterschicht der glatten Platte kann eine vereinfachte Erklärung wie folgt gegeben werden:

Ist die Rillenhöhe $h < h_0$ so verhält sich die gerillte Platte etwa wie eine hydraulisch glatte Platte (gleicher Widerstand). Ab etwa $h > 5h_0$ wird der Reibungswiderstand der gerillten Platte größer als jener der glatten Platte.

Wesentlich ist also, dass die Rillengrate über die mittlere Höhe der laminaren Unterschicht hinausragen. Auch die Rillengrate sind natürlich von einer – wenn auch viel dünneren – laminar strömenden Schicht abgedeckt.

Die zentrale Ursache der Widerstandsminderung ist dadurch gegeben, dass die Rillen den **Quer**austausch von Wirbelballen behindern. Die wesentlichen Verluste an mechanischer Energie entstehen zwar durch Wirbelballenaustausch **normal** zur Oberfläche; dieser Austausch induziert jedoch aus „Platzgründen" (Kontinuitätsgleichung!) auch einen Queraustausch. Die Behinderung des letzteren durch Rillen vermindert deshalb auch

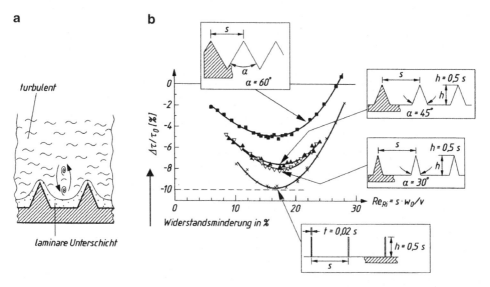

Abb. 7.11 Zur Widerstandsminderung durch Längsrillen. **a** Rillen, mit laminarer Unterschicht und turbulenter Grenzschicht bedeckt, schematisch; vgl. auch Abb. 7.2. **b** Messergebnisse für verschiedene Rillengeometrien nach Bechert [11]. Widerstandsminderung $\Delta\tau/\tau_0$; Wandschubspannung bezogen auf die Basisfläche der Rillenplatte bzw. der hydraulisch glatten Referenzplatte. Die Reynoldszahl ist hier zweckmäßigerweise mit s und $w_0 = \sqrt{\tau_0/\rho}$ gebildet. Letzteres ist die sog. Schubspannungsgeschwindigkeit der glatten Referenzplatte, welche mit der mittleren Geschwindigkeit w im Testkanal zusammenhängt. Becherts Messwerte wurden in einem Ölkanal bei etwa $w = 1$ m/s und Rillenmaßen im 5-mm-Bereich erzielt. Die Ergebnisse können auf praktische Fälle umgerechnet werden

den **oberflächennormalen** Austausch und bewirkt damit weniger Verlust an kinetischer Energie. Durch den verminderten Austausch strömt die laminare Unterschicht langsamer und τ wird kleiner.

Vereinfacht kann das Phänomen auch wie folgt erklärt werden: Dadurch, dass durch die laminare Unterschicht auf der Rillenoberfläche der Raum für die Entstehung wandnaher Wirbelballen verringert wird, entstehen dort weniger Wirbel, was stärker vermindernd auf den Reibungswiderstand der Platte wirkt als die erhöhende Wirkung durch größere Oberfläche der Rillenplatte.

Die Widerstandserhöhung bei $h > 5h_0$ erklärt sich daraus, dass dann die Grate bei Querschwankungsbewegungen **neue** Wirbelbildung induzieren.

7.3.3 Mögliche Anwendungen

Flugzeuge

1999 flog zur Erprobung ein Airbus A 340 im Liniendienst, dessen Oberfläche zu ca. 30 % mit Rillenfolie (engl. ‚riblet‘) beklebt war (möglich wären ca. 70 % der Oberfläche). Signifikante Verschmutzungs- und Standzeitprobleme sind nicht aufgetreten [10]. Durchsichtige Rillenfolie mit $\alpha = 45°$ ermöglicht auch periodische Rissinspektionen, wie sie für Flugsicherheit absolut erforderlich sind. Treibstoffkosten sind mit ca. 30 % an den Gesamtbetriebskosten beteiligt. Bei 70 %-Rillenfolienbeklebung ergäbe sich etwa eine 3 %-Treibstoffeinsparung, was ca. 1 % Gesamtkostenersparnis bedeuten würde. Wichtiger ist jedoch der Umstand, dass beim Start statt 80 t Treibstoff um 2,4 t weniger getankt werden müsste, was durch ca. 15 Passagiere mehr (statt 295) kompensiert werden könnte. Daraus rechnet sich theoretisch ein Gewinn von ca. 10^6/ Jahr.

Es ist auch ein **Anwendungsfall bei Öl-Pipelinerohren** bekannt geworden: Durch Durchziehen von Reinigungsköpfen mit speziellen Kratzbürsten entstehen Längsrillen, welche bis zu 10 % Leistungsersparnis bei den Pumpkosten bringen sollen [11].

Haifische

Der interessierte Leser wird auf den mehrseitigen Abschn. 5.3.1 „Riblets" in dem Buch „Bioströmungsmechanik" von H. Oertel [47] verwiesen.

7.4 Beispiele

Beispiel 7.1 Es ist eine bekannte Erfahrungstatsache, dass, wenn man mit dem Finger (nicht zu langsam) durch eine Kerzen- oder Feuerzeugflamme streicht, die Hitze der etwa 1000 °C heißen Gase nicht spürt. Würden diese Gase an die Haut herankommen, entstünden sofort Verbrennungen. Die Erklärung ist relativ einfach:

7.4 Beispiele

Bei Bewegung des Fingers in Zimmerluft bildet sich bereits eine anhaftende Grenzschicht mit kalter Luft, die dann die heißen Gase beim Passieren der Flamme nicht heranlässt. Bei längerer Verweildauer kann die Hitze aber natürlich zur Haut durchdringen.

Im Hinblick auf diese Erscheinung wollen wir eine Abschätzung durchführen: der Finger soll durch einen Zylinder mit $d = 2$ cm angenähert werden, der mit $w = 0{,}25$ m/s bewegt wird (Queranströmung).

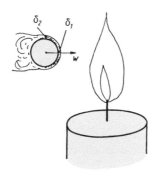

Welche Grenzschichtdicke δ stellt sich in Luft von 20 °C ein:

a) im Staupunkt (δ_1)
b) an der dicksten Stelle (δ_2)?

Lösung: Wir ziehen die Ergebnisse nach Tab. 7.3 heran und berechnen zunächst die Reynoldszahl. Mit einem Zähigkeitswert ν nach Tab. A.3 im Anhang ergibt sich

$$Re_d = \frac{w \cdot d}{\nu} = \frac{0{,}25 \cdot 0{,}02}{15{,}11 \cdot 10^{-6}} = 331$$
$$\underline{\delta_1} = 1{,}2 \cdot d\sqrt{1/Re_d} = 1{,}2 \cdot 0{,}02\sqrt{1/331} = 1{,}32 \cdot 10^{-3} \text{m} = \underline{1{,}32 \text{ mm}}$$
$$\underline{\delta_2} = 1{,}8 \cdot d\sqrt{1/Re_d} = 1{,}8 \cdot 0{,}02\sqrt{1/331} = 0{,}0020 \text{ m} = \underline{2{,}0 \text{ mm}}$$

Es ist einleuchtend, dass derartige Schichtdicken eine gewisse Zeit Schutz vor den heißen Brenngasen bieten.

Beispiel 7.2 Eine weitere Anwendung des durch die Grenzschichttheorie gewonnenen Zahlenmaterials demonstrieren wir an Hand eines Flugkörpers mit rechteckigen Stabilisierungsflossen nach Abb. 7.12. Der Flugkörper fliege mit $w = 600$ km/h auf Meereshöhe. Rauigkeit: Flugkörper hydraulisch glatt; Flossen $k_s = 0{,}05$ mm. Zunächst fragen wir nach dem zusätzlichen Widerstand, der durch die Stabilisierungsflossen entsteht ($F_{R,F}$). Anschließend berechnen wir den Rumpfwiderstand infolge Reibung $F_{R,R}$.

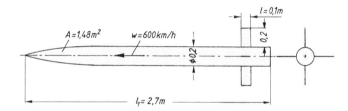

Abb. 7.12 Zum Beispiel

Lösung: Stabilisierungsflossen: Zunächst müssen wir die Reynoldszahl mit der maßgebenden Längenabmessung $l = 0,1$ m bilden:

$$Re = \frac{w \cdot l}{\nu} = \frac{166,7 \cdot 0,1}{14,6 \cdot 10^{-6}} = 1,14 \cdot 10^6$$

Da $Re > 3,2 \cdot 10^5$ wird die Grenzschicht turbulent sein. Zwar wurden bei $Re = 3 \cdot 10^6$ gelegentlich schon laminare Grenzschichten beobachtet (auch schon bei noch viel höheren Reynoldszahlen), dies aber unter besonderen Laborbedingungen wie extrem scharfe Vorderkante, extrem geringe Vorturbulenz im Windkanal, sehr glatte Oberfläche. Bei normalen Bedingungen tritt der Umschlag bei $Re = 3,2 \cdot 10^5$ oder bald danach auf.

Für $l/k_s = 100/0,05 = 2000$ und für unsere Reynoldszahl entnehmen wir Abb. A.1 im Anhang:

$$c_f = 0,0068$$

Die benetzte Fläche beträgt für vier Flossen (beidseitig)

$$A = 8 \cdot 0,1 \cdot 0,2 = 0,16 \, \text{m}^2$$

Somit wird der Reibungswiderstand der Flossen nach Gl. 7.2

$$F_{R,F} = 0,0068 \cdot \frac{1}{2} \cdot 1,225 \cdot 166,7^2 \cdot 0,16 = \underline{18,5 \, \text{N}}$$

Die Dicke der Grenzschicht am Ende der Flosse beträgt (Tab. 7.1)

$$\delta = 0,37 Re^{-0,2} l = \underline{2,3 \, \text{mm}}$$

Rumpfkörper: Mit guter Näherung wird sich auch am Rumpf der Länge nach eine Grenzschicht wie an der Platte bilden. Für den Rumpf beträgt die Reynoldszahl, die hier sinngemäß mit der Länge l_1 zu bilden ist:

$$Re = \frac{w l_1}{\nu} = 30,8 \cdot 10^6$$

7.5 Übungsaufgaben

Für glatte Oberfläche entnimmt man Abb. A.1 im Anhang:

$$c_\mathrm{f} = 0{,}0026$$

Mit der Rumpffläche $A = 1{,}48\,\mathrm{m}^2$ wird dann der Reibungswiderstand des Rumpfes

$$F_{\mathrm{R,R}} = 0{,}0026 \cdot \frac{1}{2} \cdot 1{,}225 \cdot 166{,}7^2 \cdot 1{,}48 = \underline{65{,}5\,\mathrm{N}}$$

Außer dem oben berechneten *Reibungswiderstand* tritt noch zusätzlich der sog. Druckwiderstand auf (vgl. Kap. 9). Letzterer wird im Wesentlichen durch einen Unterdruck (Sog) im Heck, den sog. Basisdruck, bewirkt. Für längere längsangeströmte zylindrische Körper ähnlich unserem Flugkörper findet man aus Versuchen einen Basisdruck im Heck von ca. $0{,}12 \cdot 1/2 \cdot \rho w_\infty^2$ [12]. Daraus lässt sich für unsere Verhältnisse eine Druckwiderstandskraft abschätzen:

$$F_{\mathrm{Heck}} = \frac{d^2 \pi}{4} \cdot 0{,}12 \cdot \frac{1}{2} \cdot \rho w_\infty^2 = \underline{64{,}2\,\mathrm{N}}$$

Durch *Einziehen* des Heckteiles auf eine kleinere Abschlussfläche kann dieser Widerstandsanteil nahezu zum Verschwinden gebracht werden (geringerer Sog · geringerer Fläche!).

Wenn die Strömung nicht exakt rotationssymmetrisch ist, d. h. wenn die Körperachse etwas gegen die Anströmrichtung (bzw. Flugrichtung) geneigt ist (man sagt auch „angestellt" ist), erhöht sich der Heckwiderstand. Bei einem Anstellwinkel von 10° tritt etwa eine Verdopplung auf.

7.5 Übungsaufgaben

7.1 Welche Tragflächenformen sind vom Standpunkt des Laminarhaltens der Grenzschicht günstiger (Fläche = konstant):
a) große Spannweite und geringe Tiefe,
b) geringe Spannweite und große Tiefe?
Für Überlegungen dieser Art kann die Tragfläche durch eine längsangeströmte Platte ersetzt werden. Obige Fragestellung ist für Segelflugzeuge von Bedeutung, wo $Re \approx 10^6$.

7.2 Welche Tragflächenformen (bei konstanter Fläche) sind bei turbulenter Grenzschicht (d. h. bei Großflugzeugen) vom Standpunkt des Reibungswiderstandes günstiger (beachte Anhang, Abb. A.1; glatte Oberfläche, $Re = 10^7$):
a) große Spannweite und kleine Tiefe,
b) geringe Spannweite und große Tiefe?

*7.3 Eine glatte, rechteckige, vorne zugeschärfte Platte $0{,}2 \cdot 0{,}5$ m wird in eine Wasser-Parallelströmung – $w_\infty = 0{,}5$ m/s – gehalten, so, dass die 0,5 m-Seite parallel zur Strömung zu liegen kommt.
a) Zeichnen Sie mit Hilfe von Abb. 7.4 die Geschwindigkeitsverteilungen $w(y)$ für $x = 0{,}25$ und 0,5 m.
b) Zeichnen Sie $\delta(x)$ und $\delta^*(x)$.
c) Berechnen Sie F_R (2 Seiten!) und τ_0 für $x = 0{,}25$ und 0,5 m.

*7.4 Berechnen Sie die Grenzschichtdicke an der Hinterkante des Flügels vom Airbus A380 (Annahme des Flügels als ebene Platte) in einer Flughöhe von 11 km bei einer Fluggeschwindigkeit von 900 km/h für eine mittlere Flügellänge (sog. Profiltiefe, siehe Abschn. 10.2) von 10,6 m.

7.5 Welcher Widerstand $F_{R,F}$ und $F_{R,R}$ ergibt sich für den Flugkörper des Beispiels 7.2 für eine Geschwindigkeit $w = 300$ km/h?

*7.6 Ein Schiff ist 80 m lang und hat 860 m^2 von Wasser benetzte Fläche. Rauigkeit $k_s = 3$ mm. Geschwindigkeit $w = 50$ km/h. Wassertemperatur 10 °C. Schätzen Sie mithilfe der Plattengrenzschicht den Reibungswiderstand F_R des Schiffes ab. Dieser stellt den weitaus größten Anteil am Gesamtwiderstand dar.

7.7 Ein U-Boot hat eine benetzte Fläche von 720 m^2 und eine Länge von 45 m. Rauigkeit $k_s = 1$ mm. Geschwindigkeit $w = 40$ km/h. Wassertemperatur 10 °C.
a) Schätzen Sie mithilfe der Plattengrenzschicht den Reibungswiderstand ab.
b) Welche Verlustleistung ergibt sich aus a)?

7.8 Die Daten für den Zeppelin LZ 130, der (um 1925) im Transatlantik-Liniendienst Deutschland–USA (53 Stunden Flugzeit) eingesetzt war, waren wie folgt:
Länge: 243 m; Durchmesser: 41,2 m; Fluggeschwindigkeit $w = 128$ km/h; Oberfläche: angestrichenes Baumwollgewebe, $k_s = 0{,}2$ mm; Motoren: $4 \cdot 1000$ PS. Man ermittle für eine Flughöhe von 1 km:
a) Reynoldszahl mit der Länge als charakteristischer Länge,
b) Abschätzung des „Hautwiderstandes" (= Reibungswiderstand) mithilfe des c_f-Wertes für die längsangeströmte Platte. Die Fläche kann als Zylindermantelfläche angenähert werden (einschließlich Leitwerksfläche). Erfahrungsgemäß macht der Reibungswiderstand hier ca. 70 % des Gesamtwiderstandes aus.
c) Zur Überwindung des Reibungswiderstandes erforderliche Schubleistung.
d) Für c) erforderliche Motorleistung, wenn der Vortriebswirkungsgrad mit $\eta_v = 0{,}80$ und der Propellergütegrad mit $\eta_g = 0{,}85$ angenommen wird.

7.5 Übungsaufgaben

***7.9** In einem Rohreinlauf nach Skizze strömt Luft. Der Unterdruck nach 2 m beträgt 200 mm WS. Das Rohr ist hydraulisch glatt. Luftzustand: 1,025 bar/20 °C ($\nu = 14{,}93 \cdot 10^{-6}\,\mathrm{m^2/s}$).

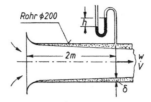

Man ermittle:
a) Geschwindigkeit w nach Bernoulli ($\rho = 1{,}22\,\mathrm{kg/m^3}$).
b) Theoretischen Volumenstrom $\dot V$.
c) Grenzschichtdicke δ nach 2 m unter der Annahme, dass die Plattengrenzschicht eine gute Näherung ist.
d) Verdrängungsdicke der Grenzschicht δ^* nach 2 m.
e) Volumenstrom $\dot V$ unter Berücksichtigung der Verdrängungsdicke.
f) Welche Rauigkeit k_s darf höchstens auftreten, damit die Wand als hydraulisch glatt angesehen werden kann?

7.10 Bei einem Dieselmotor wird der Kolbenboden durch Anspritzen mit Schmieröl von unten gekühlt. Die gerundete Spritzdüse hat einen Durchmesser von 2 mm. Der Ölüberdruck beträgt 3 bar. Öleigenschaften: 60 °C: $\rho = 868\,\mathrm{kg/m^3}$, $\nu = 82 \cdot 10^{-6}\,\mathrm{m^2/s}$; 40 °C: $\rho = 881\,\mathrm{kg/m^3}$, $\nu = 231 \cdot 10^{-6}\,\mathrm{m^2/s}$; 20 °C: $\rho = 893\,\mathrm{kg/m^3}$, $\nu = 892 \cdot 10^{-6}\,\mathrm{m^2/s}$. Man berechne:
a) Austretenden Ölvolumenstrom $\dot V$ in l/h bei reibungsfreier Strömung für die angegebenen Temperaturen,
b) austretenden Ölvolumenstrom $\dot V$ bei Berücksichtigung der Reibung mithilfe der Verdrängungsdicke δ^* der Grenzschicht nach Gl. 7.5.

*7.11 Schätzen Sie den Reibungseinfluss bei Aufgabe 2.25 mithilfe der Verdrängungsdicke der Grenzschicht δ^* in der Lochblende ab. Ölzähigkeit $\nu = 8 \cdot 10^{-5}\,\mathrm{m^2/s}$. Schätzen Sie ab, auf wie viel der Durchmesser d der Lochblende von Aufgabe 2.25 vergrößert werden muss, damit eine Senkgeschwindigkeit von 20 mm/s eintritt.

7.12 Bei Beispiel 7.2 wurde angenommen, dass die Rumpfaußenhaut hydraulisch glatt ist. Wie groß darf die Rauigkeit k_s höchstens sein, damit diese Annahme zutreffend ist?

7.13 Um sich ein näheres Bild von den Grenzschichtverhältnissen bei Beispiel 7.2 zu machen, soll die Grenzschicht an einer entsprechenden längsangeströmten Platte untersucht werden. Platte: 2,7 m lang, 1,48/2,7 = 0,548 m breit, $w = 600$ km/h.

a) Berechnen Sie die Umschlagstelle x_u bei Annahme von $Re_\text{krit} = 3,2 \cdot 10^5$.

b) Berechnen und skizzieren Sie den Verlauf der laminaren Grenzschichtdicke $\delta(x)$ von $x = 0$ bis $x = x_\text{u}$ sowie $w(y)$ bei $x = x_\text{u}$.

c) Berechnen und skizzieren Sie den Verlauf $\delta(x)$ einer von der Vorderkante an turbulent angenommenen Grenzschicht ($x = 0$ bis 2,7 m). Der tatsächliche Verlauf $\delta(x)$ der turbulenten Grenzschicht hinter der Umschlagstelle ($x = x_\text{u}$ bis 2,7 m) ist nur geringfügig verschieden gegenüber einer von der Vorderkante an turbulenten Grenzschicht.

d) Berechnen Sie $\delta^*(x)$ und $w(y)$ für $x = 2,7$ m (analog c)).

e) Nach einem Vorschlag von Prandtl kann man die Widerstandskraft F_R einer längsangeströmten Platte, welche vorne eine laminare und anschließend eine turbulente Grenzschicht hat, nach folgendem Schema berechnen

$$F_\text{R} = F_\text{R,lam}(x = 0 \div x_\text{u}) + F_\text{R,turb}(x = 0 \div l) - F_\text{R,turb}(x = 0 \div x_\text{u})$$

In den allermeisten Anwendungsfällen spielt jedoch der laminare Anteil nur eine geringe Rolle, sodass die Rechnung mit von vorne an turbulenter Grenzschicht einfach und zweckmäßig erscheint. Berechnen Sie F_R nach dem obigen Schema und vergleichen Sie das Ergebnis mit dem Wert 65,5 N des Beispiels 7.2.

7.14 Aus einem ebenen Spalt tritt eine Flüssigkeit der Dichte ρ mit der Geschwindigkeit w_0 in atmosphärische Luft aus. Das Geschwindigkeitsprofil kann als trapezförmig angenommen werden (Grenzschicht). Man berechne für einen 1 m breiten Spalt

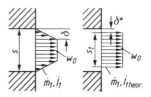

a) Massenstrom $\dot{m}_1 = f(s, w_0, \rho, \delta)$,

b) Impulsstrom $\dot{I}_1 = f(s, w_0, \rho, \delta)$,

c) die sog. Impulsverlustdicke $\delta^{**} = f(\delta)$, die sich als Differenz $s - s_1$ ergibt, wobei s_1 einem Idealstrahl mit rechteckigem Geschwindigkeitsprofil w_0 mit dem tatsächlichen Impulsstrom $\dot{I}_1$ zugeordnet ist, $\delta^{**} = 1/2(s - s_1)$.

d) Auf welchen Wert $\overline{w}^*$ verringert sich w_0, wenn der Strahl nach Verlassen des Spaltes gemäß dem Impulssatz eine einheitliche Geschwindigkeit erreicht hat? $\overline{w}^* = f(w_0, \delta^{**}, s, \rho)$

Rohrströmung und Druckverlust

8

8.1 Strömungscharakter von Rohrströmungen

Untersucht man die Entwicklung einer Strömung aus einem ruhenden Fluid heraus, Abb. 8.1, so ist deutlich die Bildung einer Grenzschicht – ähnlich der Grenzschicht an einer ebenen Platte – zu erkennen. Diese Grenzschicht wird in Strömungsrichtung immer dicker und erfasst nach einer gewissen Einlaufstrecke den gesamten Rohrquerschnitt: Die Rohrströmung kann somit als Grenzschichtströmung bezeichnet werden. Für die voll ausgebildete Rohrströmung mit gleichbleibendem Geschwindigkeitsprofil wurden Formeln für die Geschwindigkeits- und Schubspannungsverteilung und den Druckverlust aufgestellt.

Die Strömung in der Einlaufstrecke ist bei gut abgerundetem Einlauf charakterisiert durch ein fast rechteckiges Geschwindigkeitsprofil $w_{max} \approx w_m$, das allmählich durch die Entwicklung der Grenzschicht in das endgültige Geschwindigkeitsprofil übergeht. Der Druck*abfall* pro Meter Rohrlänge in der Einlaufstrecke ist höher als bei ausgebildeter Strömung.

Ebenso wie bei der Plattengrenzschicht gibt es auch hier eine laminare und eine turbulente Strömungsform. Schlägt die Grenzschicht vor dem Zusammenwachsen nicht in die turbulente Strömungsform um, so bleibt die laminare Strömung auch stromabwärts stabil. Das Geschwindigkeitsprofil ist in diesem Fall eine Parabel.

Schlägt die Grenzschicht vor dem Zusammenwachsen in die turbulente Strömungsform um, so bildet sich nach dem Zusammenwachsen ein an der Wand steil ansteigendes, gegen Rohrmitte zu relativ flaches Geschwindigkeitsprofil aus, Abb. 8.1b.

Der charakteristische Unterschied zur laminaren Strömung ist auch hier der scharfe Geschwindigkeitsgradient in Wandnähe, wodurch der höhere Druckverlust entsteht (τ!).

© Springer Fachmedien Wiesbaden GmbH, ein Teil von Springer Nature 2021
S. Bschorer und K. Költzsch, *Technische Strömungslehre*,
https://doi.org/10.1007/978-3-658-30407-2_8

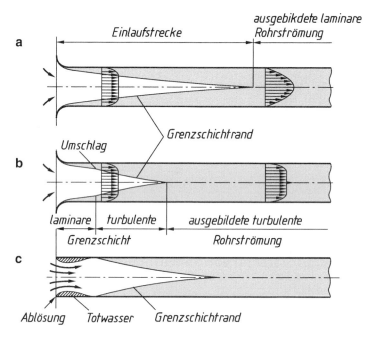

Abb. 8.1 Entwicklung einer Rohrströmung aus der Ruhe. **a** laminare Rohrströmung, **b** turbulente Rohrströmung, **c** Strömungsverhältnisse bei scharfkantigem Einlauf. Bei turbulenten Rohrströmungen bildet sich eine sehr dünne laminare Unterschicht an der Rohrwand, Tab. 8.2

Laminare Rohrströmung tritt auf, wenn die Reynoldszahl einen kritischen Wert Re_krit nicht übersteigt:

$$Re = \frac{w_\text{m} d}{\nu} \geq Re_\text{krit} = 2320 \tag{8.1}$$

Bei $Re > Re_\text{krit}$ ist die laminare Strömung instabil und schlägt bei geringen Störungen in eine turbulente Strömung um.

Laminare Rohrströmung (Hagen-Poiseuille): Zur Berechnung des Geschwindigkeitsprofils betrachten wir einen von der ausgebildeten Rohrströmung herausgeschnitten gedachten Zylinder der Länge l und bringen an ihm die Schubspannungen und Druckkräfte an, Abb. 8.2. Der Druck nimmt offensichtlich linear in Strömungsrichtung ab. Bei stationärer Strömung muss der Flüssigkeitszylinder im Gleichgewicht sein (Schubkraft an der Mantelfläche = Druckkraft an der Stirnfläche; k noch unbekannte Konstante):

$$2r\pi \cdot l \cdot \tau = r^2 \pi \cdot \Delta p \rightarrow \tau(r) = \frac{r \cdot \Delta p}{2 \cdot l} = r \cdot k/2 \tag{8.2}$$

8.1 Strömungscharakter von Rohrströmungen

Abb. 8.2 Zur laminaren Rohrströmung Hinweis zu Gl. 8.3: τ wird in dieser Herleitung im Gegensatz zu Gl. 5.2 entgegen der Strömungsrichtung als positiv definiert

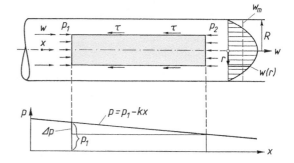

Andererseits ist mit dem Newton'schen Ansatz für die Schubspannung, Gl. 5.2

$$\tau(r) = -\eta \cdot \frac{dw}{dr} = r \cdot k/2. \tag{8.3}$$

Integration und Berücksichtigung der Randbedingung $w(R) = 0$ (Haften) ergibt:

$$\boxed{w = \frac{k}{4\eta}(R^2 - r^2) = \frac{p_1 - p_2}{4\eta l}(R^2 - r^2)} \quad \begin{array}{l}\text{Geschwindigkeitsverteilung}\\ \text{bei laminarer Rohrströmung}\end{array} \tag{8.4}$$

Die Geschwindigkeitsverteilung ist also ein Rotationsparaboloid ($w \sim r^2$). Die *maximale* Geschwindigkeit in Rohrmitte beträgt $w_{max} = (p_1 - p_2)R^2/(4\eta l)$. Die *mittlere* Geschwindigkeit, mit der auch die Reynoldszahl gebildet wird, ist, wie man durch Integration findet (Aufgabe 1.28), genau halb so groß.

$$w_m = \frac{1}{2}w_{max} = \frac{p_1 - p_2}{2 \cdot 4 \cdot \eta \cdot l}R^2 = \frac{p_1 - p_2}{32\eta l}d^2 \tag{8.5}$$

Bei laminarer Strömung ist der Druckverlust der Geschwindigkeit direkt proportional. Laminare Rohrströmungen treten in der Technik eher selten auf, z. B. in Ölleitungen mit sehr kleinem Durchmesser. Interessiert man sich nicht für die Geschwindigkeitsverteilung, sondern nur für den Druckverlust auf einer bestimmten Rohrlänge l, so ergibt sich (Hagen-Poiseuille'sche Gleichung):

$$\boxed{p_1 - p_2 = \Delta p_v = \frac{32 w_m \eta l}{d^2} \sim w_m} \quad \begin{array}{l}\text{Druckverlust bei}\\ \text{laminarer Rohrströmung}\end{array} \tag{8.6}$$

Wenn keine Verwechslungsgefahr besteht, kann statt w_m auch w geschrieben werden.

Turbulente Rohrströmung: Während Gl. 8.3 schon sehr früh (Hagen 1839, Poiseuille 1840) aufgrund von Experimenten aufgestellt wurde und auch die theoretische Ableitung bald folgte (Wiedemann 1856), traten bei der theoretischen Behandlung der turbulenten Rohrströmung anfänglich große Schwierigkeiten auf. Die Messung vieler Geschwindigkeitsprofile zeigte, dass diese – durch w_{max} und R dimensionslos gemacht – nicht einfach

Abb. 8.3 Laminare und turbulente Geschwindigkeitsprofile in dimensionsloser Darstellung

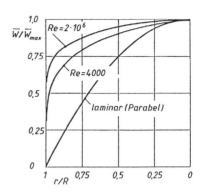

zur Deckung zu bringen waren wie bei der laminaren Rohrströmung (Parabelprofil). Vielmehr ergaben sich verschiedene Profile, Abb. 8.3. Auch ist der Druckverlust hier nicht linear sondern etwa quadratisch von der Geschwindigkeit abhängig. Weiterhin können die Strömungsverhältnisse im Gegensatz zur laminaren Strömung zusätzlich von der Wandrauigkeit abhängig sein.

Zu beachten ist auch, dass $\overline{w}(r)$ hier nur zeitliche (nicht räumliche) Mittelwerte der (turbulent) schwankenden Geschwindigkeitswerte angibt. Man könnte fragen, warum denn die obige Ableitung für laminare Rohrströmung hier *nicht mehr* gilt. Der entscheidende Punkt liegt in Folgendem: Die Kontrollfläche (Mantel) des Fluidzylinders in Abb. 8.2 ist für laminare Strömung tatsächlich auch eine Stromröhre. In turbulenten Strömungen treten ständig Wirbel in beiden Richtungen durch diese Zylindermantelfläche auf. Sie führen auch Translationsimpuls mit sich, entsprechend der Schicht aus der sie kommen. Ganz analog zu der in Kap. 5 besprochenen molekularen Diffusion, welche Viskosität, Reibung und Schubspannungen τ_l (s. Gl. 8.7) bewirkt, verursacht auch der quer zur Strömung gerichtete Transport von „Wirbelballen" sog. turbulente Schubspannungen τ_t.

Statt von der tatsächlichen instationären Strömung kann man in einer vereinfachten Betrachtungsweise vom *Mittelwert* der schwankenden Geschwindigkeit $\overline{w}(r)$ ausgehen. Die Schubspannungen ergeben sich dabei mit einem Faktor η_t analog zur Viskosität η:

$$\boxed{\tau_l = \eta \frac{dw}{dn} \rightarrow \tau_t = \eta_t \frac{d\overline{w}}{dn} \quad \tau_t \text{ scheinbare turbulente Schubspannung}} \qquad (8.7)$$

Um das Ergebnis allgemein zu formulieren, haben wir statt $r \rightarrow n$ geschrieben (Koordinate normal zu $\overline{w}$). $\overline{w}$ ist hier der zeitliche Mittelwert der turbulent schwankenden Geschwindigkeit an einem festen Ort. Dieser Wert darf nicht verwechselt werden mit dem räumlichen Mittelwert der Geschwindigkeit über den Querschnitt, w_m.

Die Erfahrung zeigt, dass η_t typischerweise einen Wert hat, der *mehrere Hundertfache* größer ist als die Viskosität! Das heißt auch, dass der Impulsaustausch durch Wirbelballen um diesen Faktor größer ist als der molekulare Impulsaustausch durch Diffusion der Moleküle.

8.2 Druckverlust und Druckabfall

Leider ist η_t kein Stoffwert wie η, sondern eine Strömungsgröße und hängt von den turbulenten Parametern der technischen Fragestellung ab. Zur Wand hinzu muss η_t auf den Wert η abnehmen: es ergibt sich in unmittelbarer Wandnähe nur die normale laminare Schubspannung τ_l, nach Gl. 5.2 (laminare Unterschicht).

Aus gemessenen Geschwindigkeitsprofilen $\overline{w}(r)$ und Druckverlustwerten Δp_v bei turbulenter Rohrströmung kann auf die turbulenten Schubspannungen τ_t zurück-gerechnet werden. Um aus der Viskosität η und den Randbedingungen allein **turbulente** Strömungserscheinungen numerisch vorauszuberechnen, werden heutzutage leistungs-starke Computer benutzt (vgl. Kap. 13). Der Ingenieur ist aber meist nicht an den Details der (instationären) turbulenten Strömungen interessiert, sondern nur an einigen globalen Kenngrößen wie etwa den Druckverlustbeiwerten (z. B. Rohrwiderstandsbeiwert λ) für Rohrleitungen. Hierfür sind systematisch aufbereitete Messwerte (wie sie in der Fach-literatur [14] vorliegen) zweckmäßig.

Ähnlich wie bei Rohren verhält es sich bei der längsangeströmten Platte: Die laminare Grenzschicht konnte von H. Blasius in seiner berühmten Dissertation bei Prof. Prandtl nur aus η und den Randbedingungen berechnet werden. Um auf einfache Weise Resultate für turbulente Grenzschichten zu erhalten, lässt man Versuchswerte mit einfließen (c_f-Diagramm im Anhang!). Diese Situation (hinsichtlich laminar/turbulent) liegt im Prinzip bei allen Strömungsproblemen in ähnlicher Weise vor.

8.2 Druckverlust und Druckabfall

Die Strömungsverluste in Rohrleitungsanlagen setzen sich zusammen aus den Druck-verlusten der geraden Leitungsabschnitte sowie der Summe aus Einzelverlusten, die aus Rohrleitungseinbauten wie Krümmern, Abzweigstücken, Querschnittsänderungen, Apparaten usw. herrühren. Man macht hierfür folgende Ansätze:

$$\boxed{\text{Gerade Rohrleitungsabschnitte } \Delta p_v = \lambda \cdot \frac{l}{d} \cdot \rho \cdot \frac{w_m^2}{2}} \tag{8.8}$$

$$\boxed{\text{Rohrleitungseinbauten } \Delta p_v = \zeta \cdot \rho \cdot \frac{w_m^2}{2}} \tag{8.9}$$

Δp_v Druckverlust, N/m^2

λ Rohrwiderstandsbeiwert der ausgebildeten Rohrströmung, –

ζ Widerstandsbeiwert von Einbauten, –

l Länge der Rohrleitung ohne Einbauten, m

d Rohrdurchmesser, m

w_m Mittlere Strömungsgeschwindigkeit $w_m = \frac{\dot{V}}{A}$ (auch w), m/s

$\dot{V}$ Volumenstrom, m^3/s

$\dot{m}$	Massenstrom ($\dot{m} = \dot{V}\,\rho$), kg/s
A	Rohrquerschnitt, m^2
k	Natürliche Rauigkeit, m

8.2.1 Druckverlust gerader Rohrleitungsteile

a) Laminare Rohrströmung

Gl. 8.6 gibt den Druckverlust an. Die Strömungsverhältnisse der laminaren Strömung (siehe Tab. 8.1) sind unabhängig von der Wandrauigkeit k, da die durch Wanderhebungen verursachten Störungen durch den übermächtigen Einfluss der Viskosität geglättet werden.

b) Turbulente Rohrströmung

Der Druckverlust der turbulenten Strömung ist im Gegensatz zur laminaren Strömung annähernd quadratisch von w_m abhängig. Viskose Reibung beschränkt sich auf eine dünne Schicht in Wandnähe (laminare Unterschicht). Zur Rohrmitte hin bewirken die turbulenten Austauschbewegungen meist weit größere Verluste, Gl. 8.7.

Die laminare Unterschicht ist nun von großer Bedeutung für den Turbulenzgrad bzw. das Ausmaß des Druckverlustes, je nachdem, ob sie die Wandrauigkeiten, die ja zusätzliche Turbulenzerzeuger darstellen, mehr oder weniger verdeckt oder ganz abdeckt.

Eine Übersicht gibt Tab. 8.2, welche die drei charakteristischen Rauigkeitsbereiche der turbulenten Rohrströmung schematisch zeigt.

Für Druckverlustberechnungen werden zur λ-Ermittlung das sog. Colebrook-Diagramm, Abb. 8.4, oder die entsprechenden Gl. T.8.2–T.8.8 verwendet. Für realistische Berechnungen in der Praxis sind zutreffende Werte der Rohrrauigkeit wichtig.

Sandrauigkeit k_s und technische (natürliche) Rauigkeit k. Die Sandrauigkeit k_s stellt eine künstlich durch Aufkleben von Sand bestimmter Korngröße erzeugte, gleichmäßige Rauigkeit dar. Nikuradse machte umfangreiche Versuche mit sandbeklebten Rohren, welche als Grundlage für λ-Diagramme dienten. Das Colebrook-Diagramm bezieht sich auf technisch raue Rohre. Werte für k sind in Tab. 8.3 zu finden.

Tab. 8.1 Laminare Rohrströmung

Laminare Rohrströmung $Re \leq 2320$	$w = w_{\max}\left[1 - \dfrac{r^2}{R^2}\right]$
Rohrwand	$\Delta p = \dfrac{32l\eta}{d^2}w_m \sim w_m$ oder in Anlehnung an die allgemeine Druckverlustformel für gerade Rohrleitungsabschnitte(Gl. 8.8): $\Delta p = \lambda \dfrac{l}{d}\dfrac{w_m^2}{2}\rho;\ \lambda = \dfrac{64}{Re}$ (T.8.1)

8.2 Druckverlust und Druckabfall

Tab. 8.2 Ausgebildete turbulente Rohrströmung

Glatt $\lambda = (Re)$ gültig für $Re \cdot \dfrac{k}{d} \leq 65$	
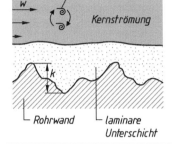	• Laminare Unterschicht $\left(\frac{k \cdot w_\tau}{\nu} = k^+ < 5\right)$ deckt Wandrauigkeit komplett zu • Turbulente Rohrströmung gleitet oberhalb laminarer Unterschicht entlang • Turbulenz entsteht von selbst in Kernströmung (Wirbelbildung) • λ ist nur von Re-Zahl abhängig
• Für $2.300 < Re \leq 10^5$ $$\lambda = \dfrac{0{,}3164}{Re^{0{,}25}} \qquad \text{(T.8.2)}$$ • Für $10^5 < Re < 5 \cdot 10^6$ $$\lambda = 0{,}0032 + \dfrac{0{,}221}{Re^{0{,}237}} \qquad \text{(T.8.3)}$$	• Optional iterative Gleichung für $2.300 < Re$ $$\dfrac{1}{\sqrt{\lambda}} = 2 \cdot log\left(Re \cdot \sqrt{\lambda}\right) - 0{,}8 \qquad \text{(T.8.4)}$$
Übergangsrau $\lambda = (Re, k/d)$ gültig für $65 < Re \cdot \dfrac{k}{d} < 1.300$	
	• Mit zunehmender Re-Zahl (d. h. dünnerer laminarer Unterschicht und/oder größer werdender relativer Wandrauigkeit k/d) ragen Rauigkeitsspitzen aus laminarer Unterschicht heraus und reichen bis in die Übergangsschicht (gültig für $5 < k^+ < 30$, unterhalb der logarithmischen Wandschicht) • Turbulenz wird zusätzlich durch Wandrauigkeit verursacht • λ hängt sowohl von k/d als auch von Re-Zahl ab
• Für $d/k \leq 200$ $$\lambda = \dfrac{1 + \dfrac{8}{Re \cdot k/d}}{\left[2 \cdot log(3{,}71 \cdot d/k)\right]^2} \qquad \text{(T.8.5)}$$ • für $d/k > 200$ $$\lambda = \left[1{,}8 \cdot log\left(\dfrac{k}{10 \cdot d} + \dfrac{7}{Re}\right)\right]^{-2} \qquad \text{(T.8.6)}$$	• Optional iterative Gleichung $$\lambda = \dfrac{1}{\left[-2 \cdot log\left(\dfrac{2{,}51}{Re \cdot \sqrt{\lambda}} + \dfrac{0{,}269}{d/k}\right)\right]^2} \qquad \text{(T.8.7)}$$

(Fortsetzung)

Tab. 8.2 (Fortsetzung)

Hydraulisch rau $\lambda = (k/d)$ gültig für $Re \cdot \dfrac{k}{d} \geq 1.300$

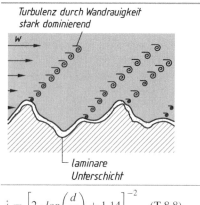

- Bei noch höherer *Re*-Zahl und/oder größerem k/d ragen Rauigkeitsspitzen nicht nur aus laminarer Unterschicht heraus, sondern auch aus Übergangsschicht, und reichen nun bis in logarithmische Wandschicht $k^+ > 30$
- Energieverluste werden nur durch Wirbel (Turbulenzen) der Rauigkeitsgebirge verursacht
- λ ist nur von k/d abhängig

$$\lambda = \left[2 \cdot log\left(\frac{d}{k}\right) + 1{,}14\right]^{-2} \quad \text{(T.8.8)}$$

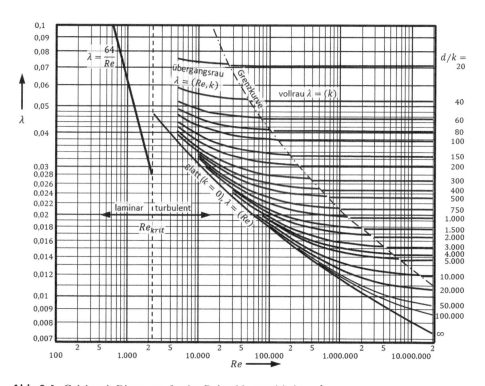

Abb. 8.4 Colebrook-Diagramm für den Rohrwiderstandsbeiwert λ

8.2 Druckverlust und Druckabfall

Tab. 8.3 Rauigkeitswerte für Rohre

Rohr	k in mm
Glas; Kupfer oder Messing, gezogen	0,001–0,005
Faserzement (Eternit)	0,05–0,1
Stahlrohr, neu	0,02–0,1
Stahlrohr, gebraucht (rostig)	0,15–1,5
Betonrohre (mit üblichem Glattstrich)	0,3–0,8

c) Nichtkreisförmige Querschnitte

Durch die Einführung des *hydraulischen Durchmessers* d_h (auch gleichwertig bzw. äquivalent genannt) lässt sich das umfangreiche empirische Zahlenmaterial für kreisrunde Rohrquerschnitte (λ-Werte) näherungsweise auch zur Behandlung anderer Querschnittsformen verwenden, Abb. 8.5.

Der hydraulische Durchmesser d_h eines nichtkreisförmigen Rohres, Abb. 8.5b bzw. eines offenen Gerinnes, Abb. 8.5c, ist definiert durch

$$d_h = 4 \cdot \frac{A}{U} \qquad \text{Definition des hydraulischen Durchmessers} \tag{8.10}$$

U ist hierbei der Umfang des Strömungsquerschnitts A (z. B. $2b+2h$ in Abb. 8.5b) bzw. der wandbenetzte, reibende Umfang der Strömung (Abb. 8.5c). Für einen kreisförmigen Rohrquerschnitt (d) ergibt sich erwartungsgemäß aus Gl. 8.10 $d_h = d$. Für einen vollständig durchströmten rechteckigen Rohrquerschnitt (b, h) ergibt Gl. 8.11:

$$d_h = \frac{4A}{U} = \frac{4b \cdot h}{2(b+h)} = 2\frac{b \cdot h}{b+h} \tag{8.11}$$

Zur Bildung der Reynoldszahl, des Rohrwiderstandsbeiwerts und des Druckverlusts sind bei nichtkreisförmigen Rohren der hydraulische Durchmesser d_h und die mittlere Geschwindigkeit w_m zu verwenden:

$$Re = \frac{w_m d_h}{\nu}; \quad \lambda = f\left(Re, \frac{d_h}{k}\right); \quad \Delta p_v = \lambda \frac{l}{d_h} \rho \frac{w_m^2}{2} \tag{8.12}$$

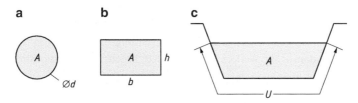

Abb. 8.5 Zur Definition des hydraulischen Durchmessers d_h. **a** Kreisrohr, **b** Rohr mit Rechteckquerschnitt, **c** sog. offenes Gerinne einer Flüssigkeit: Auf der luftberührten Flüssigkeitsoberfläche ist die Reibungswirkung vernachlässigbar

Tab. 8.4 Länge der	Laminare Strömung	Turbulente Strömung
Einlaufstrecke L_{ein}; vgl. auch Abb. 8.1	$L_{ein} = 0{,}06 \cdot Re \cdot d$ z. B. $Re = 2300$: $L_{ein} \approx 140 \cdot d$	$L_{ein} = 0{,}6 \cdot Re^{0{,}25} \cdot d$ $Re = 1{,}2 \cdot 10^6$: $L_{ein} \approx 20 \cdot d$

mit λ-Ermittlung wie für Kreisrohr (Gl. T.8.2–T.8.8 oder aus Colebrook-Diagramm Abb. 8.4), vgl. Aufgaben 8.27 und 8.29.

Strömung in offenen Gerinnen

Die Strömung in unrunden Querschnitten betrifft auch sog. offene Gerinne (Abb. 8.5c). Hier entsteht kein Druckverlust (auf die Oberfläche wirkt überall der gleiche Atmosphärendruck), sondern eine Verlusthöhe h_v, die dem Gefälle des Gerinnes entspricht. In den Gleichungen ist dann Δp_v zu ersetzen durch:

$$h_v = \frac{\Delta p_v}{\rho g}$$

Re, λ und Δp_v sind wie oben beschrieben zu bilden. Für U ist nur der benetzte Teil einzusetzen (Abb. 8.5).

d) Druckabfall in der Einlaufstrecke

Im Fall der Entnahme aus einem Behälter in dem das Fluid ruht, ist bei gut abgerundetem Einlauf zusätzlich zu den Rohrreibungsverlusten **ein** Staudruck aufzubringen, um das Fluid mit der Geschwindigkeit w_m zu transportieren (Abb. 2.7). Bei scharfkantigem Einlauf kommt noch ein durch die Kontraktion bedingter Verlust hinzu, der durch einen ζ-Wert erfasst wird (vgl. Abb. 8.10). Mit den Formeln in Tab. 8.4 kann die Länge der Einlaufstrecke berechnet werden.

8.2.2 Druckverlust von Rohrleitungseinbauten und in Querschnittsübergängen

Einbauten wie Krümmer, Abzweigstücke, Ventile usw. bedingen zusätzliche Druckverluste in einem Rohrsystem. Es gilt Gl. 8.6.

Grundsätzlich ist die Strömung *nach* Einbauten bei turbulenter Strömung auf einer Länge von (10 bis 30) d gestört, wodurch sich *zusätzlich* zu den Verlusten im Ventil, Wärmetauscher usw. in der anschließenden Rohrleitung im Vergleich mit Rohrleitungsverlusten bei geradem Rohr weitere Druckverluste ergeben. Auch die Strömung stromaufwärts in der Zuleitung kann durch das Einbauteil gestört werden, Abb. 8.6.

Im ζ-Wert von Einbauten sind nun all jene Verluste enthalten, die sich durch den Einbau einer Armatur gegenüber den Verlusten der geraden Rohrleitung ergeben, Abb. 8.6.

8.2 Druckverlust und Druckabfall

Abb. 8.6 Druckverlauf im Rohr mit Armatur

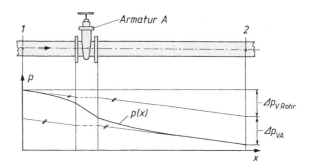

Werden innerhalb einer Auslaufstrecke von Einbauten weitere Armaturen eingebaut, so können genau genommen die jeweiligen ζ-Werte nicht einfach addiert werden, da die gestörte Strömung am Eintritt der folgenden Armatur deren ζ-Wert etwas verändert. Der einfachheitshalber wird dies jedoch in der Regel gemacht.

a) Armaturen

Absperrorgane. Der ζ-Wert eines offenen Absperrorganes hängt vor allem von der Gestalt seines Durchflusskanals, der relativen Rauigkeit k/d_h und im Bereich niedriger *Re*-Zahlen stark auch von der vorliegenden *Re*-Zahl ab. Ab einer bestimmten *Re*-Zahl, die von der Bauform abhängt, bleibt ζ konstant, d. h. $\Delta p_v \sim w_m^2$. Ganz offene Durchgangsventile üblicher Bauart mit Außenmaßen nach Norm haben je nach Hersteller ζ-Werte etwa wie in Tab. 8.5 angegeben [34]. Aus dem Widerstandsbeiwert ζ und dem Bezugsquerschnitt A kann der Durchfluss als Funktion der Druckdifferenz ermittelt werden.

$$\Delta p_v = \zeta \cdot \frac{\dot{V}^2}{A^2} \cdot \frac{\rho}{2} \quad \text{oder} \quad \dot{V} = A \frac{1}{\sqrt{\zeta}} \sqrt{\frac{2 \Delta p_v}{\rho}} \qquad (8.13)$$

Von den Ventilherstellern wird statt des ζ-Wertes oft der sog. k_v-Wert angegeben. Dieser gibt definitionsgemäß den Volumenstrom in m³/h Wasser bei einem Druckverlust von $\Delta p_{kv} = 1$ bar und einer Dichte von Wasser $\rho_{kv} = 1000\, kg/m^3$ am Ventil an. Unter der Annahme, dass k_v bzw. ζ unabhängig von *Re* ist, ergibt sich folgende einfache Umrechnung auf andere Fluide (ρ) und andere Druckverluste Δp_v

$$\frac{\dot{V}}{k_v} = \sqrt{\frac{\Delta p_v}{\Delta p_{kv}} \cdot \frac{\rho_{kv}}{\rho}} \quad \rightarrow \quad \dot{V} = k_v \cdot \sqrt{\frac{\Delta p_v}{\rho} \cdot 1000} \quad \Delta p_v \text{ in bar, } \dot{V} \text{ in m}^3\text{/h, } \rho \text{ in kg/m}^3 \qquad (8.14)$$

Tab. 8.5 Richtwerte für ζ-Werte voll offener Durchgangsventile

NW	50 mm	100 mm	200 mm	300 mm	400 mm
ζ	3,8–9	4,8–8,8	5–8,3	6,3–8	6,7–6,9

Der k_v-Wert ist bei Praktikern sehr verbreitet.
Die Umrechnungsformel lautet wie folgt: $\zeta = \left(\dfrac{A}{k_v}\right)^2 \cdot 2{,}592 \cdot 10^9$

b) Diffusoren (ohne Ablösung)

Als „Diffusor" werden Abschnitte in Kanälen oder Rohrleitungen bezeichnet (bei Unterschallströmung), in denen sich der Querschnitt stetig erweitert, Abb. 8.7. Der Zweck eines Diffusors ist der Gewinn von Druckenergie aus kinetischer Energie. Das Gegenstück zum Diffusor ist die Düse; hier wird kinetische Energie aus Druck gewonnen. Während bei der Düse nur ca. 1–3 % des Energieumsatzes in Form von Reibungswärme abgezweigt wird, sind dies beim Diffusor 10–30 %! Der optimale Erweiterungswinkel φ_{opt} des Diffusors beträgt etwa 6–20°, Abb. 8.8. Wird er größer gewählt, so löst die Strömung auf einer Seite der Diffusorwand ab. Es bildet sich ein lokales Totwassergebiet und die Verluste sind noch größer als oben angegeben. Was wir hier nur kurz an Hand von Düse und Diffusor erörtert haben, gilt im Prinzip in der gesamten Strömungslehre:

▶ Beschleunigte Strömungen sind unproblematisch und verlustarm, verzögerte Strömungen erfordern besondere Aufmerksamkeit, müssen sanft erfolgen und sind verlustreich.

Die Reibungsverluste in einem Diffusor werden durch einen ζ-Wert oder durch einen Diffusorwirkungsgrad erfasst. Für den sich nach der Querschnittserweiterung ergebenden Druck ist natürlich auch die Druckänderung nach Bernoulli zu berücksichtigen (Δp_B).

Abb. 8.7 Diffusor
$d_2 = d_1 + 2 \cdot l \cdot \tan\left(\dfrac{\varphi}{2}\right)$

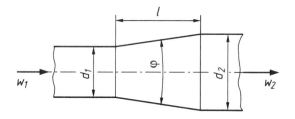

Abb. 8.8 Diffusordiagramm zur Ermittlung von φ_{opt}, η_u nach Liepe-Jahn. **a** Übergangsdiffusor in Rohrstrecke, **b** Enddiffusor hinter Rohrstrecke

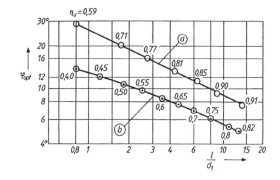

8.2 Druckverlust und Druckabfall

$$\boxed{\begin{aligned}\Delta p_v &= \zeta \rho \frac{w_1^2}{2} \\ p_2 - p_1 &= \Delta p_B - \Delta p_v\end{aligned}}$$ (8.15)

Für praktische Rechnungen benutzt man vielfach auch Diffusorwirkungsgrade. In Anlehnung an [13] verwenden wir hier:

$$\left.\begin{aligned}\text{Diffusorwirkungsgrad} \quad \eta_D &= \frac{p_2 - p_1}{\Delta p_B} = 1 - \zeta \frac{1}{1 - (A_1/A_2)^2} \\ \text{unterer Diffusorwirkungsgrad} \quad \eta_u &= \frac{p_2 - p_1}{\frac{1}{2}\rho w_1^2} = \eta_D \left[1 - (A_1/A_2)^2\right]\end{aligned}\right\}$$ (8.16)

η_D bezieht den Druckgewinn im Diffusor auf jenen nach Bernoulli (reibungsfrei), η_u auf den Staudruck im Eintrittsquerschnitt. η_u eignet sich besonders für Enddiffusoren, welche in einen großen Raum münden. Hierbei tritt ein Austrittsverlust entsprechend w_2 auf, der bereits in η_u mitenthalten ist. Abb. 8.8 zeigt einiges Zahlenmaterial nach Liepe & Jahn [13]. Die Reynoldszahlabhängigkeit im technisch relevanten Bereich ist nicht allzu groß.

c) Diverse Widerstandsbeiwerte
Ein Nachschlagewerk für Verlustbeiwerte der verschiedensten Rohrleitungsbauelemente und Armaturen ist das mehrere hundert Seiten starke Buch von Idelchik [14]. In diesem sind zahlreiche verstreut veröffentlichte Versuchswerte – nach wissenschaftlichen Gesichtspunkten gesichtet und geordnet – übersichtlich zusammengestellt. Zahlreiche Verlustbeiwerte für Praktiker finden sich auch in dem Werk von W. Wagner „Rohrleitungstechnik" [35].

Für auf dem Markt erhältliche Armaturen werden die ζ- oder k_v-Werte vom Hersteller auf Anfrage bekannt gegeben. Diese Information ist gewissermaßen im Kaufpreis inbegriffen. Für spezielle Anordnungen werden im Folgenden ζ-Werte angegeben.

- *Plötzliche Rohrerweiterung*, Abb. 8.9. Aus dem Impulssatz ergibt sich (vgl. Beispiel 3.2)

$$\zeta_1 = (1 - A_1/A_2)^2$$ (8.17)

- *Eintritt aus einem ruhenden Fluid in ein Rohr:* Abb. 8.10. ζ-Werte sind bedingt durch Ablösung.

Abb. 8.9 Plötzliche Rohrerweiterung

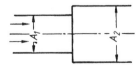

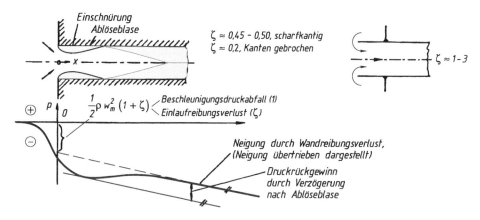

Abb. 8.10 ζ-Werte und Druckverlauf in Rohrachse bei Ansaugen aus ruhendem Fluid

8.2.3 Gesamte Druckdifferenz zwischen zwei Punkten in einer Rohrleitung

Für die Gesamtdruckdifferenz zwischen zwei Punkten in einer Rohrleitung müssen außer dem Druckverlust Δp_v noch evtl. vorhandene Beschleunigungsdruckabfälle und Druckunterschiede aus Höhendifferenzen (unter Umständen auch Energieaustausch mit Pumpen und Turbinen!) berücksichtigt werden. Dies alles erfolgt am besten mit der durch Δp_v und Δp_t, H oder Y ergänzten Bernoulli'schen Gleichung (vgl. auch Tab. 2.2).

8.3 Durchflussmessung in Rohren mit Norm-Drosselgeräten

Grundkonzept: Abb. 8.11a zeigt den Ausfluss einer Flüssigkeit aus einem großen Behälter durch eine kreisrunde scharfkantige Öffnung (Fläche A); Reibungsfreiheit und Inkompressibilität seien zunächst vorausgesetzt. Aus der Bernoulli'schen Gleichung und der Kontinuitätsgleichung folgt:

$$w_2 = \sqrt{\frac{2(p_1 - p_2)}{\rho}} \quad \text{und} \quad \dot{V} = A_{\text{str}} \cdot w_2 = A \cdot \alpha \cdot w_2$$

Dies ergibt $\dot{V} = \alpha \cdot A \sqrt{\dfrac{2(p_1 - p_2)}{\rho}}$

Damit gilt für den Massenstrom $\boxed{\dot{m} = \dot{V} \cdot \rho = \alpha A \sqrt{2(p_1 - p_2) \cdot \rho}}$ (8.18)

Die Durchflussziffer α erfasst die sog. Strahlkontraktion ($\alpha < 1$). An der freien Oberfläche des Strahles ist der Druck konstant, wegen der Bernoulli'schen Gl. daher auch die Geschwindigkeit. Für gerundete Öffnungen (Düsen) tritt praktisch keine Strahl-

8.3 Durchflussmessung in Rohren mit Norm-Drosselgeräten

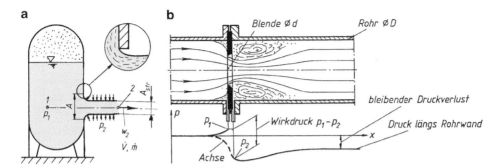

Abb. 8.11 Zum Konzept der Durchflussmessung, **a** Ausfluss einer Flüssigkeit aus einem großen Behälter durch eine scharfkantige kreisrunde Lochblende, **b** Strömungsverhältnisse bei einer in einem Rohr eingebauten Lochblende; Druckmessstellen unmittelbar vor und nach der Blende (p_1, p_2)

kontraktion auf ($\alpha \approx 1$). Für exakt scharfkantige Öffnungen liefert die reibungsfrei berechnete Strömung (Potentialströmung) $\alpha = 0{,}611$ (vgl. hierzu auch Abschn. 2.5).

Infolge Viskosität bildet sich im Inneren des Gefäßes in der Umgebung der Öffnung eine Grenzschicht aus. Diese wirkt einerseits durch Verdrängungswirkung vermindernd auf α; andererseits wirkt die Grenzschicht auch wie eine Abrundung der scharfen Kante und somit vergrößernd auf α. Diese Effekte hängen von der *Reynoldszahl* ab.

In Abb. 8.11b sind die realen Strömungsverhältnisse bei einer Blende im Rohr dargestellt. Hier ist es zwar auch so, dass das Fluid in der Einschnürung durch die Blende einen Strahl formt; dieser mündet jedoch in einen Raum hinter der Blende, welcher vom selben Fluid erfüllt ist. Es bildet sich ein Totwassergebiet, in dem der Druck nicht exakt konstant ist wie beim Strahl nach Abb. 8.11a. Der Umstand, dass bei einer Anordnung nach Abb. 8.11b gegenüber Abb. 8.11a bereits eine Vorgeschwindigkeit w_1 im Rohr (in einem gewissen Abstand vor der Blende) herrscht, kann in der Bernoulli'schen Gleichung ohne Weiteres berücksichtigt werden. Mit $\beta = d/D$ als Durchmesserverhältnis wird das zugeordnete Flächenverhältnis β^2, und die Bernoulli'sche Gleichung ergibt für w_2 gegenüber Gl. 8.18 einen um den Faktor $1/\sqrt{1-\beta^4}$ größeren Wert.

Norm – Drosselgeräte

In der meist verwendeten Blenden-Anordnung legt man die Druckentnahme unmittelbar vor und hinter die Blendenscheibe (sog. Eck-Druckentnahme); $p_1 - p_2$ heißt Wirkdruck, Abb. 8.11b.

Bezeichnungen, Abmessungen, Limits, Rauigkeitseinfluss, Auswerteformeln und andere Details sind in der **Euronorm EN ISO 5167-2(2003)** festgelegt (diese Norm ersetzt DIN 1952). Europaweit hat man sich auch auf neue Formelzeichen geeinigt, insbesondere auf:

- C Durchflusskoeffizient (früher α); vgl. auch die Formel für C im Anhang, Tab. A.6
- $\beta = d/D$ Durchmesserverhältnis
- Re_D Reynoldszahl der Rohrströmung

Abb. 8.12 Blende mit Wirkdruckentnahme D stromaufwärts und D/2 stromabwärts der Blende

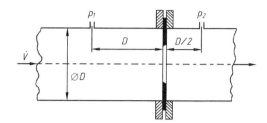

- ε Expansionszahl: Faktor zur Berücksichtigung der Kompressibilität des Fluids (Flüssigkeiten: ε = 1; bei Gasen ist für ein Absolutdruckverhältnis $p_2/p_1 > 0{,}98$ genügend genau: ε = 1; sonst: Tabelle bzw. Formel im Anhang, Tab. A.6
- q_V Volumenstrom im Rohr (m³/s); (sonst $\dot{V}$)
- q_m Massenstrom im Rohr (sonst $\dot{m}$)

Damit ergibt sich die folgende **Auswerteformel für Durchflussmessung** mit Normblende:

$$\boxed{\text{Massenstrom } q_m = \rho \cdot q_v = \frac{C}{\sqrt{1-\beta^4}} \cdot \varepsilon \frac{\pi}{4} d^2 \cdot \sqrt{2(p_1 - p_2) \cdot \rho_1}} \qquad (8.19)$$

Der Durchflusskoeffizient $C = f(Re_D, \beta)$ kann aus der sog. „**Reader-Harris/Gallagher-Gleichung**" berechnet oder aus Tabellen in **EN ISO 5167** entnommen werden; vgl. auch Tab. A.6 im Anhang (vgl. z. B. [36]); auch für die Expansionzahl ε gibt es eine auf Versuchswerten basierte Näherungsgleichung in der Norm.

Die Norm EN ISO 5167 erfasst nunmehr auch die Möglichkeit, den Wirkdruck in einer Rohranbohrung im Abstand D stromaufwärts der Blende (p_1), und $D/2$ stromabwärts der Blende (p_2) abzunehmen, Abb. 8.12. Dieses Konzept ergibt eine besonders kostengünstige Lösung, da außer einer Blendenscheibe (eingeklemmt zwischen den Rohrflanschen) nur zwei Druckanschlussnippel für p_1 und p_2 erforderlich sind. Diese Anordnung ist schon seit Jahrzehnten in Großbritannien gebräuchlich und ist nun auch in die Euronorm übernommen worden.

Außer Blenden sind in EN ISO 5167 noch andere Drosselgeräte vorgesehen: insbesondere **Normdüse** und **Normventuridüse**, Abb. 8.13. Blenden werden wegen der niedrigen Kosten weitaus am meisten verwendet, haben jedoch einen größeren bleibenden Druckverlust im Rohr und eine gewisse Abhängigkeit des C-Wertes von einer scharfen Blendenlochkante.

8.4 Anwendungen in der Verfahrenstechnik

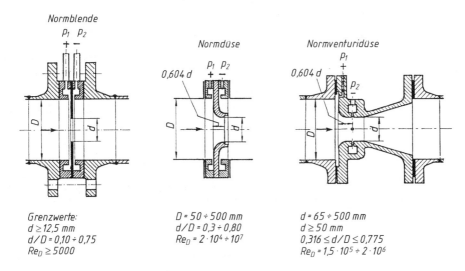

Abb. 8.13 Drosselgeräte zur Durchflussmessung in Rohren nach Euro-Norm EN ISO 5167

8.4 Anwendungen in der Verfahrenstechnik

8.4.1 Allgemeines

Die bisherigen Ausführungen haben sich schwerpunktmäßig auf Anwendungen im **Maschinenbau** bezogen. Im Mittelpunkt stehen hier Fluide wie **Wasser, Luft, Schmieröle** und einige andere. Für die Anwendung der Gesetze der Strömungslehre benötigt man die **Stoffeigenschaften** dieser Fluide wie Viskosität, Dichte (für Re!), weiterhin Werte wie Oberflächenrauigkeit, Druckverlustbeiwerte etc. Die Stoffwerte sind i. Allg. druck- und temperaturabhängig, die Verlustbeiwerte Re-abhängig.

Handbücher des Maschinenbaus – z. B. der „Dubbel" [36] oder der „Böge" [28] – enthalten einschlägige Tabellen und Diagramme in großem Umfang. Lehrbücher können nur einen kleinen Teil dieser Informationen enthalten.

Anders als im klassischen Maschinenbau haben in der **Verfahrenstechnik** und im **Chemie-Ingenieurwesen** Rohrleitungen mit ihren vielfältigen Armaturen, Pumpen, Kompressoren und anderen angeschlossenen Geräten wie Wärmetauscher, Reaktoren etc. eine viel zentralere Rolle.[1] In diesem Bereich sind hunderte verschiedenartige Fluidtypen in weiten Druck- und Temperaturbereichen im Einsatz. Um Entwurfsaufgaben aus der Strömungslehre sinnvoll bearbeiten zu können, war es zunächst erforderlich, die Stoffeigenschaften all dieser Fluide zu messen und in Tabellen und Diagrammen

---

[1] So sind z. B. auf dem BASF-Werksgelände in Ludwigshafen ca. 28.500 km Rohrleitungen installiert, welche die ca. 200 Anlagen miteinander verbinden.

bereitzustellen. Wissenschaftler und Praktiker haben im Auftrag der Gesellschaft „Verfahrenstechnik und Chemie-Ingenieurwesen" innerhalb des VDI dieses Datenmaterial gesammelt, nach wissenschaftlichen Kriterien gesichtet und übersichtlich in einem Formel- und Tabellenwerk, dem sog. **VDI-Wärmeatlas** [34], zusammengestellt. Das für die Strömungstechnik relevante Datenmaterial nimmt nur einen Teil dieses Werkes ein; der Großteil bezieht sich auf Wärmetransportvorgänge, Wärmetauscher u. a. (deshalb die Bezeichnung „Wärmeatlas"). Strömungsrelevante Abschnitte sind D, Stoffwerte; und L, Druckverlust.

8.4.2 Optimale Strömungsgeschwindigkeiten für die Planung von Rohrleitungen

Für die Planung ist der **Stoffstrom** $\dot{m}$ i. Allg. vorgegeben (in diesem Bereich der Technik wird statt „Massenstrom" häufig die Bezeichnung „Stoffstrom" verwendet; diese umfasst aber z. B. auch den Transport von in Gasen und Flüssigkeiten mitgeführten Festkörperteilchen wie etwa Sägemehl in Luft oder Kohlegries in Wasser etc.). Erwähnt sei hier auch, dass von Praktikern im Rohrleitungs- und Pumpengebiet für Volumenströme oft anstatt des hier verwendeten Symbols $\dot{V}$ das Symbol Q verwendet wird, auch in der englischsprachigen Literatur („quantity"). Sind jedoch auch Wärmemengen im Spiel, so ist das Symbol Q für diese reserviert und daher nicht mehr verfügbar.

Je nach gewählter Strömungsgeschwindigkeit w ist eine Rohrleitung mit bestimmtem Durchmesser d erforderlich. Kleinere Rohrdurchmesser ergeben niedrigere **Investitionskosten,** erfordern aber höhere Geschwindigkeiten. Damit ergeben sich höhere Druckverluste Δp_{v}, welche (für die gesamte Lebensdauer der Rohrleitung!) höhere Pumpkosten, d. h. **Betriebskosten** mit sich bringen. Letztere sind größtenteils Stromkosten für eine Pumpe oder einen Kompressor. In diesem Bereich der Technik hat man es meist mit durchgehendem Betrieb zu tun.

Quantitativ ergibt sich für die Pumpkosten (welche zu Δp_{v} proportional sind) bei gewählten Werten für Rohr(innen)durchmesser d bzw. Strömungsgeschwindigkeit w:

$$\dot{V} = \dot{m}/\rho = \frac{d^2\pi}{4} \cdot w \rightarrow w = \frac{\dot{m}}{\rho}\frac{4}{d^2\pi}$$

$$\Delta p_{\mathrm{v}} = \frac{\lambda l}{d} \cdot \frac{1}{2}\rho w^2 = \frac{\lambda l}{d} \cdot \frac{1}{2}\rho \frac{\dot{m}^2 16}{\pi^2 d^4 \rho^2}$$

$$\boxed{\Delta p_{\mathrm{v}} = \frac{8\lambda \dot{m}^2}{\rho \pi^2} \cdot \frac{l}{d^5} \quad \Delta p_{\mathrm{v}} \sim l/d^5} \tag{8.20}$$

Die zu erwartenden **Pumpkosten** sind also umgekehrt proportional zur **fünften Potenz** des gewählten Durchmessers d! Hierbei haben wir eine (eventuelle) schwache

Abb. 8.14 In der Praxis bewährte „wirtschaftliche" Geschwindigkeiten in Rohrleitungen für Projektierungsaufgaben, schematisch, vgl. [35]; v kinematische Viskosität

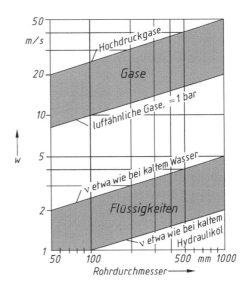

Abhängigkeit des Rohrreibungsbeiwertes λ von d (über Re) unbeachtet gelassen, ebenso Armaturen in der Rohrleitung, welche aber an der Proportionalität zu $\frac{1}{d^5}$ nichts ändern.

Es ist somit sehr wichtig, dass die Wahl des Rohrdurchmessers, insbesondere bei größeren Anlagen, sorgfältiger, auch wirtschaftlicher, Überlegungen bedarf. Die Ermittlung der Kosten von Rohrleitungen inklusive Armaturen, Montage, Abstützungen und anderer Einflussfaktoren ist eine viel komplexere Aufgabe als die Ermittlung der zu erwartenden Pumpkosten. Deshalb wurden aus den vielen ausgeführten Anlagen **Erfahrungswerte für wirtschaftliche Geschwindigkeiten in Rohrleitungen** abgeleitet und in Diagrammen dargestellt (vgl. z. B. [35]); Abb. 8.14 gibt eine Vorstellung von solchen Diagrammen. Hierbei ist zusätzlich auf einige einschränkende Randbedingungen bei der Wahl von w zu achten: Insbesondere sollte bei Gasen die Machzahl 0,3 nicht überschritten werden (das sollte insbesondere bei Gasen mit niedriger Schallgeschwindigkeit überprüft werden!); bei Flüssigkeiten ist ein angemessener Abstand zu Kavitation und Sieden einzuhalten. Bei der Wahl von w sollte auch folgender Gesichtspunkt im Auge behalten werden: Steigende Energiepreise verschieben die wirtschaftliche Geschwindigkeit zu kleineren Werten.

8.4.3 Druckverlustberechnung bei längs der Rohrleitung veränderlichen Stoffwerten

Flüssigkeiten: Bei Wärmetauschern und auch bei manchen anderen Anwendungen (z. B. Sonnenkollektoren) ändert sich die Temperatur des Fluids und damit auch dessen Viskosität zwischen Rohrein- und -austritt. Hier ist es am einfachsten und üblich, die Viskosität für einen *Mittelwert* der Temperatur zwischen Ein- und Austritt der

Druckverlustrechnung zu Grunde zu legen. In Anbetracht der Hauptunsicherheit bei Druckverlustberechnungen für Rohre, nämlich der Kenntnis der tatsächlichen Rohr-Rauigkeitsverhältnisse, ist diese Vereinfachung ohne Weiteres akzeptabel.

Gase: Bei Gasen nimmt die Dichte ρ entsprechend dem Druckabfall längs der Rohrleitung ab und daher gemäß der Kontinuitätsgleichung die Geschwindigkeit *w* entsprechend zu, Abb. 8.15. Ferner beeinflusst auch die Gastemperatur *T* die Dichte. Die Gastemperatur kann sich nicht nur durch Gasreibung, sondern auch durch Wärmeaustausch mit der Umgebung ändern; man denke an Pipelines. Für die hier vorliegenden geringen Schwankungen von *T*, ρ gelten ausreichend genau die Gesetze des Idealen Gases:

$$\rho = \rho_1 \frac{pT_1}{p_1 T} \qquad (8.21)$$

wobei:

Index 1   Werte am Eintritt
p   Absolutdruck
T   Temperatur

Eine für viele Fälle ausreichende Abschätzung des Druckverlustes Δp_v legt – ähnlich wie bei Flüssigkeiten – algebraische Mittelwerte für *T*, η, ρ zwischen Ein- und Austritt der Rechnung zu Grunde. Wenn nicht p_2, sondern $\dot{m}$ vorgegeben ist, erfordert dies eine iterative Berechnung, da ρ_2 von p_2, und damit vom Ergebnis Δp_v abhängt ($p_2 = p_1 - \Delta p_v$).

Für den Fall großer Druckverluste, z. B. bei Pipelines mit 10–20 % des Absolutdruckes muss man mathematisch exakter vorgehen. Im Prinzip kann man die Druckverlustgleichung differenziell für ein Rohrleitungselement d*l* ansetzen und mit veränderlichen Werten ρ, η, *w*, *Re* von Anfang bis Ende der Leitung integrieren. Theoretisch ist hierbei auch der Beschleunigungsdruck**abfall** Δp_b des mit abnehmendem ρ immer schneller strömenden Gases zu berücksichtigen. Dies ist **kein** Druck**verlust,** da nur Druckenergie in kinetische Energie umgewandelt wird. Meist ist der Beschleunigungsdruckabfall gering und kann vernachlässigt werden. Ob das tatsächlich der Fall ist, kann man auf einfache

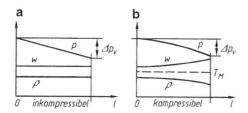

Abb. 8.15 Druck-, Geschwindigkeits- und Dichteverlauf längs Rohrleitung, schematisch, **a** Flüssigkeiten (praktisch inkompressibel), **b** Gase (kompressibel), über die Gastemperatur wird auch die Dichte beeinflusst

8.4 Anwendungen in der Verfahrenstechnik

Weise mit dem Impulssatz überprüfen, indem man (näherungsweise) die sich aus der vereinfachten Druckverlustrechnung ergebenden Werte p_2, w_2 in den Impulssatz einsetzt:

$$A \Delta p_b = A \rho_2 w_2 w_2 - A \rho_1 w_1 w_1 \rightarrow \Delta p_b = \rho_2 w_2^2 - \rho_1 w_1^2 \qquad (8.22)$$

Die Näherung besteht darin, dass wir die Berechnung nicht innerhalb der Integration, sondern nachträglich durchführen (vgl. hierzu auch Aufgabe 8.23).

Wurde der Druckverlust unter Annahme inkompressiblen Gases mit Zustand 1 am Eintritt berechnet ($\Delta p_{v,1,inkompr.}$), so kann die Zulässigkeit dieser Näherung durch Vergleich mit einem Wert $\Delta p_{v,kompr.}$ erfolgen, welcher durch *Integration unter vereinfachenden Annahmen* gewonnen wurde [37].

$$\Delta p_{v,kompr.} \approx \Delta p_{v,1,inkompr.} \left(\frac{T_m}{T_1} + \frac{1}{4} \frac{\Delta p_{v,1,inkompr.}}{p_1} \right) \qquad (8.23)$$

T_m ist hierbei ein Mittelwert der Temperatur des Gases über die Rohrlänge. Ist T_m erheblich niedriger als am Rohreintritt (T_1), so ergibt sich gemäß Gl. 8.21 eine entsprechende Reduktion des Druckverlustes $\Delta p_{v,kompr.}$ (kälteres Gas hat zwar ein größeres ρ, erfordert jedoch ein kleineres w, welches quadratisch in Δp_v eingeht!). In Gl. 8.21 wurde zur Vereinfachung des Resultats nur das erste Glied einer Reihenentwicklung verwendet. Eine (mühsame) Alternative ist die Unterteilung des langen Rohres in Abschnitte. In der Praxis werden für größere Projektaufgaben leistungsfähige Rechner für die Druckverlustrechnung eingesetzt.

8.4.4 Ausgewählte Widerstandsbeiwerte von Rohrleitungselementen

Die Angabe einiger weiterer typischer Widerstandsbeiwerte von Rohrleitungselementen soll dem Leser eine Vorstellung von deren Bedeutung für den Druckverlust geben.

Für Krümmer und Kniestücke gelten bei üblichen turbulenten Strömungen folgende ζ-Werte; nach [36]:

90°-Krümmer;
Krümmungsradius R

R/d		1	2	4	6
ζ-Wert	Glatt	0,21	0,14	0,11	0,09
	Rau	0,51	0,30	0,23	0,18

Kniestücke;

$(R = 0)$

Umlenkwinkel δ		30°	60°	90°
ζ-Wert	Glatt	0,11	0,47	1,13
	Rau	0,17	0,68	1,27

Hilfreich zur Einschätzung dieser Werte ist auch ihre Umrechnung in äquivalente Rohrleitungslängen $l_{\ddot{a}qu}$ mit *gleichem* Strömungswiderstand nach der einfachen Beziehung

$$\zeta \cdot \frac{1}{2}\rho w^2 = \frac{\lambda l}{d} \cdot \frac{1}{2}\rho w^2 \rightarrow l_{\ddot{a}qu} = \frac{d\zeta}{\lambda} \qquad (8.24)$$

Umgekehrt kann auch der λ-Wert eines Rohres in einen ζ-Wert umgerechnet werden; es ist einfach

$$\zeta-\text{Wert eines Rohres der Länge } l \quad \zeta = \frac{\lambda l}{d} \qquad (8.25)$$

Diese Vorgehensweise ist bei Praktikern oft sehr verbreitet. In den Aufgaben 2.32, 2.33, 2.34, 2.35 hatten wir bereits davon Gebrauch gemacht.

8.4.5 Wärmetauscher

Apparate, in denen Wärme von einem Fluid 1 auf ein Fluid 2 übertragen wird, werden allgemein als Wärmetauscher (auch als Wärmeaustauscher oder Wärmeübertrager) bezeichnet. In weit verbreiteten Bauarten von Wärmetauschern strömt ein Fluid in einer größeren Anzahl parallel geschalteter Rohre (sog. Rohrbündel), das andere Fluid strömt außen entweder parallel oder quer zu den Rohren, Abb. 8.16. Ist eines der zwei Fluide unter hohem Druck, so ist es aus Festigkeitsgründen angebracht, dieses **in** den Rohren strömen zu lassen (nicht im Behälter mit dem großen Durchmesser, Kesselformel!).

Auch bei Wärmetauschern liegt ein **Optimierungsproblem** vor, ähnlich wie bei Rohrleitungsanlagen: Höhere Strömungsgeschwindigkeiten verbessern den Wärmeübergang Fluid-Rohrwand und erfordern deshalb geringere Wärmeaustauscherfläche (=niedrigere Investitionskosten!). Andererseits werden bei höheren Strömungsgeschwindigkeiten die Druckverluste und damit die Energiekosten für die Pumpe höher. Auch aus diesem Grunde ist es bei Wärmetauschern wichtig, im Projektstadium den Druckverlust zu berechnen. Hier hat man es mit zwei *verschiedenen* Fluiden zu tun.

Während man den Druckverlust des *in den Rohren* strömenden Fluids mit dem bekannten Formelapparat für Rohrströmungen leicht berechnen kann, sind die Strömungsverhältnisse des außen strömenden Fluids komplizierter. Als Grundmuster

8.4 Anwendungen in der Verfahrenstechnik

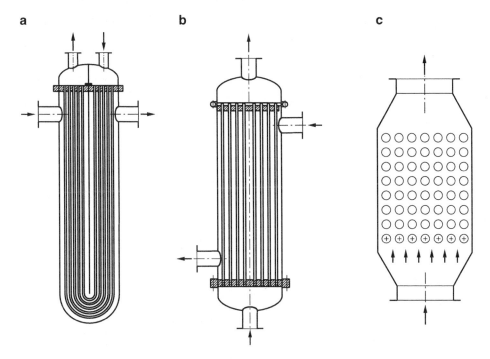

Abb. 8.16 Typische Bauarten von Wärmetauschern. **a** Rohrbündel mit U-förmig gebogenen Rohren (Haarnadel-Wärmetauscher), **b** mit geraden Rohren, **c** querangeströmtes Rohrbündel, fluchtende Rohrreihen

zur Abschätzung des Druckverlustes des außen *parallel* zu den Rohren strömenden Fluids, Abb. 8.16a, b, kann man das Schema mit dem hydraulischen Durchmesser d_h, Gl. 8.10 heranziehen: Hat der Behälter, Abb. 8.16b, einen Innendurchmesser D und die n Rohre einen Außendurchmesser d, so ist einfach

$$A = \frac{\pi}{4}\left(D^2 - nd^2\right) \quad U = \pi(D + nd)$$

$$d_h = \frac{4A}{U} = \frac{D^2 - nd^2}{D + nd} \tag{8.26}$$

Oft ist die Geschwindigkeit im Ein- und im Austritts-Rohrstutzen *größer* als die Geschwindigkeit parallel zu den Rohren, weshalb für die Druckverlustberechnung zumindest *ein* Staudruck entsprechend dem Austrittsstutzen hinzugefügt werden muss.

Als Grundmuster zur Erfassung des Druckverlustes *querangeströmter* Rohrreihen mit bestimmter Quer- und Längsteilung dient eine Anordnung nach Abb. 8.17. N Rohrreihen sind hintereinander fluchtend oder abwechselnd versetzt angeordnet. Das Ganze muss man sich seitlich durch Wände begrenzt vorstellen, Abb. 8.16c. Die Reynoldszahl Re wird hier zweckmäßigerweise mit dem Rohraußendurchmesser d und der

Abb. 8.17 Schema von fluchtend und versetzt angeordneten querangeströmten Rohrreihen; Bezeichnungen und grundsätzliche Beziehungen

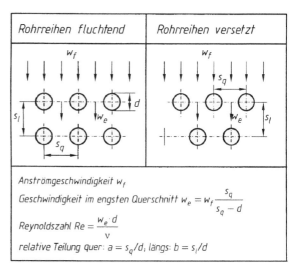

Geschwindigkeit w_e im engsten Querschnitt gebildet, Abb. 8.17. Auf den speziellen Fall sehr kleinen Abstands der Rohrreihen bei versetzter Anordnung, wo die engste Stelle zwischen Rohren einer und der nächstfolgenden Reihe auftritt, gehen wir hier nicht ein, der interessierte Leser wird auf den VDI-Wärmeatlas verwiesen. Für den Normalfall definiert man den ζ-Wert wie folgt:

$$Re = \frac{w_e \cdot d}{\nu} \quad \Delta p_v = \zeta \cdot N \cdot \frac{1}{2}\rho w_e^2 \tag{8.27}$$

N Anzahl der Rohrreihen

Die Stoffwerte ν, ρ sind für einen Mittelwert von Temperatur und Druck zwischen Ein- und Austritt einzusetzen. Die ζ-Werte hängen außer von Re in komplexer Weise von den relativen Rohrteilungen a (quer) und b (längs) ab, Abb. 8.17. Für ζ finden sich in der Fachliteratur komplizierte Formeln, welche nur im Zusammenhang mit Rechnereinsatz sinnvoll angewendet werden können. Abb. 8.18 zeigt als Beispiel ζ-Resultate aus Versuchen für fluchtende Rohranordnung mit 10 oder mehr Rohrreihen und „quadratischen" Teilungen, d. h. Querteilung = Längsteilung, nach [34]. Da Gl. 8.27 N als *Faktor* enthält, bewirkt jede zusätzliche Rohrreihe den gleichen zusätzlichen Widerstand. In der Praxis ist meist nur der turbulente Bereich mit $Re > 1000$ von Bedeutung.

Bei realen Wärmetauschern füllt die Anordnung der Rohre meist nicht einen quaderförmigen Behälterraum aus. Das wird den Werten nach Abb. 8.18 vorausgesetzt. Beispielsweise wird bei einem zylinderförmigen Behälter die Vorausberechnung des Druckverlusts nur eine Näherung darstellen. Dennoch ist diese für die Auswahl von Pumpen oder Ventilatoren sowie zur Optimierung ausreichend genau.

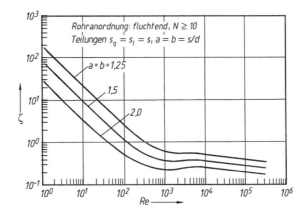

Abb. 8.18 Druckverlustbeiwerte ζ, für Rohrbündel mit fluchtenden Rohrreihen mit 10 und mehr Rohrreihen; gleiche Teilungen längs und quer wie in Abb. 8.17 spezifiziert

Der Druckverlust von Wärmetauschern – und auch anderer Apparate – lässt sich auch, unter Verzicht auf Kenntnis der inneren Zusammenhänge durch eine empirische Gleichung erfassen:

$$\Delta p_v = C \cdot \dot{m}^n = C_1 \cdot \dot{V}^n \tag{8.28}$$

Diese Gleichung enthält zwei unbekannte Konstanten C bzw. C_1 und n. Liegen Messwerte für Δp_v bei zwei verschiedenen Durchsätzen $\dot{m}$ bzw. $\dot{V}$ vor, so können die zwei Konstanten ermittelt und für zukünftige Berechnungen verwendet werden (vgl. die Aufgabe 8.35 und 8.38). Die n-Werte liegen bei turbulenten Strömungen erwartungsgemäß knapp unter 2. Will man für einen bestimmten Wärmetauscher die Werte C, C_1, n, welche von einem Fluid der Dichte ρ stammen, auf ein Fluid der Dichte ρ_{neu} umrechnen, so gilt genähert:

$$C_{neu} = C \cdot \frac{\rho}{\rho_{neu}} \qquad C_{1neu} = C_1 \cdot \frac{\rho_{neu}}{\rho} \qquad n_{neu} = n$$

Die Reynoldszahlabhängigkeit ist in dieser einfachen Umrechnung natürlich nicht erfasst.

8.4.6 Zusammenwirken von Rohrleitungsanlage mit Pumpe bzw. Ventilator

Radialpumpen für Flüssigkeiten werden meist durch Drehstromasynchron-Motoren mit nahezu konstanter Drehzahl angetrieben. Aufgrund der strömungstechnischen Gestaltung dieser Pumpenart (Laufrad) liefern sie je nach dem Widerstand der angeschlossenen Anlage verschieden große Fördermengen $\dot{V}$ und erzeugen daher eine $\dot{V}$-abhängige Förderhöhe H. Der Zusammenhang $H = H(\dot{V})$ ist eine spezifische Eigenschaft einer Pumpe und wird vom Hersteller einzeln oder typenweise gemessen und auf Verlangen des Kunden angegeben, Abb. 8.19.

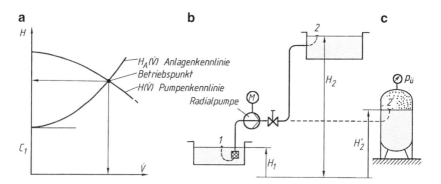

Abb. 8.19 Zusammenwirken von Pumpe und Anlage, schematisch, **a** Pumpen- und Anlagenkennlinie, **b** Schema einer Anlage mit Pumpe, **c** Variante mit Förderung in Behälter mit Überdruck $p_\text{ü}$

Die **Anlagenkennlinie** $H_A(\dot{V})$ fasst die Widerstände der gesamten Anlage, einschließlich zu überwindender geodätischer Höhendifferenzen $H_2 - H_1$ bzw. Behälterüberdrücke $p_\text{ü}$ zusammen. Insbesondere sind hier auch die Druckverluste in den Rohrleitungsabschnitten, Armaturen, Ventilen etc. enthalten (nicht zu vergessen der Austrittsverlust, $\zeta = 1$, Abb. 2.14!).

Der variable Teil der Anlagenkennlinie ist wegen des etwa quadratischen Zusammenhanges zwischen Δp_v und $\dot{V}$ bzw. w bei den meist vorkommenden hochturbulenten Rohrströmungen nahezu eine Parabel des Typs (vgl. auch Abb. 8.19a):

$$H_A = C_1 + C_2 \cdot \dot{V}^2.$$

Wird beispielsweise durch Verstellen eines Ventils der Strömungswiderstand erhöht, so wird die Parabel steiler und dadurch die Fördermenge $\dot{V}$ geringer, H aber größer, Abb. 8.21a.

Die Nutzung der Pumpenkennlinie kann aus praktischen Gründen vom Hersteller am oberen und unteren Ende begrenzt werden (oben z. B. durch die begrenzte Leistung des Antriebsmotors). Hersteller von Radialpumpen fassen oft die Kennlinien einer Typenreihe in einem Diagramm zusammen, Abb. 8.20, aus dem für eine spezifische Anwendung die passende Pumpe ausgewählt werden kann. Zuvor muss bei der Planung einer einschlägigen Anlage die *Anlagenkennlinie* $H_A(\dot{V})$ berechnet werden, um die richtige Wahl treffen zu können.

Für die Kennlinie einer Anlage nach Abb. 8.19b bzw. c ergeben sich aufgrund der erweiterten Bernoulli'schen Gleichung – wie wir sie bereits in Kap. 2 eingeführt hatten (vgl. z. B. auch die Aufgaben 2.34 und 2.35):

$$\text{Abb. 8.19 b)} \quad H_A = H_2 - H_1 + \frac{\dot{V}^2}{2g} \sum \frac{1}{A_i^2} \zeta_i \to H_A = C_1 + C_2 \cdot \dot{V}^2$$

$$\text{Abb. 8.19 c)} \quad H_A = H_2' - H_1 + \frac{p_\text{ü}}{\rho g} + \frac{\dot{V}^2}{2g} \sum \frac{1}{A_i^2} \zeta_i \to H_A = C_1' + C_2' \cdot \dot{V}^2 \quad (8.29)$$

8.4 Anwendungen in der Verfahrenstechnik

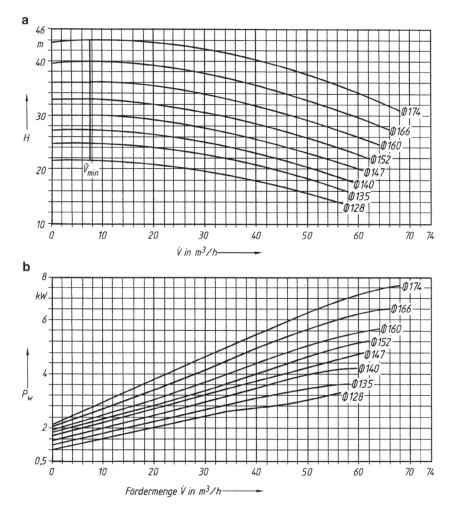

Abb. 8.20 Beispiel für ein Radialpumpenkennfeld. Pumpen „Etanorm 40–160" des Herstellers KSB/Frankenthal mit identischen Außenmaßen nach EN 733 (DIN 24255); Saugstutzen-Durchmesser, 80 mm; Druckstutzen-Durchmesser 65 mm; Laufradaustrittsbreite 12 mm. Laufraddurchmesser je nach erforderlicher Förderhöhe, Förderflüssigkeit: Wasser. **a** Pumpenkennlinien $H = H(\dot{V})$; Nenndrehzahl 2900/min; Laufradaußendurchmesser als Parameter bei jeder Kurve angeschrieben, **b** Leistungsbedarf P_w an der Pumpenwelle. Quelle: Kennlinienheft 1211.54/5-90G3 „Etanorm/Etabloc" der Firma KSB/Frankenthal

Für andere Anlagenfälle ist H_A sinngemäß zu bilden. Die λ-Werte der Rohrabschnitte haben wir als Re-unabhängig angenommen und durch den ζ_i-Wert des entsprechenden Rohrabschnitts ausgedrückt. Die Rohrquerschnitte A_i können abschnittsweise verschieden sein, vgl. auch Gl. 8.29; insbesondere hat die Pumpensaugleitung meist größeren Durchmesser als die Druckleitung.

Die Einstellung einer vorgewählten Fördermenge $\dot{V}$ kann im einfachsten Fall durch Verstellen eines Ventils oder eines anderen Drosselorgans erfolgen: Dadurch ändert sich in der Anlagenkennlinie C_2, d. h. die Steilheit der Parabel und als Folge verschiebt sich der Betriebspunkt, Abb. 8.21a. Eine andere Möglichkeit besteht in der Änderung der Pumpendrehzahl, wodurch sich die Pumpenkennlinie $H(\dot{V})$ in der in Abb. 8.21b angegebenen Weise verändert. Drehzahlregelbare Antriebsmotoren sind allerdings teurer und außerdem funktioniert diese Verstellung nicht bis herab zu $\dot{V} = 0$.

Radialventilatoren

Die gesamte Vorgangsweise für Radialpumpen lässt sich sinngemäß auch auf Radialventilatoren übertragen:

$H(\dot{V}) \rightarrow \Delta p_t(\dot{V})$ Ventilatorkennlinie, vom Hersteller, vgl. Gl.2.23 !

$H_A(\dot{V}) \rightarrow \Delta p_A(\dot{V})$ Anlagenkennlinie, durch Projektingenieur zu ermitteln

Die potentielle Energie (Höhenunterschied) kann bei Gasen praktisch immer vernachlässigt werden, d. h. die Parabel beginnt bei $H = 0$. Kennlinien von Radialventilatoren sind der Form nach weitgehend ähnlich jenen von Radialpumpen.

Kolbenpumpen

Die Kennlinien von Kolbenpumpen $H(\dot{V})$ verlaufen anders als jene von Radialpumpen. Dies gilt auch für alle Verdrängerpumpen, welche nach dem Prinzip der Kolbenmaschinen arbeiten. Die Kennlinien sind hier sehr steil, Abb. 8.22. Diese Maschinen fördern also nahezu dieselbe Menge, unabhängig von dem zu überwindenden Gegendruck. Kolbenpumpen können mühelos hohe Drücke erreichen, z. B. einige 100 bar, was für Radialpumpen nicht zutrifft. Nach oben ist die Kennlinie begrenzt aus Gründen der Zylinderfestigkeit oder der begrenzten Motorleistung; elektronisch gesteuerte Sicherheitsorgane schalten dann die Förderung ab. Sinngemäß Analoges gilt für Kolbenkompressoren sowie für Verdrängerverdichterbauarten wie Roots-, Schrauben-, Flügelzellenverdichter u. a., welche nach dem Prinzip der Kolbenmaschinen arbeiten.

Abb. 8.21 Verstellung der Fördermenge $\dot{V}$: **a** mittels Erhöhung des Widerstandes in der Anlage (Ventil mehr zu), **b** mittels Drehzahlverstellung

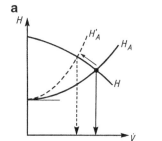 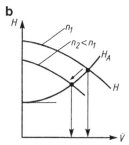

8.4 Anwendungen in der Verfahrenstechnik

Abb. 8.22 Zusammenwirken von Kolbenpumpe und Anlage, schematisch

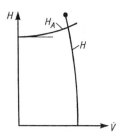

8.4.7 Rohrnetze

Bisher hatten wir nur einsträngige Rohrleitungen behandelt. In der Verfahrens- und Versorgungstechnik (Gas, Wasser, Fernwärme, fabrikinterne Versorgungsnetze für diverse Fluide etc.) hat man es mit komplex vermaschten Rohrsystemen zu tun, Abb. 8.23, man spricht auch von Rohrnetzen. Diese können auch mannigfache Druckerhöhungspumpen (z. B. für Wasserversorgung in Hochhäusern), Hochspeicher oder Druckbehälter zur Druckhaltung, Ausströmöffnungen bei vorgegebenem Druck u. a. Anlagenkomponenten enthalten.

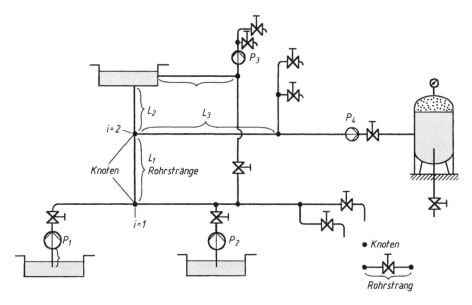

Abb. 8.23 Schema eines sehr einfachen Rohrnetzes. K_i Knoten mit der Nummer „i". L_j Rohrstrang mit der Nummer „j". Vergleiche hierzu Abb. 13.4

An Angabedaten bzw. Bedingungen für das Aufstellen der Gleichungen für ein Rohrnetz stehen im Prinzip zur Verfügung:

- Für jeden Rohrstrang L_j zwischen zwei Knoten kann ein globaler ζ-Wert ζ_j berechnet werden.
- Für jeden Knotenpunkt K_i kann die Summe der (vorzeichenbehafteten) ein- und abgehenden Massenströme null gesetzt werden (Satz der Erhaltung der Masse).
- Für jede beteiligte Pumpe steht die Kennlinie $H(\dot{V})$ zur Verfügung.
- Für jede Ausflussstelle ist der Druck bekannt.
- Für jeden geschlossenen Weg von einem ins Auge gefassten Knoten K_i über diverse Rohrstränge, andere Knoten, und zurück zum ursprünglichen Knoten K_i muss die Summe der Druckunterschiede null ergeben (d. h. es darf keine Drucksprünge in irgendeinem Knoten geben!).

Aus obigem Schema kann man eine ausreichende Zahl von Gleichungen aufstellen und die Unbekannten berechnen, nämlich:

- **Volumenstrom** $\dot{V}_j$ in jedem einzelnen Rohrstrang L_j
- **Drücke** in allen Knotenpunkten K_i

Bei den Gleichungen handelt es sich zwar nur um algebraische, aber ihre Zahl kann sehr groß (hunderte) sein. Einschlägige Aufgaben sind daher sinnvollerweise nur mit Rechnereinsatz zu lösen. Die käufliche Software zum Einsatz in Firmen enthält detaillierte Anweisungen über die Vorgangsweise und hat meist auch passende Stoffwerte, z. B. η und ρ in der Datenbank. Rohrnetze mit mehreren hundert Rohrsträngen und Knoten können berechnet werden. Die Hauptarbeit ist dabei die Ermittlung der Daten für alle Rohrstränge. Auch instationäre Probleme können gelöst werden (z. B. „Druckstöße" nach raschem Schließen eines Schiebers, vgl. Kap. 12 und Beispiel 13.2).

Das Rohrnetz kann auch als einfache Reihen- und Parallelschaltung von Rohrsträngen betrachtet werden, Abb. 8.24 (man denke z. B. an eine Sprinkler-Anlage). Die Rohrwiderstände R_i können analog wie Widerstände in der Elektrotechnik aufgefasst und mit demselben Schaltsymbol dargestellt werden, Abb. 8.24. In Analogie zum Ohm'schen Gesetz kann gesetzt werden:

$$U = R \cdot I \rightarrow \Delta p_v = R \cdot \dot{V}^2 \quad \text{Rohrleitungswiderstand } R = \rho \frac{8\lambda l}{\pi^2} \cdot \frac{1}{d^5}$$

$$\text{Einzelwiderstand mit } \zeta\text{-Wert } R = \rho \frac{8\zeta}{\pi^2 d^4} \tag{8.30}$$

Im Gegensatz zur Elektrotechnik geht hier der (Volumen-)Strom $\dot{V}$ quadratisch ein (von laminaren Strömungen wollen wir hier absehen).

Abb. 8.24 Reihen- und Parallelschaltung von Rohrsträngen; Analogie zur Elektrotechnik

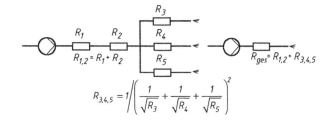

Bei *Reihenschaltung* addieren sich hier – ebenso wie die Spannungsabfälle in der Elektrotechnik – die Druckverluste, d. h. auch die Widerstände (Abb. 8.24: $R_{1,2} = R_1 + R_2$).

Für *Parallelschaltung* von Rohrsträngen mit den Widerständen R_i ergibt eine einfache Formel für den Ersatzwiderstand R:

$$\frac{1}{\sqrt{R}} = \sum \frac{1}{\sqrt{R_i}} \quad \text{bzw.} \quad R = \frac{1}{\left(\sum 1/\sqrt{R_i}\right)^2} \tag{8.31}$$

Alle Reihen- und Parallelschaltungen in einem Netz können durch einen Ersatzwiderstand R_{ges} ersetzt werden; vgl. auch [35].[2]

8.4.8 Strömung in Festbetten, Schüttungen und Fließbetten

In der Verfahrenstechnik benötigt man oft auch *großflächigen Kontakt* eines Fluids mit einem speziellen Festkörper zwecks Einleitung bestimmter Reaktionen (z. B. Katalyse). Eine große Oberfläche ist erzielbar, indem man den Festkörper in Form *kleiner Teilchen* mit dem Fluid in Kontakt bringt. Diese Teilchen werden in einem vertikalen zylindrischen Reaktionsbehälter von unten durchströmt, Abb. 8.25a. Typische Teilchengrößen liegen im Bereich 0,05 bis 0,5 mm (sandartig).

Bei kleiner Geschwindigkeit bleiben die Teilchen liegen; das Fluid strömt laminar durch die Lückenräume zwischen den Teilchen nach oben. Man spricht von einem **Festbett,** in besonderen Fällen auch von **Festkörperschüttungen.**

Ab einer bestimmten Strömungsgeschwindigkeit beginnen sich die Teilchen der oberen Schichten abzuheben und *schweben* einzeln im Fluid. Das Festbett wird mit steigender Geschwindigkeit immer mehr aufgelockert: man sagt, das Festbett wird **fluidisiert** und spricht von einem *Wirbelschichtzustand.* Die Wirbelschicht als Ganzes zeigt in gewissem Sinne flüssigkeitsähnliches Verhalten.

---

[2] Abweichend dazu gilt für die Parallelschaltung von Widerständen in der Elektrotechnik:
$$1/R = \sum 1/R_i$$

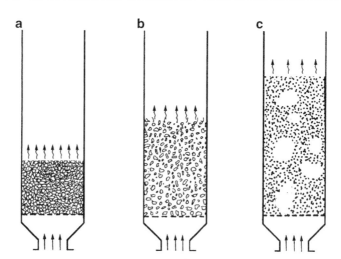

Abb. 8.25 a Strömung in einem Festbett, **b** fluidisiertes Festbett (Fließbett; Wirbelschichtzustand), Strömungsgeschwindigkeit über dem Lockerungspunkt, **c** Fließbett mit Gas als Fluid; es treten mehr oder weniger instabile, feststofffreie Blasen auf

Bei noch größerer Geschwindigkeit des Fluids schweben *alle* Teilchen und verlieren den Kontakt untereinander, Abb. 8.25b. Der entsprechenden Fluidgeschwindigkeit wird der sog. *Lockerungspunkt* zugeordnet; es herrscht nun gleichmäßige **Fluidisation.** Bei Gasen bilden sich ab einer bestimmten Geschwindigkeit auch praktisch feststofffreie Gasblasen, Abb. 8.25c.

Ab einer bestimmten Strömungsgeschwindigkeit (welche der Sinkgeschwindigkeit der Teilchen in ruhendem Fluid entspricht; vgl. Kap. 9) werden die Teilchen fortgetragen. Spezielle Reaktoren arbeiten über dieser Grenzgeschwindigkeit. Diese Reaktoren haben dann oben Teilchenabscheider: Die abgeschiedenen Teilchen gelangen dann durch ein Fallrohr erneut nach unten.

Es ist klar, dass in diesem Bereich der Strömungstechnik ein hoher Grad an empirischem Wissen vorherrscht. Die Ähnlichkeitstheorie kann aber die systematische Einordnung dieses Wissens fördern. Der interessierte Leser wird auf die Darstellung im VDI-Wärmeatlas verwiesen [34].

Eine interessante Anwendung der Wirbelschicht im Maschinenbau ist der sog. *Wirbelschichtbrenner,* in dem Kohlenstaubteilchen relativ gleichmäßig und vollständig verbrennbar sind.

8.5 Beispiele

Anmerkung: Im Folgenden wird für Wasser $v = 10^{-6}$ m²/s verwendet.

Beispiel 8.1 Abziehen von Wasser aus einem Behälter mit einem Schlauch (Länge 10 m, $k = 0,005$ mm). Anordnung und sonstige Abmessungen genau wie in Aufgabe 2.12, jedoch ohne Quetschung des Schlauches. Der zusätzliche Widerstand infolge Schlauchkrümmung kann vernachlässigt werden.

Welche Austrittsgeschwindigkeit w ergibt sich unter Berücksichtigung der Reibung? Scharfkantiger Einlauf mit $\zeta = 1$.

Lösung: Aus der durch das Verlustglied ergänzten Bernoulli'schen Gleichung erhalten wir (Bezugspunkt 1 auf dem Wasserspiegel, 2 im Austrittsquerschnitt, Bezugsdruck ≙ Atmosphärendruck, Bezugsniveau ≙ Austrittsquerschnitt).

$$gh_1 = \frac{w^2}{2} + \frac{\Delta p_v}{\rho}$$

$$\Delta p_v = \frac{1}{2}\rho w^2 \left(\sum \zeta + \frac{\lambda l}{d}\right)$$

Daraus ergibt sich w

$$\boxed{w = \sqrt{\frac{2gh_1}{1 + \sum \zeta + \dfrac{\lambda l}{d}}} \qquad \text{Ausflussformel für Strömung mit Reibung}}$$

Dies ist nur scheinbar eine explizite Formel für das gesuchte w, da letzteres noch implizit in $\lambda = f(Re) = f(w \cdot d/v)$ enthalten ist. Es ist daher eine iterative Berechnung erforderlich, wobei λ zuerst geschätzt werden muss. Für die meisten technischen Verhältnisse ist $\lambda = 0,015$ bis 0,025. Man kann auch zunächst den reibungsfrei berechneten Wert von w zur Berechnung von Re und λ heranziehen.

$$1. \text{ Versuch:} \quad \lambda = 0,02 \rightarrow w = \sqrt{\frac{2 \cdot 2 \cdot 9,81}{1 + 1 + \dfrac{0,02 \cdot 10}{0,025}}} = 1,98\,\text{m/s}$$

Daraus

$$Re_1 = wd/v = 49.514 \quad d/k = 25/0,005 = 5000$$

Mit diesen Werten Re und d/k kann λ_1 aus Abb. 8.4 grafisch bestimmt werden. Präziser kann λ_1 mithilfe der entsprechenden Formel T.8.2 aus Tab. 8.2 berechnet werden.

$$\text{Da } Re \cdot k/d = 9,9 \rightarrow \lambda_1 = \frac{0,3164}{\sqrt[4]{49.514}} = 0,0212$$

Das Ausrechnen mit der obigen Ausflussformel ergibt: $w_a = 1{,}93$ m/s. Zur Kontrolle ist nun ein weiterer Iterationsschritt erforderlich. In diesem Fall ergibt sich jedoch keine signifikante Änderung von w_a.

Beispiel 8.2 Der Kondensator einer Dampfkraftanlage wird aus dem Oberwasserkanal einer benachbarten Wasserkraftwerksanlage mit Kühlwasser versorgt. Der Wasserabfluss erfolgt in den Unterwasserkanal. Wasserspiegeldifferenz $H = 8$ m. Die Förderung des Kühlwassers erfolgt durch eine Axialpumpe, sofern die Höhendifferenz (Heberwirkung) nicht ausreicht, Abb. 8.26.

Anlagedaten: Rohrleitung bituminiert: $l = 400$ m, $d = 0{,}9$ m, $k = 0{,}04$ mm
4 Krümmer (je $\zeta = 0{,}5$), 3 Klappen (je $\zeta = 0{,}30$), 1 Rückschlagorgan ($\zeta = 0{,}50$),
1 Kondensator mit dem Druckverlustgesetz $\Delta p_k = 0{,}2 \cdot \dot{m}^{1{,}78}$ (Δp_k in Pa, $\dot{m}$ in kg/s)

a) Bei Überlast der Dampfkraftanlage ist ein Massenstrom $\dot{m} = 1500$ kg/s erforderlich. Man berechne die der Pumpe zuzuführende Leistung, wenn deren Wirkungsgrad $\eta_p = 0{,}88$ ist.
b) Die zur Verfügung stehende Höhendifferenz H von 8 m erlaubt es, das Kühlwasser bis zu einer gewissen Teilmenge ohne Pumpenleistung im reinen „Heberbetrieb" zu fördern. Wie groß ist diese Teilmenge $\dot{m}_T$, wenn die mit verstellbaren Laufschaufeln ausgerüstete Pumpe, die dann leer mitläuft, einen ζ-Wert von 0,5 aufweist?

Lösung:

a) Die erweiterte Bernoulli'sche Gleichung zwischen Punkt 1 und 2 gibt mit Δp_t als Totaldruckerhöhung in der Pumpe (Tab. 2.2):

$$H\rho g + \Delta p_t = \Delta p_{v,12}$$

$$\Delta p_k = 0{,}2 \cdot 1500^{1{,}78} = 90{.}048 \text{ N/m}^2 = 0{,}90 \text{ bar}$$

$$\Delta p_{v,12} = \left(\sum \zeta + \frac{\lambda l}{d}\right) \cdot \frac{w^2}{2}\rho + \Delta p_k$$

$$\sum \zeta = 4 \cdot 0{,}5 + 3 \cdot 0{,}3 + 0{,}5 + 1 = 4{,}40$$

siehe Austrittsverlust $\zeta = 1$ in Kap. 2.6

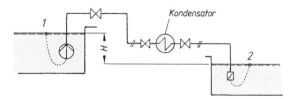

Abb. 8.26 Zu Beispiel 2. Vergleiche hierzu Beispiel 13.1

8.5 Beispiele

λ-*Ermittlung:*

$$w = \frac{1500 \cdot 4}{0,9^2 \pi \cdot 1000} = 2,36\,\text{m/s}$$

$$Re = w \cdot \frac{d}{\nu} = 2,11 \cdot 10^6$$

$$\frac{d}{k} = \frac{900}{0,04} = 22.500 \rightarrow Re = 94 \cdot \frac{d}{k}$$

Aus Tab. 8.2 bzw. Abb. 8.4 $\rightarrow$ Übergangsbereich. Es gilt Gl. T.8.7:

$$\lambda = \frac{1}{\left[-2 \cdot log\left(\dfrac{2,51}{Re \cdot \sqrt{\lambda}} + \dfrac{0,269}{d/k}\right)\right]^2}$$

λ lässt sich somit iterativ bestimmen bzw. aus Abb. 8.4 abschätzen $\rightarrow \lambda = 0,0116$.

$$\Delta p_{v,12} = \left(4,4 + 0,0116 \cdot \frac{400}{0,9}\right) \cdot 2,36^2 \cdot \frac{1000}{2} + 90.048$$

$$= \underset{\text{Einbauten + Austritt}}{12.231} + \underset{\text{Rohrreibung}}{14.348} + \underset{\text{Kondensator}}{90.048} = 116.627 N/m^2$$

$\Delta p_t = 116.627 - 78.480 = 38.147\ N/m^2 = 0,381\,\text{bar}$

Man beachte die Größe der einzelnen Druckverluste, wenn es darum geht zu entscheiden, wo sinnvollerweise mit Verbesserungen anzusetzen ist!

$$\underline{P_P} = \dot{m} \cdot \frac{\Delta p_t}{\rho} \cdot \frac{1}{\eta_p} = 1500 \cdot \frac{38.147}{1000} \cdot \frac{1}{0,88} = 6,50 \cdot 10^4 W = \underline{65,0\ \text{kW}}$$

b) $H\rho g = \Delta p_{v,12}$

$$H\rho g = 0,2 \cdot \left(\frac{d^2\pi}{4}\rho w\right)^{1,78} + \frac{1}{2}\rho w^2 \left(\sum \zeta + \lambda \frac{l}{d}\right)$$

Dabei enthält die Summe der ζ-Werte nun zusätzlich den ζ-Wert der leerlaufenden Pumpen von 0,5.

Die Lösung muss *iterativ* erfolgen. Wir nehmen zunächst w an, bestimmen Re sowie λ und vergleichen dann linke und rechte Seite der Gleichung – solange, bis ausreichende Übereinstimmung vorliegt.

$$8 \cdot 1000 \cdot 9,81 = 78.400 = w^2\left(2450 + \frac{2 \cdot 10^5}{0,9}\lambda\right) + 19.561 \cdot w^{1,78}$$

w	$Re \cdot 10^{-6}$	λ	Linke Seite	Rechte Seite
m/s	–	–	Pa	Pa
1	0,90	0,0128	78.400	24.592
2	1,80	0,0118	78.400	87.302
1,8	1,62	0,0119	78.400	71.990
1,9	1,71	0,011.876	78.400	79.478
1,887	1,698	0,011.884	78.400	78.485

Für praktische Zwecke genügend genau ist somit

$$w \approx 1,9 \, \text{m/s} \rightarrow \underline{\dot{m}_T = A \, w \, \rho \approx 1200 \, \text{kg/s}}$$

8.6 Übungsaufgaben

8.1 Für Rohrströmungen gilt (Bezeichnen Sie die richtigen Antworten.):
  a) Rohrströmungen haben den Charakter von Grenzschichtströmungen.
  b) Sind bereits laminar oder turbulent im gesamten Eintrittsquerschnitt.
  c) Laminare oder turbulente Rohrströmung entwickelt sich erst in einer gewissen Einlaufstrecke.
  d) Ob eine Rohrströmung laminar oder turbulent ist, hängt hauptsächlich von der Größe der Wandrauigkeit ab.

8.2 Für laminare Rohrströmung gilt (Bezeichnen Sie die richtigen Antworten):
  a) Kann nur bei sehr glatten Rohren auftreten.
  b) Die Geschwindigkeitsverteilung ist parabolisch mit dem Maximalwert in der Mitte.
  c) Im Grenzbereich laminar-turbulent ist bei laminarer Strömung der Druckverlust vergleichsweise niedriger.
  d) Der Druckverlust ist unter sonst gleichen Bedingungen $\sim w^2$.

8.3 Für turbulente Rohrströmung gilt (Bezeichnen Sie die richtigen Antworten):
  a) Unterliegt nicht der Reynolds'schen Ähnlichkeit.
  b) Das Geschwindigkeitsprofil hängt von der Reynoldszahl ab.
  c) Der Druckverlust ist unter sonst gleichen Bedingungen etwa proportional zu w^2.

8.4 Für den Einfluss der Rohrrauigkeit auf den Druckverlust gilt (Bezeichnen Sie die richtigen Antworten):
  a) Ist bei laminarer Rohrströmung ohne Einfluss
  b) Ist bei turbulenter Rohrströmung immer von Einfluss
  c) Ist bei turbulenter Rohrströmung nur oberhalb einer bestimmten Grenze von Einfluss

8.6 Übungsaufgaben

8.5 Eine Wasserleitung ist 14 m lang und weist einen Durchmesser von 25 mm auf. Die Rauigkeit kann mit $k = 0{,}2$ mm angenommen werden. An zusätzlichen Strömungswiderständen sind sechs Krümmer ($\zeta = 0{,}3$) und ein Ventil mit einem ζ-Wert von 4,5 vorhanden.

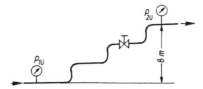

Mittlere Wassergeschwindigkeit $w = 2$ m/s, $p_{1ü} = 3$ bar. Man berechne den Druck $p_{2ü}$.

*8.6 Vom Druckstollen und Wasserschloss eines Hochdruck-Wasserkraftwerks sind folgende Daten gegeben: Druckverlustbeiwert für den Einlauf des Druckstollens $\zeta_E = 0{,}5$. Rauigkeitswert für den speziell geglätteten Beton-Druckstollen $k = 0{,}2$ mm. Durchsatz bei Vollastbetrieb $\dot V = 54$ m³/s.

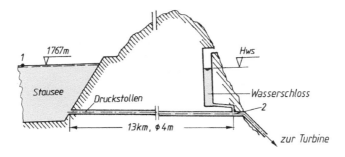

Man ermittle

a) Druck im Punkt 2 ($H_2 = 1615$ m)
b) Verlusthöhe zwischen Punkt 1 und 2
c) Wasserspiegelhöhe H_{WS} im Wasserschloss

8.7 Die Druckrohrleitung eines Wasserkraftwerkes besteht aus zwei Abschnitten:
a) Horizontaler betonierter Druckstollen: $d = 5000$ mm, $l = 12$ km, $k = 0{,}1$ mm
b) Vertikaler stahlgepanzerter Druckschacht: $d = 4000$ mm, $l = 130$ m, $k = 0{,}02$ mm
Der Durchfluss beträgt 80 m³/s, die Bruttofallhöhe 140 m. Man berechne:
a) Leistungsvermögen der Anlage ohne Verluste
b) Druckverluste, Verlusthöhen und Verlustleistung der gesamten Rohrleitung in % von a)
c) Verlustarbeit pro Jahr bei 5500 Volllastbetriebsstunden
d) Verlustleistung der Rohrleitung in % von a), wenn die Durchmesser um 10 % verringert werden

*8.8 Eine Pumpensaugleitung, $l = 20$ m, $d = 150$ mm, $\dot{m} = 65$ kg/s Wasser, 3 mal 90°-Krümmer je $\zeta = 0{,}3$, 1 Saugkorb mit Rückschlagventil $\zeta = 4{,}0$, könnte aus Stahlrohr mit einer Rauigkeit $k = 0{,}02$ mm oder (um die Verluste wegen der Kavitationsgefahr zu senken), aus Kunststoff mit der Rauigkeit $k = 0{,}001$ mm ausgeführt werden.
$p_0 = 1{,}0$ bar.

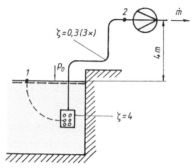

Als Entscheidungshilfe soll berechnet werden:
a) Druck in Punkt 2 für Stahlausführung
b) Druck in Punkt 2 für Kunststoffausführung

*8.9 Der λ-Wert und k eines Gummischlauches, $d = 5$ cm, $l = 20$ m, soll durch ein Ausflussexperiment lt. Skizze ermittelt werden. Ein Behälter, $V = 50$ L, füllt sich in $\Delta t = 11{,}5$ s.

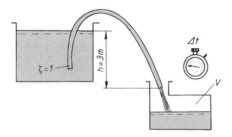

Man ermittle:
a) Reynoldszahl Re
b) λ-Wert
c) k für den Schlauch (Colebrook-Diagramm)

8.6 Übungsaufgaben

8.10 Ein Sammelbrunnen wird zur Vergrößerung des Einzuggebietes über Heberleitungen von drei gleichartigen Einzelbrunnen versorgt, der Wasserspiegel der Einzelbrunnen wird als konstant mit $H = 120$ m Meereshöhe angenommen, die Eigenkapazität des Sammelbrunnens wird als konstant mit $\dot{m}_s = 80{,}0$ kg/s angesetzt. Luftdruck 1,0 bar.

Verluste
A–B: $\Delta h_v = 4w^2/2g$
B–C: $\Delta h_v = 2w^2/2g$

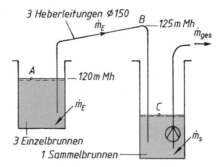

a) Wie groß darf die Pumpenfördermenge $\dot{m}_{ges}$ werden, wenn der doppelte Dampfdruck im Punkt B ($p_B = 2p_D = 2452{,}5$ N/m²; Wasser 10 °C) nicht unterschritten werden soll?
b) Welches Niveau stellt sich im Sammelbrunnen, Punkt C ein?

8.11 Tankreinigungsgerät: aus einem Kugelkopf mit 30 Bohrungen von je 3 mm Durchmesser, Ausflusszahl $\alpha = 0{,}62$, wird Wasser unter einem Überdruck von 6 bar versprüht. Man berechne
a) Austrittsgeschwindigkeit w_a (reibungsfrei)
b) Massenstrom $\dot{m}$
c) Es ist eine 10 m lange horizontale Zuleitung von der Pumpe in Form eines Schlauches erforderlich, $k = 0{,}0016$ mm. Es stehen Durchmesser von 42 mm und 52 mm zur Auswahl. Welcher ist zu wählen, wenn $w_m \leq 2{,}5$ m/s?
d) Welcher Überdruck muss nach der Pumpe zur Verfügung stehen?

8.12 Im Falle von Brandgefahr soll eine Sprinkleranlage 30 L/s Wasser in eine Halle spritzen. Für die an der Decke zu montierenden Sprühköpfe gibt der Hersteller eine Leistung von 7,35 L/s bei einem Mindestsprühdruck von 3 bar an. Der Versorgungsdruck in der Hauptwasserleitung beträgt mindestens 5 bar. Jeder Kopf wird mit einer Stichleitung von 6 m Länge angeschlossen. Zur Auswahl stehen geschweißte Rohre mit Innendurchmessern von 23,3–29,7–37,8–43,7 mm; $k = 0{,}01$ mm.

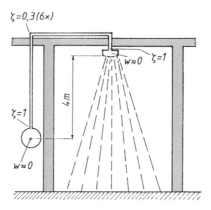

a) Welcher kleinste Rohrdurchmesser kann verwendet werden, wenn ein Mindestdruck von 3 bar im Sprühkopf gewährleistet sein soll?

b) Wie viele Köpfe sind vorzusehen, wenn berücksichtigt wird, dass bei höherem Druck im Sprühkopf dessen Leistung entsprechend steigt? Rohr nach a.

8.13 Der sog. Grundablass eines Wasserkraftwerkes soll verhindern können, dass bei abgeschaltetem Kraftwerk (Turbinen zu) der Stauspiegel den der Staumauerberechnung zugrunde liegenden Höchstwert nicht übersteigt.

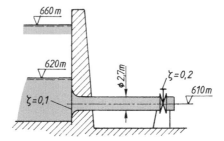

a) Ist der Grundablass lt. Skizze ausreichend dimensioniert, um 130 m³/s zufließendes Wasser ins Freie abzuführen, ohne dass das Stauziel von 660 m ü. M. überschritten wird? Rohrlänge $l = 70$ m; Einlauf $\zeta = 0{,}1$; voll offenes Abschlussorgan (Gleitschütz) $\zeta = 0{,}2$; $k = 3$ mm.

b) Wie groß ist $\dot V$ durch den Grundablass, wenn das Absenkziel von 620 m ü. M. erreicht ist?

c) Überprüfen Sie, ob das Rohr insgesamt länger ist als die Einlaufstrecke entsprechend $L_{\text{ein}} = 25 \cdot d$ (vgl. Tab. 8.4).

8.14 Im Herstellungsprozess für Injektionsnadeln ist eine stichprobenartige Kontrolle für die Einhaltung des „wirksamen" Innendurchmessers d vorgesehen. Zu diesem Zweck werden die Nadeln waagrecht auf Nippeln in einem Wasserdruckrohr (Überdruck 0,13 bar) aufgesteckt und die Durchsatzmenge V in cm^3 je 10 s gemessen. Nadellänge 50 mm, Nenndurchmesser 0,45 mm.
a) Wird die Strömung laminar oder turbulent sein?
b) Welche Werte V ergeben sich für Nadeln mit $d = 0{,}40$; 0,45; 0,50 mm (ohne Berücksichtigung von Beschleunigungs- und Einlaufdruckabfall)?
c) Werte V mit Berücksichtigung von Beschleunigungs- und Einlaufdruckabfall? (iterative Berechnung!)
d) Kontrollieren Sie die Reynoldszahlen.
e) Kontrollieren Sie, ob Nadellänge > Einlaufstrecke.

*8.15 Springbrunnen mit Kreislaufpumpe. Düsendurchmesser $d_D = 20$ mm. An Reibung ist zu berücksichtigen: scharfkantiger Einlauf ($\zeta = 0{,}5$), Rohrreibung, gerade Rohrlänge $2 \cdot 10$ m (hin und zurück), Rohrdurchmesser $d_R = 50$ mm, $k = 0{,}25$ mm), Ventil $\zeta = 4$, drei Krümmer $\zeta = 0{,}51$, $h_0 = 2$ m.

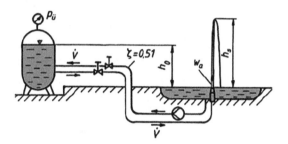

Man berechne:
a) Erforderliche Austrittsgeschwindigkeit w_a für $h_s = 4$ m Steighöhe des Wassers (ohne Luftreibung)
b) Erforderlicher Behälterüberdruck $p_ü$
c) Spezifische Förderarbeit Y der Kreiselpumpe (Rücklaufleitung genau gleich wie Vorlaufleitung)
d) Hydraulische Leistung P_h der Pumpe
e) Stromverbrauch in kW h pro Tag bei einem Wirkungsgrad des Pumpenaggregates $\eta_{ges} = 0{,}55$.

*8.16 Springbrunnen, der aus einem hochgelegenen Brunnen versorgt wird. Düsendurchmesser $d = 15$ mm. An Reibung ist zu berücksichtigen: scharfkantiger Einlauf, Rohrreibung (gerade Rohrlänge $l = 110$ m, $k = 0{,}4$ mm, Rohrdurchmesser $d_R = 50$ mm), drei scharfe Krümmer.

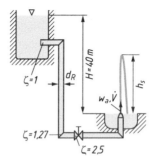

Man berechne:
a) Austrittsgeschwindigkeit w_a und Volumenstrom $\dot{V}$
b) Steighöhe h_s des Springbrunnenwassers (ohne Luftreibung)

8.17 Anordnung wie bei Aufgabe 2.20, jedoch Ausfluss durch ein scharfkantig in den Behälter eingeschweißtes Rohr ($\zeta = 1{,}0$) mit Durchmesser 60 mm, Länge 2,5 m, $k = 0{,}05$ mm. Das Rohr enthält ferner einen Schieber ($\zeta = 0{,}45$), einen Krümmer ($\zeta = 0{,}30$) und mündet 1,60 m unter dem Niveau des Rohranschlusses im Behälter ins Freie. Im Gegensatz zu Aufgabe 2.20 hat Reibung hier einen wesentlichen Einfluss auf den Strömungsvorgang.
Berechnen Sie, welche Höhe h_1 sich im Behälter bei einem Durchsatz von 60 m^3/h und einer Höhe $h_2 = 0{,}3$ m einstellt.

8.18 Berechnen Sie die Aufgabe 2.22 a)–c) unter Berücksichtigung von Reibung. Glattes Plastikrohr, Länge $l = 5$ m, drei Krümmer $\zeta = 0{,}14$. Einlauf: $\zeta = 0{,}1$.
Zusatzfrage:
d) Warum wird hier trotz scharfkantigen Einlaufes keine Ablösung der Einlaufströmung auftreten, hingegen aber eine Ablösung der Außenströmung?

8.19 Durch eine konzentrische Rohranordnung fließen sowohl im Innenrohr als auch im Außenrohr $\dot{m} = 7200$ kg/h Öl, $\rho = 860$ kg/m^3, $\nu = 15 \cdot 10^{-6}$ m^2/s, $d_i = 50$ mm, $s = 3$ mm, $k = 0{,}015$ mm.

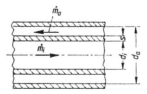

Wie groß muss der Durchmesser d_a sein, wenn der Druckverlust pro Meter Rohrlänge im Innen- sowie im Außenrohr gleich sein soll?

8.6 Übungsaufgaben

8.20 Bei gegebener Durchflussmenge tritt in einer Rohrleitung der geringste Druckverlust auf, wenn die Strömungscharakteristik „hydraulisch glatt" ist. Welche Rauigkeit k darf in einer Ölpipeline maximal auftreten, damit der minimale Druckverlust auftritt (das Rohr gerade noch hydraulisch glatt ist)? $d = 0{,}6$ m, $w = 1{,}5$ m/s, $\nu = 5 \cdot 10^{-6}$ m^2/s (Lösung mithilfe des Colebrook-Diagramms, Abb. 8.4).

*8.21 Ein hochgelegener und ein tiefgelegener Wasserbehälter (Skizze) sind mit zwei vertikalen Rohren vom Durchmesser $d = 50$ mm verbunden ($k = 0{,}3$ mm). Durch den Temperaturunterschied des Wassers in den Behältern kommt eine Wasserzirkulation (Naturumlauf) zustande.

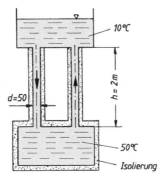

a) Welche treibende Druckdifferenz tritt infolge des Dichteunterschiedes auf, wenn sich im „Fallrohr" Wasser von 10 °C, im „Steigrohr" Wasser von 50 °C befindet? (ρ: Tab. A.2, Anhang)

b) Berechnen Sie die Wassergeschwindigkeit w in den Rohren (berücksichtigt soll werden: scharfkantiger Einlauf $\zeta_E = 0{,}5$, Rohrreibung, Austrittsverlust ζ_A (in jedem Rohr))

*8.22 Wärmetauscherelement laut Skizze. Länge: 6 m, Oberfläche: glatt. Durchströmendes Gas: CO$_2$, 450 °C, 12 bar, $\rho = 8{,}78$ kg/m^3, $\eta = 4 \cdot 10^{-5}$ kg/ms, $w_m = 20$ m/s

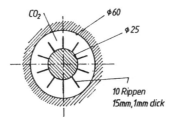

a) Wie groß ist der hydraulische Durchmesser?
b) Reynoldszahl, gebildet mit dem hydraulischen Durchmesser?
c) Druckverlust?

8.23 Bei dem Wärmetauscherelement von Aufgabe 8.22 wurde mit gleich-bleibendem Zustand über die Rohrlänge gerechnet (näherungsweise zulässig). Die Temperaturzunahme sei jedoch derart, dass bei Eintritt 400 °C, bei Austritt 500 °C vorhanden sind. Dadurch ergibt sich statt $w_m = 20$ m/s am Eintritt 18,6 m/s, am Austritt 21,4 m/s. Welcher zusätzliche Druckabfall tritt infolge der Beschleunigung des Gases auf (Impulssatz)?

*8.24 Spindelöl von 20 °C ($v = 15 \cdot 10^{-6}$ m²/s, $\rho = 871$ kg/m³) fließt mit einer mittleren Geschwindigkeit $w = 1$ m/s durch eine Rohrleitung von 3 cm Durch-messer (ausgebildete Rohrströmung). Man berechne

    a) Verteilung der Schubspannungen $\tau(r)$,

    b) Wandschubspannung $\tau(R)$.

    c) Vergleichen Sie den Wert nach b) mit dem aus dem Druckabfall pro Meter Rohrlänge ermittelten Wert (Gleichgewicht, Abb. 8.2).

8.25 Pumpenanlage wie in Aufgabe 2.34.
Man ermittle die Anlagenkennlinie $H_A(\dot{V})$ bei Annahme eines quadratischen Zusammenhanges von H_A und $\dot{V}$ (Gl. 8.27)

8.26 Pumpenanlage wie in Aufgabe 8.25. In diese muss nachträglich ein Absperr-ventil mit $\zeta = 0{,}2$ eingebaut werden.

    a) Welche Anlagenkennlinie ergibt sich dann?

    b) Auf welches $\dot{V}$ nimmt die Fördermenge ab, wenn für die Pumpen-kennlinie in der Umgebung ($\pm 0{,}1$ m³/s) des Betriebspunktes gilt:
$H = 43$ m $- (\dot{V} - 0{,}5) \cdot 12$ (SI-Einheiten)?

*8.27 Eine rechteckige Betonrinne, 20 cm breit, 15 cm hoch, soll zwischen zwei Fabrikhallen $\dot{V} = 100$ m³/h Wasser transportieren bei 10 cm Spiegelhöhe im Betonkanal, $k = 0{,}2$ mm. Kanallänge $l = 180$ m.

    a) Welches Gefälle h_v ist vorzusehen?

    b) Welche maximale Kapazität $\dot{V}_{max}$ ergibt sich dann bei 14 cm Spiegelhöhe?

8.28 Zwei Räume gleichen Druckes werden durch den Blechkanal einer Klimaanlage verbunden. Kanalquerschnitt 10 · 30 cm (rechteckig); Kanallänge $l = 15$ m; $k = 0{,}2$ mm; drei scharfe 90°-Krümmer $\zeta = 1{,}27$; Einlauf scharfkantig $\zeta = 0{,}5$, Durchsatz $\dot{V} = 0{,}60$ m³/s Luft, 20 °C, $\rho = 1{,}205$ kg/m³.

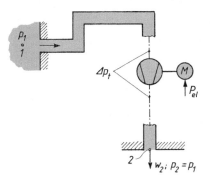

a) Welche Totaldruckerhöhung Δp_t muss der Ventilator aufbringen?
b) Welche Leistungsaufnahme weist der Antriebsmotor auf, wenn $\eta_{ges} = 0{,}65$?

8.29 Ein kreisförmiger Querschnitt eines Beton-Wasserkanals soll, wenn das Wasser genau den halben Querschnitt ausfüllt, eine Geschwindigkeit $w_m = 1{,}2$ m/s ermöglichen. Durchmesser 1 m, $k = 4$ mm.

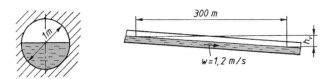

a) Welches Gefälle in ‰ ist vorzusehen? Verlusthöhe h_v in 300 m Länge?
b) Welche Wassergeschwindigkeit ist bei einem Gefälle nach a) und Strömung in vollem Querschnitt zu erwarten?

8.30 Für Düse und Diffusor gilt (Bezeichnen Sie die richtigen Antworten)
a) Ein Diffusor setzt kinetische Energie in Druckenergie um.
b) Um eine verlustarme Energieumsetzung zu erzielen, erfordert die Konstruktion von Düsen wesentlich mehr Aufmerksamkeit als jene von Diffusoren.
c) Diffusorströmungen neigen zu verlustreichen Strömungsablösungen.
d) Eine plötzliche Rohrerweiterung wirkt wie ein Diffusor.

8.31 Ein Abluftkamin aus Blech soll oben einen Diffusor aufgesetzt bekommen. Angaben laut Skizze.

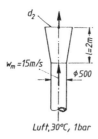

fMan berechne:
a) Durchmesser d_2, bei optimalem Erweiterungswinkel.
b) Welche Drucksteigerung tritt im Diffusor auf? Beachten Sie Abb. 8.8.

8.32 Diffusor. Eine Pumpendruckleitung mit einem Durchmesser von 300 mm und einem Durchsatz von 250 kg/s Wasser mündet in einen Behälter. Um die Austrittsverluste klein zu halten, will man durch einen Diffusor den Durchmesser vor dem Eintritt in den Behälter erweitern.
a) Berechnen Sie den Austrittsverlust Δp_{va} (Verlust an kinetischer Energie) für eine Variante ohne Enddiffusor ($d = 300$ mm)
b) Ermitteln Sie den optimalen Austrittsdurchmesser für einen Enddiffusor mit Baulänge $l = 1,8$ m
c) Druckgewinn im Diffusor nach b)
d) Reibungsdruckverlust Δp_v im Diffusor nach b) und verbleibender Austrittsverlust Δp_{va}

8.33 Eine horizontale Wasserleitung, $d = 200$ mm, mündet in ein Becken. Wassergeschwindigkeit in der Rohrleitung $w_m = 4$ m/s. Diffusorbaulänge $l = 1,5$ m. Man ermittle
a) Austrittsdurchmesser d_2 für optimalen Erweiterungswinkel
b) Drucksteigerung im Diffusor

8.6 Übungsaufgaben

8.34 Für ein Abwasserrohr laut Skizze soll durch eine Abschätzungsrechnung die Entscheidungsgrundlage dafür bereitgestellt werden, ob ein Diffusor ausgeführt werden soll oder nicht. Als Verlust tritt ohne Diffusor *ein* Staudruck entsprechend w_1 auf (Austrittsverlust). Bei Ausführung mit Diffusor tritt Austrittsverlust mit w_2 und Diffusorverlust entsprechend η_u auf. $l = 600$ mm.

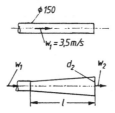

a) Berechnen Sie d_2.
b) Druckgewinn Δp_D im Diffusor. Die Pumpe muss dann um Δp_D weniger Druck erzeugen, wodurch eine theoretische Leistungsersparnis $\Delta P_h = \dot{V} \cdot \Delta p_D$ auftritt.
c) Welche Ersparnis in kW h pro Jahr errechnet sich für die Diffusorausführung gegenüber der normalen Rohrmündung bei 5000 Betriebsstunden jährlich? Gesamtwirkungsgrad Pumpe-E-Motor $\eta_{ges} = 0{,}60$.

8.35 Die Verluste in einer geraden Rohrleitung betragen bei einem Durchsatz von $\dot{m}_1 = 4{,}1$ kg/s, $\Delta p_{v1} = 48.000$ N/m² sowie bei einem Durchsatz von $\dot{m}_2 = 5{,}33$ kg/s, $\Delta p_{v2} = 75.000$ N/m².
Welche Werte C, n ergeben sich für das Druckverlustgesetz Gl. 8.28?

8.36 Ein Regelventil NW 150 hat einen k_v-Wert von 370. Wie groß ist der Druckverlust in bar, wenn es von Öl mit der Dichte $\rho = 860$ kg/m³ und der Durchflussmenge von 600 m³/h beaufschlagt wird?

8.37 Der k_v-Wert eines Kugelhahnes Klinger KH 300 beträgt bei voller Öffnung $2{,}1 \cdot 10^4$. Wie groß ist der ζ-Wert der Armatur bezogen auf den Nenndurchmesser von 300 mm? (Achtung bei den Einheiten!)

8.38 In einem Kühlwassersystem steht zur Förderung des Kühlwassers eine geodätische Höhe von 36 m zur Verfügung. Bei der Nennwassermenge von 60 kg/s entsteht ohne Regelventil ein Druckverlust von 1 bar. Der Druckverlust im System gehorcht dem Gesetz $\Delta p_v = k \cdot \dot{m}^{1,8}$.

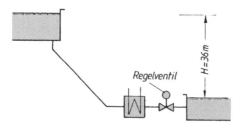

Aus Sicherheitsgründen soll bei voll offenem Regelventil ein Durchfluss von 125 % der Nennwassermenge möglich sein. Wie groß muss daher bei Vollöffnung der k_v-Wert des Regelventils sein?

8.39 Für Durchflussmessung mit Staugeräten gilt (Bezeichnen Sie die richtigen Antworten.)
a) Beruht hauptsächlich auf dem Zusammenhang zwischen Volumenstrom und Druckverlust am Staugerät?
b) Beruht hauptsächlich auf der Druckabsenkung zufolge der Bernoulli'schen Gleichung im Staugerät?
c) Das Blendenloch hat auf einer Seite eine scharfe Kante auf der anderen Seite eine Abschrägung. Der normgerechte Einbau muss so erfolgen, dass die Abschrägung zur ankommenden Strömung weist?
d) Ordnen Sie die drei Staugeräte (Abb. 8.13) nach dem auftretenden bleibenden Druckverlust, beginnend mit jenem mit dem kleinsten Wert. Gleiches Durchmesserverhältnis Rohr: Staugerät sei vorausgesetzt.

*8.40 Durchflussmessung in einer Wasserleitung $D = 80$ mm mit Normblende $d = 53,5$ mm. Gemessener Wirkdruck $p_1 - p_2 = 0,925$ bar, Eck-Druckentnahme. Man ermittle
a) Durchflusskoeffizient C für eine *angenommene* Durchflussgeschwindigkeit im Rohr von 2 m/s
b) $\dot{V}$ aus a)
c) Re_D und Kontrolle, ob Korrektur für C erforderlich ist (wenn Fehler > 0,5 %). Gegebenenfalls Korrektur für C, $\dot{V}$,
d) $\dot{V}$ für $p_1 - p_2 = 0,150$ bar

8.6 Übungsaufgaben   271

8.41 Durchflussmessung in Druckluftleitung $D = 100$ mm, Blendendurchmesser
$d = 50$ mm; $p_1 = 8$ bar, $\rho_1 = 9,51$ kg/m³, $p_2 = 7,15$ bar. Man ermittle
a) Durchflusskoeffizient C für eine zunächst angenommene Geschwindigkeit
$w = 10$ m/s im Rohr, $\vartheta_1 = 20\ °C$
b) Expansionszahl ε
c) $\dot{m}$ aus a) und b)
d) Re_D und Kontrolle, ob Korrektur für C und $\dot{m}$ erforderlich ist (wenn
Fehler $> 0,5$ %); gegebenenfalls Korrektur
e) $\dot{m}$ für $p_1 = 7,5$ bar, $\rho_1 = 9,11$ bar, $p_2 = 7,25$ bar

8.42 Projekt: Eine Fabrikanlage soll mit Kühlwasser aus einem naheliegenden Fluss
versorgt werden. Erforderliche Kühlwassermenge $\dot{V} = 50$ m³/h; erforderlicher
Überdruck im firmeninternen Anschlussbehälter: 1,5 bar; Höhenunterschied
Flussniveau – firmeninterner Anschlussbehälter: $\Delta H = 4$ m.
Rohrleitung: $l = 125$ m; 6 Krümmer mit $\zeta = 0,3$; für den Rohrdurchmesser
stehen aus beschaffungstechnischen Gründen zur Wahl $d = 43$; 54,5; 70; 82,5;
107 mm; Rauigkeitswert $k = 0,1$ mm. 2 Durchgangsventile, ζ-Werte als Mittelwerte aus Tab. 8.5 abzuschätzen. Man ermittle:
a) Wahl des Rohrdurchmessers d unter Beachtung wirtschaftlicher
Geschwindigkeit nach Abb. 8.14 (nächstliegender Wert)
b) Re, λ, Δp_v bei Vernachlässigung der geringen Saugrohrverluste; Austrittsverlust $\zeta_a = 1$
c) Überdruck $p_{\ddot{u},P}$ am pumpenseitigen Rohrende; Pumpe direkt am Flussufer

8.43 Kühlwasserpumpanlage von Aufgabe 8.42:
a) Eignet sich eine Pumpe aus dem Kennfeld Abb. 8.20 für diese Anlage?
Wenn ja welche?
b) Man ermittle: Anlagekennlinie für neue Rohre ($k = 0,1$ mm) und für
gealterte Rohre ($k = 0,2$ mm).
c) Welche Fördermengen ergeben sich etwa mit dieser Pumpe für $k = 0,1$ mm
und $k = 0,2$ mm?
d) Welcher Jahresstromverbrauch in kW h ergibt sich etwa, wenn mit einem
Wirkungsgrad des E-Motors von 0,9 zu rechnen ist ($k = 0,1$ mm)?

Widerstand umströmter Körper

9

9.1 Allgemeines

Reale Fluide, die einen Körper umströmen, üben *Kräfte* auf diesen aus. Nach dem Wechselwirkungsgesetz üben stationär umströmte Körper genau gleich große, aber entgegengesetzt gerichtete Kräfte auf das Fluid aus. Wenn nicht ausdrücklich anders vermerkt, sind in diesem Kapitel immer die vom Fluid auf den Körper ausgeübten Kräfte gemeint. Bezüglich der ausgeübten Kräfte gilt das Relativitätsprinzip in dem Sinne, dass es gleichgültig ist, ob sich der Körper durch ein ruhendes Fluid bewegt, oder aber, ob das Fluid einen ruhenden Körper umströmt. Maßgebend ist immer nur die (stationäre) Relativgeschwindigkeit w_∞ zwischen Körper und Fluid (weit weg vom Körper, außerhalb der körpernahen Zone der Ausweichbewegung).

Die Richtung der resultierenden Strömungskraft F hängt insbesondere von der Form des Körpers ab, Abb. 9.1. Bei stumpfen Körpern hat F praktisch die Richtung der Anströmgeschwindigkeit w_∞. Bei schlanken Körpern, insbesondere bei Tragflächen, kann die Richtung von F erheblich von w_∞ abweichen, ja sogar nahezu normal zur Richtung von w_∞ sein. Es ist zweckmäßig, F zu zerlegen in Komponenten in Strömungsrichtung *(F_W Widerstandskraft)* und normal dazu *(F_A Auftriebskraft)*. Mit Widerstand und Auftrieb schlanker Körper befasst sich Kap. 10.

Die Strömungskraft wird an der Grenzfläche des Körpers vom Fluid ausgeübt, und zwar durch Schubspannungen in tangentialer Richtung und durch Druck normal zur Oberfläche. Man kann sich den Strömungswiderstand F_W zusammengesetzt denken aus einer resultierenden Kraft der Schubspannungen (= *Reibungswiderstand F_R*) und der Druckspannungen (= *Druckwiderstand F_p*), Abb. 9.2. Die Resultierende ergibt sich durch Integration über die gesamte Oberfläche O. Gl. 9.1 gilt für ebene, d. h. zweidimensionale Strömung.

© Springer Fachmedien Wiesbaden GmbH, ein Teil von Springer Nature 2021
S. Bschorer und K. Költzsch, *Technische Strömungslehre*,
https://doi.org/10.1007/978-3-658-30407-2_9

Abb. 9.1 Widerstand und Auftrieb links: stumpfer, rechts: schlanker Körper

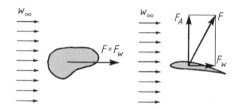

Abb. 9.2 Reibungs- und Druckwiderstand; dO Oberflächenelement

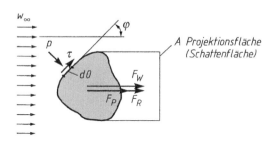

In den Abb. 9.1 und 9.2 sind nur die Querschnitte langer zylindrischer Körper dargestellt. Die Kräfte sind hier Kräfte pro Meter Länge dieser Körper.

$$\begin{aligned} F_\text{P} &= \int_O p \cdot \mathrm{d}O \cdot \sin\varphi \quad \text{Druckwiderstand} \\ F_\text{R} &= \int_O \tau \cdot \mathrm{d}O \cdot \cos\varphi \quad \text{Reibungswiderstand} \end{aligned} \tag{9.1}$$

Bei stumpfen Körpern und großen Geschwindigkeiten ist $F_\text{P} \gg F_\text{R}$. Bei schlanken Körpern ist meist $F_\text{R} \gg F_\text{P}$ und der Gesamtwiderstand klein. Dieser Sachverhalt ist drastisch in Abb. 9.3 dargestellt: Beim Tragflächenprofil gelingt es durch stromlinienförmige Gestalt den Druckwiderstand klein zu halten. Es hat trotz seiner Dicke den gleichen Strömungswiderstand wie der dünne Draht mit seinem großen Druckwiderstand!

Im allgemeinen Fall hat man es mit der Umströmung dreidimensionaler Objekte zu tun.

F_W kann dann entweder mithilfe einer 3D-Strömungssimulation oder durch einen Versuch bestimmt werden. Im Windkanal wird dazu eine sog. Waage eingesetzt. Unter Ausnutzung der Reynolds'schen Ähnlichkeitstheorie macht man allgemein den Ansatz

$$\boxed{F_\text{W} = c_\text{W} p_\text{d} A \qquad \textbf{Widerstandsformel}} \tag{9.2}$$

c_W dimensionsloser Widerstandsbeiwert, $c_\text{W} = f(Re$, geom. Gestalt, Oberflächenbeschaffenheit). Bis $Ma \approx 0{,}3$ ist c_W unabhängig von Ma (bei schlanken Körpern bis $Ma \approx 0{,}7$)

p_d dynamischer Druck (Staudruck) $p_\text{d} = 1/2 \rho w_\infty^2$

A Schattenfläche, manchmal auch als Stirnfläche bezeichnet (Projektionsfläche des Körpers auf eine Ebene normal zu w_∞)

Die folgende Tab. 9.1 gibt die ungefähre %-Aufteilung des Gesamtwiderstandes.

9.2 Strömungswiderstand einer Kugel

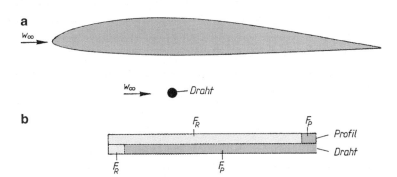

Abb. 9.3 Tragflächenprofil- und Drahtquerschnitt mit gleichem Strömungswiderstand F_W. Gleichheit von F_W für Draht und Profil gilt bei folgenden Bedingungen: Maßstab 1:1 (wie abgebildet), Anströmung mit Luft von atmosphärischen Bedingungen von $w_\infty = 45$ m/s. Hierbei wird pro Meter Länge für beide Querschnitte etwa $F_W = 25$ N. Gleichheit von F_W gilt in einem sehr weiten Bereich der Anströmgeschwindigkeit, **a** Querschnitte, **b** Aufteilung von F_W auf Reibungs- und Druckwiderstand

Tab. 9.1 Aufteilung des Gesamtwiderstands

		Reibungswiderstand (%)	Druckwiderstand (%)
Tragfläche $Re \approx 10^7$		80–95	5–20
Flugzeug gesamt		50	50
Pkw		10	90
Längsüberströmte Platte	→ ▭	100	0
Frontalangeströmte Platte	→ ▯	0	100

9.2 Strömungswiderstand einer Kugel

An Hand des Strömungswiderstandes einer Kugel werden nun einige einfache Zusammenhänge erörtert. Abb. 9.4 zeigt den Widerstandsbeiwert c_W für eine Kugel abhängig von der Reynoldszahl. Bis $Re = 1$ (sehr zähe Strömung) rechnet man statt mit c_W einfacher nach der theoretisch abgeleiteten Formel

$$F_W \approx F_R = 3\pi\eta dw_\infty \qquad \text{Stokes'sche Formel} \qquad (9.3)$$

Der lineare Zusammenhang zwischen F_W und w_∞ ist charakteristisch für laminare Strömungen. An der Oberfläche dominieren Schubspannungen gegenüber Drücken, keine Ablösung.

Bei höheren Reynoldszahlen strebt F_W einer quadratischen Abhängigkeit von w_∞ zu. In dem sehr weiten Bereich von $Re = 1000$ bis $Re = 200.000$ ist c_W etwa konstant ($c_W \approx 0{,}4$), Abb. 9.4 Bemerkenswert ist der Steilabfall von $c_W = 0{,}4$ auf $0{,}08$ bei $Re \approx 3 \cdot 10^5$. Man spricht auch von *unterkritischem* und *überkritischem* c_W-Wert. Die Ursache dieses Abfalles ist, dass bei Re_{krit} die Grenzschicht nach laminarer Anlauf-

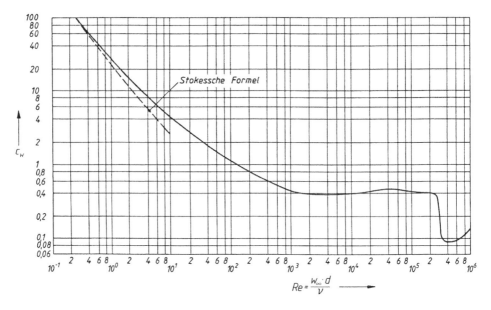

Abb. 9.4 Widerstandsbeiwert der glatten Kugel nach Messungen von Wieselsberger, aus [8]

strecke in turbulente Strömung umschlägt. Diese löst erst weit hinter der dicksten Stelle des Körpers ab, sodass sich der Druckwiderstand infolge verringerten Soges weniger stark auswirkt. Der Umschlagswert Re_{krit} wird durch eine raue Oberfläche oder einen geeigneten Stolperdraht zu niedrigeren Werten hin verschoben, Abb. 9.5 (vgl. auch Abb. 7.9!).

Die in Abb. 9.4 dargestellten Werte gelten für glatte Kugeln. Solange die Rauigkeitserhebungen innerhalb der laminaren Grenzschicht bleiben, ändert sich c_W gegenüber der glatten Kugel nicht. Da der Druckwiderstand oberhalb $Re = 10^3$ stark überwiegt und große Rauigkeit, abgesehen vom oben erwähnten Einfluss auf Re_{krit} nur den Reibungswiderstand beeinflusst, ist der Einfluss der Rauigkeit auf den Gesamtwiderstand F_W nur sehr schwach. Man kann daher auch für raue Kugeln ohne großen Fehler mit den Werten für glatte Kugeln nach Abb. 9.4 rechnen.

Die Erscheinung einer kritischen Geschwindigkeit bzw. Reynoldszahl ist bei allen *stumpfen, gerundeten,* hinten eingezogenen Körpern, insbesondere auch bei Zylindern, zu beobachten. Solche Körper bieten der Strömung keine natürliche Ablösestelle, sodass letztere sich je nach Strömungszustand in der Grenzschicht verlagern kann. Eine natürliche Ablösestelle hat z. B. die normal angeströmte Kreisplatte, nämlich den Plattenrand. Solche Körper weisen die Erscheinung der kritischen Reynoldszahl *nicht* auf.

Abb. 9.5 zeigt auch schematisch die Aufteilung des c_W-Wertes in einen Reibungsanteil (τ) und einen Druckwiderstandsanteil (p).

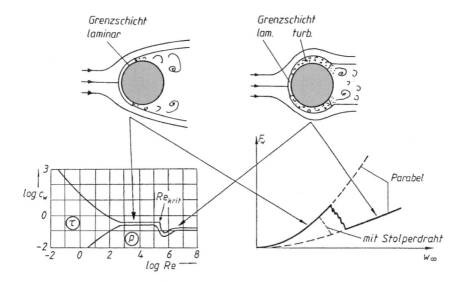

Abb. 9.5 Zur kritischen Reynoldszahl

9.3 Entstehung der Ablösung

Beobachtet man die Strömung um einen Zylinder oder eine Kugel *kurz nach Ingangsetzen* der Parallelanströmung (oder kurz nach Anfahren des Körpers), so zeigt sich folgendes Bild: In einer ersten Phase zeigt die Strömung einen vorderen und einen hinteren Staupunkt ganz ähnlich wie es die Potentialströmung errechnet, Abb. 9.6 unten. Wegen der noch kurzen Laufstrecken der Teilchen hat sich Reibung noch nicht wesentlich ausgewirkt.

Nach dieser kurzen ersten Phase kommen in der Zone des hinteren Staupunktes die Fluidteilchen aufgrund der Reibung mit verminderter Geschwindigkeit an. Zum „Abkrümmen" der Fluidpartien in der Umgebung des hinteren Staupunktes ist hoher Druck erforderlich (Krümmungsdruckformel!). Da die wandnah strömenden Teilchen aber mechanische Energie durch Reibung verloren haben, können sie diesen Druck aus Geschwindigkeit nicht mehr aufbauen. Als Folge davon tritt statt Abkrümmen der Stromlinien „Einrollen" auf, d. h. es bildet sich ein großer Wirbel. In der eingerollten Zone sammelt sich immer mehr Material an, sie wächst sich zum Totwassergebiet aus, Abb. 9.6 oben. Abb. 9.7 zeigt diesbezügliche aus Versuchen gewonnene Strömungsbilder nach Prandtl.

Wenn die Stromlinien der „gesunden" Strömung, d. h. der wirbelfreien Hauptströmung, in der hinteren Zone ausreichend wenig gekrümmt sind, weitet sich das Totwassergebiet nicht mehr weiter aus. Durch turbulente Mischungsbewegung stromabwärts wird das abgebremste Fluidmaterial im Totwassergebiet dann wieder beschleunigt.

Abb. 9.6 Zur Entstehung der
Ablösung beim Zylinder

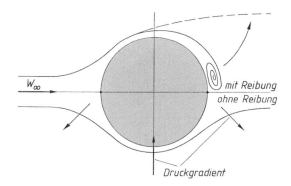

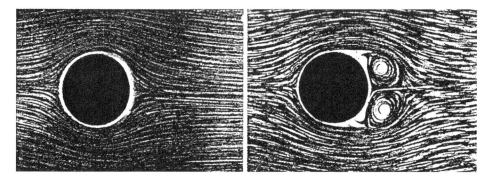

Abb. 9.7 Bildung des Totwassergebietes nach Aufnahmen von Prandtl. Links: potentialströmungsähnliche Anfangsphase. Rechts: späterer Zustand mit zwei eingerollten Wirbeln

Wie auch Prandtl zuerst erkannte, lässt sich Ablösung und Totwasser verhindern, wenn man an der Rückseite des Körpers über perforierte Oberflächenteile jenes Fluidmaterial absaugt, welches durch Reibung einen Großteil seiner mechanischen Energie verloren hat. Allerdings ist im Allgemeinen der Arbeitsaufwand zum Absaugen größer als der Gewinn durch Verminderung des Strömungswiderstandes.

Die turbulente Grenzschicht haftet übrigens deshalb länger an der Oberfläche, Abb. 9.5, weil ihr durch turbulente Mischungsbewegung mechanische Energie von der Außenströmung in großem Ausmaß zugeführt wird.

Üblicherweise wird Ablösung nach Prandtl durch teilweises Rückströmen des Fluids in wandnahen Gebieten der Grenzschicht erklärt. Gemäß den Grenzschichtgleichungen ist das in der Nähe jener Konturstelle der Fall, wo der Druck in der Außenströmung wieder ansteigt; bei stumpfen Körpern also etwas nach der dicksten Stelle. Vom pädagogischen Standpunkt ist diese Erklärung nur dann sinnvoll, wenn auch die Grenzschichtgleichungen dargestellt werden. Hier geben wir eine plausible Erklärung **ohne** Grenzschichtgleichungen, welche vom Druckanstieg **normal** zu den Stromlinien ausgeht. Die Druckanstiege im Ablösepunkt **in** Strömungsrichtung und **normal dazu** sind natürlich verknüpft, sodass beide Erklärungen nicht im Widerspruch sind!

9.4 Diskussion von Widerstandsbeiwerten

Die folgende Tab. 9.2 zeigt gemessene c_W-Werte, wie sie in begrenzten (technisch interessanten) Bereichen als Re-unabhängig vorausgesetzt werden können.

Abb. 9.8 zeigt das c_W-Wert-Verhalten für einen längsangeströmten Quader, abhängig vom Abrundungsradius r der stirnseitigen Kanten [15]. Zweckmäßigerweise macht man zur Darstellung in Diagrammen r mit der Quaderbreite b dimensionslos.

Tab. 9.2 c_W-Werte [36]

Körper		c_W
Halbkugelschale, offen, entgegen der Strömung	→)	1,33
Halbkugelschale, mit Deckfläche, entgegen der Strömung	→ D	1,17
Halbkugelschale, mit Deckfläche	→ (	0,4
Kreisscheibe	→ │	1,11
Rechteckstreifen $b{:}h = \infty$ / $b{:}h = 4$	→	2,01 / 1,19

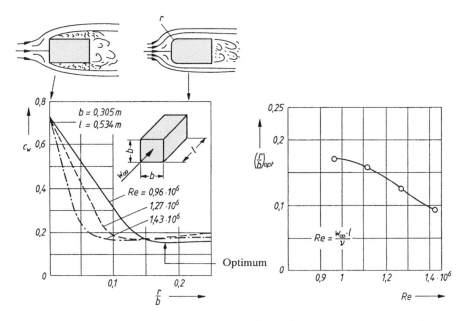

Abb. 9.8 Verbesserung des c_W-Wertes von Quadern durch Abrunden der Stirnkanten nach [15]

Bezüglich der Grenzschicht muss man sich vorstellen, dass bei den hier vorliegenden hohen Reynoldszahlen $Re_l \approx 10^6$ nur ein kleiner Fleck laminarer Grenzschicht um den Staupunkt herum vorhanden ist, der nach wenigen Zentimetern in turbulente Grenzschicht umschlägt. Die Rundungen des Quaders werden also von turbulenten Grenzschichten umströmt. Erniedrigt man die Anströmgeschwindigkeit w_∞, so dehnt sich der Fleck laminarer Grenzschicht immer mehr aus und erreicht schließlich die Rundungen.

Das Phänomen unter- und überkritischer Strömung, das wir bei Kugel und Zylinder erörtert hatten, tritt dann auch hier auf: der c_W-Wert nimmt bei Absinken der Reynoldszahl unter einen kritischen Wert um 10 bis 30 % zu (bei kleineren Radien mehr als bei größeren). Die Änderung erfolgt allerdings nicht so steil wie bei Zylinder und Kugel, sondern sanft über einen Reynoldszahlbereich von ca. $0{,}7$–$0{,}9 \cdot 10^6$.

Der Druckverlauf längs eines Mittelschnitts bei einem gerundeten Körper wie in Abb. 9.8 dargestellt, ist schematisch in Abb. 9.9 gezeigt. Es zeigen sich folgende Zonen:

Stauzone

Um den Staupunkt herum, Überdruck (+).

Vorderer Kantensog

Damit das Fluid um die gerundete Kante strömt, muss an der Oberfläche niedriger Druck, d. h. eine hohe Geschwindigkeit herrschen (Krümmungsdruckformel): Es entsteht eine Sogspitze, die bei relativ kleinen Radien bis zu 3 Staudrücke erreicht.

Zylindrischer Teil

Die Stromlinien nähern sich wieder geraden Linien, die exzessiven Werte vom Kantensog bauen sich wieder ab. Nach hinten zu wird die Übergeschwindigkeit $w-w_\infty$ im körpernahen Bereich (außerhalb der Grenzschicht) zunehmend kleiner. Das Feld der Übergeschwindigkeitszone reicht dann aber weiter hinaus, sodass der Ausweichvolumenstrom $A \cdot w_\infty$ bewältigt werden kann, Abb. 9.9.

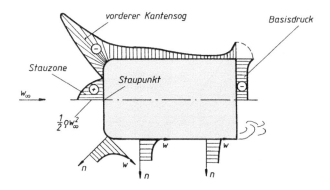

Abb. 9.9 Typischer Druckverlauf an gerundeten angeströmten Körpern. Unten: Geschwindigkeitsverteilungen

9.4 Diskussion von Widerstandsbeiwerten

Hinterer Kantensog

Die Strömung krümmt sich etwas ins Totwassergebiet hinein, wodurch wieder ein (kleinerer) Kantensog entsteht.

Basisdruck

Sog im Totwasser; beträgt bei langen Körpern ca. $0,12$ bis $0,16 \cdot$ Staudruck, bei kürzeren Körpern ($l/d \approx 1$) wesentlich mehr.

Der Sog hinter kurzen Körpern (Kugel, Zylinder, Würfel usw.) erklärt sich wie folgt: Das Totwassergebiet mit seiner unregelmäßigen wirbeligen Strömung hat keine eigene „Druckhoheit"; ihm wird der Druck von der umliegenden gesunden Strömung aufgeprägt. Da in dieser gegenüber der Anströmgeschwindigkeit w_∞ infolge Ausweichströmung eine höhere Geschwindigkeit herrscht, ist wegen der Bernoulli'schen Gleichung ein Unterdruck vorhanden, der sich dem Totwasser aufprägt.

Mithilfe dieses Modells lässt sich auch die aufs erste gesehen erstaunliche Tatsache erklären, dass Kugel und querangeströmter Zylinder (im unterkritischen Bereich) enorm verschiedene c_W-Werte aufweisen:

$$\text{Kugel} \quad c_W = 0,4$$
$$\text{Zylinder} \quad c_W = 1,2$$

Jeder Quadratmeter Schattenfläche eines Zylinders erzeugt also die *dreifache* Widerstandskraft F_W wie ein Quadratmeter Schattenfläche der Kugel (bei gleichem Durchmesser)!

Im Prinzip ist bei jedem umströmten Körper ein Ausweichvolumenstrom

$$\dot{V}_{Aus} = A \cdot w_\infty$$

zu bewältigen. Der Druckwiderstand eines günstig gestalteten Körpers ist umso geringer, je geringer die Übergeschwindigkeit ($w - w_\infty$) der gesunden körpernahen Strömung beim Totwassergebiet ist. Geringe Übergeschwindigkeit bedeutet entsprechend der Bernoulli'schen Gleichung geringen Unterdruck in der gesunden Strömung und daher auch im Totwassergebiet.

Die folgende Tabelle vergleicht einige Werte der Ausweichströmung von Kugel und Zylinder.

	Schattenfläche	$\dot{V}_{Aus}$	Kantenlänge L an dickster Stelle	$\dot{V}_{Aus}/L$
Kugel	$R^2\pi$	$R^2\pi w_\infty$	$2R\pi$	$Rw_\infty/2$
Zylinder	$2Rl$	$2Rlw_\infty$	$2l$	Rw_∞

Pro Meter Konturlänge muss also beim Zylinder doppelt soviel Ausweich-Fluidmasse strömen wie bei der Kugel! Die maximalen Übergeschwindigkeiten sind daher beim Zylinder viel höher als bei der Kugel. Das spiegeln auch die entsprechenden Potentialströmungen wieder (vgl. Kap. 4, Kugel $w_{max} - w_\infty = 0,5w_\infty$;

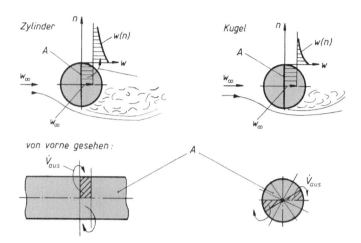

Abb. 9.10 Vergleich von Kugel- und Zylinderumströmung vom Standpunkt der Ausweichströmung

Zylinder $w_{max} - w_\infty = 1 w_\infty$). Der Zylinder weist daher im Totwassergebiet einen wesentlich größeren Sog und somit einen wesentlich größeren c_W-Wert auf als die Kugel. Abb. 9.10 veranschaulicht diesen Sachverhalt.

Während sich bei rotationssymmetrischen Körpern, die axial angeströmt werden (und auch beim Zylinder) die Ausweichströmung von selbst gleichmäßig auf die Kontur an der dicksten Stelle verteilt, ist dies bei unregelmäßigen Körpern nicht der Fall. Man denke z. B. an ein Auto. Hier muss die gleichmäßige Aufteilung durch aktive Gestaltung der Frontpartie angestrebt werden. Abweichungen von der gleichmäßigen Verteilung führen zu Widerstandserhöhungen. Im Abschnitt Automobil-Aerodynamik kommen wir darauf zurück.

9.5 Strömungsgünstige Gestaltung stumpfer, angeströmter Körper

Bei kleinen Reynoldszahlen (etwa bis $Re = 100$; man denke an „Honigströmung") überwiegt bei weitem der Reibungswiderstand infolge der Schubspannungen. Im Gegensatz zu größeren Reynoldszahlen – etwa $Re > 1000$ – wo der Gesamtwiderstand grob gesehen der *Schattenfläche* proportional ist, ist bei kleinen Reynoldszahlen der Widerstand etwa proportional der *Körperoberfläche* (τ!). Es hat daher hier ein querangeströmter Zylinder einen kleineren Widerstand als eine schlanke Tragfläche gleicher Dicke.

Das Gebiet kleiner Reynoldszahlen ist für die Technik jedoch wenig bedeutsam; wir beschränken uns daher im Folgenden auf große Reynoldszahlen, d. h. auf stumpfe umströmte Körper mit Ablösung und Totwassergebiet. Bei diesen überwiegt der Druckwiderstand so stark, dass wir bei den folgenden Erörterungen vom Reibungswiderstand absehen werden.

9.5 Strömungsgünstige Gestaltung stumpfer, angeströmter Körper

Für technische Anwendungen kann ein stumpfer Körper im Allgemeinen in drei Zonen aufgeteilt werden, Abb. 9.11:

- **Bugteil:** Gestaltet die Staupunktströmung und bestimmt weitgehend die Aufteilung der ausweichenden Fluidmassen auf die einzelnen Umfangszonen im dicksten Querschnitt. Bei rotationssymmetrischen Körpern, z. B. bei der Kugel, teilt sich die Ausweichströmung von selbst völlig gleichmäßig längs des Umfanges an der dicksten Stelle auf. Bei Autos hängt die Verteilung der Ausweichströmung von der Form der Frontpartie ab.
- **Mittelteil** (Nutzraum): Dieser Teil ist meist annähernd zylindrisch oder verläuft mit geringer Konturkrümmung in Längsrichtung. Er ist von der Aufgabe her meist vorgegeben (z. B. Fahrgastraum), manchmal ist aber auch nur das Volumen vorgegeben und Querschnitt und Länge können innerhalb bestimmter Grenzen variiert werden (Flugzeug).
- **Heckteil:** Meist mit verjüngtem Querschnitt. Dieser Teil kann im Hinblick auf geringen Widerstand gestaltet werden.

Zunächst diskutieren wir einige allgemeine Tatsachen. Betrachtet man die Druckverteilung an der Oberfläche, so kann der gesamte (Druck-)Widerstand zerlegt gedacht werden in einen Bug- und einen Heckanteil F_W, B, F_W, H. Im Heck herrscht immer Unterdruck (Sog), wodurch der Hauptteil der Widerstandskraft entsteht. Im Bugteil herrscht in der Stauzone Überdruck, weiter außen entsteht durch die Krümmung der Strömung ein Unterdruck. Die Staudruckzone trägt zum Widerstand bei, die Unterdruckzone im Bugteil vermindert den Widerstand („zieht nach vorne"). Der Mittelteil trägt praktisch nichts direkt zum Widerstand bei, wenn man vom Reibungswiderstand absieht.

Trägt man die Druckverteilung nicht über der Kontur, sondern über der Schattenfläche auf, so ist durch den Projektionsvorgang bereits die *Druckkraftkomponente* in Strömungsrichtung erfasst (d$O \cdot \sin \varphi$, vgl. Abb. 9.2). Macht man den Druck noch mit dem Staudruck p_d dimensionslos, so erhält man den **Druckbeiwert** c_p

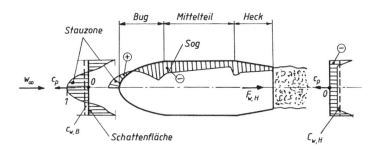

Abb. 9.11 Zum Widerstand stumpfer Körper. Druckverteilung an der Kontur und c_p-Werte längs Schattenfläche

$$c_p = \frac{p - p_\infty}{1/2\, \rho w_\infty^2} \tag{9.4}$$

Im Staupunkt ergibt sich $c_p = 1$. Die über die Schattenfläche aufgetragenen und über die Fläche gemittelten c_p-Werte sind bereits die entsprechenden (Druck-)Widerstandsbeiwerte, Abb. 9.11. Der Druckwiderstand resultiert einfach aus den aufsummierten Drücken auf Bug und Heck. Die Komponentenbildung ist dabei durch die Auftragung über der Schattenfläche erfasst. Es gilt für den Druckwiderstand

$$c_W = c_{W,B} + c_{W,H} \tag{9.5}$$

Bei der Kugel zeigt sich, dass sich in der vorderen Hälfte (Bugteil) nach vorne ziehende Kräfte (von der Sogzone) und nach hinten drückende Kräfte (Stauzone) etwa die Waage halten, sodass $F_{W,B} \approx 0$. Praktisch der gesamte Widerstand entsteht daher durch den Sog auf die hintere Kugelhälfte. Dies gilt für unterkritische Strömung (vgl. Abb. 9.5). Bei überkritischer Strömung überwiegt sogar der nach vorne ziehende Anteil auf den Bugteil ($c_{W,B} \approx -0{,}1$).

Bei rotationssymmetrischen, vorne gut gerundeten Bugteilen liegen die Verhältnisse etwa ähnlich. Für reibungsfreie Strömung ergibt die Theorie übrigens für *alle* vorne gerundeten Körper, an welche ein unendlich langer zylindrischer Mittelteil anschließt:

$$F_{W,B} = c_{W,B} = 0$$

Erwähnt sei noch, dass vorne in einer Spitze endende Bugkörper etwas ungünstiger sind als vorne gerundete Körper. Das gilt allerdings nur für Unterschallströmungen. Bei Überschall sind vorne spitze Bugkörper günstiger.

Durch eine Windkanalmessung wird zunächst nur F_W festgestellt und daraus c_W berechnet. Die Feststellung eines Istzustandes allein ergibt noch keine Optimierung. Will man nicht blind mit Varianten probieren, so muss man sich Hypothesen oder wenigstens grobe Arbeitsvorstellungen darüber zurechtlegen, wie der Widerstand von bestimmten Effekten oder Formelementen beeinflusst wird und diese dann im Windkanal überprüfen und für Optimierungsstrategien verwenden. Einige dieser Hypothesen und Arbeitsvorstellungen werden kurz erörtert.

1. Aus energetischen Überlegungen ergibt sich folgende allgemeine Feststellung: Jede zusätzliche Wirbelbildung (hinter vorspringenden Anbauten, scharfen Kanten, einspringenden Ecken usw.) wirkt sich widerstandserhöhend aus, da die kinetische Energie der Wirbelbewegung sich durch Reibung totläuft und praktisch nicht mehr in Druck rückverwandelbar ist.
2. Der Ausweichvolumenstrom infolge Verdrängungswirkung des umströmten Körpers sollte möglichst *gleichmäßig* auf die Kontur an der dicksten Stelle des Körpers verteilt werden (bei nicht-rotationssymmetrischen Körpern).

9.5 Strömungsgünstige Gestaltung stumpfer, angeströmter Körper   285

3. Bei der Umströmung des Körpers sollte man mit möglichst geringen *Über-geschwindigkeiten* auskommen (sanfte Krümmungen). Die Rückumwandlung hoher Übergeschwindigkeiten in Druck ist verlustbehaftet und außerdem bewirken sie höheren Reibungswiderstand.

4. An gerundeten Teilen sollte möglichst versucht werden, dass diese von turbulenten Grenzschichten umströmt werden, da diese weniger zu Ablösungen neigen (gilt nur für ablösegefährdete Teile).

5. Glatte Oberflächen sollten möglichst wenig durch Fugen, Absätze, Vorsprünge *quer zu den wandnahen Stromlinien* unterbrochen werden. Die Grenzschicht setzt nämlich nach solchen Absätzen immer wieder neu an. Zu Beginn der Grenzschicht sind die Schubspannungen aber immer wesentlich höher als weiter hinten. So errechnet sich z. B. für eine durchgehende längsangeströmte, 2 m lange, glatte Platte bei $Re = 5 \cdot 10^6$ ein um 13 % geringerer Reibungswiderstand als für zwei 1 m lange Platten gleicher Fläche mit Neuansatz der Grenzschicht (turbulent von vorne an).

6. Erforderliche Durchströmvolumenströme (Motorkühlluft, Kabinenbelüftung) sollten so klein wie möglich gehalten werden.
   Bei Entnahme des Volumenstromes im Staupunktbereich und Abgabe im Totwasser ist eine geringere Ventilatorleistung erforderlich. Da die Staupunktströmung praktisch verlustlos Druck erzeugt, ein Ventilator aber nur mit einem Wirkungsgrad von 75 % oder weniger, ergibt sich – energetisch gesehen – insgesamt ein Vorteil bei Entnahme im Staupunktbereich und Abgabe im Totwasser.
   Eine zusätzliche Verbesserung ergibt sich, wenn durch Entnahme und Abgabe die Ausweichströmung vergleichmäßigt wird (z. B. Pkw: Entnahme bei Motorhaube verringert über Dach strömende Luftmassen, Auslass seitlich hinten). Die Entnahmestelle kann auch im Hinblick auf Ablösungsverhinderung gewählt werden.

7. Das im Totwasser befindliche Fluidmaterial erneuert sich beständig durch Zustrom aus der Grenzschicht und wird in weiterer Folge von der Außenströmung (verlustreich) wieder mitgerissen (im Windkanal; bei Straßenfahrt wieder verzögert, nachdem es zuvor etwa Fahrgeschwindigkeit hatte). Dieser Beschleunigungsvorgang kann mehr oder minder verlustreich erfolgen: Großräumige Wirbel sind ungünstiger für die Beschleunigung als Totwassermaterial mit gleichmäßigen kleinen Wirbeln.

In Bezug auf die drei Teile eines umströmten Körpers nach Abb. 9.11 ergeben sich einige allgemeine Gestaltungsrichtlinien.

Bugteil
Bei großräumiger Gestaltungsmöglichkeit soll zuerst die Forderung nach Gleichverteilung der Fluidmassen angestrebt werden. Halbellipsoidartige Formen erfüllen diese Forderung weitgehend. In zweiter Linie sollte man geringe Übergeschwindigkeiten anstreben. Die folgende Tabelle gibt Anhaltswerte für einige einfache Formen.

Form	Übergeschwindigkeit $w - w_\infty$	
Querangeströmter elliptischer Zylinder		$\approx \frac{b}{a} w_\infty$
Halbkugelform		$\approx 0{,}4 w_\infty$
Halbellipsoid a:b = 2:1		$\approx 0{,}21 w_\infty$
Halbellipsoid a:b = 3:1		$\approx 0{,}13 w_\infty$
Dreiachsiges Halbellipsoid a:b:c = 3:2:1		$\approx 0{,}18 w_\infty$

Muss die Stirnfläche aus Gründen, die nicht der Strömungstechniker zu verantworten hat, eben oder leicht bombiert sein, so sollte eine ausreichende Kantenabrundung angestrebt werden, welche Ablösung verhindert (Abb. 9.8).

Ist dies nicht möglich, so kann u. U. durch längs der stirnseitigen Kanten angebrachte Leitbleche Ablösung verhindert werden. Die Umlenkung der Fluidmassen außerhalb des Leitbleches wird kräftemäßig durch einen (milderen) Kantensog an der Außenseite des Leitbleches bewirkt. Dadurch wird Kantensog und Ablöseneigung an der schärferen Körperkante geringer, Abb. 9.12. Allerdings entsteht auch ein Druckunterschied zwischen Innen- und Außenseite des Leitbleches: Auf der hohlen Seite ist der Druck höher. Dadurch entsteht bei bugseitigen Leitblechen ein widerstandsvermindernder Kraftbeitrag („Zug" nach vorne; bei heckseitigen Leitblechen: „Zug" nach hinten, widerstandserhöhend). Wäre dies nicht so, könnte ein „Erfinder" folgende Arbeitsvorstellung zur Widerstandsverminderung entwickeln: In der vorderen Hälfte eines gerundeten umströmten Körpers entwickelt sich die Strömung nahezu wie eine Potentialströmung (vgl. Abb. 1.4); in der hinteren Hälfte kann durch Leitbleche nach der berechneten Potentialströmung eine solche „erzwungen" werden. Dadurch hätte der stumpfe Körper praktisch nur Reibungswiderstand (Druckwiderstand ≈ 0, D'Alembert'sches Paradoxon). Im Zusammenwirken mit anderen Effekten sind manchmal aber auch Heckleitbleche nützlich.

Bei sehr engem Spalt zwischen Leitblech und Körper kann die Wirkung auch so erklärt werden, dass die durch die Leitfläche erzwungene wandnahe Strömung die Außenströmung ansaugt und so Ablösung verhindert. Leitbleche findet man häufig bei Lkw.

9.6 Automobil-Aerodynamik

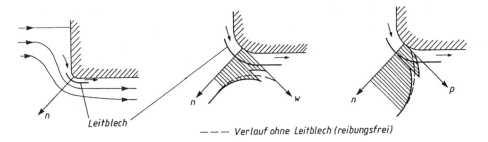

Abb. 9.12 Strömungsverhältnisse bei stirnseitigem Leitblech

Mittelteil
Bei großen Übergeschwindigkeiten vom Bugteil her (z. B. Stirnfläche mit Rundung, Halbkugel) sollte der Mittelteil lang genug sein, damit sich die exzessiven Übergeschwindigkeiten über die gerade Länge des Mittelteils abbauen können, Abb. 9.9 unten; $l_{min} \approx d$ Bei Bugformen mit geringen Übergeschwindigkeiten hat die Länge des Mittelteils eher geringen Einfluss.

Heckteil
Anschluss an den Mittelteil mit großer Rundung (um den Kantensog gering zu halten). Querschnitt abnehmend, etwa mit einem Öffnungswinkel $\beta = 4°-8°$. Über eine bestimmte Hecklänge hinaus ergibt sich keine c_W-Wert-Verminderung mehr; etwa $L_{Heck,max} \approx 0{,}3 \cdot d$.

Dort wo die Strömung ablöst kann auch der Heckteil abschließen. Evtl. können noch Leitflächen in Strömungsrichtung im Totwassergebiet für eine geordnete Wiederbeschleunigung des Fluidmaterials angeordnet werden und widerstandsmindernd wirken.

Für Ingenieure, die in der Praxis mit Aufgaben des Widerstands umströmter Körper zu tun haben, sei besonders auf [20] hingewiesen.

9.6 Automobil-Aerodynamik

Spätestens seit den Ölkrisen der 1970er-Jahre wendet man den c_W-Werten von Pkws besondere Aufmerksamkeit zu. Ihre Kenntnis ist erforderlich zur Auslegung der Motorleistung und zur Vorausberechnung des zu erwartenden Kraftstoffverbrauchs sowie der Höchstgeschwindigkeit. Die Bedeutung des Luftwiderstands nimmt im neuen weltweiten Verbrauchszyklus WLTP[1] deutlich zu, da die Durchschnittsgeschwindigkeit höher ist als im bisherigen Verbrauchszyklus NEFZ[2]. Der Anteil der Aerodynamik am

---
[1]Worldwide Harmonized Vehicle Test Procedure, ab September 2017.
[2]Neuer Europäischer Fahrzyklus, 1992 eingeführt. Englisch: New European Driving Cycle (NEDC).

Gesamtfahrwiderstand liegt im WLTP-Zyklus bei über 40 %. Bei elektrifizierten Fahrzeugen mit Rekuperation steigt dieser Anteil sogar auf über 50 %. Dies spiegelt sich direkt im Kraftstoffverbrauch und bei den CO_2-Emissionen wider. Eine c_W-Wert-Verringerung um 10 % bewirkt somit eine Verringerung des Kraftstoffverbrauchs um ca. 4 bis 5 %. Zur Verringerung des c_W-Wertes werden 1:1-Modelle in großen Windkanälen optimiert. So hat z. B. der neue Porsche Windkanal einen Düsenquerschnitt von über 22 m², und es werden bei einer Gebläseleistung von rund 7 MW Windgeschwindigkeiten bis 300 km/h erreicht. Das Fahrzeug oder ein Modell steht dabei auf einer 6-Komponentenwaage, mit der sich je drei Kräfte und Momente in den drei Koordinatenrichtungen x, y, z messen lassen. Die Bewegung der Straße unter dem Fahrzeug und die Drehung der Räder kann im Porsche Windkanal wechselbar durch ein sogenanntes Fünfbandsystem oder durch ein Einbandsystem simuliert werden.

Erfahrungsgemäß bleibt der c_W-Wert von Pkws über 100 km/h ($Re_L \approx 10^7$) in der Regel konstant. Auch bis herunter zu 50 km/h bewegen sich die Abweichungen von diesem konstanten Wert nur im Bereich einiger Prozente. Ein Pkw hat zahlreiche gerundete Karosserieteile in der Fahrzeugfront, die je nach Lage und Fahrgeschwindigkeit an dieser Stelle von laminarer oder turbulenter Grenzschicht umströmt werden können. Dies dürfte neben Ablösegebieten im Fahrzeugheck die Hauptursache der Abweichung von der c_W-Wert-Konstanz sein.

Üblicherweise wird der c_W-Wert, multipliziert mit dem Faktor 1000, als aerodynamischer Punkt bezeichnet. Beispielsweise entspricht eine Änderung des c_W-Wertes um 0,001 demzufolge einem aerodynamischen Punkt.

Die numerische Strömungssimulation (CFD, siehe auch Kap. 13) zur Vorausberechnung der Pkw-Um- und Durchströmung ist derzeit bei allen Automobilherstellern im Einsatz. Die Genauigkeit ist immer noch sehr von der numerischen Modellgröße und somit vom Rechenaufwand abhängig. Um akzeptable Genauigkeiten zu erreichen, sind teilweise Rechenzeiten von bis zu 40 h notwendig. CFD wird daher oft entwicklungsbegleitend eingesetzt. Der Vorteil der Berechnung liegt in der hohen Informationsdichte. Sämtliche Strömungsdetails können ausgewertet werden und somit zu neuen Ideen bei der Formfindung führen. Das systematische Austesten neue Formen und Anbauteile erfolgt typischerweise dann wieder im Windkanal.

Abb. 9.13 zeigt ein Stromlinienbild der Umströmung eines Pkw.

Tab. 9.3 gibt c_W-Werte und Schattenflächen einiger Pkw-Modelle wieder und enthält auch den sogenannten Kühlluftwiderstandsanteil $\Delta c_{W,K}$. Dieser entsteht dadurch, dass der Pkw nicht nur umströmt, sondern auch durchströmt wird (Motor-, Ladeluft- und Getriebeölkühlung, Klimatisierung, Kühlluft für Bremsen, etc.). Dazu werden zwei Windkanalmessung durchgeführt, eine mit allen Kühlluftöffnungen „geöffnet" und eine zweite „geschlossen" (einfach alle Öffnungen zugeklebt); die Differenz der c_W-Werte beider Messungen repräsentiert den Kühlluftwiderstandsanteil oder kurz gesagt, das Kühlluftdelta. Die durchströmende Luft verliert ihre mechanische Energie ($w \approx 0$ relativ zum Auto) und wird dann wieder an die Außenströmung abgegeben. Dort muss sie neu beschleunigt werden (im Windkanalversuch) bzw. verlustreich abgebremst werden (bei Straßenfahrt).

9.6 Automobil-Aerodynamik

Abb. 9.13 Pkw-Umströmung. Im Audi Windkanal durch Nebel sichtbar gemachte Stromlinien um ein Audi A5 Cabrio. (Quelle: Audi Broschüre: „Das Audi Windkanal-Zentrum", 2011). Zur Sichtbarmachung der Stromlinien wird häufig ein Nebelzusatz auf Basis ungiftiger, hochreiner Polyole eingesetzt. Dieser „Theaternebel" wird auch für Shows oder in Diskotheken verwendet. Durch die kompakten Nebelfäden lassen sich im Windkanal Strömungsphänomene wie Ablösungen oder Verwirbelungen sehr gut sichtbar machen

$\Delta c_{W,K}$ hängt insbesondere von der Durchströmmenge (Kühlluftbedarf) $\dot{V}_K$ ab. Ein Pkw sollte mit möglichst geringem $\dot{V}_K$ auskommen. Da einerseits bei heißeren Umgebungsbedingungen und/oder höher Motorleistung (beispielsweise bei Bergfahrt mit Hänger) ausreichend Kühlluft vorliegen muss, aber andererseits bei niedrigen Umgebungsbedingungen und/oder geringer Motorleistung kaum Kühlbedarf vorliegt, kann ein Verschließen der Kühlluftöffnungen sinnvoll sein. In diesem Zusammenhang wird von bedarfsgerechter Kühlluftmenge gesprochen. Wird $\dot{V}_K$ dem Totwassergebiet entnommen und wieder dorthin rückgeführt (Beispiel: VW-Käfer), so ist $\Delta c_{W,K} = 0$. Allerdings benötigt der Kühlluftventilator dann mehr Antriebsleistung als bei Frontkühlern, wo schon vor dem Kühler etwa Staudruck herrscht.

Pkws weisen nicht nur Luftwiderstand F_W sondern auch einen – wenn auch geringen – Auftrieb F_A auf: Durch die hohen Geschwindigkeiten über dem Dach entsteht dort ein Unterdruck, der diesen Auftrieb erzeugt; dieser vermindert zwar den Rollwiderstand, setzt jedoch die Seitenführung der Hinterräder (wichtig bei Kurvenfahren und Bremsen aus hoher Geschwindigkeit) herab.

Der Widerstand eines Fahrzeuges, fahrend in der Ebene bei konstanter Geschwindigkeit, setzt sich zusammen aus *Rollwiderstand* F_{RR} und *Luftwiderstand* F_W. Der Rollwiderstand nimmt mit der Geschwindigkeit nur schwach zu und errechnet sich für normale Reifen auf harter Fahrbahn etwa zu:

Tab. 9.3 Widerstandsbeiwerte und Schattenflächen von Pkws gemessen unter einheitlichen Bedingungen im VW-Klimawindkanal

Fahrzeugtype	c_W-Wert	$\Delta c_{W,K}$	Schattenfläche A in m^2
Ältere Modelle (Baujahr vor 1979), nach [17]; serienmäßige Ausstattung mit 1 Außenspiegel			
VW 1200 Käfer	0,48	0,00	1,80
Renault R5 TL	0,45	0,04	1,71
Mazda 323 de luxe	0,52	0,07	1,74
Citroen GS	0,37	0,02	1,77
VW Golf LS	0,42	0,02	1,83
Audi 100	0,42	0,02	2,00
Mercedes 280 TE	0,43	0,03	2,08
Porsche 942	0,37	0,03	1,75
Fahrzeuge des VW-Konzerns (Stand 2005, [30]); serienmäßige Ausstattung mit 2 Außenspiegeln			
Polo	0,31	0,02	2,06
Golf	0,32	0,02	2,22
New Beetle	0,37	0,02	2,18
Lupo 3L	0,29	0,01	2,00
Passat	0,28	0,02	2,26
Bus T5 Multivan	0,35	0,02	3,25
Skoda Superb	0,30	0,02	2,16
Audi A8	0,27	0,02	2,31
Audi TT Coupe	0,32	0,03	1,99
Seat Toledo	0,31	0,02	2,41

$$\boxed{F_{RR} = 0{,}020 \times \text{Gewicht} \qquad \text{Rollwiderstand}} \qquad (9.6)$$

Die Verhältnisse bei Pkws liegen etwa so, dass Rollwiderstand und Luftwiderstand bei ca. 70 km/h gleich groß sind. Da der Luftwiderstand quadratisch mit der Fahrgeschwindigkeit wächst, ist er bei 140 km/h ca. 4-mal so groß wie bei 70 km/h, beträgt dann daher ca. 80 % des Gesamtwiderstandes!

Der Strömungswiderstand ist größtenteils Druckwiderstand, nur zum geringen Teil Reibungswiderstand (τ!; etwa 10 %).

Seit jeher werden Pkws von Designern entsprechend dem Publikumsgeschmack entworfen und anschließend von Aerodynamikern an Hand von 1:1-Modellen in großen Windkanälen in Details optimiert (bei Originalreynoldszahlen). Vom Standpunkt sparsamen Verbrauchs ist es richtiger, dem Aerodynamiker nicht nur die Detailoptimierung zu überlassen, sondern auch die Entwicklung optimaler Grundformen.

Früher wurde die sogenannten „Pontonform" im Mittelschnitt (vgl. z. B. Abb. 9.14) nach den Seiten zu weitgehend beibehalten. An Motorhaube und Radkästen wurden

9.6 Automobil-Aerodynamik

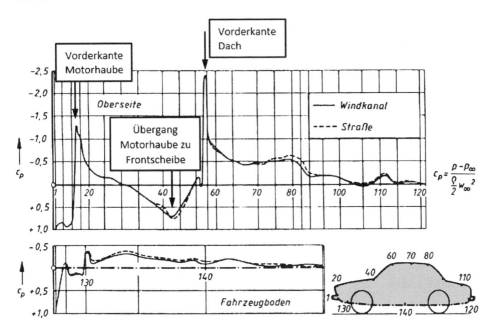

Abb. 9.14 Druckverteilung im Längs-Mittelschnitt eines Pkw älterer Bauart, nach [17]

vorne nur relativ kleine Abrundungsradien realisiert. In heutigen Grundformen findet man dreidimensional konzipierte Frontpartien mit großen Radien.

Abb. 9.14 zeigt gemessene Druckverteilungen im Längsmittelschnitt eines Pkw [17], aufgetragen längs der abgewickelten Bogenlänge. Dabei wird der mit dem Staudruck dimensionslos gemachte Druckbeiwert c_p verwendet; *p:* statischer Druck im Messpunkt.

$$c_p = \frac{p - p_\infty}{1/2 \rho w_\infty^2}$$

Man erkennt vorne den Staupunkt ($c_p = +1$) und den Kantensog an der vorderen Motorhauben- und Dachkante. Der Überdruck in der Umgebung von Messstelle 40 (Scheibenwurzel ... Übergang von Motorhaube zu Frontscheibe) erklärt sich – ebenso wie die Kantensog-Unterdrücke – durch die Krümmungsdruckformel. Bei Messstelle 80 beginnt die Ablösung am Übergang von Dach zur Heckscheibe. Aus den Messpunkten davor kann aus dem gemessenen Druck mit der Bernoulli'schen Gleichung die Geschwindigkeit (am Rand der Grenzschicht und außerhalb von Ablösegebieten) berechnet werden, da dort die Strömung praktisch reibungsfrei ist.

Zur aerodynamischen Gestaltung

In den folgenden Erörterungen knüpfen wir an die Abschn. 9.4 und 9.5 an (vgl. auch die Abb. 9.8, 9.9 und 9.11).

Bei der Gestaltung des **Front- und Mittelteils** eines Pkw muss insbesondere darauf geachtet werden, dass keine Strömungsablösungen an Kanten bzw. deren Abrundungen auftreten. Das Ziel ist, dass die Strömung zumindest bis zum Ende des Mittelteils überall anliegend bleibt. Vom (zerklüfteten) Pkw-Bodenbereich sehen wir hier ab. Anliegende Strömung lässt sich erreichen durch ausreichend große Abrundungsradien der Vorderkanten (Seiten- und vordere Dachkante). Der Einfachheit wegen erörtern wir dieses Problem an Hand der seitlichen unteren Vorderkanten eines quaderförmigen Kastenwagens: Während bei einem geometrisch einfachen Körper wie einem Quader nach Abb. 9.8 der c_W-Wert von ca. 0,7 (scharfe Vorderkanten) auf ca. 0,2 (optimal abgerundete Vorderkanten) absinkt, ergeben Versuche bei einem komplexen Aggregat wie einem Kastenwagen mit Unterboden einen c_W-Abfall bei optimalem Abrundungsradius bis zu einer Höhe von 600 mm über Boden, Abb. 9.15, auf 85 % ([48], dort Abb. 3–1-22). Der Abrundungseffekt hängt natürlich auch von der Reynoldszahl ab. Bei einer Fahrgeschwindigkeit von 120 km/h liegt Re etwa bei 10^7 und das Verhältnis $(r/b)_{opt}$ liegt etwa bei 0,04; das ergibt z. B. bei einer Wagenbreite von $b=2$ m einen optimalen Abrundungsradius von etwa $r = 0,04 \times 2 = 0,08$ m, $= 8$ cm.

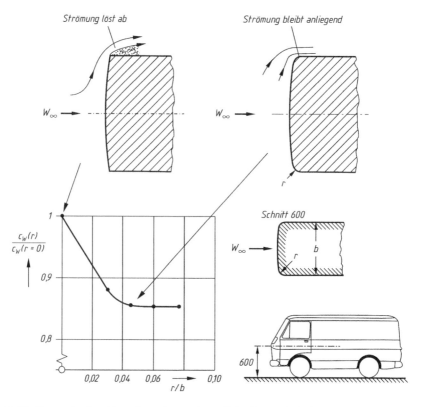

Abb. 9.15 Zur optimalen Abrundung der vorderen Seitenkanten bei einem Kastenwagen [50]

9.6 Automobil-Aerodynamik

Bei einem Pkw sind die Verhältnisse ähnlich: im Bugteil sind geeignete Abrundungsradien an der vorderen Motorhauben- und Dachkante vorzusehen, sodass dort Strömungsablösungen vermieden werden. Bei der Motorhaubenvorderkante ist zusätzlich zu berücksichtigen, dass Motoransaugluft vorne abgesaugt wird (dies muss auch bei einem Windkanalversuch simuliert werden). Bei der vorderen Dachkante wirkt die Schräge der Windschutzscheibe vermindernd auf den erforderlichen Abrundungsradius. In Windkanalversuchen mit sichtbar gemachten Stromlinien können diese Optimierungen erledigt werden.

Abb. 9.16 zeigt schematisch den Einfluss der Buggestaltung auf den c_W-Wert. Durch Abrundung der Vorderkante fällt der c_W-Wert von 0,48 auf 0,41. Haubenablösung wird vermieden.

Außer kleinem c_W-Wert hat auch kleine Schattenfläche Einfluss auf den Luftwiderstand, Gl. 9.2, was besonders für Sportwagen Bedeutung hat.

Ein weiteres Optimierungsproblem ist die möglichst gleichmäßige Aufteilung der durch den Pkw bewirkten Ausweichströmung ($\dot{V} = A \cdot w_\infty$) längs der Konturlinie beim maximalen Querschnitt. Bis in die Siebzigerjahre des vorigen Jahrhunderts wurde der Längsmittelschnitt eines Pkw auch nach den Seiten zu weitgehend beibehalten (sogenannte „Pontonkarosserie", vgl. Abb. 9.14). Bei solchen Karosserien weicht überproportional viel Luft über das Dach aus und daher – relativ zur Konturlänge – weniger seitlich. Heute wird die Ausweichströmung durch relativ große Krümmungsradien in horizontalen Schnittebenen (etwa auf Scheinwerferhöhe und auf Windschutzscheibenhöhe) vergleichmäßigt (gegenüber früher: weniger Ausweichluft strömt über das Dach, mehr seitlich), Abb. 9.17b. Früher benutzte man für Pkw-Strömungsbetrachtungen – vereinfachend gesprochen – nur ein zweidimensionales Konzept entsprechend dem Längs-Mittelschnitt.

Beim alten Konzept entsteht an den Dachkanten rechts und links (in Strömungsrichtung blickend) je ein nach hinten zu dicker werdender Einzelwirbel, wie in Abb. 9.17a angedeutet. Die Ursache liegt darin, dass wegen der geringeren Ausweichgeschwindigkeiten

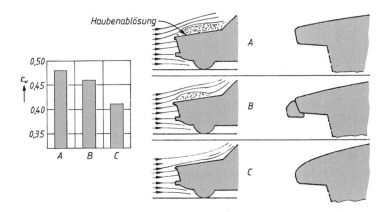

Abb. 9.16 Einfluss der Buggestaltung auf den c_W für Fahrzeuge mit kurzen Fronthauben; nach [17]. Abrundung der oberen Motorhaubenvorderkante wie rechts im Bild dargestellt

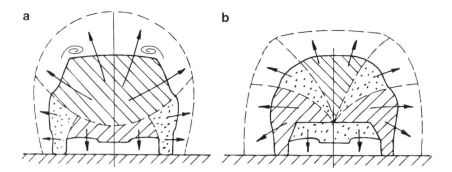

Abb. 9.17 Aufteilung des Ausweichvolumenstromes, schematisch. **a** bei älteren Grundformen, **b** anzustrebende Gleichverteilung. Die strichlierte Außengrenze ist willkürlich so gezogen, dass die Ausweichfläche etwa gleich ist der Schattenfläche. Sie symbolisiert den verdrängten Volumenstrom und dient nur zum Vergleich

seitlich die Drücke dort etwas höher sind als über dem Dach (Bernoullische Gleichung!). Die kinetische Energie dieser großen Einzelwirbel (erhöhen den c_W-Wert) verwandelt sich stromabwärts durch Dissipation in Wärme. Das neuere Konzept mit großen Krümmungsradien in Horizontalschnitten im Vorderwagen erzeugt praktisch keine derartigen Wirbel.

Bei der Gestaltung der Heckpartie eines Pkw unterscheidet man zwischen **Vollheck** (Steilheck, vgl. Abb. 9.18 unten), **Fließheck** (Schrägheck, Fastback, vgl. Abb. 9.18 oben) und **Stufenheck** (Abb. 13.13).

Beim Vollheck ($\varphi >$ ca. 35°) liegt die Strömungsablösung oben an der Dachkante, Abb. 9.18, unten; – beim Schrägheck ($\varphi <$ ca. 25°) an der oberen Kante des Kofferraumdeckels, Abb. 9.18, oben. Das Abb. 9.18 rechts zeigt schematisch den zugeordneten Verlauf des c_W-Wertes abhängig vom Schrägungswinkel φ. Man erkennt den Vorteil des Schrägshecks. Die Beobachtung der Stromlinien im Übergangsgebiet Schrägheck – Vollheck im Windkanal gibt Hinweise auf die komplizierten (dreidimensionalen) Strömungsmechanismen beim Übergang (vgl. Hucho [18]).

Stufenheck
Sehr niedrige c_W-Werte erreicht man heute mit dem sogenannten Fließheck, Abb. 9.13. Hier geht die Dachpartie stetig und sanft (maximaler φ-Wert etwa 20°) in die Kofferraumzone über. Die Strömung bleibt bis zur Hinterkante voll anliegend. Das heißt auch, dass diese Hinterkante bei einem Pkw mit üblicher Wagenlänge relativ hoch gelegen sein muss. Dies bringt aber auch den Vorteil eines größeren Kofferraumes. c_W-Werte um 0,28 sind erreichbar (vgl. Tab. 9.1).

Einen nicht unerheblichen Beitrag zur Verbesserung der Aerodynamik liefert der möglichst flächenbündige Einbau von Glasscheiben. Dadurch wird nicht nur der c_W-Wert verbessert, sondern auch der Lärmpegel im Innenraum (Aero-Akustik). Über 100 km/h (Autobahnfahrt!) ist das Innenraumgeräusch hauptsächlich von der Außenumströmung verursacht.

9.6 Automobil-Aerodynamik

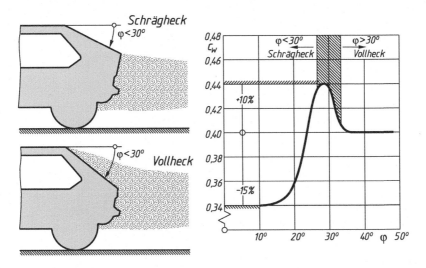

Abb. 9.18 Einfluss des Heckneigungswinkel φ auf Luftwiderstandsbeiwert c_W und Lage der Heckablöselinie nach [20]

Ein weiteres Problem ist die Strömung **unter** dem Pkw. Bei traditioneller Gestaltung ist die Bodenfläche durch Elemente wie Auspuffanlage, Antriebsstrang, Motor u. a. stark zerklüftet und weist einen etwa gleich großen Widerstandsbeitrag auf wie die obere „Außenhaut". Die Gestaltung einer glatten Bodenfläche stößt auf praktische Schwierigkeiten wie etwa die Kühlerfordernisse der Auspuffanlage.

Es sei noch darauf hingewiesen, dass in der Automobil-Aerodynamik außer dem c_W-Wert auch Seitenwindstabilität und Auftrieb einen hohen Stellenwert haben. Hier kann nicht darauf eingegangen werden. Interessierte Leser werden auf das Buch: Hucho – Aerodynamik des Automobils verwiesen [20].

Aerodynamische Gestaltung bei Lkw

Wegen der großen Gewichte und geringerer Geschwindigkeit spielt bei Lkw und Autobussen der Rollwiderstand eine größere Rolle als beim Pkw (38-t-Lkw-Zug; 90 km/h: 40–45 % Rollwiderstand, 55–60 % Luftwiderstand). Wegen der Umweltbelastung und aus Gründen der Treibstoffeinsparung (Betriebskosten!) schenkt man der aerodynamischen Gestaltung auch in diesem Bereich Aufmerksamkeit. Die wichtigsten Möglichkeiten seien an Hand der in Abschn. 9.5 erörterten Punkte kurz angesprochen [19]:

- Ausreichende Abrundung der Stirnflächenkanten
- Ablöseerscheinungen an den Seitenkanten der Stirnfläche können trotz zu kleiner Radien durch Leitbleche gemildert werden, Abb. 9.12 (c_W-Abnahme ca. 4 %). An der Fahrerhausoberkante kann ein Sonnenschirm Leitblechfunktion erfüllen.
- Bei einem großen geschlossenen Laderaum können auch dessen Stirnkanten zur Ablöseverhinderung ausreichend abgerundet werden (z. B. $R = 150$ mm).

- Stattdessen kann auch durch ein über dem Fahrerhaus angeordnetes Luftleitblech (air shield) Ablösung an der Oberkante des Laderaums verhindert werden ($-15\,\%$). Allerdings muss dieses aerodynamisch gestaltet und justiert sein.
- Heckeinzug zur Verminderung des Sogs (bis $-9\,\%$).
- Verkleidung der Seitenflächen bis herab auf Radnabenhöhe. Dadurch wird Wirbelbildung an den zerklüfteten seitlichen Flächen verhindert (bis $-10\,\%$).
- Bei Pritschenwagen, wenn immer möglich, mit abgedeckter Pritsche fahren (Plane). Dadurch entsteht eine gleichmäßigere Strömung im Totwassergebiet (Punkt 7 in Abschn. 9.5!), mögliche c_W-Wertabsenkung bis zu $-10\,\%$.

Das gesamte Verbesserungspotential gegenüber aerodynamisch nicht optimierten Lkw beträgt bis ca. 35 % und bringt Verbrauchseinsparungen von 2–4 L/100 km.

9.7 Freier Fall mit Strömungswiderstand

Beim freien Fall in einem Fluid wirken folgende Kräfte auf den Körper:

- Gewichtskraft F_G, nach unten
- Strömungswiderstand F_W, nach oben
- (statischer) Auftrieb F_A (häufig vernachlässigbar), nach oben

Nach einer gewissen Anlaufzeit mit Beschleunigung erreicht der Körper asymptotisch eine Geschwindigkeit w_∞, die er bis zum Aufprall beibehält. Die Beschleunigung ist dann null, d. h. F_G wird gerade von $F_W + F_A$ kompensiert, sodass keine resultierende Kraft auf den Körper wirkt. Es ist dann

$$F_G = F_W + F_A, \quad F_G = mg, \quad F_A = V \cdot \rho \cdot g, \quad F_W = 1/2 \cdot c_W \cdot \rho \cdot w_\infty^2 \cdot A$$

daraus

$$\boxed{w_\infty = \sqrt{\frac{2g(m - V\rho)}{c_W \rho A}} \qquad \text{stationäre Endgeschwindigkeit}} \tag{9.7}$$

Durch eine Kontrollrechnung ist zu prüfen, ob der zunächst angenommene c_W-Wert bei der mit w_∞ gebildeten Reynoldszahl noch gilt.

Auch die Bewegung in der *Anlaufzeit* lässt sich berechnen. Nach dem Newton'schen Grundgesetz der Bewegung ist[3]

$$F_{res} = m \cdot a = m \cdot \frac{dw}{dt} = F_G - F_A - F_W,$$
$$m \cdot \frac{dw}{dt} = g \cdot (m - V \cdot \rho) - 1/2 \cdot c_W \cdot \rho \cdot w^2 \cdot A.$$

---

[3]Hier unterstellen wir quasistationäre Strömung, d. h. F_W lässt sich auch bei beschleunigter Bewegung mit Gl. 9.2 berechnen.

9.7 Freier Fall mit Strömungswiderstand

Abb. 9.19 Zu Gl. 9.8

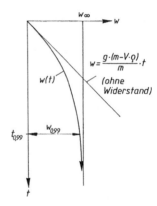

Durch Trennung der Variablen erhält man (vgl. z. B. [46]):

$$\int_0^t dt = t = \int_{w_0=0}^w \frac{m \, dw}{g(m - V\rho) - 1/2 \cdot c_W \rho^2 A}.$$

Für $c_W = $ const lässt sich die Integration ein für alle Mal ausführen (Abb. 9.19).

In Integraltafeln findet man

$$\int \frac{dx}{a - bx^2} = \frac{1}{\sqrt{ab}} \text{artanh}(x\sqrt{b/a}) + C$$

Die Anwendung auf unser Problem liefert[4]:

$$\boxed{w = w_\infty \tanh\left[\frac{g(m - V\rho)}{mw_\infty}t\right]} \quad \text{Fallgeschwindigkeit in der Anlaufphase} \quad (9.8)$$

Wenn der Auftrieb vernachlässigt werden kann ($V = 0$), so vereinfacht sich das Ergebnis zu

$$w = w_\infty \tanh\left(\frac{g}{w_\infty}t\right) \quad (9.9)$$

Für den zurückgelegten Weg ergibt die Integration ($x = \int_0^t w \, dt$) mithilfe von Integraltafeln[5].

$$\boxed{x = \frac{w_\infty^2}{g} \ln \cosh\left[\frac{g(m - V\rho)}{mw_\infty}t\right]} \quad \text{Fallweg in der Anlaufphase} \quad (9.10)$$

Obwohl die Annahme, dass c_W konstant bleibt, für die von null an beginnende Bewegung nicht ganz zutreffend ist, liefern obige Formeln doch gute Abschätzungen für die Länge der *Anlaufstrecke*. Gewöhnlich erreicht der Körper nämlich schon nach ganz kurzer

---

[4]tanh x Tangens hyperbolicus; $\tanh x = \frac{e^x - e^{-x}}{e^x + e^{-x}}$

[5]cosh x Cosinus hyperbolicus; $\cosh x = 1/2(e^x + e^{-x})$.

Zeit eine Geschwindigkeit, wo $c_W \approx$ const. Bei den Aufgaben wollen wir unter Anlaufstrecke jenen Weg verstehen, bei dem nach Gl. 9.10 99 % der Endgeschwindigkeit w_∞ erreicht sind. Eine derartige Festlegung ist erforderlich, da die Endgeschwindigkeit ja asymptotisch, theoretisch also nie, erreicht wird.

Die Integration lässt sich natürlich auch numerisch mit dem Computer ausführen. Der Nachteil dabei ist, dass man dann immer nur eine Lösung für ein konkretes Problem erhält. Im Gegensatz dazu geben die Formeln Gl. 9.7 bis 9.10 einen vollen Einblick in die Parametereinflüsse.

9.8 Beispiele

Beispiel 9.1 (Fallschirm) Versorgungsgüter sollen in Stahlbehältern mit Fallschirmen abgeworfen werden. Die Behälter vertragen eine maximale Aufschlaggeschwindigkeit von 8 m/s; Gesamtmasse $m = 60$ kg.

Man berechne:

a) Mindestdurchmesser D des Fallschirmes unter Benutzung des c_W-Wertes für die offene Halbkugelschale (Tabelle in Abschn. 9.4)
b) Sinkgeschwindigkeit in 2 km Seehöhe

Lösung:

a) Die stationäre Endgeschwindigkeit ergibt sich wie beim Freien Fall nach Gl. 9.7:

$$w_\infty = \sqrt{\frac{2gm}{c_W \rho A}} = \sqrt{\frac{2g \cdot 60}{1{,}33 \cdot 1{,}225 \cdot D^2 \pi/4}}$$

9.8 Beispiele 299

Hierbei haben wir den Auftrieb vernachlässigt ($V \cdot \rho = 0$) und c_W aus der Tabelle in Abschn. 9.4 mit 1,33 für die offene Halbkugelschale eingesetzt. Die Ausrechnung ergibt:

$$D = 3,79\,\text{m}$$

b) In 2 km Höhe ist die Luftdichte geringer. Aus Tab. A.1 im Anhang entnimmt man: $\rho = 1,007$ kg/m^3. Damit ergibt sich:

$$w_\infty = \sqrt{\frac{2\,g \cdot 60}{1,33 \cdot 1,007 \cdot 3,79^2 \cdot \pi/4}} = 8,82\,\text{m/s}$$

Beispiel 9.2 Freier Fall mit Luftwiderstand (Abschätzrechnung) Wir betrachten vergleichende Fallversuche verschiedener Kugeln, welche in einem Treppenhaus in ein Sandauffanggefäß fallen können. Die nutzbare Fallhöhe betrage $h = 40$ m. Die folgende Aufstellung gibt eine Übersicht über die Fallkörper.

	Stahlkugel	Holzkugel	Plastikball
Durchmesser in cm	1	10	22
Masse in kg	0,0041	0,390	0,180
Volumen in m^3 ($d^3\pi/6$)	$0,523 \cdot 10^{-6}$	$0,523 \cdot 10^{-3}$	0,00558
Schattenfläche in m^2 ($d^3\pi/4$)	$7,85 \cdot 10^{-5}$	$7,85 \cdot 10^{-3}$	0,0380

Lösung: Wir fragen zunächst nach der stationären Endgeschwindigkeit w_∞ und prüfen, ob einer der Körper eine überkritische Geschwindigkeit erreicht. Sodann untersuchen wir, ob die drei Körper in der zur Verfügung stehenden Fallhöhe ihre stationäre Endgeschwindigkeit überhaupt erreichen können.

Wir nehmen an, dass w_∞ in den weiten Bereich der Reynoldszahl von $Re = 1000$ bis 200.000 fällt, wo c_W konstant ist: $c_W = 0,4$. Nach Gl. 9.7 ist dann für die Stahlkugel

$$w_\infty = \sqrt{\frac{2g(m - V_\rho)}{c_W \rho A}}$$

$$= \sqrt{\frac{2g(0,0041 - 0,523 \cdot 10^{-6} \cdot 1,225)}{0,4 \cdot 1,225 \cdot 7,85 \cdot 10^{-5}}}$$

Der vom Auftrieb herrührende Summand $V \cdot \rho$ kann hier, wie auch bei der Holzkugel vernachlässigt werden. Es ergibt sich

$$w_\infty = 45,7\text{m/s}$$

Nun ist zu prüfen, ob der Wert $c_W = 0,4$ gerechtfertigt war:

$$Re_\infty = \frac{w_\infty d}{v}$$

$$= \frac{45,7 \cdot 0,01}{14,6 \cdot 10^{-6}} = 31.300$$

Die Annahme $c_W = 0,4$ war also passend, Abb. 9.4. Die Werte für die zwei anderen Fallkörper sind in der folgenden Aufstellung zusammengestellt. Die Strömung für die Holzkugel ist knapp überkritisch. Es ist also mit dem sehr niedrigen Wert $c_W = 0,08$ zu rechnen.

	Ohne Luftwiderstand	Stahlkugel	Holzkugel	Plastikball
w_∞, m/s	∞	45,7	$(44,6)^a$ 99,7	13,5
Re_∞	–	31.300	$(305.000)^a$ 683.000	200.000
$t_{0,99}$, s	0	12,35	12,07	3,79
$x_{0,99}$, m	0	418	398	36,45
T, s	$\sqrt{2h/g} = 2,86$	2,93	2,95	4,08
$w(T)$, m/s	$\sqrt{2gh} = 28,0$	25,5	25,5	13,41
Re_T	–	17.500	175.000	200.000

[a]unterkritisch

Zur Berechnung der Anlaufzeit $t_{0,99}$, in der der Fallkörper 99 % von w_∞ erreicht, können für Stahl und Holzkugel Gl. 9.9, für den Ball Gl. 9.8 herangezogen werden. Für die Stahlkugel ist

$$\frac{w}{w_\infty} = 0,99 = \tanh \frac{g}{w_\infty} t_{0,99} = \tanh 2,65 \text{ (aus tanh-Tabelle, z. B. Dubbel)}$$

$$t_{0,99} = \frac{2,65 \cdot 45,7}{g} = \underline{12,35 \text{ s}}$$

ferner ist die Anlaufstrecke $x_{0,99}$ nach Gl. 9.10

$$x_{0,99} = \frac{w_\infty^2}{g} \ln \cosh 2,65 = \underline{418 \text{ m}}$$

Die stationäre Endgeschwindigkeit kann also im Treppenhaus nicht erreicht werden. Vielmehr kann aus Gl. 9.10 die Fallzeit T im Treppenhaus rückgerechnet werden:

$$x = 40 \text{ m} = \frac{45,7^2}{g} \ln \cosh \frac{g}{45,7} T \qquad \underline{T = 2,93 \text{ s}}$$

Die Auffallgeschwindigkeit $w(T)$ beträgt dann nach Gl. 9.9

$$\underline{w(T)} = 45,7 \tanh \frac{g}{45,7} \cdot 2,93 = \underline{25,5 \text{m/s}}$$

Mit dieser Endgeschwindigkeit $w(T)$ im Treppenhaus kann dann nochmals die Reynoldszahl Re_T gebildet und geprüft werden, ob die c_W-Annahmen auch für die kurze Fallhöhe zutreffend sind. Bei der Holzkugel stellt sich heraus, dass innerhalb des Treppenhauses die

Abb. 9.20 Zum Fallbeispiel.
a Ball, **b** Stahl- und Holzkugel,
c ohne Luftwiderstand

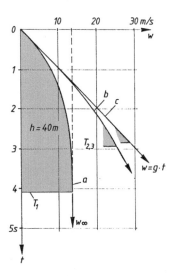

kritische Geschwindigkeit und Reynoldszahl noch nicht erreicht ist, daher ist noch mit den unterkritischen Werten zu rechnen! Die Gln. 9.8, 9.9 und 9.10 gelten ohnedies nicht mehr für den Fall, dass eine längere Vorstrecke mit anderem (unterkritischem) c_W durchlaufen wird. Hingegen sind die Fehler die durch die kurze Vorstrecke mit höherem c_W im Bereich $Re < 1000$ unbedeutend, da eine Geschwindigkeit für $Re = 1000$ praktisch sofort erreicht ist. In der obigen Aufstellung sind alle Ergebnisse übersichtlich zusammengestellt und – wo möglich – mit dem freien Fall ohne Luftwiderstand verglichen. Man erkennt, dass der Einfluss des Luftwiderstandes im Treppenhaus für Stahl- und Holzkugel nahezu unmerklich ist, der Ball erreicht aber seine stationäre Endgeschwindigkeit w_∞. Unter Umständen kann der Ball durch Aufkleben von Sand in den überkritischen Strömungsbereich gebracht werden. Auf die Fallzeit T wird dies jedoch keinen großen Einfluss haben, da der überkritische Zustand erst weit unten erreicht werden wird.

Abb. 9.20 zeigt die Geschwindigkeits-Zeit-Diagramme der Fallkörper im Vergleich mit freiem Fall ohne Luftwiderstand. Bekanntlich entspricht die Fläche unter dem Geschwindigkeits-Zeit-Diagramm dem Weg, in unserem Falle also $h = 40$ m.

9.9 Übungsaufgaben

9.1 Bezeichnen Sie die richtigen Antworten: Strömungswiderstand …
 a) tritt nur bei realen Fluiden auf,
 b) tritt auch bei idealen Fluiden auf,
 c) ist bedingt durch Druck(?)/Schubspannungen(?)/beides(?) an der Körperoberfläche.

9.2 Bezeichnen Sie die richtigen Antworten zu unter- bzw. überkritischer Strömung:

a) Bezieht sich auf die Schallgrenze

b) Ist bedingt durch Übergang von laminarer zu turbulenter Grenzschicht

c) Übergang von unter- zu überkritischer Strömung bedingt Widerstandszunahme(?)/Widerstandsabnahme(?)

d) Tritt nur bei: gerundeten(?)/scharfkantigen(?)/bei beiden(?) Körperkonturen auf.

*9.3 Nebel besteht bekanntlich aus feinen Wassertröpfchen. Welchen Durchmesser d dürfen die Tröpfchen höchstens haben, wenn die Sinkgeschwindigkeit des Nebels $w < 4\,\text{m/h}$ ist? Luftzustand: 6 °C, 0,97 bar, $\rho = 1,21$ kg/m³.

9.4 Feine Partikeln von näherungsweise kugelförmiger Gestalt mit dem Durchmesser $10\,\mu$ setzen sich in Luft mit einer Geschwindigkeit von 21,7 m/h ab. Der Auftrieb der Teilchen ist vernachlässigbar. Man berechne

a) *Re, Kn*

b) Ist die Kontinuumsströmungslehre noch zuständig?

c) Setzen Sie Gleichgewicht von Widerstand (Gl. 9.3) und Gewichtskraft an und berechnen Sie daraus die Dichte ρ der Partikeln

d) Welche Absetzgeschwindigkeit werden die Partikeln in Luft bei gleicher Temperatur und einem Druck von 10 bar haben?

9.5 Ein Körper fliegt in 10 km Höhe und eine Rechnung mithilfe der Kontinuumsströmungslehre ergibt einen bestimmten Widerstand bei einer Grenzschichtdicke $\delta = 1\,\text{mm}$. Letztere ist für die Bildung der Knudsen-Zahl maßgebend.

a) Mit welcher mittleren freien Weglänge der Moleküle L_m ist in 10 km Höhe zu rechnen (Kap. 6 !)?

b) Welche Knudsen-Zahl ergibt sich damit?

c) Ist die Kontinuumsströmungslehre hier noch zuständig?

9.6 Erarbeiten Sie durch Integration ein Formelsystem analog den Gln. 9.7, 9.8, 9.9 und 9.10 für ein Widerstandsgesetz nach der Stokes'schen Formel Gl. 9.3 anstatt für das quadratische Widerstandsgesetz (Gl. 9.2), das dem oben genannten Formelsystem zu Grunde liegt.

9.7 Für den Strömungswiderstand stumpfer, gerundeter Körper gilt (Bezeichnen Sie die richtigen Antworten.)

a) Ist hauptsächlich Druckwiderstand?/Reibungswiderstand?

b) Wird hauptsächlich bewirkt durch Überdruck im Bugteil?/Sog im Heckteil?

c) Zusätzliche Durchströmung des Körpers (z. B. Kühlluft) erhöht/erniedrigt den Widerstand?

9.9 Übungsaufgaben   303

9.8 Ein Lkw hat seitlich einen Zusatzspiegel in Form einer kreisförmigen Platte vom Durchmesser 0,1 m.

a) Schätzen Sie ab, welche zusätzliche Leistung für diesen Spiegel bei einer Fahrgeschwindigkeit 50, 100 km/h aufgebracht werden muss

b) Wie groß werden die Zusatzleistungen nach a), wenn die Rückseite des Spiegels durch eine halbkugelförmige Haube verkleidet wird? (Tabelle in Abschn. 9.4)

c) Was ändert sich an den Werten von a) wenn ungünstigenfalls angenommen wird, dass der Spiegel mit einer um 10 % größeren Relativgeschwindigkeit angeströmt wird als der Fahrgeschwindigkeit entspricht (infolge Verdrängungswirkung ist die Geschwindigkeit an der Kontur dort größer)?

*9.9 Über dem Dach eines Nutzfahrzeuges, das mit 100 km/h fahren kann, soll ein Instrumentenkasten angebracht werden. Stirnfläche 30·30 cm, Länge 53 cm.

a) Mit welchem Radius muss die Stirnfläche abgerundet werden, damit Ablösung vermieden wird? (vgl. Abb. 9.8)

b) Welche Widerstandskraft ist zu erwarten?

c) Welche zusätzliche Leistung ist erforderlich?

d) Wie groß wären die Werte nach b) und c) bei scharfkantiger Ausführung der Stirnfläche?

e) Wie groß ergeben sich die Werte nach b) und c), wenn angenommen wird, dass die Relativgeschwindigkeit am Einbauort der Box im Mittel um 10 % höher ist als die Fahrgeschwindigkeit?

9.10 Das Feld eines Maschenzaunes (zwischen zwei Stützen) misst 5 · 2 m und besteht aus 2 mm Draht. Maschen: 10·10 cm. Berechnen Sie die Luftkraft auf ein Feld für 50, 100, 120 km/h Wind, der das Feld normal anströmt. Berechnung der Drahtlänge überschlägig durch Annahme von zum Rand parallelen Maschenfeldern.

9.11 Der Blechschornstein einer Fabrik, $D = 1,2$ m, ragt 20 m über das Fabrikdach hinaus. Man schätze ab:

a) Re für 50 km/h Windgeschwindigkeit

b) Windkraft auf den Schornstein, c_W-Wert eines Zylinders: 1,2 (unterkritisch) bzw. 0,35 (überkritisch); $Re_{krit} = 4 \cdot 10^5$

9.12 Man berechne

a) Reynoldszahl für einen mit Spitzengeschwindigkeit von 200 km/h fliegenden Tennisball, $d = 7,5$ cm

b) Reynoldszahl für einen mit Spitzengeschwindigkeit von 120 km/h fliegenden Fußball, $d = 22$ cm

c) Besteht bei a) und b) Aussicht, durch aufgeraute Oberfläche evtl. früher in den Bereich überkritischer Strömung zu kommen? $Re_{kirt} = 200.000$. Bei welchem w?

9.13 Auf dem Dach eines Pkw sind zwei Gepäckträgerrohre, Ø 20 mm, Länge je 1,4 m montiert (normal zur Fahrtrichtung).

a) Schätzen Sie ab, welche zusätzliche Leistung für diese Rohre bei 120 km/h Fahrgeschwindigkeit erforderlich ist.

b) Die tatsächliche Strömungsgeschwindigkeit über dem Dach ist höher als die Fahrgeschwindigkeit (Verdrängungswirkung des Fahrzeuges!) und zwar ca. um 20 % bei Pkw (und ca. 10 % bei Sportwagen). Wie groß ist die erforderliche Mehrleistung unter Berücksichtigung dieses Gesichtspunktes? (Man beachte, dass nur die Widerstandskraft mit der erhöhten Geschwindigkeit zu bilden ist, die Leistung jedoch mit der Fahrgeschwindigkeit). Vergleichen Sie auch Aufgabe 9.9.

c) Falls die Reynoldszahl in den Bereich von 150.000–200.000 zu liegen kommt, könnte man daran denken, durch aufgeraute Oberfläche vorzeitig überkritischen Strömungszustand zu erzwingen. Ist dies bei einer Fahrgeschwindigkeit bis 140 km/h sinnvoll?

*9.14 Man berechne für einen kugelförmigen Wassertropfen von 3 mm Durchmesser

a) die stationäre Endgeschwindigkeit w_∞,

b) die Anlaufstrecke $x_{0,99}$, in der 99 % der stationären Endgeschwindigkeit erreicht werden.

Von der Tatsache, dass sich ein Wassertropfen nicht exakt wie eine Festkörperkugel verhält, sei abgesehen (Wasserbewegung).

9.15 Man berechne für ein frei fallendes kugelförmiges Hagelkorn vom Durchmesser 1 cm, Dichte $\rho = 900$ kg/m^3

a) Stationäre Endgeschwindigkeit w_∞

b) Anlaufstrecke $x_{0,99}$, in der 99 % der stationären Endgeschwindigkeit erreicht werden

c) Flächenbelastung (N/m^2) einer horizontalen Fläche, welche von 100 Hagelkörnern pro Sekunde mit w_∞ getroffen wird (Impulssatz! $w_2 = 0$)

*9.16 Unter welchem Fallwinkel gegen die Vertikale fallen kugelförmige Regentropfen von 3 mm Durchmesser bei einem Wind von 30 km/h?

9.17 a) Für frei fallende Wassertropfen ist die stationäre Endgeschwindigkeit w_∞ zu berechnen (zugeschnittene Größengleichung) und in einem Diagramm als Funktion des Tropfendurchmessers darzustellen. Interessierender Durchmesserbereich: 0,3 mm bis 5 mm.

b) Die zu a) gehörigen Anlaufstrecken $x_{0,9}$, in denen jeweils 90 % der stationären Endgeschwindigkeit erreicht werden, sind zu berechnen und in einem Diagramm als Funktion des Tropfendurchmessers darzustellen.

9.18 Aus körnigem Schüttgut (Dichte der Körner $\rho = 1000$ kg/m^3) sollen durch Windsichtung (Skizze) Kornanteile mit folgenden Durchmessern aussortiert werden:

$$0{,}3 - 0{,}5 \text{ mm}$$
$$0{,}5 - 0{,}7 \text{ mm}$$
$$0{,}7 - 1{,}0 \text{ mm}$$
$$> 1 \text{ mm}$$

Die Körner haben etwa kugelige Gestalt, sodass zur Abschätzung Kugelwiderstandsbeiwerte benutzt werden können. Es kann ferner angenommen werden, dass die einzelnen Körner mit w_∞ in den Luftstrahl eintreten.

Von dem kurzen gekrümmten Bahnstück bei der Beschleunigung soll abgesehen werden. Zur Vermeidung von Wirbelbildung bei den Auffangschlitzen wird dort etwas Luft mit den Körnern abgesaugt. Beachten Sie das Ergebnis von Aufgabe 9.17.

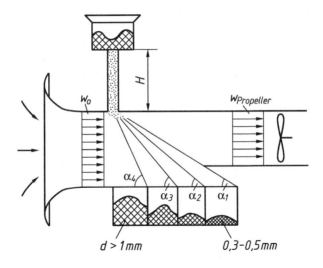

Für die Projektierung einer Pilotanlage soll ermittelt werden:
a) Welche Windgeschwindigkeit w_0 ist vorzusehen, wenn α_1 ($d = 0{,}3$ mm!) 30° sein soll?
b) Welche Winkel α_2, α_3, α_4 ergeben sich aus a)?
c) Welche Fallhöhe H ist vorzusehen, wenn 1 mm Körner gerade $w = 0{,}9\, w_\infty$ erreichen sollen?

9.19 Heliumgefüllter Gasballon, Durchmesser 35 cm, Heliumzustand: 20 °C/1,2 bar. Ballonleermasse: 20 g, Heliummasse $m_{He} = 4,426$ g

    a) Mit welcher Geschwindigkeit steigt der Ballon in der Atmosphäre auf Meeresniveau hoch?

    b) Welche Windgeschwindigkeit herrscht, wenn der Ballon unter 45° zur Vertikalen steigt?

*9.20 Ein Pkw fährt gleichförmig geradlinig in der Ebene. Es gelten folgende Daten:

    Schattenfläche: $A = 2,1$ m^2

    Widerstandsbeiwert: $c_W = 0,41$

    Masse: Wagen + Fahrer 1150 kg

    Rollwiderstand: $F_{RR} = 0,020 \cdot$ Gewicht

    Man berechne:

    a) Erforderliche Leistung für Wagen + Fahrer bei $w = 130$ km/h

    b) Bei welcher Geschwindigkeit sind Roll- und Luftwiderstand gleich groß?

    c) Erhöhung der möglichen Fahrgeschwindigkeit bei Rückenwind von 40 km/h und Leistung nach a)

    d) Verminderung der Fahrgeschwindigkeit bei zusätzlicher Last von 3000 N und Leistung nach a)

9.21 Berechnen Sie für die zwei angegebenen Pkw-Typen und Geschwindigkeiten (c_W-Werte in Tab. 9.1):

    a) Verlustleistung P_v aus Luft- und Rollwiderstand

    b) Leistungsbedarf P_M an der Motorkupplung bei einem angenommenen Übertragungswirkungsgrad $\eta_{ü} = 0,8$.

    c) Kraftstoffverbrauch $\dot{K}$ in Liter pro 100 km für horizontale Geradeausfahrt mit konstanter Geschwindigkeit bei Windstille bei einem angenommenen Kraftstoffverbrauch von 300 g/kW h (Dichte des Kraftstoffes $\rho = 780$ kg/m^3)

    Pkw: VW-Käfer Geschw.: 100; 130 km/h. Leermasse + Fahrer: 800 kg

    AUDI-100 Geschw.: 150; 190 km/h. Leermasse + Fahrer: 1260 kg

9.22 Ein längerer, vorne gerundeter Körper hat einen niedrigeren c_W-Wert als ein kürzerer. Erklären Sie diesen Sachverhalt qualitativ.

*9.23 Ein Fahrzeug weist einen Widerstandsbeiwert von $c_W = 0,38$, eine Schattenfläche von 1,6 m^2 und eine Masse von 800 kg auf. Der Rollreibungswiderstand beträgt $F_{RR} = 0,02\, m\, g$. Der Motor des Fahrzeuges verfügt über eine maximale Leistung von 100 kW, die Übertragungsverluste bis auf die Straße betragen 15 %.

    a) Wie groß ist die erforderliche Motorleistung bei einer Geschwindigkeit von 108 km/h?

    b) Wie groß ist die maximale Geschwindigkeit? ($c_W = $ const, $F_{RR} = $ const)

    c) Stellen Sie eine Differenzialgleichung $f(\dot{w}, w) = 0$ für die beschleunigte Bewegung des Fahrzeuges auf unter der Annahme, dass die maximale Antriebsleistung über den ganzen Geschwindigkeitsbereich konstant zur Verfügung steht.

9.9 Übungsaufgaben   307

*9.24 In Abb. 9.14 ist die gemessene Druckverteilung im Längs-Mittelschnitt eines
Pkw dargestellt. Man erkennt deutlich den Kantensog an Motorhaube (vor
Punkt 20) und vorderer Dachkante (vor Punkt 60).
Man ermittle die maximalen Übergeschwindigkeiten an diesen beiden Punkten
($w - w_\infty$) unter der Annahme, dass die Luft bis dahin verlustlos geströmt ist
(Geschwindigkeit w außerhalb der Grenzschicht; diese überträgt den Druck der
gesunden anliegenden Außenströmung), $w_\infty = 120$ km/h.

Strömung um Tragflächen

10

10.1 Entstehung des Auftriebes

Als Tragflächen, Tragflügel oder kurz Flügel bezeichnet man plattenförmige Körper, die konstruktiv für die Erzeugung großer Kräfte normal zur Anströmrichtung (= Auftriebskraft) vorgesehen sind. Man denke an Flugzeugflügel. Hierzu eignen sich besonders Flügel mit Querschnitten wie in Abb. 10.1 dargestellt (vgl. auch Abb. 9.1 und 9.3).

Strömungen um tragflügelartige Körper spielen in der Technik eine große Rolle. Man denke an Flugzeuge, Schaufeln von Strömungsmaschinen, Propeller.

In reibungsfreier Strömung entsteht gemäß dem D'Alembert'schen Paradoxon keine Strömungskraft auf umströmte Körper, also auch kein Auftrieb.

In diesem Kapitel müssen wir uns auf zweidimensionale Strömung beschränken, die sich durch einen unendlich breiten oder durch einen seitlich durch Wände begrenzten Tragflügel darstellen lässt, Abb. 10.1.

Unter Zuhilfenahme des Impulssatzes kann man sich den Auftrieb einer Tragfläche so entstanden denken, dass die Tragfläche einen Fluidmassenstrom in ihrer Umgebung nach unten ablenkt. Gemäß dem Impulssatz entsteht dann am Flügel eine Kraft nach oben, eben die Auftriebskraft.

Die detaillierte Erörterung kann von einer reibungslosen Parallelanströmung ausgehen, die ein Tragflächenprofil umströmt. Die Potentialströmung ergibt für diesen Fall ein Stromlinienbild wie in Abb. 10.2a angedeutet. Es fällt sofort auf, dass diese Strömung vom Fluid die Umströmung der scharfen hinteren Kante erfordert. Eine nähere Analyse ergibt, dass die Strömung nur für einen einzigen, sehr kleinen, Anströmwinkel an der Hinterkante glatt abströmt.

Bei der Umströmung der scharfen Hinterkante tritt theoretisch eine unendlich große Geschwindigkeit und ein unendlich großer Geschwindigkeitsgradient dw/dn auf.

© Springer Fachmedien Wiesbaden GmbH, ein Teil von Springer Nature 2021
S. Bschorer und K. Költzsch, *Technische Strömungslehre*,
https://doi.org/10.1007/978-3-658-30407-2_10

Abb. 10.1 Ebene Tragflächenumströmung, z. B. zwischen seitlichen Windkanalwänden

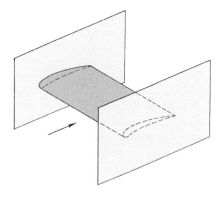

Durch die Umströmung der scharfen Kante sollen Fluidmassen, die zunächst durch das angestellte Profil nach unten gedrängt wurden, wieder angehoben werden.

Zur Erklärung des Auftriebes verfolgen wir nun die Umströmung eines angestellten Profiles aus der Ruhe heraus. Wie man theoretisch zeigen kann – und auch experimentell vollkommen bestätigt findet – zeigt die Umströmung eines Körpers knapp nach Ingangsetzen des Fluids praktisch das Stromlinienbild einer stationären Potentialströmung. Da die Strömung erst kurz in Gang ist, sind Reibungserscheinungen, die längere Zeit zur Entwicklung benötigen, noch nicht vorhanden: Dicke Grenzschichten sind noch nicht aufgebaut, wandnahe Teilchen noch nicht wesentlich gegenüber der Potentialströmung abgebremst. Natürlich haftet das Fluid auch jetzt an der Oberfläche und bildet eine superdünne Wandschicht. Dies beeinflusst aber im Gegensatz zu ausgebildeten Grenzschichten die Potentialströmung kaum. Im Falle des Tragflügels ergibt sich knapp nach Ingangsetzen der Strömung etwa eine Potentialströmung nach Abb. 10.2a.

In dieser Bewegungsphase ist u. a. die Umströmung des Profilendes erforderlich ebenso wie der Aufbau eines Druckfeldes in seiner Nähe, das die nachfolgenden Fluidmassen nach oben zwingt.

Bei realen Fluiden können die wandnahen Schichten an der Flügelunterseite infolge Haftens und Reibung nicht so schnell strömen wie es die Potentialströmung fordert: Zur Umlenkung der Strömung um die Hinterkante ist wegen der Krümmungsdruckformel dort ein niedriger Druck, daher hohe Geschwindigkeit erforderlich. Die Folge der Reibung ist, dass die Fluidmassen nicht den Weg um die scharfe Hinterkante nach oben nehmen, sondern einen Weg mit etwas größerem Krümmungsradius.

Die zweite Krümmung (zurück in Strömungsrichtung) gelingt überhaupt nicht: Der sog. Anfahrwirbel rollt sich ein, Abb. 10.2b. Mit zunehmender Zeit gelingt die Krümmung nach oben immer weniger, schließlich laufen die Teilchen von der Hinterkante glatt ab: Der Anfahrwirbel schwimmt ab, Abb. 10.2c.

Man könnte nun meinen, dass sich in dem entstehenden „Leerraum" über der Hinterkante ein Totwassergebiet ausbildet ähnlich wie beim Zylinder. Dies ist aber nur

10.1 Entstehung des Auftriebes

Abb. 10.2 Entwicklung der Strömung um ein angestelltes Tragflächenprofil aus der Ruhe heraus. **a** Ebene Potentialströmung um ein Tragflächenprofil. Je steiler das Profil angestellt ist, desto weiter wandert der hintere Staupunkt gegen Profilmitte. **b,c** Phasen der reibungsbehafteten Strömung kurz nach Ingangsetzen: Bildung und Abschwimmen des sog. Anfahrwirbels. **d** Reibungsbehaftete Strömung nach Einstellung stationärer Strömungsverhältnisse

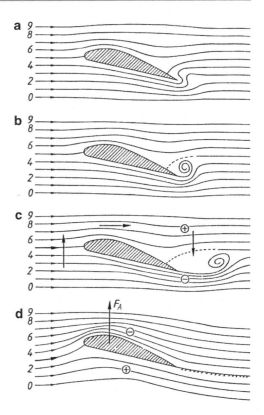

möglich, wenn die oberen und unteren Stromfäden in der Außenströmung den gleichen Druck haben, sodass sich über das Totwassergebiet hinweg Kräftegleichgewicht einstellen kann. In unserer Tragflächenströmung ist dies im betrachteten Zeitpunkt (Abb. 10.2c) nicht der Fall: Die unteren Stromfäden haben höhere Geschwindigkeit als der stationären Potentialströmung entspricht, da das Hochströmen nach der Hinterkante nicht gelungen ist. Nach der Bernoulli'schen Gleichung ist daher in dieser Phase oben ein Überdruck vorhanden und statt der Ausbildung eines Totwassergebietes verlagert sich die Strömung in der durch die Pfeile in Abb. 10.2c angedeuteten Richtung.

Dies hat weitreichende Folgen: Oben wird das Geschwindigkeitsniveau erhöht, der vordere Staupunkt verlagert sich etwas, Fluidmassen, die nach der ursprünglichen Potentialströmung unten strömen und nach der Hinterkante angehoben hätten werden sollen, strömen nun bereits vor der Tragfläche nach oben – dies solange, bis sich ein Gleichgewicht eingestellt hat, derart, dass das Fluid an der Hinterkante glatt abströmen kann, Abb. 10.2d.

Im Wasserkanal nach Prandtl, in dem Strömungen durch suspendierte Kügelchen sichtbar gemacht werden können, ist dieser Vorgang gut beobachtbar. Nach dem Ingangsetzen der Strömung beobachtet man die Bildung des Anfahrwirbels, sein

Abschwimmen, das Absinken der oberen Strömung im Bereich der Hinterkante und das Herüberziehen größerer Fluidmassen auf die Oberseite vor der Profilnase. Schließlich stellt sich die stationäre Strömung ein, nachdem soviel Fluid geholt wurde, wie erforderlich ist, um an der Hinterkante ein glattes Abströmen zu ermöglichen.

Durch die nunmehr im Tragflächenbereich oben stark erhöhte und unten erniedrigte Geschwindigkeit ergibt sich nach der Bernoulli'schen Gleichung oben ein Unterdruck und somit eine Auftriebskraft F_A. Die reibungsfreie Strömung allein ergibt keinerlei resultierende Kraftwirkung auf das Profil (D'Alembert'sches Paradoxon).

Dass sich nach kurzer Anlaufdauer eine Strömung nach Abb. 10.2d einstellt, ist letzten Endes eine Folge der Reibung (Grenzschicht) an der Profilunterseite und ebenso eine Folge der scharfen oder mit geringem Radius verlaufenden Hinterkante. Der Anfahrwirbel ist eine Chiffre für die Ausbildung der Grenzschicht an der Unterseite ebenso wie für deren Unvermögen, die Hinterkante zu umströmen. In der stationären Strömung nach Abb. 10.2d ist die Reibungswirkung beschränkt auf eine dünne, anliegende Grenzschicht und eine schmale, von der Hinterkante abgehende Wirbelschicht. Im übrigen Geschwindigkeitsfeld treten vergleichsweise kleine Geschwindigkeitsgradienten auf und die Reibung ist dort nicht merkbar. Unmittelbar über der Wirbelschicht ist die Geschwindigkeit größer als unter ihr. In der potentialtheoretischen Lösung ist die Wirbelschicht durch einen Geschwindigkeitssprung idealisiert (Trennfläche). Der Druck von beiden Seiten ist aber gleich.

Das sind sehr günstige Voraussetzungen dafür, die wirkliche Strömung durch eine Potentialströmung anzunähern. Dies gelingt – wie übrigens auch eine Betrachtung von Abb. 10.2a, c nahe legt – durch Überlagerung einer Parallelströmung und einer geeigneten reibungsfreien potentialwirbel-ähnlichen Drehströmung. Dabei muss die Stärke der Drehströmung gerade so gewählt werden, dass sich an der Hinterkante ein glattes Abströmen ergibt. Die Mathematische Strömungslehre ist in der Lage, für alle vorgelegten Profile und Anstellwinkel derartige Potentialströmungen zu berechnen – einschließlich der Auftriebskraft F_A. Energieverzehrende Widerstandskräfte ergibt die Potentialtheorie aus naheliegenden Gründen nicht ($F_W = 0$). Die theoretischen Grundlagen hierzu wurden von Kutta und Joukowski erarbeitet.

Die Tatsache, dass die Potentialtheorie Auftriebskräfte zu berechnen gestattet, sollte nicht darüber hinwegtäuschen, dass diese nur durch Reibungswirkung möglich geworden sind.

10.2 Geometrische Bezeichnungen und dimensionslose Beiwerte für Kräfte und Momente an Tragflächen

Der Querschnitt durch den Tragflügel (in Anströmrichtung) wird *Profil* genannt. Der geometrische Ort der Mittelpunkte der dem Profil eingeschriebenen Kreise heißt *Skelettlinie*, die Verbindungsgerade des vordersten und hintersten Punktes der Skelettlinie Profilsehne oder einfach *Sehne*. Der vorderste Punkt der Skelettlinie wird als

10.2 Geometrische Bezeichnungen und dimensionslose Beiwerte ...

Abb. 10.3 Bezeichnungen am Profil

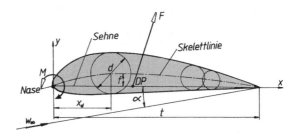

Nasenfußpunkt (seine Umgebung als Profilnase), der hinterste Punkt als *Hinterkante* bezeichnet. Die Länge der Sehne ist die *Profiltiefe t*. Ist die Skelettlinie gerade, nennt man das Profil *symmetrisch*, ansonsten unsymmetrisch oder *gewölbt*, Abb. 10.3.

Die *Profildicke d* ist so groß wie der größte Kreisdurchmesser. Die *Wölbungshöhe f* ist die größte Erhebung der Skelettlinie über der Sehne. Zur Festlegung des Profils benutzt man meist ein x, y-Koordinatensystem mit Ursprung im Nasenfußpunkt und x-Achse längs der Sehne. Den Schnittpunkt der resultierenden Luftkraft F mit der Sehne nennt man *Druckpunkt* DP. Der Abstand des Ortes der größten Profildicke d vom Nasenfußpunkt heißt *Dickenrücklage* x_d (gemessen auf der Sehne). Analog spricht man von der *Wölbungsrücklage* x_f. Meist werden alle Längengrößen mit der Profiltiefe t *dimensionslos* gemacht (z. B. relative Dicke d/t usw.). Der Winkel zwischen Sehne und Anströmrichtung w_∞) heißt *Anstellwinkel* α.

Um die Eigenschaften von Tragflügelprofilen vergleichen und Versuchswerte sinnvoll einordnen zu können, ist es zweckmäßig, dimensionslose Größen für die auftretenden Kräfte und Momente einzuführen.

Hierzu setzt man die in Erwägung gezogene Kraft ins Verhältnis zur Flügelgrundrissfläche A mal dem Staudruck p_d der ungestörten Strömung.

Als Bezugsfläche A verwendet man nicht die Schattenfläche (wie beim Strömungswiderstand stumpfer Körper, Kap. 9), sondern die Flügelgrundrissfläche. Beim Rechteckflügel ist einfach, Abb. 10.4,

$$A = b \cdot t$$

b ist dabei die Flügelbreite.

Die Verwendung der Schattenfläche als Bezugsfläche wäre hier unzweckmäßig, da sich diese mit dem Anstellwinkel α ändert.

Für ein Flugzeug ist A die Flügelgrundrissfläche (einschließlich der Verlängerung in den Rumpf hinein, vgl. Abb. 10.13).

Die resultierende Strömungskraft F kann in eine Komponente normal zur Strömungsrichtung F_A (Auftrieb) und in eine Komponente in Strömungsrichtung F_W (Widerstand) zerlegt werden, Abb. 10.4.

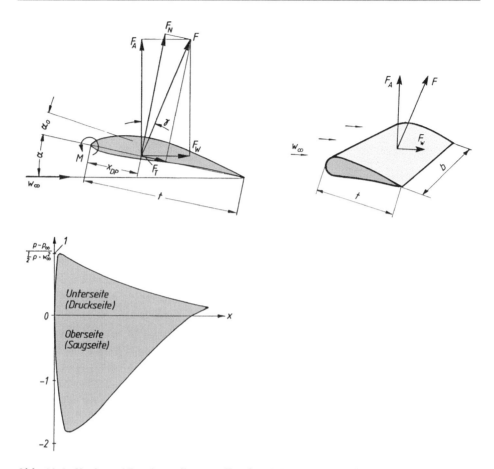

Abb. 10.4 Kräfte und Druckverteilung am Tragflügel. Der Druck ist nicht längs der Profilkontur, sondern längs einer Koordinate x (parallel w_∞) aufgetragen. w_∞, ρ_∞ Werte in der ungestörten Strömung weit vor dem Flügel

Aus Auftrieb und Widerstand gewinnt man den dimensionslosen Auftriebsbeiwert c_a und den Widerstandsbeiwert c_w

$$\boxed{F_A = c_a A \frac{1}{2}\rho w_\infty^2 \rightarrow c_a = \frac{F_A}{A\frac{1}{2}\rho w_\infty^2}} \quad \text{Auftriebsbeiwert} \tag{10.1}$$

$$\boxed{F_w = c_w A \frac{1}{2}\rho w_\infty^2 \rightarrow c_w = \frac{F_w}{A\frac{1}{2}\rho w_\infty^2}} \quad \text{Widerstandsbeiwert} \tag{10.2}$$

Statt des Druckpunktabstandes x_{DP} gibt man meist einen Momentenbeiwert c_m an. Als Bezugspunkt für das Moment benutzt man entweder den Nasenfußpunkt oder einen Punkt auf der Sehne, der ein Viertel der gesamten Sehnenlänge vom Nasenfußpunkt entfernt ist.

10.3 Einfache Ergebnisse der Potentialtheorie

$$\left.\begin{array}{l}\text{Momentenbeiwert}\\ c_\text{m} = \dfrac{M}{A \cdot p_\text{d} \cdot t}\\ \text{alternativ:}\\ c_{\text{mt}/4} = \dfrac{M_{\text{t}/4}}{A \cdot p_\text{d} \cdot t}\end{array}\right\} \quad \begin{array}{l} M \text{ Moment bezüglich Nasenfußpunkt, } \curvearrowright+\\ M_{\text{t}/4} \text{ Moment bezüglich } x = t/4,\ \curvearrowright+ \end{array} \quad (10.3)$$

10.3 Einfache Ergebnisse der Potentialtheorie

Wie in Abschn. 10.1 erörtert, bilden die Strömungsverhältnisse bei Tragflächenprofilen (ebene Strömung) günstige Voraussetzungen für eine Beschreibung durch (reibungsfreie) Potentialströmungen. Der Strömungswiderstand ergibt sich dabei zu null, d. h. $c_\text{w} = 0$. Das einfachste Problem ist die angestellte ebene Platte. Die Mathematische Strömungslehre liefert hierfür das bemerkenswert einfache Resultat (α Anstellwinkel im Bogenmaß)

$$\boxed{c_\text{a} = 2\pi\alpha \quad \text{für kleine Winkel } \alpha} \quad (10.4)$$

Die Auftriebskraft greift ein Viertel der Tiefe t vom Nasenfußpunkt entfernt an.

Abb. 10.5 zeigt einen Vergleich des potentialtheoretischen c_a-Wertes für eine angestellte Platte mit Messwerten nach [13].

Bis zu einem Anstellwinkel von 5° ist die Übereinstimmung überraschend gut. An der Nase bildet sich bei reibungsbehafteter Strömung eine sog. Ablöseblase. Diese wirkt für die gesunde Strömung wie eine Abrundung der Nase. Tab. 10.1 gibt einige weitere Resultate.

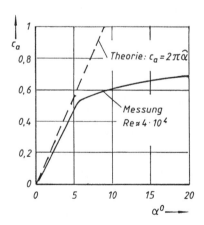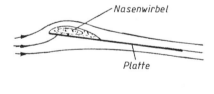

Abb. 10.5 Auftriebsbeiwert für angestellte Platte

Die Tatsache, dass der Druckpunkt bei symmetrischen Profilen bei $s = t/4$ liegt ist auch der Grund dafür, dass man diesen Punkt als Bezugspunkt für das Moment verwendet: Bei reibungsfreier Strömung ist dann nämlich $M_{t/4} = 0$ und $c_{mt/4} = 0$.

Der Auftriebsbeiwert $c_a = 2\pi\alpha$ gilt gemäß der Potentialtheorie nicht nur für die ebene Platte, sondern auch für symmetrische Profile, Tab. 10.1 und Abb. 10.6. Die Profilierung dient im Wesentlichen nur der Verbesserung des c_w-Wertes (bei Umströmung durch reale Fluide). Bis zu $Re \approx 60.000$ hat die Platte jedoch weniger Widerstand als das Profil.

Man erkennt, dass die Wölbung eine c_a-Erhöhung bringt. Auch bei $\alpha = 0$ ist dann bereits ein Auftrieb vorhanden. Der Umstand, dass F_A nicht normal zur Platte gerichtet ist (entsprechend reiner Druckwirkung), ist durch die potentialtheoretisch mit unendlicher Geschwindigkeit umströmte Vorderkante der Platte erklärbar.

Tab. 10.1 Einfache Ergebnisse der Potentialtheorie

	Bezeichnungen	c_a	x_{DP}
Angestellte ebene Platte		$2\pi\alpha$	$\frac{1}{4}t\ [c_{mt/4} = 0]$
Angestellte Kreisbogenplatte		$2\pi(\alpha + \frac{2f}{t})$	$\dfrac{\frac{\alpha}{4} + \frac{f}{t}}{\alpha + \frac{2f}{t}} t$
Symmetrisches schlankes Profil	Skelettlinie = Gerade	$2\pi\alpha$	$\frac{1}{4}t\ [c_{mt/4} = 0]$

Abb. 10.6 c_a-Werte gerader und gewölbter Platten gemäß der Potentialtheorie, schematisch

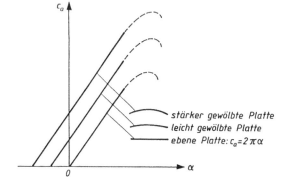

10.4 Darstellung von Messwerten

In Windkanälen wurden die Luftkräfte an zahlreichen Profilen gemessen und daraus die **dimensionslosen Beiwerte** c_a, c_w, c_m errechnet, sodass diese dann für ingenieurmäßige Anwendungen zur Verfügung stehen. In der Praxis werden häufig sog. **NACA-Profile** verwendet (NACA = **N**ational **A**dvisory **C**ommittee for **A**eronautics; USA).

Die Messungen können an Rechteckflügeln endlicher Breite ohne Endscheiben erfolgen oder unter ebenen Strömungsverhältnissen mit seitlicher Begrenzung, Abb. 10.1. Im Falle freier Flügelenden ergeben sich dreidimensionale Strömungsverhältnisse. An den Flügelenden entsteht eine seitliche Ausgleichsströmung von unten nach oben, da unten Überdruck herrscht und oben Unterdruck.

Für Anwender sind Diagramme entsprechend ebenen Strömungsverhältnissen zweckmäßig. Nach einer Theorie von Prandtl können Messwerte an Rechteckflügeln mit freien Enden auf ebene Strömung umgerechnet werden.

Als Parameter in Diagrammen wird immer die Reynolds-Zahl angegeben. Sie wird mit der **Tiefe** t als charakteristischer Länge gebildet. Über die Qualität der aerodynamischen Eigenschaften von Tragflächenprofilen gibt insbesondere die **Gleitzahl** ε Auskunft

$$\varepsilon = \frac{F_W}{F_A} = \frac{c_w}{c_a} \qquad \text{Gleitzahl} \tag{10.5}$$

Umso kleiner ε ist, umso geringer sind die Strömungsverluste im Vergleich zum Auftrieb, ε *ist analog zum Rollreibungswiderstand von Radfahrzeugen* (Verhältnis von Kraft zum horizontalen Bewegen zu Gewichtskraft).

Die Darstellung gemessener Profileigenschaften erfolgt heute meist in drei nebeneinanderliegenden Kurven mit gleichem c_a-Maßstab, Abb. 10.7:

$c_a = f(c_w)$	Polardiagramm oder einfach *Polare*
$c_a = f(\alpha°)$	Auftriebslinie
$c_a = f(c_{mt/4})$	Momentenbeiwert

Manchmal, besonders in älteren Darstellungen, sind in der Polaren bei einzelnen Messpunkten die zugehörigen Anstellwinkel $\alpha°$ als Parameter eingetragen. Eine Anströmung unter einem bestimmten Anstellwinkel α entspricht einem **Arbeitspunkt auf der Polaren** (c_a, c_w). Eine vom Ursprung zum Arbeitspunkt gezogene Linie hat den Winkel γ gegen die c_a-Achse, wobei gilt (vgl. Gl. 10.5):

$$\tan \gamma = \frac{c_w}{c_a} = \varepsilon \qquad \gamma \text{ Gleitwinkel} \tag{10.6}$$

Die kleinstmögliche Gleitzahl $\varepsilon = \varepsilon_{opt}$, die in der Praxis große Bedeutung hat, erhält man einfach indem man die Tangente an die Polare vom Ursprung aus anlegt (γ_{opt}, ε_{opt}). Diese

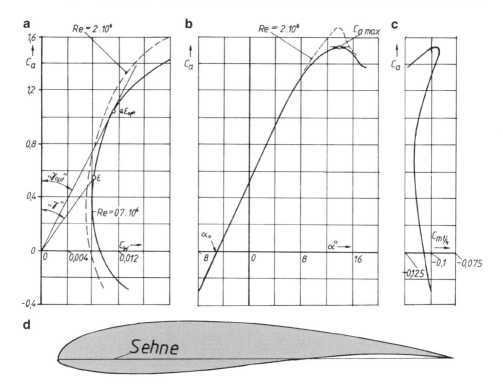

Abb. 10.7 Eigenschaften des Profiles FX 60-126. **a** Polare, **b** Auftriebslinie, **c** Momentenbeiwert, **d** Profil; Stuttgarter Profilkatalog I, [21]

Methode funktioniert auch dann noch, wenn die c_w-Achse einen anderen Maßstab hat als die c_a-Achse, da der Berührungspunkt bei einer affinen Verzerrung des c_w-Maßstabes auf derselben Höhe c_a bleibt. Der Winkel γ muss dann allerdings erst berechnet werden ($\gamma = \arctan(c_w/c_a)$).

Aus der Auftriebslinie $c_a = f(\alpha)$ kann man den Wert α_0, den sog. *Nullauftriebswinkel* entnehmen. Für das Profil von Abb. 10.7 findet man etwa $\alpha_0 = -5{,}5°$ Ein weiterer wichtiger Wert ist der Anstiegswert c'_a

$$\frac{dc_a}{d\alpha} = c'_a$$

Für symmetrische Profile in Potentialströmung ist $c'_a = 2\pi$ (vgl. Gl. 10.4). Mit α_0 und c'_a lässt sich im linearen Bereich die Auftriebslinie durch die einfache Geradengleichung

$$c_a(\alpha) = (\alpha - \alpha_0) \cdot c'_a$$

darstellen (α im Bogenmaß).

Ein weiterer wichtiger Wert ist der *kritische Anstellwinkel* α_k. Mit zunehmendem Anstellwinkel α steigt der Auftriebsbeiwert c_a etwa linear an, Abb. 10.7. Bei kleinen

10.4 Darstellung von Messwerten

Anstellwinkeln liegt die Strömung gut am Profil an oder löst oben weit hinten ab. Die Zunahme von c_a geht aber nicht unbegrenzt weiter: Ab einem kritischen Anstellwinkel α_k springt die Ablösestelle plötzlich von weit hinten bis zur Nase nach vorne, Abb. 10.8. Dadurch ergibt sich i. Allg. eine starke Abnahme von c_a, eine Zunahme von c_w; gleichzeitig wandert der Druckpunkt erheblich nach hinten. Dadurch entsteht ein großes Kippmoment nach vorne.

Tritt dieser gefährliche Grenzfall im Flug auf, kann das Flugzeug nach vorne abkippen oder gar ins Trudeln kommen. Während des Landemanövers kann das Auftreten dieses Strömungszustandes zu hartem Aufsetzen und Gefährdung des Fahrgestells führen.

Der kritische Anstellwinkel α_k hängt von Re und von der Profilform ab. Bei turbulenter Grenzschicht ist etwa $\alpha_k \approx 15°$ (vgl. Abb. 10.7b); bei laminarer Strömung etwa $5°$ bis $10°$. Der Knick bei $\alpha = 5°$ in Abb. 10.5 markiert deutlich α_k. In diesem Fall tief laminarer Grenzschichtströmung sinkt c_a nicht sondern bleibt etwa konstant für $\alpha > 5°$.

Der Momentenbeiwert wird heute meist *nicht* auf den Nasenfußpunkt $x=0$, sondern auf einen Bezugspunkt bei $x = 0{,}25t$ bezogen. Dies ist auch der (potential-)theoretisch berechnete Wert für den Druckpunkt x_{DP} bei der Platte und bei symmetrischen Profilen. Auf den Nasenfußpunkt bezogene Werte bezeichnen wir mit c_m, auf $x = 0{,}25t$ bezogene Werte mit $c_{mt/4}$. Die Umrechnungsformel lautet:

$$\boxed{c_m = \frac{1}{4}(c_a \cos\alpha + c_w \sin\alpha) - c_{mt/4}} \qquad (10.7)$$

Bei $c_{mt/4}$ wird das Moment *im Uhrzeigersinn positiv* gezählt. Heute wird meist $c_{mt/4}$ gegenüber c_m bevorzugt; der Leser sollte jedoch auch mit der älteren Darstellungsart vertraut sein (vgl. Abb. A.3, Anhang).

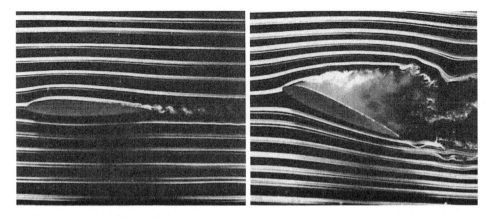

Abb. 10.8 Anliegende und abgerissene Tragflügelströmung. Aufnahmen von Prof. F. N.M. Brown, Univ. of Notre Dame, USA, nach [4]. Profil NACA 0012

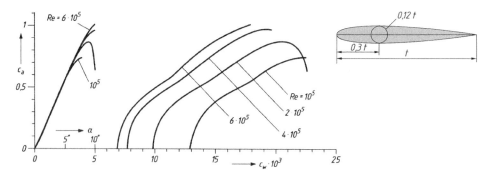

Abb. 10.9 Auftriebskennlinien und Polaren des Profils NACA 0012 nach Hepperle [23]

Einfluss der Reynolds-Zahl
Hinsichtlich der Grenzschichtströmungen an Tragflächen kann man folgende Fälle unterscheiden:

a) Grenzschicht strömt überall laminar (Kleinwindkanäle, Modellflugzeuge, Segelflugzeuge)
b) Grenzschicht schlägt nach laminarer Anlaufstrecke in die turbulente Strömungsform um. (Flugzeugtragflächen)

In Bezug auf die Ablösung unterscheiden wir folgende Strömungszustände:

a) Strömung liegt überall an (kleine Anstellwinkel).
b) Strömung löst an der Saugseite weit hinten ab.
c) Strömung löst an der Saugseite weit vorne ab, sog. abgerissene Strömung bei „überzogenem" Anstellwinkel, Abb. 10.8b.

Bei turbulenter Grenzschicht tritt die abgerissene Strömung erst bei wesentlich größeren Anstellwinkeln ein als bei laminarer Grenzschicht. Die maximal erzielbaren Auftriebsbeiwerte sind dann auch wesentlich größer.

Die Gleitzahl ε wirkt sich im Strömungsmaschinenbau auf den Wirkungsgrad aus, ebenso im Flugzeugbau. Bei der Auswahl der Profile hinsichtlich ihrer Gleitzahl ist besonders auf die *Re*-Zahl Rücksicht zu nehmen.[1]

Umfangreiche Datensammlungen für Ingenieuranwendungen finden sich in sog. *Profilkatalogen* (Tabellen und Diagramme), [21, 23], vgl. Abb. 10.7 und 10.9.

---

[1]Typische *Re*-Werte: Strömungsmaschinen $10^3 \div 10^5$, Segelflugzeuge $\approx 10^6$, Verkehrsflugzeuge $10^7 \div 10^8$.

10.5 Endlich breite Tragflächen

Einiges über NACA-Profilfamilien

Vierziffrige NACA-Profile; z. B. Profil NACA2415. Die vier Ziffern haben folgende Bedeutung:

1. Ziffer (hier 2): größte Wölbung der Profilsehne in % der Tiefe t; also hier 2 % Wölbung ($f = 0{,}02 \cdot t$)
2. Ziffer (hier 4): Wölbungsrücklage mal 10 in %, also hier 40 % ($x_f = 0{,}40 \cdot t$)
3. und 4. Ziffer (hier 15): Profildicke in % der Tiefe t; hier $d = 15$ % ($d = 0{,}15 \cdot t$)

Die Dickenrücklage x_d beträgt bei der vierziffrigen NACA-Profilfamilie generell 30 %. Für einfache Anwendungen und im Modellflugzeugbau wird häufig das Profil NACA0012 verwendet. Dieses weist nach dem oben gesagten keine Wölbung auf und es existiert daher keine Wölbungsrücklage (Ziffern 0, 0). Profildicke 12 % (Ziffern „12"). Abb. 10.9 zeigt dieses Profil und die zugehörigen Polaren im Laminarbereich nach Hepperle [23]. Außer den hier angesprochenen vierziffrigen NACA-Profilen gibt es auch noch 5- und 6-ziffrige NACA-Profilfamilien.

10.5 Endlich breite Tragflächen

Der endlich breite Flügel wird durch das Seitenverhältnis λ charakterisiert. Beim Rechteckflügel ist einfach $\lambda = t{:}b$. Für nicht rechteckige Flügel der Fläche A und Spannweite b (Flugzeugflügel) definiert man

$$\lambda = \frac{A}{b^2} \qquad \text{Seitenverhältnis einer Tragfläche} \qquad (10.8)$$

Bei Flügeln endlicher Breite führen die druckausgleichenden Strömungsvorgänge an den Flügelenden zwischen dem Sog an der Oberseite und dem Überdruck an der Unterseite zu energieverzehrenden Randwirbeln, die den zusätzlichen sog. **induzierten Widerstand** c_{wi} bewirken, Abb. 10.10. Der Randwirbelverlust wird kleiner, wenn man den Flügel so gestaltet, dass der Auftrieb gegen Flügelende auf null abnimmt. Von allen möglichen Flügeln gegebener Spannweite b hat ein Flügel mit elliptischer Auftriebsverteilung längs der Flügelachse den geringstmöglichen induzierten Widerstand c_{wi}. Elliptische Auftriebsverteilung lässt sich z. B. durch einen Flügel mit in allen Schnittebenen gleichen Anstellwinkeln α und elliptischer Grundrissform (t elliptisch veränderlich) erreichen (vgl. Bild zu Aufgabe 3.29!).

Nach einer Theorie von Prandtl kann man Messergebnisse, welche an einem Flügel bestimmten Seitenverhältnisses λ_1 gewonnen wurden auf einen Flügel anderen Seitenverhältnisses λ_2 umrechnen. Bei der Umrechnung geht man von gleichbleibendem Wert

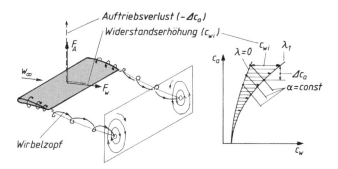

Abb. 10.10 Zum induzierten Widerstand

$c_{a1} = c_{a2} = c_a$ aus und berechnet den bei λ_2 zu erwartenden Widerstand c_{w2} und den für gleiches c_a erforderlichen Anstellwinkel α_2 (α im Bogenmaß):

$$c_{wi} = \frac{c_a^2}{\pi}\lambda \qquad c_{w2} = c_{w1} + \frac{c_a^2}{\pi}(\lambda_2 - \lambda_1) \qquad \alpha_2 = \alpha_1 + \frac{c_a}{\pi}(\lambda_2 - \lambda_1) \qquad (10.9)$$

Die Formeln gelten auch für $\lambda_1 = 0$, d. h. unendlich breite Flügel.

Zur Erläuterung diene die Umrechnung von an einem Rechteckflügel mit $\lambda = 1/7$ gewonnenen Messwerten auf einen Flügel mit $\lambda = 1/4$. Gemessen (bei $\lambda = 1/7$): $\alpha_1 = 9°$, $c_a = 1{,}0$; $c_{w1} = 0{,}065$. Berechnet für $\lambda = 1/4$:

$$c_{w2} = 0{,}065 + \frac{1^2}{\pi}(1/4 - 1/7) = 0{,}099, \quad \alpha_2 = 9/180 + \frac{1}{\pi}\left(\frac{1}{4} - \frac{1}{7}\right) = 0{,}191$$
$$\hat{=} 10{,}9°$$

c_a bleibt als Bezugsgröße unverändert $c_a = 1$.

Den Widerstand des unendlich breiten Flügels bezeichnet man auch als **Profilwiderstand**. Zu diesem ist der induzierte Widerstand zu addieren und der Auftriebsverlust zu berücksichtigen. Dadurch ändert sich auch die Polare für den Flügel endlicher Breite, und damit ändern sich die Werte ε, ε_{opt}, Abb. 10.10.

10.6 Kräfte und Momente am Flugzeug

Mit einer Tragfläche allein ist – abgesehen von Sonderfällen – kein stabiler Flug möglich: Die resultierende Luftkraft greift an einem anderen Punkt an als die Gewichtskraft. Dadurch entsteht ein Moment und der Flügel überschlägt sich. Durch Anordnung zusätzlicher kleiner Tragflächen am Flugzeugende (sog. Höhenleitwerk) lässt sich diese Schwierigkeit beheben.

10.6 Kräfte und Momente am Flugzeug

Die Tragfläche ist das beherrschende Bauelement eines Flugzeuges. Daher werden Größen wie c_a, c_w, c_m, Polare, ε, ε_{opt} nicht nur für Tragflächen, sondern auch für das ganze Flugzeug definiert. Als Bezugsfläche behält man die Flügelfläche A des (Haupt-) Flügels bei, wobei man sich die beiden Einzelflügel in den Rumpf hinein verlängert denkt bis sie zusammenstoßen.

Vom Standpunkt der Aerodynamik sind zwei Flugzustände von besonderem Interesse:

1. Start

Hier geht es insbesondere darum, trotz einer Rollgeschwindigkeit von z. B. nur 250 km/h, die wesentlich geringer ist als die üblichen Fluggeschwindigkeiten von z. B. 900 km/h, genügend große Auftriebkräfte zum Abheben zustande zu bringen. Es muss sein

$$F_A = c_a A \frac{1}{2} \rho w_\infty^2 > F_G.$$

Durch nach unten ausgeschwenkte Klappen an der Flügelhinterkante kann $c_{a,max}$ wesentlich erhöht werden. Durch ausfahrbare kleine Vorflügel an der Nasenoberseite kann der kritische Anstellwinkel α_k und damit $c_{a,max}$ ebenfalls erhöht werden. Schließlich können manche Flugzeuge durch Ausfahren von Tragflächenelementen an der Hinterkante die Flügelfläche A vergrößern. Alle diese Maßnahmen bewirken große Widerstandserhöhung, sodass beim Start ein wesentlich höherer Schub erforderlich ist als im Reiseflug. Ein gewisser Schub ist auch für die Beschleunigung des Flugzeuges erforderlich. Beim Abheben hat das Flugzeug eine große Schräglage, sodass eine Schubkomponente mithilft das Gewicht zu kompensieren. Abb. 10.11 zeigt die Verhältnisse an Hand von Flugzeugpolaren. Sehr ähnliche Probleme und Lösungen hat man für das Landemanöver.

2. Reiseflug ($F_A = F_G$)

Hier wünscht man mit geringstmöglichem Treibstoffverbrauch zu fliegen, daher strebt man ε_{opt}, γ_{opt} an (Punkt 2 in Abb. 10.11 (Tangente)). Die Größe der Tragfläche ist so ausgelegt, dass dies etwa zutrifft.

Wie man an Hand des Kräftegleichgewichts in Abb. 10.12a leicht erkennt, gleitet ein motorloses Flugzeug (stationär) unter dem Gleitwinkel γ zu Boden. Segelflugzeuge können sich nur in der Luft halten, weil sie extrem widerstandsarm konstruiert sind (laminare Grenzschicht an den Flügeln) und von Zeit zu Zeit in ein Gebiet mit starkem Aufwind fliegen, in dem die Aufwindgeschwindigkeit größer ist als die Sinkgeschwindigkeit des Flugzeuges. Findet ein Segelflugzeug nach dem Schleppstart kein solches Aufwindgebiet, ist es nach wenigen Minuten wieder am Boden.

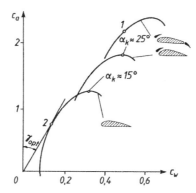

Abb. 10.11 Polare eines ganzen Flugzeuges, schematisch. Pkt. 1: Start mit ausgefahrenen Starthilfen (Vorflügel, Klappe), Pkt. 2: Reiseflug mit ε_{opt}

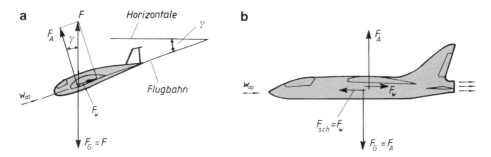

Abb. 10.12 a Gleitflug des motorlosen Flugzeuges, b Kräfte beim Motorflugzeug (Horizontalflug)

Für das Segelflugzeug lassen sich aus einer Energiebetrachtung zwei einfache und nützliche Zusammenhänge herleiten. Die Leistung aus dem Luftwiderstand muss gleich sein der Fallleistung. Mit F_G als Flugzeuggewicht ist (w_y Sinkgeschwindigkeit):

$$F_w w_\infty = F_G w_y = F_G w_\infty \sin\gamma \approx F_G w_\infty \varepsilon = F_G w_\infty \cdot \frac{c_w}{c_a}$$

$$\frac{1}{2}\rho w_\infty^2 c_w A w_\infty \approx F_G w_\infty \cdot \frac{c_w}{c_a}$$

$$\boxed{w_\infty = \sqrt{\frac{2F_G}{A\rho c_a}}} \quad \text{Fluggeschwindigkeit eines Segelflugzeuges} \quad (10.10)$$

Sinkgeschwindigkeit $w_y = w_\infty \sin\gamma \approx w_\infty \varepsilon = w_\infty \dfrac{c_w}{c_a}$

$$\boxed{w_y = \sqrt{\frac{2F_G c_w^2}{A\rho c_a^3}}} \quad \text{Sinkgeschwindigkeit eines Segelflugzeuges} \quad (10.11)$$

10.7 Schema der Anwendung der Tragflügelströmung ...

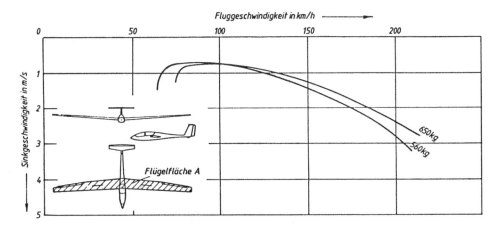

Abb. 10.13 Geschwindigkeitspolare für das Segelflugzeug TWIN-ASTIR, [24]

Abb. 10.13 zeigt die mit der tatsächlichen Polaren eng zusammenhängende Geschwindigkeitspolare eines Segelflugzeuges. Die Geschwindigkeitspolare verwendet statt der dimensionslosen Werte c_a, c_w Sink- und Fluggeschwindigkeit. Sie gilt jeweils nur für eine bestimmte Flugmasse. Beispiel 10.1 befasst sich näher mit den Zusammenhängen.

10.7 Schema der Anwendung der Tragflügelströmung auf Axial-Strömungsmaschinen

Die Blätter eines Propellers und die Schaufeln von Axialpumpen und -turbinen haben Querschnitte wie ein Tragflächenprofil, Abb. 10.14a. Denkt man sich die Kreisbewegung abgewickelt, so hat ein Tragflächenelement im Abstand r eine Umfangsgeschwindigkeit $u = r\,\omega$, welche in der Abwicklung einer Translation entspricht. Da es nur auf Relativbewegung ankommt, kann man sich das Tragflächenelement auch feststehend denken und die Anströmung aus $\mathbf{w}_\infty = \mathbf{c}_{ax} - \mathbf{u}$ zusammengesetzt denken, Abb. 10.14b. Im Prinzip entsteht eine Strömung wie bei einer angestellten Tragfläche, wenn die Anzahl der Propellerblätter richtig gewählt ist (vgl. den Abschn. 3.4 über WKA und Abb. 3.15 a). Das ist insbesondere beim Propeller eine gute Näherung, der meist nur 2–3 Blätter hat, aber auch bei Axialmaschinen mit wenigen Schaufeln.

Zu beachten ist, dass sich trotz konstant angenommener axialer Anströmgeschwindigkeit c_a wegen der mit r veränderlichen Umfangsgeschwindigkeit $u = r\,\omega$ auch w_∞ nach Betrag und Richtung mit r ändert. Um zu Aussagen über den gesamten Leistungsaustausch zwischen Fluid und Laufrad zu kommen, muss man daher Tragflächen*elemente* betrachten und längs des Radius integrieren und über die Schaufelzahl (n) summieren. Bezüglich der Kräfte ist es zweckmäßig, die resultierende Strömungskraft dF auf ein

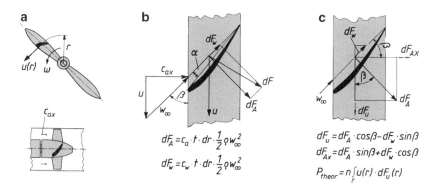

Abb. 10.14 Anwendung der Tragflächenströmung auf Axialmaschinen

Tragflächenelement in eine Komponente in Umfangsrichtung dF_u und eine Komponente in Axialrichtung dF_{ax} zu zerlegen, dF_u ist für den Arbeits- und Leistungsaustausch zwischen Fluid und Laufrad maßgebend, da es in Wegrichtung weist; dF_{ax} belastet nur das Axiallager. Um das umfangreiche Material aus der Tragflügelforschung zu nutzen (c_a- und c_w-Werte), kann man dF_u und dF_{ax} aus den Auftriebs- und Widerstandskräften als Zwischenwerte ermitteln. Abb. 10.14c zeigt das Schema.

10.8 Beispiel

Aus den technischen Angaben für das Segelflugzeug *Twin-Astir* sollen einige dimensionslose Kennwerte berechnet bzw. auf andere Flugzustände umgerechnet werden.

Technische Daten der Twin-Astir [24]
Spannweite $b = 17{,}5$ m
Flügelfläche $A = 17{,}9$ m^2
Höchstgeschwindigkeit $w_{max} = 220$ km/h
Geringste Fluggeschwindigkeit $w_{min} = 68{,}5$ km/h
Flugmasse (einsitzig) $m_1 = 560$ kg
ε_{opt} (bei 95 km/h) 1:38
Geringste Sinkgeschwindigkeit: $w_{y\,min} = 0{,}62$ m/s (bei 75 km/h)

Abb. 10.13 zeigt die mit der tatsächlichen Polaren eng zusammenhängende Geschwindigkeitspolare des Segelflugzeuges, welche in praxisnahen Kreisen viel verwendet wird. Die Geschwindigkeitspolare gilt allerdings jeweils nur für eine bestimmte Flugmasse m.

Man berechne aus diesen Angaben:

a) Seitenverhältnis λ
b) c_a bei der angegebenen Höchst- und Mindestgeschwindigkeit für einen Luftzustand in 1 km Seehöhe.
c) Welche Strecke s_1 kann das Segelflugzeug in ruhender Luft im Geradeausflug äußerstenfalls fliegen? Welche Zeit t_1 benötigt es von 1 auf 0 km Seehöhe? Die Änderung von ρ kann außer Acht bleiben.
d) Welche Zeit t_2 könnte das Flugzeug bei ruhender Luft äußerstenfalls in der Luft bleiben? Welche Strecke legt es dann horizontal zurück?
e) Berechnen Sie aus der Geschwindigkeitspolaren, Abb. 10.13 die Lilienthal'sche Polare des Flugzeuges (=Polare nach Abb. 10.7, welche manchmal auch nach dem Flugpionier Lilienthal benannt wird).

Lösung:

a) $\underline{\lambda} = \dfrac{A}{b^2} = \dfrac{17{,}9}{17{,}5^2} = \underline{1 : 17{,}1}$

b) Dichte in 1 km Höhe (ICAO) $\rho = 1{,}112 \text{ kg/m}^3$

$$w_{\max} = 220 \text{ km/h} = 61{,}1 \text{ m/s}$$
$$\underline{c_a} = \dfrac{mg}{0{,}5 \rho w^2 A} = \dfrac{560 \cdot 9{,}81}{0{,}5 \cdot 1{,}112 \cdot 61{,}1^2 \cdot 17{,}9} = \underline{0{,}15}$$
$$w_{\min} = 68{,}5 \text{ km/h} = 19{,}0 \text{ m/s}$$
$$\underline{c_a} = \dfrac{560 \cdot 9{,}81}{0{,}5 \cdot 1{,}112 \cdot 19^2 \cdot 17{,}9} = \underline{1{,}53} \quad \text{(ein sehr hoher Wert!)}$$

c) Geradeausflug in ruhender Luft

$\varepsilon_{\text{opt}} = 1 : 38$

$\underline{s_1} = \dfrac{h}{\tan \gamma} \approx \dfrac{h}{\varepsilon} = h \cdot 38 = \underline{38 \text{ km}}$

$\underline{t_1} = \dfrac{l_1}{w_1} = 10^3 \cdot \dfrac{\sqrt{38^2 + 1^2}}{26{,}4} = \underline{1440 \text{ s}}$

$w_1 = 95 \text{ km/h} = 26{,}4 \text{ m/s}$

d) Hier ist die minimale Sinkgeschwindigkeit maßgebend, wobei jedoch ein größerer Gleitwinkel als γ_{opt} vorhanden ist.

$\underline{t_2} = \dfrac{h}{w_{y\,\min}} = \dfrac{1000}{0{,}62} = \underline{1610 \text{ s}}$

$\underline{s_2} = h \cdot 33{,}6 = \underline{33{,}6 \text{ km}} \quad w = 75 \text{ km/h} = 20{,}8 \text{ m/s} \quad \tan \gamma \approx \dfrac{0{,}62}{20{,}8} = 1:33{,}6$

e) Aus den Angaben und aus der Geschwindigkeitspolaren können Werte w, w_y entnommen werden

$$\tan \gamma \approx \frac{w_y}{w} \approx \varepsilon,$$

c_a berechnet sich wie oben,

$$c_w = c_a \tan \gamma$$

(Vergleiche auch Aufgabe 10.15!) (Abb. 10.15)

Punkt	Aus Geschw.-polare Abb. 10.13		$\frac{w_y}{w} = \sin \gamma \approx \tan \gamma$	Polare	
	Fluggeschw. w	Sinkgeschw. w_y		c_a	$c_w \cdot 10^3$
	m/s	m/s	–	–	–
1	61,1	3,2	0,0524	0,148	7,75
2	55,6	2,8	0,0504	0,178	9,0
3	41,7	1,5	0,0360	0,317	11,4
4	32,0	1,0	0,0313	0,539	16,9
5	26,4	0,694	0,0263	0,790	20,8
6	20,83	0,62	0,0298	1,28	38,0
7	19,0	1,50	0,0789	1,53	120

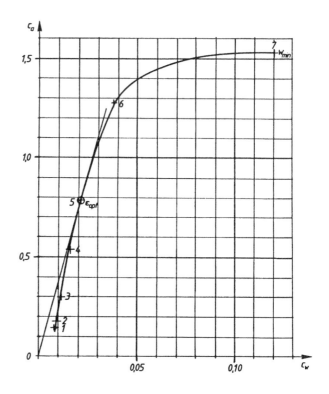

Abb. 10.15 Polare, berechnet aus Abb. 10.13

10.9 Übungsaufgaben

10.1 Die Entstehung des Auftriebes hängt zusammen mit (Bezeichnen Sie die richtigen Antworten.)
 a) Fluidreibung
 b) scharfer Hinterkante
 c) Erzwingung einer Abwärtsströmung hinter der Tragfläche durch deren Anstellung
 d) „Profilierung" der Skelettlinie (tritt an Platten nicht auf)
 e) Haftbedingung

10.2 Für die Gleitzahl ε gilt (Bezeichnen Sie die richtigen Antworten.)
 a) ist das Verhältnis von Widerstandskraft zu Auftriebskraft
 b) ist eine Art Reibungszahl für die translatorische Fortbewegung von Tragflächen in Fluiden
 c) ist für eine gegebene Tragfläche eine Konstante
 c) ist veränderlich und der minimale Wert ist für Auslegungsrechnungen wichtig
 e) kann im Diagramm $c_a = f(\alpha)$?/$c_a = f(c_w)$? ermittelt werden

10.3 Für „abgerissene" Tragflächenströmung gilt (Bezeichnen Sie die richtigen Antworten.)
 a) tritt bei überzogenem Anstellwinkel auf
 b) bewirkt Auftriebssteigerung/Abfall/Neutral?
 c) bewirkt – verglichen mit anliegender Strömung bei sonst gleichen Bedingungen – Kippmoment nach hinten/nach vorne/neutral?
 d) ist abhängig von Re

*10.4 Die Eigenschaften des Profiles FX 60-126 (Abb. 10.7) sollen in einem kleinen Wasserkanal nachgemessen werden. Zwischen zwei seitlichen parallelen Wänden im Abstand von 0,3 m ist das Profil mit der Tiefe $t = 0,5$ m drehbar eingebaut. Die Drehachse liegt auf der Sehne bei $x = 0,125$ m.

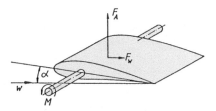

 a) Welche Wassergeschwindigkeit w muss eingestellt werden, damit die Reynolds-Zahl von $0,7 \cdot 10^6$ (Abb. 10.7) erreicht wird?
 b) Wie groß wird dann F_A, F_w, M, ε für den Anstellwinkel 8°?
 c) Welche optimalen Werte ε, γ, α, F_A, F_W ergeben sich für eine Wassergeschwindigkeit nach a)?
 d) Der Wasserkanal gestattet Geschwindigkeiten von 0,2 bis 4 m/s. Welcher Reynolds-Zahl-Bereich ist damit erreichbar?

10.5 Heckflügel eines Formel 1-Wagens. Rennautos verwenden zur Erzeugung einer höheren Bodenpressung sog. „Abtriebsflügel" am Heck. Mit höherer Bodenpressung kann man raschere Verzögerungs- und Beschleunigungsmanöver durchführen und deshalb Kurven schneller durchfahren. In geraden Strecken, wo die normale Bodenpressung aus dem Gewicht ausreichen würde, verringert der leistungsfressende zusätzliche Strömungswiderstand des Heckflügels allerdings die Höchstgeschwindigkeit etwas. Bei den üblichen Rennstrecken bringt jedoch der Heckflügel aufs Ganze gesehen kürzere Rundenzeiten. Je nach Kurvenanteil der Rennstrecke wird der Anstellwinkel des Flügels vor dem Rennen eingestellt (aufgrund von Computerberechnungen oder Tests).

Für folgende Daten soll eine Abschätzungsrechnung durchgeführt werden: Fahrgeschwindigkeit $w = 220$ km/h, Heckflügel mit seitlichen Endscheiben ($\hat{=} \lambda = 0$) $b = 1{,}1$ m, $t = 0{,}4$ m, $\alpha = 12°$.

Der Rechnung sollen die Daten des Profiles FX 60–126 von Abb. 10.7 zugrunde gelegt werden (Kurve mit der näherliegenden Re-Zahl). Man berechne

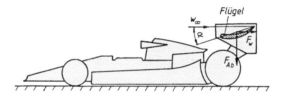

a) Reynolds-Zahl für 220 km/h
b) Abtriebskraft F_{Ab} bei 220 km/h
c) Strömungswiderstand F_w und Leistungsverlust durch den Flügel bei der Höchstgeschwindigkeit von 320 km/h-

10.9 Übungsaufgaben

***10.6** Eine rechteckige Tragfläche mit Profil N 60 (Abb. A.3 im Anhang) $b = 20$ m, $t = 1{,}5$ m soll in 1 km Höhe bei einer Fluggeschwindigkeit von 330 km/h einen Auftrieb $F_A = 100.000$ N erzeugen.

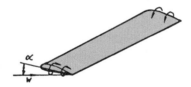

a) Welcher Auftriebsbeiwert ist erforderlich?
b) Welcher Anstellwinkel wäre ohne Berücksichtigung der seitlichen Ausgleichsströmung um die Flügelenden erforderlich?
c) Welcher Anstellwinkel ergibt sich bei Berücksichtigung der Ausgleichsströmung?
d) Wie groß ist die Widerstandskraft F_w und wie viel davon ist induzierter Widerstand F_{wi}?
e) Berechnen Sie die Reynolds-Zahl und vergleichen Sie sie mit der im Diagramm angegebenen.

10.7 Zeichnen Sie die Polare für den Flügel nach Aufgabe 10.6 und ermitteln Sie ε_{opt}, γ_{opt}, α_{opt}.

10.8 Das Verkehrsflugzeug Airbus A330 hat eine Flügelfläche von 362 m^2 und eine Gesamtmasse von 210.000 kg.
a) Man berechne aus diesen Werten den erforderlichen Auftriebsbeiwert c_a in einer Flughöhe von 10.000 m bei einer Reisegeschwindigkeit von $Ma = 0{,}95$.
b) Welcher c_a-Wert ist beim Start mit 250 km/h in 1000 m Seehöhe erforderlich? (Mindestwert ohne Beschleunigung nach oben; Flügelfläche unverändert)

10.9 a) Wie groß ist die erforderliche Vortriebsleistung im Horizontalflug in 2 km Höhe für ein Flugzeug mit einem Gewicht von 10.000 N, einer Flügelfläche von 12,0 m^2 und einer Gleitzahl ε von 0,1? Die Geschwindigkeit beträgt 60,0 m/s.
b) Mit welchem Auftriebsbeiwert c_a fliegt das Flugzeug?

10.10 Der Tragflügel eines Sportflugzeuges weist eine Spannweite $b = 8$ m und eine mittlere Flügeltiefe $t = 1,6$ m auf. Das Profil N60 hat eine maximale relative Dicke von $d/t = 0,12$ und eine maximale relative Sehnenwölbung von $f/t = 0,04$. Der gesamte Luftwiderstandsbeiwert $c_{w\,ges}$ setzt sich zusammen aus: $c_{w\,ges} = c_w + c_{w,i} + c_{w,s}$, wobei c_w den reinen Profilwiderstand bei $\lambda = 0$, $c_{w,i}$ den induzierten Widerstand, und $c_{w,s}$ den schädlichen Widerstand (Rumpf, Leitwerk, Interferenzwirkung) erfasst. In diesem Fall ist $c_{w,s} = 0,023$, wobei angenommen wird, dass $c_{w,s}$ unabhängig vom Anstellwinkel ist. Man ermittle nun unter Verwendung der Polare des Profiles N60 laut Abb. A.3 im Anhang:

   a) Die Gesamtpolare $c_a = f(c_{w\,ges})$ des Flugzeuges für die Anstellwinkel α_∞ von $-5,2°$ bis $14,6°$.

   b) Bei welchem Auftriebsbeiwert c_a sowie Anstellwinkel α_∞ erreicht der Tragflügel unendlicher Breite seine optimale Gleitzahl und wie groß ist diese? (Tangente vom Nullpunkt an die Polare!)

   c) Bei welchem Auftriebsbeiwert c_a sowie Anstellwinkel $\alpha_\infty + \Delta\delta$ erreicht das Gesamtflugzeug seine optimale Gleitzahl und wie groß ist diese?

   d) Unter welchem Winkel gleitet das Flugzeug (ohne Motor) zu Boden?

10.11 Kleinflugzeug mit Gesamtpolare wie in Aufgabe 10.10, Gesamtgewicht 8000 N.

   a) Wie groß ist die erforderliche Auftriebskraft F_A und der Auftriebsbeiwert c_a bei 180 km/h im Horizontalflug (Annahmen: keine Vertikalkräfte durch das Höhenleitwerk; Motorzugkraft durch den Schwerpunkt, in dem auch F_A angreift)?

   b) Wie groß ist die Motorleistung bei 180 km/h unter Annahme eines Propellergütegrades von 0,8?

10.12 Flugzeug wie in Aufgabe 10.10 (Gesamtpolare), $G = 8000$ N

   a) Wie groß ist $c_{a\,max}$?

   b) Startgeschwindigkeit bzw. minimale Fluggeschwindigkeit in 1000 m Seehöhe?

   c) Reisegeschwindigkeit (ε_{opt}) in 1000 m Seehöhe?

10.13 Flugzeug wie in Aufgabe 10.10. Senken Sie bei gleichem A den λ-Wert auf den 0,8-fachen Wert.

   a) Wie groß werden die Spannweite und die Flügeltiefe?

   b) Wie groß wird ε_{opt} des Gesamtflugzeuges?

10.14 a) Um wie viel % muss sich die Fluggeschwindigkeit eines Düsenflugzeuges, das in 10.000 m ü. d. M. horizontal fliegt, gegenüber einer Flughöhe von 5000 m ü. d. M. erhöhen, wenn die Gleitzahl ε gleich sein soll?

   b) Um wie viel % erhöht sich die Vortriebsleistung P?

   c) Um wie viel % würde sich die Vortriebsleistung P bei Geschwindigkeitserhöhung nach a) in 5000 m ü. d. M. erhöhen ($c_w = $ const.)?

10.9 Übungsaufgaben   333

*10.15 Flugzeug. $m = 1000$ kg, $A = 15$ m^2, d c_a/ d $\alpha = 5{,}5$, $\alpha_0 = -2°$
In 0 m ü. d. M. fliegt die Maschine mit einem Auftriebsbeiwert $c_a = 0{,}8$ im
Horizontalflug. Man ermittle:
a) Geschwindigkeit w
b) Anstellwinkel α
c) Wie groß ist der Anstellwinkel α bei gleichbleibender Geschwindigkeit in
   3000 m Meereshöhe?

10.16 Welche der unten angeführten Parameter müssen sich ändern, wenn ein Segelflugzeug unter Annahme eines konstanten Gleitwinkels γ in verschiedenen
Höhen fliegt?
a) Auftriebskraft F_A
b) Geschwindigkeit w
c) Auftriebsbeiwert c_a

10.17 Segel-Modellflugzeug: $m = 2{,}2$ kg, $b = 3{,}0$ m, $t_m = 0{,}22$ m, 1000 m Seehöhe;
Profil N60 mit 12 % maximaler relativer Dicke. Für den stationären Gleitflug
ist ein Auftriebsbeiwert von $c_a = 0{,}7$ vorgesehen.
Man ermittle die erforderliche Fluggeschwindigkeit w.

10.18 Zum Beispiel von Kap. 10: Berechnen Sie aus der Polaren die Geschwindigkeitspolare für eine Flugmasse $m_2 = 650$ kg (zweisitzig + Wasserballast). Hierzu
muss vorausgesetzt werden, dass die Reynolds-Zahl keinen Einfluss ausübt
(benutzen Sie die c_a- und c_w-Werte des Beispiels in Kap. 10.)

10.19 Ein Tragflügelboot fährt mit voll eingetauchtem Flügel mit einer Geschwindigkeit von 30 km/h. Sowohl für den Bugflügel als auch den Heckflügel wird das
Profil N60 (siehe Abb. A.3 im Anhang) verwendet. Das Gewicht des Bootes
beträgt $2{,}5 \cdot 10^6$ N.
Bugflügel: $b = 8{,}6$ m, $t = 1{,}8$ m
Hauptflügel: $b = 14{,}5$ m, $\lambda = 1 : 6{,}85$
a) Überprüfen Sie ob die Re-Zahlen in einem Bereich liegen, der es erlaubt die
   Polare des Profiles N60 im Anhang mit $Re = 8{,}0 \cdot 10^6$ zu verwenden.
b) Unter welchem Anstellwinkel sollten die Flügel angestellt werden (ε_{opt} ohne
   Berücksichtigung des Seitenverhältnisses)?
c) Auftrieb von Bug- und Heckflügel.
d) Wie groß ist der Anteil des Schiffsrumpfes am Auftrieb? (Ergänzung des
   Auftriebs auf Gewicht, Schiffsrumpf noch teilweise unter Wasser)

10.20 Ein ferngesteuerter schlanker rotationssymmetrischer Flugkörper fliegt in
1 km Seehöhe mit 100 km/h. Zur Steuerung hat dieser Seiten- und Höhenleit-
werksflächen, gestaltet aus Profilen NACA 0012, Flügeltiefe $t = 0,3$ m $=$ const.
Gesamte Länge aller Leitflächen 0,9 m. Man schätze ab:

a) Re_t

b) Ist Abb. 10.9 zur Abschätzung von c_w brauchbar?

c) Strömungswiderstand F_w und Leistungsbedarf P_L für die Leitflächen

Strömung kompressibler Fluide

11

11.1 Einführung

Das Sachgebiet der Strömung kompressibler Fluide wird oft auch als „kompressible Strömungen" bezeichnet, weil ohnedies klar ist, dass nicht die Strömungen sondern die Fluide kompressibel sind. Ist der Schwerpunkt eher auf theoretischer Seite und bei räumlicher Umströmung von Körpern, so bezeichnet man das Sachgebiet auch als **Gasdynamik.**

Der Schwerpunkt in diesem Kapitel liegt bei der **Strömung in Düsen,** insbesondere in Lavaldüsen (Stromfadentheorie). Über die Strömungsverhältnisse bei der Umströmung von stumpfen Körpern und Fluggeräten kann hier nur ein knapper Überblick gegeben werden. Die Durcharbeitung dieses Kapitels erfordert Grundkenntnisse auf dem Gebiet der Wärmelehre.

Bisher wurde immer vorausgesetzt, dass die Fluide ihre Dichte ρ während des Strömungsvorganges nicht ändern. Man nennt diese Eigenschaft eines Fluids *Inkompressibilität,* d. h. das Fluid ist nicht zusammendrückbar. Wirkliche Fluide sind *kompressibel.* Flüssigkeiten haben allerdings eine derart geringe Kompressibilität, dass in der Technischen Strömungslehre davon abgesehen werden kann (Ausnahme: Druckstoß in Rohren). Gase weisen eine hohe Kompressibilität auf. Die Erfahrung zeigt aber, dass bei Anströmung stumpfer Körper bis zu einer Machzahl von ca. $Ma = 0{,}3$ für technische Zwecke mit den Gleichungen für inkompressible Fluide (Bernoulli'sche Gleichung) gerechnet werden kann. Für Umgebungsluft heißt das: bis zu Anströmgeschwindigkeiten von etwa $100\ \text{m/s} = 360\ \text{km/h}$! Für die Umströmung schlanker Körper – etwa Tragflächen – liegt dieser Wert noch wesentlich höher (etwa bei $Ma = 0{,}7$). Für technische Rohrströmungen ist wegen zu hohen Druckverlusten $Ma = 0{,}3$ eine obere (wirtschaftliche) Grenze. Kurze Düsen, insbesondere Lavaldüsen zur Erzeugung von Strahlen mit sehr hoher Geschwindigkeit, bilden eine wichtige Anwendung der Strömungsgleichungen für kompressible Fluide.

© Springer Fachmedien Wiesbaden GmbH, ein Teil von Springer Nature 2021
S. Bschorer und K. Költzsch, *Technische Strömungslehre,*
https://doi.org/10.1007/978-3-658-30407-2_11

System. Zustandsgrößen und Zustandsgleichung für das Ideale Gas

Zunächst sollen einige für unsere Zwecke relevante Grundbegriffe der Wärmelehre in Erinnerung gerufen werden, Abb. 11.1. Die (gedachte) Systemgrenze eines *geschlossenen Systems* umfasst immer ein- und dieselbe (identische) Gasmasse m, deren Druck p, Volumen V und Kelvin-Temperatur T sich ändern können (infolge Arbeits- und/oder Wärmeaustausch mit der Umgebung). p, V, T sind **Zustandsgrößen**. Solche hängen nur vom *erreichten Zustand* ab, nicht jedoch *vom speziellen Weg*, auf dem dieser Zustand erreicht wurde. Statt dem tatsächlichen Volumen V eines geschlossenen Systems rechnet man in der Wärmelehre oft mit dem *spezifischen Volumen* $v = V/m$ (Einheit m^3/kg Gas); es gilt auch: Dichte $\rho = 1/v$.

Für die drei sog. *thermischen Zustandsgrößen* p, v, T gilt eine Beziehung, die sog. **Zustandsgleichung,** welche empirisch ermittelt (bzw. für das Ideale Gas theoretisch hergeleitet) werden kann. Kennt man zwei Zustandsgrößen, etwa p, v, so kann die dritte, in diesem Fall T, mithilfe der Zustandsgleichung für das betreffende Gas berechnet werden; d. h. auch, sie liegt fest. Für das **Ideale Gas** – einer Idealisierung des Gasverhaltens, welche reale Gase in weiten Bereichen sehr gut annähert – lautet die Zustandsgleichung:

$$\boxed{p \cdot v = R \cdot T \text{ oder } p \cdot V = m \cdot R \cdot T \qquad \text{Zustandsgleichung des Idealen Gases}} \quad (11.1)$$

R ist hierbei die sog. Gaskonstante; Tab. 11.1 gibt Werte für einige Gase.

▶ In diesem Kapitel setzen wir Ideales Gas, Reibungsfreiheit und Wärmeisolierung des Systems von der Umgebung voraus.

Das Verhalten der Gase bei einfachen Zustandsänderungen lässt sich qualitativ gut dadurch verstehen, dass man auf deren Zusammensetzung aus schnell fliegenden Molekülen zurückgreift: Druck erklärt sich dann gemäß dem Impulssatz einfach durch die Reflexion der Moleküle an den Wänden, Abb. 11.1a: Der durch die Impuls-

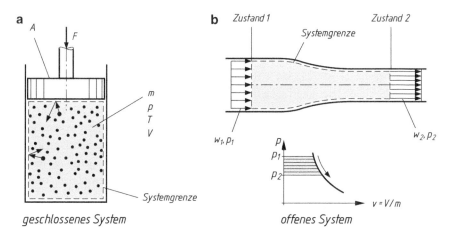

Abb. 11.1 a geschlossenes System, b offenes, stationär durchströmtes System

11.1 Einführung

Tab. 11.1 Wärmetechnische Stoffwerte einiger Gase

	R in Nm/kg $\cdot$ K	$w_{mol,m}$ (300 K)	k	a (300 K)	c_p (300 K)
Luft	287,0	415 m/s	1,40	347 m/s	1004 J/kg $\cdot$ K
Stickstoff N_2	296,7	422	1,40	353	1040
Wasserstoff H_2	4124	1573	1,41	1321	14.500
CO_2-Gas	188,9	337	1,30	271	830

änderungen bei der Reflexion der Moleküle am bewegten Kolbenboden entstehenden Druckkraft hält die Kolbenkraft F das Gleichgewicht. In der kinetischen Gastheorie der Physik zeigt man, dass beim Idealen Gas der wahrscheinlichste Wert des Geschwindigkeitsbetrages eines Gasmoleküls $w_{mol,m}$ nur von der Temperatur abhängt:

$$w_{mol,m} = \sqrt{2RT} \qquad \text{wahrscheinlichste Molekülgeschwindigkeit im Gas} \qquad (11.2)$$

Tab. 11.1 gibt einige Werte für $T = 300$ K. Erhöht man die Temperatur eines Gases in einem geschlossenen System wie in Abb. 11.1a dargestellt, so steigt $w_{mol,m}$ proportional zu $\sqrt{T}$ und die mittlere kinetische Energie der Moleküle proportional zu T. Wegen der Impulswirkung auf den Kolbenboden steigt dadurch auch die Kraft bzw. der Druck. Komprimiert man das Gas gemäß Abb. 11.1a durch Verschieben des Kolbens nach unten, so erhöht sich durch die bewegte Kolbenbodenfläche die Reflexionsgeschwindigkeit der Moleküle und damit die Temperatur des Gases. Der Druck erhöht sich dabei durch zwei Ursachen: einerseits aus höherer Molekülgeschwindigkeit und andererseits dadurch, dass infolge steigender Dichte des Gases die Anzahl der Molekülstöße pro Flächeneinheit größer wird. Insgesamt gilt: Die Verschiebungsarbeit der Kraft F findet sich in der kinetischen Energie der Moleküle wieder, d. h. in Form von Wärme (genauer: von Innerer Energie) des Gases. Umgekehrt kann aus Innerer Energie bei Expansion Verschiebearbeit gewonnen werden (bei gleichzeitiger Abkühlung des Gases, d. h. auch: bei Reduzierung von $w_{mol,m}$).

Was die Strömungslehre betrifft, so haben wir es meist nicht mit geschlossenen Systemen zu tun wie in Abb. 11.1a, sondern mit *stationär durchströmten offenen Systemen* nach Abb. 11.1b. Kinetische Energie und Druckenergie (vgl. Abb. 11.2 und Gl. 2.2) des strömenden Gases treten als zusätzliche Energiearten auf. Zwischen den Kontrollflächen 1 und 2 ändern sich nicht nur Druck und Temperatur, sondern auch die Gas-Strömungsgeschwindigkeit w. Die Gasmoleküle haben neben der (sehr großen) Geschwindigkeit entsprechend der ungeordneten Wärmebewegung w_{mol} eine gleichgerichtete Strömungsgeschwindigkeitskomponente w.

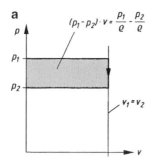 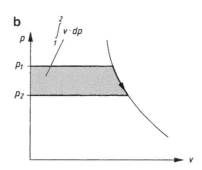

Abb. 11.2 Druckenergie bei **a** inkompressiblem, **b** kompressiblem Fluid (Fläche im p, v-Diagramm)

11.2 Stationäre Strömung längs Stromröhre. Grundgleichungen

Kontinuitätsgleichung

Bei veränderlicher Dichte ρ tritt statt Gl. 1.2 ($\dot{V} = A \cdot w = $ const) jetzt Gl. 1.1: $\dot{m} = A \cdot \rho \cdot w = A(x) \cdot \rho(x) \cdot w(x) = $ const; (x: Längenkoordinate längs Stromfaden). Durch sog. logarithmisches Differenzieren kann die Kontinuitätsgleichung 1.1 auch gemäß Gl. 11.3 geschrieben werden. Dies wird für spätere Betrachtungen sehr nützlich sein:

$$\frac{dA}{A} + \frac{dw}{w} + \frac{d\rho}{\rho} = 0 \qquad \text{differenzielle Kontinuitätsgleichung} \qquad (11.3)$$

Man rechnet hier gewissermaßen in Prozenten: Bei einem Rohr ist z. B. $A = $ const und $dA = 0$; nimmt nun die Dichte ρ zwischen zwei nahen Kontrollquerschnitten (Abstand Δx) z. B. um 3 % ab (das bedeutet: $d\rho/\rho = -0{,}03$), so muss die Geschwindigkeit um 3 % zunehmen ($dw/w = +0{,}03$) Gl. 11.3 bezieht auch Querschnittsänderungen dA/A in analoger Weise mit ein.

Energiegleichung

Um die Energiegleichung für kompressible Fluide herzuleiten knüpfen wir an Kap. 2 (inkompressible Fluide) an, wo wir aus dem Newton'schen Grundgesetz die Energiegleichung für Fluidbewegung in Differenzialform hergeleitet hatten, Gl. 2.9; mit $\rho = 1/v$ ($\rho = \rho(p)$) wird

$$dp + \rho \cdot w \cdot dw = 0 \rightarrow v \cdot dp + w \cdot dw = 0.$$

11.2 Stationäre Strömung längs Stromröhre. Grundgleichungen

Die Energie der Lage kann bei Gasen praktisch immer gegen die anderen Energie-
terme vernachlässigt werden ($h = 0$). In Kap. 2 konnten wir unter Annahme konstanter
Dichte ρ Gl. 2.9 direkt zur Bernoulli'schen Gleichung Gl. 2.10 bzw. 2.11 integrieren.
In differenzieller Form gilt Gl. 2.9 natürlich auch bei veränderlicher Dichte $\rho = \rho(p)$.
Die Integration ist allerdings nur konkret durchführbar, wenn bekannt ist, nach welcher
Funktion sich ρ bzw. v mit p ändert, Abb. 11.2b (Druckenergie = Fläche; bei Druck-
absenkung ist dp negativ und $w_2 > w_1$). Rein formal können wir zunächst schreiben

$$\int_1^2 v(p) \cdot dp = -\int_1^2 w \cdot dw = \frac{w_1^2}{2} - \frac{w_2^2}{2} \qquad \text{allg. Energiegleichung für} \atop \text{kompressible Fluide} \qquad (11.4)$$

Für das Ideale Gas gilt: Nimmt man Reibungsfreiheit in der Strömung an und vernachlässigt Wärmeaustausch mit der Umgebung und im Fluid selbst (d. h. auch
für Abb. 11.1b: das Gas, das sich von 1 nach 2 abkühlt, gleicht seine Temperatur
im Kontrollvolumen nicht aus!), dann kann die Zustandsänderung durch die sog.
Isentropengleichung beschrieben werden:

$$p_1 \cdot v_1^k = p_2 \cdot v_2^k = p \cdot v^k = \text{const} \qquad \text{Isentropengleichung} \atop \text{für das Ideale Gas} \qquad (11.5)$$

Die dimensionslose Zahl k ist der sog. **Isentropenexponent** des Idealen Gases; Tab. 11.1
gibt einige Werte. Versuche zeigen, dass die Isentrope die Verhältnisse bei der hier in
Rede stehenden Anwendung sehr gut annähert. Mit Gl. 11.5 wird

$$v = v_1 \cdot \left(\frac{p_1}{p}\right)^{\frac{1}{k}} \rightarrow \int_1^2 v \cdot dp = -\frac{k}{k-1} p_1 \cdot v_1 \left[1 - \left(\frac{p_2}{p_1}\right)^{\frac{k-1}{k}}\right] \qquad (11.6)$$

Damit wird die der Bernoulli'schen Gleichung bei inkompressiblem Fluid entsprechende
Energiegleichung für kompressible Fluide

$$\frac{1}{2}w_2^2 - \frac{1}{2}w_1^2 = \frac{k}{k-1} p_1 \cdot v_1 \left[1 - \left(\frac{p_2}{p_1}\right)^{\frac{k-1}{k}}\right] \qquad \text{Energiegl. für Strömung} \atop \text{Idealer Gase} \qquad (11.7)$$

In Anwendungen kommt häufig der Fall vor, dass ein Gas von einem großvolumigen
Behälter durch eine Düse ausströmt; in diesem Fall gilt: $w_1 = 0$ und somit wird

$$w_2 = \sqrt{\frac{2k}{k-1} \cdot \frac{p_1}{\rho_1} \left[1 - \left(\frac{p_2}{p_1}\right)^{\frac{k-1}{k}}\right]} \qquad \text{Ausströmformel} \qquad (11.8)$$

Die vergleichbare Formel für inkompressible Fluide lautete: $w_2 = \sqrt{2(p_1 - p_2)/\rho}$.

Im Falle einer *Druckabsenkung* in der Strömung (p_2 kleiner p_1; w_2 größer w_1) tritt bei kompressiblen Fluiden nunmehr damit gekoppelt auch eine *Temperaturabsenkung* auf. Aus der Isentropengleichung Gl. 11.5 zusammen mit der Zustandsgleichung Gl. 11.1 ergibt sich durch einfache Umformungen (mit $v = RT/p$) das Temperaturverhältnis zu

$$\boxed{\frac{T_2}{T_1} = \left(\frac{p_2}{p_1}\right)^{\frac{k-1}{k}} \quad \text{Isentrope Temperaturabsenkung bei Druckabsenkung } p_1 \to p_2} \qquad (11.9)$$

▶ Hier sei besonders darauf hingewiesen, dass für Drücke in Formeln, die sich auf kompressible Fluide beziehen immer *Absolutdrücke* einzusetzen sind; ebenso Kelvintemperaturen (Grund: Gl. 11.1!).

Wir demonstrieren nun die Anwendung der Ausströmformel an Hand eines einfachen Beispiels:

Beispiel 11.1 Druckluft strömt durch ein düsenartig geformtes Loch mit Durchmesser 1 cm in die Atmosphäre aus.

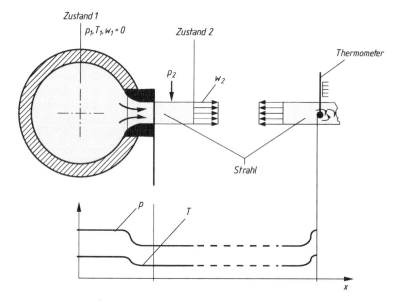

Angaben:
$p_1 = 1{,}5$ bar (abs);
$T_1 = 300$ K (27 °C)
$p_2 = 1$ bar (Atmosphärendruck)
Gesucht: w_2, T_2, ρ_2

11.2 Stationäre Strömung längs Stromröhre. Grundgleichungen   341

Lösung: w_2 und T_2 können einfach nach Gl. 11.8 und 11.9 berechnet werden; aus Gl. 11.1 ergibt sich $\rho_2 = p_2/RT_2$; und damit wird $\dot{m} = A_2 \cdot w_2 \cdot \rho_2$. Mit den Werten aus Tab. 11.1 ergeben sich die in der Ergebnistabelle eingetragenen Werte. Diese enthält auch Ergebnisse für einen Behälterdruck von nur 1,1 bar; ferner zum Vergleich Ergebnisse nach der *Bernoulli'schen Gleichung,* d. h. für inkompressibles Fluid gerechnet. Für $p_1 = 1,1$ bar (Druckverhältnis $p_2/p_1 = 0,909$) sind die Unterschiede noch bescheiden; für $p_1 = 1,5$ bar (Druckverh. $p_2/p_1 = 0,667$) sind die Unterschiede bereits beachtlich. Die Temperatur im Strahl ist von $+27\,°C$ ($= 300$ K) im Behälter auf $-6\,°C$ (267,2 K) im austretenden Strahl abgesunken.

Ergebnistabelle:

	$p_1 = 1,5\,\text{bar}\ (p_2/p_1 = 0,667)$					$p_1 = 1,1\,\text{bar}\ (p_2/p_1 = 0,909)$				
	ρ_1	w_2	T_2	ρ_2	$\dot{m}$	ρ_1	w_2	T_2	ρ_2	$\dot{m}$
	kg/m³	m/s	K	kg/m³	kg/s	kg/m³	m/s	K	kg/m³	kg/s
Gl. kompr. Fl.	1,742	256,7	267,2	1,304	0,0263	1,278	127,2	291,9	1,194	0,119
Inkompr. Fl.	1,742	239,6	–	–	0,0328	1,278	125,1	–	–	0,126

Die Bezeichnung „Druck" meint hier natürlich den *statischen Druck* wie er auch durch eine Messöffnung normal zu den Stromlinien gemessen werden kann (vgl. Abb. 2.5 und 2.8). Wie verhält es sich aber mit der *Temperatur* eines strömenden Fluids? Ebenso wie man den Gesamtdruck im Staupunkt messen kann (vgl. Abb. 2.8), kann man auch die sog. **Gesamttemperatur** im Staupunkt der Strömung messen, etwa im Staupunkt eines in die Strömung gehaltenen Thermometers. Ein in den Strahl gehaltenes Thermometer in der Anordnung beim obigen Beispiel misst in seinem Staupunkt die *Temperatur* T_1, welche auch *im Behälter* herrscht, nicht die **statische Temperatur** in der Strömung! Die Messung des statischen *Druckes* an einer Wandmessstelle ist möglich, weil die sehr dünne (reibungsbehaftete) Grenzschicht den statischen Druck der reibungsfreien Außenströmung praktisch unverändert zur Wandmessstelle durchleitet. Bei der *Temperatur* ist das nicht der Fall: Durch Reibung erhöht sich die Temperatur in der Grenzschicht in zunächst unbekanntem Ausmaß: eine Wandmessstelle misst daher einen (mithilfe der Grenzschichtgleichungen errechenbaren) Mittelwert zwischen Gesamttemperatur und statischer Temperatur des strömenden Gases. Eine saubere Definition der **statischen Temperatur eines strömenden Fluids** ist jedoch trotzdem möglich: es ist dies *jene Temperatur, welche ein mit der Strömung „mitschwimmend gedachter Beobachter"* misst; er ruht relativ zum Fluid.

Bereits an dieser Stelle sei Folgendes angemerkt: Mit konventionellen Düsen, welche stromaufwärts zunehmenden Querschnitt und gut gerundete Kontur aufweisen (sog. konvergente Düsen), lassen sich nur Austrittsgeschwindigkeiten (Gl. 11.8) entsprechend Druckverhältnissen bis herab zu etwa $p_2/p_1 = 0,5$ erreichen. Für kleinere Werte des Druckverhältnisses muss man Düsen mit angesetztem erweiterten Düsenteil verwenden. Nur mit diesen (sog. **Lavaldüsen**) lassen sich dann die nach Gl. 11.8 berechneten Austrittsgeschwindigkeiten erreichen; Abschn. 11.4.

11.3 Schallgeschwindigkeit. Machzahl. Verdichtungsstoß

Schallgeschwindigkeit

In der Akustik bezeichnet man als Schall Druckschwingungen der Luft, welche vom Menschen wahrgenommen werden können. Die dem normalen Luftdruck überlagerten Schalldruckschwingungen (mit denen auch Dichteschwankungen verknüpft sind) haben äußerst kleine Amplituden. Das menschliche Ohr nimmt Schallschwingungen mit Frequenzen von etwa 16 bis 16.000 Hz wahr (Hörbereich). Bei einer Frequenz von 1000 Hz beginnt eine Schallschwingung hörbar zu werden bei einem Effektivwert der Druckamplitude von nur $2 \cdot 10^{-5}$ N/m^2! Die sog. Schmerzgrenze des Ohres liegt bei einer Druckamplitude von nur 2 N/m^2. Bei Schallwellen handelt es sich im Gegensatz zu Wasser-Oberflächenwellen um eine Longitudinalschwingung, d. h. die Luftteilchen schwingen in Ausbreitungsrichtung der Schallwellen; man denke an die Amplituden einer Lautsprechermembrane, welche die Schwingung an die an sie angrenzenden Luftteilchen weitergibt. Hingegen ist die Wellenlänge der sich ausbreitenden Schallwellen relativ groß: hier gilt die allgemeine Gleichung der Schwingungslehre: Wellenlänge × Frequenz = Ausbreitungsgeschwindigkeit. Ein Referenzton von 1000 Hz hat für eine typische Schallgeschwindigkeit in Luft von ca. 330 m/s daher eine Wellenlänge von ca. 30 cm. Die Größe der Schallgeschwindigkeit ist schon seit mehreren Jahrhunderten bekannt: durch Messung der Zeitdifferenz zwischen Mündungsblitz und Eintreffen des Donners von einer auf einem entfernten Berg aufgestellten Kanone ($a = \Delta s / \Delta t$).

Um eine Formel zur Berechnung der Schallgeschwindigkeit abzuleiten, machen wir folgendes Gedankenexperiment, Abb. 11.3: Eine Lautsprechermembrane erzeuge Schallwellen, welche in einem Kanal mit der noch unbekannten Schallgeschwindigkeit a nach

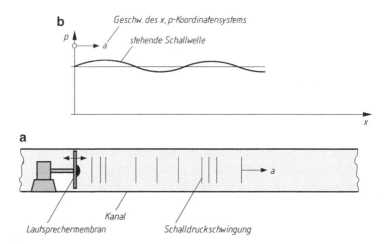

Abb. 11.3 Zur Herleitung der Formel für die Schallgeschwindigkeit. **a** Erzeugung von Schalldruckschwingungen durch eine Lautsprechermembrane in einem Kanal, **b** stehende Schalldruckwelle in einem mit Schallgeschwindigkeit a nach rechts bewegten p, x-Koordinatensystem

11.3 Schallgeschwindigkeit. Machzahl. Verdichtungsstoß

rechts laufen. Die Luftteilchen schwingen nur am Ort; der Wellenverlauf wandert hingegen nach rechts. Der Vorgang ist instationär, kann jedoch durch spezielle Wahl eines ebenfalls mit a nach rechts bewegten Koordinatensystems stationär gemacht werden (analog wie die Umströmung eines Flugzeugs durch ein flugzeugfestes Koordinatensystem stationär gemacht werden kann). In dem mit a bewegten Koordinatensystem „ruhen" die Wellenberge und -täler der Schalldruckschwingung. Das Gas strömt dem Koordinatensystem (im Mittel) mit der Schallgeschwindigkeit a entgegen. Es gelten die Gleichungen für stationäre Strömung, insbesondere Kontinuitätsgleichung und differenzielle Energiegleichung. Weiterhin ist hier für den Kanal: $A = $ const., d. h. auch: $\mathrm{d}A = 0$:

$$\text{Gl. 11.3} \rightarrow \frac{\mathrm{d}w}{w} + \frac{\mathrm{d}\rho}{\rho} = 0 \rightarrow \frac{\mathrm{d}w}{a} = -\frac{\mathrm{d}r}{r} \rightarrow \mathrm{d}w = -a \cdot \frac{\mathrm{d}\rho}{\rho}$$

Energiegl. für isentrope Strömung: $\mathrm{d}p + \rho w \cdot \mathrm{d}w = 0$; $w = a \rightarrow \mathrm{d}w = -\mathrm{d}p/a\rho$

Gleichsetzen der beiden Ausdrücke für $\mathrm{d}w$ ergibt $\frac{a\mathrm{d}\rho}{\rho} = \frac{\mathrm{d}p}{a\rho} \rightarrow a^2 = \frac{\mathrm{d}p}{\mathrm{d}\rho}$.

$$\boxed{a = \sqrt{(\mathrm{d}p/\mathrm{d}\rho)_\mathrm{s}}} \quad \text{allgemeine Beziehung für die Schallgeschwindigkeit} \tag{11.10}$$

Der Index „s" soll besonders darauf hinweisen, dass $\mathrm{d}p/\mathrm{d}\rho$ längs einer *isentropen* Zustandsänderung zu bilden ist. Für die Ableitung von Gl. 11.10 hatten wir nur isentrope Zustandsänderung vorausgesetzt; diese gilt daher auch für reale Gase. Zur konkreten Berechnung der Schallgeschwindigkeit a müssen wir eine Annahme treffen, wie sich der Druck p abhängig von der Dichte ändert: $p = p(\rho)$. Für das *Ideale Gas* ist längs einer Isentropen (Gl. 11.5) mit $\rho = 1/v$

$$\frac{p}{\rho^k} = \frac{p_1}{\rho_1^k} \quad p(\rho) = \rho^k \frac{p_1}{\rho_1^k} \quad \rightarrow \quad \frac{\mathrm{d}p}{\mathrm{d}\rho} = k \cdot \rho^{k-1} \cdot \frac{p_1}{\rho_1^k} = k \cdot \rho^{k-1} \cdot \frac{p}{\rho^k} = k\frac{p}{\rho}$$

Somit gilt für Ideale Gase mit Gl. 11.1

$$\boxed{a = \sqrt{\frac{k \cdot p}{\rho}} = \sqrt{k \cdot p \cdot v} = \sqrt{k \cdot R \cdot T} \quad \text{Schallgeschwindigkeit für Ideale Gase}}$$

$$\tag{11.11}$$

Die Schallgeschwindigkeit des Idealen Gases ist also nur von der Temperatur T abhängig.

Dies ist auch aus der Sicht der kinetischen Gastheorie einleuchtend: Die Molekülgeschwindigkeit, genauer: deren statistischer Mittelwert, hängt nur von der Temperatur ab (prop. zu $\sqrt{T}$); bei höherem Druck sind zwar mehr Moleküle in einem cm³ Gas, sodass mehr Stöße stattfinden; dies beeinflusst jedoch offensichtlich nicht die Ausbreitungsgeschwindigkeit einer Druckstörung (Schall). Es ist gleichgültig, ob ein Molekül zwischen zwei Stößen eine weite Strecke fliegt oder ob mehrere Zwischenstöße stattfinden. Wesentlich ist, dass die Molekülgeschwindigkeit des Idealen Gases nur von der Temperatur abhängt, nicht aber vom Druck. Unsere Herleitung von Gl. 11.10

und 11.11 gilt eigentlich voraussetzungsgemäß nur für Schallausbreitung in einem Kanal konstanten Querschnitts. Die Größe der Schallgeschwindigkeit a hat sich als unabhängig von Amplitude und Frequenz der Schwingung erwiesen und gilt nicht nur für Schwingungen sondern auch für die Ausbreitung beliebiger Stördruckverläufe. Erfahrung und Theorie zeigen, dass Gl. 11.11 auch für die kugelförmige Ausbreitung von Druckstörungen im Raum gilt.

Machzahl Ma

Die nach Ernst Mach (1838–1916) benannte Kennzahl ist das Verhältnis von lokaler Strömungsgeschwindigkeit zu lokaler Schallgeschwindigkeit in einem Punkt eines Strömungsfeldes.

$$\boxed{Ma = w/a \qquad \text{Mach-Zahl}} \tag{11.12}$$

Ma ist die wichtigste Kennzahl zur Einschätzung von Strömungen kompressibler Fluide.

Im Prinzip kann die Geschwindigkeit jedes Gasmoleküls in zwei Anteile zerlegt werden: einen 'geordneten' zufolge der Strömung und einen 'ungeordneten' zufolge der Wärmebewegung. *Ma* kann – bis auf einen Faktor – auch als das Verhältnis dieser beiden Geschwindigkeiten gesehen werden, vgl. auch Tab. 11.1.

Die Machzahl in einem Strömungsfeld ist veränderlich, und zwar nicht nur wegen der Änderung der Strömungsgeschwindigkeit, sondern auch wegen der Änderung der Schallgeschwindigkeit im Strömungsfeld (mit der Temperatur).

Bei Parallelanströmung eines Körpers spricht man auch von der Anström-Machzahl Ma_∞.

$$\boxed{Ma_\infty = \text{Anströmgeschwindigkeit/Schallgeschw. in der Anströmung}}$$

Wenn Missverständnisse ausgeschlossen sind, lässt man den Index „∞" auch weg.

Wenn ein sehr schlankes vorne zugespitztes Objekt von einem Gas mit $w < a$, $w = a$, und $w > a$ angeströmt wird, dann ergeben sich Verhältnisse wie in Abb. 11.4: Dargestellt sind die äußersten Grenzen der kugelförmigen Störungswellen, welche vor 1, 2, bzw. 3 Sekunden von der Geschossspitze ausgegangen sind. Bei $Ma < 1$ können sich die Schallwellen auch gegen die Anströmung ausbreiten, Abb. 11.4a. Bei $Ma = 1$ steilen sich die Schallwellen in einer ebenen Front auf; bei $Ma > 1$ bildet die gemeinsame vorderste Front der Schallwellen einen Kegel, den sog. Mach'schen Kegel, Abb. 11.4b, für dessen halben Öffnungswinkel α gilt:

$$\boxed{\sin \alpha = a/w = 1/Ma \qquad \alpha \ \text{Mach'scher Winkel}} \tag{11.13}$$

Bei ebenen Strömungsverhältnissen bildet sich statt des Kegels ein Keil mit demselben Winkel. Es sei auch darauf hingewiesen, dass das obige nur für Druckwellen geringer Amplitude (gering im Verhältnis zum Mittelwert des statischen Druckes) gilt, vgl. auch Aufgabe 11.3.

11.3 Schallgeschwindigkeit. Machzahl. Verdichtungsstoß

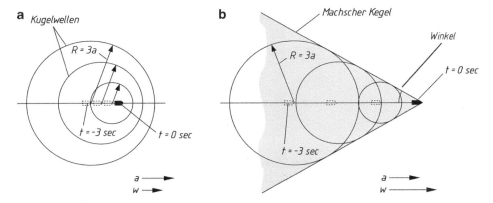

Abb. 11.4 Ausbreitung kugelförmiger Schallwellen, welche von einem vorne zugespitzten Projektil als (schwache) Störquelle ausgehen. **a** Projektil fliegt mit Unterschall, **b** mit Überschallgeschwindigkeit

Verdichtungsstöße

Fliegt ein vorne gerundetes Projektil mit Überschallgeschwindigkeit durch ruhende Luft, so ergibt der experimentelle Befund Verhältnisse wie in Abb. 11.5 dargestellt. In Versuchen findet man bei *Überschallströmungen* neben kleinen Druckschwankungen, welche sich mit (lokaler) Schallgeschwindigkeit ausbreiten (etwa Druckwellen, welche von Oberflächenrauigkeitselementen ausgehen) auch sog. *Verdichtungsstöße*. In diesen „springt" der Druck in Strömungsrichtung unstetig auf höhere Werte, z. B. von 1 auf 2 bar(!). Diese Druckerhöhung vollzieht sich längs einer Wegstrecke von nur wenigen mittleren freien Weglängen der Moleküle (d. h. bei etwa 1 bar: im Zehntel-Millimeter-Bereich), praktisch also unstetig. Man unterscheidet zwischen *senkrechten* (= geraden) und *schrägen Verdichtungsstößen*, Abb. 11.5. Beim geraden Verdichtungsstoß bleibt die Strömungsrichtung erhalten; Druck und Geschwindigkeitsbetrag ändern sich sprunghaft; ein Beispiel hierfür findet sich in der Staustromlinie in Abb. 11.5. *Im senkrechten Stoß geht immer Überschall- in Unterschallgeschwindigkeit über.* Beim schrägen Stoß ändert sich auch die Geschwindigkeitsrichtung unstetig in der Stoßfront. Je nach den konkreten Bedingungen kann hier die Überschallströmung in eine Unterschall- *oder* in eine Überschallströmung (niedrigerer Machzahl als in der Anströmung) übergehen. Auch im schrägen Stoß springt der Druck auf höhere, die Geschwindigkeit auf niedrigere Werte. **Gl. 11.4 gilt nicht über Stöße hinweg!**

Beim Stoßvorgang geht ein Teil der mechanischen Energie (Druckenergie; kinetische Energie) irreversibel in Wärme über (genauer gesagt in Innere Energie des Gases). Die Entropie des Gases nimmt beim Stoßvorgang zu, ebenso wie beim (teilelastischen) Stoß von Festkörpern. Die Bezeichnung „Verdichtungsstoß" bei Gasen beruht auf dieser Analogie. Wegen des Zweiten Hauptsatzes kann eine Umkehrung (d. h. ein „Verdünnungsstoß") in der Natur nicht auftreten (Entropie kann nicht spontan

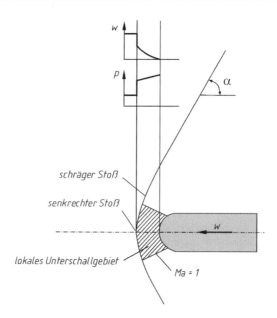

Abb. 11.5 Strömungsverhältnisse hervorgerufen durch ein vorne gerundetes, mit Überschallgeschwindigkeit fliegendes Projektil, schematisch. Abgehobener Verdichtungsstoß und lokales Unterschallgebiet an der Projektilnase. Abhebedistanz übertrieben groß dargestellt (typische Werte im Millimeterbereich)

abnehmen). Molekularkinetisch kann man auch sagen: Ein Teil der kinetischen Energie gemäß dem gleichgerichteten Geschwindigkeitsanteil der Moleküle geht in kinet. Energie der ungeordneten Molekülbewegung über.

Mithilfe von

- Kontinuitätsgleichung,
- Impulssatz,
- Energieerhaltung,

welche über ein quaderförmiges Kontrollvolumen über die Stoßfront hinweg angesetzt werden, erhält man einen Formelsatz wie in Tab. 11.2 für den senkrechten Stoß angegeben. Die Anströmmachzahl Ma_1 ist hier die zentrale Größe, vgl. auch Werte für $k = 1{,}4$ in Tab. 11.2, unten.

Dieser Formelsatz gibt nur *Bedingungsgleichungen* für einen Stoß an, sagt aber nichts darüber aus, *ob und wo* ein Stoß auftritt. Dies hängt von den *Randbedingungen* ab, z. B. von einem umströmten Körper.

Nun sind wir in der Lage die Überschallströmung um einen stumpfen Körper, wie in Abb. 11.5 dargestellt, näher zu erörtern: Wir denken uns das Projektil ruhend und

11.3 Schallgeschwindigkeit. Machzahl. Verdichtungsstoß

Tab. 11.2 Beziehungen für den geraden Verdichtungsstoß (Tabellenwerte für $k = 1{,}4$)

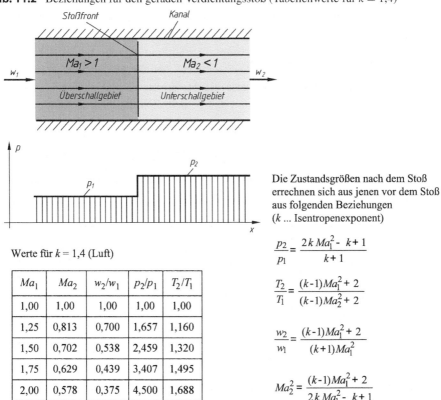

Die Zustandsgrößen nach dem Stoß errechnen sich aus jenen vor dem Stoß aus folgenden Beziehungen (k ... Isentropenexponent)

$$\frac{p_2}{p_1} = \frac{2k\,Ma_1^2 - k + 1}{k + 1}$$

Werte für $k = 1{,}4$ (Luft)

Ma_1	Ma_2	w_2/w_1	p_2/p_1	T_2/T_1
1,00	1,00	1,00	1,00	1,00
1,25	0,813	0,700	1,657	1,160
1,50	0,702	0,538	2,459	1,320
1,75	0,629	0,439	3,407	1,495
2,00	0,578	0,375	4,500	1,688

$$\frac{T_2}{T_1} = \frac{(k-1)Ma_1^2 + 2}{(k-1)Ma_2^2 + 2}$$

$$\frac{w_2}{w_1} = \frac{(k-1)Ma_1^2 + 2}{(k+1)Ma_1^2}$$

$$Ma_2^2 = \frac{(k-1)Ma_1^2 + 2}{2k\,Ma_1^2 - k + 1}$$

statt dessen Bewegung eine Überschallanströmung des Gases. Dadurch wird die Strömung stationär. In der Staustromlinie haben wir – vom Projektil abgehoben – einen senkrechten Verdichtungsstoß und daran anschließend ein kleines Unterschallgebiet (schraffiert). Über die Stoßfront hinweg steigt nicht nur der Druck, sondern auch die Temperatur (und damit die lokale Schallgeschwindigkeit) an. Druckstörungen, welche von der oberflächennahen Umströmung der Projektilnase ausgehen, können vom Ort der Entstehung (wegen der dort hohen Anstautemperatur ist dort die Schallgeschw. höher!) bis zur Stoßfront vordringen und „stauen" sich dort gewissermaßen zur Front auf, können aber gegen die größere Anströmgeschwindigkeit nicht weiter vordringen.

Das lokale Unterschallgebiet vor der Projektilnase ist ein Hochdruckgebiet. Dieses kann beim Auftreffen auf Lebewesen erheblich zum Ausmaß der Verletzungen beitragen.

Außerhalb der Staustromlinie treten dann in den Stromlinien schräge Stöße auf, bei denen das Anström-Überschallgebiet in ein lokales Unterschallgebiet, in größerer Entfernung von der Staustromlinie in ein Überschallgebiet kleinerer Machzahl, übergeht. Der Winkel der Stoßfront nähert sich asymptotisch dem Mach'schen Winkel, Gl. 11.13. Im lokalen Unterschallgebiet wird das Gas bis $Ma = 1$ beschleunigt und tritt im Verlaufe der Ausweichbewegung stetig wieder in ein Überschallgebiet ein, Abb. 11.5.

11.4 Die Lavaldüse

Um 1880 verglich der schwedische Ingenieur de Laval (1845–1913) Messwerte w_2 von Düsen-Ausströmversuchen mit Wasserdampf als Fluid mit berechneten Werten Gl. 11.8. Verwendet wurden nach damaligem Kenntnisstand übliche konvergente Düsen. Hierbei zeigte sich überraschenderweise, dass die Messwerte für Druckverhältnisse p_2/p_1 von 1 bis herab zu etwa 0,5 zwar gut mit den berechneten w_2 übereinstimmten und ein geordneter Strahl aus der Düsenöffnung austrat; bei Absenkung des Druckverhältnisses unter etwa 0,5 stieg jedoch die Dampfgeschwindigkeit nicht mehr an gemäß der Theorie, Gl. 11.8; $\dot{m}$ blieb konstant; es zeigte sich kein sauberer Strahl mehr. Laval wollte Wasserdampf in Düsen auf hohe Geschwindigkeiten bringen (bei sehr niedrigen Druckverhältnissen p_2/p_1) und damit die Schaufeln eines Dampfturbinenrades beaufschlagen (sog. Laval-Dampfturbine). Eine theoretische Analyse ergab dann, dass bei kleinen Werten des Druckverhältnisses (p_2/p_1 etwa kleiner 0,5) eine simple konvergente Düse, wie wir sie bisher immer bei inkompressiblen Fluiden verwendet hatten, nicht in der Lage ist, Druckabsenkungen unter $p_2/p_1 = 0,5$ (und somit sehr große Strahlaustrittsgeschwindigkeiten gemäß Gl. 11.8) zu realisieren. Vielmehr muss an den konvergenten Düsenteil ein *divergenter Düsenteil* angesetzt werden, der *in diesem Fall nicht als Diffusor, sondern als Düse wirkt*. Etwa gleichzeitig wie de Laval hat auch der deutsche Ingenieur Körting diesen Sachverhalt erkannt.

Hier wollen wir zunächst einmal diesen Sachverhalt einsichtig machen. *Rein formal* kann mit den in Abschn. 11.2 erörterten Formeln für w_2, ρ_2 für ein gegebenes Enddruckverhältnis p_2/p_1 der Massenstrom $\dot{m} = A_2 w_2 \rho_2$ berechnet werden, wobei zunächst außer A_2 über die Düsenform keine Annahmen gemacht werden. Setzt man zur Vereinfachung für das Druckverhältnis $p_2/p_1 = \Pi$, so wird mit Gl. (11.6; $p \rightarrow p_2$) und 11.8 bei Zusammenziehung der gegebenen Größen A_2, p_1, ρ_1:

$$\dot{m} = A_2 \, \rho_2 w_2 = A_2 \rho_1 \, \Pi^{1/k} \cdot \sqrt{p_1/\rho_1} \cdot \sqrt{\frac{2k}{k-1} \cdot \left[1 - \Pi^{(k-1/k)}\right]} \quad \Pi = p_2/p_1$$

Schließlich ergibt sich für den Düsenmassenstrom die Formel

$$\boxed{\dot{m} = A_2 \sqrt{2 p_1 \rho_1} \cdot \sqrt{\frac{k}{k-1} \left[\left(\frac{p_2}{p_1}\right)^{\frac{2}{k}} - \left(\frac{p_2}{p_1}\right)^{\frac{k+1}{k}} \right]} = A_2 \sqrt{2 p_1 \rho_1} \cdot \psi(k, p_2/p_1)}$$

$$(11.14)$$

Hierbei sind alle Variablen in der (dimensionslosen) ψ-**Funktion** zusammengefasst. Abb. 11.6 zeigt deren Verlauf für $k = 1,4$ als Funktion des Druckverhältnisses. Überraschend ist, dass $\dot{m}$ für Ausströmen in Vakuum ($p_2 = 0$) theoretisch zu null wird. Wie wir noch zeigen werden, gilt Gl. 11.14 nur im reinen Unterschallbereich, d. h. zwischen $p_2/p_1 = 1$ und dem sog. Grenz-Druckverhältnis $(p_2/p_1)_{\text{grenz}}$. Für $p_2/p_1 < (p_2/p_1)_{\text{grenz}}$ bleibt $\dot{m}$ konstant (vgl. auch Abb. 11.9 oben). Der Druckabbau längs der Düsenachse

11.4 Die Lavaldüse

Abb. 11.6 Zur Lavaldüse.
a dimensionslose Düsenflächenfunktion A^*, Machzahl Ma, und ψ abhängig vom Wert des lokalen Druckverhältnisses p/p_1. **b** Werte für kritisches Druckverhältnis $(p/p_1)_{krit}$, A^*-Wert sowie ψ-Wert für den engsten Querschnitt, berechnet für 3 verschiedene k-Werte. Für den engsten Querschnitt gilt, wie man leicht zeigt:
$A^*_{krit} \cdot \psi_{krit} \sqrt{2} = 1$

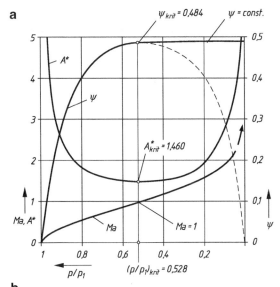

k, Gasarten	p_{krit}/p_1	ψ_{krit}	A^*_{krit}
1,67 He, einatomige Gase	0,487	0,514	1,376
1,40 Luft, zweiatomige Gase	0,528	0,484	1,460
1,30 CO$_2$, dreiatomige Gase	0,546	0,473	1,499

(Koord. x) und der zugeordnete Geschwindigkeitsaufbau vollzieht sich nach Maßgabe der vorhandenen Düsenfläche $A(x)$; für jedes x gilt: $\dot{m} = A(x) \cdot \rho(x) \cdot w(x) = A \cdot \rho \cdot w$. Damit wird der *spezifische Düsenflächenbedarf*:

$$\frac{A}{\dot{m}} = \frac{1}{\rho w} = \frac{v(p/p_1) \rightarrow \text{Gl. 11.5}}{w(p/p_1) \rightarrow \text{Gl. 11.8}}$$

Die Funktion $A/\dot{m}$ stellt die lokale erforderliche Düsenfläche pro 1 kg/s Durchsatz dar, wenn p/p_1 vorgegeben wird. $A/\dot{m}$ kann noch mit den Behälterzustandsgrößen p_1, T_1 dimensionslos gemacht werden, wobei sich dann die hier als **Düsenflächenfunktion** A^* bezeichnete Größe ergibt, Gl. 11.15, vgl. Abb. 11.6.

$$A^*(p/p_1) = \frac{A(p/p_1)}{\dot{m}} \cdot \frac{p_1}{\sqrt{RT_1}} = \left\{ \frac{2k}{k-1} \left[(p/p_1)^{2/k} - (p/p_1)^{(1+k)/k} \right] \right\}^{-\frac{1}{2}}$$
(11.15)

Die *lokale Machzahl* an der Stelle mit dem Druck p in der Düsenachse, $Ma(p/p_1)$, wird

$$Ma(p/p_1) = \frac{w(p/p_1) \text{ aus Gl. 11.8}}{a(p/p_1) = \sqrt{kRT};\ T \text{ aus Gl. 11.9}} = \sqrt{\frac{2}{k-1} \left[(p/p_1)^{(1-k)/k} - 1 \right]}$$

Ma nimmt bis Düsenende stetig zu. Wie man aus obigem leicht rückrechnet, wird *Ma* = 1 bei einem bestimmten, dem sog. **kritischen Druckverhältnis** $(p/p_1)_{\text{krit}} = p_{\text{krit}}/p_1$:

$$\boxed{(p/p_1)_{\text{krit}} = \frac{p_{\text{krit}}}{p_1} = \left(\frac{2}{k+1}\right)^{\frac{k}{k-1}} \qquad \text{kritisches Druckverhältnis}} \qquad (11.16)$$

Auch die lokale Dichte ρ liegt mit dem lokalen Druck fest (Isentrope; Gl. 11.5!). Gemäß der Kontinuitätsgleichung $\dot{m} = A\rho w$ muss für einen Düsenentwurf mit vorgegebenem Verlauf des Druckabbaus $p(x)$ für die Größen ρ, *w* eine entsprechende Querschnittsfläche $A = A(p)$ vorhanden sein. Andererseits stellt sich bei einer vorhandenen Düse mit vorgegebenem Querschnittsverlauf $A = A(x)$ ein zuzuordnender *p*-, *w*-, ρ-, *Ma*-Verlauf entsprechend $A(x)$ ein.

Die *A**-Kurve beginnt und endet mit einem unendlichen Wert; dies bedeutet: für einen Massenstrom von 1 kg/s würde bei minimaler Druckabsenkung ein unendlich großer Düsen*anfangs*querschnitt benötigt, weil auch die erzeugte Geschwindigkeit minimal wäre. Tatsächlich ist die Strömung am Düseneintritt dreidimensional und benötigt keinen „unendlich großen" Querschnitt. Andererseits wäre für $p_2/p_1 = 0$ die erzeugte Geschwindigkeit zwar sehr groß (aber endlich (Gl. 11.8), jedoch die Dichte ρ_2 wäre null und deshalb der erforderliche Endquerschnitt rechnerisch unendlich. Zwischen $p_2/p_1 = 1$ und 0 hat die *A**-Kurve ein Minimum von 1,460 bei $p_2/p_1 = 0{,}528$, dem **kritischen Druckverhältnis** $(p/p_1)_{\text{krit}}$; auch p_{krit}/p_1 hier für $k = 1{,}4$ dargestellt. Für drei *k*-Werte sind die Werte ψ_{krit}, $(p/p_1)_{\text{krit}}$, A^*_{krit} in Abb. 11.6b angegeben. Ebenfalls eingetragen in Abb. 11.6a ist die berechnete Kurve *für die lokale Machzahl Ma*.

Bei p_{krit}/p_1 ist gerade *Ma* = 1, d. h. die Strömungsgeschwindigkeit ist dort gleich der lokalen Schallgeschwindigkeit. Die mathematische Begründung für diese Feststellung ist formal identisch mit der Herleitung von Gl. 11.10 (dA/A = 0!). Vor der engsten Stelle herrscht Unterschallströmung; nachher Überschallströmung. In realen Düsen kann der Druck natürlich nicht linear längs der Düsenachse abgebaut werden wie im Diagramm dargestellt; vielmehr muss die Düse nach strömungsmechanischen Erfordernissen gestaltet werden; Abb. 11.7 unten.

Im konvergenten Düsenteil besteht keine Gefahr von Strömungsablösung. Deshalb kann dieser Teil kurz ausgeführt werden (gerundete Öffnung wie aus dem Gebiet inkompressibler Strömungen bekannt). Auch im erweiterten Düsenteil ist im Gegensatz zu einem Diffusor die Ablösegefahr nur mäßig: die Geschwindigkeit nimmt in Strömungsrichtung zu (nicht ab wie beim Diffusor!). Die Erweiterung muss Raum für das zunehmende Volumen des Gases infolge abnehmender Dichte schaffen und Strömungsablösung durch Fliehkraftwirkung (Krümmungsdruckformel) vermeiden. Erweiterungswinkel bis ca. 20° sind i. Allg. zulässig. Soll der austretende Strahl einigermaßen ein Parallelstrahl sein (maximaler Impulsstrom), kann dies durch Übergang in ein kurzes rohrartiges Stück im Endteil der Lavaldüse erreicht

11.4 Die Lavaldüse

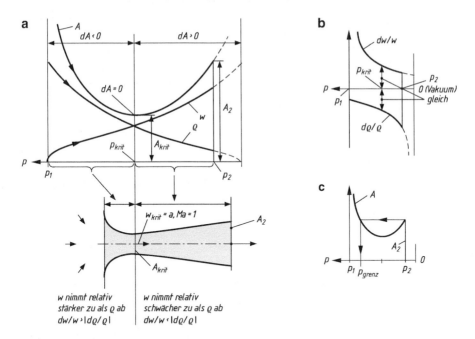

Abb. 11.7 Erläuterungen zum Aufbau einer Lavaldüse aus konvergentem und divergentem Düsenteil. **a** Entwicklung der Geschwindigkeit w, und der Dichte ρ abhängig vom Druckabbau in der Düse sowie Zuordnung der Düsenfläche ($A \, w \, \rho = $ const!), **b** Gleichheit von dw/w und dr/r im engsten Querschnitt (dort $dA = 0$). **c** Schema zur Ermittlung von p_{grenz}

werden, vgl. Abb. 11.8. Kleine Lavaldüsen werden der Einfachheit halber vielfach konisch ausgeführt. In manchen Anwendungen ist ein rechteckiger Düsenquerschnitt zweckmäßiger als ein runder. Der divergente Düsenteil muss so lange gemacht werden, dass sich genau der berechnete Endquerschnitt A_2 ergibt, in dem sich dann im Betrieb das Enddruckverhältnis p_2/p_1 bzw. der rechnerische Enddruck (Gegendruck) ergibt.

Abb. 11.7 soll qualitativ verständlich machen warum im Gegensatz zu Düsen für inkompressible Fluide ein divergenter Düsenteil erforderlich ist: *Nach dem engsten Querschnitt nimmt die Geschwindigkeit nur mehr mäßig zu, die Dichte ρ nimmt aber (prozentuell) sehr viel stärker ab*: $-d\rho/\rho > dw/w$. Gemäß der differenziellen Kontinuitätsgleichung Gl. 11.3 muss dann $dA/A > 0$ sein, d. h. dieser Düsenteil muss erweitert gestaltet werden.

Ohne einen erweiterten Düsenteil mit ($dA/A > 0$) kann – wie bei den Laval'schen Versuchen – ein weiterer geordneter Druckab- bzw. Geschwindigkeitsaufbau nicht stattfinden. Im Gegensatz zu konvergenten Düsen für inkompressible Fluide müssen bei Lavaldüsen die Größen $\dot{m}$, k, p_1, p_2, A_{krit}, A_2 genau aufeinander abgestimmt sein. Das $\dot{m}$-Verhalten bei nicht aufeinander abgestimmten Größen erörtern wir später an Hand von Abb. 11.9.

Abb. 11.8 Beispiel einer Lavaldüse in der Technik: Space-Shuttle-Haupttriebwerksdüse. Auslegungsdruck in der Brennkammer (= Düsenkammer der Lavaldüse), $p_1 = 207$ bar, T_1 ca. 3500 °C. A_2/A_{krit} ca. 78. (Nach U. Ganzer [22])

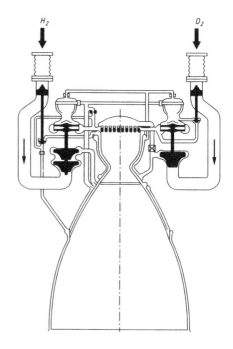

Anmerkung zum Reibungseinfluss

Der bisher dargestellte Formelapparat geht von reibungsfreier Strömung aus. Messungen zeigen, dass typischerweise der Massenstrom $\dot{m}$ um einige Prozente unter dem reibungsfrei berechneten $\dot{m}$-Wert liegt. In älteren Darstellungen wird Reibung oft durch einen Düsenfaktor φ berücksichtigt (etwa $\varphi = 0{,}95$ bis $0{,}98$), mit dem der theoretisch berechnete Wert zu multiplizieren ist. Sinnvoller ist es, mit einer reynoldszahlabhängigen Verdrängungsdicke der Düsengrenzschicht δ^* zu arbeiten, analog wie bei inkompressibler Düsenströmung eingeführt, Abb. 7.6; Gl. 7.4. Bei kompressiblen Fluiden fordert die Ähnlichkeitstheorie $\delta^* = f(Re_d, Ma)$. Eine umfangreiche Analyse des Problems erfordert auch Grenzschichtrechnungen mit dem Computer. Die δ^*-Methode ist strömungsmechanisch begründet und undifferenzierten φ-Werten vorzuziehen.

11.4 Die Lavaldüse

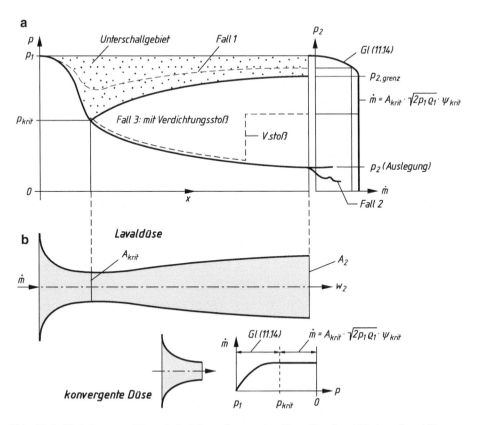

Abb. 11.9 Verhalten von Düsen bei nicht auslegungsgemäßem Druckverhältnis. **a** Lavaldüse, verschiedene Bereiche und Fälle, **b** konvergente Düse. Man beachte das $\dot{m}$-Verhalten abhängig von p_2/p_1

Beispiel 2 Ein Kompressor liefert $\dot{m} = 0{,}12$ kg/s Druckluft in einen Behälter. $p_{1\ddot{u}} = 10$ bar, $T_1 = 423$ K (150 °C); $p_2 = p_{\text{atm}} = 1$ bar. An den Behälter soll eine Lavaldüse angeschlossen und ein runder Strahl mit maximal möglicher Geschwindigkeit erzeugt werden.

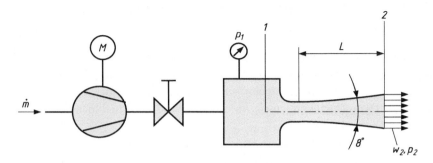

Man ermittle: Düse mit engstem und Austrittsquerschnitt A_{krit} und A_2, ferner: T_2, Ma_2. L für Düsenerweiterungswinkel $8°$

Lösung: Druckverhältnis der Lavaldüse

$$p_2/p_1 = 1/(10+1) = 0{,}0909; \quad \text{Abb. 11.6;} \qquad p_{\text{krit}}/p_1 = 0{,}528$$

$$p_{\text{krit}} = 0{,}528 \cdot 11 = 5{,}808 \text{ bar}$$

Dichte in der Kammer: Gl. 11.1 $\rho_1 = p_1/RT_1 = 11 \cdot 10^5/287 \cdot 423 = 9{,}061 \text{ kg/m}^3$

Engster Querschnitt A_{krit}: $A_{\text{krit}}^* = 1{,}460$ aus Abb. 11.6; damit wird mit Gl. 11.14:

$$A_{\text{krit}} = A_{\text{krit}}^* \cdot \dot{m}\sqrt{RT_1}/p_1 = 1{,}460 \cdot 0{,}12 \cdot \sqrt{287 \cdot 423}/11 \cdot 10^5 = 55{,}5 \cdot 10^{-6} \text{ m}^2 = \text{daraus:}$$

Düsendurchmesser im engsten Querschn.:

$$d_{\text{krit}} = \sqrt{4 \cdot A_{\text{krit}}/\pi} = 8{,}4 \text{ mm}$$

Endquerschnitt:

Gl. 11.9: $T_2 = 423 \cdot 0{,}0909^{0{,}286} = 213{,}2 \text{ K } (-60\,^\circ\text{C!})$ $a_2 = \sqrt{kRT_2} = 292{,}7 \text{ m/s}$

Gl. 11.1 $\rho_2 = p_2/RT_2 = 10^5/287 \cdot 213{,}2 = 1{,}6343 \text{ kg/m}^3$

Gl. 11.8 $w_2 = 649{,}2 \text{ m/s}$ $Ma_2 = 649{,}2/292{,}7 = 2{,}22$

$\dot{m} = A_2 \cdot \rho_2 \cdot w_2 = 0{,}12;$ $A_2 = 0{,}12/649{,}2 \cdot 1{,}6243 = 113{,}1 \cdot 10^{-6} \text{ m}^2 = 113{,}1 \text{ mm}^2$

daraus Durchm. $d_2 = 12{,}0$ mm

Länge L des divergenten Düsenteiles (halber Erweiterungswinkel $8/2 = 4^\circ$)

$$L = 0{,}5 \cdot (12 - 8{,}4)/\tan 4^\circ = 25{,}6 \text{ mm}$$

Zur Probe rechnen wir $\dot{m}$ mit dem ψ_{krit}-Wert zurück: mit Gl. 11.14 wird

$$\dot{m} = A_{\text{krit}}\sqrt{2p_1\rho_1} \cdot \psi_{\text{krit}} = 55{,}5 \cdot 10^{-6} \cdot \sqrt{2 \cdot 11 \cdot 10^5 \cdot 9{,}061} \cdot 0{,}484 = 0{,}12 \text{ kg/s}$$

Die Gasgeschwindigkeiten sind enorm groß; die Düsenabmessungen daher sehr klein. Die Luft kühlt in der Düse von $+150\,^\circ\text{C}$ auf $-60\,^\circ\text{C}$ ab!

Lavaldüsen in der Technik

Lavaldüsen werden insbesondere in **Raketen** zur Erzeugung großer Schubkräfte verwendet. Als Beispiel zeigt Abb. 11.8 ein Schemabild der Space-Shuttle-Düse nach U. Ganzer [22]. Der flüssige Wasserstoff und Sauerstoff muss durch Pumpensysteme auf Düsenbehälterdruck (= Brennkammerdruck, z. B. 200 bar!) gebracht werden. Die Düsenwände werden durch Flüssiggas gekühlt (Kühlmantel).

Lavaldüsen benötigt man u. a. auch zur Erzeugung von **Überschallströmungen in Windkanälen;** ferner zur Erzeugung sehr hoher Dampfgeschwindigkeiten in Regelstufen von **Dampfturbinen** sowie in sog. **Laval-Dampfturbinen,** nach dem im Abb. 11.10 dargestellten Schema.

Verhalten von Düsen bei vom Auslegungswert abweichendem Druckverhältnis

Das *korrekte* Verhalten einer Lavaldüse ist durch das gegebene Flächen-Verhältnis A_{krit}/A_2 an ein zugeordnetes Druckverhältnis p_2/p_1 und somit an eine fixe Austrittsmachzahl Ma_2

11.4 Die Lavaldüse

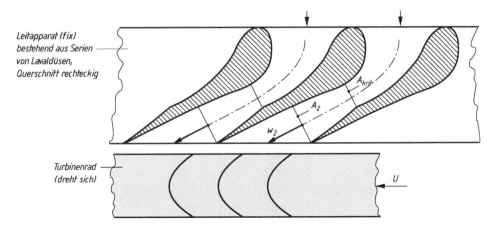

Abb. 11.10 Lavalturbinen-Düsensatz (Ausschnitt; abgewickelt) zur Erzeugung hoher Dampfgeschwindigkeiten zur Beaufschlagung von Dampfturbinen-Schaufelrädern, schematisch

gebunden. Es erhebt sich die Frage nach dem Verhalten bei abweichenden Druckverhältnissen. Abb. 11.9 gibt einen Überblick.

Fall 1: Das vorhandene Druckverhältnis liegt zwischen 1 und einem gewissen Grenz-Druckverhältnis $(p/p_1)_{grenz}$: Schallgeschwindigkeit im engsten Querschnitt wird nicht oder nur im Grenzfall erreicht; der divergente Düsenteil wirkt hier als *Diffusor!* $\dot{m}$ kann mit Gl. 11.14 berechnet werden. Die Reibungswirkung im Diffusorteil ist allerdings groß.

Fall 2: Das vorhandene Druckverhältnis ist geringer als das Auslegungsdruckverhältnis: Die Düse entspannt das Gas bis zum berechneten Auslegungsdruckverhältnis normal; am Austrittsquerschnitt ist im Strahl noch Überdruck vorhanden, welcher zu schwingungsartigen seitlichen Strahlaufweitungen führt, die von großer Lärmentwicklung begleitet sein können, Abb. 11.9.

Fall 3: Das vorhandene Druckverhältnis liegt über dem Auslegungsdruckverhältnis jedoch unter dem Grenz-Druckverhältnis für Fall 1. Im engsten Querschnitt herrscht Schallgeschwindigkeit ($Ma = 1$). Im divergenten Düsenteil tritt ein Verdichtungsstoß auf, der sich so einstellt, dass gerade der vorgegebene Gegendruck entsteht. An der Stoßstelle löst der Strahl von der Düsenwand ab und schnürt sich ein. $\dot{m}$ bleibt unterhalb des oben erwähnten Grenz-Druckverhältnisses **konstant** und kann mit Ψ_{krit} und A_{krit} nach Gl. 11.14 berechnet werden. Die kinetische Energie des Strahles bzw. sein Impuls sind aber trotz gleichem $\dot{m}$ nur bei Auslegungsbedingungen maximal.

Für rein *konvergente* Düsen, welche auslegungsgemäß den Bereich $p_2/p_1 = 1$ bis p_{krit}/p_1 (=0,528 bei $k = 1,4$) abdecken, gilt: Da bei diesen überall $dA/A < 0$ ist

(Abb. 11.7) passt sich die Gasexpansion von *selbst* an die Düsenform an, so, dass sich am Düsenende bei dA/A = 0 ein glatt abgehender Parallelstrahl mit der berechneten Geschwindigkeit ergibt. *Für Druckverhältnisse $p_2/p_1 < p_{krit}/p_1$ kann die Gasexpansion infolge fehlendem Rückhalt an einer Düsenwand mit dA/A > 0 nicht stattfinden: Die Energieumsetzung für den Druckabschnitt $p_{krit} - p_2$ erfolgt dann durch seitliche ungeordnete Expansion. Dieser Energieanteil ist für die kinetische Energie des Strahles verloren. Im Austrittsquerschnitt herrscht Schallgeschwindigkeit bei p_{krit}. Weitere Druckabsenkungen wirken sich auf $\dot{m}$ nicht mehr aus; $\dot{m}$ bleibt konstant.* Man kann auch so argumentieren: Druckabsenkungen unter p_{krit} können sich der Strömung *innerhalb* der konvergenten Düse nicht mehr „mitteilen", da sie gegen die Austrittsschallgeschwindigkeit nicht mehr „vorankommen"; deshalb kann sich keine weitere Gasbeschleunigung in der Düse aufbauen. **Theoretisch** sollte bei Abnahme des Gegendruckes auf null (Vakuum) auch $\dot{m}$ null werden, wie auch die ψ-Kurve (gestrichelter Teil) in Abb. 11.6 zeigt. ρ_2 geht gegen null; w_2 bleibt endlich; vgl. Gl. 11.8. Die $\dot{m}$-Kurven in Abb. 11.9 geben Hinweise für die Zuständigkeit der $\dot{m}$-Gleichungen.

Allgemein gilt: Bei Absenkung des Gegendruckes bei festem Vordruck bleibt ab dem Punkt, wo im engsten Querschnitt erstmals Schallgeschwindigkeit auftritt, $\dot{m}$ konstant: ($\dot{m} = A_{krit} \cdot \psi_{krit} \cdot \sqrt{2 p_1 \rho_1}$); dies gilt für konvergente und auch für Lavaldüsen.

11.5 Überschallströmungen

Geschwindigkeitsmessung mit dem Prandtlrohr

Geschwindigkeitsmessung kann auch bei kompressiblem Fluid mit dem Prandtlrohr erfolgen wie bei inkompressiblem Fluid (vgl. Abb. 2.8), wenn man zusätzlich beachtet, dass

- die Energiegleichung für kompressible Fluide benutzt wird (Gl. 11.7),
- evtl. in der Staustromlinie vor dem Prandtlrohr vorhandene gerade Verdichtungsstöße berücksichtigt werden (vgl. Abb. 11.5).

Die Ableitung ergibt einen komplizierten Ausdruck, den man für praktische Anwendungen zweckmäßigerweise zu einem *Korrekturfaktor C* zusammenfasst, welcher beide Effekte im Vergleich zu inkompressiblem Fluid berücksichtigt, Gl. 11.17. C erweist sich nur als abhängig von Ma und k. In der Tabelle unten finden sich C-Werte für k = 1,4 (Luft).

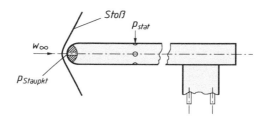

11.5 Überschallströmungen

$$\Delta p_{\text{prandtlrohr}} = p_{\text{staupkt}} - p_{\text{stat}} = 1/2 \cdot \rho_\infty \cdot w_\infty^2 \cdot C \qquad (11.17)$$

Ma	0 bis 0,2	0,4	0,6	0,8	1	1,5[b]	2[b]	3[b]
C	1[a]	1,04	1,09	1,16	1,25	1,53	1,665	1,75

[a]Wert für Strömung inkompr. Fluide
[b]mit Verdichtungsstoß

Widerstand umströmter Körper

Hier kann man statt eines Korrekturfaktors gegenüber inkompressiblem Fluid einen *Ma*-abhängigen c_w-Wert benutzen ($k = 1{,}4$: es kommt praktisch nur *Luft*widerstand infrage) und analog zu Gl. 9.2 für die Widerstandskraft F_w mit A als Schattenfläche (Abb 9.2) schreiben:

$$F_w = c_w \cdot A \cdot \frac{1}{2}\rho_\infty w_\infty^2 \qquad c_w = f(Ma, Re) \qquad \text{Luftwiderstand, bei kompr. Fluid}$$

$$(11.18)$$

Körper mit zugespitzter Nase haben gegenüber solchen mit gerundeter Nase ab dem transsonischen Bereich einen wesentlich geringeren Widerstandsanstieg. Abb. 11.11 zeigt Messwerte für den c_w-Wert für zwei verschiedene schlanke Körper nach Messungen von Stoney [25]. Man erkennt gut den Steilanstieg knapp vor $Ma = 1$ und die vergleichsweise wesentlich höheren c_w-Werte im Überschallbereich für den Körper mit gerundeter Nase. Eingetragen sind auch die reinen Oberflächenreibungsbeiwerte $c_{w,R}$, wie sie sich aus der Theorie der Plattenreibung (Grenzschicht!, Kap. 7) errechnen, hier auf die Schattenfläche A umgerechnet. Man erkennt, dass im Unterschallgebiet fast nur dieser Anteil von Bedeutung ist (schlanke, stromlinienförmige Körper.).

Die starke Zunahme des Widerstandes im transsonischen Gebiet und im Überschallbereich beruht auf dem sog. **Wellenwiderstand:** Ebenso wie ein Schiff, das immer schneller fährt und in den Bereich der (Wasser-)Wellenausbreitungsgeschwindigkeit kommt, besonders große Bugwellen erzeugt, so gehen von einem in Gas fliegenden Objekt (insbesondere von den Bugteilen) mit zunehmender Geschwindigkeit immer stärkere Schallwellen aus. Die in diesen Wellen enthaltene kinetische Energie ist für das Schiff bzw. Flugobjekt verlorene Energie, welche sich weit entfernt vom bewegten Objekt durch Reibung in Wärme umwandelt. Dies spiegelt sich deutlich im c_w-Kurvenverlauf in Abb. 11.11 wieder. Die Widerstandserhöhung durch Schallwellen hat natürlich auch ihre Entsprechung in der Druckverteilung an der Körperoberfläche.

Zuordnung der Strömungen entsprechend der Anströmmachzahl Ma

Tab. 11.3 gibt eine Übersicht. Das Folgende bezieht sich im Wesentlichen auf tragflächenartige Körper.

Während in Unterschallströmungen bei schlanken Körpern bis ca. $Ma = 0{,}7$ keine wesentlichen Änderungen gegenüber dem Auftriebs- und Widerstandsverhalten in inkompressiblen Fluiden auftreten, treten ab einer Anströmmachzahl von ca. $Ma = 0{,}8$ infolge Geschwindigkeitserhöhung bei der Umströmung bereits lokale Überschallgebiete

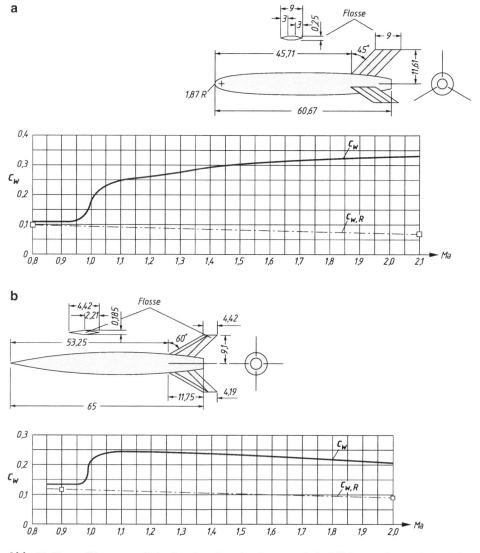

Abb. 11.11 c_w-Werte stromlinienförmiger Rotationskörper mit Stabilisierungsflossen bei axialer Anströmung – aus Flugversuchen nach W. E. Stoney (NASA-TR-R100). Maßangaben in Zoll (1 Zoll = 25,4 mm). **a** vorne gerundeter Körper, **b** vorne zugespitzter Körper. Man beachte die wesentlich niedrigeren c_w-Werte des letzteren im Überschallbereich

und Verdichtungsstöße auf (bei stumpfen Körpern bereits ab ca. $Ma = 0{,}4$). Abb. 11.12 zeigt schematisch die lokalen Überschall- bzw. Unterschallgebiete. Mit zunehmender Machzahl nehmen Auftrieb und Widerstand enorm zu. Nur bei *gepfeilten Flügeln* und bei *Dreiecksflügeln* bleiben diese Änderungen in Grenzen, Abb. 11.13. Auch der

11.5 Überschallströmungen

Tab. 11.3 Einteilung der Strömung kompressibler Fluide

Ma_∞-Bereich*	Bezeichnung der Strömung	Charakteristika	tritt auf bei	
0 ... 0,3	Inkompressible Strömung	Dichte des Fluids konstant. Stetiger Verlauf von Stromlinien, Druck und Geschwindigkeit	Turbomaschinen für Wasser, Fahrzeugumströmung, Rohrströmung u.v.a.	
0,3 ... 0,7	Unterschallströmung	Dichte des Fluids (Gases) ändert sich im Verlauf der Strömung, jedoch auch stetiger Verlauf von Stromlinien, Druck und Geschwindigkeit wie oben	Unterschallflugzeuge	Düsenströmungen
0,7 ... 1,3	Transsonische Strömung	Dichte veränderlich, Strömungsfeld besteht teilweise aus Unterschall-, teilweise aus Überschallgebieten. Auftreten von Mach'schen Linien und Verdichtungsstößen. Unstetigkeiten an diesen	Durchbrechen der Schallmauer, kein stationärer Flug in diesem Gebiet, von Flugzeugen möglichst schnell durchfahren. Anwendung bei superkritischem Flügel Umströmung von Gas- und Dampfturbinenschaufeln	
1,3 ... 5	Überschallströmung	Wie oben, jedoch im ganzen Strömungsfeld Überschallströmung, ausgenommen kleine lokale Unterschallgebiete hinter Kopfwellen vor stumpfen Körpern. Erwärmungsprobleme	Überschallflugzeuge, Raketen	Geschosse
5 ... 25	Hyperschallströmung	An den Körper eng angeschmiegte Stoßfronten, extreme Erwärmungsprobleme	Interkontinentalraketen, Wiedereintritt von Raumflugkörpern in die Erdatmosphäre	

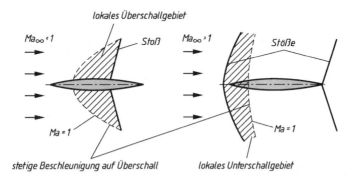

Abb. 11.12 Strömungsverhältnisse beim Durchgang eines tragflächenartigen Körpers durch die Schallgrenze, schematisch

Angriffspunkt der Luftkraft wandert stark bei Annäherung an die Schallgrenze. Fluggeräte sind daher im transsonischen Bereich schwer manövrierbar. Man beschleunigt daher so gut es geht und durchfährt diesen Bereich (sog. Schallmauer) möglichst rasch bis etwa $Ma = 1{,}2$.

Eine gezielte positive Ausnützung der transsonischen Strömung liegt beim *superkritischen Flügel* vor. An diesem Flügel treten bereits im Auslegungszustand in großen Teilgebieten Überschallgeschwindigkeiten auf, während das Flugzeug noch mit Unterschallgeschwindigkeit fliegt. Der superkritische Flügel ist vor allem gekennzeichnet durch einen vergrößerten Nasenradius, eine Abflachung der Profiloberseite sowie durch eine Erhöhung der Wölbung im hinteren Profilteil und durch größere Dicke. Die große Steigerung des c_a-Wertes – bei noch geringer Zunahme von c_w – knapp vor $Ma = 1$ wird hier ausgenutzt. Dies hat zu beachtlicher Treibstoffeinsparung bei den heute üblichen Typen von großen Verkehrsflugzeugen geführt.

Erwärmungsprobleme bei hohen Anströmgeschwindigkeiten

Für ein offenes System wie in Abb. 11.11b dargestellt kann die Energiegleichung Gl. 11.4 auch mit der **Enthalpie h** formuliert werden: Änderung der kinetischen Energie des Gases ($\frac{1}{2}w_1^2 - \frac{1}{2}w_2^2$) erfolgt zusammen mit der Enthalpie des Gases. Es gilt

$$\int_1^2 v(p)\,\mathrm{d}p = h_1 - h_2 = \frac{1}{2}w_1^2 - \frac{1}{2}w_2^2 \qquad \text{Energiegleichung mit der Enthalpie } h \qquad (11.19)$$

Statt der Ausströmformel Gl. 11.8 ergibt sich die sehr einfache Formel

$$w_2 = \sqrt{2(h_1 - h_2)} \qquad (11.20)$$

Gl. 11.20 gilt ganz allgemein und ist nicht an das Ideale Gas gebunden. Die Enthalpie h ist eine Zustandsgröße. Diese Gleichung wird insbesondere bei Wasserdampf als Fluid

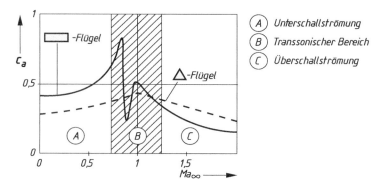

Abb. 11.13 Auftriebsbeiwert c_a beim Durchgang durch den transsonischen Bereich, schematisch; Anstellwinkel α gleichbleibend angenommen

benutzt, weil dieser in Bereichen nahe der Grenzkurve vom Verhalten Idealer Gase stark abweicht. h von Dampf und anderen realen Gasen wurde abhängig von p, T gemessen und tabelliert bzw. steht in Diagrammen und als Software zur Verfügung. Für die Enthalpie der Gase gilt im Bereich des Ideal-Gasverhaltens $h = c_p T$, wobei c_p (= const) die spezifische Wärmekapazität bei konstantem Druck ist, vgl. Tab. 11.1. Damit gilt für den Staupunkt ($w_2 = 0$; T_2) Gl. 11.20:

$$w_1^2 = 2c_p(T_1 - T_2) \quad \text{und daraus:} \quad T_2 = T_\text{stau} = T_1 + w_1^2/2c_p \quad \text{oder} \quad \Delta T = w_1^2/2c_p$$

$$\boxed{\text{Faustformel für Luft}(c_p = 1000) \quad \Delta T = \frac{w^2}{2000} \quad \Delta T \text{ in K oder } °C} \quad (11.21)$$

Gl. 11.21 gilt auch über Stoßfronten hinweg, da auch in diesen h in gleicher Weise zunimmt wie beim Anstau vor dem Staupunkt.

Abb. 11.14 zeigt schematisch den Zusammenhang nach Gl. 11.21 für Flugobjekte in der Erdatmosphäre bei einer An*ström*temperatur von T_1 300 K samt den zu erwartenden Abweichungen (bei sehr hohen T verhält sich Luft nicht mehr als Ideales Gas!). Diese sind dadurch bedingt, dass c_p bei hohen Temperaturen nicht mehr konstant ist, sondern durch energieabsorbierende Aufspaltung der $O_2 + N_2$-Moleküle in Ionen zunimmt. Die Staupunkttemperaturen werden dann erheblich niedriger als es Gl. 11.21 voraussagt. Auch Wärmeabstrahlung senkt T ab.

Satelliten kreisen etwa mit 7 km/s in Höhen von über 100 km. Dort ist allerdings die Atmosphäre bereits so dünn, dass keine Erhitzungsgefahr mehr besteht. Die mittlere freie Weglänge der Moleküle ist dort bereits mehrere Meter. Hingegen besteht

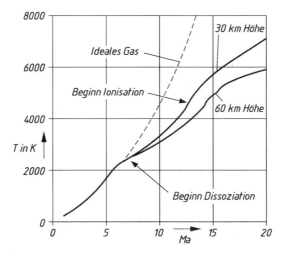

Abb. 11.14 Staupunkttemperaturen in der Erdatmosphäre bei Hochgeschwindigkeits-Flugkörpern, schematisch

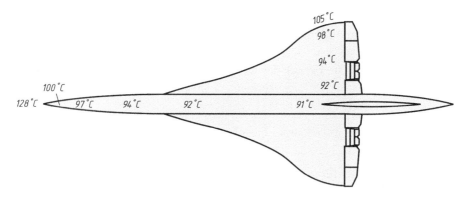

Abb. 11.15 Oberflächentemperaturen bei der Concorde im Reiseflug in 16 km Flughöhe bei $Ma = 2{,}06$. (Nach U. Ganzer [22])

Erhitzungsgefahr beim Wiedereintritt von Weltraumflugkörpern, welche mit etwa 10 km/s in ca. 40 km Höhe auf dichtere Luftschichten treffen.

Abb. 11.15 nach U. Ganzer [22] wirft ein Schlaglicht auf die Erwärmungssituation von Überschallflugzeugen an Hand der Concorde. Im Staupunkt beträgt die Temperatur 128 °C (vgl. hierzu Aufgabe 11.7). An den restlichen Oberflächenteilen ist die Temperatur infolge Grenzschichtreibung (nicht durch Anstau wie im Staupunkt!) etwas niedriger als im Staupunkt.

Das Aufglühen (meist verbunden mit Verdampfen) von Meteoriten beim Durchgang durch dichtere Atmosphärenschichten beruht ebenfalls auf den hier erörterten Mechanismen.

11.6 Kontrollfragen und Übungsaufgaben

11.1 a) Welche dimensionslose Kennzahl ist maßgebend für die Entscheidung dafür, ob ein Strömungsproblem mit den Gleichungen für inkompressibles oder kompressibles Fluid bearbeitet werden muss?
b) Reicht die Annahme inkompressiblen Fluids für schnellfahrende Autos aus?

11.2 Bezeichnen Sie die für Schallwellen und Schallgeschw. a zutreffenden Antworten.
a) a ist für ein Gas ein fester Wert (?); ist vom Druck abhängig (?) ist eine Zustandsgröße (?)
b) Ein Gas erfährt beim Durchgang einer Schallwelle eine isotherme (?); isobare (?); isentrope (?) Zustandsänderung. Bezeichnen Sie die richtige Antwort!

11.3 Die Formel für die Schallgeschw. Gl. 11.10 gilt nur für kleine Druckschwankungen. Durch welche Annahme bei der Herleitung ist diese Einschränkung bedingt?

11.4 Welche Temperaturerhöhung ΔT im Staupunkt ergibt sich bei einer Lokomotive, welche mit 300 km/h fährt?

11.6 Kontrollfragen und Übungsaufgaben

11.5 Bei einer Überschallströmung in einem Kanal stellen kleine Oberflächen-Rauigkeits-Elemente Störungen der Strömung dar, von denen Schallwellen ausgehen (Skizze). Diese sind nur schwach gedämpft und werden auch von gegenüberliegenden Wänden reflektiert; man kann sie optisch als Schlieren wahrnehmen (übrigens treten in Flachwasserkanälen analoge Erscheinungen bei Oberflächenwellen auf)
Eine Schlierenaufnahme von einem Experiment in einem Überschallwindkanal zeigt Machlinien mit $\alpha = 40°$ (Skizze).

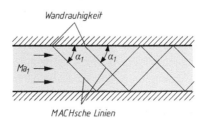

a) Welche Machzahl hat die Strömung?
b) Die Temperatur der Strömung ist $-10\,°C$ (Luft). Wie groß ist die Strömungsgeschwindigkeit?
c) Wie groß ist die Anstautemperatur in dieser Strömung?

11.6 Man leite mit Hilfe von Kontinuitätsgleichung, Impulssatz und Energieerhaltung, angesetzt für ein quaderförmiges Kontrollvolumen über die Stoßfront hinweg, die in Tab. 11.2 angegebenen Beziehungen für den geraden Verdichtungsstoß her

11.7 Abb. 11.15 zeigt Temperaturen des Überschall-Verkehrsflugzeugs Concorde bei einer Flughöhe von 16 km (ICAO-Atmosph.), Flugmachzahl $Ma = 2{,}06$. Man berechne
a) Fluggeschwindigkeit in km/h
b) Staupunktstemperatur und Vergleich mit dem Wert in Abb. 11.15
c) Welchen Staudruck misst ein Prandtlrohr des Flugzeugs in 16 km Höhe bei $Ma = 2$?

11.8 Vor einem stumpfen Körper, der in 10 km Höhe mit $Ma = 1{,}5$ fliegt, liegt ein abgelöster Stoß (vgl. Abb. 11.5). Man ermittle für den geraden Stoß in der Staustromlinie:
a) Zustandsgrößen p_2, T_2, unmittelbar nach dem Stoß
b) Druck und Temperatur im Staupunkt (adiabatische Verhältnisse)

11.9 Sicherheitsventil. Eine Dampfkesselanlage erzeugt $\dot m = 12$ t/h Heißdampf mit $p_1 = 100$ bar (abs), 450 °C. Im Falle einer Störung im Verbraucherbereich muss die Entnahmeleitung plötzlich abgesperrt werden. Da die thermischen Vorgänge im Kessel nicht plötzlich gestoppt werden können, muss ein Sicherheitsventil kurzzeitig die gesamte Dampfmenge in die Atmosphäre abblasen können. Das offene Sicherheitsventil weist eine Fläche A mit gerundetem Zuströmquerschnitt auf; die Anordnung wirkt wie eine konvergente Düse mit dem Querschnitt A. Man ermittle
a) den erforderlichen Mindestquerschnitt A; Heißdampf $k = 1{,}30$, $\rho_1 = 33{,}6$ kg/m^3.
b) Kann durch Ansetzen eines divergenten Düsenteils $\dot m$ vergrößert werden?

11.10 Für die Planung eines kleinen Überschallwindkanals unter Verwendung einer vorhandenen Vakuumpumpe soll eine Abschätzrechnung durchgeführt werden. Die Pumpe kann maximal $\dot m = 1$ kg/s Luft bei einem Druck von 0,05 bar ansaugen, wobei schon alle Verluste in den erforderlichen Armaturen berücksichtigt sind.

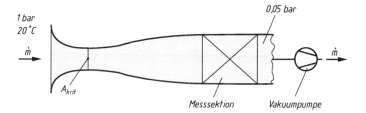

Man ermittle:
a) Welche Machzahl ist in der Messsektion erreichbar?
b) Kritischer und End-Querschnitt der erforderlichen Lavaldüse
c) Querschnitt der Messsektion, wenn Breite b : Höhe $h = 1:4$ ist
d) T und ρ

Instationäre Strömung in Rohrleitungen 12

12.1 Allgemeines

Die weitaus überwiegende Zahl von Ingenieurproblemen mit Strömungslehrekomponente betrifft stationäre Strömungen. Technisch relevante **instationäre** (d. h. zeitlich veränderliche) Rohrströmungen von Flüssigkeiten in eindimensionaler Behandlung sollen in diesem Kapitel kurz angesprochen werden. Es sind dies vor allem **Anlaufströmungen** nach Öffnen eines Absperrorgans und der sog. **Druckstoß** nach raschem Schließen eines solchen in einer langen durchströmten Rohrleitung.

Auch für jene, die einschlägige Probleme mit Computer-Software lösen wollen, sind Grundkenntnisse der relevanten Strömungsphysik zweckmäßig.

Zwei- und dreidimensionale *instationäre* Strömungsprobleme können sinnvollerweise nur numerisch mit dem Computer gelöst werden. Als Beispiel sei die Strömung bei der Begegnung zweier Hochgeschwindigkeitszüge genannt (gefährliche Druckwellen, Fragen des Gleisabstandes u. a.).

12.2 Bernoulli'sche Gleichung für instationäre Strömung

Bei instationären Strömungen ist die Geschwindigkeit w nicht nur eine Funktion der Ortskoordinate s längs der Stromlinie, sondern auch der Zeit t: $w = w(s, t)$, Abb. 12.1.

Zu den drei Energieformen in der Bernoulli'schen Gleichung für stationäre Strömung (kinetische Energie, Energie der Lage, Druckenergie, vgl. Tab. 2.1 in Kap. 2), kommt auf der rechten Seite der Gleichung nunmehr auch der Arbeitsaufwand für die *Beschleunigung* der Strömung hinzu, – man denke z. B. an die Anlaufströmung in einem Rohr nach Ventilöffnung.

© Springer Fachmedien Wiesbaden GmbH, ein Teil von Springer Nature 2021
S. Bschorer und K. Költzsch, *Technische Strömungslehre*,
https://doi.org/10.1007/978-3-658-30407-2_12

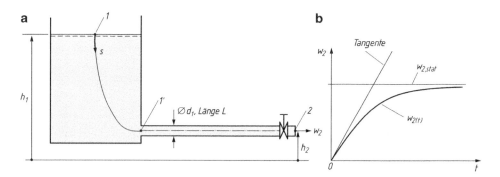

Abb. 12.1 Instationäre Strömung in einem Rohr mit konstantem Querschnitt. **a** Anordnung; anstatt eines oben offenen Behälters kann auch ein geschlossener Behälter mit Überdruck $p_{\text{ü}}$ treten; in den Gleichungen ist dann sinngemäß $(h_1 - h_2)$ zu ersetzen durch $(h_1 - h_2) + p_{\text{ü}}/\rho g$. **b** Anlaufströmung nach raschem Öffnen des Schiebers, schematisch

Wir betrachten zunächst den einfachen Fall eines flüssigkeitsgefüllten Behälters mit angeschlossener Rohrleitung und (rasch verstellbarem) Schieber am Auslass, Abb. 12.1a. Nach plötzlichem Öffnen des Schiebers[1] kommt die Rohrströmung, beginnend mit der Geschwindigkeit $w = 0$ zur Zeit $t = 0$, in Gang und erreicht nach einiger Zeit (genaugenommen asymptotisch) den stationären Endzustand $w_{2,\text{stat}}$ (wie in Kap. 2 dargestellt):

Stationäre Endgeschwindigkeiten:

$$\text{reibungsfrei} \qquad w_{2,\text{stat}} = \sqrt{2g(h_1 - h_2)} \qquad (12.1)$$

$$\text{mit Reibung} \qquad w_{2,\text{stat}} = \sqrt{2g(h_1 - h_2)/\left(1 + \sum \zeta + \lambda L/d\right)} \qquad (12.2)$$

λ Rohrreibungszahl
$\sum \zeta$ Verluste durch Rohreinbauten

Die jeweilige Flüssigkeitsmasse im Rohr ($m = A \cdot L \cdot \rho$) muss bei der Anlaufströmung beschleunigt werden. Für die Beschleunigung a im Rohr kann geschrieben werden:

$$a(t) = dw(t)/dt = \dot{w}_2(t)$$

Die Bernoullische Gleichung für instationäre Strömung (ohne Reibung) *in der „Druckform"* (analog wie in Tab. 2.1) wird damit, wenn wir zur Vereinfachung setzen:

$$p_1 = p_2 = 0 \text{ (Außendruck)} \quad h_2 = 0, \; h_1 = h$$

$$\rho g h = \tfrac{1}{2}\rho w_2^2(t) + \rho \cdot \int_0^{s_2} \frac{\partial w}{\partial t} \cdot ds \qquad \begin{array}{l}\text{Bernoullische Gleichung für}\\ \text{instationäre Strömung für Anordnung}\\ \text{nach Abb. 12.1}\end{array} \qquad (12.3)$$

---

[1] Wir verwenden hier bewusst nicht das Wort „Ventil", da Ventile mit Schraubenspindel i. Allg. nur langsam geöffnet werden können.

12.2 Bernoulli'sche Gleichung für instationäre Strömung

Der letzte Term in Gl. 12.3 stellt die spezifische instationäre Beschleunigungsarbeit pro ρ kg Flüssigkeit dar. Da w längs der Stromlinie *im Behälter* praktisch null ist und für einen festen Zeitpunkt t nicht von der Lage s im Rohr abhängt, vereinfacht sich der Beschleunigungsterm auf

$$\rho \cdot \int_0^{s_2} \frac{\partial w}{\partial t} \cdot ds = \rho \dot{w}_2(t) \int_{s_{1'}}^{s_2} ds = \rho \dot{w}_2(t) \cdot L$$

Damit erhalten wir für die instationäre Rohrströmung für eine Anordnung nach Abb. 12.1 (und auch für Rohrleitungen beliebig geneigter und gekrümmter Form):

$$\rho g h = \frac{1}{2} \rho w_2^2(t) + \rho \dot{w}_2(t) \cdot L$$

und umgeformt:

$$\boxed{\dot{w}_2(t) + \frac{1}{2L} \cdot w_2^2(t) = gh/L = \text{const.}} \quad \text{Differentialgleichung für die Anlaufströmung in einem Rohr, Abb. 12.1} \quad (12.4)$$

Diese Differenzialgleichung liefert uns sofort (auch ohne detaillierte Lösung) folgende wichtige Information über die Anlaufströmung:

Zu Beginn der Anlaufströmung ist $w_2(t = 0) = 0$, und somit folgt aus Gl. 12.4, dass der *Anstieg* der Anlaufströmungskurve bei $t = 0$ gegeben ist durch (vgl. auch Abb. 12.2):

$$\boxed{\dot{w}_2(t = 0) = gh/L = \frac{w_{2,\text{stat}}}{T_{a,\text{th}}}} \quad \text{Anstieg der Anlaufströmungskurve für } t = 0 \quad (12.5)$$

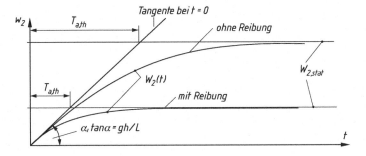

Abb. 12.2 Zum Verlauf der Anlauf-Strömungskurve bei reibungsfreier und reibungsbehafteter Strömung; $T_{a,\text{th}}$ theoretische Anlaufzeit

Anlaufströmung bei Berücksichtigung von Reibungsverlusten im Rohr

Bei Berücksichtigung von Reibung in der Anlaufströmung ist in der Differenzialgleichung Gl. 12.4 lediglich der Term $w_{2,\text{stat}}^2/2L$ zu ersetzen durch

$$w_{2,\text{stat}}^2/2L\left(1 + \sum \zeta + \lambda L/d\right) \qquad \text{Reibungsterm entsprechend Verlusten im Rohr}$$

Man erkennt sofort, dass Reibung den **Anstieg** der Anlauf-Strömungskurve nicht beeinflusst; lediglich die stationäre Endgeschwindigkeit ändert sich, je nach Größe des Reibungswertes λ.

Mit einschlägigen Problemen befasste Ingenieure bekommen durch die Berechnung des Anstiegs der Anlaufströmung für $t = 0$ und der stationären Endgeschwindigkeit $w_{2,\text{stat}}$ oft schon ausreichende Informationen zur Einschätzung der Lage. Die aus Abb. 12.2 ersichtliche Größe „theoretische Anlaufzeit" ergibt sich einfach zu:

$$\boxed{T_{\text{a,th}} = L \cdot w_{2,\text{stat}}/gh \qquad \text{theoretische Anlaufzeit}}$$

Es zeigt sich, dass das Problem des Anlaufs einer Rohrströmung nach raschem Öffnen des Schiebers meist nur bei Rohrlängen im Kilometerbereich von praktischem Interesse ist. Bei geringen Leitungslängen überlagern sich die Vorgänge von Anlaufzeit der Strömung und Öffnungszeit des Schiebers. Erwähnt sei auch, dass wir für Rohrreibung bei der Ableitung konstante Werte ζ und λ vorausgesetzt hatten, nicht reynoldszahlabhängige Werte. Dadurch hat das Resultat ohnehin nur den Charakter einer Abschätzung.

Aus Abb. 12.2 erkennt man auch den folgenden – unerwarteten – Zusammenhang: Unter sonst gleichen Bedingungen hat eine Rohrströmung *mit* Reibung kürzere Anlaufzeit als eine Rohrströmung *ohne* Reibung! Dies erklärt sich dadurch, dass bei reibungsbehafteter Rohrströmung die stationäre Endgeschwindigkeit wesentlich kleiner ist, welche dann auch früher erreicht wird.

Lösung der Differenzialgleichung Gl. 12.4

Der detaillierte zeitliche Verlauf der Anlaufgeschwindigkeit $w_2(t)$ ergibt sich durch Lösung der Differenzialgleichung Gl. 12.4 unter Berücksichtigung der Anfangsbedingung $w_2(t = 0) = 0$. Eine Gleichung desselben Typs $(y' = C_1 - C_2 \cdot y_2)$ hatten wir bereits beim Problem des freien Falls eines Körpers mit Luftwiderstand in Kap. 9, Abschn. 9.7. Die Lösung ist hier wie dort durch die tanh-Funktion (tangens hyperbolicus) gegeben (vgl. hierzu die mathematische Fachliteratur, z. B. [46]). Für unsere Konstanten ist die Lösung in Gl. 12.6 angegeben. In dieser ist für die stationäre Endgeschwindigkeit $w_{2,\text{stat}}$, je nachdem ob man ohne oder mit Berücksichtigung der Reibung rechnen möchte, Gl. 12.1 oder 12.2 zu verwenden.

$$\boxed{w_2(t) = w_{2,\text{stat}} \cdot \tanh(t \cdot w_{2,\text{stat}}/2L)} \qquad \begin{array}{c}\text{Geschwindigkeitsverlauf bei der} \\ \text{Anlaufströmung nach Öffnen des} \\ \text{Schiebers}\end{array} \qquad (12.6)$$

12.2 Bernoulli'sche Gleichung für instationäre Strömung

Die Lösung von Gl. 12.4 für die Anlaufströmung, aufgelöst nach der Zeit t, lautet:

$$t = \frac{L \cdot w_{2,\text{stat}}}{2gh} \cdot \ln \frac{w_{2,\text{stat}} + w_2(t)}{w_{2,\text{stat}} - w_2(t)} \qquad (12.6a)$$

Beispiel 12.1 Zentraler Wasserbehälter zur Versorgung umliegender Großverbraucher, Daten laut Skizze.

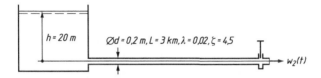

Man berechne:

a) stationäre Endgeschwindigkeit (ohne, – und mit Berücksichtigung der Reibung)
b) Anstieg der Strömungsgeschw. nach plötzlichem Öffnen des Schiebers: $\dot{w}_2(t=0)$; $T_{a,\text{th}}$
c) Gleichung für die zugehörige instationäre Rohrströmung $w_2(t)$

Lösung:

a) nach Gl. 12.1 und 12.2 ergibt sich:

   ohne Reibung: $w_{2,\text{stat}} = \sqrt{2gh} = \sqrt{2 \cdot g \cdot 20} = \mathbf{19{,}8\,m/s}$
   mit Reibung: $w_{2,\text{stat}} = \sqrt{2 \cdot g \cdot 20/(1 + 4{,}5 + 0{,}02 \cdot 3000/0{,}2)} = \mathbf{1{,}13\,m/s}$

b) nach Gl. 12.5 ergibt sich die theoretische Anlaufzeit zu

$\dot{w}_2(t=0) = gh/L = g \cdot 20/3000 = \mathbf{0{,}0654\,m/s \cdot s} \quad T_{a,\text{th}} = 1{,}13/0{,}0654 = \mathbf{17{,}5\,s}$

Die Anstiegsgerade erreicht also den stationären Endwert nach $1{,}13:0{,}0654 \approx 17{,}5$ s (mit Reibung); ohne Reibung wäre dieser Wert 303 s (ca. 5 min).

c) Die Gleichung für den zeitlichen Verlauf der Anlaufströmung ergibt sich aus Gl. 12.6 zu

$$\mathbf{w_2(t) = 1{,}13 \cdot \tan h(t \cdot 1{,}13/(2 \cdot 3000))}$$

Will man z. B. berechnen, nach welcher Zeit 90 % der stationären Endgeschwindigkeit erreicht werden, so benutzt man Gl. 12.6a:

$$t_{90\%} = \frac{3000 \cdot 1{,}13}{2g \cdot 20} \ln \frac{1{,}13(1+0{,}9)}{1{,}13(1-0{,}9)} = \mathbf{25{,}4\,s}$$

12.3 Der Druckstoß in einer flüssigkeitsführenden Rohrleitung

Allgemeines

Wenn in einer langen, flüssigkeitsdurchströmten Rohrleitung ein Schieber relativ schnell (idealisiert: plötzlich) geschlossen wird, kann der Druck am Schieber schlagartig stark ansteigen (auf der Zuströmseite) bzw. stark abfallen, evtl. sogar unter Dampfbildung (auf der Abströmseite). Ein technisch wichtiger Fall, bei dem ein Schnellschluss einer langen Rohrleitung erforderlich ist, ist z. B. die Druckwasserleitung einer Hochdruck-Wasserturbine, die einen Generator zur Stromerzeugung antreibt: im Falle einer Störung auf der Generatorseite (z. B. Kurzschluss) kann die Leistungsentnahme vom Turbinenwellenstrang plötzlich auf null abfallen. Da die Turbine aber noch voll mit Wasser (und Drehmoment) beaufschlagt wird, kann die Drehzahl rasch auf unzulässige Bereiche ansteigen (man sagt auch „die Turbine geht durch"). Deshalb ist es in solchen Fällen wichtig, die Wasserbeaufschlagung der Turbine in wenigen Sekunden herabzufahren. Durch das erforderliche rasche Schließen kann ein Druckstoß in der langen Rohrleitung – ausgehend vom Schnellschlussschieber – auftreten.

Analoge Probleme können auch bei Hochdruck-Wasserpumpenanlagen auftreten: bei Stromausfall führt die Pumpe innerhalb kurzer Zeit dem Wasser plötzlich keine Arbeit mehr zu. Ein Schnellschlussschieber muss die Rohrleitung schließen. Mit Druckstößen in der angeschlossenen Rohrleitung ist zu rechnen.

Bisher hatten wir Fluide als inkompressibel vorausgesetzt (Ausnahme: Gase in Kap. 11). Erfahrung und Theorie zeigen, dass man sehr schnelle Vorgänge in Flüssigkeiten nur verstehen kann, wenn man auch Flüssigkeiten als **kompressibel** annimmt. Das heißt, auch Flüssigkeiten haben eine Schallgeschwindigkeit als Eigenschaft (wie Gase). Lokale Druckänderungen breiten sich wellenartig mit eben dieser Schallgeschwindigkeit aus. Für Wasser hat diese Schallgeschwindigkeit sehr große Werte (um 1400 m/s!).

Kurz: rasche Schließ-, evtl. auch Öffnungsvorgänge, durch Absperrorgane in langen Rohrleitungen können zu hochgradig instationären Strömungsvorgängen und zu Drucksprüngen von z. B. 20 bar (analog zu Verdichtungsstößen bei Gasen, Tab. 11.2) führen. Das Fachwort bei Flüssigkeiten hierfür ist **Druckstoß** (engl.: „water hammer").

Schallgeschwindigkeit in einer Flüssigkeit

Schallgeschwindigkeit ist die Ausbreitungsgeschwindigkeit einer Druckschwankung in einem Gas und auch in einer Flüssigkeit. Schallgeschwindigkeit darf nicht mit der sehr viel langsameren Strömungsgeschwindigkeit verwechselt werden.

Zur Berechnung der Schallgeschwindigkeit in Flüssigkeiten aus einfachen Stoffeigenschaften denken wir uns einen „Stab" bestimmter Länge aus Flüssigkeit in einem unelastischen Rohr eingeschlossen. Übt ein Kolben am offenen Ende des Rohres eine Kraft durch Zunahme des Druckes um ΔP aus, so wird sich dieser „Flüssigkeitsstab" infolge seiner Elastizität (Modul E wie in der Festigkeitslehre) um $\Delta L = L \cdot \Delta P / E$ verkürzen und die Dichte ρ muss sich dadurch (geringfügig) um $\rho \cdot \Delta L / L$ erhöhen.

12.3 Der Druckstoß in einer flüssigkeitsführenden Rohrleitung 371

Temperaturänderungen (wie bei Gasen) treten dabei nicht auf. Gemäß der allgemeinen Beziehung für die Schallgeschwindigkeit a, Gl. 11.10, ergibt sich mit E als Elastizitätsmodul der Flüssigkeit für deren Schallgeschwindigkeit im starren (unelastischen) Rohr:

$$a = \sqrt{\Delta P / \Delta \rho} \quad \text{mit} \quad \Delta \rho = \rho \cdot \Delta L / L \quad \text{und} \quad \Delta L = L \cdot \Delta P / E$$

$$\boxed{a = \sqrt{E / \rho} \quad \begin{array}{l} \text{Schallgeschwindigkeit in Flüssigkeiten;} \\ \rho \text{ Dichte; } E \text{ Elastizitätsmodul der Flüssigkeit} \end{array}} \tag{12.7}$$

Für Wasser ist etwa: $\rho = 1000$ kg/m^3, $E = 2{,}05 \cdot 10^9$ N/m^2, und damit wird für die Schallgeschwindigkeit in Wasser: **a = 1435 m/s**.

Ist die Flüssigkeit in einem elastischen Rohr, so muss – wie auch die Erfahrung zeigt – für die Ausbreitung von Druckwellen noch eine Korrektur berücksichtigt werden: Unter dem Druck ΔP, – der auch seitlich auf die Rohrwand wirkt – weitet sich das Rohr im Durchmesser etwas auf, sodass die „Zusammendrückung" des „Flüssigkeitsstabs" in Längsrichtung etwas größer wird als bei starrem Rohr. Eine hier nicht wiedergegebene Ableitung ergibt folgende Formel für die Ausbreitungsgeschwindigkeit von Druckwellen in einer Flüssigkeit in einem **elastischen Rohr**:

$$\boxed{a = \sqrt{E / \rho} / \sqrt{1 + (d/s) \cdot (E/E_r)}} \tag{12.8}$$

d Rohrdurchmesser

s Rohrwandstärke

E_r Elastizitätsmodul des Rohrwerkstoffs

Beispielsweise ergibt sich für Wasser in einem Stahlrohr, $d = 200$ mm; $s = 10$ mm aus Gl. 12.8 eine Schallgeschwindigkeit von **a = 1310 m/s** (mit $E_r = 210 \cdot 10^9$ N/m^2). Der Wert der Schallgeschwindigkeit in unbegrenztem Wasser ist – wie oben berechnet – 1435 m/s.

Ein Extremfall für die Anwendung von Gl. 12.8 ist bei einem dünnen durchströmten Gummischlauch gegeben, bei dem am Ende der Durchfluss plötzlich gesperrt wird: die langsam stromaufwärts laufende Druckwelle ist an der Verdickung von außen deutlich zu sehen (E_r und s sind hier extrem klein!).

Der Druckstoß in Rohren

Für die überlagerten, praktisch sprungartigen Druckänderungen infolge von Druckstößen verwenden wir hier das Symbol ΔP, um diese von den stetigen Druckverläufen (p) zu unterscheiden.

Wir stellen das Verhalten und wichtige Eigenschaften von Druckstößen in Rohren an einem einfachen Beispiel dar, Abb. 12.3: in einem Rohr, Durchmesser $d = 200$ mm, Länge $L = 5$ km, ströme Wasser mit $w = 2$ m/s; zunächst stationär. Zur Zeit $t = 0$ wird der Schieber plötzlich geschlossen. Global gesehen wandelt sich die gesamte kinetische Energie der im Rohr gerade befindlichen Wassermasse ($m = A \cdot L \cdot \rho$) in Energie der

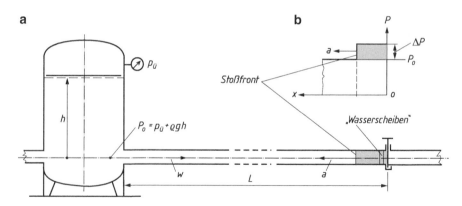

Abb. 12.3 Zum Druckstoß in einem durchströmten Rohr. **a** Anordnung, **b** Druckverteilung kurz nach dem Schließen des Schiebers

elastischen Kompression von Wasser und elastischer Dehnung des Rohres um. Im Detail können wir uns diesen Vorgang wie folgt vorstellen:

Eine gedachte „Wasserscheibe", die sich zur Zeit $t = 0$ an der gerade geschlossenen Schieberplatte befindet, wird – etwas zusammengedrückt – durch diese von der Strömungsgeschwindigkeit w auf null abgebremst, legt sich an die Schieberplatte an und baut dadurch einen bestimmten Druck auf. Durch die Kompression der Wasserscheibe (und durch die elastische Aufweitung des Rohres) wird die kinetische Energie der Wasserscheibe in Druckenergie umgewandelt. Das Wasser stromaufwärts von dieser Wasserscheibe „weiß" von diesem Vorgang noch nichts. Es legt sich Scheibe um Scheibe an den ruhenden – aber mit Schallgeschwindigkeit wachsenden – „Flüssigkeitsstab" und erzeugt durch Energieumwandlung – jede Scheibe für sich – die Druckzunahme ΔP (für die wir unten eine Formel herleiten werden). Insgesamt läuft ein „Drucksprung" mit Schallgeschwindigkeit (d. h. mit ca. 1400 m/s!) dem behälterseitigen Rohranschluss entgegen. Nun ist die gesamte kinetische Energie des Wassers im Rohr ($1/2 \cdot \rho \cdot A \cdot L \cdot w_2$) in Druckenergie umgewandelt; das Wasser im Rohr ruht. Dies alles ist in der sehr kurzen Laufzeit der Druckwelle vom Schieber bis zur Behältermündung ($= L/a$) passiert. Am Behälter angekommen dehnt sich die letzte „Wasserscheibe" wieder aus: d. h. diese erzeugt aus Druckenergie wieder kinetische Energie.

Dieser Vorgang wiederholt sich bis zur letzten Wasserscheibe an der Schieberplatte: der Druck im ganzen Rohr ist weg und die kinetische Energie ist wieder da; jetzt ist die Geschwindigkeit jedoch **zum Behälter hin** gerichtet. Es entsteht daher nach Rückkehr des Stoßes an die Schieberplatte ein „Unterdruckstoß" derselben Größe wie vorher der Überdruckstoß unmittelbar nach dem plötzlichen Schließen des Schiebers. Nach einigen zehn Hin- und Rückläufen ist die Energie des Druckstoßes durch Reibung aufgezehrt, seine Druckamplitude ist klein geworden. Abb. 12.4 stellt diesen Sachverhalt schematisch dar.

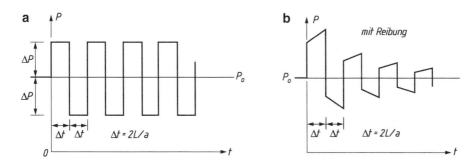

Abb. 12.4 Druckverlauf am Ort des (schnell geschlossenen) Schiebers. Die Laufzeit vom Schieber zum Behälter und zurück beträgt 2 L/a (bei langen Leitungen einige Sekunden). **a** Druckverlauf berechnet ohne Reibung, **b** mit Reibung. P_0 Druck ohne überlagerte Druckstoßvorgänge. ΔP Amplitude des Druckstoßes

Modellvorstellung zum Druckstoß

Die Umwandlung von kinetischer Energie der Flüssigkeit im Rohr in Druckenergie beim Stoßvorgang nach Abb. 12.3 kann man sich auch an Hand eines großtechnischen Vorgangs gut veranschaulichen:

Denken wir uns eine Kette von z. B. 20 gekoppelten Güterwaggons, die mit gegebener Geschwindigkeit auf ein massives Hindernis (Prellbock) zurollen.

Beim ersten anstoßenden Waggon werden sich die Pufferfedern zusammendrücken bis seine kinetische Energie in den Federn gespeichert ist. Ist dieser Waggon zur Ruhe gekommen, wiederholt sich der Vorgang beim zweiten Waggon usw. Die Druckkraft der Federn entspricht der Druckstoßamplitude bei der Flüssigkeit im Rohr. Der letzte Waggon „spürt" zunächst nichts von diesen Ereignissen bis der Vorgang auch ihn erreicht und auch seine kinetische Energie in elastische Energie seiner Federn umgewandelt ist. Nun ist der ganze Zug in Ruhe, seine gesamte kinetische Energie steckt in der elastischen Energie seiner Federn. Dann beginnt das Spiel von hinten neuerlich: im letzten Waggon wandelt sich elastische Energie in den Federn in Bewegungsenergie um (von Reibung sehen wir ab): der Waggon rollt zurück und so geht es weiter bis zum (ursprünglich) ersten Waggon: der Zug rollt dann mit der gleichen Geschwindigkeit zurück. Dies entspricht der Reflexion von Druckstößen von der Behältermündung. Da die Pufferfedern stark und die Waggons lang sind, ist die Stoßdauer relativ kurz, die „Schallgeschwindigkeit" des Zuges aber relativ groß. Am Beispiel des „Waggonzuges" sieht man auch deutlich, dass die *Fortpflanzung* des Stoßes nicht direkt mit der Rollgeschwindigkeit (entspricht der Strömungsgeschw.) zu tun hat.

Bisher haben wir noch nicht über die Größe der Druckamplitude ΔP des Stoßes gesprochen, was wir nun nachholen wollen.

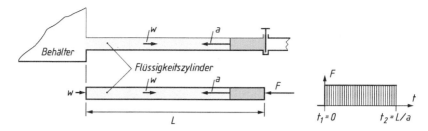

Abb. 12.5 Zur Herleitung der Druckstoßformel mithilfe des Impulssatzes der Mechanik

Joukowsky'sches Gesetz für die Größe des Druckstoßes

Der russische Wissenschaftler N. Joukowsky stellte um 1900 das Gesetz zur Berechnung der Druckstoß-Amplitude auf, Abb. 12.5.

Zur Berechnung der bei einem Druckstoß auftretenden Druckerhöhung ΔP denken wir uns einen Flüssigkeitszylinder der Länge L entsprechend der Rohrlänge, der anfänglich die Strömungsgeschwindigkeit w hat. Zur Zeit $t = 0$ wird ein Schieber geschlossen. Von diesem Schieber ausgehend wird die Flüssigkeit – Scheibe um Scheibe fortschreitend – abgebremst und es entsteht ein Stoßdruck, beginnend an der Schieberplatte. Dieser schreitet mit der Schallgeschwindigkeit a in der Flüssigkeit stromaufwärts fort. Die Flüssigkeit im Behälter beeinflusst den Stoßvorgang praktisch nicht.

Auf den Flüssigkeitszylinder im Rohr (Masse $m = A \cdot L \cdot \rho$) wenden wir den Impulssatz der Mechanik an, Abb. 12.5.

$$\text{Impulssatz:} \quad m \cdot (w_2 - w_1) = \int_{t_1}^{t_2} F(t) \cdot dt \quad (12.9)$$

F ist hierbei die auf die Masse m wirkende Kraft (eindimensionaler Fall)

Zustand 1: vor dem Stoß; $t = 0$: $w_1 = w$ (Strömungsgeschwindigkeit im Rohr)
Zustand 2: nach dem Stoß; $w_2 = 0$

Da die Kraft F zwischen Zustand 1 und 2 konstant ist, ergibt das Integral einfach $F \cdot (t_2 - t_1)$.

Für F setzen wir: $F = A \cdot \Delta P$, wobei ΔP der gesuchte Drucksprung beim Stoß ist. Da F entgegen der Strömung wirkt, ist es negativ in Gl. 12.9 einzuführen:

Damit wird aus Gl. 12.9: $A \cdot L \cdot \rho \cdot (0 - w) = \Delta P \cdot A \cdot \Delta t$.

Der Abbremsvorgang dauert solange (Δt) bis der gesamte Flüssigkeitszylinder („Scheibe für Scheibe") abgebremst ist. Dies ist dann der Fall, wenn der Druckstoß mit Schallgeschwindigkeit a bis zum Rohrende am Behälter vorgedrungen ist (dann ist w überall im Flüssigkeitszylinder null). Für die Laufzeit Δt des Druckstoßes vom Schieber zum Rohrende gilt:

$$a = L/\Delta t \quad \Delta t = L/a$$

12.3 Der Druckstoß in einer flüssigkeitsführenden Rohrleitung

damit wird:

$$\Delta P = \rho \cdot a \cdot w \quad \textbf{Druckstoßformel von Joukowsky} \quad (12.10)$$

Dies ist eine überraschend einfache Formel! Der Druckanstieg nach plötzlichem Schließen ist proportional zu **Schallgeschwindigkeit × Strömungsgeschwindigkeit** und hängt insbesondere nicht von der Leitungslänge L ab.

Für den zeitlichen und örtlichen Verlauf des Stoßdrucks in der Rohrleitung gilt Folgendes:

- Der Druckstoß (Größe ΔP) läuft mit der Schallgeschwindigkeit a vom Schieber zum behälterseitigen Rohrende; Laufzeit $\Delta t = L/a$. Nun ist das ganze Rohr unter Druck ΔP; die Strömungsgeschwindigkeit w ist überall im Rohr auf null abgefallen.
- Dann fällt am behälterseitigen Rohrende der Stoßdruck plötzlich wieder auf null ab, da keine weitere Flüssigkeit abzubremsen ist. Dieser Druckabfall läuft wieder mit Schallgeschwindigkeit a zum schieberseitigen Ende des Rohres zurück und trifft dort zur Zeit $\Delta t = 2L/a$ ein. In der Rohrleitung ist durch den Druckabfall wieder Strömungsgeschwindigkeit aufgebaut worden, allerdings vom Schieber zum Behälter hin (also entgegengesetzt wie vor dem Stoß).
- Diese Vorgänge wiederholen sich dann sinngemäß weiter bis $\Delta t = 4L/a$. Dies entspricht dem Zustand bei $t = 0$. Im reibungsfreien Fall wiederholt sich dieser Zyklus

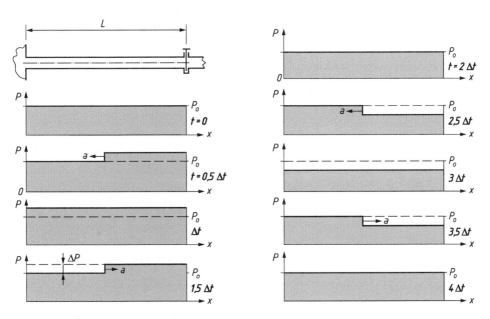

Abb. 12.6 Übersicht über den zeitlichen und örtlichen Verlauf des Druckstoßes für $t = 0$ bis $t = 4\Delta t$ (das sind zwei Perioden)

dann immer wieder. Bei Reibung nimmt die Amplitude bei jedem Zyklus ab (vgl. Abb. 12.4). Man beachte, dass am Schieber zwischen $t = 2$ bis $4\Delta t$ ($6\Delta t$ bis $8\Delta t$ usw.) der Druck P um ΔP niedriger ist als P_0. In bestimmten Fällen kann Vakuum und Verdampfung auftreten!

- Abb. 12.6 gibt einen Überblick über das zeitliche und örtliche Auftreten des Druckstoßes (reibungsfrei gerechnet).

Regeln für Druckstöße bei nicht plötzlichem, aber raschem Schließen eines Schiebers am Ende einer langen Rohrleitung
Computerrechnungen und Messungen führen zu folgenden Regeln:

- Wenn der Schieber (zwar nicht plötzlich, aber) in einem Zeitintervall geschlossen wird, das **kürzer als $\Delta t = 2L/a$** ist, treten Druckstoßamplituden auf, wie sie nach der Joukowsk'schen Formel, Gl. 12.6 berechnet werden können. Der zeitliche Druckverlauf ist allerdings nicht durch „Rechteckpulse" – wie in Abb. 12.4a dargestellt – charakterisiert, sondern durch kürzer andauernde Druckpulse. Die Frequenz und Maximalamplituden sind aber gleich wie bei den Rechteckimpulsen (Zeitabstand $2L/a$).
- Wenn die Schließzeit des Absperrorgans größer als $2L/a$ ist, werden die Maximalamplituden zunehmend kleiner als nach Joukowsky berechnet. Bereits bei einer Schließzeit von 3 bis $4 \cdot 2L/a$ sind die Druckstoßamplituden gegenüber dem Joukowsky'schen Wert $\Delta P = \rho w a$ erheblich reduziert.

Beispiel 12.2 Grunddaten wie bei Beispiel 12.1 (Stahlrohr $d/s = 100/10$; 3 km lang).

Nach Ausbildung einer stationären Endgeschwindigkeit (mit Reibung: $w = 1{,}13$ m/s) wird das Absperrorgan am Ende plötzlich geschlossen; Schallgeschwindigkeit im Rohr: $a = 1310$ m/s.

Man berechne:

a) Welche Druckstoßamplitude ΔP ergibt sich nach dem Joukowsky'schen Gesetz bei plötzlichem Absperren des Schiebers?
b) Wie lange dauert der erste Stoß-Druckpuls am Schieber nach dessen Schließen an?
c) Wenn der Absolutdruck am Schieber vor dem Stoß $P_0 = 20$ bar war: zwischen welchen zwei Drücken schwankt dann der Druck infolge hin- und herlaufender Stöße (reibungsfrei)?
d) Ist mit einer niedrigeren Schwankungsamplitude zu rechnen, wenn das Absperrorgan nicht plötzlich, sondern in 3, 5, oder 7 s geschlossen wird?

Lösung:

a) Gl. 12.10: $\Delta P = \rho a w = 1000 \cdot 1310 \cdot 1{,}13 = 14{,}8 \cdot 10^5$ N/m $= 14{,}8$ bar
b) Abb. 12.4: $\Delta t = 2L/a = 6000/1310 = 4{,}58$ s

12.4 Kontrollfragen und Übungsaufgaben 377

c) Zwischen $\Delta P = P_0 + 14,8$ bar $= 34,8$ bar und $P = P_0 - 14,8 = 20 - 14,8 = 5,2$ bar

d) Bei Schließzeit 3 s: nein, weil $3 < 2\Delta t = 4,58$ s

Bei Schließzeit 5 s bzw. 7 s: ja, – mit Schließzeiten $>2\Delta t = 4,58$ s wird der Stoßdruck am Schieber zunehmend niedriger.

12.4 Kontrollfragen und Übungsaufgaben

12.1 Wird bei einer Rohrleitung nach plötzlichem Öffnen des Schiebers am Ende der Rohrleitung – unter sonst gleichen Bedingungen – die volle Endgeschwindigkeit frü-her erreicht bei:

a) größerer oder kleinerer Rohrlänge?

b) größerem oder kleinerem Reibungsbeiwert?

12.2 Für den Druckanstieg (Druckstoß) ΔP an einem Absperrorgan am Ende einer langen Rohrleitung – nach plötzlichem Schließen – gilt:

a) ΔP wird endlich? oder unendlich groß?

b) hängt von der Rohrlänge ab?

c) hängt vom Rohrdurchmesser und der Wandstärke ab?

d) hängt vom Rohrwerkstoff ab?

12.3 Für den Druckstoß nach plötzlichem Absperren einer langen Rohrleitung gilt:

a) Tritt nur in unmittelbarer Nähe vor dem plötzlich geschlossenen Schieber auf?

b) Breitet sich im ganzen Rohrstrang aus?

c) Ausbreitungsgeschw. des Stoßes mit ursprüngl. Strömungsgeschw.? Schallgeschw.?

d) Ein Druckstoß kann nur: Druckzunahme? auch Druckabnahme? bewirken.

12.4 Die Messung des Stoßdruckes nahe dem Absperrorgan zeigt Verläufe wie in Abb. 12.4b angedeutet. Die Spitze ist eine Folge der Rohrreibung. Als Ursache kommt infrage:

a) Der Druck steigt infolge von bei zunehmender Abbremsung geringerer Reibungswirkung?

b) Die Druckspitze spiegelt die Tatsache wider, dass bei der vorhergehenden statio-nären Strömung der Druck in Behälternähe größer war als beim Absperrorgan?

12.5 Planung einer Heizölleitung aus Stahl: $L = 800$ m, $d = 100$ mm, $s = 4$ mm, $w = 1,5$ m/s

Heizöl: $E = 1,25 \cdot 10^9$ N/m^2, Stahl $E = 210 \cdot 10^9$ N/m^2; $P_0 = 5$ bar. Am Ende der Leitung soll ein ferngesteuertes Absperrorgan angeordnet werden.

a) Wie groß ist die Schallgeschwindigkeit des Heizöls im Rohr?

b) Wie groß wäre der Druckstoß bei plötzlichem Schließen?

c) Aus Sicherheitsgründen soll die Schließzeit mindestens $6 \cdot L/a$ betragen. Welche Zeitspanne wäre das?

Numerische Lösung von Strömungsproblemen (CFD, Computational Fluid Dynamics)

13

13.1 Allgemeines

Bis in die Fünfzigerjahre des vorigen Jahrhunderts ruhte die Technische Strömungslehre auf zwei etwa gleichwichtigen Säulen, welche wie folgt umschrieben werden können:

- Beschreibung der Strömungen durch Gleichungen, analytische Lösungen (wegen geringer Rechenkapazität nur beschränkt verfügbar)
- Strömungsversuche (insbesondere in Windkanälen), basierend auf Ähnlichkeitstheorien

Durch den Einsatz von Computern und Softwaretools kann man heutzutage schnell zu numerischen Lösungen von Strömungsproblemen gelangen. Der Strömungslehre ist daher eine dritte Säule „zugewachsen", Abb. 13.1. Natürlich gibt es intensive Verflechtungen zwischen diesen drei Schwerpunkten: Insbesondere bedürfen CFD-Resultate zumindest punktueller Kontrollen durch Messresultate von zugeschnittenen Versuchen. Gelegentlich kann die Qualität von CFD-Resultaten auch durch Nachrechnen einschlägiger aus der Fachliteratur bekannter theoretischer Lösungen bewertet werden.

Der Raketen- und Weltraumtechnik-Wettlauf zwischen USA und UdSSR in den 1950er-Jahren hat einen wesentlichen Impuls für die Entwicklung numerischer Lösungen gegeben: Antworten auf Fragen wie: „Mit welchen Strömungsverhältnissen und Temperaturen ist bei Flugkörpern bei Wiedereintauchen in die Erdatmosphäre zu rechnen?" konnten mithilfe der zwei klassischen Säulen allein nicht beantwortet werden. Ohne Simulation würde man eine große Zahl sehr teurer Weltraumversuche benötigen. Die Entwicklung von Rechnern und der Einsatz qualifizierter Wissenschaftler war da sicher ökonomischer.

© Springer Fachmedien Wiesbaden GmbH, ein Teil von Springer Nature 2021
S. Bschorer und K. Költzsch, *Technische Strömungslehre*,
https://doi.org/10.1007/978-3-658-30407-2_13

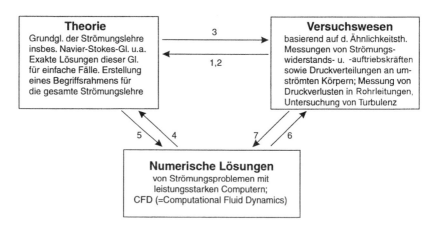

Abb. 13.1 Die drei Säulen der Technischen Strömungslehre, Schema. Beispiele zu den Beziehungen zwischen den einzelnen Säulen: *1* Überprüfung theor. Lösungen, *2* Anschauungsmaterial für Turbulenzvorgänge, *3* Ähnlichkeitstheorie als Basis für Versuche, *4* Numerische Studien zum Einsetzen der Turbulenz, *5* Bereitstellung der Gleichungen für CFD, *6* Digitaler Windkanal, *7* Absicherung von CFD-Lösungen durch Versuch

In weiterer Folge wurden die entwickelten Methoden zunehmend und erfolgreich als Entwurfswerkzeug im Bereich der Entwicklung von Flugzeugtypen eingesetzt. Die Voraussetzungen hierfür sind günstig: einerseits haben Flugzeuge eine glatte, stromlinienförmige Außenhaut ohne nennenswerte Ablösungen, andererseits sind aerodynamische Bodenversuche aufwendig (Ähnlichkeit erfordert $Re_{or} = Re_{mo}$ und $Ma_{or} = Ma_{mo}$). Ein Automobil etwa mit seinen Radkästen, rotierenden Rädern, Anbauten wie Seitenspiegel etc., sowie mit Bodengrenzschicht und zerklüftetem Unterboden ist für die numerische Simulation ein weit komplexeres Objekt. Die hier mögliche Vernachlässigung von Kompressibilität in den Strömungsgleichungen bringt keine nennenswerte Entlastung im numerischen Aufwand. Zudem ist in der Entwicklung von Pkw-Typen die Windkanalversuchstechnik weit verbreitet. Beim derzeitigen Stand der Computertechnik kann hier auf die Versuchsarbeit im Windkanal noch nicht ganz verzichtet werden. Versuch und CFD-Rechnungen ergänzen sich gegenseitig.

Auf dem Markt käufliche CFD-Software wird oft von Ingenieuren zur Lösung von Entwicklungsaufgaben eingesetzt. Hierzu sei Folgendes angemerkt: Bei Ingenieuren, die zur technischen Strömungslehre kein Naheverhältnis haben, findet man gar nicht so selten die Auffassung, dass die Lösung strömungstechnischer Entwicklungsfragen mit dem Computer nicht mehr Schwierigkeiten bereiten kann als etwa Berechnungen im Bereich der Strukturmechanik elastischer Körper (Spannungsberechnungen, Verformungen, Schwingungen etc.). Die dort üblichen Finite-Elemente-Methoden müssten nur sinngemäß auf die Strömungslehre übertragen werden. Leider ist diese Auffassung unzutreffend, insbesondere aus folgenden Gründen:

13.2 Eindimensionale Verfahren

- In der Strukturmechanik gibt es keine vergleichbar komplexen Erscheinungen wie Turbulenz, Ablösung, Grenzschicht.
- Es können zusätzliche Phänomene wie Phasenübergänge in der Zweiphasenströmung, Strömungsvorgänge mit freier Oberfläche, Verbrennung und/oder Wärmetransport auftreten.
- Allein schon der Entwurf des Berechnungsgitternetzes erfordert viel strömungsmechanisches Einfühlungsvermögen und eine ungefähre Vorstellung von der Lösung. Es sind z. B. Bereiche verschiedener Gitterfeinheit festzulegen: die Bereiche mit großen Geschwindigkeitsänderungen (z. B. in der Grenzschicht) sind fein aufzulösen, in Bereichen geringer Geschwindigkeitsänderungen können entsprechend gröbere Gitter verwendet werden.

Der Einsatz von CFD erfordert nach Ansicht der Verfasser insbesondere:

- Anwender-Ingenieure mit Kenntnissen der strömungsmechanischen Zusammenhänge sowie der theoretischen Hintergründe der CFD (z. B. Simulation turbulenter Strömung)
- Punktuelle Kontrolle der CFD-Ergebnisse durch Vergleich mit Versuchsergebnissen

Im folgenden Abschn. 13.2 werden zunächst eindimensionale Verfahren vorgestellt. Anschließend wird auf zwei- und dreidimensionale Verfahren eingegangen.

13.2 Eindimensionale Verfahren

Thomas Buck, Siemens Digital Industries Software

Die eindimensionale Simulation (abgek. 1D-Simulation) thermo-hydraulischer Systeme hat sich in vielen Industriebereichen, wie z. B. in der Luft- und Raumfahrttechnik, der Automobilbranche oder der Prozessindustrie als Hilfsmittel im Entwicklungsprozess fest etabliert. Dieser Simulationsansatz bedient sich dabei der Stromfadentheorie und löst für stationäre Betrachtungsfälle im Wesentlichen die um das Verlustglied erweiterte Bernoulli'sche Gleichung und die Kontinuitätsgleichung. Bei der transienten (= instationären) Betrachtung erfolgt eine Erweiterung des linearen Gleichungssystems um einen nicht-linearen Anteil, da dann auch die Impulsgleichung berücksichtigt werden muss.

Die Bilanzierung der Bernoulli'schen Gleichung erfolgt üblicherweise zwischen charakteristischen Stellen des Systems, also in der Regel an der Schnittstelle einzelner Komponenten, z. B. am Ein- und Austritt eines Ventils oder über ein längeres gerades Rohrstück. Dies erlaubt die Berechnung des Druckverlustes dieser einzelnen Abschnitte, da für solche Bauteile meist experimentell ermittelte Widerstandsbeiwerte ζ herangezogen werden können. Daher wird bei der eindimensionalen Simulation auch von einem halb-empirischen Ansatz gesprochen.

Bei vielen für die Industrie relevanten Systemen ist neben dem reinen Druckverlustverhalten auch eine Aussage über das thermische Verhalten gefordert. Komponenten wie z. B. Wärmetauscher, bei denen zwischen Ein- und Austritt eine deutliche Änderung der Temperatur erfolgt, erzwingen für eine physikalisch korrekte Simulation die Berücksichtigung der Thermodynamik. Dies begründet sich dadurch, dass die Temperaturänderung in der Regel auch immer eine Änderung der Stoffeigenschaften (Viskosität, Dichte) mit sich bringt, welche den Druckverlust signifikant beeinflusst. Dies gilt natürlich auch für die Simulation von Systemen, bei denen es im Prozess zu einem Phasenwechsel kommt oder die mit kompressiblen Fluiden arbeiten.

Vollwertige 1D-Simulations-Tools wie z. B. Simcenter Flomaster™ bieten heute die Möglichkeit, unterschiedlichste Problemstellungen aus dem Bereich der inkompressiblen und kompressiblen Strömungen, der Thermodynamik und zudem häufig auch der Steuer- und Regelungstechnik sowie einfacher Fluid-Festkörper-Interaktion zu analysieren. Dies entspricht dem Gedanken, dass komplexe Systeme nicht mit der ausschließlichen Untersuchung einzelner Teilgebiete zu begreifen sind, sondern dass vielmehr das Gesamtsystemverhalten betrachtet werden muss.

Neben der aufgrund des halb-empirischen Ansatzes hohen Präzision der 1D-Simulation sind es die benutzerfreundliche Handhabbarkeit und die daraus resultierende einfache Modellbildung sowie kurze Analysezeiten, welche diese Art der Berechnung für die Industrie zu einem effektiven Hilfsmittel machen. Zudem kann eine 1D-Simulation häufig bereits in der Vorentwicklungsphase stattfinden, also zu einem Zeitpunkt, zu dem zwar die etwaigen Dimensionen des späteren Systems schon bekannt sind, genaue geometrische Informationen in Form eines CAD-Modells aber noch fehlen.

Typische Beispiele für den Einsatz eindimensionaler Simulation sind in Tab. 13.1 dargestellt.

Nachfolgend werden drei Anwendungsbeispiele für die Verwendung von 1D-Simulation gezeigt.

Beispiel 13.1 Hierzu soll noch einmal ein Blick auf Beispiel 8.2b geworfen werden. Das System besteht aus einem zusammengesetzten Widerstand mit konstantem Verlustkoeffizienten, welcher mehrere Einbauwiderstände (Bögen, stehende Pumpe) repräsentiert, einem vom Durchfluss abhängigen Widerstand (Kondensator) und einer Rohrleitung. Zur Förderung steht zwischen Eintritt und Austritt eine Höhendifferenz von 8 m zur Verfügung. Die Modellierung des beschriebenen Systems in Simcenter Flomaster™ mit den dort üblichen Symbolen ist in Abb. 13.2 zu sehen.

Ziel der Berechnung ist die Bestimmung des sich einstellenden Massenstroms. Dieser kann aufgrund der Strömungsabhängigkeiten des Druckverlustes in Rohr und Kondensator nur iterativ bestimmt werden. Begonnen wird deshalb mit der Wahl eines Startwertes für den Massenstrom, respektive der Strömungsgeschwindigkeit. Damit kann aus dem Diagramm nach Colebrook der Widerstandsbeiwert für das Rohr bestimmt und der Druckverlust des Kondensators berechnet werden. Dies wird nun so oft wiederholt, bis der Gesamtdruckverlust dem aus der Höhendifferenz entstehenden Förderdruck entspricht.

13.2 Eindimensionale Verfahren

Tab. 13.1 Übersicht über Anwendungsgebiete von 1D-Simulation

Anlagenbau und Prozess-industrie	Druckverlustberechnung von Versorgungsnetzen, z. B. der kommunalen Wasser- und Erdgasversorgung. Auslegung von Pumpen und Armaturen. Absicherung von Mindestversorgungsraten an unterschiedlichen Verbrauchsstellen. Absicherung von Anlagen gegen Zerstörung aufgrund von Druckstößen, die z. B. durch Pumpenausfall oder Ventilschnellschluss erzeugt werden können. Beurteilung großer Gasnetze, z. B. Sauerstoff- und Gichtgassysteme der Stahlindustrie
Automobilindustrie	Berechnung der Ölversorgung von Motorschmiersystemen in verschiedenen Lastpunkten (Schluckkennfeld). Thermische Simulation des Gesamtsystems von Fahrzeugen (Motorkühlkreislauf, thermische Motormassen, Klimakreislauf, Ladeluftstrang, …). Simulation von Niederdruck- und Hochdruckseite der Einspritzanlage von Dieselmotoren im Hinblick auf Schwingungen
Luft- und Raumfahrttechnik	Tank-, Sauerstoff- und Versorgungssysteme in Flugzeugen. Innenraumklimatisierung. Raketentreibstoffsysteme
Energieerzeugung	Sekundärluftsystem von Gasturbinen. Generatorkühlung. Absicherung und Auslegung des Betriebs von Wasserturbinen. Versorgungssysteme von Gas- und Dampfturbinen. Auslegung und Revisionsuntersuchungen von Kühlsystemen in Kraftwerksanlagen
Schiffs- und Schienen-fahrzeugbau	Kühl- und Versorgungssysteme. Löschsysteme. Dimensionierung von Ballast- und Drainage-Systemen. Auslegung von Lenzpumpen

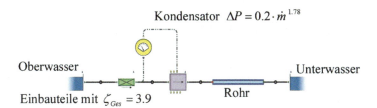

Abb. 13.2 Modellierung eines einfachen Systems zur Berechnung des Massenstroms in Simcenter FloMASTER™

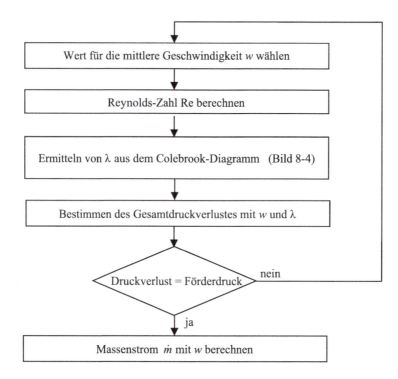

Die manuelle Lösung zeigt schnell, dass die Anzahl der notwendigen Iterationen stark vom Genauigkeitsanspruch und vom gewählten Startwert abhängt. Eine numerische Lösung führt hier wesentlich schneller und sicherer zu einer eindeutigen Lösung, da der Iterationsverlauf nicht so sehr von einer sinnvollen Wahl des Startwerts abhängt und zudem das gewünschte Abbruchkriterium feiner gewählt werden kann.

Zudem bietet die Verwendung einer grafisch orientierten Software die Möglichkeit, die erhaltenen Ergebnisse komfortabel auszuwerten und zum Beispiel den Druck nicht nur an Ein- und Austritt zu bilanzieren, sondern auch an den Schnittstellen der einzelnen Komponenten (Abb. 13.3).

Geht man einen Schritt weiter und stellt sich z. B. eine Problemstellung mit mehreren parallelen Rohrleitungen vor, so ist eine manuelle Lösung im Prinzip zwar möglich,

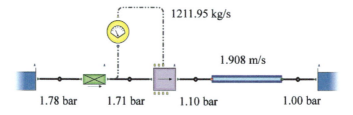

Abb. 13.3 Ergebnisauswertung in Simcenter FloMASTER™

13.2 Eindimensionale Verfahren

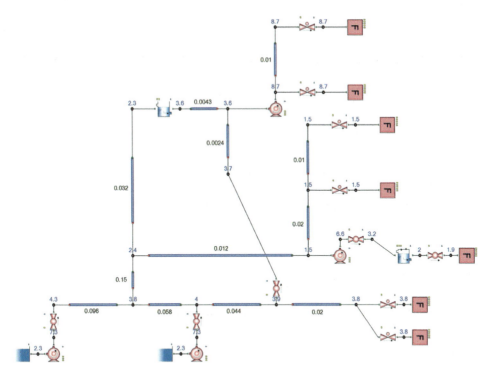

Abb. 13.4 Ergebnisdarstellung in einem komplexeren System nach Abb. 8.23 mit mehreren Pumpen und Zwischenbehältern. Drücke in bar (blau) und Volumenströme in m^3/s (schwarz)

allerdings aufgrund des Aufwands nicht effizient. Abb. 13.4 zeigt, exemplarisch und unter Annahme sinnvoller Randdaten, die Auswertung des in Abb. 8.23 symbolisch dargestellten Systems.

Beispiel 13.2 Die durch das in Kap. 12 beschriebene Druckstoßphänomen auftretenden Druckspitzen stellen in der Praxis eine ernste Gefährdung für Mensch und Anlage dar. Daher werden heute bereits in der Auslegungsphase typische Szenarien untersucht, bei denen Druckstöße auftreten können:

- Start, Stopp oder Ausfall von Pumpen oder Turbinen
- Zuschlagen von Rückschlagklappen
- Schnelles Öffnen und Schließen von Armaturen.

Ein einfaches Beispiel für einen Druckstoß durch Ventilschluss gibt Beispiel 12.2. Ziel der dort beschriebenen Untersuchungen ist es, den Einfluss unterschiedlicher Schließzeiten festzustellen und die Reflexionszeit zu bestimmen. Abb. 13.5 zeigt das mit Simcenter Flomaster™ abgebildete System. Bekanntermaßen resultiert die Frequenz

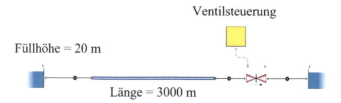

Abb. 13.5 Rechennetzwerk zur Analyse eines durch Ventilschnellschluss ausgelösten Druckstoßes

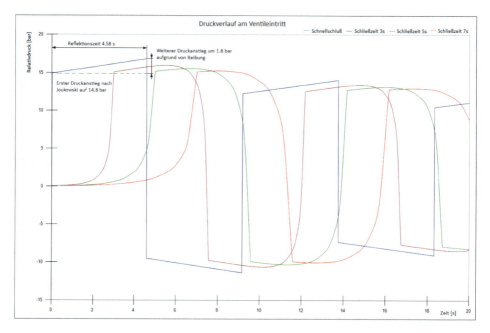

Abb. 13.6 Druckstoßverlauf für verschiedene Schließzeiten

der Druckschwankung aus der Länge der Rohrleitung und der Wellenausbreitungsgeschwindigkeit und ist unabhängig von der Schließzeit. Der Druckanstieg wird in der Simulation sehr schön sichtbar (siehe Abb. 13.6). Die Reflexionszeit lässt sich aus dem ermittelten Diagramm einfach mit 4,6 s ablesen. Der Unterschied zwischen der manuell berechneten Druckspitze (14,8 bar) und dem in der Simulation auftretenden Maximum beträgt rund 1,8 bar, was einem prozentualen Unterschied von ca. 12 % entspricht. Dies zeigt in etwa die Bedeutung des Reibungseinflusses.

Bei größeren Schließzeiten reduziert sich die Amplitude des Druckstoßes, wobei zunächst nur der reibungsabhängige Anteil reduziert wird, und der initiale Impuls erst nach Überschreiten der Reflexionszeit absinkt. Bei gesteuerten Schließvorgängen bedient man sich häufig der Vorgehensweise, das Ventil nicht linear zu schließen, sondern zunächst eine starke Androsselung vorzunehmen, um den Durchsatz und damit die mittlere Strömungsgeschwindigkeit zu reduzieren und dann das Ventil langsam zu Ende zu schließen. Dadurch kann häufig der Druckstoß soweit reduziert werden, dass er als nicht mehr systemgefährdend eingestuft werden kann.

Die Vorteile der Simulation gegenüber der Abschätzung des Maximaldrucks nach Joukowsky beruhen auf der einfachen Möglichkeit zur Berücksichtigung des reibungsbedingten Druckanstieges sowie der effizienten Bewertung von Druckstößen in komplexen Systemen. Hierzu stellt Siemens Digital Industries Software bei Interesse gerne weiterführendes Informationsmaterial sowie Beispiele zur Verfügung.

Beispiel 13.3 Die Anforderungen an moderne Kraftfahrzeuge sind aus Sicht des thermischen Gesamtsystemverhaltens zunehmend anspruchsvoller geworden. Zum einen soll natürlich ein Maximum an Komfort und Fahrleistung zur Verfügung stehen, zum anderen muss aus ökologischen Gesichtspunkten und aufgrund der gesetzlichen Richtlinien ein verbrauchsoptimierter Betrieb sichergestellt werden. Diese teilweise gegensätzlichen Anforderungen erfordern ein ideales Zusammenspiel der unterschiedlichen thermischen Systeme, welche durch verschiedene Wärmetauscher miteinander verbunden sind (Tab. 13.2).

Typische Zielsetzungen, die mittels eindimensionaler Simulation optimiert werden sollen, sind:

- Die Verbesserung der Regelstrategie des Kühlkreislaufs, um einen schnelleren Warmlauf des Motors zu gewährleisten
- Die Dimensionierung von Kühlern zur Absicherung der gewünschten Kühlleistung in allen Betriebspunkten
- Die Reduzierung der Verlustleistung von Hilfsaggregaten, wie z. B. Kühlmittelpumpe, Kühlluftventilator, Kältemittelkompressor und Ölpumpe durch Optimierung der Ansteuerung und genaue Bestimmung der notwendigen Förderleistung.

Tab. 13.2 Systemübersicht des Wärmehaushalts eines Pkw

System	Wärmezufuhr	Wärmeabfuhr
Motorkühlkreis	Motor (Kühlmantel) Motorölwärmetauscher	Heizungswärmetauscher Frontkühler
Kühlluftstrang	Frontkühler Ladeluftkühler Kältemittelkondensator	
Innenraumklimatisierung	Heizungswärmetauscher Fahrzeuginnenraum (Sonneneinstrahlung)	Kältemittelverdampfer

Abb. 13.7 zeigt die Modellierung einer Kombination unterschiedlicher thermischer Systeme in Simcenter FloMASTER™.

Das Modell (Abb. 13.7) bildet den Motorkühlkreislauf ab, welcher über die Kühlluft sowie über den Heizungswärmetauscher indirekt mit dem Klimakreislauf gekoppelt ist. Im Rahmen einer Warmlaufuntersuchung werden zum einen die thermische Aufheizung des Motors sowie die Abkühlung der aufgeheizten Fahrzeugkabine berechnet. Motor und Fahrzeugkabine werden dabei als Massen mit unterschiedlichen Wärmekapazitäten und Wärmeübertragungseigenschaften abgebildet. Da sich das Kühlerpaket aus einzelnen Komponenten (Kondensator, Kühler und Lüfter) zusammensetzt, die in Strömungsrichtung nicht notwendigerweise die gleichen Flächen abdecken, ergibt sich für die Kühlluft in unterschiedlichen Bereichen ein variierender Widerstand. Simcenter Flomaster™ segmentiert in diesem Fall die einzelnen Komponenten, sodass im Hauptmodell zwar nach wie vor mit einem Element gearbeitet wird, im Hintergrund für die Berechnung aber ein 3D-Modell genutzt wird, um die in diesem Fall fünf parallel laufenden, eindimensionalen Luftpfade mit dem Ansatz der Stromfadentheorie lösen zu können (Abb. 13.8).

Bei der Auswertung zeigt sich das typische Aufheizverhalten am Motor, gemessen durch die Austrittstemperatur des Kühlmittels, bei welchem zum Zeitpunkt der Öffnung des Thermostaten zunächst ein kurzes Einschwingverhalten zu sehen ist, um dann etwa in einer konstanten Endtemperatur zu resultieren (Abb. 13.9).

Die Segmentierung des Kühlerpaketes erlaubt zudem eine Auswertung der Durchströmung und der Temperaturen über der Kühlerfläche, wodurch eine Beurteilung der Position der Bauteile im Fahrzeug möglich wird.

Wie in Tab. 13.1 aufgeführt, stellt neben der Analyse thermischen Systemverhaltens die Berechnung von Verteilsituationen in Motorschmiersystemen ein Hauptanwendungsgebiet der 1D-Simulation in der Motorenentwicklung dar. Auch hierzu stellt Siemens

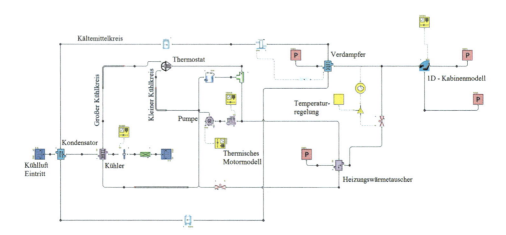

Abb. 13.7 Beispiel für eine Gesamtsystem-Simulation eines Pkw in Simcenter FloMASTER™

13.2 Eindimensionale Verfahren

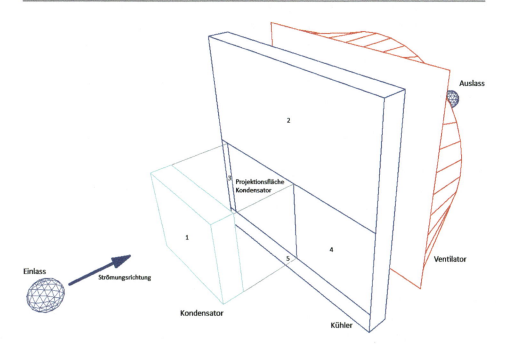

Abb. 13.8 Dreidimensionale Darstellung segmentierter Luftpfade im Kühlerpaket

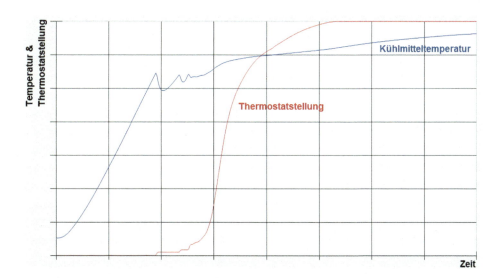

Abb. 13.9 Beispiel für die Auswertung des Aufheizverhaltens

Digital Industries Software auf Anfrage gerne zusätzliches Informationsmaterial zur Verfügung.

Hinweise zum Simcenter FloMASTER™ Virtual Lab und zu weiterführendem Informationen

Um eigene Erfahrungen im Umgang mit der 1D-Simulation zu sammeln, stellt Mentor, ein Siemens Business unter https://www.mentor.com/products/mechanical/product-eval/flowmaster-vlab die Software Simcenter FloMASTER™ zum Test zur Verfügung. Fragen oder weitere Informationen erhalten Sie bei Mentor Graphics (Deutschland) GmbH, Hanauer Landstr. 114–116, 60314 Frankfurt unter +49-69-130253-0.

© The mark Simcenter FloMASTER™ and the Simcenter FloMASTER™ Logo are Community Trade Marks of Mentor, a Siemens Business

13.3 Zwei- und dreidimensionale Verfahren

Tab. 13.3 zeigt die wichtigsten der Strömungssimulation zugrunde liegenden Gleichungen und jeweiligen Verfahren:

a) Reibungslose Strömung (Potentialströmung)
Durch die Überlagerung einer Parallel- mit einer Quell-Senkenströmung nach dem in Abb. 13.10 angedeuteten Muster entsteht eine Potentialströmung, welche durch eine geschlossene Fläche in eine Innen- und Außenströmung unterteilt wird, wobei sich eine bestimmte Trennfläche ergibt, die als Körperoberfläche aufgefasst werden kann. Von praktischem Interesse ist nur die Außenströmung; umgekehrt kann durch mathematische Operationen zu einer vorgegebenen Körperform die zugehörige Quell-Senkenströmung gefunden werden. Wegen der Linearität der Potentialgleichung Gl. 4.10, ist die Überlagerung beliebiger Einzellösungen immer möglich.

Durch dieses einfache Schema ergeben sich allerdings nur Potentialströmungen ohne Kraftwirkung normal zur Anströmrichtung (Auftrieb, vgl. Abschn. 10.1). Letztere erfordert im Prinzip zumindest die zusätzliche Überlagerung von (stetig verteilten)

Tab. 13.3 CFD-Ausgangsgleichungen und Verfahren

Strömungsart	reibungslos	reibungsbehaftet			
Gleichung	Potentialtheorie	Navier–Stokes-Gleichung			Kinetische Gastheorie
		zeitgemittelt	zeitabhängig		
Verfahren	Panelverfahren	RANS-Verfahren (engl. RANS = Reynolds-Averaged Navier–Stokes Equ.)	LES-Verfahren (engl. LES = Large Eddy Simulation)	DNS-Verfahren (engl. DNS = Direct Numerical Sim.)	Lattice-Boltzmann-Verfahren

13.3 Zwei- und dreidimensionale Verfahren

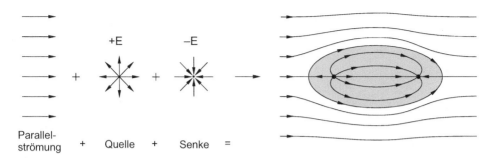

Abb. 13.10 Schema für die Erzeugung der Umströmung (Potentialströmung) eines symmetrischen Körpers (Zylinder oder rotationssymmetrischer Körper) durch Überlagerung von Parallelströmung, Quell- und Senkenströmung gleicher Ergiebigkeit; nur die Strömung außerhalb der Trennstromlinie (dreidimensional: Trennstromfläche) ist von Interesse

Potentialwirbeln. Als Randbedingung beim Panelverfahren muss gefordert werden: Auf der vorgegebenen Körperoberfläche muss die Geschwindigkeit tangential sein (die Geschwindigkeitskomponente normal zur Oberfläche muss daher null sein). Aus dieser Forderung lässt sich im Prinzip eine räumliche Quell-, Senken- und Wirbelverteilung ableiten, welche die Außenströmung um den durch Panels gegebenen Körper beschreibt.

Das **Panelverfahren** beruht im Prinzip auf dieser Vorgangsweise. Zur Simulation ist nur die Oberfläche in Form diskreter Flächenelemente, sog. Panels einzugeben; die potentialtheoretischen Operationen (lineares Verfahren) werden durch das Programm ausgeführt.

An der Körperoberfläche tritt Relativgeschwindigkeit auf (nicht Haften wie in der Realität). Des Weiteren bleibt die Potentialströmung im Heckteil anliegend (keine Ablösung). Wenn die Grenzschichten dünn bleiben, nähert das Panelverfahren die Strömung zumindest im vorderen Teil gut an. Dies kann natürlich nur im Einzelfall durch einen Strömungsexperten beurteilt werden.

Auch in jüngster Zeit wurde das Panelverfahren in der Luftfahrtindustrie z. B. zur Berechnung (dauert nur wenige Minuten) der Druckverteilung unter extremen Flugbedingungen eingesetzt, welche die Informationen für Festigkeitsrechnungen der Außenhaut und Stützstruktur geben. Abb. 13.11a zeigt die Paneldarstellung für das Flugzeug B-747 mit daran befestigtem Space Shuttle, sowie einen Vergleich der gemessenen und berechneten c_a-Werte nach Chapman, ($Ma = 0{,}6$) entnommen aus [32]. Das Panelverfahren erweist sich besonders bei schlanken stromlinienförmigen Körpern als brauchbares Entwurfswerkzeug. Abb. 13.11b zeigt die Paneldiskretisierung für den VW-Kastenwagen nach S. R. Ahmed und W.-H. Hucho (entnommen aus [18]) und einen Vergleich simulierter und gemessener Oberflächendrücke im Längs-Mittelschnitt bei axialer Anströmung. Hierbei wurde auch das Totwassergebiet durch einen „Körper" simuliert. Man erkennt den Staupunkt vorne ($c_p = 1$) und den scharfen Dachkantensog ($c_p = -2{,}5$).

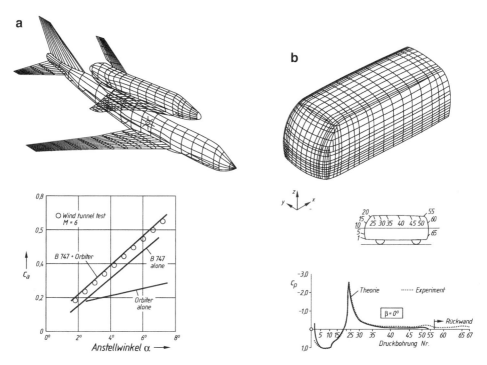

Abb. 13.11 Beispiele für die Anwendung des Panelverfahrens, **a** Space Shuttle huckepack auf dem Flugzeug B-747 montiert; unten: Vergleich gemessener und berechneter Auftriebsbeiwerte, **b** Paneldiskretisierung für den VW-Kastenwagen; unten: Vergleich gemessener und berechneter Oberflächendrücke im Längs-Mittelschnitt

Der große Vorteil von Panelverfahren ist, dass man nur relativ wenig Diskretisierungselemente benötigt; diese können meist von vorhandenen CAD-Oberflächengeometrien abgeleitet werden. Leider liefert das Verfahren i. Allg. nur im Bugteil brauchbare Ergebnisse. Über den sinnvollen Einsatz des Verfahrens kann nur eine in der Strömungslehre erfahrene Person entscheiden.

b) Verfahren für reibungsbehaftete Strömung basierend auf den Navier–Stokes-Gleichungen

Bei diesen Verfahren ist für die Berechnung ein Strömungsraum festzulegen. Im Fall einer Strömung um einen Körper soll der Raum so gewählt werden, dass der Fehler durch die Numerik bzw. die Randbedingungen klein bleibt. Beispielsweise kann der Strömungsraum ein Quader mit einigen Körperlängen als Seitenlängen sein. Das Berechnungs-Gitternetz wird dann im Strömungsraum (in verschiedenen Bereichen verschieden fein) generiert. Es entstehen je nach Methode Gitterpunkte oder finite Volumenelemente. Im Folgenden werden die in Tab. 13.3 aufgelisteten RANS-, LES- und DNS-Verfahren erläutert (siehe auch [52]).

13.3 Zwei- und dreidimensionale Verfahren

Zeitgemittelte Navier–Stokes-Gleichungen (kurz „RANS")

An Hand von Tab. Tab. 5.2 hatten wir bereits die Navier–Stokes-Gleichungen für ebene stationäre Strömung erörtert. Erweitert für instationäre dreidimensionale Strömungen (inkompressibles Fluid) lautet die erste der drei Gleichungen:

$$\rho\left(\frac{\partial w_x}{\partial t} + w_x\frac{\partial w_x}{\partial x} + w_y\frac{\partial w_x}{\partial y} + w_z\frac{\partial w_x}{\partial z}\right) = -\frac{\partial p}{\partial x} + \underbrace{\eta\left(\frac{\partial^2 w_x}{\partial x^2} + \frac{\partial^2 w_x}{\partial y^2} + \frac{\partial^2 w_x}{\partial z^2}\right)}_{\substack{\text{Schubspannungsterm; in} \\ \text{Kurzschreibweise:} \\ \eta\cdot\Delta w_x; \ \Delta \ \text{Laplace-Operator}}} \tag{13.1}$$

Die drei Navier–Stokes-Gleichungen drücken das Newton'sche Grundgesetz der Bewegung für ein Fluidteilchen aus. Hinzu kommt noch die Kontinuitätsgleichung für das Fluidelement:

$$\frac{\partial w_x}{\partial x} + \frac{\partial w_y}{\partial y} + \frac{\partial w_z}{\partial z} = 0 \tag{13.2}$$

Leider sind fast alle technisch wichtigen Strömungen (in Grenzschichten, Ablösegebieten, Nachlaufgebieten) hochgradig turbulent: Es bilden sich kleine Wirbel, die Bahnkurven der Teilchen verflechten sich unübersehbar, die ganze Strömung ist hochgradig instationär. Dies tritt auch dann auf, wenn die Mittelwerte von Geschwindigkeit und Druck in festen Punkten konstant bleiben (vgl. hierzu auch Abschn. 1.2 und 7.2).

Die numerische Simulation einer derartigen Strömung ist sehr aufwendig. Sie kann z. B. zur vergleichenden Beurteilung von Varianten eines Pkw-Entwurfs verwendet werden [30].

Für (quasi-)stationäre turbulente Strömungen mit in jedem Raumpunkt konstanten Mittelwerten von Geschwindigkeit und Druck (welche aber turbulent schwanken) eröffnet sich folgende Möglichkeit zur Vereinfachung der vollen, instationären Navier–Stokes-Gleichungen 13.1: Man spaltet die (turbulent) schwankenden Werte von Geschwindigkeit $w(t)$ und Druck $p(t)$ in zeitunabhängige stationäre Mittelwerte W und P sowie in kleine zeitabhängige Schwankungswerte $u(t)$, $v(t)$, $w(t)$; $p^*(t)$ auf, nach den Beziehungen:

$$w_x(t) = W_x + u(t); \ w_y(t) = W_y + v(t); \ w_z(t) = W_z + w(t); \ p(t) = P + p^*(t)$$

u, v, w, p*   zeitabhängige Schwankungswerte um den Mittelwert

Setzt man diese Ausdrücke in Gl. 13.1 ein, so erhält man nach einigen Umformungen (Details der Ableitung finden sich z. B. in [8]):

$$\rho\left(W_x\frac{\partial W_x}{\partial x} + W_y\frac{\partial W_y}{\partial y} + W_z\frac{\partial W_z}{\partial z}\right) = -\frac{\partial p}{\partial x} + \underbrace{\eta\cdot\Delta W_x}_{\substack{\text{Term} \stackrel{\wedge}{=} \text{normaler} \\ (\text{,laminarer'}) \\ \text{Schubspg.} \\ \text{vergl. Gl. 13.1}}} \underbrace{-\rho\left(\frac{\partial\overline{u}^2}{\partial x} + \frac{\partial\overline{uv}}{\partial y} + \frac{\partial\overline{uw}}{\partial z}\right)}_{\substack{\text{Reynolds-Spannungen (scheinbare} \\ \text{,turbulente' Spannungen)}}}$$

(13.3)

Zwei weitere analoge Gleichungen ergeben sich für die Koordinaten y und z. Dies sind die **zeitgemittelten Navier–Stokes-Gleichungen,** auch als **Reynolds-Gleichungen** bezeichnet (kurz ‚RANS', vgl. Tab. 13.3).

Der Querstrich in den Ausdrücken u^2, uv, uw bedeutet, dass die momentanen Schwankungswerte (zu multiplizieren und) über die Zeit zu mitteln sind. Mit diesen Ausdrücken sind die (scheinbaren) turbulenten Spannungen gebildet; diese sind i. Allg. um ein Vielfaches größer als die ‚laminaren' Schubspannungen, sodass letztere in den RANS meist vernachlässigt werden können. Bei der Rohrströmung hatten wir bereits auf den Begriff ‚turbulente Schubspannung' hingewiesen (vgl. Gl. 8.4). Real sind nur die ‚laminaren' Schubspannungen, d. h. jene mit dem Term $\eta\cdot\Delta w$ gebildeten (die Einheit der Gleichungsterme ist übrigens nicht jene einer Spannung, sondern ‚Spannung/Länge' wegen der Ableitungen nach Koordinaten x, y, z). Wegen des Verzichts auf eine genaue Verfolgung der verflochtenen Teilchenbahnen (Turbulenz) muss man die durch seitliche Austauschbewegungen von Wirbelballen zwischen einzelnen Fluidelementen bedingten Kraftwirkungen global durch „scheinbare turbulente Spannungen" berücksichtigen. Diese sind nicht nur Schubspannungen, sondern entsprechen einem kompletten Spannungstensor im Sinne der Festigkeitslehre (vgl. [8]).

Man ersieht aus Gl. 13.1 und 13.3, dass die RANS-Gleichungen mit den stationären N. S.-Gleichungen für die Mittelwerte bis auf den Reynolds-Spannungsterm übereinstimmen. Dieser Term erfasst die Turbulenzwirkungen. Die Simulationsprogramme verwenden hierfür ‚empirische Turbulenzmodelle' insbesondere das sog. k-ε-Modell. Unmittelbar an der Körperoberfläche wird Haften angenommen, gefolgt von einer laminaren Unterschicht. Ein sog. ‚logarithmisches Gesetz' für die Geschwindigkeit leitet zum Bereich des Turbulenzmodells über (bezüglich log. Wandgesetz vgl. Tab. 7.1).

Einflussgrößen wie: Größe der Wirbelelemente, Frequenz von Bildung und Zerfall der Wirbel, Wirbeltransportgeschwindigkeit u. a. sind für verschiedene Turbulenzzonen eines Strömungsproblems nicht gleich.

Die Anwendung des Standard k-ε-Modells gibt in einigen Fällen nicht die gewünschte quantitative Übereinstimmung zwischen Simulations- und Versuchsergebnissen, insbesondere bei Strömungen mit Ablösung. In den letzten Jahren wurden verbesserte Modelle entwickelt, wie z. B. das Shear-Stress-Transport-Modell (SST-Modell, [53]).

13.3 Zwei- und dreidimensionale Verfahren

In der Wahl des geeigneten Turbulenzmodells liegen die Hauptschwierigkeiten der RANS-Methoden. Durch Vergleiche von Simulations- und Versuchsergebnissen kann ein gewisser Erfahrungsschatz aufgebaut werden.

Als Beispiel einer CFD-Lösung unter Verwendung der RANS-Gleichungen zeigt Abb. 13.12a die Strömung um ein Gittermastsegment [54]. Mit dieser Simulation kann ein Einblick in die Strömung gewonnen sowie die Widerstandskraft auf das Segment bestimmt werden. Als weiteres Beispiel zeigt Abb. 13.12b die Strömung auf die Becher einer Peltonturbine [55, 56]. Dabei ist der Wasserstrahl mit der kinetischen Energie eingefärbt. Es wird instationär und mit bewegtem Gitter gerechnet, da sich die Peltonturbine relativ zu den sechs Wasserstrahlen dreht. Abb. 13.12c stellt beispielhaft das verwendete Oberflächengitter auf einem der Becher dar. Abb. 13.12d präsentiert die Gegenüberstellung von experimentellen und numerischen Ergebnissen. An fünf verschiedenen Messpunkten wird der Verlauf des Druckbeiwerts verglichen.

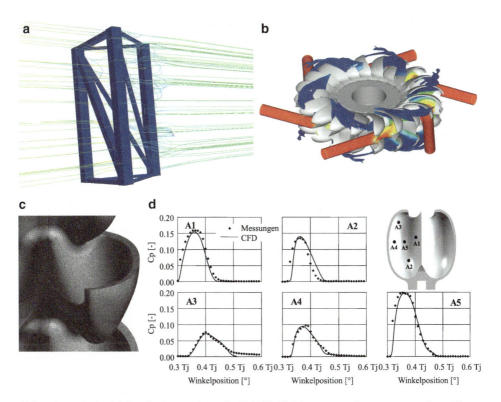

Abb. 13.12 Beispiel für die Anwendung der RANS-Gleichungen: **a** Strömung um einen Gittermasten; Software STAR-CCM+[54], **b** Peltonturbine (Fa. ANDRITZ HYDRO): Turbinenrad mit auftreffenden Wasserstrahlen eingefärbt mit der kinetischen Energie; Software ANSYS CFX (nach [55, 56]), **c** Gitter im Bereich des Turbinenbechers, **d** Vergleich gemessener und berechneter Druckbeiwertsverläufe für verschiedene Positionen auf dem Becher in Abhängigkeit vom Drehwinkel ($T_j = 60°$ bei 6 Düsen)

DNS-Verfahren (DNS = Direct Numerical Simulation)

Ausgangsgleichungen sind die instationären Navier–Stokes-Gleichungen 13.1 ohne Mittelung wie bei Gl. 13.3. Bei diesem Verfahren (Tab. 13.3) muss das Berechnungsgitternetz so fein sein, dass jeder einzelne Kleinwirbel realistisch erfasst werden kann. Hierzu sind große Rechner-Speicherkapazitäten und Rechengeschwindigkeiten erforderlich, um vertretbare Rechenzeiten zu ermöglichen. Aus diesem Grunde werden derzeit DNS-Verfahren i. Allg. nur für relativ einfache Geometrien und niedrige Reynolds-Zahlen (meist $Re < 10^3$) eingesetzt (eher für Forschungszwecke als für Entwurfsaufgaben): Der Vorteil der DNS-Verfahren ist, dass das leidige Problem der Wahl des Turbulenzmodells (wie bei den RANS-Verfahren) wegfällt, da ja die Wirbel im Detail erfasst werden. Daher ist eine globale Erfassung durch Reynolds-Spannungen nicht erforderlich. Die Eingabe des Viskositäts-Wertes des Fluid genügt zur Berechnung der Schubspannungen!

LES-Verfahren (LES = Large Eddy Simulation; eddy, engl.: Wirbel)

In Strömungen erfolgt die Umsetzung der kinetischen Energie der Wirbel in Reibungswärme meist in Stufen. An Ablösestellen werden meist zunächst wenige großräumige Wirbel gebildet, bei deren Einrollung entstehen wieder große Geschwindigkeitsgradienten quer zur Strömung und es bilden sich in weiterer Folge aus einem großen viele kleinräumige Wirbel. Dieser Vorgang kann sich u. U. in weiteren Stufen (sog. Kaskaden) wiederholen. LES-Verfahren erfassen die Strömung um einen Körper einschließlich der großräumigen Wirbel nach Art der DNS-Verfahren, benutzen aber für die Dissipation der vielen kleinen Wirbel eine Modellierung Deshalb kann man mit erträglichem Rechenaufwand einerseits Strömungen mit wesentlich höheren Re-Werten erfassen als die DNS-Verfahren und andererseits in vielen Fällen zuverlässigere Ergebnisse erzielen als mit reinen RANS-Verfahren.

Außer den in Tab. 13.3 genannten RANS-, LES- und DNS-Verfahren gibt es noch weitere Ansätze, z. B. das sog. Detached-Eddy-Simulation-(DES) Verfahren [57]. Hierbei wird nahe der Wand das RANS-Verfahren, im Rest der Strömungsfeldes das LES-Verfahren eingesetzt. Es wird daher auch als hybrides Verfahren bezeichnet.

Anmerkung

Neben den kommerziellen Programmen, wie z. B. ANSYS-CFX, ANSYS-FLUENT und STAR-CCM+, existiert der öffentlich, frei zugängliche Software-Quellcode OPENFOAM®.

c) Lattice-Boltzmann-Verfahren

Alle bisher erörterten Verfahren gehen vom Fluid als Kontinuum aus. Ein Fluid kann aber auch als aus bewegten Teilchen zusammengesetzt gedacht werden im Sinne der kinetischen Gastheorie. Dem Verfahren legt man nicht Moleküle zugrunde, sondern Teilchen, die um Zehnerpotenzen größere Massen und Volumina haben. Deren Bewegung wird simuliert; dann werden durch geeignete Mittelwertbildung die

13.3 Zwei- und dreidimensionale Verfahren

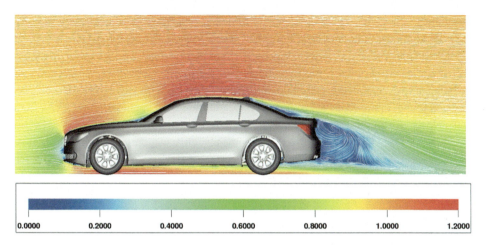

Abb. 13.13 Berechnete Geschwindigkeitsverteilung mit Stromlinien im Mittelschnitt eines 7er BMW [58]

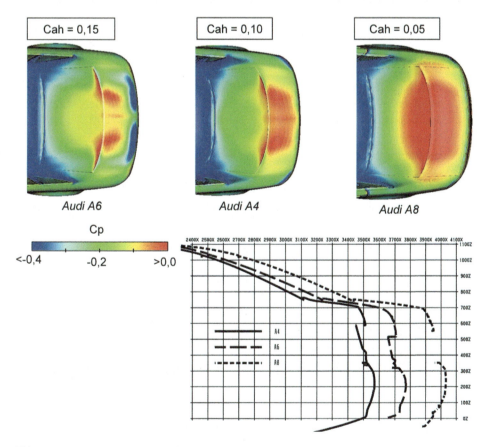

Abb. 13.14 Druckverteilungen (dimensionslos) und Heckauftriebsbeiwerte c_{ah} für die drei Audi Fahrzeuge A6, A4 und A8 (aus [18], nach [59])

Strömungsgrößen der Kontinuumsströmungslehre berechnet. Ein derartiges Konzept liegt der kommerziellen Software PowerFLOW® zugrunde. Dieses Programm wird z. B. für die Außenaerodynamik von Fahrzeugen eingesetzt. In Abb. 13.13 wird an Hand der Geschwindigkeitsverteilung die berechnete Strömung um einen Pkw dargestellt [58]. Phänomene wie Staupunkt, Geschwindigkeitsüberhöhungen im Bereich des Daches und Rückströmung hinter dem Fahrzeug werden eindrucksvoll sichtbar. Abb. 13.14 zeigt beispielhaft die durch PowerFLOW®-Berechnungen erhaltene Druckverteilungen auf Heckscheibe und -deckel für drei verschiedene Fahrzeuge [18, 59]. Je kantiger der Heckabschluss, desto größere Drücke und damit geringerer Hinterachsauftrieb treten auf. Die Strömungssimulation bietet auch hier den Einblick in die Strömung und Erklärungen für Auswirkungen von Geometrieänderungen.

13.4 Grundsätzliche Vorgehensweise

Nach Auswahl eines in Abschn. 13.3 geschilderten Verfahrens erfordert die Durchführung jeder Berechnung drei wesentliche Schritte:

1. Vorbereitung; engl. *Preprocessing:*
   - Bereitstellung der Geometrie:
     Erstellung von einfachen Geometrien bzw. Einlesen (Importieren) von Daten aus Konstruktionsprogrammen mit Aufbereitung der Daten, evtl. Vereinfachung der Geometrie bzgl. strömungsmechanisch unwichtiger Details (z. B. kleine Nuten) und Erzeugung einer geschlossenen Oberfläche für automatische Gittergenerierung.
   - Diskretisierung des Rechenraums:
     bei Panelverfahren: nur auf der Körperoberfläche;
     sonst im passend gewählten Rechenraum, z. B. Inneres eines Rohrkrümmers, Außenraum um ein Fahrzeug: Verwendung von Gitterpunkten bzw. Volumenzellen.
   - Festlegung von Fluid- und Strömungseigenschaften (zeitabhängig?, 3D?, turbulent?, inkompressibel?, isotherm?, …)
   - Festlegung von Anfangsbedingungen für die unbekannten Größen, z. B. Geschwindigkeitskomponenten, Druck
   - Wahl der Randbedingungen, z. B. am Eintritt, am Austritt, an der Wand und an einer evtl. vorhandenen Symmetrieebene
   - Wahl der Rechenbedingungen, z. B. des Abbruchkriteriums bei einer iterativen Rechnung (Anzahl der Iterationsschritte bzw. maximal zulässiger Rechenfehler)
2. Eigentliche numerische, strömungsmechanische Berechnung; engl. *Solving*

3. Auswertung; engl. *Postprocessing:*
Darstellung der numerischen Ergebnisse in Grafiken, Diagrammen und Tabellen.
Dabei gibt es verschiedene Möglichkeiten der Auswertung:
- 0D: Zahlenwerte, z. B. Gesamtdruckverlust in einem Rohrsystem bzw. Widerstands- und Auftriebsbeiwerte bei der Außenumströmung eines Körpers. Letztere Werte müssen durch Integration über die Körperoberfläche berechnet werden.
- 1D: Verlauf längs einer Linie, z. B. Druckbeiwertsverlauf in Abb. 13.12d
- 2D: Flächenauswertung, z. B. Geschwindigkeitsverteilung (vgl. Abb. 13.13)
- 3D: räumliche Darstellung, z. B. Verlauf von Stromlinien (vgl. Abb. 13.12a)
- 4D: zusätzliche zeitliche Änderung, z. B. von Stromlinien durch Geometrieänderung (bei Drehung von Windturbinen) oder Turbulenz (im Nachlauf eines Pkw)

Speziell interessierte Leser werden auf das praxisnahe Lehr- und Übungsbuch von Lecheler [60] verwiesen, das neben den Grundlagen der numerischen Strömungsberechnung anhand von drei Anwendungsbeispielen (Tragflügelumströmung, Rohrinnenströmung, Doppelrohr-Wärmeübertrager) die prinzipielle Vorgehensweise einer Berechnung sowie die konkrete Anwendung einer kommerziellen Software (hier: ANSYS-CFX) beschreibt.

Weitere Details der numerischen Verfahren und Vorgehensweisen können auch den Benutzerinformationen der entsprechenden CFD-Codes entnommen werden.

Anhang

© Springer Fachmedien Wiesbaden GmbH, ein Teil von Springer Nature 2021
S. Bschorer und K. Költzsch, *Technische Strömungslehre*,
https://doi.org/10.1007/978-3-658-30407-2

A.1 Diagramme und Tabellen

Tab. A.1 Eigenschaften der ICAO-Standard-Atmosphäre von 0 bis 20 km ü. d. M. (ICAO International Civil Aviation Organization). T, ϑ Temperatur, p Druck, ρ Dichte, a Schallgeschwindigkeit, ν kinematische Viskosität

H	T	ϑ	p/p_0	p	ρ/ρ_0	ρ	a	$\nu \cdot 10^6$
km	K	°C		bar		kg/m^3	m/s	m^2/s
0	288	15,0	1,0000	1,0132	1,0000	1,225	340	14,6
1	281,5	8,5	0,8870	0,899	0,9075	1,112	337	15,8
2	275	2,0	0,7846	0,795	0,8216	1,007	333	17,2
3	268,5	−4,5	0,6919	0,701	0,7421	0,909	329	18,6
4	262	−11,0	0,6083	0,617	0,6687	0,819	325	20,3
5	255,5	−17,5	0,5331	0,541	0,6009	0,736	321	22,1
6	249	−24,0	0,4656	0,472	0,5385	0,660	317	24,2
7	242,5	−30,5	0,4052	0,411	0,4812	0,590	312	26,5
8	236	−37,0	0,3513	0,357	0,4287	0,526	308	29,0
9	229,5	−43,5	0,3034	0,308	0,3807	0,467	304	31,9
10	223	−50,0	0,2609	0,265	0,3369	0,414	300	35,2
11	216,5	−56,5	0,2234	0,227	0,2971	0,365	295	38,9
12	216,5	−56,5	0,1908	0,193	0,2537	0,311	295	45,6
13	216,5	−56,5	0,1629	0,165	0,2167	0,265	295	53,4
14	216,5	−56,5	0,1392	0,141	0,1851	0,227	295	62,5
15	216,5	−56,5	0,1189	0,120	0,1581	0,194	295	73,2
16	216,5	−56,5	0,1015	0,103	0,1350	0,165	295	85,7
17	216,5	−56,5	0,0867	0,0879	0,1153	0,141	295	100,3
18	216,5	−56,5	0,0741	0,0751	0,0985	0,121	295	117,5
19	216,5	−56,5	0,0633	0,0641	0,0841	0,103	295	137,5
20	216,5	−56,5	0,0540	0,0547	0,0719	0,0881	295	161,0

Tab. A.2 Stoffwerte für Wasser bei 0,9807 bar bzw. beim Sättigungsdruck[a]. ϑ Temperatur in °C, p Druck in bar, ρ Dichte in kg/m³, η dynamische Viskosität in kg/m η ist nur ganz schwach druckabhängig, v kinematische Viskosität in m²/s

ϑ	p	ρ	$10^3\eta$	$10^6 v$
0	0,9807	999,8	1,792	1,792
10	0,9807	999,7	1,307	1,307
20	0,9807	998,2	1,002	1,004
30	0,9807	995,7	0,797	0,801
40	0,9807	992,2	0,653	0,658
50	0,9807	988,0	0,548	0,554
60	0,9807	983,2	0,457	0,475
70	0,9807	977,8	0,404	0,413
80	0,9807	971,8	0,355	0,365
90	0,9807	965,3	0,315	0,326
100	1,0132	958,4	0,282	0,295

[a]Nach Gröber/Erk/Grigull: Wärmeübertragung, 3. Aufl.

Tab. A.3 Stoffwerte für trockene Luft bei 1,013 bar[a]. η ist nur ganz schwach druckabhängig ($v \approx \eta/\rho$ bei von 1,013 bar abweichendem Druck), $\rho = 1,293 \cdot \frac{273}{T} \cdot \frac{b_0}{760}$ in kg/m³, b_0 Absolutdruck in Torr, oder $\rho = \frac{p}{RT}$, $R = 287$ J/kg K

ϑ	$10^5\eta$	$10^6 v$
-150	0,870	3,11
-100	1,18	5,96
-50	1,47	9,55
0	1,72	13,30
20	1,82	15,11
40	1,91	16,97
60	2,00	18,90
80	2,10	20,94
100	2,18	23,06
120	2,27	25,23
140	2,35	27,55

[a]Nach Gröber/Erk/Grigull: Wärmeübertragung, 3. Aufl.

Tab. A.4 Stoffwerte von Flüssigkeiten bei 0,981 bar bzw. beim Sättigungsdruck

Stoff	ϑ	ρ	$10^6\eta$	
Frigen 11 (R 11)	0	1536	549	0,357
Frigen 13 (R 13)	0	1119	216	0,193
Kohlendioxid CO_2	20	771	48	0,0062
Ethylalkohol	20	789,2	1190	1,508
Natrium	100	928	715	0,770
Quecksilber	20	13.550	1545	0,114
Spindelöl	60	845	4179	4,95
Transformatorenöl	60	842	7318	8,7

Tab. A.5 Stoffwerte von Gasen bei 0,981 bar

Stoff	ϑ	ρ	$10^6\eta$	$10^6\eta$
Ammoniak	100	0,540	13,0	24,1
Helium (0,981 bar)	20	0,1785	18,6	104,2
Helium (9,81 bar)	0	1,790	18,54	10,04
Kohlendioxid	50	1,616	16,2	10,0
Sauerstoff	20	1,105	20,3	18,4
Stickstoff	0	1,2505	16,6	13,26
Wasserdampf	100	0,578	12,851	22,1
Wasserstoff	50	0,0734	9,42	128
Ethan C_2H_6	0	2,05	8,6	4,19
R 11 $CFCl_3$	0	2,48	10,1	4,1
R 13 CF_3Cl	0	134	13,6	0,1
Methan CH_4	20	0,5545	10,8	19,47

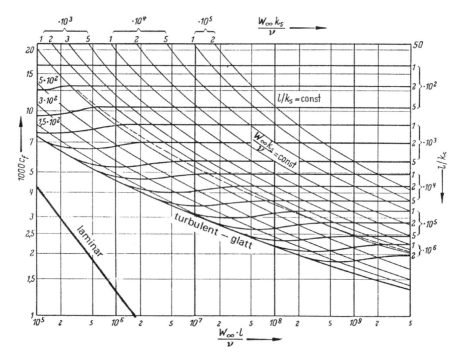

Abb. A.1 Widerstandsbeiwerte c_f für die sandraue Platte nach Prandtl-Schlichting; k_s Korngröße der Sandrauigkeit, l Plattenlänge, w_∞ Anströmgeschwindigkeit [8]

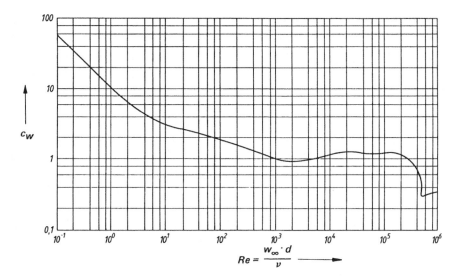

Abb. A.2 Widerstandsbeiwert für den glatten unendlich langen querangeströmten Zylinder nach Messungen von Wieselsberger, entnommen aus [8]

Tab. A.6 Durchflusskoeffizient C und Expansionszahl ε für Normblenden nach EN ISO 5167 – 2/ A1 2003

a) C für Norm-Blenden mit sog. Eck-Druckentnahme für den Wirkdruck; gültig für Rohrdurchmesser $D > 71{,}12$ mm ($= 2{,}80$ Zoll); Auszug; vgl. hierzu Aufgabe 8.40.

$\beta = d/D$	C für Re_D gleich			
	10^5	$3 \cdot 10^5$	10^6	10^{10}
0,60	0,6103	0,6075	0,6056	0,6021
0,65	0,6110	0,6075	0,6051	0,6005
0,70	0,6100	0,6056	0,6026	0,5968

C kann auch allgemein berechnet werden mit der sog. **Reader-Harris/Gallagher-Gleichung:**

$C = 0{,}5961 + 0{,}0261\beta^2 - 0{,}216\beta^8 + 0{,}000.521 \cdot (10^6 \beta/Re_D)^{0{,}7} + (0{,}0188 + 0{,}0063\,A)\beta^{3{,}5} \cdot (10^6/Re_D)^{0{,}3}$

wobei $A = (19.000\,\beta/Re_D)^{0{,}8}$

b) C für Norm-Blenden mit D-$D/2$-Druckentnahme-Messstellen für den Wirkdruck, Abb. 8.12; gültig für $D > 71,12$ mm; Auszug; vgl. hierzu Aufgabe 8.41

$\beta = d/D$	C für Re gleich			
	10^4	$3 \cdot 10^4$	$7 \cdot 10^4$	10^5
0,50	0,6168	0,6105	0,6077	0,6069

c) Für den Expansionskoeffizienten ε gilt für Gase für alle Arten der genormten Wirkdruckentnahme:

$$\varepsilon = 1 - (0,351 + 0,256\beta^4 + 0,93\beta^8) \cdot [1 - \left(\frac{p_2}{p_1}\right)^{1/k}]$$

k Isentropenexponent des Gases

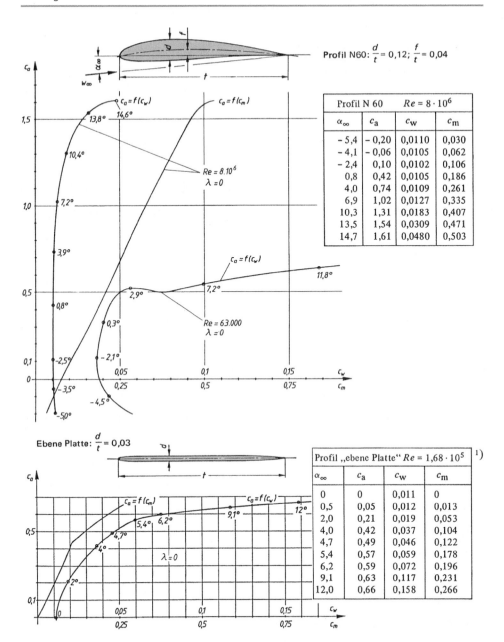

Abb. A.3 Tragflügelpolaren – Aerodynamische Beiwerte von Profilen [22, 23][1]) für $c_a < 0{,}5$ ist der Re-Einfluss gering und der Druckpunkt liegt bei $x_{DP} \approx 0{,}25t$

408   Anhang

A.2 Lösungsanhang

A.2.1 Ergebnisse für die Übungsaufgaben

Kapitel 1

1.1	a), d)
1.2	c)
1.3	a), b), d), e), f)
1.4	a)
1.5	a), d), e)
1.6	b), d)
1.7	d), e), f), h)
1.8	b)
1.9	c) in beiden Fällen, d)
1.10	c) in beiden Fällen, d)
1.11	a)
1.12	a), d)
1.13	a), c) $9{,}81\,\mathrm{Pa}$
1.14	$\Delta h = 0{,}00075\,\mathrm{m} = 0{,}75\,\mathrm{mm}$
1.15	$p_1 - p_2 = (\rho_\mathrm{M} - \rho)gl(\sin\alpha + A_2/A_1)$
1.16	a) $\dfrac{F_1}{A_1} = \dfrac{F_2}{A_2} + \rho g h$ b) $\dfrac{F_1}{A_1} = \dfrac{F_2}{A_2}; \dfrac{A_1}{A_2} = 5$; auf Kolben 2 c) $s_1 \cdot A_1 = s_2 \cdot A_2$
1.17	$F_1 = F_2 = F_3$
1.18	$m = 2{,}3\,\mathrm{kg}$
1.19	a) Der Eimer mit dem Holzstück, da dieses Gewicht dazu kommt. $0{,}036\,\mathrm{m}$ b) Keiner. Das verdrängte Wasser fließt über den Eimerrand
1.20	a) $p_0 \cdot A_\mathrm{Sch} - (p_0 + \rho g H_1) \cdot (A_\mathrm{Sch} - A_\mathrm{St}) + (p_0 + \rho g H) \cdot (A_\mathrm{V} - A_\mathrm{St}) - p_0 \cdot A_\mathrm{V} + F_\mathrm{G} - F_\mathrm{Boden} = 0$ b) $H_0 > 0{,}386\,\mathrm{m}$
1.21	$F = 1516\,\mathrm{kN}; z_\mathrm{D}^* = 2{,}67\,\mathrm{m}$
1.22	$8431\,\mathrm{m}$
1.23	a) bei Vernachlässigung der Schwere; c), d)
1.24	a) $\Delta p = 490{,}5\,\mathrm{Pa}$ b) $h_\mathrm{Quecksilber} = 3{,}7\,\mathrm{mm}; h_\mathrm{Alkohol} = 6{,}3\,\mathrm{cm}$ Alkohol für sehr kleine, Quecksilber für große Druckdifferenzen geeignet

1.25	Das Wasser haftet an der Oberfläche, wodurch der Strömung eine Krümmung aufgezwungen wird. An der äußeren Oberfläche herrscht Luftdruck. Wegen der Krümmungsdruckformel muss der Druck in körpernahen Stromlinien niedriger sein. Der äußere Luftdruck drückt den Strahl daher an die Oberfläche. Durch Gewichts- und Reibungswirkung löst der Strahl schließlich ab
1.26	a) Verlegung nicht erforderlich b) Verlegung erforderlich
1.27	$w(r) = \dfrac{\dot{m}}{2\pi s \rho} \cdot \dfrac{1}{r}$
1.28	$w_{\max} = 2w_0$

Kapitel 2

2.1	a), c), d), g)
2.2	d)
2.3	c), d), f)
2.4	b), e)
2.5	d)
2.6	a) Da an den luftberührten Stellen überall der gleiche Druck herrscht, muss dort auch die Geschwindigkeit gleich sein. b) Infolge der Zentrifugalwirkung ist dort der Druck höher als der Luftdruck und daher die Geschwindigkeit niedriger als c_0. c) Die Geschwindigkeitsverteilung muss dort konstant sein, da auch der Druck im abgehenden Strahl überall gleich groß ist.
2.7	Es muss ein schaufelfestes Bezugssystem gewählt werden, damit die Schaufelströmung stationär wird. Die Aussagen von Aufgabe 2.6 gelten nun bezüglich den Relativgeschwindigkeiten zur Schaufel
2.8	a) 46,2 m/s b) $p_x = 707$ Pa
2.9	$d_1 = 40$ mm, $d_2 = 35$ mm
2.10	$h_1 = 1,43$ m, $h_2 = 1,37$ m
2.11	a) $h = w^2/2g$ b) 0,204 m
2.12	a) $w_a = 6,26$ m/s b) $\dot{V} = 3,07$ l/s $= 11,1$ m³/h c) 0,259 bar d) nein

2.13	a) Luft tritt ein, b) nein, c) Wasser tritt aus d) 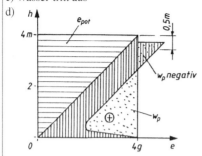
2.14	a) $\Delta p = gh\rho_L/(a^2 + \rho_L/\rho_F)$; $\dot{V} = A_L\sqrt{\dfrac{2gh}{a^2 + \rho_L/\rho_F}}$ b) $\bar{a} = 0{,}0723$ c) 484 Pa/0,281 L/s (82 %)
2.15	a) 39,8 m/s, 59,7 m/s, 1,19 m³/s b) $h_1 = 0$, $h_2 = 0$ c) ja (Reibungszone im Einlauf nur an der Wand)
2.16	a) 36,0 m/s b) für die Luftströmung: ja; für die Flüssigkeitsströmung: nein
2.17	a) 0,357 dm² b) $h_1 = 23{,}4$ mm, $h_2 = 0$
2.18	a) Bernoulli'sche Gl. zwischen Pkt. 1 am Oberwasserspiegel und einem Pkt. 2 im Strahl, h_2 Koordinate vom Boden weg; Bezugsdruck p_0 (Atmosphärendr.) $0 + 0 + g(H_0 + H) = p_2/\rho + w_2^2/2 + gh_2$ $w_2 = \sqrt{2gH}$ b) m³/s c) ja
2.19	a) 1,47 bar b) 1,67 bar, 1,62 bar
2.20	2,07 m
2.21	a) $w_2 = \sqrt{\dfrac{2(p_1 - p_2)}{\rho[1 - (A_2/A_1)^2]}}$ b) $w_2 = 71{,}4$ m/s, $\dot{V} = 0{,}561$ m³/s c) $w_2 = 9{,}96$ m/s, $\dot{V} = 0{,}016$ m³/s d) ja
2.22	a) $w_a = \sqrt{w_0^2 - 2gh_a}$ b) $p = p_0 + \rho g(h_a + h_e)$ c) 6,93 L/s d) nein

2.23	a) $w = 37,9$ m/s $= 136$ km/h b) $w_2 = 45,4$ m/s $= 164$ km/h c) In (reibungsfreien) Gasströmungen ist der Gesamtdruck in *allen* Punkten gleich groß, da die potentielle Energie vernachlässigt werden kann und daher: $p + \rho w^2/2 = p_{ges} = $ const d) Die gemessenen Geschwindigkeiten sind dann Relativgeschwindigkeiten gegenüber der Luft. Geschwindigkeit über Boden: $136 - 5 = 131$ km/h
2.24	a) 0,968 bar b) gleich wie an der Nase: 0,968 bar c) 432 km/h
2.25	a) 10,6 bar, b) 1,2 mm, c) 14,1 mm/s
2.26	a) 9,90 m/s b) $\dot{h} = -1,61$ cm/s $= -0,966$ m/min c) $\dfrac{dh}{dt} = -\dfrac{A_2\alpha}{A_K}\sqrt{2gh(t)}$, wobei: A_K Kammerspiegelfläche d) $A_2 = \dfrac{2A_K\sqrt{H}}{\alpha T\sqrt{2g}} = \dfrac{\sqrt{2}A_K\sqrt{H/g}}{\alpha T}$ e) $A_2 = 1,80$ m^2
2.27	a) $w = 12,5$ m/s, b) $\dot{h} = 3,65$ cm/s $= 2,19$ m/min c) $\dfrac{dh}{dt} = \dfrac{A_2\alpha}{A_K}\sqrt{2g\,h(t)}$ d) $A_2 = \dfrac{\sqrt{2}A_K\sqrt{H/g}}{\alpha T}$ e) $A_2 = 2,09$ m^2
2.28	a) $w_a = 92,2$ m/s b) $\dot{V} = 4,35 \cdot 10^{-3}$ m^3/s c) 373 kW h
2.29	17 Löcher
2.30	a) Turbinenbetrieb b) $\Delta e_{v,12} = 400$ N m/kg; $\Delta p_v = 4,0$ bar, $h_v = 40,8$ m c) $P_T = 52,4$ MW
2.31	a) $w = 48,3$ m/s, $\dot{m} = 84,6$ kg/s b) $w = 25,8$ m/s, $\dot{m} = 45,2$ kg/s
2.32	a) 4,36 bar b) $\zeta = 517$ c) $Y = 2800$ N m/kg, $P_h = 1730$ kW; $P_W = 2115$ kW, $P_{el} = 2300$ kW
2.33	a) 23,7 bar b) 542 kg/s

2.34	a) $Y = 422$ N m/kg
	b) $H = 43$ m
	c) $P_h = 211$ kW
	d) $P_W = 263$ kW

2.35	a) $Y = 2960$ N m/kg, $H = 302$ m
	b) $P_h = 1780$ kW
	c) 2370 kW
	d) $p_B = 19{,}5$ bar, $p_c = 49{,}1$ bar

2.36	a) $Y = 422$ N m/kg, $H = 43{,}0$ m
	b) $P_h = 7{,}50$ kW, $P_w = 10{,}1$ kW
	c) $P_{el} = 11{,}4$ kW
	d) $p_{s,\,abs} = 0{,}69$ bar

2.37	a) $p_s = 0{,}459$ bar (abs.)
	b) $p_D = 3{,}47$ bar (abs.)
	c) $P_h = 5{,}07$ kW, $\eta_p = 0{,}63$

2.38	a) $V = 1{,}96 \cdot 10^{-4}$ m^3
	b) $W_1 = 103{,}83$ N m

Kapitel 3

3.1	a), b), c), d)

3.2	b), d)

3.3	a) 70,7 kg m/s^2
	b) 353 kg m^2/s^3 (= W.)
	c) 70,7 N
	d) 21,2 N m
	e) $M = \dot{D}_2 - \dot{D}_1 = 70{,}7 \cdot 0{,}3 - 0 = 21{,}2$ N m

3.4	a) 22,4 m/s; $\dot{m} = 7{,}04$ kg/s
	b) 158 N
	c) $\Delta F = 1109$ N
	d) weniger
	e) Druck und Geschwindigkeit im Flanschquerschnitt nicht konstant

3.5	a) 196 N
	b) 196 N
	c) 78,5 N m
	d) 236 N, 196 N, 78,5 N m
	e) 211 N, 196 N, 82,2 N m

3.6	2930 N

3.7	a) $\alpha = \arcsin \dfrac{\dot{m}_1}{\dot{m}_0 - \dot{m}_1}$
	b) $6{,}89°$
	c) 636 N

3.8	a) $m = 2\dot{m}w_0/g$
	b) $m = 2\dot{m}w_0 \sin \alpha/g$
	c) 21,2 kg

3.9	a) $P = \dot{m} w_{jet} w_f$ b) $12.6 \, \text{m/s}^2$
3.10	a) $14.1 \, \text{m/s}$ b) $0.278 \, \text{kg/s}$ c) $3.92 \, \text{N}$ d) $68.6 \, \text{m/s}^2$ e) $73.6 \, \text{m/s}^2$
3.11	a) $24.900 \, \text{N}$ b) $5530 \, \text{kW}$ c) $\eta_v = 0.714$ d) $26.300 \, \text{N}$
3.12	a) $24.8 \, \text{kN}$ b) $6200 \, \text{kW}$ c) $\eta_v = 0.737$
3.13	a) $7930 \, \text{N}$ b) $14.230 \, \text{N}$ c) nein
3.14	a) nach links b) $73.2 \, \text{m/s}$ c) $416 \, \text{N}$ d) $h = \dfrac{2 \, m}{d^2 \pi \rho_F} \tan \alpha$; $19.5°$
3.15	$11.7 \, \text{m/s}$
3.16	$F_s = 2828/6 = 471 \, \text{N}$
3.17	a) $w_0 = 57.2 \, \text{m/s}$; $\dot{m}_0 = 0.135 \, \text{kg/s}$; b) $F_x = -7.71 \, \text{N}$; c) $F_{pl} = 7.71 \, \text{N}$; d) der Impulsstrom bleibt konstant; e) F_{pl} wird kleiner, da ϕ Freistrahl > ϕ Platte. Wenn die Platte ganz nahe ist, nimmt $\dot{m}_0$ ab, die Kraft wird kleiner, vgl. auch Beispiel 3.1
3.18	a) $p_2 = p_1 + 4.4 \, \text{Pa}$ (Druckzunahme) b) $34.3 \, \text{W}$ c) $11.4 \, \text{W}$
3.19	a) $e_{v,a} = 8 \, \text{N m/kg}$, $W_{v,a} = 43.900 \, \text{kW h}$ b) $D = 283 \, \text{mm}$ c) $\Delta p = 1/4 \rho w_1^2 = 4000 \, \text{Pa}$ d) Druckgewinn 50 %, Reibungsverluste und Verluste durch Mischungsbewegungen in der plötzlichen Erweiterung: 25 %, Austrittsverlust: 25 % e) $W_{el} = 33.800 \, \text{kW h}$
3.20	a) $717 \, \text{Pa}$ b) $512 \, \text{Pa}$ c) $\zeta = (A_1/A_2 - 1)^2$, hier $\zeta = 0.64$; $\Delta p_v = 717 - 512 = 205 \, \text{Pa}$

3.21	a) mit der Schaufel fest verbunden
	b_1) $P_1 = \dot{m}(c_1 - u)^2 \cdot (1 - \cos\beta_2) \cdot u/c_1$
	b_2) $P = \dot{m}(c_1 - u) \cdot (1 - \cos\beta_2) \cdot u$
	c) $u = c_1/2$
	d) $P_{max} = 60{,}3\,\text{kW}$
3.22	a) $c_1 = 62{,}8\,\text{m/s}$
	b) $H_{netto} = 201\,\text{m}$
3.23	a) 77,9 m/s
	b) 0,153 m³/s, 153 kg/s
	c) 9470 N m
	d) 930 min⁻¹
	e) 461 kW
3.24	a) $\dot{m} = 2740\,\text{kg/s}$
	b) $d_R = 2{,}72\,\text{mm}$
	c) $d_S = 96\,\text{mm}$
3.25	c), f)
3.26	c), d), f)
3.27	a) N m/kg, m²/s², d)
3.28	a) SM
	b) KM
	c) KM
	d) KM
	e) SM
	f) KM
3.29	a) $w_2 = 165\,\text{m/s}$, $w_m = 137{,}5\,\text{m/s}$
	b) 144 kg/s
	c) 1,27 m
	d) 869 kW
	e) 1260 kW
3.30	a) 1,33 MW
	b) 221 kN
3.31	a) $P_{el} = 4{,}21\,\text{kW}$
	b) 1040 N
3.32	Starke Winde (über etwa 25 m/s) sind selten. Es lohnt sich nicht, den mechanisch-elektrischen Leistungsstrang der WKA auch hierfür auszulegen. Ein entsprechender WKA-Rotor müsste dann auch mehr Blätter haben und/oder schneller laufen.

Kapitel 4

4.1	b), d), e), f)
4.2	c), e)
4.3	a) $w_r = 5{,}77/r$ (SI)
	b) 0,125 bar

4.4	a) $E = 30 \text{ m}^2/\text{s}$ b) $w_r = 4,77/r$ (SI) $p(r) = p_0 + 1/2\rho[w_a^2 - w_r^2(r)] = 10^5 + 54,7 - 13,7/r^2$ (SI)
4.5	$h(r) = 5,58$ mm WS (const)
4.6	a) $0,178 \text{ m}^3/\text{s}$ b) $r = 0,175 \cdot e^{0,268\widehat{\varphi}}$ (SI) c) $\varphi = 115°$ d) $2,13 \text{ bar}$ e) $M = 0$
4.7	a) $0,256 \text{ m}^3/\text{s}$ b) $r = 0,2 \cdot e^{0,325\widehat{\varphi}}$ (SI) c) $0,733 \text{ m}$ d) $1,33 \text{ bar}$
4.8	–
4.9	a) $w_r = \dfrac{E}{2\pi} \cdot \dfrac{1}{r}; w_\varphi = 0;$ b) Stromlinien: Gerade durch $x = y = 0$; Potentiallinien: konzentrische Kreise; c) $\Delta\Phi = \dfrac{\partial^2\phi}{\partial r^2} + \dfrac{1}{r} \cdot \dfrac{\partial\phi}{\partial r} = 0;$ $\Delta\Psi = \dfrac{1}{r^2}\dfrac{\partial^2\Psi}{\partial\varphi^2} = 0;$ d) –
4.10	
4.11	a) $w(\varphi) = -w_\infty 2\sin\varphi = -16\sin\varphi;$ b) $p(\varphi) = p_\infty + 1/2\rho w_\infty^2(1 - 4\sin^2\varphi) = p_\infty + 32.000(1 - 4\sin^2\varphi);$ c) $\varphi = \pm30°$; SI-Einheiten
4.12	$w_r = \dfrac{\partial\Phi}{\partial r} = w_\infty\left(1 - \dfrac{R^3}{r^3}\right)\cos\varphi; w_r(R) = 0$
4.13	a) –; b) $w(\varphi) = -w_\infty 3/2 \sin\varphi;$ c) $p(\varphi) = p_\infty + 1/2\rho[w_\infty^2 - w^2(\varphi)] = 10^5 + 4500[1 - 9/4\sin^2\varphi]$

Kapitel 5

5.1	b)
5.2	c), d), e)
5.3	b), c)
5.4	a), e)
5.5	a) Newton'sches Fluid b) Pseudoplastisches Fluid
5.6	a) $\tau = 15\ \text{N/m}^2$ b) $F = 0{,}90\ \text{N}$
5.7	$h = 0{,}2\ \text{mm}$
5.8	$\eta = 0{,}221\ \text{kg/m s}$
5.9	1,12 L/s
5.10	a) $2{,}48\ \text{m}^3/\text{h}$ b) $6{,}19\ \text{m}^3/\text{h}$ c) weniger, weil der mittlere Durchströmweg länger ist; 11,2 m/s, 9,87 m/s
5.11	a) $\eta = \dfrac{60(d_a - d_i)}{\pi^2 d_i^2 d_a h n} M_t$ b) $1{,}41 \cdot 10^{-3}\ \text{kg/m s}$ c) nein
5.12	Beachten Sie, dass $\Delta p \sim \eta w_\text{m} \sim \eta \dot{V}$ (vgl. Gl. 5.10) a) 40° C: $\dot{V}_1 : \dot{V}_2 = 4{,}72$; 20° C: $\dot{V}_1 : \dot{V}_2 = 21{,}4$ b) 60° C: 8 bar; 40° C: 22,9 bar; 20° C: 89,6 bar
5.13	a) $\eta \dfrac{\text{d}^2 w}{\text{d} y^2} = -\rho g \cos\alpha$ b) $\dfrac{\text{d}w}{\text{d}y} = 0$ an der Oberfläche $\rightarrow w = \dfrac{w_\text{max}(2yh - y^2)}{h^2}$; c) $\dot{V}_1 = \dfrac{1}{3\eta}\rho g h^3 \cos\alpha$
5.14	a) $\tau = \eta \dfrac{r\pi n}{30h}$; b) $293\ \text{N/m}^2$; c) $M = \eta\pi^2 n(R_a^4 - R_i^4)\dfrac{1}{60h}$; d) $P_\text{R} = \eta\pi^3 n^2 (R_a^4 - R_i^4)\dfrac{1}{1800h} = 62{,}7\ \text{W}$
5.15	a) $p_0 = \dfrac{8F}{\pi(D_1^2 + D_2^2)} = 34{,}3\ \text{bar}$; b) $\dot{V} = \dfrac{p_0 D_\text{m} \pi h^3}{6\eta(D_2 - D_1)} = 1{,}037\ \text{L/s}\ (0{,}0162\ \text{L/s})$; $\quad\quad\quad P = \dot{V} p_0 = 3560\ \text{W}\ (55\ \text{W})$; c) $P_\text{spez} = \dfrac{P}{F} = 0{,}0119\ \text{W/N}\ (0{,}000184\ \text{W/N})$

5.16	a) –; b) $F = \dfrac{p_0 \pi (R_2^2 - R_1^2)}{2 \ln(R_2/R_1)}$ c) $p_0 = 36{,}8$ bar; $\dot{V} = 1{,}09$ L/s; $P = 4030$ W
5.17	a) $p(x) = \dfrac{5{,}63 \cdot 10^6}{(1 - 6{,}25x)} - \dfrac{2{,}16 \cdot 10^6}{(1 - 6{,}25x)^2} - 3{,}46 \cdot 10^6$ $\qquad p_{\max} = 1{,}96$ bar bei $x = 36{,}9$ mm b) $w(0,y) = 5{,}44 \cdot 10^8 (y^2 - 8 \cdot 10^{-5} y) + 5/8 \cdot 10^5 (8 \cdot 10^{-5} - y)$; $\qquad w(0{,}06, y) = -1{,}373 \cdot 10^9 \cdot (y^2 - 5 \cdot 10^{-5} \cdot y) + 10^5 (5 \cdot 10^{-5} - y)$ c) $\tau(0; 0) = -795$ N/m^2 $\qquad \tau(0{,}06; 0) = -235$ N/m^2

5.18	SI-Einheiten
	a) $p(x) = 3 \cdot 10^{11} x^3 - 28 \cdot 10^{11} x^4 - 2 \cdot 10^7$;
	b) $\dot{V} = 3{,}11 \cdot 10^{-5}$ m^2/s;
	c) $F_1 = 6{,}06 \cdot 10^5$ N;
	d) $w_1 = 1{,}416 \cdot 10^{10} \cdot y^2 - 5{,}3 \cdot 10^5 \cdot y + 5$; $w_2 = -3{,}66 \cdot 10^{10} \cdot y^2 - 1{,}3 \cdot 10^5 \cdot y + 5$;
	e)
	$\quad \tau_1 = -16.000$ N/m^2 (entgegen w_0);
	$\quad \tau_2 = -4000$ N/m^2

5.19	a) –; b) $w(x, y, t) = 6w_0 x \dfrac{y^2 - yh(t)}{h^3(t)}$; c) $p(x) = 6\eta w_0 \dfrac{a^2 - x^2}{h^3(t)}$; d) $F_1 \dfrac{8a^3 \eta w_0}{h^3(t)}$
5.20	a) Für $h \to 0$ gilt $w \to \infty$ und die Beschleunigungskräfte können nicht mehr vernachlässigt werden, wie dies im gesamten Abschn. 5.6 erfolgte. Als Bedingung für die Vernachlässigung der Beschleunigungskräfte sei hier ohne Beweis angeführt $\qquad Re_w = \dfrac{w_0 h}{v} \ll 1$ w_0 ist hierbei die Plattenannäherungsgeschwindigkeit b) Größer, da nicht nur Kräfte zur Überwindung von Reibung, sondern auch für Beschleunigung aufgebracht werden müssen.
5.21	a) $F_1 = \dfrac{3{,}87}{(1 - 0{,}2t)^3}$; t Zeit in s. $\quad F_1$ in N/m; 3,87; 7,56; 17,9; 60,5; 484; ∞ N/m; b) $F_1 = 484.000$ N/m

5.22	a) $h = \sqrt{\dfrac{1}{\dfrac{1}{h_0^2} + \dfrac{G_1}{4a^3\eta} \cdot t}}$;
	b) $h = \sqrt{\dfrac{1}{10^4 + 1{,}03 \cdot 10^4 t}}$;
	$h = 7{,}01;\ 5{,}71;\ 4{,}41;\ 2{,}97$ mm
5.23	$\eta = 13{,}4 \cdot 10^6$ kg/m s

Kapitel 6

6.1	c), d), e)
6.2	d)
6.3	a) $Re = 5140$ bis 102.700; b) $1{,}55$ bis $31{,}0$ m/s; c) $0{,}765$
6.4	a) $13{,}2$ m/s; b) $k = 1{,}08$
6.5	a) $Re_g = 23.415$; $Re_f = 11.204$; b) $w_L = 29{,}5$ m/s; $w = 3{,}24$ m/s; c) $k_g = 0{,}152$; $k_f = 0{,}147$
6.6	a) 199 m/s; b) zu hohe Machzahl ($Ma = 0{,}58$); c) 103 m/s
6.7	a) Re, Str b) $w = 0{,}06$ m/s, $f = 0{,}2$ Hz c) $25{:}1$ d) $f = 0{,}0133$ Hz, $w = 0{,}0040$ m/s $p_{d,mo} = 8 \cdot 10^{-3}$ Pa ($p_{d,or} = 54 \cdot 10^{-3}$ Pa)
6.8	a) $Re = 4964$, $Str = 0{,}21$ b) $f = 2520$ Hz
6.9	a) 22 m/s; b) $M_{or} = 50$ N m; c) $M_{or} = 661$ N m
6.10	a) $Re_{or} = 3{,}83 \cdot 10^8$; $Re_{mo} = 0{,}807 \cdot 10^8$; b) 381; c) nein: $Re_{mo} = 0{,}12 \cdot 10^8$
6.11	a) $Fr = 0{,}701$; $Re = 4{,}25 \cdot 10^8$; b) $3{,}11$ m/s; c) $1{:}20^3$; d) 1000 km/h $= 278$ m/s; zu hohe Schleppgeschwindigkeit; Rauigkeitsstrukturen verschieden, Kavitation
6.12	–

Anhang   419

Kapitel 7

7.1	a)
7.2	b)
7.3	a) – b) $\delta = 0{,}00709\sqrt{x}$; $\delta^* = 0{,}00245\sqrt{x}$ c) $F_R = 0{,}0665$ N; $\tau_0(0{,}25) = 0{,}235$ N/m^2; $\tau_0(0{,}50) = 0{,}166$ N/m^2
7.4	$\delta = 0{,}106$ m
7.5	$F_{R,F} = 4{,}5$ N $(c_f = 0{,}0066)$; $F_{R,R} = 17{,}6$ N $(c_f = 0{,}0028)$
7.6	$F_R = 340$ kN $(c_f = 4{,}1 \cdot 10^{-3})$
7.7	a) $F_R = 169$ kN $(c_f = 3{,}8 \cdot 10^{-3})$; b) $P_R = 1880$ kW
7.8	a) $Re = 92{,}7 \cdot 10^6$ b) $F_R = 48{,}6$ kN c) 1730 kW d) 2540 kW $(= 3460$ PS$)$

7.9	a) $56{,}7$ m/s;
	 b) $1{,}78$ m^3/s;
	 c) $\delta = 3{,}11$ cm;
	 d) $\delta^* = 3{,}84$ mm;
	 e) $1{,}65$ m^3/s;
	 f) $k_s \approx 0{,}03$ mm $(l/k_s \approx 70.000$, Abb. A.1 bzw. Gl. 7.3$)$

7.10	a) 297 L/h, 295 L/h, 293 L/h; b) 252 L/h, 222 L/h, 160 L/h; $\quad$ Verdrängungsdicken δ^*: 0,079; 0,133; 0,262 mm
7.11	a) $d = 1{,}29$ mm $\approx 1{,}3$ mm
7.12	$k_s < 8{,}8$ µm
7.13	a) $x_u = 28$ mm b) $\delta = 0{,}00148\sqrt{x}$; $\delta = 0{,}25$ mm bei $x = 28$ mm $w(y)$: Abb. 7.4 $\eta = 5 \triangleq 0{,}25$ mm c) $\delta(x) = 0{,}0143 x^{0{,}8}$; $\delta = 31{,}8$ mm bei $x = 2{,}7$ m d) $\delta^*(x) = 0{,}00182 x^{0{,}861}$; $\quad \delta^* = 4{,}27$ mm bei $x = 2{,}7$ m (1,3 %) e) $F_R \approx 0{,}85$ N kleiner (1,3 %)
7.14	a) $\dot{m}_1 = \dot{V}_1 \cdot \rho = (s - \delta)w_0\rho$ b) $\dot{J}_1 = (s - \delta \cdot 4/3)/\rho w_0^2$ c) $\delta^{**} = 2/3\delta$ d) $\overline{w} = w_0 \dfrac{s - \delta \cdot 4/3}{s - \delta} \approx w_0\left(1 - \dfrac{4\delta}{3s}\right)$

Kapitel 8

8.1	a), c)
8.2	b), c)
8.3	b), c)
8.4	a), c)
8.5	1,68 bar ($\lambda = 0,037$)
8.6	a) 11,5 bar ($\lambda = 0,0107$) b) 33 m c) 1733 m über Meeresspiegel
8.7	a) 110 MW b) $\Delta p_{v1} = 1,86$ bar ($\lambda = 0,00933$); $h_{v1} = 18,9$ m $\quad\Delta p_{v2} = 5230$ Pa ($\lambda = 0,00794$); $h_{v2} = 0,533$ m $\quad P_v = 15,3$ MW; 13,9 % c) $8,41 \cdot 10^7$ kWh d) 23,8 %
8.8	a) $\Delta p_v = 46.300$ Pa ($\lambda = 0,0146$), $p_2 = 0,0767$ bar b) $\Delta p_v = 44.800$ Pa ($\lambda = 0,0129$, aus Colebrook-Diagramm), $p_2 = 0,0920$ bar
8.9	a) $Re = 1,11 \cdot 10^5$ b) $\lambda = 0,0250$ c) $d/k \approx 500$ (Colebrook-Diagramm), $k \approx 0,1$ mm
8.10	a) $w_B = 4,40$ m/s, $\dot{m}_E = 77,8$ kg/s $\quad \dot{m}_{ges} = 3\dot{m}_E + 80$ kg/s $= 314$ kg/s b) $z_c \approx 114$ m
8.11	a) 34,6 m/s b) 4,55 kg/s c) $d = 52$ mm d) $p_{pü} = 6,08$ bar ($\lambda = 0,0176$ aus Diagramm)
8.12	a) $d = 37,8$ mm b) 4 Köpfe (iterativ bestimmt)
8.13	a) ja, $H_{erf} = 658$ m für $\dot{V} = 130$ m³/s ($\lambda = 0,02013$) b) $\dot{V} = 59,4$ m³/s ($\lambda = 0,02013$); c) ja, $70 > 67,5$ m
8.14	a) laminar (reibungsfrei $Re = 2287$) b) 1,54; 2,39; 3,50 cm³; c) 1,40; 2,09; 2,95 cm³; d) $Re = 443$; 589; 747; e) $L_{ein} \approx 0,0625 \cdot Re \cdot d < l = 0,05$ m
8.15	a) $w_a = 8,86$ m/s b) $0,320 \cdot 10^5$ Pa ($\lambda = 0,0316$) c) $Y = 65,0$ N $\cdot$ m/kg d) 181 W e) 7,9 kW h

8.16	a) $w_a = 21{,}5$ m/s, $\dot{V} = 3{,}80$ L/s ($\lambda = 0{,}0359$) b) $h_s = 23{,}6$ m
8.17	$h_1 = 5{,}03$ m
8.18	a) $w_a = \sqrt{\dfrac{(w_0^2 - 2gh_a)}{1 + \sum \zeta + \lambda l/d}}$; b) $p = p_0 + g\rho h_e + 1/2\rho(w_0^2 - w_a^2)$; c) $3{,}80$ L/s; ($\lambda = 0{,}0181$) d) Im Gegensatz zu Ansaugen aus ruhendem Fluid (Abb. 8.10) wird hier der scharfkantige Einlauf parallel angeströmt. Wegen der Verzögerung der Strömung wird nur ein Teil des Wassers in das Rohr strömen. Der andere Teil wird nach außen abgelenkt, was zur Ablösung der Außenströmung führt.
8.19	$d_a = 87{,}8$ mm ($w_i = 1{,}18$ m/s, $\lambda_i = 0{,}0408$, $Re_i = 3948$, $w_a = 0{,}647$ m/s, $\lambda_a = 0{,}0466$, $Re_a = 1373$
8.20	$k_s \approx 0{,}03$ mm ($Re = 180.000$; $d/k_s \approx 20.000$ aus Colebrook-Diagramm)
8.21	a) 229 N/m^2 b) Steigrohr: $w_S = 0{,}287$ m/s; Fallrohr: $w_F = 0{,}283$ m/s ($\lambda_S = 0{,}0350$; $\lambda_F = 0{,}0302$)
8.22	$d_h = 15{,}4$ mm; $Re = 6{,}77 \cdot 10^4$; $\Delta p_v = 0{,}134$ bar
8.23	456 N/m^2 für $p_2 = p_1 - \Delta p_v$
8.24	a) $\tau = \eta \dfrac{dw}{dr} = -232r$ (τ in N/m^2, r in m); b) $3{,}48$ N/m^2; c) $3{,}48$ N/m^2 (aus $\lambda = 64/Re$)
8.25	$H_A = 40 + 11{,}9 \cdot \dot{V}^2$ (SI-Einh.)
8.26	a) $H_A = 40 + 12{,}2 \cdot \dot{V}^2$ (SI-Einh.) b) $\dot{V} = 0{,}498$ m^3/s
8.27	a) $h_v = 1{,}83$ m ($\lambda = 0{,}0207$) b) $\dot{V} = 154$ m^3/h
8.28	a) $\Delta p_t = (\lambda \cdot l/d_h + 3 \cdot 1{,}27 + 0{,}5 + 1) \cdot 1/2 \cdot \rho w^2 = 1815$ Pa ($\lambda = 0{,}0222$) b) $P_{el} = \dfrac{\dot{V} \Delta p_t}{\eta_{ges}} = 1{,}68$ kW
8.29	a) $2{,}08$ ‰, $h_v = 0{,}625$ m ($\lambda = 0{,}0284$) b) gleich wie bei a) da $d_h = d$
8.30	a), c), d)
8.31	a) $d_2 = 0{,}78$ m ($\varphi_{opt} = 8°$, Abb. 8.8) b) $80{,}8$ Pa ($\rho = 1{,}15$ kg/m^3, $\eta_u = 0{,}625$)
8.32	a) $\Delta p_{va} = 6254$ Pa b) $d = 0{,}52$ m ($\varphi_{opt} = 7°$, $\eta_u = 0{,}70$) c) 4378 Pa d) $\Delta p_v = 1184$ Pa; $\Delta p_{va} = 692$ Pa
8.33	a) $d_2 = 365$ mm ($\varphi_{opt} = 6{,}3°$) b) $\Delta p = 5920$ N/m^2 ($\eta_u = 0{,}74$)

8.34	a) $d_2 = 234$ mm ($\varphi_{opt} = 8°$)
	b) $\Delta p_D = 3828$ Pa ($\eta_u = 0,625$)
	c) 1973 kW h
8.35	$C = 4354$, $n = 1,701$
8.36	$\Delta p = 2,26$ bar
8.37	$\zeta = 0,0294$
8.38	Für das Regelventil bleibt ein Druckverlust von $\Delta p_v = 2,036$ bar, daraus $k_v = 189$
8.39	b), d) Venturirohr, Düse, Blende
8.40	a) $C = 0,6089$ ($Re = 160.000$, $\beta = 0,6688$)
	b) $q_V = 74,9$ m³/h
	c) $Re = 331.273$; $C \approx 0,6065$, Fehler $< 5‰$, keine Korrektur erforderlich
	d) $\dot{V} = 30,1$ m³/h ($Re_D = 132.893$, Korrektur von C nicht erforderlich)
8.41	a) 0,608 (laut Tab. A.6)
	b) 0,971 (Formal aus Tab. A.6c)
	c) 1,523 kg/s
	d) $Re_D = 136.000$, $C \approx 0,606$ (keine Korrektur erforderlich)
	e) $\dot{m} = 0,822$ kg/s ($\varepsilon = 0,991$; $C = 0,606$)
8.42	a) $d = 82,5$ mm (w = 2,6 m/s, Grenzbereich)
	b) $Re = 214.000$; $\lambda = 0,0217$; Ventile $\zeta_v = 2 \cdot 6,66$; $\Delta p_v = 1,66$ bar
	c) $p_{ü,p} = 1,66 + 1,5 + 4 \rho g \cdot 10^{-5} = 3,55$ bar
8.43	a) ja, Pumpe mit Laufrad $\varnothing$ 174 mm (Förderhöhe $H = 36,2$ m)
	b) $H_A = 19,3 + C_2 \cdot \dot{V}^2$; für $k = 0,1$ mm: $C_2 = 87.502$; für $k = 0,2$ mm: $C_2 = 97.341$
	c) neu: ca. 51 m³/h; gealtert: ca. 49,5 m³/h
	d) 50.516 kW h

Kapitel 9

9.1	a), c) beides
9.2	b), c) Widerstandsabnahme;
	d) bei gerundeten Körperkonturen
9.3	$d < \sqrt{\dfrac{18 \eta w_\infty}{\rho_w g}} = 5,97\,\mu$m
9.4	a) $Re = 0,0041$; $Kn = 0,00853$
	b) Ja, da $Kn < 0,01$
	c) $\rho = \dfrac{18 \eta w_\infty}{d^2 g} = 1978$ kg/m³;
	d) dieselbe, da $\eta \approx$ druckunabhängig;
9.5	a) $L_m = 0,0003 \cdot 223/0,265 = 0,25\ \mu$m
	b) $Kn = L_m/\delta = 0,00025$
	c) Ja, da $Kn < 0,01$

9.6	Gl. 9.7 → $w_\infty = \dfrac{g(m - \rho V)}{3\pi\eta d}$; Gl. 9.8 → $w = w_\infty(1 - e^{-kt})$; $k = \dfrac{3\pi\eta d}{m}$; Gl. 9.9 → $x = w_\infty\left[t - \frac{1}{k}(1 - e^{-kt})\right]$
9.7	a) Druckwiderstand b) Sog im Heckteil c) erhöht den Widerstand
9.8	a) 16,4 W; 131 W; ($c_w = 1,27$) b) 5,2 W; 41,2 W; ($c_w = 0,40$) c) 19,8 W; 159 W; ($P = 1/2\rho(w1,1)^2 c_w A w$)

9.9	a) $r = 5,1$ cm $\left[\left(\dfrac{r}{b}\right)_{opt} = 0,17\right]$;
	 b) $F_w = 6,81$ N ($c_w = 0,16$);
	 c) 189 W;
	 d) 31,1 N; 863 W ($c_w = 0,73$);
	 e) 8,24 N; 229 W

9.10	49 N, 196 N, 282 N ($c_w \approx 1$; Drahtlänge 207 m)
9.11	a) $1,14 \cdot 10^6$ b) 992 N
9.12	a) 285.000 b) 500.000 c) ja, ab 140 km/h bzw. 48 km/h
9.13	a) 1524 W ($c_w = 1,2$) b) 2195 W (1844 W) c) nein
9.14	a) 8,9 m/s ($c_w = 0,4$) b) 16 m
9.15	a) 15,5 m/s ($c_w = 0,4$) b) 48 m c) 0,73 N/m^2
9.16	43°

9.17	a) $w_\infty = 103{,}3\sqrt{\dfrac{d}{c_w}}$; w_∞ in m/s, d in m, $c_w = f(Re)$; 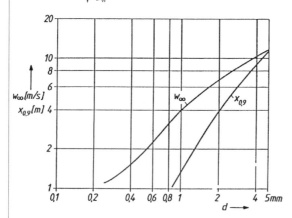
9.18	a) 2,11 m/s; b) 42, 52, 62°; c) 1,3 m
9.19	a) 1,13 m/s ($c_w = 0{,}4$); b) 1,13 m/s $\mathrel{\hat=}$ 4,07 km/h
9.20	a) $P = 33$ kW; b) 74,5 km/h; c) 155,2 km/h; d) 126,5 km/h
9.21	VW-Käfer: a) 15,7/30,6 kW; b) 19,6/38,2 kW; c) 7,55/11,3 l/100 km AUDI-100: a) 47,5/88,7 kW b) 59,4/111 kW; c) 15,2/22,5 l/100 km
9.22	Durch längeren zylindrischen Teil können die Übergeschwindigkeiten $w - w_\infty$ besser abgebaut werden, vgl. Abb. 9.9

9.23	a) $P = 17{,}4$ kW;
	b) $w_{\max} = 212$ km/h;
	$m w \dot w + 1/2 \rho A c_w w^3 + 0{,}02\, mgw - P \cdot \eta = 0$
	c) bzw. $800 w \dot w + 0{,}372 w^3 + 157 w - 85.000 = 0$;
	(SI - Einheiten)

9.24	60 km/h Motorhaubenkante 101 km/h Dachkante

Anhang 425

Kapitel 10

10.1	a), weil Reibung Abströmung an der Hinterkante erzwingt b), c), e)
10.2	a), b), d), e) $c_a = f(c_w)$
10.3	a) b) Abfall, bei sehr kleinen Re neutral c) nach vorne d) –
10.4	a) 1,41 m/s b) $F_A = 193\,\text{N}$ $\qquad$ $\varepsilon_{opt} = 0,0106$ $\quad F_w = 2,37$ $\qquad$ $\gamma_{opt} = 0,61°$ $\quad M = 7,41\,\text{Nm}$ $\quad$ $F_A = 154\,\text{N}$ $\quad \varepsilon = 0,0123\,(1{:}81)$ $\quad F_w = 1,63\,\text{N}$ c) $\alpha = 5°$ d) 10^5 bis $2 \cdot 10^6$
10.5	a) $Re = 1,67 \cdot 10^6$ b) $1610\,\text{N}\ (c_a = 1,6)$ c) $42,6\,\text{N}/3,79\,\text{kW}\ (c_w = 0,020)$
10.6	a) $c_a = 0,714$ b) $\alpha = 3,73°$ c) $\alpha = 4,71°$ d) $F_w = 3231\,\text{N}\ (1703\,\text{N}/52,7\,\%)$ e) $8,7 \cdot 10^6\ (8 \cdot 10^6)$
10.7	$\varepsilon_{opt} = 0,0290,\ \gamma_{opt} = 1,66°,\ \alpha_{opt} = 2,85°$
10.8	a) 0,34 b) 2,12
10.9	a) $P = 60\,\text{kW}$; b) $c_a = 0,46$
10.10	$\quad \alpha_\infty^0 \qquad c_a \qquad c_{w\,ges}$ $\quad -5,4 \quad -0,20 \quad 0,0366$ $\quad -4,1 \quad -0,06 \quad 0,0337$ $\quad -2,4 \quad\ \ 0,10 \quad 0,0338$ $\quad\ \ 0,8 \quad\ \ 0,42 \quad 0,0447$ a) $\ 4,0 \quad\ \ 0,74 \quad 0,0688$ $\quad\ \ 6,9 \quad\ \ 1,02 \quad 0,1019$ $\quad 10,3 \quad\ \ 1,31 \quad 0,1506$ $\quad 13,5 \quad\ \ 1,54 \quad 0,2049$ $\quad 14,7 \quad\ \ 1,61 \quad 0,2360$ b) $c_a \approx 1,1;\ \alpha_\infty \approx 7,5°;\ \varepsilon = 0,012;$ c) $c_a \approx 0,70;\ \alpha_\infty + \Delta\alpha \approx 3,6° + 2,55° = 6,15°$ $\quad \varepsilon = 0,093$ d) $\gamma = \arctan \varepsilon = 5,3°$
10.11	a) $c_a = 0,404$; b) $P_M = 53,9\,\text{kW}$

10.12	a) $c_{a\,max} = 1{,}61$; b) $w_{min} = 26{,}4$ m/s $= 95$ km/h; c) $w_R = 40{,}1$ m/s $= 144$ km/h
10.13	a) $b = 8{,}94$ m, $t = 1{,}43$ m; b) $\varepsilon = 0{,}084$ ($c_{a\,opt} = 0{,}75$)

10.14	a) 33 % ($w_2 = w_1 \cdot 1{,}33$);
	b) 33 % ($P_2 = P_1 \cdot 1{,}33$);
	c) 137 % ($P_2 = 2{,}37 P_1$)

10.15	a) $w = 36{,}5$ m/s; b) $\alpha = 6{,}33°$; c) $\alpha = 9{,}25°$
10.16	b)
10.17	a) $w = 9{,}17$ m/s b) $Re = 1{,}28 \cdot 10^5 > (6 \text{ bis } 8) \cdot 10^4 \rightarrow$ tauglich
10.18	Für Punkte 1 bis 7 im Beispiel ergeben sich folgende Wertepaare w/w_y in km/h/m/s: 231/3,45; 216/3,02; 162/1,62; 124/1,08; 103/0,75; 81/0,667; 74/1,62
10.19	a) $Re = (1{,}5 \text{ bis } 1{,}76) \cdot 10^7 \gg 10^5 \rightarrow$ überkritisch, daher Polare verwendbar b) $\alpha_{opt} = 7{,}5°$ c) $F_{AH} = 1{,}15 \cdot 10^6$; $F_{AB} = 0{,}581 \cdot 10^6$; d) $F_{AS} = 0{,}77 \cdot 10^6$ N
10.20	a) $Re_t = 527.000$ b) ja; $c_w \approx 7 \cdot 10^{-3}$ c) $F_W = 3\,NP_L \approx 83$ W

Kapitel 11

11.1	a) Ma b) ja
11.2	a) ist eine Zustandsgröße b) isentrope Zustandsänderung
11.3	$w = a = $ const gilt nicht exakt
11.4	$\Delta T = 3{,}5$ K
11.5	a) $Ma = 1{,}56$ b) $w = 506$ m/s c) $+118°$C
11.6	–
11.7	a) $w = 2188$ km/h b) $128°$C c) $0{,}478$ bar

11.8	a) $p_2 = 0,65\,\text{bar}$, $T_2 = 294,4\,\text{K}$ b) $0,91\,\text{bar}$, $323,3\,\text{K}$
11.9	a) $A_{\text{krit}} = 2,72\,\text{cm}^2$ b) nein
11.10	a) 2,6 b) $79\,\text{cm}^2$; $230\,\text{cm}^2$ c) $b{:}h = 7,6 \times 30\,\text{cm}$ d) $124,5\,\text{K}$; $0,14\,\text{kg/m}^3$

Kapitel 12

12.1	a) kleineres L b) größeres λ
12.2	a) endlich b) nein c) ja d) ja
12.3	a) nein b) ja c) Schallgeschwindigkeit d) auch Druckabnahme
12.4	a) nein b) ja
12.5	a) $1100\,\text{m/s}$ b) $14,2\,\text{bar}$ c) Schließzeit $> 4,36\,\text{s}$

A.2.2 Lösungshinweise für * Aufgaben

Kapitel 1

1.15	Nullpunkt der Skala für $p_1 = p_2 \to h = 0$; h_1 sinkt etwas darunter ab: $h_1 A_1 = lA_2$; $h = l \cdot \sin\alpha$; $p_1 - p_2 = (\rho_\text{M} - \rho)g(h + h_1) = (\rho_\text{M} - \rho)gl(\sin\alpha + A_2/A_1)$
1.16	a) Druck in gleicher Tiefe ist gleich: $p_1 = p_2 + \rho g h$ mit $p = F/A$ b) $F_1 = F_2 A_1/A_2$ c) Volumen bleibt konstant: $V = s_1 \cdot A_1 = s_2 \cdot A_2$
1.17	$F_1 = F_2 = F_3 = (p_0 + \rho g h) \cdot A$ ist ungleich dem Flüssigkeitsgewicht. Die fehlende bzw. zusätzliche Kraft entsteht durch die Behälterwände.
1.18	Ann.: kein Druck zwischen Saugnapf und Decke $\to F = p_\text{Luft} \cdot A \to m = F/g$

1.19	a) Das Holzstück verdrängt eine Wassermenge, deren Gewicht gleich dem Gewicht des Holzstücks ist. Der Wasserspiegel steigt damit. Es gilt das Kräftegleichgewicht: Auftrieb (Gewichtskraft des verdrängten Volumens) = Holzgewichtskraft; $\rho_W g l b h_W = \rho_{Holz} g l b h \rightarrow$ Eintauchtiefe $h_W = h \rho_{Holz}/\rho_W$
1.20	a) Der Niveauregler schwimmt nicht, sondern das Ventil steckt im Ventilsitz. Somit ist der untere Bereich des Reglers nicht komplett von Wasser umgeben und die Auftriebsformel gilt nicht. Außerdem nimmt der Boden am Ventilsitz eine Kraft auf. b) $F_{Boden} = 0: -\rho g H_1 \cdot A_{Sch} + \rho g H \cdot A_V + F_G = 0$; Auftrieb des Schwimmers + Bodendruckkraft auf Ventil + Gewichtskraft des Reglers = 0
1.21	$z_S^* = h/2$; $F = \rho g z_S^* \cos \alpha A = 10^3 \text{kg/m}^3 g 2\text{m} \cos(15^\circ) 80 \text{ m}^2 = \ldots$ $$z_D^* = z_S^* + \frac{I_{xs}(A)}{z_S^* A} = \frac{h}{2} + \frac{b \cdot h^3/12}{h/2 \cdot bh} = \frac{2}{3} h = \ldots$$
1.26	Krümmungsdruckformel $dp/dr = \rho w^2/R \rightarrow \Delta p/\Delta r = \rho w_m^2/R_m$; $w_m = \dfrac{\dot{m}}{\rho A}$; $\Delta r = d$; $R_m = 3d$ $\Delta p = \Delta r \rho w_m^2/R_m$
1.28	$\dot{V} = R^2 \pi w_0 = \int_0^R 2r\pi\,dr \cdot w(r)$; $w(r) = w_{max}(1 - r^2/R^2)$ $R^2\pi w_0 = w_{max} 2\pi(R^2/2 - R^4/4R^2) \rightarrow \underline{w_{max} = 2w_0}$

Kapitel 2

2.8	Kontinuitätsgleichung: $30 \cdot 0,02 = w_2 \cdot 0,013$ w_2: mittlere Geschwindigkeit zwischen den Stromlinien, $w_2 = 46,1$ m/s Bern. Gl.: $p_\infty + 1/2\rho w_\infty^2 = p_2 + 1/2 w_2^2 \rho$; $p_2 = p_\infty + 1/2 \cdot 1,15(30^2 - 46,1^2) = \underline{p_\infty - 707\,\text{Pa}}$
2.9	(analog 2.26) Bern. Gl. oder Ausflussformel: $w_1 = \sqrt{2gh_1} = 4,43$ m/s $= w_2$, da gleiche Höhe $\dot{m}_1 = \rho_1 w_1 \dfrac{d_1^2 \cdot \pi}{4} \rightarrow d_1 = \ldots$; d_2 analog mit $\dot{m}_2$
2.10	$\dot{m}_1 = \rho_1 w_1 \dfrac{d_1^2 \pi}{4} \rightarrow w_1 = 5,3$ m/s; h_1 aus $w_1 = \sqrt{2gh_1}$; h_2 analog
2.11	a) Gesamtdruck am Pitotrohr (Gl. 2.13): $p_{ges} = (p_0 + \rho g h_1) + \frac{\rho}{2}w^2$; für diesen Druck gilt auch wegen der Wassersäule im Pitotrohr: $p_{ges} = p_0 + 0\, g(h_1 + h) \rightarrow h = w^2/(2g)$; b) …
2.12	a) Bern. Gl. Wasseroberfläche 1 – Schlauchende a oder Ausflussformel: $w_a = \sqrt{2g \cdot 2\,\text{m}} = \ldots$ b) Kont. Gl.: $\dot{V} = w_a \dfrac{d_a^2 \pi}{4} = \ldots$ in $\dfrac{\text{m}^3}{\text{s}}$ c) Kont. Gl.: $w_2 = w_a \dfrac{A_a}{0,6 \cdot A_a} = 10,44$ m/s; Bern. Gl. 1 – Schlauchquetschung 2: $0 + p_0 + \rho g \cdot 2\,\text{m} = \dfrac{1}{2}\rho w_2^2 + p_2 + \rho g \cdot 4\,\text{m} \rightarrow p_2 = \ldots$

2.13	a) Ausflussformel: $w_a = \sqrt{2g(3,5 + 0,5)} = 8,86$ m/s
	Geschwindigkeit im Rohr, Kont. GL.: $w_R \cdot 1 = w_a \cdot 0,6 \rightarrow w_R = 5,31$ m/s
	Bern. Gl. Spiegel – Rohrstelle, wo Ventil: $p_0 + 0 + \rho\,g0,5 = p + 1/2\rho w_R^2 + 0$
	$p = p_0 + \rho(g0,5 - 1/2w_R^2) = p_0 - 9221$ Pa $\rightarrow$ Unterdruck $\rightarrow$ Luft tritt ein
	b) nein, da Vorzeichen des Klammerterms in p unabhängig von ρ
2.14	a) Trichter, w_F aus Bern. Gl. oder direkt aus Ausflussformel:
	$w_F = \sqrt{2g\,h - \dfrac{2\Delta p}{\rho_F}}$ (1)
	Bern. Gl. für Luftströmung Flaschenraum–Hals A_L:
	$\Delta p + 0 = 0 + 1/2\rho_L w_L^2$ (2) $\dot{V}_W = \dot{V}_L = A_F w_F = A_L w_L$ (3)
2.15	a) statischer Druck im Querschnitt A_2 aus Wandmessung:
	$p_3 - p_0 = \rho_W g \cdot (-0,2 \text{ m}) = -1962$ Pa
	w_2 aus Bern. Gl. Umgebung 0 – Querschnitt A_2: $0 + p_0 + 0 = \dfrac{1}{2}\rho_L w_2^2 + p_3 + 0$
	Kont. Gl. $\dot{V} = w_2 A_2 = w_1 A_1 = \ldots \rightarrow w_1 = \ldots$
	b) im Staupunkt wirkt jeweils der Gesamtdruck
	Es gilt in 0: $p_{ges} = \dfrac{1}{2}\rho_L w_0^2 + p_0 = p_0$. In den beiden Staupunkten tritt somit gegenüber
	dem Umgebungsdruck p_0 kein Überdruck auf
	c) Luft hat eine geringe Viskosität und die Querschnittsänderungen sind strömungsgünstig gestaltet. Daher kann in erster Näherung Reibungsfreiheit angenommen werden
2.16	a) 1) Bern. Gl. Flüssigkeitsspiegel–Rohraustritt,
	p Druck im Kanal
	$p_0 + 0 + 0 = p + 1/2\rho w_F^2 + \rho g0,05$
	$p = p_0 - 1/2800 \cdot 1^2 - 800\,g\,0,05 = p_0 - 792$ Pa (Unterdruck)
	2) Bern. Gl. Luft, Außen-Kanal. Der Unterdruck der Luft im Kanal muss 792 Pa sein, damit Flüssigkeit mit 1 m/s austritt.
	$p_0 + 0 = p + 1/2\rho_L w_L^2 \rightarrow w_L = \sqrt{2 \cdot 792/1,22} = 36,0$ m/s
	b) vgl. Abb. 2.10
2.17	a) Erf. Druck im Trichter, damit Flüssigkeit auf 0,2 m hochsteigt:
	$p = p_0 - \rho_F g\,0,2 = p_0 - 1570$ Pa
	Bern. Gl. Luft, Trichter (1) – Austritt (2)
	$p_0 - 1570 + 1/2\rho_L w_1^2 = p_0 + 1/2\rho_L 20^2 \rightarrow w_1 = 55,9$ m/s
	Kont. GL: $A_1 w_1 = A_2 w_2 \rightarrow A_1 = 0,357$ dm^2
	b) $h_2 = 0$: gleiche Geschwindigkeit wie am Austritt, daher auch gleicher Druck. h_1: um einen Staudruck höher:$1/2 \cdot 1,15 \cdot 20^2 = 230$ Pa $= 230/9,81 = 23,4$mm WS
2.21	a) Kont. Gl. und Bern. Gl. 1–2
	$A_1 w_1 = A_2 w_2 \rightarrow w_1 = w_2 A_2/A_1$
	$p_1 + 1/2\rho w_1^2 = p_2 + 1/2\rho w_2^2 \rightarrow w_1 = \ldots$
	b) 250 mm WS $= 250 \cdot 9,81$ Pa $= p_1 - p_2 \ldots$
	c) ja, da nur kurze Distanz 1–2

2.22	a) Mitbewegtes Koordinatensystem: Wasser strömt mit w_0 entgegen. Bern. Gl. weit vor dem Rohr (1) – Austrittsquerschnitt (a) $p_0 + \rho g h_e + 1/2\rho w_0^2 + 0 = p_0 + 1/2\rho w_a^2 + \rho g(h_e + h_a),\ w_a = \ldots$ b) Bern. Gl. (1) – Eintrittsquerschnitt (E), $w_B = w_a$ $p_0 + \rho g h_e + 1/2\rho w_0^2 = p_E + 1/2\rho w_E^2,\ p_E = \ldots$ c) vgl. Abb. 2.10
2.25	a) $p_{\ddot{u}} = F_G/A = 10{,}6 \cdot 10^5$ Pa, $A = D^2\pi/4$ b) Bern. Gl. vor Blende (1) – Austrittsquerschnitt (2) oder direkt aus Ausflussformel: $w_2 = \sqrt{2p_{\ddot{u}}/\rho} = 50{,}0$ m/s Kont. Gl. $A_2 w_2 = D^2\pi/4 \cdot 0{,}020,\ A_2 = \ldots,\ d = \ldots$
2.26	a) Bern. Gl. oder Ausflussformel $w_2 = \sqrt{2g\,H}$ b) Kont. Gl.: $\alpha \cdot A_2 w_2 = A_K \cdot \lvert \dot{h} \rvert \rightarrow \dot{h} = \ldots$ Koordinate h vom OW-Spiegel nach unten! c) $\dot{h} = dh/dt = -\dfrac{\alpha A_2}{A_K}\sqrt{2g\,h(t)} \rightarrow$ Trennung der Variablen $\dfrac{d\,h}{\sqrt{h}} = -\dfrac{\alpha A_2}{A_K}\sqrt{2g} \cdot d\,t,\ \int \dfrac{d x}{\sqrt{x}} = 2\sqrt{x}$
2.32	a) $\dot{V} = \dot{m}/\rho,\ w_1 = \dot{V}/A_1 = 2{,}44$ m/s, $w_2 = \dot{V}/A_2 = 1{,}37$ m/s Bern. Gl. 1–2 $p_1 + 1/2\rho w_1^2 + 0 = p_2 + 1/2\rho w_2^2 + g\rho 200 + \Delta p_v \rightarrow \Delta p_v = 436.000$ Pa $= \zeta 1/2\rho w_2^2 \rightarrow \zeta = 517$ Bern. Gl. 0–1: $0 + 0 + 0 + Y = p_1/\zeta + 1/2 w_1^2 + 0 + 5{,}5 \cdot 1/2 w_1^2$ $Y = \ldots, P_h = \dot{m}Y = \ldots, P_w = P_h/\eta_p = \ldots$
2.34	a) $w = \dot{V}/A = 2{,}55$ m/s Bern. Gl. A–B $0 + 0 + 0 + Y = 0 + 0 + g40 + 9 \cdot 1/2 w^2 \rightarrow Y = \ldots$ b) $H = Y/g \ldots$ c) $P_h = \dot{m}Y = \ldots$
2.35	a) Bern. Gl. A–D: $p_\infty + 1/2\rho w_A^2 + \rho g h_A + \Delta p_t = p_\infty + 1/2\rho w_D^2 + \rho g h_D + \Delta p_{V,ges}$; für die Wasseroberflächen gilt: $w_A = w_D = 0$; in den Rohren: $w_B = \dot{m}/(\rho A_B) = 1{,}81$ m/s; $w_C = \ldots = 1{,}56$ m/s für Druckverlust gilt: $\Delta p_{V,ges} = \Delta p_{V,A-B} + \Delta p_{V,C-D} = \zeta_{A-B}\dfrac{\rho}{2}w_B^2 + \zeta_{C-D}\dfrac{\rho}{2}w_C^2$ (beinhaltet neben Rohrreibung und Krümmerverlusten auch Einlaufverluste ins Rohr vor B und Ausströmverluste in den Behälter vor D); $\rightarrow \Delta p_t = 29{,}58$ bar; $Y = \Delta p_t/\rho = \ldots$; $H = \Delta p_t/(\rho g) = \ldots$; b) $P_h = \Delta p_t \cdot \dot{V} = \ldots$; c) $P_{Welle} = P_h/\eta_P = \ldots$; d) z. B. Bern. Gl. A–B: $p_\infty + 0 + \rho g h_A = p_B + 1/2\rho w_B^2 + \rho g h_B + \Delta p_{V,A-B} \rightarrow p_B = \ldots$ und Bern. Gl. B–C: $p_C + 1/2\rho w_C^2 + \rho g h_C = p_\infty + 0 + \rho g h_D + \Delta p_{V,C-D} \rightarrow p_C = \ldots$ mit $p_\infty = 1$ bar
2.38	a) $V = Kolbenfläche \cdot Hub = (d^2\pi/4) \cdot s$ b) Erw. Bern. Gl. UW–3: $p_0 + \Delta p_t = p_3 + \rho g H_3 \rightarrow \Delta p_t = p_{3\ddot{U}} + \rho g H_3 = 4{,}7 \cdot 10^5$ Pa $\rightarrow W_1 = \Delta p_t \cdot V$

Anhang   431

Kapitel 3

3.4	Bern. Gl. 1–2 oder Ausflussformel: $w_2 = \sqrt{\dfrac{2p_{\ddot{u}}}{\rho[1-(A_2/A_1)]^2}} = 22{,}4$ m/s, $\dot{m} = A_2\rho w_2 = \ldots$

a) Impulssatz, siehe Beispiel 3.1, 90° – Umlenkung $\rightarrow F = \dot{m}w_2 = 158$ N

b) zylindr. Kontrollfläche, Endflächen in Flansch- und Austrittsebene. Ohne Strömung bilden Schraubenkräfte und Flächenpresskraft ein Gleichgewichtssystem am Flansch. Zusätzlich bei Strömung:
$F_{res} = \dot{m}(w_2 - w_1) = A_1 p_1 - \Delta F \rightarrow \Delta F = \ldots$

3.5	$\dot{m} = A\rho w = 19{,}6$ kg/s

a) Koordinatensystem $\uparrow^{y}_{\rightarrow x}$ Kontrollfläche: rechteckig durch die beiden Flanschquerschnitte
$F_{res,y} = \dot{m}(w_{2y} - w_{1y}) = 19,6(0 - (-10)) = 196\text{N} = -Ap_{\ddot{u}} + F_z = 0 + F_z$

b) $F_{res,x} = Q = \dot{m}(w_{2x} - w_{1x}) = 19,6(10 - 0) = 196$ N

c) $M_b = \dot{D}_2 - \dot{D}_1 = \dot{m}w_2\,0{,}4 - 0$, Bezugspunkt in Flanschmitte $M_b = 78{,}5$ N m

d) $F_{res,y} = -Ap_{\ddot{u}} + F_z = 196$, $F_z = 196 + Ap_{\ddot{u}} = \ldots$, $F_{res,x}$ und M_b unverändert

e) $F_{res,y} = -mg + F_z = \dot{m}(w_{2y} - w_{1y}) = 196$ N $\rightarrow F_z = 211$ N
Q unverändert; $M_b - mg \cdot 0{,}25 = \dot{D}_2 - \dot{D}_1$, $M_b = 82{,}2$ N m

3.6	$\dot{m} = 50$ kg/s, $w_1 = \dot{m}/A_1 \cdot \rho = 2{,}83$ m/s, $w_2 = 6{,}37$ m/s

Kontrollfläche zylindrisch um Rohr, Endflächen durch Kompensatoren $\rightarrow +x$
Halteringkraft F von Umgebung auf Ring: $\rightarrow \stackrel{\wedge}{=} +F$
Impulssatz: $F_{res} = A_2 p_{2\ddot{u}} - A_1 p_{1\ddot{u}} + F = \dot{m}(-w_2 - (-w_1)) \rightarrow F = 2925$ N

3.7	a) Impulssatz in x-Richtung: $\dot{m}_1 w_0 + (-\dot{m}_2 w_0 \sin\alpha) = 0$; Massenerhaltung: $\dot{m}_0 = \dot{m}_1 + \dot{m}_2$

b) Impulssatz in y-Richtung: $\dot{m}_2 w_0 \cos\alpha - \dot{m}_0 w_0 = -F$ (Kraft zeigt in neg. y-Richtung)

3.8	Kontrollfläche, welche den Strahl in der Luft umschließt $+y \uparrow$

a) $F_{res} = -mg = \dot{m}(-w_0 - w_0) \rightarrow m = \dot{m}2w_0/g$

b) $F_{res,y} = -mg = m(-w_0 \sin\alpha - w_0 \sin\alpha)$, $m = 2w_0\dot{m}\sin\alpha/g$

3.10	a) Ausflussformel, Höhenunterschiede vernachlässigt $w = \sqrt{2p_{\ddot{u}}/\rho} = \ldots$

b) $\dot{m}_w = A\rho w = \ldots$

c) Kraft in Raketenachse: $\dot{m}_w w$

d) für Beschleunigung $a = F_{res}/m = \dot{m}_w w/m = \ldots$

e) Beschleunigung in Achsenrichtung:$a = (\dot{m}_w w - mg\sin\alpha)/m = \ldots$

3.12	$w_f = 900/3{,}6 = 250$ m/s, $\rho = 0{,}526$ kg/m^3 (ICAO - At)

$\dot{m} = \rho w = \dfrac{1{,}8^2 \pi}{4}0{,}526 \cdot 250$, $\dot{m} = 334{,}6$ kg/s

Mantelstrom $\dot{m}_2 = 0{,}8\dot{m} = 267{,}7$ kg/s, Kernstrom: 66,9 kg/s

a) Kontrollfläche wie Abb. 3.3, $F_p = 0$
$F_{res} = F_{sch} = \dot{m}_2(280 - 250) + \dot{m}_1(500 - 250) = \ldots$

b) $P = F_{sch}w_f = \ldots$

c) $\eta_v = P/\dot{E}_{kin} = \dfrac{F_{sch}w_f}{1/2[\dot{m}_1(500^2 - 250^2) + \dot{m}_2(280^2 - 250^2)]} = \ldots$

3.29	a) $\eta_v = 0,8 = \dfrac{2}{1 + w_2/w_1}$, $w_1 = w_f = 110$ m/s $\to w_2 = 165$ m/s, $w_m = 1/2(w_1 + w_2) = 137,5$ m/s b) $F_{sch} = \dot{m}(w_2 - w_1) = 7900 \to \dot{m} = 144$ kg/s c) 4 km Höhe $\rho = 0,819$ kg/m^3, $\dot{m} = \dfrac{D_{prop}^2 \pi}{4} \rho w_1 \to D_{prop} = \ldots$

Kapitel 4

4.4	a) $\dot{V} = 1,5$ m^3/s auf $s = 0,05$ m Achsenlänge $\to$ E $= \dot{V}/S = 1,5/0,05 = 30$ m^2/s b) Kont. Gl. $\dot{V} = 2r\pi s w(r)$, $w(r) = \dfrac{V}{2\pi s} \cdot \dfrac{1}{r} = 4,77/r$ (SI) Austrittsgeschwindigkeit $w_a = 9,55$ m/s Bern. Gl. (1) $\hat{=} r - (2) \hat{=}$ außen $p(r) + 1/2\rho w^2(r) = p_0 + 1/2\rho w_a^2 = p_0 + 54,7$ Pa $p(r) = p_0 + 54,7 - 13,7/r^2$ (SI) Gesamtdruck: $r = 0,5$ m $\to p_{ges} = p_0 + 1/2\rho w_a^2 = p_0 + 54,7$ Pa p_{ges} bleibt in reibungsfreier Gasströmung konstant
4.10	Stromlinien sind Linien konstanter Stromfunktion Ψ. Für den Zylinder findet man in Tab. 4.1 $\Psi = w_\infty(1 - R^2/r^2)y = w_\infty(r - R^2/r)\sin\varphi >= C$ Die Konstanten für die vier Stromlinien ergeben sich zu $(r \to \infty)$ cm, s; $C_1 = 800$ cm/s $\cdot$ 1 cm $= 800$ cm^2/s, $C_2 = 1600$ cm^2/s, $C_3 = 2400$ cm^2/s, $C_4 = 3200$ cm^2/s Zur Berechnung von Stromlinienpunkten benützen wir die Polarkoordinatenform und erhalten z. B. für C_1 $800(r - 16/r)\sin\varphi = 800 \to \dfrac{r^2 - 16}{r} \sin\varphi = 1 \to \varphi = \arcsin\dfrac{r}{r^2 - 16}$ Daraus können für angenommene Werte $r\varphi$ berechnet werden, z. B. $r = 6$ cm, $\varphi = 17,5°$ usw Die Rechnung könnte auch in dimensionsloser Form erfolgen
4.11	a) $w_\varphi = -\dfrac{1}{r}\dfrac{\partial\phi}{\partial\varphi}$, Tab. 4.1 Potential $\phi = w_\infty(r + R^2/r)\cos\varphi$ $r = R \to \phi = 2Rw_\infty\cos\varphi$, $w_\varphi = -\dfrac{1}{R}2Rw_\infty\sin\varphi = -2w_\infty\sin\varphi$ b) $p_\infty + 1/2\rho_\infty^2 = p(\varphi) + 1/2\rho w_\varphi^2 \to p(\varphi) = p_\infty + 1/2\rho(w_\infty^2 - w_\varphi^2) = p(\varphi) = p_\infty + 1/2\rho w_\infty^2(1 - 4\sin^2\varphi) = \ldots$ $p(\overline{\varphi}) = p_\infty \to 1 - 4\sin^2\overline{\varphi} = 0 \to \sin\overline{\varphi} = \pm 1/2; \overline{\varphi} = \pm 30°, \pm 150°$.

Kapitel 5

5.11	a) $\tau = \eta\dfrac{dw}{dr} \to \eta = \tau\dfrac{\Delta r}{w}$, $w = 1/2d_a\omega$; $\Delta r = 1/2(d_a - d_i)$ $\eta = \tau\dfrac{1/2 \cdot (d_a - d_i) \cdot 60}{d_a\pi n}$, $M_t = d_i\pi h\tau 1/2 \cdot d_i \to \tau = \dfrac{2M_t}{d_i^2\pi h}, \eta = \dfrac{60(d_a - d_i)}{\pi^2 d_i^2 d_a h n} \cdot M_t$ b) für ein Newton'sches Fluid müsste sein $M_t \sim \eta$, d. h. $M_t = 9 \cdot 10^{-6} \cdot 50/30 = 15 \cdot 10^{-6}$ N m

5.12	a) GL. 5.10 → $\Delta p \sim \eta w_m \sim \eta \dot{V}$ bei gleichen Spalten. Die Gesamtfördermenge bleibt unverändert: bei niedrigerer Temperatur fließt weniger über die Lagerspalten, mehr über das Druckhalteventil ($\Delta p = 4$ bar $=$ const.).

$$\dot{V} = \dot{V}_1 + \dot{V}_2 = 2 \cdot \dot{V}_2(60°) = \text{const.}$$

$$\dot{V}_2(\vartheta) : \dot{V}_2(60°) = \eta(60°) : \eta(\vartheta)$$

$$\dot{V}_1 : \dot{V}_2 = [2\dot{V}_2(60°) - \dot{V}_2(\vartheta)] : \dot{V}_2(\vartheta)$$

$$= \left[2\dot{V}_2(60°) - \dot{V}_2(60°)\frac{\eta(60°)}{\eta(\vartheta)}\right] : \dot{V}_2(60°)\frac{\eta(60°)}{\eta(\vartheta)}$$

$$\rightarrow \dot{V}_1 : \dot{V}_2 = 2 - \frac{\eta(60°)}{\eta(\vartheta)} : \frac{\eta(60°)}{\eta(\vartheta)}.$$

Damit wird:

40 °C: $\dot{V}_1 : \dot{V}_2 = [2 - 0{,}0712/0{,}2035] : 0{,}0712/0{,}2035 = 4{,}72$

20 °C: $\dot{V}_1 : \dot{V}_2 = 21{,}4$

$\Delta p \sim \eta \dot{V}$ 60 °C: 8 bar, da doppelte Menge durch Spalten!

40 °C: $8 \cdot 0{,}2035/0{,}0712 = 22{,}9$ bar

20 °C: $8 \cdot 0{,}797/0{,}0712 = 89{,}6$ bar

5.13	a) vgl. Abb. 5.12 ! $dF_{r\ddot{u}} = dF_{G\ddot{u}}$

$$dx \cdot b \cdot d\tau = -dx \cdot \cos\alpha \cdot \rho g \cdot dy \cdot b \rightarrow d\tau = -dy \cdot \rho g \cos\alpha$$

$$\frac{d\tau}{dy} = -\cos\alpha\rho g, \tau = \eta\frac{dw}{dy}, \rightarrow \eta\frac{d^2w}{dy^2} = -\rho g\cos\alpha$$

b) zweimalige Integration ergibt: $w'' = -\dfrac{\rho g}{\eta} \cos\alpha + C_1$

$$w = -\frac{g}{v} \cdot \cos\alpha\frac{y^2}{2} + c_1 y + c_2, \text{ Randbed.: } w(y=0) = 0 \rightarrow c_2 = 0$$

$$\tau(y=h) = 0 \rightarrow w'(h) = 0 \rightarrow c_1 = \frac{gh}{v}\cos\alpha$$

$$w(y) = -\frac{g}{v} \cdot \cos\alpha \cdot 1/2 \cdot y^2 + \frac{ghy}{v}\cos\alpha = \frac{g\cos\alpha}{v} \cdot (hy - 1/2 \cdot y^2); w_{max} = w(y=h)$$

c) $\dot{V} = 2/3 \cdot w_{max} h \cdot 1 = \dfrac{1gh^3}{3v} \cdot \cos\alpha$, mittlere Geschwindigkeit $w_m = 2/3 \cdot w_{max} = \dfrac{1gh^3}{3v}\cos\alpha$

5.14	a) $\tau = \eta\dfrac{u}{h}, u = r\omega$ Umfangsgeschwindigkeit $\rightarrow \tau = \eta\dfrac{r\pi n}{30h}$

b) $= \dfrac{7 \cdot 10^{-3} \cdot 0{,}15\pi 480}{30 \cdot 0{,}18 \cdot 10} = 293$ N/m^2

c) $M_t = \int_{R_i}^{R_a} \tau 2r\,\pi r \cdot r = \dfrac{2\pi\eta\pi n}{30h}\int r^3\,dr = \dfrac{\eta\pi^2 n}{60h}(R_a^4 - R_i^4) = \ldots$

d) $P_R = M_t \cdot \omega = \ldots$

5.19	a) Kont. GL: von der Platte zwischen $x=0$ und x verdrängter Volumenstrom: $\dot{V}(x) = xw_0$. Dieselbe Menge muss durch das Parabelprofil transportiert werden:

$$\dot{V}(x) = w_m h(t) = xw_0 \rightarrow w_m = xw_0/h(t)$$

b) $w(x,y,t) = w_{max}4(yh-y^2)/h^2 = 6w_m\dfrac{(yh-y^2)}{h^2} = \dfrac{6xw_0}{h^3(t)}[y\,h(t) - y^2]$

c) Nach Gl. 5.7 ist

$$\eta\frac{d^2w}{dy^2} = \frac{dp}{dx} = -\frac{6\eta xw_0 2}{h^3} \qquad p(x) = -\frac{6\eta w_0 x^2}{h^3} + C$$

$$p(x = \pm a) = 0 \quad C = \frac{6\eta w_0 a^2}{h^3} \rightarrow \quad p(x) = -\frac{6\eta w_0}{h^3}(a^2 - x^2)$$

$$\rightarrow \quad p_{max} = 6\eta w_0 a^2/h^3$$

d) $F_1 = 2a2/3p_{max} = \dfrac{8a^3\eta w_0}{h^3(t)}$ |

Kapitel 6

6.3	a) Methan, Anh., Tab. A.5: $\nu = 19{,}47 \cdot 10^{-6}$ m^2/s

$$Re_{or} = \frac{wd}{\nu} = \frac{(2 \text{ bis } 40) \cdot 0{,}05}{19{,}47 \cdot 10^{-6}} = \dots$$

b) $Re_{or} = Re_{mo} \rightarrow w_L = Re_{or}\dfrac{\nu_L}{d} = \dots: \nu_L = 15{,}11 \cdot 10^{-6}$ m^2/s (Anh., Tab. A.3)

c) Druckdifferenzen zwischen zwei Punkten verhalten sich wie die Staudrücke:

$$\frac{\Delta p_{Me}}{\Delta p_L} = \frac{(\rho w^2)_{Me}}{(\rho w^2)_L} \rightarrow \Delta p_{Me} = \Delta p_L\frac{(\rho w^2)_{Me}}{(\rho w^2)_L}0{,}765 \cdot \Delta p_L$$

$\rho_{Me} = 0{,}5545$ kg/m^3 (Anh., Tab. A.5),

$\rho_L = p/RT = 1{,}013 \cdot 10^5/287 \cdot 293 = 1{,}2046$ kg/m^3 |
| 6.12 | Wir wählen (zufällig) die Krümmungsdruckformel für reibungsbehaftete Strömungen aus Tab. 5.1 aus und führen dimensionslose Variable l^*, w^*, p^*, n^*, s^* für Längen, Geschwindigkeit und Druck ein:

$l^* = l/l_{ch}$, $w^* = w/w_{ch}$, $p^* = p/p_{ch}$

l_{ch}, w_{ch}, $p_{ch} = \rho w_{ch}^2$ sind feste charakteristische Größen der betreffenden Strömung. Damit wird aus der Originalformel:

$$\frac{\partial p}{\partial n} = \frac{\rho w^2}{R} + \eta\frac{\partial^2 w}{\partial n \cdot \partial s}, \quad \frac{\rho w_{ch}^2 \cdot \partial p^*}{l_{ch} \cdot \partial n^*} = \frac{\rho w_{ch}^2 \cdot w^{*2}}{l_{ch} \cdot R^*} + \frac{\eta w_{ch} \cdot \partial^2 w^*}{l_{ch}^2 \cdot \partial n^*\partial s^*}$$

Vereinfachung führt auf

$$\frac{\partial p^*}{\partial n^*} = \frac{w^{*2}}{R^*} + \frac{\eta}{\rho w_{ch}l_{ch}} \cdot \frac{\partial^2 w^*}{\partial n^*\partial s^*}$$

Ähnlich vergrößerte Modelle (anderes l_{ch}), welche von anderen Fluiden (anderes ρ, η), anderer Geschwindigkeit w_{ch} angeströmt werden, werden durch eine identische (*) Differentialgleichung beschrieben, wenn η: $(\rho w_{ch}\,l_{ch})$ für beide Strömungen gleich sind, d. h., wenn

$$\frac{1}{Re_{or}} = \frac{1}{Re_{mo}} \text{ oder } Re_{or} = Re_{mo}$$ |

Anhang 435

Kapitel 7

7.3	a) Anh., Tab. A.2: $\nu = 1{,}004 \cdot 10^{-6}$ m²/s, $Re_1 = wl/\nu = 0{,}5 \cdot 0{,}5/1{,}004 \cdot 10^{-6} = 250.000$. Grenzschicht strömt über der ganzen Platte laminar. Für $x = 0{,}25$ m wird die dimensionslose Koordinate n normal zur Platte $y^+ = y\sqrt{w_\infty/\nu \cdot x} = y\sqrt{0{,}5/(1{,}004 \cdot 10^{-6} \cdot 0{,}25)} = y \cdot 1411$ (SI) Der Wert $y^+ = 5$ in Abb. 7.4 entspricht einem Wandabstand $y = 5/1411 = 3{,}54$ mm. Der Wert $w/w_\infty = 1$ entspricht $w = 0{,}5$ m/s. Für $x = 0{,}5$ m ergibt sich analog: $y^+ = 5 \overset{\triangle}{=} y = 5$ mm b) Die Dicke δ der Grenzschicht beträgt fünf Einheiten des dimensionslosen Wandabstandes y^+, d. h. $y^+ = 5 = \delta\sqrt{w_\infty/\nu \cdot x} \to \delta = 5\sqrt{\nu/w_\infty} \cdot \sqrt{x} = 7{,}09 \cdot 10^{-3} \cdot \sqrt{x}$ (SI) Für die Verdrängungsdicke δ^* gilt: $y^+ = 1{,}73$ und daraus $\delta^* = 1{,}73\sqrt{\nu/w_\infty} \cdot \sqrt{x} = 2{,}45 \cdot 10^{-3} \cdot \sqrt{x}$ c) $F_R = c_f A 1/2\rho w_\infty^2$ für $Re = 250.000$ findet man im Anh., Diagr. 1: $c_f = 2{,}66 \cdot 10^{-3}$ damit wird $F_R = 2{,}66 \cdot 10^{-3} \cdot 0{,}5 \cdot 0{,}2 \cdot 2 \cdot 1/2 \cdot 1000 \cdot 0{,}5^2 = \underline{F_R = 0{,}0665\ \text{N}}$ Wandschubspannung $\tau_0 = \eta \cdot \left(\dfrac{dw}{dy}\right)_0$ Für die Ermittlung von $(dw/dy)_0$ entnehmen wir durch Tangentenanlegen in Abb. 7.4: $(dw/dy)_0 = \dfrac{w_\infty}{\delta \cdot 3/5}$ Damit wird: $x = 0{,}25$ m : $\tau_0 = \nu\rho \cdot \dfrac{w_\infty}{\delta 3/5} = 1{,}004 \cdot 10^{-6} \cdot 10^3 \dfrac{0{,}5}{3{,}54 \cdot 10^{-3} \cdot 3/5}$ $\qquad\qquad\qquad = 0{,}235\ \text{N/m}^2$ $\qquad x = 0{,}50$ m : $\delta_0 = 0{,}166\ \text{N/m}^2$
7.4	$\nu(11\ \text{km}) = 38{,}9 \cdot 10^{-6}$ m²/s nach Tab. A.1 im Anhang $Re = 6{,}81 \cdot 10^7 \to$ turbulente Grenzschicht, $\delta(x = l) = \ldots$ Anm.: mittlere Flügellänge für Airbus A380 = Flügelfläche/Spannweite = 845 m²/79, 8 m
7.5	$w_\infty = 50/3{,}6 = 13{,}8$ m/s, $Re = w \cdot l/\nu = 13{,}8 \cdot 80/1{,}307 \cdot 10^{-6} = 8{,}50 \cdot 10^8$ $\frac{l}{k_s} = \frac{80}{0{,}003} = 26.666 \to c_f = 4{,}1 \cdot 10^{-3}$, aus Anh., Diagr. 1 $F_R = c_f A 1/2\rho w_\infty^2 = 4{,}1 \cdot 10^{-3} \cdot 860 \cdot 1/2 \cdot 1000 \cdot 13{,}8^2 = \underline{340\ \text{kN}}$
7.8	a) 200 mm WS $\overset{\triangle}{=} 200 \cdot 9{,}81 = 1962$ Pa (Unterdruck) Bern. Gl. für die Kernströmung (die Grenzschicht überträgt den Druck der Kernströmung unverändert!) $\underline{w} = \sqrt{\dfrac{2 \cdot 1962}{1{,}22}} = \underline{56{,}7\ \text{m/s}}$ b) $\underline{\dot{V}} = Aw = \dfrac{0{,}2^2 \pi}{4} \cdot 56{,}7 = \underline{1{,}78\ \text{m}^3/\text{s}}$ c) $Re = \frac{wl}{\nu} = \frac{56{,}7 \cdot 2}{14{,}93 \cdot 10^{-6}} = 7{,}60 \cdot 10^6 \to$ Grenzschicht turbulent! Tab. 7.1, für von vorne an turbulente Grenzschicht, glatte Wand: $\delta = 0{,}37 x Re^{-2}; x = 2$ m $\to \underline{\delta} = 0{,}37 \cdot 2 \cdot (7{,}6 \cdot 10^6)^{-0{,}2} = \underline{3{,}11 \cdot 10^{-2}\ \text{m}}$ d) $\underline{\delta^*} = 0{,}01738 \cdot Re_x^{0{,}861} \nu/w_\infty = \underline{3{,}84\ \text{mm}}$ e) $\underline{\dot{V}} = (d - 2\delta^*)^2 \cdot \frac{\pi}{4} \cdot w = (0{,}2 - 2 \cdot 0{,}00384)^2 \cdot \frac{\pi}{4} 56{,}7 = \underline{1{,}65\ \text{m}^3/\text{s}}$ (7,3 % weniger) vgl. hierzu auch Gl. 7.4!

7.10	$d = 1{,}2$ mm; $w = 50$ m/s (vgl. Aufg. 2.25)

$$Re_\mathrm{d} = \frac{wd}{v} = \frac{50 \cdot 1{,}2 \cdot 10^{-3}}{8 \cdot 10^{-5}} = 750 \text{ laminare Düsengrenzschicht!}$$

Nach Gl. 7.5 beträgt die Verdrängungsdicke

$$\delta^* \approx \frac{d}{\sqrt{Re_\mathrm{d}}} = 1{,}2/\sqrt{750} = 0{,}044 \text{ mm} \rightarrow d = d_0 + 2\delta^* = 1{,}2 + 2 \cdot 0{,}044 = 1{,}29 \text{ mm}$$

Kapitel 8

8.6

a) $w = \dfrac{\dot{V}}{A} = \dfrac{54 \cdot 4}{4^2 \pi} = 4{,}30$ m/s, $Re = \dfrac{wd}{v} = \dfrac{4{,}30 \cdot 4}{1{,}00 \cdot 10^{-6}} = 17{,}2 \cdot 10^6$

$d/k_\mathrm{s} = 20.000 \rightarrow$ Abb. 8.4 oder Tab. 8.2 $\lambda = 0{,}0107$ (Übergangsbereich)

Erweiterte Bernoulli'sche Gl. 1–2

$p_1 + \rho g h_1 + 1/2 \cdot \rho w_1^2 = p_2 + \rho g h_2 + 1/2 \cdot \rho w_2^2 + \Delta p_\mathrm{v}; \ p_1 = 0; \ w_1 \approx 0$

$\Delta p_\mathrm{v} = \left(\lambda \cdot \frac{l}{d} + \Sigma\zeta\right) \cdot \frac{\rho}{2} \cdot w_2^2 = \left(0{,}0107 \cdot \frac{13.000}{4} + 0{,}5\right) 500 \cdot 4{,}3^2 = 3{,}26 \cdot 10^5$ Pa

daraus $p_2 = 11{,}5 \cdot 10^5$ Pa

b) $h_\mathrm{v} = \Delta p_\mathrm{v}/\rho g = \ldots$

c) $H_\mathrm{WS} = h_2 + \dfrac{p_2}{\rho g} = \ldots$

8.8

a) Kont. Gl. $\dot{m} = \rho w_2 A_2 \rightarrow w_2 = 3{,}68$ m/s; $Re = \dfrac{w_2 d}{v} = \ldots \rightarrow$ Strömung ist turbulent;

Druckverlust: $\Delta p_\mathrm{v} = \left(\zeta_\mathrm{Saugkorb} + \lambda \frac{l}{d} + 3\zeta_\mathrm{Krümmer}\right) \frac{\rho}{2} w_2^2$ mit

$\lambda = f\left(Re, \frac{d}{k} = 7500\right)$ aus Colebrook-Diagramm;

Bern. Gl. 1–2: $0 + p_0 + 0 = \frac{1}{2}\rho w_2^2 + p_2 + \rho g \cdot 4 \text{ m} + \Delta p_\mathrm{v} \rightarrow p_2 = \ldots$

b) analog für $d/k = 150.000$

8.9

a) $\dot{V} = \dfrac{V}{\Delta t}$; Kont. Gl. $\dot{V} = wA \rightarrow w = 2{,}21 \ \dfrac{\mathrm{m}}{\mathrm{s}}$; $Re = \dfrac{wd}{v} = \ldots$

b) Bern. Gl. Wasseroberfl. – Rohrende: $0 + p_0 + \rho g \cdot 3 \text{ m} = \frac{1}{2}\rho w^2 + p_0 + 0 + \Delta p_\mathrm{v} \rightarrow$

Druckverlust: $\Delta p_\mathrm{v} = 0{,}27 \cdot 10^5$ Pa;

außerdem gilt: $\Delta p_\mathrm{v} = \left(\zeta_\mathrm{Einlauf} + \lambda \frac{l}{d}\right) \frac{\rho}{2} w^2; \rightarrow \lambda = \ldots$

c) Strömung ist turbulent: $\lambda = f\left(Re, \frac{d}{k}\right)$; aus Colebrook-Diagramm $\frac{d}{k}$ ablesen $\rightarrow k = \ldots$

8.10

a) Bern. Gl. A – B: $0 + p_0 + \rho g \cdot 120 \text{ m} = \frac{1}{2}\rho w_\mathrm{B}^2 + p_\mathrm{B} + \rho g \cdot 125 \text{ m} + 4 \cdot \frac{1}{2}\rho w_\mathrm{B}^2 \rightarrow$

$$w_\mathrm{B} = w_\mathrm{E} = \sqrt{\frac{p_0 - p_\mathrm{B} - \rho g \cdot 5 \text{ m}}{\frac{5}{2} \cdot \rho}};$$

Kont. Gl. $\dot{m}_\mathrm{E} = \rho w_\mathrm{E} A_\mathrm{E} = \ldots \rightarrow \dot{m}_\mathrm{ges}$

b) Bern. Gl. A – C: $0 + p_0 + \rho g z_\mathrm{A} = 0 + p_0 + \rho g z_\mathrm{C} + (4 + 2) \cdot \frac{1}{2}\rho w_\mathrm{E}^2$ mit $z_\mathrm{A} = 120$ m

$\left(\text{oder Bern .Gl. B } - \text{ C}: \frac{1}{2}\rho w_\mathrm{B}^2 + p_\mathrm{B} + \rho g z_\mathrm{B} = 0 + p_0 + \rho g z_\mathrm{C} + 2 \cdot \frac{1}{2}\rho w_\mathrm{E}^2\right)$

$\rightarrow z_\mathrm{C} = z_\mathrm{A} - 6 \cdot \dfrac{w_\mathrm{E}^2}{2g} = \ldots$

8.15	a) $w_a = \sqrt{2gh_0} = \sqrt{2g4} = 8{,}86$ m/s

b) Geschwindigkeit im Rohr aus Kont. Gl.: $Aw_a = A_R w_R \rightarrow w_R = 1{,}42$ m/s

$Re = 70.859; \; d/k_s = 50/0{,}25 = 200 \rightarrow \lambda = 0{,}0316$

$\Sigma\zeta = (3 \cdot 0{,}51 + 4 + 0{,}5) = 6{,}03$ (eine Leitung) $\rightarrow \Delta p_v = 0{,}124$ bar

Erw. Bern. Gl. 1 (Behälterwassersp.) – 2 (Düsenmündungsquerschnitt)

$\rightarrow p_{\ddot{u}} = 0{,}320 \cdot 10^5$ Pa

c) Erw. Bern. Gl. 1 (Springbrunnenspiegel) – 2 (Behälterwassersp.) $\rightarrow Y = 65{,}0$ N m/kg

mit $w_1 \approx 0, h_1 = 0, p_1 = p_0; w_2 \approx 0; h_2 = h_0; p_2 = p_0 + p_{\ddot{u}}$

$$\Delta p_v = \left(\Sigma\zeta \text{ (aus b)} + \lambda \cdot \frac{l}{d} \text{ (aus b)} + 1 \text{ (Austrittsverlust)} \right) \cdot \frac{\rho}{2} w_R^2$$

d) $P_h = Y\dot{m} = \ldots$

e) $W_{el} = P_{el} \cdot t = \dfrac{P_h}{\eta_{ges}} \cdot 24 = \ldots$

8.16	a) Bern. Gl. Oberwasser – a:

$$0 + p_0 + \rho g H = \frac{1}{2}\rho w_a^2 + p_0 + 0 + \left(\zeta_{Einlauf} + 3\zeta_{Kr} + \zeta_V + \lambda\frac{l}{d} \right) \cdot \frac{1}{2}\rho w_{Rohr}^2;$$

mit Kont. Gl. $\dot{V} = w_a A_a = w_{Rohr} A_{Rohr} \rightarrow w_a = w_R \dfrac{d_R^2}{d_D^2}$

$$\rightarrow \rho g H = \left(\left(\frac{d_R^2}{d_D^2}\right)^2 + \zeta_{Einlauf} + 3\zeta_{Kr} + \zeta_V + \lambda\frac{l}{d} \right) \cdot \frac{1}{2}\rho w_R^2$$

$392.266 = (130{,}8 + \lambda \cdot 2200) \cdot 500 \cdot w_R^2;$

mit $\lambda = f\left(Re = \dfrac{w_R d_R}{\nu}, \dfrac{d_R}{k} = 125 \right)$ iterativ aus Colebrook-Diagramm

b) Bern. Gl. a – Wendepunkt: $\dfrac{1}{2}\rho w_a^2 = \rho g h_S$

$\rightarrow h_S = \ldots$

8.21	Anh. Tab. A.2: $10\,°C$ $\rho_F = 999{,}7$ kg/m³; $\quad \nu_F = 1{,}307 \cdot 10^{-6}$ m²/s

$50\,°C$ $\rho_S = 988{,}0$ kg/m³; $\quad \nu_S = 0{,}554 \cdot 10^{-6}$ m²/s

a) Fallrohr: $10\,°C$, Steigrohr: $50\,°C$

Treibende Druckdifferenz Δp aus Dichteunterschied:

$\Delta p = (\rho_F - \rho_S)gh = (999{,}7 - 988{,}0)gh = 229$ Pa

b) $\Delta p = $ Verluste $\Delta p_v = \left(\zeta_E + \dfrac{\lambda_F l}{d} + \zeta_A \right) 1/2 \rho_F w_F^2 + \left(\zeta_E + \dfrac{\lambda_S l}{d} + \zeta_A \right) 1/2 \rho_S w_S^2;$

$d/k_s = 50/0{,}3 = 166{,}6; \; \Sigma\zeta = 1{,}5;$ Rohrlänge $l = h$

1. Annahme: $w_F = w_S = 0{,}5$ m/s $\rightarrow$ weitere Iterationen $\rightarrow w_F = 0{,}283$ m/s; $w_S = 0{,}287$ m/s;

$Re_F = 10.833 \rightarrow \lambda_F = 0{,}0302; \; \lambda_F \, l/d = 1{,}21; \; Re_S = 25.873 \rightarrow \lambda_S = 0{,}0350; \; \lambda_S \cdot l/d = 1{,}40$

8.22	a) $d_h = 4 \cdot A/U = \ldots$

$A = d_a^2\pi/4 - d_i^2\pi/4 - 10 \cdot 0{,}015 \text{ m} \cdot 0{,}001 \text{ m} = 0{,}002187$ m²

$U = d_a\pi + d_i\pi + 2 \cdot 10 \cdot 0{,}015 \text{ m} = 0{,}567$ m

b) Anm.: Dichte von CO_2 errechnet nach Zustandsgleichung Idealer Gase (siehe Abschn. 11.1); $Re = \rho \cdot w_m \cdot d_h/\eta = \ldots$

c) $\Delta p_v = \lambda\dfrac{l}{d_h}\rho\dfrac{w_m^2}{2} = \ldots$

mit $Re = 6{,}77 \cdot 10^4 \rightarrow \lambda = 0{,}0195$

8.24	$Re = wd/v = 2000$ laminare Rohrströmung

a) Geschwindigkeitsverteilung parabolisch $w(r) = w_{max}(1 - r^2/R^2) = 2w_m(1 - r^2/R^2)$

$$\tau(r) = \eta \frac{dw}{dr} = \eta 2w_m \left(-\frac{2r}{R^2}\right) = v\rho 2w_m \left(-\frac{2r}{R^2}\right)$$

$$\tau(r) = -15 \cdot 10^{-6} \cdot 871 \cdot 2 \cdot 2/0{,}015^2 \cdot r = -232 \cdot r(\text{SI})$$

b) $\tau(R) = 3{,}48 \text{ N/m}^2$

c) $\Delta p_{v,1} = (\lambda \cdot l/d)1/2 \cdot \rho w_m^2 = 0{,}032 \frac{1}{0{,}03} \cdot 1/2 \cdot 871 \cdot 1^2 = 464{,}5 \text{ Pa}$,

wobei $\lambda = 64/Re = 64/2000 = 0{,}032$

Herausgeschnitten gedachter Zylinder wie in Abb. 8.2, Gleichgewicht zwischen Druck-kräften auf Endflächen und Schubkraft auf Mantelfläche (keine Beschl., nur gleichförm. Bewegung!)

$$\Delta p_{v,1} \cdot \frac{d^2 \pi}{4} = d\pi \cdot 1 \cdot \tau \to \underline{\tau = 3{,}48 \text{N/m}^2}$$

8.27	$w = \dfrac{\dot{V}}{A} = \dfrac{100}{3600 \cdot 0{,}2 \cdot 0{,}1} = 1{,}39 \text{ m/s};$ hydraul. Durchm. $d_h = 4A/U$

$$d_h = \frac{4 \cdot 0{,}2 \cdot 0{,}1}{0{,}2 + 0{,}1 + 0{,}1} = 0{,}20 \text{ m}; \quad d_h/k_s = 200/0{,}2 = 1000; \quad Re = \frac{wd_h}{v} = 277.778$$

Tab. 8.2 $\to \lambda = 0{,}0207$

$\Delta p_v = \lambda l/d_h \cdot 1/2 \cdot \rho w^2 = 17.930 \text{Pa} \to h_v = \Delta p_v/\rho g = \underline{1{,}83 m}$

b) $d_h = 0{,}233$, $d_h/k_S = 1167$, $\lambda = 0{,}0207$ (Annahme)

$$w = \sqrt{\frac{2gh_v}{\lambda \cdot l/d_h}}$$

Iterationen $\to Re = 357.394 \to \lambda = 0{,}0198 \to w = 1{,}53 \text{ m/s} \to \dot{V} = 154 \text{ m}^3/\text{h}$

8.40	a) $Re_D = 160.000$, Anh. Tab. A.6 $\to \underline{C = 0{,}6089}$

b) $\dot{V} = \dfrac{C}{\sqrt{1 - \beta^4}} \cdot A_{Bl} \sqrt{\dfrac{2\Delta p_{Bl}}{\rho}} = \dfrac{0{,}6089}{\sqrt{1 - 0{,}6688^4}} \cdot \dfrac{0{,}0535^2 \pi}{4} \cdot \sqrt{\dfrac{2 \cdot 0{,}925 \cdot 10^5}{1000}} = \underline{0{,}0208 \text{ m}^3/\text{s}}$

c) $w_R = 4{,}141 \text{ m/s}$, $Re_{D,\text{tats.}} = 331.273 \to$ Anh. Tab. A.6 $\to C = 0{,}6065$
Fehler kleiner 0,4 % $\to$ Korrektur nicht erforderlich!

Kapitel 9

9.3	Gleichgewicht zwischen Strömungswiderstand und Tropfengewicht; Annahme, dass Stokes'sche Formel Gl. 9.3 gilt ($Re < 1$)

$$3d\pi\eta_L w_\infty = \frac{d^3 \pi}{6} \rho_w g \to d = \sqrt{\frac{18\eta w_\infty}{\rho_w g}}, \text{ Luft, } 6\,°\text{C}: \ \eta = 1{,}75 \cdot 10^{-5} \text{kg/m s}$$

(Anh., Tab. A.3; interpoliert)

$$\underline{d} < \sqrt{\frac{18 \cdot 1{,}75 \cdot 10^{-5} \cdot 4}{3600 \cdot 1000 \cdot g}} = \underline{5{,}97\,\mu\text{m}}, Re = 5 \cdot 10^{-4} \text{ (Bereich der Stokes-Formel)}$$

9.9	a) $w = 100/3{,}6 = 27{,}7 \text{ m/s}$, $Re_1 = 1 \cdot 10^6 \to$ Abb. 8.9 $\to (r/b)_{opt} \approx 0{,}17$

$b = 0{,}3 \text{ m} \to r_{opt} = 0{,}17 \cdot 0{,}3 = 0{,}051 = \underline{5{,}1 \text{ cm}}$

b) $\underline{F_w} = c_w A \cdot 1/2 \cdot \rho w^2$, $c_w \approx 0{,}16$ (Abb. 9.8), $F_w = 0{,}16 \cdot 0{,}3^2 \cdot 1/2 \cdot 1{,}225 \cdot 27{,}7^2 =$

c) $\underline{P} = F_w \cdot w = \underline{189 \text{ W}}$

9.14	a) Gl. 9.7, Annahme: $c_w = 0{,}4$, $V\rho \ll m$

$$\underline{w_\infty} = \sqrt{\frac{2gm}{c_w \rho A}} = \sqrt{\frac{2g\rho_w D^3 \pi/6}{c_w \rho_L D^2 \pi/4}} = \sqrt{\frac{4g\rho_w D}{3 c_w \rho_L}} = \sqrt{\frac{4g\,1000 \cdot 0{,}003}{3 \cdot 0{,}4 \cdot 1{,}225}} = \underline{8{,}94\,\text{m/s}}$$

Kontrolle, ob $c_w = 0{,}4$ richtig: $Re = wd/\nu = 1900 \to$ ja! (Abb. 9.4)

b) Gl. 9.8 $w/w_\infty = 0{,}99 = \tanh(gt/w_\infty)$

$0{,}99 = \tanh x \left(\dfrac{e^x - e^{-x}}{e^x + e^{-x}} \right)$ aus Funktionstabellen für Hyperbelfunktionen (z. B. Dubbel,

14. Aufl. S. 1331) findet man: $x = 2{,}65 = gt/w_\infty \to$ Fallzeit $t_{0{,}99} = 2{,}415\,s$

Gl. 9.10 $\to x_{0{,}99} = \dfrac{w_\infty}{g} \cdot \ln\cosh(gt_{0{,}99}/w_\infty)$; $(gt_{0{,}99}/w_\infty) = 2{,}65$

Funktionstabelle $\to \cosh 2{,}65 = 7{,}1123 \to \underline{x_{0{,}99}} = \dfrac{8{,}94^2}{g} \ln 7{,}1123 = \underline{16\,\text{m}}$ |
| 9.16 | In einem mit dem Wind mitbewegten Koordinatensystem fällt der Tropfen vertikal mit $w_\infty = 8{,}94$ m/s (Aufg. 9.14). Für einen ruhenden Beobachter ergibt sich aus dem Dreieck der Geschwindigkeitsaddition (30 km/h $\triangleq$ 8,33 m/s) : $\tan\alpha = 8{,}33/8{,}94 \to \alpha = 43°$ |
| 9.20 | a) 130 km/h = 36,11 m/s

$F_w = c_w A \cdot 1/2 \cdot \rho w_\infty^2 = 2{,}1 \cdot 0{,}41 \cdot 1/2 \cdot 1{,}225 \cdot 36{,}11^2 = 687{,}7\,\text{N}$

$F_{RR} = 0{,}02\,mg = 225{,}6\,\text{N}$; $F_{res} = F_w + F_{RR} = 913{,}3\,\text{N}$;

$\underline{P = F_{res}w_\infty = 32.980\,\text{W}}$

b) $225{,}6 = Ac_w \cdot 1/2 \cdot \rho w_\infty^2 \to w_\infty = 74{,}5$ km/h

c) $P = 32.980 = [225{,}6 + Ac_w 1/2 \cdot \rho(w_\infty - 40/3{,}6)^2] \cdot w_\infty$

Gleichung dritten Grades $\to$ Näherungslösung oder probieren bis Gl. erfüllt

$\to w_\infty = 43{,}1$ m/s $\triangleq 155{,}2$ km/h

d) $32.980 = [226{,}5 + 0{,}03 \cdot 3000 + Ac_w 1/2 \cdot \rho w_\infty^2] \cdot w_\infty$

Lösung wie c) $\to w_\infty = 35{,}1$ m/s $\triangleq 126{,}5$ km/h |
| 9.23 | a) $F_{RR} = 0{,}02 \cdot 800\,g = 156{,}96\,\text{N}$; 108 km/h $\triangleq 30$ m/s

$F_w = c_w A \cdot 1/2 \cdot \rho w_\infty^2 = 335{,}16\,\text{N}$

$P = (F_{RR} + F_w)w_\infty = 14{,}76\,\text{kW}$, $P_{mot} = P/0{,}85 = 17{,}4\,\text{kW}$

b) 100 kW $\to$ 85 kW (Übertragungsverluste)

$85.000 = (156{,}96 + 0{,}38 \cdot 1{,}6 \cdot 1/2 \cdot 1{,}225 \cdot w_\infty^2)w_\infty$

Gl. dritten Grades $\to$ Näherungslösung oder probieren bis Gl. erfüllt

$\to w_\infty = 58{,}9$ m/s $\triangleq 212$ km/h

c) Beschleunigungswiderstand: $F_B = m \cdot a = m\dot{w}$ (entgegen der Beschleunigung gerichtet, a ... Beschleunigung)

$P = 85.000 = (F_{RR} + c_w A \cdot 1/2 \cdot \rho w_\infty^2 + m\dot{w})w$ |

9.24	Abb. 9.16: Motorhaube $c_p = -1{,}25$; Dachkante $c_p = -2{,}40$
	definitionsgemäß ist $c_p = \dfrac{p - p_\infty}{1/2 \cdot \rho w_\infty^2}$
	Bern. Gl. 1 (Pkt. weit vor PKW, $p_\infty = 0$, w_∞) – 2 (Kante)
	$0 + 1/2 \cdot \rho w_\infty^2 = p_2 + 1/2 \cdot \rho w_2^2 \rightarrow w_2 = \sqrt{w_\infty^2 - c_p w_\infty^2}$
	Motorhaube: $w_2 = w_\infty \sqrt{1 - c_p} = 120\sqrt{1 + 1{,}25} = 180$ km/h
	Dachkante: $w_2 = 120 \cdot \sqrt{1 + 2{,}4} = 221$ km/h
	Übergeschwindigkeiten: Motorhaube: $180 - 120 = 60$ km/h
	Dachkante: $221 - 120 = 101$ km/h

Kapitel 10

10.4	a) $Re = 0{,}7 \cdot 10^6 = (wt/v)_{\text{Wasser}} \rightarrow \underline{w_w} = 0{,}7 \cdot 10^6 \cdot 1{,}004 \cdot 10^{-6}/0{,}5 = \underline{1{,}41 \text{ m/s}}$
	b) $\alpha = 8°$; $c_a = 1{,}30$; $c_w = 0{,}016$; $c_{mt/4} = -0{,}1$
	$\quad A = bt = 0{,}3 \cdot 0{,}5 = 0{,}15 \text{ m}^2$
	$\quad \varepsilon = c_w/c_a = 0{,}0123(1{:}81)$
	$\quad \underline{F_A = c_a \cdot A \cdot 1/2 \cdot \rho \cdot w_\infty^2 = 1{,}3 \cdot 0{,}15 \cdot 1/2 \cdot 1000 \cdot 1{,}4056^2 = \underline{192{,}6\text{N}}}$,
	$\quad \underline{F_w} = 2{,}37\text{N}$
	$\quad$ Der Drehpunkt liegt genau in 1/4 der Sehne
	$\quad M_{t/4} = c_{mt/4} \cdot t \cdot A \cdot 1/2 \cdot \rho w_\infty^2 = -0{,}1 \cdot 0{,}5 \cdot 0{,}15 \cdot 500 \cdot 1{,}4056^2 = \underline{-7{,}41 \text{ Nm}}$
	c) ε_{opt} bei $c_a = 1{,}04$; $c_w = 0{,}011$; $\alpha = 5°$; $\varepsilon_{opt} = 0{,}0106$
	$\quad \gamma_{opt} = \arctan \varepsilon_{opt} = 0{,}61$; $\underline{F_A = 154 \text{ N}}$, $F_w = 1{,}63 \text{ N}$
	d) $Re = wt/v$; $v = 1{,}004 \cdot 10^{-6} \rightarrow \underline{Re = 10^5 \text{ bis } 2 \cdot 10^6}$
10.6	a) $A = bt = 20 \cdot 1{,}5 = 30 \text{ m}^2$; 1 km Höhe: $\rho = 1{,}112 \text{ kg/m}^3$, $w = 330/3{,}6 = 91{,}7 \text{ m/s}$
	$\quad F_A = 100.000 \text{ N} = c_a \cdot A \cdot 1/2 \cdot \rho w^2 \rightarrow \underline{c_a} = \dfrac{100.000}{30 \cdot 0{,}5 \cdot 1{,}112 \cdot 91{,}6^2} = \underline{0{,}714}$
	b) $\underline{\alpha = 3{,}73°}$ (Diagr. 4, Anh.)
	c) Gl. 10.9 $\underline{a_2} = \alpha_1 + c_a/\pi(\lambda_2 - 0) = 3{,}73° + 0{,}714/\pi \cdot 0{,}075 \cdot 180/\pi = \underline{4{,}71°}$
	d) $\lambda_2 = t : b = 1{,}5 : 20 = 0{,}075$ ($\lambda_1 = 0$)
	$\quad \underline{c_{w2}} = c_{w1} + c_a^2/\pi(0{,}075 - 0) = 0{,}011 + 0{,}01217 = \underline{0{,}02317}$
	$\quad \underline{F_w} = 0{,}02317 \cdot 30 \cdot 1/2 \cdot 1{,}112 \cdot 91{,}7^2 = \underline{3250\text{N}}$; $(F_{w1} = 1707 \text{ N} \overset{\triangle}{=} 52{,}5\%)$
	e) $Re = wt/v = 91{,}7 \cdot 1{,}5/15{,}8 \cdot 10^{-6} = 8{,}7 \cdot 10^6$ (Diagramm: $8 \cdot 10^6$)
10.15	a) $F_A = mg = 9810 \text{ N} = c_a \cdot A \cdot 1/2 \cdot \rho w^2 = 0{,}8 \cdot 15 \cdot 1/2 \cdot 1{,}225 \cdot w^2 \rightarrow \underline{w = 36{,}5\text{m/s}}$
	b) Mit c_a' und α_0 gilt im linearen Bereich
	$\quad c_a = (\hat{\alpha} - \hat{\alpha}_0) \cdot c_a' = \left(\hat{\alpha} + 2\dfrac{\pi}{180}\right) \cdot 5{,}5 = 0{,}8, \hat{\alpha} = 0{,}11655 \overset{\triangle}{=} 6{,}33°$
	c) 3 km Höhe: $\rho = 0{,}909\text{kg/m}^3$
	$\quad 9810 = c_a \cdot 15 \cdot 1/2 \cdot 0{,}909 \cdot 36{,}5^2 \rightarrow c_a = 1{,}08 \rightarrow \alpha = 9{,}25°$

Literatur

1. Böswirth, L., Plint, M.: Techn. Strömungslehre. Ein Laboratoriumslehrgang. VDI-Verlag (1975)
2. Plint, M.A., Böswirth, L.: Fluid Mechanics. A Laboratory Course. Verl. Griffin, London (1978)
3. Böswirth, L., Schüller, O: Beispiele und Aufgaben zur Technischen Strömungslehre, 2. Aufl. Vieweg Verlag, Braunschweig (1985)
4. Shapiro, A.H.: Shape and Flow. Heinemann-Verlag, London (1964)
5. Gersten, K.: Einführung in die Strömungsmechanik. Shaker, Aachen (2003)
6. Roshko, A.: On the development of turbulent wakes from vortex streets. NACA Rep. 1191 (1954)
7. Zierep, J.: Ähnlichkeitsgesetze und Modellregeln der Strömungslehre. Springer, Berlin (1991)
8. Schlichting, H., Gersten, K.: Grenzschicht-Theorie. Bearb. In: Krause E., Oertel, H. (Hrsg.), 10. überarb. Aufl. Springer, Berlin (2006)
9. Michalke, A.: Theoretische und experimentelle Untersuchung einer rotationssymmetrischen Düsengrenzschicht. Diss., DVL-Bericht 177, Mühlheim (1961)
10. Bechert, D.W.: Briefliche Mitt. v. Aug. (1999)
11. Bechert, B., Hagel, M.: Biological Surfaces and their Technological Application.: – AIAA Fluid Dynamics Conf. Snowmass Village, CO/USA (1997)
12. Tanner, M: Bestimmung des Basisdruckes von Flugkörpern bei Unterschallgeschwindigkeiten mittels einer empirischen Formel. ZFW 5 (1981)
13. Albring, W.: Angewandte Strömungslehre, 6. Aufl. Akademie, Dresden (1991)
14. Idelchik, I.E.: Handbook of Hydraulic Resistance, 4. Aufl. CRC-Press, Florida (2008)
15. Pawlowski, F.W.: Wind resistance of automobils. SAE-Journ **27**, 5–14 (1930)
16. Der Wind, der Autos besser macht. Broschüre der Volkswagenwerk AG. Wolfsburg (1983)
17. Hucho, W.-H.: Aerodynamik des Automobils. Vogel-, Würzburg (1981)
18. Hucho, W.-H.: Aerodynamik des Automobils, 5. Aufl. Vieweg, Wiesbaden (2005)
19. Hucho, W.-H.: Aerodynamik der stumpfen Körper, 2. Aufl. Vieweg+Teubner, Wiesbaden (2011)
20. Schütz, T. (Hrsg.): Hucho – Aerodynamik des Automobils, 6. Aufl. Springer Vieweg, Wiesbaden (2013)
21. Althaus, D., Wortmann, F.X.: Stuttgarter Profilkatalog I. Vieweg, Braunschweig (1981)
22. Ganzer, U.: Gasdynamik. Springer, Berlin (1988)
23. Hepperle, M.: NACA-Profile, 4. Aufl. Verlag vth, Baden-Baden (1990)
24. Flug-Revue + flugwelt 11–1975, S. 60

© Springer Fachmedien Wiesbaden GmbH, ein Teil von Springer Nature 2021
S. Bschorer und K. Költzsch, *Technische Strömungslehre,*
https://doi.org/10.1007/978-3-658-30407-2

25. Stoney, W.E.: Collection of Zero–lift Drag Data on Bodies of Revolution from Free-flight Inverstigations, NASA-TR-R-100 (1961)
26. Oertel, H. (Hrsg.): Prandtl – Führer durch die Strömungslehre, 14. Aufl. Springer Vieweg, Wiesbaden (2017)
27. Sockel, H.: Aerodynamik der Bauwerke. Vieweg, Braunschweig (1984)
28. Böge, A. (Hrsg.): Handbuch Maschinenbau, 24. Aufl., Springer (2021)
29. Böswirth, L.: Strömung und Ventilplattenbewegung in Kolbenverdichterventilen. Erw. Nachdr. Eigenverl. d. Verf., A-1040 Wien, Argentinierstr. 28 (2002)
30. Leie, B.: VW-Windkanal: Briefliche Mitteilung (April 2005)
31. Buchheim, R.; Leie, B.; Lückoff, H.-J.: Der neue Audi 100. In: ATZ 85 (1983), Heft 7/8
32. Wendt, J.F.: Computational Fluid Dynamics, 3. Aufl. An Introduction. Springer, Berlin (2009)
33. Oertel jr., H.; Böhle, M.; Reviol, Th.: Strömungsmechanik, 6., überarb. + erw. Aufl., Vieweg+Teubner Verlag, Wiesbaden (2009)
34. VDI-Wärmeatlas (Hrsg.): VDI; 12. Aufl., Hrsg. VDI Verfahrenstechnik und Chemieingenieurwesen. Springer, Berlin (2006)
35. Wagner, W.: Rohrleitungstechnik, 11. Aufl. Vogel, Würzburg (2012)
36. Dubbel: Taschenbuch für den Maschinenbau, 24. Aufl. Springer, Berlin (2014)
37. Bohl, W., Elmendorf, W.: Technische Strömungslehre, 15. Aufl. Vogel, Würzburg (2014)
38. Gasch, R., Twele, J. (Hrsg.; 15 Verf.): Windkraftanlagen, 7. Aufl. Vieweg+Teubner, Wiesbaden (2011)
39. Gasch, R., Twele, J. (Hrsg.; 15 Verf.): Windkraftanlagen, 9. Aufl. Vieweg+Teubner, Wiesbaden (2016)
40. Heier, S.: Windkraftanlagen, 6. Aufl. Vieweg+Teubner, Wiesbaden (2018)
41. Rehfeldt, K.: Zur Modellbildung von Windkraftanlagen; Fortschr. Ber. VDI Reihe 8. VDI-Verlag (1996)
42. Winkelmeier, H.: Windenergie. Kursunterlagen (2005) www.energiewerkstatt.org
43. Truckenbrodt, E.: Fluidmechanik, Bd. 2, 4. Aufl. Springer (2008)
44. Lewinsky-Kesslitz, H.: Druckstoßberechnung für die Praxis. Bohmann-Buchverlag
45. Käppeli, E.: Strömungslehre u. Strömungsmaschinen, 3. Aufl. Selbstverlag Rüti/Schweiz (1984)
46. Papula, L.: Mathematik für Ingenieure und Naturwissenschaftler, Bd. 2, 14. Aufl. SpringerVieweg (2015)
47. Oertel, H., Ruck, S.: Bioströmungsmechanik, 2. Aufl. Vieweg+Teubner, Wiesbaden (2012)
48. Rahmstorf, S.; Schnellnhuber, H. J.: Der Klimawandel, 9. Aufl. Beck, München (2019)
49. Eck, B.: Technische Strömungslehre. Springer Verlag, Berlin (1940)
50. Braess, H., Seiffert, U. (Hrsg.): Automobildesign und Technik. Vieweg Verlag, Wiesbaden (2007)
51. Spurk, H.J., Aksel, N.: Strömungslehre, 9. Aufl. Springer, Berlin (2019)
52. Ferziger, J.H., Peric, M.: Numerische Strömungsmechanik, 2. Aufl. Springer (2020)
53. Menter, F.R.: Two-equation eddy-viscosity turbulence models for engineering applications. AIAA-Journal **32**(8), 1598–1605 (1994)
54. Bschorer, S., Spies, M., Preiss, S.: Experimentelle und numerische Strömungsanalyse für einen Gittermasten. Forschungsbericht. Institut für Angewandte Forschung. Hochschule Ingolstadt (2008)
55. Parkinson, E. et al.: Description of Pelton Flow Patterns with computational flow simulations. HYDRO 2002: Development, Management, Performances Kiris, Turkey, 4–7 November 2002
56. Parkinson, E.: Fa. ANDRITZ HYDRO: Briefliche Mitteilung (Juni 2009)

Literatur

57. Spalart, P.R., Jou, W.-H., Strelets, M., Allmaras, S.R.: Comments on the feasibility of LES for wings, and on a hybrid RANS/LES approach. 1st AFOSR Int. Conf. On DNS/LES, Aug. 4–8, Ruston, LA. In Advances in DNS/LES, C. Liu & Z. Liu Eds., Greyden Press, Colombus, OH (1997)
58. BMW Group, Briefliche Mitteilung (Juni 2009)
59. Lührmann, L.: Chancen und Grenzen der virtuellen Aerodynamik. Fahrzeugerprobung – von der Straße in den Rechner. Haus der Technik, 12.–13. München (März 2003)
60. Lecheler, S.: Numerische Strömungsberechnung, 4. Aufl. SpringerVieweg, Wiesbaden (2018)

Stichwortverzeichnis

1D-Simulation, 381

A

Ablösung, 6, 277
Absolutdruck, 10
Aerostatik, 16
Ähnlichkeitsgesetz, 191
Anfahrwirbel, 310
Anlagenkennlinie, 248
Anlaufströmung, 365, 367, 368
Anstellwinkel einer Tragfläche, 313
Anströmgeschwindigkeit, 203
Arbeitsglied, 54, 56
Arbeitsmaschine, 90
Arbeitsverlust, 54
Atmosphäre, ICAO, 402
Aufheizverhalten, 389
Auftrieb, 16, 289, 309
Auftriebsbeiwert, 314
Auftriebskraft, 40
Ausflussformel, 50, 255
Außenströmung, 202
Ausströmformel für kompressible Fluide, 339
Austrittsverlust, 58
Ausweichströmung, 281, 293
Automobil-Aerodynamik, 287
Axialmaschine, 326
Axialventilator, 89

B

Bahnkurve, 2, 4
Barometer, 30

Basisdruck, 218, 281
Bernoulli'sche Gleichung, 19, 35, 44, 236, 365
    mit Arbeits- und Verlustglied, 54
Beschleunigung
    konvektive, 40
    lokale, 40
    totale, 40
Bewegungsgleichung, 40
Bingham-Medium, 169
Buckingham'sches -Theorem, 195

C

Colebrook-Diagramm für Rohre, 230
Computational Fluid Dynamics (CFD), 379

D

D'Alembert'sches Paradoxon, 148, 201, 309
Diffusor, 234
Dissipation, 6, 164
DNS-Verfahren, 390, 396
Drallsatz, 79, 85
Drallstrom, 85
Drehimpuls, 85
Druck, 5
    Definition, 10
    dynamischer, 44
    Einheit, 10
    hydrostatischer, 11
    Messprinzip, 13
    Messung, 43
    statischer, 6, 11, 44
Druckabfall, 227

© Springer Fachmedien Wiesbaden GmbH, ein Teil von Springer Nature 2021
S. Bschorer und K. Költzsch, *Technische Strömungslehre*,
https://doi.org/10.1007/978-3-658-30407-2

Druckarbeit, 48
Druckbegriffe, Strömung, 42
Druckbeiwert, 283, 291
Druckenergie, 37, 48
Druckpunkt bei Tragflächen, 313
Drucksonde, 43
Druckspannung, 12
Druckstoß in Rohrleitung, 370, 385
Druckstoßformel, Joukowsky, 375
Druckverhältnis, 348
    kritisches, 349
Druckverlust, 55, 225, 227, 232, 381
Druckverlustbeiwert, Rohrbündel, 244
Druckverlustberechnung, 383
Druckwiderstand, 274
Durchflusskoeffizient, 238
Durchflussmessung, 236
    mit Blende, 239
Durchmesser, hydraulischer, 231
Düse, 207, 236
Düsenflächenfunktion, 348

E
Einlaufstrecke, 223, 232
Endgeschwindigkeit, stationäre, 296
Energie
    der Lage, 35, 38
    kinetische, 35, 37, 38
    potentielle, 38
Energieerhaltung, 35, 37
Energieumsetzung, 35
Erdatmosphäre, 16
Euler'sche Hauptgleichung der Strömungs-
    maschinen, 87

F
Fallhöhe, 55
Fliehkraftformel, 18
Fließbett, 253
Flügelgrundrissfläche, 313
Fluggeschwindigkeit, Segelflugzeug, 324
Fluid, 1, 2
    dilatantes, 169
    Haften eines, 6
    ideales, 5

pseudoplastisches, 169
    reales, 6
Fluiddynamik, 19
Fluidgewicht, 18
Fluidisation, 254
Fluidmechanik, 19
Fluidreibung, 6
Fluidstatik, 10
Förderarbeit, 55
Förderarbeit, spezifische, 55, 57, 87
Förderhöhe, 55
freier Fall mit Luftwiderstand, 296
Froude'sche Zahl, 194

G
Gas, ideales, 336
Gasdynamik, 19, 335
Gaskonstante, 336
Gasviskosität, 166
Gesamtdruck, 43
Gesamtenergie, 38
Gesamtsystemverhalten, 382
Gesamttemperatur, 341
Gesamtwirkungsgrad, Pumpe, 55
Geschwindigkeit
    relative zum Beobachter, 57
    wirtschaftliche, 241
Geschwindigkeitsfeld, 1
Geschwindigkeitsmessung, 44, 213
Geschwindigkeitspolare, 325
Geschwindigkeitsverteilung, 224
Geschwindigkeitsverteilung im Rohr, 225
Geschwindigkeitsverteilung in der Grenz-
    schicht, 206
Gestaltung, aerodynamische bei Lkws, 295
Gleitflug, motorloses Flugzeug, 324
Gleitlager, 173
Gleitlagerströmung, 172
Gleitschuh, 173
Gleitwinkel, 317
Gleitzahl, 317
Grenzrauigkeit, 207
Grenzschicht, 6, 201, 223, 278
    Düse, 207
    längsangeströmte Platte, 203
Grenzschichtablösung, 212

Stichwortverzeichnis

Grenzschichtdicke, 204, 206, 208
Grundgesetz, hydrostatisches, 11, 16, 24

H

Hagen-Poiseuille'sche Gleichung, 224, 225
Halbkörper, umströmter, 152
Haubenablösung, Pkw, 293
Hitzdrahtanemometer, 212, 213
hydraulisch glatt, 207
Hydrodynamik, 19
Hydrostatik, 10

I

ICAO-Atmosphäre, 16
Impulsantrieb, 81, 91
Impulssatz, 79
Inkompressibilität, 5
Isentropen, 339
Isentropenexponent, 339

J

Joukowsky, 387

K

Kantensog, 280
Kaplanturbine, 89, 90
Karman'sche Wirbelstraße, 194
Kniestücke, Widerstandsbeiwerte, 243
Knotenpunkt eines Rohrsystems, 252
Knudsen-Zahl, 195, 302
Kolbenmaschine, 88, 90
Kolbenpumpe, 24, 250
Kontinuitätsgleichung, 4, 20, 21, 393
    differenzielle, 338
Kontinuumshypothese, 3
Kontraktionszahl, 52
Kontrollfläche, 79, 80, 87
Kontrollvolumen, 80
Kraft auf schräge Wände, 14
Kraftmaschine, 90
Krümmer, Widerstandsbeiwerte, 243
Krümmungsdruckformel, 17, 52, 170, 277, 280

Krümmungskreis einer Stromlinie, 17
Kugel, umströmte, 148, 153, 208, 280
Kühlerpaket, 389
Kühlkreislauf, 387

L

Längsrillen zur Widerstandsminderung, 214
Lattice-Boltzmann-Verfahren, 390, 398
Laufrad, 86
    Pumpe, 89
    Turbine, 89
Lavaldüse, 348, 349, 354
Leistung, hydraulische, 55
Leistungsbeiwert, Windturbine, 96
Leitblech, 286
Leitrad, 86, 156
Leitvorrichtung, 88
LES-Verfahren, 390, 396
Lochblende, 237

M

Mach-Zahl, 195, 344
Manometer, 13
Manometerflüssigkeit, Quecksilber, 14
Mantelstromtriebwerk, 127
Massenpunktdynamik, 1
Massenstrom, 5, 238
Molekülgeschwindigkeit, wahrscheinlichste, 336
Momentenbeiwert, 314, 318
Motorkühlkreislauf, 388
Motorschmiersystem, 388

N

Nachlaufströmung, 7
Nasenfußpunkt, 313
Nasenwirbel, 315
Navier-Stokes-Gleichungen, 9, 171, 379, 393
    zeitgemittelte, 394
Newton'sches Fluid, 169
Newton'sches Grundgesetz, 16, 39, 82
Nicht-Newton'sches Fluid, 169
Norm-Düse, 238
Norm-Venturidüse, 238

O

Optimierung, Wärmetauscher, 244

P

Panelverfahren, 390, 391
Paradoxon, hydrostatisches, 31
Parallelspaltströmung, 172
Pascal'sches Gesetz, 12
Peltonturbine, 132
Pitotrohr, 43
Platte
    angestellte, 315
    längsangeströmte, 203, 206
Plattengrenzschicht, 203
    Theorie, 203
Polare, 317, 323
Pontonform einer Kfz-Karosserie, 290
Potentialfunktion, 149
Potentiallinie, 139
Potentialströmung, 6, 19, 149, 311, 315, 390
Potentialwirbel, 141, 152
Prandtl, Ludwig, 202, 278
Prandtl'sches Staurohr, 45, 356
Presse, hydraulische, 30
Profil, 312
Profildicke, 313
Profilgeometrie, 312
Profilkatalog, 318, 320
Profilsehne, 312
Profiltiefe, 313
Propellertheorie, vereinfachte, 91
Pumpe, 55–57, 74, 89
    Betriebspunkt, 248
Pumpe, Ausfall, 385
Pumpenhauptgleichung, 87
Pumpenkennlinie, 248, 249
Pumpenwirkungsgrad, 55
Pumpkosten, 240

Q

Quellsenke, 144
Quellströmung, 152
Queraustausch, 215

R

Radialpumpe, 89

Radialventilator, 250
Rakete, 125
RANS-Verfahren, 390
Rauigkeitswerte für Rohre, 231
Reibungsantrieb, 91
Reibungsfreiheit, 5
Reibungsgesetz, 162
    für Fluide, 159
Reibungswärme, 54
Reibungswiderstand, 205, 274, 275
Reibungszone, 47
Reynolds-Gleichungen, 394
Reynolds-Zahl, 189
Reynolds-Zahl, kritische, 203, 212, 224, 277
Reynolds'sche Ähnlichkeit, 189
Reynolds'scher Versuch, 9
Rohrerweiterung, plötzliche, 235
Rohrkrümmer, 243
Rohrleitung, 382
    wirtschaftliche Geschwindigkeit, 241
Rohrleitungseinbauten, 243
Rohrnetz, 251
Rohrquerschnitte, nichtkreisförmige, 231
Rohrstrang, 252
Rohrströmung, 223, 224
    laminare, 224, 228
    turbulente, 225, 228
Rohrwiderstandsbeiwert, 230
Rollwiderstand, 289
Rotor, Windturbine, 95

S

Sandrauigkeit, 228
Saugrohr, 76
Schallgeschwindigkeit, 195, 342
    in Flüssigkeiten, 370
Schallwelle, 342, 345
Schattenfläche umströmter Körper, 274
Schaufel, 85
Schaufelrad, Winkel, 119
Schichtenströmung, 7
Schiffsschleuse, 71
Schließzeit, 386
Schnelllaufzahl, 99
Schrägrohrmanometer, 30
Schubkraft, Triebwerk, 81
Schubleistung, Triebwerk, 82
Schubspannung, 2, 6, 165, 224, 226

Stichwortverzeichnis

Schubumkehrvorrichtung, 127
Schwankungsbewegung, turbulente, 8, 210, 213, 226
Schwankungsgeschwindigkeit, 7
Segelflugzeug, 324
Sehne einer Tragfläche, 312
Seitenverhältnis bei Tragflächen, 321
Senkenströmung, 139
Simulation
    eindimensionale, 381
    zwei- und dreidimensionale, 390
Sinkgeschwindigkeit, 324
    Segelflugzeug, 324
Skelettlinie einer Tragfläche, 312
Spaltströmung, 172, 174
Spannungszustand im Fluidelement, 11, 168
Staudruck, 44, 45
Staupunkt, 44
Staupunktströmung, 45
Staupunkttemperatur, 361
Staustromlinie, 43
Stoffstrom, 240
Stoffwerte, 403
Stokes'sche Formel, 275
Stoßverlust, 111
Strahlkontraktion, 236
Strahltriebwerk, 81, 126
Stromfadentheorie, 20, 135
Stromfunktion, 152
Stromlinie, 4, 139
Stromröhre, 4
Strömung
    drehungsfreie, 137
    ebene, 20
    eindimensionale, 19
    instationäre, 366
    kompressibler Fluide, 335
    laminare, 7, 19
    numerische Lösung, 379
    quasistationäre, 3, 50, 296
    räumliche, 20
    reibungsfreie, 137
    stationäre, 3
    turbulente, 7, 19, 209
Strömung, schleichende, 170
Strömungsmaschine, 88, 90, 325
Strömungswiderstand, Kugel, 275
Strouhal-Zahl, 193
Stutzenarbeit, 55

Sutherland-Formel, 166
System
    offenes und geschlossenes, 336
    thermo-hydraulisches, 381

T

Tangentenrichtungsfeld, 4
Temperatur, statische, 341
Theorem von Buckingham, 195
Totaldruckerhöhung eines Ventilators, 56
Totwasser, 6
Totwassergebiet, 6, 277, 278, 281
Tragflügel, 309
Trägheitskraft, 192
Turbine, 89
Turbolader, 90
Turbomaschine, thermische, 89
Turbulenz, 209, 213
Turbulenzmodell, 394
Turbulenzsieb, 214

U

Überdruck, 10
Übergangsbereich, Colebrook-Diagramm, 230
Übergeschwindigkeit, 280, 281, 286
Überschallströmung, 356
Umfangsgeschwindigkeit, Laufrad, 57
Umschlag laminar-turbulent, 8, 203
Umströmung
    Pkw, 289
    von Körpern, 208, 274
    von stumpfen Körpern, 280, 282
    Zylinder, 282
Unterschicht, laminare, 216
U-Rohr-Differenzdruckmanometer, 13

V

Ventilator, 56, 57
Ventilschnellschluss, 386
Venturirohr, 68
Verdichtungsstoß, 345, 347
Verdrängungsdicke, 204
    der Grenzschicht, 208
Verfahrenstechnik, Anwendungen, 239
Viskosität
    dynamische, 163

kinematisch, 165
scheinbare, 226
Volumen, spezifisches, 336
Vortriebswirkungsgrad, 94

W

Wandschubspannung, 205, 206
Wärmehaushalt, 387
Wärmetauscher, 244, 245
Wärmeübertrager, 244
Wasserschloss, 259
Weglänge, Moleküle, 195
Wellenausbreitungsgeschwindigkeit, 386
Wellenwiderstand, 357
Widerstand, induzierter, 322
Widerstandsbeiwert, 207, 227, 235, 275, 279
    Pkw, 290
    Platte, 204
    stumpfer Körper, 274, 279
    überkritischer, 275
Widerstandsbeiwert, Platte, 404
Widerstandsbeiwert, Zylinder, 405
Widerstandsformel, 274
Widerstandsverminderung, 214
Widerstandszahl, 55
Wind-Höhenprofil, 99

Windkraftanlage, 95
    Basisformel, 97
    Leistung, 98
    Offshore, 108
Windsichtung, 305
Windturbine, 95
    Pitch-Regelung, 104
    Stall-Regelung, 105
Winkelgeschwindigkeit, 136
Wirbelablösefrequenz, 194
Wirbelballen, 215
Wirbelbildung, 209
Wirbelsätze, 139
Wirbelschicht, 254
Wirbelsenke, 144
Wirkdruck, 238
Wirkungsgrad
    Diffusor, 234, 235
    Pumpe, 55

Z

Zirkulation, 152
Zustandsgleichung, 336
Zustandsgrößen, 336
Zylinder, umströmter, 7, 147, 152, 208, 212,
    277

Printed by Printforce, the Netherlands